现代控制理论导论

谭鹤良　谭乃文 / 编著

中南大學出版社
www.csupress.com.cn
·长 沙·

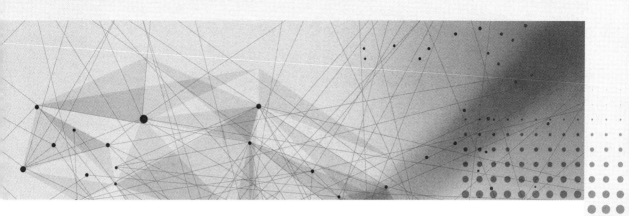

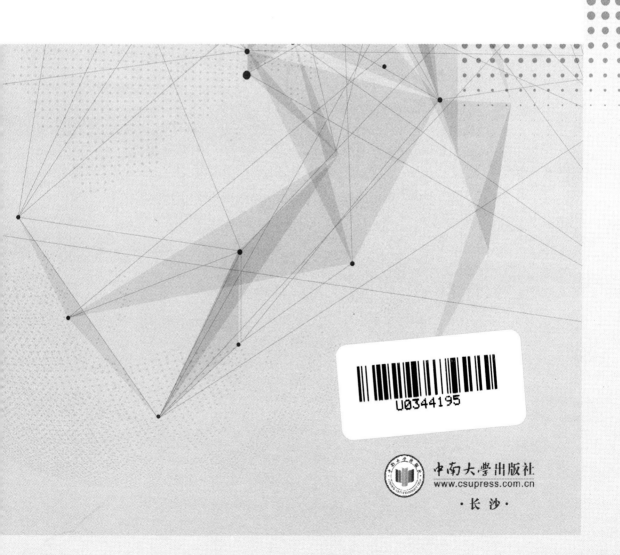

序

PREFACE

现代控制理论是建立在状态空间法基础上的一种控制理论，是自动控制理论的一个主要组成部分。在现代控制理论中，对控制系统的分析和设计主要是通过对系统的状态变量的描述来进行的。现代控制理论的名称是在1960年以后开始出现的，用以区别当时已经相当成熟并在后来被称为经典控制理论的那些方法。现代控制理论的标志性成果包括庞特里亚金(Pontryagin)的极大值原理、贝尔曼(Bellman)的动态规划和卡尔曼(Kalman)的多变量最优控制和最优滤波理论等。近半个世纪以来，现代控制理论已在智能机器人、航空航天、工业生产、能源电力和交通运输等领域得到广泛的应用。现代控制理论的一些概念和方法，还被应用于人口控制、经济管理和生态系统等的研究中。我国杰出科学家钱学森对控制理论有开创性的贡献。他认为，“我们可以毫不含糊地从科学理论角度来看，20世纪上半叶的三大伟绩是相对论、量子力学和控制论，也许可以称它们为三项科学革命，是人类认识客观世界的三大飞跃”。

谭鹤良教授等编著的《现代控制理论导论》力图对现代控制系统的基本理论和控制系统分析与设计的主要方法给予介绍，使读者对现代控制理论有一个全面的了解。全书主要内容包括线性系统理论、系统辨识、最佳状态估计和最优控制等，由浅入深，富有启发性。全书体系清晰，概念准确，公式规范，论述细腻，内容丰富，语言生动。本书立足现代控制的基础理论与概念，注意到知识的完整性与系统性。读者通过本书可以了解半个多世纪以来现代控制理论的发展脉络，从科学方法论的高度上掌握系统与连贯的知识，提高分析问题与解决问题的能力，从而可以更全面、更客观地认识世界。因此，本书既适合于作为机械工程和电气自动化信息类相关专业本科生、研究生相应课程的教材，也适合于科学工作者和技术人员作为学习控制系统的分析和设计的自学读物。我相信此书的出版，将为专业教学提供一本优秀的教材，并对我国自动化的教育起到积极的推动作用。

王耀南

2020年5月于长沙岳麓山

自 序

本书共五部分，分别是线性系统理论、系统辨识、最佳状态估计、最优控制、自适应控制。

在数学领域，描述一个动态过程，采用含自变量函数 $x(t)$、因变量函数 $y(t)$ 的 n 阶微分方程。在经典控制理论里，引入系统概念，分别将变量 $x(t)$、$y(t)$ 改称为系统的输入和输出，称 n 阶微分方程为系统的数学模型。对其进行拉氏变换，将输出拉氏变换除以输入拉氏变换，定义为系统的传递函数，简称为传函，并把它作为经典控制理论的基础。在此基础上，求得输出与输入的函数关系，称为运动分析；在不解出微分方程的情况下，分析系统的各种性能，称为系统分析，如频率特性、幅频特性、相频特性、对数幅频特性、对数相频特性和稳定性等；从而找出改善系统性能的措施和设计方法，称为系统的综合，如各种校正。这部分内容，数学上称为常微分方程的定性理论，工科称为经典控制理论，现大学本科相关专业的自控原理课程讲述的主要就是这方面内容。由于工作主要在频率域内进行，称为频域方法，这是一个相对完整的理论体系。由于研究的对象多为单输入、单输出系统，随着研究的深入，发现大量存在的系统并非如此简单，大都是多输入、多输出系统，又称为多变量系统，仅在某种特定条件下忽略次要因素，把真实的系统近似地看作单输入、单输出系统。因此，经典控制理论需要发展。

要研究多变量系统，首先要解决在数学上如何描述，这是研究这类系统的前提和基础，也是研究的切入点和突破口。用状态空间法来描述多变量系统，称为状态方程，这是一种新型的数学模型。正是状态空间这把钥匙，打开了多变量系统的大门，开辟了一个新的学科领域——现代控制理论。

本书从此开始，介绍如何用状态空间法将已知系统 n 阶微分方程转化为状态方程，进而讨论如何求解状态方程的方法。如同经典控制理论研究的那样，不是所有的状态方程均有解析解，在解不出的情况下，如何仅依靠状态方程，就能了解、判断系统是否能控、能观和稳定，并寻找方法使系统达到上述目的，从而形成了一整套较为完整的理论，称为线性系统理论，又称系统分析。在数学里叫作矩阵论，代表作是须田信英的《自动控制中的矩阵理论》。

第一篇的工作是在数学模型已知的情况下进行的，也就是方程中的变量以及它们的各阶导数项的系数（简称数学模型参数）为已知，如果未知，上述工作则无从谈起。这就有事先如何求模型参数的问题。方法有两类，分别为理论建模与系统辨识。从系统内部运动机理出发，求得各量之间的数量关系，称为理论建模。这需要对系统内部机理有透彻的了解，这是专业工作者的任务，旁人是插不上手的。所谓系统辨识，它的思路是不从系统内部机理出发，而是从系统外部表现，包括外界施加给系统的影响（输入）以及系统由此对外界做出的反映（输出），这些量是可以测量的，称为系统的输入输出数据。然后以此为依据，将系统内部的参数用统计的方法计算出来，这一工作称为参数估计。进而发现用参数估计的方法还可以判断系统的结构参数，如微分方程的阶和纯滞后，称为系统的结构辨识。结构辨识加上参数估计，统称为系统辨识。这种建模方法，对系统不必有太多的了解，可以避开内部机理，成为双控（控制理论和控制技术）工作者必备的技术手段。

参数估计的方法很多，大体分为两大类，分别是最小二乘法与相关分析法。渐消、限长记忆法、辅助变量法、增广与广义最小二乘法属于最小二乘法，虽然有些小改动，基本思想却一致，都是以模型残差平方和最小作为评价标准（称为评价函数、目标函数或损失函数）。将参数估计问题归结为求评价函数的最小值问题，这是一种十分巧妙的构思，利用的是数学家高斯求地球环绕太阳旋转轨迹的数学方法，故称高斯最小二乘法，取“二乘方最小”之意。最小二乘法又有批量算法与递推算法之分，对系统的输入输出数据成批地使用，称为批量算法。在原有估计的基础上，根据新取得的一组输入输出数据（注意仅仅是一组，不要求多），就将原有估计刷新一次，称为递推算法。显然后者的实时性强得多，这就为以后的自适应控制奠定基础。

相关分析法很特别，它以更宽阔的视野，把系统的输入输出看作是随机过程。这种认识显然更加贴切，深入过程的本质，理论上的价值十分重大。具体方法是通过相关函数计算，求得系统的脉冲响应函数，然后用最小二乘法估计出系统的参数。这种方法尤其适用于随机系统。

对系统进行测试，是信息的源头、参数估计的前提。为充分激励系统，理想的测试信号是脉冲或阶跃信号。将其进行傅里叶变换，分解出来的频谱具有无限大的带宽，什么频率都有，且幅值相等，加在输入端，这种激励显然是充分的、理想的。为了获得准确的参数，要求脉冲冲量或阶跃幅度足够大，但这样会使运行中的系统偏离良好状态，给工业生产造成影响，因此测试只能离线进行。采用相关分析法，在输入端加入白噪声模拟信号——伪随机码，可大幅度减少信号的幅值，不至于影响生产，因此可在线进行，这是相关分析法的一大优点。

数学模型中还有一类重要参数：阶和纯滞后，称为结构参数，它比模型参数更重要，只要它确定了，整个微分方程的结构才能最终确定下来，参数估计才有基础。阶的确定是建立在参数估计的基础上的，它们互为基础，既是困扰，又是机遇。由于评价函数的提出，估计好坏就数量化了。用试阶的方法，给定一个阶，模型就确定了，代入测试数据，可求出与给定阶相应的评价函数值来。依次进行，可得一曲线，横坐标为阶，纵坐标为评价函数值。由相邻阶的评价函数值与对应阶的结构矩阵的秩组成的统计量满足F分布，就可以用F检验的方法，将系统的真阶检验出来。这种方法称为阶的F检验法。纯滞后亦可以仿照试阶的方法解决。到此，系统辨识的问题基本解决了。

将参数估计的方法用来估计在线系统的状态，形成了一个新的学科领域，称为状态估计。参数估计和状态估计合称为估计理论。它自成体系，尤其是最终形成的最佳状态估计，即卡尔曼滤波是现代控制理论的华彩乐章。它构思之巧妙，推导过程之严谨，结论之精辟，应用之广泛，估计之精确，堪称科技中的艺术品。它能使受控导弹飞越万里之遥，克服各种大大小小、不可预测的扰动，准确地击中预定目标，使人叹为观止。除了应用领域有所拓展，理论上已无人超越。它与最优控制中的庞特里亚金极值原理、最优决策过程的贝尔曼动态规划，称为现代控制理论三大里程碑。

状态估计方法有最小二乘估计、线性最小方差估计、最佳状态估计(卡尔曼滤波)等。状态的最小二乘估计无须任何先验知识，属于最为简单的一种。如果知道状态与观测量(输出)呈线性关系，且已知扰动量与观测噪声这两个随机变量的一、二阶矩，即数学期望、方差和协方差。以估计误差平方和为评价函数，用最小二乘求极值的方法将线性关系中的常数项和一次项系数求出，可构造出状态与观测量之间的线性关系，并在理论上证明了这种状态估计的方差阵为最小，故称为最小方差估计，这是对状态最小二乘估计的发展。

状态估计的最终突破是在正交投影理论形成之后。正交投影理论揭示了状态估计是状态空间向量在观测量方向上的正交投影，给出了状态及状态估计误差这两个向量分别在由 K 个观测量组成的空间向量上的正交投影、在由 $(K-1)$ 个观测量组成的空间向量上的正交投影、在由单个第 K 次观测量组成的空间向量上的正交投影。这六个正交投影表达式不仅帮助人们形象地理解这些量的几何关系，并由此获得了它们之间的数量关系，为卡尔曼滤波奠定了基础。

卡尔曼滤波不仅考虑扰动量、观测噪声的随机性，还进一步将条件放宽，认为系统初态也是随机变量，且与扰动量、观测噪声相对独立，这样的假设才使以后获得的一步预测公式变得有意义。在这样的假设条件下，证明了状态、输出与之后的扰动量、观测噪声线性独立的四个关系，以及四个恒等式，并在此基础上得到四个递推公式，共同构成了卡尔曼滤波递推算法，成为现代控制理论里程碑式的科学成就。

系统辨识是为了获得切合实际的数学模型，其目的是对系统进行恰到好处的控制。控制有两大类型方法：最优控制与自适应控制。

在系统能观能控的条件下，人为对其施加影响，使之从初始状态转移到末端状态，并满足人们对它的各种要求，这种人为对系统的作用称为控制。使系统完成状态的过渡，方式和路径多种多样，其中必有一种最令人满意，这就要看人们对它有什么要求——着眼于系统运动形态，还是主要考虑人们所做的努力与花费、消耗资源的多少。例如要求尽快到达目的地，可选择坐飞机，但花钱多，且有风险；选择坐火车，虽然慢点，但相对安全、花钱少。若时间急迫，不在乎花费，那么坐飞机为首选。把对系统的状态和控制的要求量化，归结为一个能评价系统状态和控制优劣的函数，称为目标函数。所谓最优控制，就是令目标函数为最优的控制。庞特里亚金以及他的学生们对此做了大量工作。他们在已知系统状态方程和目标函数(又称目标泛函)的条件下，采用古典变分法，引入协状态变量，定义哈密顿函数，把目标函数变换成一种新的形式，寻找一种控制使其最优，从而获得了最优控制的充分必要条件。后来他们在更一般、更大范围内采用针状变分和凸集理论，从数学上严格证明了最优控制的存在，找到了求解最优控制的一般方法，这一整套理论称为“庞特里亚金极值原理”，这是现代控制理论最先获得的里程碑式的科学成就。

对于一般的工业过程，对状态转移的要求，如经典控制理论中，衡量飞升曲线优劣有六项性能指标：延迟时间、上升时间、峰值时间、过渡过程时间、超调量、振荡次数，将其整合在一起，引入加权阵，形成状态二次型函数。类似于状态的这种做法，也可获得控制的二次型函数。两者加在一起共同构成二次型目标函数。求解黎卡提微分方程，可得最优控制，称为二次型最优控制，这是工业领域普遍适用的最优控制方法。如目标函数中的被积函数为1，积分限为T，即追求时间为最短，则称为快速最优控制。如被积函数只包含状态的二次型，不包含控制的二次型，也就是不惜工本，追求状态的完美，则称为状态的最优控制。如仅包含控制的二次型，状态无所谓，只要求运动过程中消耗的能量要省，则称为能耗最优控制。

离散系统最优控制又称为多级决策过程。从最佳性原理出发，秉承多级决策中每一级决策都应该是最优的思想，用庞特里亚金极值原理获得了求解此类问题的普遍方法，称贝尔曼动态规划，其与庞特里亚金极值原理、卡尔曼滤波一起被称为现代控制理论三大里程碑。将它应用于离散系统二次型最优控制序列上，可获得多级决策的逆向分级算法，这是现代控制理论一道靓丽的风景。

最优控制涉及的系统多为时不变(系统参数不随时间而变)，综合出来的最优控制只适用于这类系统。如果系统参数时变，最优控制将不能适应。由于参数估计中有递推算法，它能跟踪参数变化，于是人们产生了将参数估计递推和控制算法结合起来的想法。具体做法是根据递推求得的变化了的参数，不断调整控制策略，从而适应系统参数变化，满足对系统性能的要求。这种融合了参数估计递推算法的控制，称为自适应控制。这是最贴近工程实际的控制方法。

自适应控制有两大类方法：自校正控制和模型参考自适应。

自校正控制研究的对象是含有纯滞后的单输入单输出系统，其参数明显带有时变特征，并受到零均值白噪声序列的扰动。沿用最小方差估计的思想，根据当前系统输出观测值，对后几拍的输出进行估计，使估计值与实际输出值之间误差的方差为最小，由此综合得出控制率，将其与系统参数的最小二乘递推算法融合在一起，形成参数估计、状态估计、最小方差控制融为一体的算法，称为基本的自校正控制。由于它带有明显的负反馈，又被称为自校正调节器。在此基础上，沿用最优控制的思想，将人们对系统状态和控制代价综合成目标函数，并使之达到极致，从而转化成一个等价的辅助系统。这种自校正调节，称为自校正控制。

模型参考自适应的构思令人拍案叫绝，它像一个大人牵着尚未成年的孩子，保证孩子在马路上不违反交通规则。具体做法是用一个参考模型来体现人们对被控系统的要求，在同一控制的作用下，比较被控对象和参考模型的输出或者状态的差，这个差称为广义误差。调整被控过程或系统中的参数，使它的输出或状态与参考模型一致，用广义误差的平方和在时间范围内积分作为目标函数，令其最小，或使广义误差趋于零，用这个办法综合得出控制率，称为模型参考自适应。

模型参考自适应着眼于系统的稳定，在综合得出控制率时使用李雅甫诺夫稳定性第二方法，寻找以广义误差为基础的李雅甫诺夫函数。若函数正定且它的时间变化率负定，则综合出来的模型参考自适应的系统渐近稳定。

模型参考自适应突出参数时变这一特点，参考模型采用可调参数的高阶模型，把系统状态转移认为是参数时变的结果。更为巧妙的是，为了节省被控对象的输出和控制输入的各阶导数的检测设备，采用状态滤波器将这些导数项变成独立的参数，再构造一个辅助系统(增广误差网络)加入其中，形成了一种普遍适用的、硬件结构十分简单的模型参考自适应控制。如此复杂的问题，最终获得如此简单的结果，这体现了人类在这个学科领域的高度智慧，令人赞叹不已。

正文将对上述内容和结论逐一加以严格的数学推导和证明。

前言

PREFACE

《现代控制理论》成为全国高校自动控制、自动化本科专业的一门专业或专业基础课，是在20世纪70年代末恢复高考之后，从七七届开始设立的。教材选用清华大学电子工程系自动控制教研室郑大钟于1978年10月编写的《现代控制理论》。内容涉及：状态空间描述、系统运动分析、能控性和能观性、李雅甫诺夫稳定性第二方法和系统综合等。几年以后更名为《线性系统理论》，成为相关专业的研究生课。同期的研究生课有：系统辨识、最优控制、最佳状态估计、自适应控制。通过几十年的发展，人们逐渐认识到这五部分是一个联系紧密的整体，它们有着共同的基础——状态空间描述。在此基础上，如何求解已知系统状态方程？在不解出解的情况下，系统有哪些属性？其能控、能观、稳定吗？这部分内容称为线性系统理论。若数学模型未知，如何用实验的方法确定系统结构和参数，这是系统辨识；进而如何估计出当前状态并施以最优的控制，综合出能适应系统内部参数以及外部环境时变的系统，这些分别就是最佳状态估计、最优控制和自适应控制。21世纪以来，这一点被更多人接受，陆续出版了含五部分于一体的著作，由董景新、吴秋平编著的，清华大学出版的《现代控制理论与方法概论》就是其中之一。了解了这五部分，才能建立起完整的现代控制理论概念。

一部学术专著，作者往往希望面面俱到、力求详尽，凡是属于这个领域的成就总想编入其中，这种想法有积极意义，但作为教科书，这样做势必内容繁杂、体态臃肿，令人不得要领，未必可取。现代控制理论中每一部分都有它的主干、中心思想、核心理论，如事情的由来、要解决的基本问题、逻辑推演、数学推导、最终结果以及解决办法等，只要紧密地围绕这条主线循序渐进、阐述清楚就可以了。对于由此派生出来的附加结果，以及对方法一些小的改进，读者在掌握主干之后会想得到，这部分内容可不必编入其中，这样做轮廓会更加清晰。本书秉承这一理念，对于核心理论不遗余力、不厌其烦，特别是数学推导做到了严谨、不跳步、不留悬念、不留死角、步步有据地推演下去，哪怕是细微之处，也不放过，力图做到滴水不漏，方便读者阅读、自学。即便是程度、基础不是很扎实的读者，在不借助其他工具书的情况下也能读得下去，掌握得了。书写出来是给人看的，特别是教科书，要想尽千方百计让人看懂，它不像期刊上的科技论文有篇幅限制，一般推演过程尽量舍去，只谈结果，似在人们面前矗立起一幢宏伟高大的建筑，虽然可取，但读者读起来非常吃力。这在教科书中应尽量避免。

同样为了方便读者，在每章的开头，我们将要用到的数学工具逐个介绍，包括重要的引理、定理、证明。数学逻辑是一定要搞清楚的，一个逻辑、一个等号卡住了，书就读不下去了。当今时代，几乎所有的科学结论都不是直观的，要靠数学公式方能理解。没有数学推导，结论就是强加的，既无法理解记忆，更不能正确运用，所以数学推导不可或缺。有一种观点作者不敢苟同，“数学推导，工科学生不做要求，只要知道结论，能用就行了”。结论怎么来的，不知道，那么我们如何能正确使用它、发展它，又怎么会有新的发明创造？有人质疑我们学生缺乏创造力，不全对，但也不无道理，不问缘由、不求甚解、囫囵吞枣，教学就是满堂灌、填鸭式。出于这种考虑，本书的每一个结论，几乎都有详细推导，只要读者有大学本科学历，学过高数，不论专业，认真看均能看懂。若读者在其他书上没看明白，不妨看看此书，或许能找到答案。

基于上述两点，本书定名为《现代控制理论导论》。导论就是向导，他不是开拓者，是过来人，熟悉山路的崎岖，能在密林中穿梭，能驾扁舟穿越迷雾，将读者送到欲达的彼岸。愿本书能起到这点作用。

智能控制方兴未艾，各种算法名目繁多、层出不穷，尚有很大的发展空间；研究的多为方法和技巧，属于方法论范畴，明显带有仿生学特征，尚未形成完整的理论体系，本书未将其编入，可能将其编入人工智能学更为合适。随着“微分动力学系统”研究的深入，对于因参数微变引起结构不稳定的非线性系统的控制问题，即所谓混沌现象（俗称蝴蝶效应）如何控制，这个领域可以预见将有大的发展，前途无可限量。

中国工程院院士王耀南、罗安教授，博士生导师章兢教授审阅了全书，并提出了许多宝贵意见，同时还得到了彭晓燕教授、刘侃教授的大力支持，出版社的老师们付出了艰辛的努力，湖南大学相关学科的博士生也参与了出版工作，在此一并致谢！

本书可作为控制理论与控制工程、自动化、机电一体化等机电院系的专业教科书、研究生教材，也可供广大教师和感兴趣的工程技术人员参考。

本书第 1、2、3、5、11 章由谭乃文编写，其余各章由谭鹤良编写并统稿。

尽管作者从 20 世纪 80 代初开始近 40 年从事控制理论的教学与科研，退休至今仍乐此不疲，但由于水平所限，难免有错，望不吝赐教。

编　者

2020 年 6 月

目录

CONTENTS

第一篇　线性系统理论

第1章　状态空间描述 …… 3

1.1　控制系统数学模型 …… 3

1.1.1　稳态系统 …… 3

1.1.2　动态系统 …… 3

1.2　连续系统状态方程 …… 4

1.2.1　不含输入函数导数项 …… 4

1.2.2　含输入函数导数项 …… 5

1.3　离散系统状态方程 …… 8

1.3.1　n阶差分方程 …… 8

1.3.2　状态方程 …… 8

1.4　状态方程一般形式 …… 11

第2章　系统运动分析 …… 12

2.1　时不变系统自由运动 …… 12

2.1.1　状态微分方程解的一般形式 …… 12

2.1.2　e^{At}的无穷级数 …… 13

2.1.3　凯莱－哈密顿定理(Cayley－Hamilton theorem) …… 14

2.1.4　e^{At}有限项多项式定理 …… 18

2.1.5　e^{At}的性质 …… 20

2.2　时不变系统的强迫运动 …… 27

2.2.1　状态转移矩阵 …… 27

2.2.2　状态转移矩阵性质 …… 27

2.2.3 强迫运动下状态方程的解…………………………………………………… 27
2.3 连续系统状态方程的离散化…………………………………………………… 28
2.4 时不变离散系统的强迫运动…………………………………………………… 30

第3章 线性控制系统的能控性与能观测性 …………………………………… 32

3.1 能控性定义…………………………………………………………………… 32
3.2 时不变系统状态能控性判据…………………………………………………… 33
3.3 时不变系统输出能控性判据…………………………………………………… 36
3.4 连续时变系统状态的能控性…………………………………………………… 38
3.4.1 数学基础…………………………………………………………………… 38
3.4.2 时变向量线性无关性与 Gram 矩阵奇异性的等价性定理 ……………… 43
3.4.3 时变系统状态能控的判别定理…………………………………………… 44
3.5 时变系统输出能控的判别定理………………………………………………… 46
3.6 时不变系统状态的能观测性…………………………………………………… 46
3.6.1 时变系统状态能观测性判据……………………………………………… 47
3.6.2 时不变系统状态能观测性判据…………………………………………… 48

第4章 系统稳定性与李雅普诺夫第二方法 …………………………………… 51

4.1 数学基础……………………………………………………………………… 51
4.1.1 合同的定义………………………………………………………………… 51
4.1.2 合同性质…………………………………………………………………… 51
4.1.3 合同定理…………………………………………………………………… 52
4.1.4 矩阵的二次型……………………………………………………………… 55
4.1.5 二次型的标准型…………………………………………………………… 55
4.1.6 矩阵二次型定号性判据(Sylvester 定理) ……………………………… 57
4.2 稳定性的概念…………………………………………………………………… 61
4.2.1 引例………………………………………………………………………… 61
4.2.2 李雅普诺夫第一方法……………………………………………………… 62
4.3 稳定性定义……………………………………………………………………… 66
4.3.1 相轨线……………………………………………………………………… 66
4.3.2 平衡状态…………………………………………………………………… 67
4.3.3 稳定性的基本定义………………………………………………………… 67
4.4 李雅普诺夫第二方法(间接法) ……………………………………………… 70
4.4.1 李雅普诺夫主稳定性定理………………………………………………… 70
4.4.2 李雅普诺夫主稳定性定理的证明………………………………………… 72

4.4.3 算例 …… 77
4.5 变量梯度法 …… 78
4.5.1 李雅普诺夫函数 V(X, t)特性 …… 78
4.5.2 变量梯度法 …… 78
4.6 线性连续系统的稳定性 …… 82

第二篇 系统辨识

第 5 章 参数最小二乘估计 …… 89
5.1 数学基础 …… 90
5.2 稳态数学模型参数估计与最小二乘法 …… 93
5.3 动态模型参数估计 …… 96
5.4 参数估计的递推算法 …… 98
5.4.1 和矩阵求逆公式(又称矩阵反演定理) …… 98
5.4.2 递推公式 …… 98
5.5 参数估计的数字仿真 …… 101

第 6 章 结构辨识——阶的 F 检测 …… 103
6.1 数学基础 …… 103
6.1.1 分块方阵的求逆公式 …… 103
6.1.2 幂等矩阵秩定理 …… 106
6.1.3 样本分布与科克伦定理 …… 106
6.2 阶的 F 检验 …… 108
6.2.1 静态模型阶的 F 检验 …… 109
6.2.2 动态模型阶的 F 检验 …… 115

第 7 章 相关分析法 …… 116
7.1 数学基础 …… 116
7.1.1 随机变量的概率分布函数和密度函数 …… 116
7.1.2 随机变量的数字特征 …… 118
7.1.3 随机过程 …… 118
7.1.4 平稳随机过程 …… 120
7.1.5 自相关函数的频谱 …… 122
7.1.6 白噪声过程 …… 122

7.2 白噪声的输出响应 …… 123
7.3 相关分析法的原理公式 …… 125
7.4 伪随机码(PRBS) …… 126
7.4.1 PRBS 电路 …… 127
7.4.2 伪随机码的性质 …… 128
7.4.3 脉冲过渡函数的修正公式 …… 133
7.4.4 相关分析算法 …… 134

第三篇 最佳状态估计

第 8 章 状态最小二乘估计 …… 139
8.1 数学基础 …… 139
8.1.1 数学期望运算法则 …… 139
8.1.2 方差运算法则 …… 139
8.1.3 协方差运算法则 …… 140
8.1.4 矩阵的迹运算法则 …… 143
8.1.5 随机变量的矩 …… 147
8.1.6 矩阵的柯西施瓦茨不等式 …… 148
8.2 状态的最小二乘估计及其性质 …… 148
8.2.1 状态的最小二乘估计 …… 148
8.2.2 状态最小二乘估计的性质 …… 149
8.3 马尔可夫估计 …… 150
第 9 章 状态最小方差估计 …… 152
9.1 状态最小方差估计公式 …… 152
9.1.1 状态与输出呈线性关系的系统 …… 152
9.1.2 求解最小方差估计 …… 153
9.2 状态最小方差估计性质 …… 157
第 10 章 最佳状态估计 …… 161
10.1 数学基础 …… 161
10.1.1 向量正交 …… 161
10.1.2 向量正交定理 …… 162
10.2 最小方差估计的正交性 …… 162

10.3 正交投影……163
10.4 正交投影向量图……170
10.5 线性离散系统的最佳状态估计(离散型卡尔曼滤波) ……171
10.6 卡尔曼滤波方程……177
10.7 卡尔曼滤波递推公式……185
10.8 卡尔曼递推算法……190

第四篇　最优控制

第11章　庞特里亚金极值原理 ……195

11.1 引言……195
11.2 动态性能指标与目标函数……195
11.3 最优控制充分必要条件……198
11.3.1 偏差微分方程……198
11.3.2 协状态向量与哈密顿函数……199
11.3.3 庞特里亚金极值定理……200
11.3.4 最优控制的一般提法……202
11.3.5 算例……203
11.4 最优控制问题的分类……205
11.4.1 固定终点问题……205
11.4.2 自由端点问题……206
11.5 线性二次型最优控制……206
11.5.1 二次型最优控制的必要条件……207
11.5.2 二次型最优控制的充分条件……210
11.5.3 算例……213

第12章　离散系统最优控制——动态规划 ……215

12.1 引例与定义……215
12.2 动态规划……216
12.3 离散最优控制的一般描述……217
12.4 最佳性原理……218
12.5 求解最优序列的步骤……219
12.6 算例……219
12.7 多阶判决的通用分式……221

第五篇 自适应控制

第13章 自校正控制 …… 227
13.1 最优预估器和最小方差控制器 …… 227
13.1.1 移位算子差分方程 …… 228
13.1.2 状态最优预测和最优控制 …… 228
13.1.3 最优预测误差与方差 …… 232
13.2 基本自校正调节器 …… 234
13.3 自校正控制器 …… 237
13.3.1 差分方程的最优控制 …… 237
13.3.2 辅助系统的自校正控制 …… 241
13.3.3 自校正控制器 …… 243
第14章 模型参考自适应 …… 248
14.1 数学基础 …… 249
14.1.1 微分算子 D 多项式与传递函数多项式的等价性 …… 249
14.1.2 方向梯度与梯度法 …… 250
14.1.3 函数、矩阵的正实性 …… 251
14.1.4 卡尔曼－雅库波维奇定理(K－Y定理) …… 252
14.2 局部参数最优化自适应控制 …… 255
14.3 可调增益一阶系统李雅普诺夫参考模型自适应 …… 257
14.4 时变多变量线性系统自适应 …… 262
14.5 增广误差信号与模型参考自适应 …… 265
14.5.1 增广误差信号与辅助系统 …… 265
14.5.2 状态变量滤波器 …… 267
14.5.3 状态变量滤波器和自适应控制率的综合 …… 270
14.6 被控对象输入有 $\boldsymbol{u}$ 的各阶导数项 …… 273
14.6.1 有 $\boldsymbol{u}$ 的各阶导数项公式 …… 274
14.6.2 含 u 导数项自适应控制律的综合 …… 279
参考文献 …… 284

第一篇

线性系统理论

第 1 章

状态空间描述

1.1 控制系统数学模型

1.1.1 稳态系统

图 1.1 为稳态系统，其中 u 为外界对系统的作用，称系统输入；y 为系统对外界的作用，称系统输出。如果系统可控，有输入，必有输出。稳态系统指过渡过程结束以后的系统，这时 u、y 不随时间变化，为相对静止，故又称静态系统。向系统施加信号 u，待系统稳定后，将有确定的 y 与之对应，这种关系可用函数来表达

$$y = f(u) \tag{1.1.1}$$

式中：u，y 均不是时间的函数。式(1.1.1)为代数式，反映了在稳定状态下，输入和输出的数量关系，称为稳态或静态数学模型。稳态数学模型只关注系统运动的结果，不关注过程的发展变化。若既对结果感兴趣，又关心运动的过程，就要用到动态数学模型。

图 1.1 稳态系统示意图

1.1.2 动态系统

任何一个线性控制系统，都可以用 n 阶微分方程来描述

$$y^{(n)} + a_1y^{(n-1)} + a_2y^{(n-2)} + \cdots + a_ny = b_0u^{(n)} + b_1u^{(n-1)} + b_2u^{(n-2)} + \cdots + b_nu \tag{1.1.2}$$

式中，$y = y(t)$，$u = u(t)$ 均为时间的函数，分别为系统的输出和输入，假定 u，y 均为 n 阶连

续可导，则满足狄里赫利条件。$y^{(n)}$，$y^{(n-1)}$，…，y' 为输出函数的各阶导数；$u^{(n)}$，$u^{(n-1)}$，…，u' 为输入函数的各阶导数；n 为系统的阶；a_1，a_2，…，a_n 为输出函数各阶导数项的系数，称为 **A** 参数；b_0，b_1，b_2，…，b_n 为输入函数各阶导数项的系数，称为 **B** 参数。给出一个 $u(t)$，代入式(1.1.2)，可以解得 $y(t)$。也就是说，给系统加上一个 $u(t)$ 的控制作用，系统输出将按 $y(t)$ 的规律变化，这种表征系统运动规律的数学模型称动态数学模型。

1.2 连续系统状态方程

1.2.1 不含输入函数导数项

设式(1.1.2) 中 $u = C$(常数)，则 $u^{(n)} = u^{(n-1)} = \cdots = u' = 0$，于是式(1.1.2) 变为

$$y^{(n)} + a_1 y^{(n-1)} + a_2 y^{(n-2)} + \cdots + a_n y = bu \tag{1.2.1}$$

令

$$\begin{cases} x_1 = y \\ x_2 = \dot{y} \\ x_3 = \ddot{y} \\ \cdots \\ x_n = y^{(n-1)} \end{cases} \tag{1.2.2}$$

由式(1.2.1) 知

$$y^{(n)} = -a_1 y^{(n-1)} - a_2 y^{(n-2)} - \cdots\cdots - a_n y + bu \tag{1.2.3}$$

对式(1.2.2) 各项求导得

$$\begin{cases} \dot{x}_1 = \dot{y} = x_2 \\ \dot{x}_2 = \ddot{y} = x_3 \\ \dot{x}_3 = \dddot{y} = x_4 \\ \cdots \\ \dot{x}_{n-1} = y^{(n-1)} = x_n \\ \dot{x}_n = y^{(n)} = -a_1 y^{(n-1)} - a_2 y^{(n-2)} - \cdots - a_n y + bu \\ \quad = -a_n x_1 - a_{n-1} x_2 - \cdots a_1 x_n + bu \end{cases} \tag{1.2.4}$$

式(1.2.4) 可写成矩阵形式

$$\begin{pmatrix} \dot{x}_1 \\ \dot{x}_2 \\ \vdots \\ \vdots \\ \dot{x}_{n-1} \\ \dot{x}_n \end{pmatrix} = \begin{pmatrix} 0 & 1 & 0 & 0 & \cdots & 0 \\ 0 & 0 & 1 & 0 & \cdots & 0 \\ 0 & 0 & 0 & 1 & \cdots & 0 \\ \vdots & \vdots & \vdots & \vdots & \ddots & \vdots \\ 0 & 0 & 0 & 0 & \cdots & 1 \\ -a_n & -a_{n-1} & \cdots & \cdots & -a_2 & -a_1 \end{pmatrix} \begin{pmatrix} x_1 \\ x_2 \\ \vdots \\ \vdots \\ x_{n-1} \\ x_n \end{pmatrix} + \begin{pmatrix} 0 \\ 0 \\ \vdots \\ \vdots \\ 0 \\ b \end{pmatrix} u \tag{1.2.5}$$

为便于理解，反过来看，将上式右边第一项的两个矩阵相乘，即得出式(1.2.4) 的结果。

$$设\ \boldsymbol{X}=\begin{pmatrix}x_1\\x_2\\\vdots\\x_n\end{pmatrix},\ 则\ \dot{\boldsymbol{X}}=\begin{pmatrix}\dot{x}_1\\\dot{x}_2\\\vdots\\\dot{x}_n\end{pmatrix},\quad \boldsymbol{U}=(u),$$

$$\boldsymbol{A}=\begin{pmatrix}0&1&0&\cdots&0\\0&0&1&0&\cdots\\\vdots&\vdots&0&\ddots&\vdots\\\vdots&\vdots&\vdots&\ddots&1\\-a_n&-a_{n-1}&\cdots&-a_2&-a_1\end{pmatrix},\qquad \boldsymbol{B}=\begin{pmatrix}0\\0\\\vdots\\\vdots\\b\end{pmatrix}$$

式(1.2.5)可写成

$$\dot{\boldsymbol{X}}=\boldsymbol{AX}+\boldsymbol{BU}\tag{1.2.6}$$

由于 $x_1=y$，则

$$\boldsymbol{Y}=y=x_1=(1\quad 0\quad \cdots\quad 0)\begin{pmatrix}x_1\\x_2\\\vdots\\x_n\end{pmatrix}$$

令

$$\boldsymbol{C}=(1\quad 0\quad 0\quad \cdots\quad 0)$$

则

$$\boldsymbol{Y}=\boldsymbol{CX}\tag{1.2.7}$$

联立式(1.2.6)与式(1.2.7)的状态方程如下

$$\begin{cases}\dot{\boldsymbol{X}}=\boldsymbol{AX}+\boldsymbol{BU}\\\boldsymbol{Y}=\boldsymbol{CX}\end{cases}\tag{1.2.8}$$

式中，$\boldsymbol{X}$为状态变量；$\dot{\boldsymbol{X}}$为状态变量导数；$\boldsymbol{Y}$为输出变量；$\boldsymbol{A}$，$\boldsymbol{B}$，$\boldsymbol{C}$为系数矩阵；上式第1行为状态方程，第2行为输出方程。由于状态变量是n维空间向量，用n维空间向量的微分方程来描述控制系统的方法称为状态空间法。

1.2.2 含输入函数导数项

输入导数项，这时微分方程为

$$y^{(n)}+a_1y^{(n-1)}+a_2y^{(n-2)}+\cdots+a_ny=b_0u^{(n)}+b_1u^{(n-1)}+b_2u^{(n-2)}+\cdots+b_nu$$

式中，$a_1\cdots a_n$，$b_0\cdots b_n$为系数。

令

$$x_1=y-\beta_0u\tag{1.2.9}$$

按规律

$$\begin{cases}x_2=\dot{x}_1-\beta_1u\\x_3=\dot{x}_2-\beta_2u\\\cdots\\x_n=\dot{x}_{n-1}-\beta_{n-1}u\\x_{n+1}=\dot{x}_n-\beta_nu\end{cases}$$

式(1.2.9)求导后，代入上式第1式，并依次进行得：

$$
\begin{aligned}
x_2 &= \dot{x}_1 - \beta_1 u = (y - \beta_0 u)' - \beta_1 u = y' - \beta_0 u' - \beta_1 u \\
x_3 &= \dot{x}_2 - \beta_2 u = (y' - \beta_0 u' - \beta_1 u)' - \beta_2 u = y'' - \beta_0 u'' - \beta_1 u' - \beta_2 u \\
&\cdots \\
x_n &= \dot{x}_{n-1} - \beta_{n-1} u = y^{(n-1)} - \beta_0 u^{(n-1)} - \cdots - \beta_{n-1} u \\
x_{n+1} &= \dot{x}_n - \dot{\beta}_n u = y^{(n)} - \beta_0 u^{(n)} - \cdots - \beta_n u
\end{aligned}
\tag{1.2.10}
$$

将式(1.2.9)每一个等式最后一个等号右边的负号项移到最左边，反过来写，得

$$
\begin{cases}
y = x_1 + \beta_0 u \\
\dot{y} = x_2 + \beta_0 \dot{u} + \beta_1 u \\
\ddot{y} = x_3 + \beta_0 \ddot{u} + \beta_1 \dot{u} + \beta_2 u \\
\cdots \\
y^{(n-1)} = x_n + \beta_0 u^{(n-1)} + \beta_1 u^{(n-2)} + \cdots + \beta_{n-1} u \\
y^{(n)} = x_{n+1} + \beta_0 u^{(n)} + \beta_1 u^{(n-1)} + \cdots + \beta_n u
\end{cases}
\tag{1.2.11}
$$

分别用 a_n，$a_{n-1} \cdots a_1$，1 乘式(1.2.11)每一个等式，得

$$
\begin{cases}
a_n y = a_n x_1 + a_n \beta_0 u \\
a_{n-1} \dot{y} = a_{n-1} x_2 + a_{n-1} \beta_0 \dot{u} + a_{n-1} \beta_1 u \\
a_{n-2} \ddot{y} = a_{n-2} x_3 + a_{n-2} \beta_0 \ddot{u} + a_{n-2} \beta_1 \dot{u} + a_{n-2} \beta_2 u \\
\cdots \\
a_1 y^{(n-1)} = a_1 x_n + a_1 \beta_0 u^{(n-1)} + a_1 \beta_1 u^{(n-2)} + \cdots + a_1 \beta_{n-1} u \\
y^{(n)} = x_{n+1} + \beta_0 u^{(n)} + \beta_1 u^{(n-1)} + \cdots + \beta_n u
\end{cases}
\tag{1.2.12}
$$

上组式相加，左边相加，见式(1.1.2)

$$
y^{(n)} + a_1 y^{(n-1)} + a_2 y^{(n-2)} + \cdots + a_n y = b_0 u^{(n)} + b_1 u^{(n-1)} + b_2 u^{(n-2)} + \cdots + b_n u
$$

右边相加，得

$$
\begin{aligned}
&= a_n x_1 + a_n \beta_0 u \\
&+ a_{n-1} x_2 + a_{n-1} \beta_0 \dot{u} + a_{n-1} \beta_1 u \\
&+ a_{n-2} x_3 + a_{n-2} \beta_0 \ddot{u} + a_{n-2} \beta_1 \dot{u} + a_{n-2} \beta_2 u \\
&+ \cdots \\
&+ a_1 x_n + a_1 \beta_0 u^{(n-1)} + a_1 \beta_1 u^{(n-2)} + \cdots + a_1 \beta_{n-1} u \\
&+ x_{n+1} + \beta_0 u^{(n)} + \beta_1 u^{(n-1)} + \beta_2 u^{(n-2)} + \cdots + \beta_n u
\end{aligned}
\tag{1.2.13}
$$

以 u 的同阶导数项为同类项，合并，得到一个 u 各阶导数项多项式

$$
\begin{aligned}
&= \beta_0 u^{(n)} + (\beta_1 + a_1 \beta_0) u^{(n-1)} + (\beta_2 + a_1 \beta_1 + a_2 \beta_0) u^{(n-2)} \\
&+ \cdots \\
&+ (\beta_n + a_1 \beta_{n-1} + a_2 \beta_{n-2} + \cdots + a_n \beta_0) u \\
&+ x_{n+1} + a_1 x_n + a_2 x_{n-1} + \cdots + a_{n-1} x_2 + a_n x_1
\end{aligned}
$$

式(1.1.2)等号右边的 u 各阶导数多项式相等，其对应项的系数应相等，则

$$
\begin{aligned}
&\beta_0 = b_0 \\
&\beta_1 + a_1 \beta_0 = b_1 \\
&\beta_2 + a_1 \beta_1 + a_2 \beta_0 = b_2
\end{aligned}
$$

$$\cdots$$

$$\beta_n + a_1\beta_{n-1} + a_2\beta_{n-2} + \cdots + a_n\beta_0 = b_n$$

$$x_{n+1} + a_1x_n + a_2x_{n-1} + \cdots + a_{n-1}x_2 + a_nx_1 = 0 \tag{1.2.14}$$

$$x_{n+1} = -a_nx_1 - a_{n-1}x_2 - a_{n-2}x_3 - \cdots - a_2x_{n-1} - a_1x_n \tag{1.2.15}$$

式中，$\beta_0\cdots\beta_n$ 可由方程式(1.2.14) 自上而下递推求得。将式(1.2.9) 等号右边的第二项移到等号左边，写成

$$\begin{cases}\dot{x}_1 = x_2 + \beta_1 u \\ \dot{x}_2 = x_3 + \beta_2 u \\ \cdots \\ \dot{x}_{n-1} = x_n + \beta_{n-1}u \\ \dot{x}_n = x_{n+1} + \beta_n u = -a_nx_1 - a_{n-1}x_2 - \cdots - a_1x_n + \beta_n u\end{cases}$$

写成矩阵形式

$$\begin{pmatrix}\dot{x}_1 \\ \dot{x}_2 \\ \vdots \\ \vdots \\ \dot{x}_{n-1} \\ \dot{x}_n\end{pmatrix} = \begin{pmatrix}0 & 1 & 0 & \cdots & \cdots & 0 \\ 0 & 0 & 1 & 0 & \cdots & 0 \\ \vdots & \vdots & \ddots & \ddots & \vdots & \vdots \\ \vdots & \vdots & \vdots & \ddots & \ddots & \vdots \\ 0 & 0 & \cdots & \cdots & 0 & 1 \\ -a_n & -a_{n-1} & \cdots & \cdots & \cdots & -a_1\end{pmatrix}\begin{pmatrix}x_1 \\ x_2 \\ \vdots \\ \vdots \\ x_{n-1} \\ x_n\end{pmatrix} + \begin{pmatrix}\beta_1 \\ \beta_2 \\ \vdots \\ \vdots \\ \beta_{n-1} \\ \beta_n\end{pmatrix}u$$

依照上述方法定义相应矩阵，则

$$\dot{\boldsymbol{X}} = \boldsymbol{AX} + \boldsymbol{BU} \tag{1.2.16}$$

由于 $x_1 = y - \beta_0 u$，则

$$y = x_1 - \beta_0 u$$

可进一步写成

$$\boldsymbol{Y} = (1 \quad 0 \quad \cdots \quad 0)\begin{pmatrix}x_1 \\ x_2 \\ \vdots \\ x_n\end{pmatrix} + \beta_0 u = \boldsymbol{CX} + \boldsymbol{DU} \tag{1.2.17}$$

式中，$\boldsymbol{C} = (1 \quad 0 \quad \cdots \quad 0)$，$\boldsymbol{D} = \beta_0$，$\boldsymbol{U} = u$。

$$\begin{cases}\dot{\boldsymbol{X}} = \boldsymbol{AX} + \boldsymbol{BU} \\ \boldsymbol{Y} = \boldsymbol{CX} + \boldsymbol{DU}\end{cases} \tag{1.2.18}$$

式(1.2.18) 为有输出导数项系统状态方程，第1式为状态微分方程，第2式为输出方程。上述方程中的状态变量、控制变量均为时间的连续函数，称为连续系统的状态方程。

随着计算机技术的发展，广泛使用的将是下一节讨论的离散系统状态方程。

1.3 离散系统状态方程

1.3.1 n 阶差分方程

任一高阶微分方程均可转化为同阶的差分方程。设 n 阶的微分方程为

$$
\begin{aligned}
&y^{(n)}+\alpha_1 y^{(n-1)}+\alpha_2 y^{(n-2)}+\cdots+\alpha_{n-1}\dot{y}+\alpha_n y \\
&=\beta_0 u^{(n)}+\beta_1 u^{(n-1)}+\beta_2 u^{(n-2)}+\cdots+\beta_{n-1}\dot{u}+\beta_n u
\end{aligned}
\tag{1.3.1}
$$

式中，$y=y(t)$，$u=u(t)$，均为时间的连续函数。式(1.3.1)应对任一时刻 t 成立，$t=t_k$ 也应成立。则有

$$
y^{(n)}(t_k)+\alpha_1 y^{(n-1)}(t_k)+\cdots+\alpha_n y(t_k)=\beta_0 u^{(n)}(t_k)+\beta_1 u^{(n-1)}(t_k)+\cdots+\beta_n u(t_k)
$$

设 $t_k=k\Delta T$，为第 k 个采样时刻；ΔT 为采样周期，满足香农定理；若 $\Delta T=1$，则由一阶导数定义，用差商代替微商，得

$$
\dot{y}(t_k)=\lim_{\Delta T\to 0}\frac{y(k\Delta T)-y[(k-1)\Delta T]}{\Delta T}=y(k)-y(k-1),
$$

可见 $y(k)$ 的一阶导数不仅与 k 时刻的函数值 $y(k)$ 有关，还与前一时刻的函数值 $y(k-1)$ 有关。同理

$$
\begin{aligned}
\ddot{y}(k)&=[\dot{y}(k)]'=[y(k)-y(k-1)]' \\
&=\dot{y}(k)-\dot{y}(k-1) \\
&=[y(k)-y(k-1)]-[y(k-1)-y(k-2)] \\
&=y(k)-2y(k-1)+y(k-2)
\end{aligned}
$$

可见，$y(k)$ 的二阶导数不仅与 $y(k)$，$y(k-1)$ 有关，还与 $y(k-2)$ 有关。由此类推，$y^{(n)}(k)$ 不仅与 $y(k)$ 有关，还与 $y(k-1)$，…，$y(k-n)$ 有关。同理，$u^{(n)}(k)$ 不仅与 $u(k)$ 有关，还与 $u(k-1)$，…，$u(k-n)$ 有关。将这些关系全代入式(1.3.1)，经整理后得

$$
\begin{aligned}
&y(k)+a_1 y(k-1)+a_2 y(k-2)+\cdots+a_n y(k-n) \\
&=b_0 u(k)+b_1 u(k-1)+b_2 u(k-2)+\cdots+b_n u(k-n)
\end{aligned}
\tag{1.3.2}
$$

若 k 用 $k+n$ 代替，则

$$
\begin{aligned}
&y(k+n)+a_1 y(k+n-1)+a_2 y(k+n-2)+\cdots+a_n y(k) \\
&=b_0 u(k+n)+b_1 u(k+n-1)+b_2 u(k+n-2)+\cdots b_n u(k)
\end{aligned}
\tag{1.3.3}
$$

1.3.2 状态方程

离散系统状态方程可仿照连续系统的方法，将它的差分方程转化为状态方程。首先讨论输入函数无导数项的情况。由于只有 $bu(k)$，则式(1.3.3)变成

$$
y(k+n)+a_1 y(k+n-1)+a_2 y(k+n-2)+\cdots+a_n y(k)=bu(k)
\tag{1.3.4}
$$

设

$$\begin{cases}x_1(k)=y(k)\\x_2(k)=y(k+1)\\x_3(k)=y(k+2)\\\cdots\\x_{n-1}(k)=y(k+n-2)\\x_n(k)=y(k+n-1)\end{cases} \tag{1.3.5}$$

于是

$$\begin{cases}x_1(k+1)=y(k+1)=x_2(k)\\x_2(k+1)=y(k+2)=x_3(k)\\x_3(k+1)=y(k+3)=x_4(k)\\\cdots\\x_{n-1}(k+1)=y(k+n-1)=x_n(k)\\x_n(k+1)=y(k+n)\end{cases} \tag{1.3.6}$$

将式(1.3.4)等号左边除 $y(k+n)$ 外，其余各项移到右边，得

$$\begin{aligned}y(k+n)&=-a_1y(k+n-1)-a_2y(k+n-2)-\cdots-a_ny(k)+bu(k)\\&=-a_1x_n(k)-a_2x_{n-1}(k)-\cdots-a_nx_1(k)+bu(k)\\&=-a_nx_1(k)-\cdots-a_2x_{n-1}(k)-a_1x_n(k)+bu(k)\end{aligned} \tag{1.3.7}$$

将式(1.3.6)写成矩阵形式

$$\begin{pmatrix}x_1(k+1)\\x_2(k+1)\\\vdots\\\vdots\\x_{n-1}(k+1)\\x_n(k+1)\end{pmatrix}=\begin{pmatrix}0&1&0&\cdots&\cdots&0\\0&0&1&0&\cdots&0\\\vdots&\vdots&\ddots&\ddots&\vdots&\vdots\\\vdots&\vdots&\vdots&\ddots&\ddots&\vdots\\0&0&0&\cdots&0&1\\-a_n&-a_{n-1}&-a_{n-2}&\cdots&-a_2&-a_1\end{pmatrix}\begin{pmatrix}x_1(k)\\x_2(k)\\\vdots\\\vdots\\x_{n-1}(k)\\x_n(k)\end{pmatrix}+\begin{pmatrix}0\\0\\\vdots\\\vdots\\0\\b\end{pmatrix}u(k)$$

且

$$y(k)=x_1(k)=(1\ 0\ \cdots\ 0)\begin{pmatrix}x_1(k)\\x_2(k)\\\vdots\\x_n(k)\end{pmatrix}$$

仿照上述连读系统，定义矩阵得

$$\begin{cases}\boldsymbol{X}(k+1)=\boldsymbol{AX}(k)+\boldsymbol{BU}(k)\\\boldsymbol{Y}(k)=\boldsymbol{CX}(k)\end{cases} \tag{1.3.8}$$

式中，$\boldsymbol{X}(k+1)=\begin{pmatrix}x_1(k+1)\\\cdots\\x_n(k+1)\end{pmatrix}$，$\boldsymbol{X}(k)=\begin{pmatrix}x_1(k)\\\cdots\\x_n(k)\end{pmatrix}$。$\boldsymbol{A}$ 阵与式(1.2.6)的假设同，

$\boldsymbol{Y}(k)=\begin{pmatrix} y_1(k) \\ \cdots \\ y_n(k) \end{pmatrix}$，$\boldsymbol{C}$ 阵与式(1.2.7)的假设同，称式(1.3.8)为无输入导数项离散系统的状态方程。

含 $u(k+n)$，$u(k+n-1)$，…，$u(k)$ 项的系统，可参照连续系统的方法解决，设

$$\begin{cases} x_1(k)=y(k)-h_0u(k) \\ x_2(k)=x_1(k+1)-h_1u(k) \\ x_3(k)=x_2(k+1)-h_2u(k) \\ \cdots \\ x_n(k)=x_{n-1}(k+1)-h_{n-1}u(k) \end{cases} \tag{1.3.9}$$

其中

$$\begin{cases} h_0=b_0 \\ h_1=b_1-a_1h_0 \\ h_2=b_2-a_1h_1-a_2h_0 \\ \cdots \\ h_n=b_n-a_1h_{n-1}-\cdots-a_{n-1}h_1-a_nh_0 \end{cases}$$

式(1.3.9)可改写为

$$\begin{cases} x_1(k+1)=x_2(k)+h_1u(k) \\ x_2(k+1)=x_3(k)+h_2u(k) \\ \cdots \\ x_{n-1}(k+1)=x_n(k)+h_{n-1}u(k) \\ x_n(k+1)=-a_nx_1(k)-a_{n-1}x_2(k)-\cdots-a_1x_n(k)+h_0u(k) \end{cases}$$

状态差分方程为

$$\begin{pmatrix} x_1(k+1) \\ x_2(k+1) \\ \vdots \\ \vdots \\ x_{n-1}(k+1) \\ x_n(k+1) \end{pmatrix}=\begin{pmatrix} 0 & 1 & 0 & \cdots & \cdots & 0 \\ 0 & 0 & 1 & 0 & \cdots & 0 \\ \vdots & \vdots & \ddots & \ddots & \vdots & \vdots \\ \vdots & \vdots & \vdots & \ddots & \ddots & \vdots \\ 0 & \cdots & \cdots & \cdots & 0 & 1 \\ -a_n & -a_{n-1} & \cdots & \cdots & \cdots & -a_1 \end{pmatrix}\begin{pmatrix} x_1(k) \\ x_2(k) \\ \vdots \\ \vdots \\ x_{n-1}(k) \\ x_n(k) \end{pmatrix}+\begin{pmatrix} h_1 \\ h_2 \\ \vdots \\ \vdots \\ h_{n-1} \\ h_n \end{pmatrix}u \tag{1.3.10}$$

输出方程为

$$y(k)=(1\quad 0\quad \cdots\quad \cdots\quad 0)\begin{pmatrix} x_1(k) \\ x_2(k) \\ \cdots \\ \cdots \\ x_n(k) \end{pmatrix}+h_0u(k)$$

含 u 导数项离散系统的状态方程

$$\begin{cases} X(k+1) = AX(k) + BU(k) \\ Y(k) = CX(k) + DU(k) \end{cases} \tag{1.3.11}$$

式中，$\boldsymbol{C}$ 阵与式(1.2.7) 的假设同，$\boldsymbol{D} = h_0$。

1.4 状态方程一般形式

无论连续系统还是离散系统，状态方程均有如下形式，一般为

$$\begin{cases} \dot{X} = AX + BU \\ Y = CX + DU \end{cases} \tag{1.4.1}$$

式中，状态变量 $\boldsymbol{X} = (x_1 \quad x_2 \quad \cdots \quad x_n)^{\mathrm{T}}$，为 $n \times 1$ 阶列阵，记为 $\boldsymbol{X}_{n\times1}$；

控制变量 $\boldsymbol{U} = (u_1 \quad u_2 \quad \cdots \quad u_r)^{\mathrm{T}}$，为 $r \times 1$ 阶列阵，记为 $\boldsymbol{U}_{r\times1}$；

输出变量 $\boldsymbol{Y} = (y_1 \quad y_2 \quad \cdots \quad y_m)^{\mathrm{T}}$，为 $m \times 1$ 阶列阵，记为 $\boldsymbol{Y}_{m\times1}$。

系数矩阵 $\boldsymbol{A}$ 为 $n \times n$ 阶方阵，记为 $\boldsymbol{A}_{n\times n}$，$\boldsymbol{B}$ 为 $n \times r$ 阶阵，记为 $\boldsymbol{B}_{n\times r}$，$\boldsymbol{C}$ 为 $m \times n$ 阶阵，记为 $\boldsymbol{C}_{m\times n}$，$\boldsymbol{D}$ 为 $m \times r$ 阶阵，记为 $\boldsymbol{D}_{m\times r}$。

则

$$\dot{X}_{n\times1} = A_{n\times n}X_{n\times1} + B_{n\times r}U_{r\times1}$$

式中，第 1 项 $\boldsymbol{A}_{n\times n}\boldsymbol{X}_{n\times1}$，乘积为 $n \times 1$ 阶矩阵；第 2 项 $\boldsymbol{B}_{n\times r}\boldsymbol{U}_{r\times1}$，乘积为 $n \times 1$ 阶矩阵，等式两边均为$n\times1$阶矩阵，用这个方法可初步判断等式的正确性。同理$\boldsymbol{Y}_{m\times1} = \boldsymbol{C}_{m\times n}\boldsymbol{X}_{m\times1} + \boldsymbol{D}_{m\times r}\boldsymbol{U}_{r\times1}$，可见两边也都是 $m \times 1$ 阶矩阵。

由式(1.4.1) 可得如下结论与推广：

(1) 在数学上说，一个向量乘以系数矩阵，称为对该向量进行了线性变换。由线性变换构成的系统，称为线性系统，故式(1.4.1) 描述的系统为线性系统。绝对地说，线性系统是相对的，非线性系统是绝对的。

(2) 上述讨论中，若系数矩阵中的元素均为常数，不随时间变化，则称为定常系统，或时不变系统。若系数矩阵中元素随时间变化，称为时变系统，它的状态方程为

$$\begin{cases} \dot{X} = A(t)X + B(t)U \\ Y = C(t)X + D(t)U \end{cases}$$

绝对地说，时不变系统是相对的，时变系统是绝对的。

(3) 上述推导中，高阶微分方程转化为状态方程，表面上看，似乎有多个变量，但输入输出仅有一个，这样的系统称为单输入单输出系统，即 SISO 系统。而多个变量只是单个变量的多阶导数，可看作是独立于y与u的变量，并不是真有多个变量。有多个输入输出的系统称为多变量系统，或多输入多输出系统，即 MIMO 系统。

第 2 章 系统运动分析

设系统的状态微分方程为

$$\begin{cases}\dot{\boldsymbol{X}} = \boldsymbol{AX} + \boldsymbol{BU} \\ \boldsymbol{X}(t_0) = \boldsymbol{X}_0\end{cases} \tag{2.1.1}$$

求解 $\boldsymbol{X}(t_0)$ 曲线，即状态变量随时间的变化规律，称为系统运动分析。式(2.1.1) 中矩阵的定义与式(1.4.1) 相同。$\boldsymbol{X}(t_0)$ 为状态变量函数在 t_0 时刻的值，称为初始状态，简记为 $\boldsymbol{X}_0$。

系统运动分析，即研究系统 $\dot{\boldsymbol{X}} = \boldsymbol{AX} + \boldsymbol{BU}$ 在控制输入 $\boldsymbol{U}(t_0)$ 的作用下，状态向量从 $\boldsymbol{X}_0$ 开始随时间的变化规律。

2.1 时不变系统自由运动

设状态微分方程为 $\dot{\boldsymbol{X}} = \boldsymbol{AX} + \boldsymbol{BU}$，当系统的输入函数 $\boldsymbol{U}(t) = 0$ 时，则方程变成

$$\begin{cases}\dot{\boldsymbol{X}} = \boldsymbol{AX} \\ \boldsymbol{X}(t_0) = \boldsymbol{X}_0\end{cases} \tag{2.1.2}$$

根据状态微分方程和初始条件可解出状态变量函数 $\boldsymbol{X}(t_0)$，当无控制作用时，随时间的变化规律，称为系统的自由运动。可见，系统自由运动分析的实质就是求解状态微分方程(2.1.2)。

2.1.1 状态微分方程解的一般形式

设一阶微分方程为

$$\begin{cases}\dot{x} = ax \\ x(t_0) = x_0\end{cases} \tag{2.1.3}$$

$\dot{x} = \dfrac{\mathrm{d}x}{\mathrm{d}t} = ax$，$\dfrac{\mathrm{d}x}{x} = a\mathrm{d}t$，两边积分

$$\int \frac{1}{x}\mathrm{d}x = \int a\mathrm{d}t;\ \ln x = at + \ln c$$

$$x = \mathrm{e}^{at+\ln c} = \mathrm{e}^{at}\mathrm{e}^{\ln c} = \mathrm{e}^{at}c$$

代入初始条件得

$$x(t_0) = \mathrm{e}^{at_0}c,\ c = x(t_0)\mathrm{e}^{-at_0}$$

因此可得

$$x(t) = \mathrm{e}^{at}\mathrm{e}^{-at_0}x(t_0) = \mathrm{e}^{a(t-t_0)}x_0 \tag{2.1.4}$$

式(2.1.3)、式(2.1.4) 为式(2.1.2) 的特解。如果式(2.1.4) 中的 a 是矩阵 $\boldsymbol{A}$，如 $\boldsymbol{A} = \begin{pmatrix} 1 & 2 \\ 3 & 4 \end{pmatrix}$，方程的解又将取何种形式？现作这样猜想，式(2.1.2) 状态微分方程的特解与式(2.1.4) 相类似，即

$$\boldsymbol{X}(t) = \mathrm{e}^{\boldsymbol{A}(t-t_0)}\boldsymbol{X}_0$$

当 $t_0 = 0$，则

$$\boldsymbol{X}(t) = \mathrm{e}^{\boldsymbol{A}t}\boldsymbol{X}_0 \tag{2.1.5}$$

由于 e 的指数含矩阵 $\boldsymbol{A}$，因此称 $\mathrm{e}^{\boldsymbol{A}t}$ 为矩阵指数。要回答的问题是式(2.1.5) 果真是式(2.1.2) 的解吗？

2.1.2　$\mathrm{e}^{\boldsymbol{A}t}$ 的无穷级数

由无穷级数理论知，任意一个函数均可展开成一个泰勒—麦克劳林无穷级数

$$f(x) = f(0) + \frac{f'(0)}{1!}x + \frac{f''(0)}{2!}x^2 + \cdots + \frac{f^{(n)}(0)}{n!}x^n + \cdots$$

若

$$f(x) = \mathrm{e}^x$$

由于

$$f(0) = \mathrm{e}^0 = 1;\ f'(0) = f''(0) = \cdots = f^{(n)}(0) = \mathrm{e}^0 = 1$$

故

$$\mathrm{e}^x = 1 + x + \frac{1}{2!}x^2 + \cdots + \frac{1}{n!}x^n + \cdots$$

当 $x = at$，则

$$\mathrm{e}^{at} = 1 + at + \frac{a^2}{2!}t^2 + \cdots + \frac{a^n}{n!}t^n + \cdots = \sum_{k=0}^{\infty}\frac{1}{k!}a^k t^k \tag{2.1.6}$$

$\mathrm{e}^{\boldsymbol{A}t}$ 也会有这样的形式吗？$\mathrm{e}^{\boldsymbol{A}t}$ 为一个函数，它一定可以展开成无穷级数。

设这个无穷级数为

$$\boldsymbol{X}(t) = \boldsymbol{b}_0 + \boldsymbol{b}_1 t + \boldsymbol{b}_2 t^2 + \cdots + \boldsymbol{b}_n t^n + \cdots = \sum_{k=0}^{\infty}\boldsymbol{b}_k t^k \tag{2.1.7}$$

将它代入式(2.1.1)，由于

$$\dot{\boldsymbol{X}}(t) = (\boldsymbol{b}_0 + \boldsymbol{b}_1 t + \boldsymbol{b}_2 t^2 + \cdots)' = \boldsymbol{b}_1 + 2\boldsymbol{b}_2 t + 3\boldsymbol{b}_3 t^2 + \cdots$$

将 $\dot{\boldsymbol{X}}(t)$、$\boldsymbol{X}(t)$，代入式(2.1.2) 得

$$\boldsymbol{b}_1 + 2\boldsymbol{b}_2 t + 3\boldsymbol{b}_3 t^2 + \cdots = \boldsymbol{A}(\boldsymbol{b}_0 + \boldsymbol{b}_1 t + \boldsymbol{b}_2 t^2 + \cdots) = \boldsymbol{A}\boldsymbol{b}_0 + \boldsymbol{A}\boldsymbol{b}_1 t + \boldsymbol{A}\boldsymbol{b}_2 t^2 + \cdots$$

两个 t 的多项式相等，同幂项系数应相等，得

$$\begin{cases} \boldsymbol{b}_1 = \boldsymbol{A}\boldsymbol{b}_0 \\ 2\boldsymbol{b}_2 = \boldsymbol{A}\boldsymbol{b}_1 \\ 3\boldsymbol{b}_3 = \boldsymbol{A}\boldsymbol{b}_2 \\ \cdots \end{cases} \Rightarrow \begin{cases} \boldsymbol{b}_1 = \boldsymbol{A}\boldsymbol{b}_0 \\ \boldsymbol{b}_2 = \frac{1}{2}\boldsymbol{A}\boldsymbol{b}_1 = \frac{1}{2}\boldsymbol{A}\,\boldsymbol{A}b_0 = \frac{1}{2}\boldsymbol{A}^2\boldsymbol{b}_0 \\ \boldsymbol{b}_3 = \frac{1}{3}\boldsymbol{A}\boldsymbol{b}_2 = \frac{1}{3}\boldsymbol{A}\cdot\frac{1}{2}\boldsymbol{A}\boldsymbol{b}_1 = \frac{1}{3}\boldsymbol{A}\cdot\frac{1}{2}\boldsymbol{A}\cdot\boldsymbol{A}\boldsymbol{b}_0 = \frac{1}{3!}\boldsymbol{A}^3\boldsymbol{b}_0 \\ \cdots \end{cases}$$

将右边的式子代入式(2.1.7)，得

$$\boldsymbol{X}(t) = \boldsymbol{b}_0 + \boldsymbol{A}\boldsymbol{b}_0 t + \frac{1}{2!}\boldsymbol{A}^2\boldsymbol{b}_0 t^2 + \cdots + \frac{1}{n!}\boldsymbol{A}^n\boldsymbol{b}_0 t^n + \cdots$$

$$= (\boldsymbol{I} + \boldsymbol{A}t + \frac{1}{2}\boldsymbol{A}^2 t^2 + \cdots + \frac{1}{n!}\boldsymbol{A}^n t^n + \cdots)\boldsymbol{b}_0$$

代入初始条件 $\boldsymbol{X}(t_0) = \boldsymbol{X}_0$，当 $t_0 = 0$ 时

$$\boldsymbol{X}(t_0)\big|_{t_0=0} = (I + 0 + \cdots)\boldsymbol{b}_0 = \boldsymbol{X}_0$$

所以

$$\boldsymbol{b}_0 = \boldsymbol{X}_0$$

最后得

$$\boldsymbol{X}(t) = (\boldsymbol{I} + \boldsymbol{A}t + \frac{1}{2!}\boldsymbol{A}^2 t^2 + \cdots)\boldsymbol{X}_0$$

与式(2.1.6)相同。既然

$$e^{at} = I + at + \frac{1}{2!}a^2 t^2 + \cdots$$

所以

$$e^{\boldsymbol{A}t} = \boldsymbol{I} + \boldsymbol{A}t + \frac{1}{2!}\boldsymbol{A}^2 t^2 + \cdots \tag{2.1.8}$$

式(2.1.8)在理论上给出了一种计算 e^{At} 的方法，由于(2.1.8)等号右边不包含 e 的指数，计算简单了许多，这就是公式的意义所在。由于式(2.1.8)为无限项，因此计算又是难以实现的。研究发现，e^{At} 可以简化为有限项，这就是有限项定理。正是这个定理，e^{At} 的计算才成为可能。

2.1.3 凯莱－哈密顿定理(Cayley－Hamilton theorem)

【定理1】 设 A 为 $n \times n$ 阶阵，特征多项式为

$$f(\lambda) = \lambda^n + \alpha_1\lambda^{n-1} + \cdots + \alpha_{n-1}\lambda + \alpha_n$$

则 $\boldsymbol{A}$ 必满足其自身零化特征多项式，即

$$f(\boldsymbol{A}) = \boldsymbol{A}^n + \alpha_1\boldsymbol{A}^{n-1} + \cdots + \alpha_{n-1}\boldsymbol{A} + \alpha_n = 0$$

在定理证明之前，首先介绍矩阵的特征多项式。为便于理解，先回顾高阶微分方程的特征多项式。

2.1.3.1 高阶微分方程的特征多项式和特征值

当 $u = 0$ 时，n 阶微分方程式(1.1.2)为

$$y^{(n)} + a_1 y^{(n-1)} + a_2 y^{(n-2)} + \cdots + a_n y = 0 \tag{2.1.9}$$

根据拉氏变换的微分定理

$$\mathscr{L}(\dot{y}(t)) = sY(s) - y(0)$$

不失一般性 $y(0) = 0$，则

$$\mathscr{L}(\dot{y}(t)) = sY(s)$$
$$\mathscr{L}(\ddot{y}(t)) = \mathscr{L}(\dot{y}(t))'$$

令

$$z(t) = \dot{y}(t)$$

故

$$\begin{aligned}\mathscr{L}(\ddot{y}(t)) &= \mathscr{L}(z(t))' \\ &= s \cdot \mathscr{L}(z(t)) \\ &= s \cdot \mathscr{L}(y(t))' \\ &= s \cdot sy(t) = s^2 y(s) \\ &\cdots\end{aligned}$$

$$\mathscr{L}(y^{(n)}(t)) = s^n Y(s)$$

同理对式(2.1.9)求拉氏变换，得

$$\begin{aligned}\mathscr{L}(y^{(n)} + a_1 y^{(n-1)} + \cdots + a_n y) &= \mathscr{L}(y^{(n)}) + \mathscr{L}(a_1 y^{(n-1)}) + \cdots + \mathscr{L}(a_n y) \\ &= s^n Y(s) + a_1 s^{n-1} Y(s) + \cdots + a_n Y(s) \\ &= (s^n + a_1 s^{n-1} + a_2 s^{n-2} + \cdots + a_n) Y(s) = 0\end{aligned}$$

$Y(s) \neq 0$，则

$$s^n + a_1 s^{n-1} + a_2 s^{n-2} + \cdots + a_n = 0 \tag{2.1.10}$$

式(2.1.10)称为 n 阶微分方程的特征多项式，它的解 λ_1，λ_2，…，λ_n 称为微分方程的特征值。每个特征值 $\lambda_i(i = 1, \cdots, n)$ 均能满足它的零化特征多项式，
即

$$\lambda_i^n + a_1 \lambda_i^{n-1} + a_2 \lambda_i^{n-2} + \cdots + a_n = 0$$

2.1.3.2　状态方程和特征值

当 $u = 0$ 时，高阶微分方程转化成的状态方程为 $\dot{\boldsymbol{X}} = \boldsymbol{AX}$，见式(2.1.2)。

两边进行拉氏变换

$$\mathscr{L}(\dot{\boldsymbol{X}}) = \mathscr{L}(\boldsymbol{AX}),\ s\boldsymbol{X}(s) - \boldsymbol{X}_0 = \boldsymbol{AX}(s) \tag{2.1.11}$$

移项得

$$s\boldsymbol{X}(s) - \boldsymbol{AX}(s) = \boldsymbol{X}_0$$

当 $\boldsymbol{X}_0 = 0$，右抽公因子得

$$(s\boldsymbol{I} - \boldsymbol{A})\boldsymbol{X}(s) = 0$$

$\boldsymbol{I}$ 为单位阵，$\boldsymbol{X}(s) \neq 0$，则

$$s\boldsymbol{I} - \boldsymbol{A} = 0$$

设

$$A = \begin{pmatrix} a_{11} & a_{12} & \cdots & a_{1n} \\ a_{21} & a_{22} & \cdots & a_{2n} \\ \vdots & \vdots & \ddots & \vdots \\ a_{n1} & a_{n2} & \cdots & a_{nn} \end{pmatrix}; \qquad sI = s\begin{pmatrix} 1 & & 0 \\ & \ddots & \\ 0 & & 1 \end{pmatrix} = \begin{pmatrix} s & & 0 \\ & \ddots & \\ 0 & & s \end{pmatrix}$$

$$(sI - A) = \begin{pmatrix} s - a_{11} & -a_{12} & \cdots & -a_{1n} \\ -a_{21} & s - a_{22} & \cdots & -a_{2n} \\ \vdots & \vdots & \vdots & \vdots \\ -a_{n1} & \vdots & \vdots & s - a_{nn} \end{pmatrix}$$

展开矩阵$(sI - A)$的行列式$\det(sI - A)$，可获得与高阶微分方程相似的多项式

$$s^n + \alpha_1 s^{n-1} + \alpha_2 s^{n-2} + \cdots + \alpha_n = 0$$

称为矩阵的特征多项式，解之，得λ_1，λ_2，…，λ_n称为A矩阵的特征值，它与n阶微分方程的特征值显然是相等的。以下证明凯莱－哈密顿定理。

【证明】 由矩阵求逆公式

$$A^{-1} = \frac{\mathrm{adj}A}{|A|} \tag{2.1.12}$$

式中：$\mathrm{adj}A$为A的伴随矩阵(是指由A相应元素的代数余子式组成的矩阵，具体见本书25面例中的有关部分)；A的逆矩阵A^{-1}等于A的伴随矩阵除以A的行列式；A的行列式也可表为$\det A$。$(\lambda I - A)$阵应满足式(2.1.12)。

故

$$(\lambda I - A)^{-1} = \frac{\mathrm{adj}(\lambda I - A)}{|(\lambda I - A)|}$$

上式两边右乘$(\lambda I - A)$阵得

$$(\lambda I - A)^{-1}(\lambda I - A) = \frac{\mathrm{adj}(\lambda I - A)}{|(\lambda I - A)|}(\lambda I - A)$$

由于

$$(\lambda I - A)^{-1}(\lambda I - A) = I$$

故

$$\frac{\mathrm{adj}(\lambda I - A)}{|(\lambda I - A)|}(\lambda I - A) = I$$

两边同乘$|\lambda I - A|$得

$$\mathrm{adj}(\lambda I - A)(\lambda I - A) = |\lambda I - A| \cdot I \tag{2.1.13}$$

应当指出，伴随矩阵中每一个元素均是λ的$(n-1)$次多项式。

若

$$A = \begin{pmatrix} a_{11} & a_{12} & \cdots & a_{1n} \\ a_{21} & a_{22} & \cdots & a_{2n} \\ & & \vdots & \\ a_{n1} & a_{n2} & \cdots & a_{nn} \end{pmatrix}$$

$$(\lambda \boldsymbol{I}-\boldsymbol{A})=\begin{pmatrix}\lambda & \cdots & 0\\ & \vdots & \\ 0 & \cdots & \lambda\end{pmatrix}-\begin{pmatrix}a_{11} & a_{12} & \cdots & a_{1n}\\ a_{21} & a_{22} & \cdots & a_{2n}\\ & & \vdots & \\ a_{n1} & a_{n2} & \cdots & a_{nn}\end{pmatrix}=\begin{pmatrix}\lambda-a_{11} & -a_{12} & \cdots & -a_{1n}\\ -a_{21} & \lambda-a_{22} & \cdots & a_{2n}\\ & & \vdots & \\ -a_{n1} & -a_{n2} & \cdots & \lambda-a_{nn}\end{pmatrix}$$

伴随矩阵

$$\operatorname{adj}(\lambda \boldsymbol{I}-\boldsymbol{A})=\begin{pmatrix}\boldsymbol{A}_{11} & \boldsymbol{A}_{21} & \cdots & \boldsymbol{A}_{n1}\\ \boldsymbol{A}_{12} & \boldsymbol{A}_{22} & \cdots & \boldsymbol{A}_{n2}\\ & & \vdots & \\ \boldsymbol{A}_{1n} & \boldsymbol{A}_{2n} & \cdots & \boldsymbol{A}_{nn}\end{pmatrix}$$

式中：$\boldsymbol{A}_{11}$ 为 $\operatorname{adj}(\lambda \boldsymbol{I}-\boldsymbol{A})$ 阵的第一行第一列元素，它等于$(\lambda \boldsymbol{I}-\boldsymbol{A})$ 矩阵去掉 $\lambda-a_{11}$ 所在的行与所在的列后形成的行列式，即

$$\boldsymbol{A}_{11}=(-1)^{1+1}\begin{vmatrix}\lambda-a_{22} & -a_{23} & \cdots & -a_{2n}\\ & \vdots & & \\ -a_{n2} & -a_{n3} & \cdots & \lambda-a_{nn}\end{vmatrix}$$

将其展开，其中一定有一项是对角线上的元素相乘，由于去掉了一行一列，对角线元素相乘所得一定是 λ 的$(n-1)$ 次，所以 $\boldsymbol{A}_{11}$ 是 λ 的$(n-1)$ 次多项式。同理，伴随矩阵的每一个元素均是一个 λ 的$(n-1)$ 次多项式。因此伴随矩阵一定可以写成 $n-1$ 个矩阵之和，它的每一个元素可能是一个 λ 的$(n-1)$ 次多项式。据此

$$\operatorname{adj}(\lambda \boldsymbol{I}-\boldsymbol{A})=\boldsymbol{B}_1\lambda^{n-1}+\boldsymbol{B}_2\lambda^{n-2}+\cdots+\boldsymbol{B}_{n-1}\lambda+\boldsymbol{B}_n$$

式中的 $\boldsymbol{B}_1$，$\boldsymbol{B}_2$，…，$\boldsymbol{B}_n$ 为 n 个矩阵。这样的伴随矩阵才有可能是一个多项式矩阵。

式(2.1.13) 右边中特征多项式 $|\lambda \boldsymbol{I}-\boldsymbol{A}|=\lambda^n+\alpha_1\lambda^{n-1}+\cdots+\alpha_{n-1}\lambda+\alpha_n$

则

$$\begin{aligned}|\lambda \boldsymbol{I}-\boldsymbol{A}|\cdot \boldsymbol{I}&=(\lambda^n+\alpha_1\lambda^{n-1}+\cdots+\alpha_{n-1}\lambda+\alpha_n)\cdot \boldsymbol{I}\\ &=\boldsymbol{I}\lambda^n+\alpha_1\boldsymbol{I}\lambda^{n-1}+\cdots+\alpha_{n-1}\boldsymbol{I}\lambda+\alpha_n\boldsymbol{I}\end{aligned}\tag{2.1.14}$$

式(2.1.13) 中左边

$$\operatorname{adj}(\lambda \boldsymbol{I}-\boldsymbol{A})\cdot(\lambda \boldsymbol{I}-\boldsymbol{A})=(\boldsymbol{B}_1\lambda^{n-1}+\boldsymbol{B}_2\lambda^{n-2}+\cdots+\boldsymbol{B}_{n-1}\lambda+\boldsymbol{B}_n)\cdot(\lambda \boldsymbol{I}-\boldsymbol{A})$$

展开上式右边得第 1 项，这是 λ 的最高次数项，仅此一项：

$$\boldsymbol{B}_1\lambda^{n-1}\cdot\lambda \boldsymbol{I}=\boldsymbol{B}_1\lambda^n$$

式中：$\boldsymbol{B}_1$ 为矩阵，$\boldsymbol{I}$ 为单位阵，故 $\boldsymbol{I}$ 可以省去不写；λ^{n-1} 有两项，一项是 $\boldsymbol{B}_2\lambda^{n-2}\cdot\lambda I=\boldsymbol{B}_2\lambda^{n-1}$，另一项是 $\boldsymbol{B}_1\lambda^{n-1}\cdot(-\boldsymbol{A})$，故 λ^{n-1} 次项为：

$$\boldsymbol{B}_2\lambda^{n-1}-\boldsymbol{B}_1\boldsymbol{A}\lambda^{n-1}=(\boldsymbol{B}_2-\boldsymbol{B}_1\boldsymbol{A})\lambda^{n-1}$$

为了寻找规律，须再求一项 λ^{n-2} 次项。它也有两项，一项是 $\boldsymbol{B}_3\lambda^{n-3}\cdot\lambda I=\boldsymbol{B}_3\lambda^{n-2}$，另一项是 $\boldsymbol{B}_2\lambda^{n-2}\cdot(-\boldsymbol{A})=-\boldsymbol{B}_2\boldsymbol{A}\lambda^{n-2}$。故 λ^{n-2} 次项为

$$\boldsymbol{B}_3\lambda^{n-2}-\boldsymbol{B}_2\boldsymbol{A}\lambda^{n-2}=(\boldsymbol{B}_3-\boldsymbol{B}_2\boldsymbol{A})\lambda^{n-2}$$

可以预见 λ^{n-3} 项一定是

$$(\boldsymbol{B}_4-\boldsymbol{B}_3\boldsymbol{A})\lambda^{n-3},\ \cdots$$

由此推得 λ 项为

$$(\boldsymbol{B}_n-\boldsymbol{B}_{n-1}\boldsymbol{A})\lambda^{n-(n-1)}=(\boldsymbol{B}_n-\boldsymbol{B}_{n-1}\boldsymbol{A})\lambda,$$

最后一项是

$$-\boldsymbol{B}_n\cdot\boldsymbol{A}$$

所以

$$\operatorname{adj}(\lambda\boldsymbol{I}-\boldsymbol{A})(\lambda\boldsymbol{I}-\boldsymbol{A})=\boldsymbol{B}_1\lambda^n+(\boldsymbol{B}_2-\boldsymbol{B}_1\boldsymbol{A})\lambda^{n-1}+\cdots+(\boldsymbol{B}_n-\boldsymbol{B}_{n-1}\boldsymbol{A})\lambda-\boldsymbol{B}_n\boldsymbol{A} \tag{2.1.15}$$

根据式(2.1.13)，式(2.1.14)与式(2.1.15)右边应相等，于是

$$\begin{aligned}&\boldsymbol{I}\lambda^n+\alpha_1\boldsymbol{I}\lambda^{n-1}+\cdots+\alpha_{n-1}\boldsymbol{I}\lambda+\alpha_n\boldsymbol{I}\\=&\boldsymbol{B}_1\lambda^n+(\boldsymbol{B}_2-\boldsymbol{B}_1\boldsymbol{A})\lambda^{n-1}+\cdots+(\boldsymbol{B}_n-\boldsymbol{B}_{n-1}\boldsymbol{A})\lambda-\boldsymbol{B}_n\boldsymbol{A}\end{aligned}$$

两多项式相等，对应项的系数相等，得如下式组

$$\begin{cases}\boldsymbol{B}_1=\boldsymbol{I}\\(\boldsymbol{B}_2-\boldsymbol{B}_1\boldsymbol{A})=\alpha_1\boldsymbol{I}\\(\boldsymbol{B}_3-\boldsymbol{B}_2\boldsymbol{A})=\alpha_2\boldsymbol{I}\\\cdots\\(\boldsymbol{B}_n-\boldsymbol{B}_{n-1}\boldsymbol{A})=\alpha_{n-1}\boldsymbol{I}\\-\boldsymbol{B}_n\boldsymbol{A}=\alpha_n\boldsymbol{I}\end{cases}$$

上式分别依次右乘 $\boldsymbol{A}^n$，$\boldsymbol{A}^{n-1}$，$\boldsymbol{A}^{n-2}$，…，$\boldsymbol{A}$，$\boldsymbol{I}$ 得如下式组

$$\begin{cases}\boldsymbol{B}_1\boldsymbol{A}^n=\boldsymbol{A}^n\\(\boldsymbol{B}_2-\boldsymbol{B}_1\boldsymbol{A})\boldsymbol{A}^{n-1}=\alpha_1\boldsymbol{A}^{n-1}\\(\boldsymbol{B}_3-\boldsymbol{B}_2\boldsymbol{A})\boldsymbol{A}^{n-2}=\alpha_2\boldsymbol{A}^{n-2}\\\cdots\\(\boldsymbol{B}_n-\boldsymbol{B}_{n-1}\boldsymbol{A})\boldsymbol{A}=\alpha_{n-1}\boldsymbol{A}\\-\boldsymbol{B}_n\boldsymbol{A}=\alpha_n\boldsymbol{I}\end{cases}$$

将上各式相加，因为下式展开括号后第2项与上式左边同，符号相反，左边之和为0。故右边之和为0，于是

$$\boldsymbol{A}^n+\alpha_1\boldsymbol{A}^{n-1}+\alpha_2\boldsymbol{A}^{n-2}+\cdots+\alpha_{n-1}\boldsymbol{A}+\alpha_n\boldsymbol{I}=0$$

故

$$f(\boldsymbol{A})=\boldsymbol{A}^n+\alpha_1\boldsymbol{A}^{n-1}+\alpha_2\boldsymbol{A}^{n-2}+\cdots+\alpha_{n-1}\boldsymbol{A}+\alpha_n\boldsymbol{I}=0$$

【证毕】

凯莱－哈密顿定理之所以重要，在于它指出 e^{At} 的计算不必计算无限项，只要计算有限项就可以了，以下定理将证明这一点。

2.1.4 e^{At} 有限项多项式定理

【定理2】 设 $\boldsymbol{A}$ 为 $n\times n$ 阶阵，则 e^{At} 可表为 $\boldsymbol{A}$ 最高为 $n-1$ 次有限项多项式，即

$$e^{At}=\alpha_0(t)\boldsymbol{I}+\alpha_1(t)\boldsymbol{A}+\cdots+\alpha_{n-1}(t)\boldsymbol{A}^{n-1} \tag{2.1.16}$$

式中，$\alpha_0(t)\cdots\alpha_{n-1}(t)$ 均为 t 的标量函数。这就是 e^{At} 有限项多项式定理，简称有限项定理。

【证明】 根据凯莱－哈密顿定理

$$f(\boldsymbol{A}) = \boldsymbol{A}^n + \alpha_1\boldsymbol{A}^{n-1} + \alpha_2\boldsymbol{A}^{n-2} + \cdots + \alpha_{n-1}\boldsymbol{A} + \alpha_n\boldsymbol{I} = 0$$

移项得

$$\boldsymbol{A}^n = -\alpha_1\boldsymbol{A}^{n-1} - \alpha_2\boldsymbol{A}^{n-2} - \cdots - \alpha_{n-1}\boldsymbol{A} - \alpha_n\boldsymbol{I} \tag{2.1.17}$$

可见 $\boldsymbol{A}^n$ 是 $\boldsymbol{A}$ 的 $n-1$ 次多项式，已知

$$\begin{aligned}\boldsymbol{A}^{n+1} &= \boldsymbol{A}^n \cdot \boldsymbol{A}\\ &= (-\alpha_1\boldsymbol{A}^{n-1} - \alpha_2\boldsymbol{A}^{n-2} - \cdots - \alpha_{n-1}\boldsymbol{A} - \alpha_n\boldsymbol{I}) \cdot \boldsymbol{A}\\ &= -\alpha_1\boldsymbol{A}^n - \alpha_2\boldsymbol{A}^{n-1} - \cdots - \alpha_{n-1}\boldsymbol{A}^2 - \alpha_n\boldsymbol{A}\end{aligned}$$

上式等号右边的第一项 $\boldsymbol{A}^n$，再利用式(2.1.17)代入，得

$$\begin{aligned}&= -\alpha_1(-\alpha_1\boldsymbol{A}^{n-1} - \alpha_2\boldsymbol{A}^{n-2} - \cdots - \alpha_{n-1}\boldsymbol{A} - \alpha_n\boldsymbol{I}) - \alpha_2\boldsymbol{A}^{n-1} - \cdots - \alpha_{n-1}\boldsymbol{A}^2 - \alpha_n\boldsymbol{A}\\ &= (\alpha_1^2 - \alpha_2)\boldsymbol{A}^{n-1} + (\alpha_1\alpha_2 - \alpha_3)\boldsymbol{A}^{n-2} + \cdots + (\alpha_1\alpha_{n-1} - a_n)\boldsymbol{A} + \alpha_1\alpha_n\boldsymbol{I}\end{aligned}$$

可见上式 $\boldsymbol{A}^{n+1}$ 仍是 $\boldsymbol{A}^{n-1}$ 多项式，同理 $\boldsymbol{A}^{n+2}$ 也是 $\boldsymbol{A}^{n-1}$ 次多项式，沿用同样的方法，可将 $\boldsymbol{A}^n$ 以上的如 $\boldsymbol{A}^{n+1}$、$\boldsymbol{A}^{n+2}$、$\boldsymbol{A}^{n+3}\cdots$ 均化为 $\boldsymbol{A}^{n-1}$ 次多项式。

于是

$$\mathrm{e}^{\boldsymbol{A}t} = \boldsymbol{I} + \boldsymbol{A}t + \frac{\boldsymbol{A}^2t^2}{2!} + \cdots + \frac{\boldsymbol{A}^nt^n}{n!} + \frac{\boldsymbol{A}^{n+1}t^{n+1}}{(n+1)!} + \cdots$$

高于 n 的项(包含 n)可化为 $\boldsymbol{A}^{n-1}$ 次多项式，将结果代入上式经整理得

$$\mathrm{e}^{\boldsymbol{A}t} = \alpha_0(t)\boldsymbol{I} + \alpha_1(t)\boldsymbol{A} + \cdots + \alpha_{n-1}(t)\boldsymbol{A}^{n-1}$$

【证毕】

上式标量函数 $\alpha_0(t)$，⋯，$\alpha_{n-1}(t)$ 之所以是 t 的函数，是因为 $\mathrm{e}^{\boldsymbol{A}t}$ 展开式中的各项均有 t。它如何才能获得，对此有如下定理 。

【定理 3】　设 $\boldsymbol{A}$ 为 $n\times n$ 阶阵，它的特征值 λ_1，λ_2，⋯，λ_n 两两相异，则有限项定理

$$\mathrm{e}^{\boldsymbol{A}t} = \alpha_0(t)\boldsymbol{I} + \alpha_1(t)\boldsymbol{A} + \cdots + \alpha_{n-1}(t)\boldsymbol{A}^{n-1}$$

中的系数 $\alpha_0(t)$，$\alpha_1(t)$，⋯，$\alpha_n(t)$ 组成的列阵具有以下关系：

$$\begin{pmatrix}\alpha_0(t)\\ \alpha_1(t)\\ \vdots\\ \alpha_{n-1}(t)\end{pmatrix} = \begin{pmatrix}1 & \lambda_1 & \lambda_1^2 & \cdots & \lambda_1^{n-1}\\ 1 & \lambda_2 & \lambda_2^2 & \cdots & \lambda_2^{n-1}\\ \vdots & \vdots & \vdots & \vdots & \vdots\\ 1 & \lambda_n & \lambda_n^2 & \cdots & \lambda_n^{n-1}\end{pmatrix}^{-1}\begin{pmatrix}\mathrm{e}^{\lambda_1t}\\ \mathrm{e}^{\lambda_2t}\\ \vdots\\ \mathrm{e}^{\lambda_nt}\end{pmatrix} \tag{2.1.18}$$

【证明】　由于 λ_i，$i=1$，⋯，n 是 $\boldsymbol{A}$ 的特征值，则必有

$$f(\lambda_i) = \lambda_i^n + \alpha_1\lambda_i^{n-1} + \alpha_2\lambda_i^{n-2} + \cdots + \alpha_n = 0$$

由有限项定理

$$f(\boldsymbol{A}) = \alpha_0(t)\boldsymbol{I} + \alpha_1(t)\boldsymbol{A} + \cdots + \alpha_{n-1}(t)\boldsymbol{A}^{n-1}$$

对于 λ_i 必有

$$\mathrm{e}^{\lambda_it} = \alpha_0(t) + \alpha_1(t)\lambda_i + \alpha_2(t)\lambda_i^2 + \cdots + \alpha_{n-1}(t)\lambda_i^{n-1}$$

于是对于 λ_1 有

$$\mathrm{e}^{\lambda_1t} = \alpha_0(t) + \alpha_1(t)\lambda_1 + \alpha_2(t)\lambda_1^2 + \cdots + \alpha_{n-1}(t)\lambda_1^{n-1}$$

同样

$$\mathrm{e}^{\lambda_2t} = \alpha_0(t) + \alpha_1(t)\lambda_2 + \alpha_2(t)\lambda_2^2 + \cdots + \alpha_{n-1}(t)\lambda_2^{n-1}$$

$$\cdots$$

$$e^{\lambda_n t} = \alpha_0(t) + \alpha_1(t)\lambda_n + \alpha_2(t)\lambda_n^2 + \cdots + \alpha_{n-1}(t)\lambda_n^{n-1}$$

写成矩阵形式

$$\begin{pmatrix} e^{\lambda_0 t} \\ e^{\lambda_1 t} \\ \vdots \\ e^{\lambda_n t} \end{pmatrix} = \begin{pmatrix} 1 & \lambda_1 & \lambda_1^2 & \cdots & \lambda_1^{n-1} \\ 1 & \lambda_2 & \lambda_2^2 & \cdots & \lambda_2^{n-1} \\ \vdots & \vdots & \vdots & \ddots & \vdots \\ 1 & \lambda_n & \lambda_n^2 & \cdots & \lambda_n^{n-1} \end{pmatrix} \begin{pmatrix} \alpha_0(t) \\ \alpha_1(t) \\ \vdots \\ \alpha_{n-1}(t) \end{pmatrix}$$

上式两边同左乘

$$\begin{pmatrix} 1 & \lambda_1 & \lambda_1^2 & \cdots & \lambda^{n-1} \\ 1 & \lambda_2 & \lambda_2^2 & \cdots & \lambda_2^{n-1} \\ \vdots & \vdots & \vdots & \vdots & \vdots \\ 1 & \lambda_n & \lambda_n^2 & \cdots & \lambda_n^{n-1} \end{pmatrix}^{-1}$$

便得式(2. 1. 18)

【证毕】

2.1.5 e^{At} 的性质

【性质 1】 $$e^{A(t+s)} = e^{At} \cdot e^{As}$$

【证明】 根据式(2. 1. 8)

$$e^{At} = (I + At + \frac{1}{2!}A^2t^2 + \cdots)$$

同样 $$e^{As} = (I + As + \frac{1}{2!}A^2s^2 + \cdots)$$

$$\begin{aligned} e^{At} \cdot e^{As} &= (I + At + \frac{1}{2!}A^2t^2 + \cdots)(I + As + \frac{1}{2!}A^2s^2 + \cdots) \\ &= I + A(t+s) + A^2(\frac{1}{2!}t^2 + ts + \frac{1}{2!}s^2) + A^3(\frac{1}{3!}t^3 + \frac{1}{2!}t^2s + \frac{1}{2!}ts^2 + \frac{1}{3!}s^3) + \cdots \\ &= I + A(t+s) + \frac{1}{2!}A^2(t+s)^2 + \frac{1}{3!}A^3(t+s)^3 + \cdots \\ &= e^{A(t+s)} \end{aligned}$$

【证毕】

【性质 2】 $$e^{A\cdot 0} = I$$

【证明】 根据式(2. 1. 8)

$$e^{At} = I + At + \frac{1}{2!}A^2t^2 + \cdots$$

当 $t = 0$，显然

$$e^{A\cdot 0} = I + A\cdot 0 + \frac{1}{2!}A^2\cdot 0^2 + \cdots = I$$

【证毕】

【性质 3】 当 A 非奇异，则 e^{At} 必有逆，$(e^{At})^{-1} = e^{-At}$。

【证明】 只需证明 $e^{At} \cdot e^{-At} = I$，则性质 3 得证。

因为

$$e^{At}\cdot e^{-At}=e^{A(t-t)}=e^{A0}=I$$

【证毕】

【性质 4】 若 A, B 均为 $n\times n$ 阶阵，如果 $A\cdot B=B\cdot A$，即乘积顺序可交换，则 $e^{(A+B)t}=e^{At}\cdot e^{Bt}$，如果 $A\cdot B\neq B\cdot A$，则 $e^{(A+B)t}\neq e^{At}\cdot e^{Bt}$。

【证明】 根据定义：

$$e^{(A+B)t}=I+(A+B)t+\frac{1}{2!}(A+B)^2t^2+\frac{1}{3!}(A+B)^3t^3+\cdots$$

其中

$$(A+B)^2=(A+B)(A+B)=A^2BA+AB+B^2$$

只有当

$$A\cdot B=B\cdot A$$

$$(A+B)^2=A^2+2AB+B^2$$

$$\begin{aligned}(A+B)^3&=(A+B)(A+B)(A+B)\\&=(A^2+BA+AB+B^2)(A+B)\\&=A^3+BA^2+ABA+B^2A+A^2B+BAB+AB^2+B^3\\&=A^3+3A^2B+3AB^2+B^3\end{aligned}$$

$$\begin{aligned}e^{At}\cdot e^{Bt}&=(I+At+\frac{1}{2!}A^2t^2+\frac{1}{3!}A^3t^3+\cdots)\cdot(I+Bt+\frac{1}{2!}B^2t^2+\frac{1}{3!}B^3t^3+\cdots)\\&=I+(A+B)t+(\frac{1}{2!}A^2t^2+ABt^2+\frac{1}{2!}B^2t^2)\\&\quad+(\frac{1}{3!}A^3t^3+\frac{1}{2!}AB^2t^3+\frac{1}{2!}A^2Bt^3+\frac{1}{3!}B^3t^3)+\cdots\\&=I+(A+B)t+\frac{1}{2!}(A^2+2AB+B^2)t^2\\&\quad+\frac{1}{3!}(A^3+3A^2B+3AB^2+B^3)t^3+\cdots\end{aligned}$$

可见，只有当 $A\cdot B=B\cdot A$ 时，

$$e^{(A+B)t}=I+(A+B)t+\frac{1}{2!}(A+B)^2t^2+\frac{1}{3!}(A+B)^3t^3+\cdots$$

这样 $e^{(A+B)t}=e^{At}\cdot e^{Bt}$，否则不相等。

【证毕】

【性质 5】

$$\frac{d}{dt}e^{At}=Ae^{At}=e^{At}A$$

【证明】

$$\begin{aligned}\frac{d}{dt}e^{At}&=\frac{d}{dt}(I+At+\frac{1}{2!}A^2t^2+\frac{1}{3!}A^3t^3+\cdots)\\&=A+A^2t+\frac{1}{2!}A^3t^2+\frac{1}{3!}A^4t^3+\cdots\\&=A(I+At+\frac{1}{2!}A^2t^2+\frac{1}{3!}A^3t^3+\cdots)\\&=Ae^{At}\end{aligned}$$

由于 t 是标量，也可写成

$$= \left(\boldsymbol{I} + \boldsymbol{A}t + \frac{1}{2!}\boldsymbol{A}^2t^2 + \frac{1}{3!}\boldsymbol{A}^3t^3 + \cdots\right)\boldsymbol{A} = \mathrm{e}^{\boldsymbol{A}t}\boldsymbol{A}$$

【证毕】

【性质6】 设 $\boldsymbol{A}_{n\times n}$ 为对角线阵，即 $\boldsymbol{A} = \mathrm{diag}(a_{11}, a_{22}, \cdots, a_{nn})$

则
$$\mathrm{e}^{\boldsymbol{A}t} = \mathrm{diag}(\mathrm{e}^{a_{11}t}, \mathrm{e}^{a_{22}t}, \cdots, \mathrm{e}^{a_{nn}t})$$

【证明】 由于 $\boldsymbol{A}_{n\times n}$ 为对角线阵

$$\boldsymbol{A} = \begin{pmatrix} a_{11} & & & 0 \\ & a_{22} & & \\ & & \ddots & \\ 0 & & & a_{nn} \end{pmatrix}$$

$$\boldsymbol{A}^2 = \begin{pmatrix} a_{11} & & & 0 \\ & a_{22} & & \\ & & \ddots & \\ 0 & & & a_{nn} \end{pmatrix}\begin{pmatrix} a_{11} & & & 0 \\ & a_{22} & & \\ & & \ddots & \\ 0 & & & a_{nn} \end{pmatrix} = \begin{pmatrix} a_{11}^2 & & & 0 \\ & a_{22}^2 & & \\ & & \ddots & \\ 0 & & & a_{nn}^2 \end{pmatrix}$$

$$\cdots$$

同理

$$\boldsymbol{A}^n = \begin{pmatrix} a_{11}^n & & & 0 \\ & a_{22}^n & & \\ & & \ddots & \\ 0 & & & a_{nn}^n \end{pmatrix}$$

根据定义

$$\mathrm{e}^{\boldsymbol{A}t} = \boldsymbol{I} + \boldsymbol{A}t + \frac{1}{2!}\boldsymbol{A}^2t^2 + \frac{1}{3!}\boldsymbol{A}^3t^3 + \cdots$$

$$= \begin{pmatrix} 1 & & & 0 \\ & 1 & & \\ & & \ddots & \\ 0 & & & 1 \end{pmatrix} + \begin{pmatrix} a_{11} & & & 0 \\ & a_{22} & & \\ & & \ddots & \\ 0 & & & a_{nn} \end{pmatrix}t + \frac{t^2}{2!}\begin{pmatrix} a_{11}^2 & & & 0 \\ & a_{22}^2 & & \\ & & \ddots & \\ 0 & & & a_{nn}^2 \end{pmatrix} + \cdots$$

$$= \begin{pmatrix} 1 + a_{11}t + \frac{1}{2!}a_{11}^2t^2 + \cdots & & & 0 \\ & 1 + a_{22}t + \frac{1}{2!}a_{22}^2t^2 + \cdots & & \\ & & \ddots & \\ 0 & & & 1 + a_{nn}t + \frac{1}{2!}a_{nn}^2t^2 + \cdots \end{pmatrix}$$

$$= \begin{pmatrix} \mathrm{e}^{a_{11}t} & & & 0 \\ & \mathrm{e}^{a_{22}t} & & \\ & & \ddots & \\ 0 & & & \mathrm{e}^{a_{nn}t} \end{pmatrix} = \mathrm{diag}(\mathrm{e}^{a_{11}t}, \mathrm{e}^{a_{22}t}, \cdots, \mathrm{e}^{a_{nn}t}) = \mathrm{e}^{\boldsymbol{A}t}$$

【证毕】

为了证明性质 7，需先证明下列引理。

【引理】　设 $\boldsymbol{A}$ 的特征值是两两相异的，则必存在非奇异阵 $\boldsymbol{P}$，使得

$$\boldsymbol{P}^{-1}\boldsymbol{A}\boldsymbol{P}=\begin{pmatrix}\lambda_1 & & & 0\\ & \lambda_2 & & \\ & & \ddots & \\ 0 & & & \lambda_n\end{pmatrix}$$

【证明】　对于 $n\times n$ 阶非奇异阵 $\boldsymbol{P}$ 一定能找到 $\boldsymbol{P}^{-1}$，使得 $\boldsymbol{P}^{-1}\boldsymbol{P}=\boldsymbol{I}$。也可以说，一个矩阵 $\boldsymbol{P}$ 乘以另外一个矩阵。习惯地称，对该矩阵进行线性变换。$\boldsymbol{P}^{-1}\boldsymbol{P}=\boldsymbol{I}$，可将 $\boldsymbol{P}$ 线性变换为单位阵。

设 $n\times n$ 阶非奇异阵 A 的特征值为 λ_1，λ_2，…，λ_n，若有 $n\times 1$ 阶列阵 $\boldsymbol{V}_i$，使得

$$\boldsymbol{A}\boldsymbol{V}_i=\lambda_i\boldsymbol{V}_i$$

对 $\boldsymbol{A}$ 进行线性变换，并使之满足上式要求，称 $\boldsymbol{V}$ 为 $\boldsymbol{A}$ 的特征值 λ_i 的特征向量。有 n 个特征值，便有 n 个特征向量 $\boldsymbol{V}_1$，$\boldsymbol{V}_2$，…，$\boldsymbol{V}_n$。由这 n 个特征向量组成的矩阵为

$$\boldsymbol{P}=(\boldsymbol{V}_1,\ \boldsymbol{V}_2,\ \cdots,\ \boldsymbol{V}_n)=\begin{pmatrix}v_{11} & v_{12} & \cdots & v_{1n}\\ v_{21} & v_{22} & & v_{2n}\\ \vdots & \vdots & & \vdots\\ v_{n1} & v_{n2} & \cdots & v_{nn}\end{pmatrix}$$

矩阵中，项 v_{ji} 第 2 个下标是特征向量的标号，i 指属于 λ_i 的那个特征向量；第 1 个下标是该特征值在特征向量中的第几个位置，j 是 $\boldsymbol{V}_i$ 特征向量第 j 个元素。

则

$$\begin{aligned}\boldsymbol{A}\boldsymbol{P}&=\boldsymbol{A}(\boldsymbol{V}_1\mid\boldsymbol{V}_2\mid\cdots\mid\boldsymbol{V}_n)\\&=(\boldsymbol{A}\boldsymbol{V}_1\mid\boldsymbol{A}\boldsymbol{V}_2\mid\cdots\mid\boldsymbol{A}\boldsymbol{V}_n)\\&=(\lambda_1\boldsymbol{V}_1\mid\lambda_2\boldsymbol{V}_2\mid\cdots\mid\lambda_n\boldsymbol{V}_n)\\&=(\boldsymbol{V}_1\mid\boldsymbol{V}_2\mid\cdots\mid\boldsymbol{V}_n)\begin{pmatrix}\lambda_1 & & & 0\\ & \lambda_2 & & \\ & & \ddots & \\ 0 & & & \lambda_n\end{pmatrix}\\&=\boldsymbol{P}\begin{pmatrix}\lambda_1 & & & 0\\ & \lambda_2 & & \\ & & \ddots & \\ 0 & & & \lambda_n\end{pmatrix}\end{aligned}$$

上式左乘 $\boldsymbol{P}^{-1}$ 得

$$\boldsymbol{P}^{-1}\boldsymbol{A}\boldsymbol{P}=\boldsymbol{P}^{-1}\cdot\boldsymbol{P}\begin{pmatrix}\lambda_1 & & & 0\\ & \lambda_2 & & \\ & & \ddots & \\ 0 & & & \lambda_n\end{pmatrix}=\begin{pmatrix}\lambda_1 & & & 0\\ & \lambda_2 & & \\ & & \ddots & \\ 0 & & & \lambda_n\end{pmatrix}$$

【证毕】

【性质 7】 设 $\boldsymbol{A}_{n\times n}$ 有两两相异的特征值 λ_1，λ_2，…，λ_n，则 $e^{\boldsymbol{A}t}$ 必可经非奇异变换成

$$\boldsymbol{P}^{-1}e^{\boldsymbol{A}t}\boldsymbol{P}=\begin{pmatrix} e^{\lambda_1 t} & & & 0 \\ & e^{\lambda_2 t} & & \\ & & \ddots & \\ 0 & & & e^{\lambda_n t}\end{pmatrix} \tag{2.1.19}$$

【证明】 根据引理

$$\boldsymbol{P}^{-1}\boldsymbol{A}^2\boldsymbol{P}=\boldsymbol{P}^{-1}\boldsymbol{A}\cdot\boldsymbol{A}\boldsymbol{P}=\boldsymbol{P}^{-1}\boldsymbol{A}\cdot\boldsymbol{P}\cdot\boldsymbol{P}^{-1}\cdot\boldsymbol{A}\boldsymbol{P}$$

$$=\begin{pmatrix} \lambda_1 & & & 0 \\ & \lambda_2 & & \\ & & \ddots & \\ 0 & & & \lambda_n\end{pmatrix}\begin{pmatrix} \lambda_1 & & & 0 \\ & \lambda_2 & & \\ & & \ddots & \\ 0 & & & \lambda_n\end{pmatrix}=\begin{pmatrix} \lambda_1^2 & & & 0 \\ & \lambda_2^2 & & \\ & & \ddots & \\ 0 & & & \lambda_n^2\end{pmatrix}$$

推而广之

$$\boldsymbol{P}^{-1}\boldsymbol{A}^k\boldsymbol{P}=\begin{pmatrix} \lambda_1^k & & & 0 \\ & \lambda_2^k & & \\ & & \ddots & \\ 0 & & & \lambda_n^k\end{pmatrix}$$

显然

$$\boldsymbol{P}^{-1}e^{\boldsymbol{A}t}\boldsymbol{P}=\boldsymbol{P}^{-1}\left(\sum_{k=0}^{\infty}\frac{1}{k!}\boldsymbol{A}^k t^k\right)\cdot\boldsymbol{P}$$

$$=\sum_{k=0}^{\infty}\boldsymbol{P}^{-1}\left(\frac{1}{k!}\boldsymbol{A}^k t^k\right)\boldsymbol{P}=\sum_{k=0}^{\infty}\frac{1}{k!}t^k(\boldsymbol{P}^{-1}\boldsymbol{A}^k\boldsymbol{P})$$

$$=\begin{pmatrix} \sum\limits_{k=0}^{\infty}\frac{1}{k!}\lambda_1^k t^k & & & 0 \\ & \sum\limits_{k=0}^{\infty}\frac{1}{k!}\lambda_2^k t^k & & \\ & & \ddots & \\ 0 & & & \sum\limits_{k=0}^{\infty}\frac{1}{k!}\lambda_n^k t^k\end{pmatrix}=\begin{pmatrix} e^{\lambda_1 t} & & & 0 \\ & e^{\lambda_2 t} & & \\ & & \ddots & \\ 0 & & & e^{\lambda_n t}\end{pmatrix}$$

所以

$$\boldsymbol{P}^{-1}e^{\boldsymbol{A}t}\boldsymbol{P}=\begin{pmatrix} e^{\lambda_1 t} & & & 0 \\ & e^{\lambda_2 t} & & \\ & & \ddots & \\ 0 & & & e^{\lambda_n t}\end{pmatrix}$$

【证毕】

式(2. 1. 19) 两边同左乘 $\boldsymbol{P}$，右乘 $\boldsymbol{P}^{-1}$ 得

$$\boldsymbol{P}\cdot\boldsymbol{P}^{-1}\mathrm{e}^{\boldsymbol{A}t}\boldsymbol{P}\cdot\boldsymbol{P}^{-1}=\boldsymbol{P}\begin{pmatrix}\mathrm{e}^{\lambda_1 t} & & & 0\\ & \mathrm{e}^{\lambda_2 t} & & \\ & & \ddots & \\ 0 & & & \mathrm{e}^{\lambda_n t}\end{pmatrix}\boldsymbol{P}^{-1}$$

于是得

$$\mathrm{e}^{\boldsymbol{A}t}=\boldsymbol{P}\begin{pmatrix}\mathrm{e}^{\lambda_1 t} & & & 0\\ & \mathrm{e}^{\lambda_2 t} & & \\ & & \ddots & \\ 0 & & & \mathrm{e}^{\lambda_n t}\end{pmatrix}\boldsymbol{P}^{-1}$$

性质7给出了一种计算 $\mathrm{e}^{\boldsymbol{A}t}$ 的实用方法。

【例】 $\boldsymbol{A}=\begin{pmatrix}0 & 1\\ -2 & -3\end{pmatrix}$，试求 $\mathrm{e}^{\boldsymbol{A}t}=?$

【解】 计算步骤如下：

(1) 求 $\boldsymbol{A}$ 的特征值：$\boldsymbol{A}$ 为两阶方阵，有2个特征值 λ_1、λ_2。

$$|\lambda\boldsymbol{I}-\boldsymbol{A}|=0$$

$$\begin{vmatrix}\lambda_1-a_{11} & -a_{12}\\ -a_{21} & \lambda_2-a_{22}\end{vmatrix}=\begin{vmatrix}\lambda-0 & -1\\ +2 & \lambda+3\end{vmatrix}$$

$$=\lambda(\lambda+3)-(-1)(2)=\lambda^2+3\lambda+2=0$$

解得

$$\lambda_1=-1,\ \lambda_2=-2$$

(2) 求 $\boldsymbol{P}=(\boldsymbol{V}_1\mid\boldsymbol{V}_2)$。先求 $\boldsymbol{V}_1$，$\boldsymbol{V}_1$ 应满足 $\boldsymbol{A}\boldsymbol{V}_1=\lambda_1\boldsymbol{V}_1$，式中 $\boldsymbol{V}_1=\begin{pmatrix}v_{11}\\ v_{21}\end{pmatrix}$。

于是

$$\begin{pmatrix}0 & 1\\ -2 & -3\end{pmatrix}\begin{pmatrix}v_{11}\\ v_{21}\end{pmatrix}=(-1)\begin{pmatrix}v_{11}\\ v_{21}\end{pmatrix}$$

得

$$\begin{cases}0\cdot v_{11}+1\cdot v_{21}=-v_{11}\\ (-2)v_{11}+(-3)v_{21}=-v_{21}\end{cases}$$

结果两个式均有：$v_{21}=-v_{11}$。

令

$$v_{11}=1,\ v_{21}=-1$$

则

$$\boldsymbol{V}_1=\begin{pmatrix}1\\ -1\end{pmatrix}$$

后求 $\boldsymbol{V}_2$，因为

$$\boldsymbol{A}\boldsymbol{V}_2=\lambda_2\boldsymbol{V}_2\begin{pmatrix}0 & 1\\ -2 & -3\end{pmatrix}\begin{pmatrix}v_{12}\\ v_{22}\end{pmatrix}=(-2)\begin{pmatrix}v_{12}\\ v_{22}\end{pmatrix}$$

得

$$\begin{cases} 0 \cdot v_{12} + 1 \cdot v_{22} = -2v_{12} \\ (-2)v_{12} + (-3)v_{22} = -2v_{22} \end{cases}$$

同样解得

$$v_{22} = -2v_{12}$$

令

$$v_{12} = 1$$

于是

$$\boldsymbol{V}_2 = \begin{pmatrix} 1 \\ -2 \end{pmatrix}$$

所以

$$\boldsymbol{P} = (\boldsymbol{V}_1 \ \boldsymbol{V}_2) = \begin{pmatrix} 1 & 1 \\ -1 & -2 \end{pmatrix} = \begin{pmatrix} a_{11} & a_{12} \\ a_{21} & a_{22} \end{pmatrix}$$

(3) 以下求 $\boldsymbol{P}^{-1}$。

利用公式

$$\mathrm{adj}\boldsymbol{P} = \mathrm{adj}\begin{pmatrix} 1 & 1 \\ -1 & -2 \end{pmatrix} = \begin{pmatrix} \boldsymbol{A}_{11} & \boldsymbol{A}_{21} \\ \boldsymbol{A}_{12} & \boldsymbol{A}_{22} \end{pmatrix}$$

式中，$\boldsymbol{A}_{11}$ 为 a_{11} 的代数余子式。

$$\begin{cases} \boldsymbol{A}_{11} = (-1)^{1+1}(-2) = (-2) \\ \boldsymbol{A}_{12} = (-1)^{1+2}(-1) = 1 \\ \boldsymbol{A}_{21} = (-1)^{2+1} \cdot 1 = -1 \\ \boldsymbol{A}_{22} = (-1)^{2+2} \cdot 1 = 1 \end{cases}$$

所以

$$\mathrm{adj}\boldsymbol{P} = \begin{pmatrix} -2 & -1 \\ 1 & 1 \end{pmatrix}$$

$$\det\boldsymbol{P} = \begin{vmatrix} 1 & 1 \\ -1 & -2 \end{vmatrix} = 1 \cdot (-2) - 1 \cdot (-1) = -2 + 1 = -1$$

$$\boldsymbol{P}^{-1} = \frac{\begin{pmatrix} -2 & -1 \\ 1 & 1 \end{pmatrix}}{-1} = \begin{pmatrix} 2 & 1 \\ -1 & -1 \end{pmatrix}$$

$$\begin{aligned} e^{\boldsymbol{A}t} &= \boldsymbol{P}\begin{pmatrix} e^{\lambda_1 t} & 0 \\ 0 & e^{\lambda_2 t} \end{pmatrix}\boldsymbol{P}^{-1} \\ &= \begin{pmatrix} 1 & 1 \\ -1 & -2 \end{pmatrix}\begin{pmatrix} e^{-t} & 0 \\ 0 & e^{-2t} \end{pmatrix}\begin{pmatrix} 2 & 1 \\ -1 & -1 \end{pmatrix} \\ &= \begin{pmatrix} 1 & 1 \\ -1 & -2 \end{pmatrix}\begin{pmatrix} 2e^{-t} & e^{-t} \\ -e^{-2t} & -e^{-2t} \end{pmatrix} = \begin{pmatrix} 2e^{-t} - e^{-2t} & e^{-t} - e^{-2t} \\ -2e^{-t} + 2e^{-2t} & -e^{-t} + 2e^{-2t} \end{pmatrix} \end{aligned}$$

2.2 时不变系统的强迫运动

设系统的状态方程为

$$\begin{cases}\dot{\boldsymbol{X}} = \boldsymbol{AX} + \boldsymbol{BU} \\ \boldsymbol{X}(t_0) = \boldsymbol{X}_0\end{cases} \tag{2.2.1}$$

解式(2.2.1)在数学上称为求解常微分方程；在控制理论里，由于有控制作用$\boldsymbol{U}$，因此称强迫下的运动分析。

2.2.1 状态转移矩阵

2.1讨论了系统无控制作用下自由运动规律，给出了状态方程(2.1.2)的解为$\boldsymbol{X}(t) = \mathrm{e}^{\boldsymbol{A}(t-t_0)}\boldsymbol{X}_0$。为简化，现引入状态转移矩阵。

【定义】 称式(2.1.5)中的矩阵$\mathrm{e}^{\boldsymbol{A}(t-t_0)}$为状态转移矩阵，记为$\boldsymbol{\Phi}(t-t_0)$。这样 $\boldsymbol{\Phi}(t-t_0) = \mathrm{e}^{\boldsymbol{A}(t-t_0)}$，当$t_0 = 0$，$\boldsymbol{\Phi}(t) = \mathrm{e}^{\boldsymbol{A}(t)}$，这样状态方程的解变成

$$\boldsymbol{X}_t = \boldsymbol{\Phi}(t-t_0)\cdot\boldsymbol{X}_0$$

由于$\mathrm{e}^{\boldsymbol{A}(t-t_0)}$为$n\times n$阶阵，$\boldsymbol{\Phi}(t-t_0)$亦为$n\times n$阶阵。初态$\boldsymbol{X}_0$乘以$\boldsymbol{\Phi}(t-t_0)$之后，$t_0$时刻的状态转移到一个新的状态$\boldsymbol{X}_t$，状态转移矩阵$\boldsymbol{\Phi}(t-t_0)$因此而得名。

2.2.2 状态转移矩阵性质

【性质1】 $\boldsymbol{\Phi}_0 = \boldsymbol{I}$

这是因为$\boldsymbol{\Phi}_0 = \mathrm{e}^{\boldsymbol{A}\cdot(0)} = \mathrm{e}^0 = \boldsymbol{I}$。

【性质2】 $\boldsymbol{\Phi}(t-t_0)$必有逆，且为$\boldsymbol{\Phi}(t_0-t)$

这是因为$\boldsymbol{\Phi}(t-t_0)^{-1} = (\mathrm{e}^{\boldsymbol{A}(t-t_0)})^{-1} = \mathrm{e}^{-\boldsymbol{A}(t-t_0)} = \mathrm{e}^{\boldsymbol{A}(t_0-t)} = \boldsymbol{\Phi}(t_0-t)$。

【性质3】 $\boldsymbol{\Phi}(t_1+t_2) = \boldsymbol{\Phi}(t_1)\cdot\boldsymbol{\Phi}(t_2)$

这是因为$\boldsymbol{\Phi}(t_1-t_2) = \mathrm{e}^{\boldsymbol{A}(t_1+t_2)} = \mathrm{e}^{\boldsymbol{A}t_1}\cdot\mathrm{e}^{\boldsymbol{A}t_2} = \boldsymbol{\Phi}(t_1)\cdot\boldsymbol{\Phi}(t_2) = \mathrm{e}^{\boldsymbol{A}t_2}\mathrm{e}^{\boldsymbol{A}t_1} = \boldsymbol{\Phi}(t_2)\cdot\boldsymbol{\Phi}(t_1)$。

【性质4】 $[\boldsymbol{\Phi}(t)]^n = \boldsymbol{\Phi}(nt)$

这是因为$\boldsymbol{\Phi}(nt) = \boldsymbol{\Phi}(t+t+\cdots+t) = \boldsymbol{\Phi}(t)\cdot\boldsymbol{\Phi}(t)\cdots\boldsymbol{\Phi}(t) = [\boldsymbol{\Phi}(t)]^n$。

【性质5】 $\boldsymbol{\Phi}(t_2-t_1)\cdot\boldsymbol{\Phi}(t_1-t_0) = \boldsymbol{\Phi}(t_2-t_0)$

这是因为$\boldsymbol{\Phi}(t_2-t_1)\cdot\boldsymbol{\Phi}(t_1-t_0) = \mathrm{e}^{\boldsymbol{A}(t_2-t_1)}\cdot\mathrm{e}^{\boldsymbol{A}(t_1-t_0)} = \mathrm{e}^{\boldsymbol{A}(t_2-t_1+t_1-t_0)} = \mathrm{e}^{\boldsymbol{A}(t_2-t_0)} = \boldsymbol{\Phi}(t_2-t_0)$。可见状态转移矩阵有传递的性质，即传递性。

2.2.3 强迫运动下状态方程的解

重写状态方程

$$\begin{cases}\boldsymbol{X}\cdot = \boldsymbol{AX} + \boldsymbol{BU} \\ \boldsymbol{X}(t_0) = \boldsymbol{X}_0\end{cases}$$

上式移项得$\dot{\boldsymbol{X}} - \boldsymbol{AX} = \boldsymbol{BU}$，两边左乘$\mathrm{e}^{-\boldsymbol{A}t}$得

$$\mathrm{e}^{-\boldsymbol{A}t}(\dot{\boldsymbol{X}} - \boldsymbol{AX}) = \mathrm{e}^{-\boldsymbol{A}t}\cdot\boldsymbol{BU} \tag{2.2.2}$$

因为

$$\frac{\mathrm{d}}{\mathrm{d}t}(\mathrm{e}^{-\boldsymbol{A}t}\cdot\boldsymbol{X}) = \frac{\mathrm{d}}{\mathrm{d}t}(\mathrm{e}^{-\boldsymbol{A}t})\cdot\boldsymbol{X}+\mathrm{e}^{-\boldsymbol{A}t}\frac{d\boldsymbol{X}}{\mathrm{d}t}$$
$$= \mathrm{e}^{-\boldsymbol{A}t}(-\boldsymbol{A})\cdot\boldsymbol{X}+\mathrm{e}^{-\boldsymbol{A}t}\cdot\dot{\boldsymbol{X}}$$
$$= \mathrm{e}^{-\boldsymbol{A}t}\cdot(\dot{\boldsymbol{X}}-\boldsymbol{A}\boldsymbol{X})$$

式(2.2.2)写成

$$\frac{\mathrm{d}}{\mathrm{d}t}(\mathrm{e}^{-\boldsymbol{A}t}\cdot\boldsymbol{X}) = \mathrm{e}^{-\boldsymbol{A}t}\boldsymbol{B}\boldsymbol{U}$$
$$\mathrm{d}(\mathrm{e}^{-\boldsymbol{A}t}\cdot\boldsymbol{X}) = \mathrm{e}^{-\boldsymbol{A}t}\boldsymbol{B}\boldsymbol{U}\mathrm{d}t$$

两边求定积分得

$$\int_{t_0}^{T}\mathrm{d}(\mathrm{e}^{-\boldsymbol{A}t}\cdot\boldsymbol{X}) = \int_{t_0}^{T}\mathrm{e}^{-\boldsymbol{A}t}\boldsymbol{B}\boldsymbol{U}(t)\mathrm{d}t$$
$$\mathrm{e}^{-\boldsymbol{A}t}\cdot\boldsymbol{X}\,\Big|_{t_0}^{T} = \int_{t_0}^{T}\mathrm{e}^{-\boldsymbol{A}t}\boldsymbol{B}\boldsymbol{U}(t)\mathrm{d}t$$

代入上下限

$$\mathrm{e}^{-\boldsymbol{A}T}\boldsymbol{X}(T) - \mathrm{e}^{-\boldsymbol{A}t_0}\boldsymbol{X}(t_0) = \int_{t_0}^{T}\mathrm{e}^{-\boldsymbol{A}t}\boldsymbol{B}\boldsymbol{U}(t)\mathrm{d}t$$

移项

$$\mathrm{e}^{-\boldsymbol{A}T}\boldsymbol{X}(T) = \mathrm{e}^{-\boldsymbol{A}t_0}\boldsymbol{X}(t_0) + \int_{t_0}^{T}\mathrm{e}^{-\boldsymbol{A}t}\boldsymbol{B}\boldsymbol{U}(t)\mathrm{d}t$$

两边左乘

$$\mathrm{e}^{\boldsymbol{A}T}\boldsymbol{X}(T) = \mathrm{e}^{\boldsymbol{A}T_0}\mathrm{e}^{-\boldsymbol{A}t_0}\boldsymbol{X}(t_0) + \mathrm{e}^{\boldsymbol{A}T}\int_{t_0}^{T}\mathrm{e}^{-\boldsymbol{A}t}\boldsymbol{B}\boldsymbol{U}(t)\mathrm{d}t$$
$$= \mathrm{e}^{\boldsymbol{A}(T-t_0)}\boldsymbol{X}(t_0) + \int_{t_0}^{T}\mathrm{e}^{\boldsymbol{A}(T-t)}\boldsymbol{B}\boldsymbol{U}(t)\mathrm{d}t$$
$$\boldsymbol{X}(T) = \mathrm{e}^{\boldsymbol{A}(T-t_0)}\cdot\boldsymbol{X}_0 + \int_{t_0}^{T}\mathrm{e}^{\boldsymbol{A}(T-t)}\boldsymbol{B}\boldsymbol{U}(t)\mathrm{d}t \tag{2.2.3}$$

上式未对 T 加任何限制，任意 t 均应成立，用 t 代 T，积分号内的 t 用 τ 代替，式(2.2.3)。根据定义式可写成

$$\boldsymbol{X}(t) = \boldsymbol{\Phi}(t-t_0)\boldsymbol{X}_0 + \int_{t_0}^{t}\boldsymbol{\Phi}(t-\tau)\boldsymbol{B}\boldsymbol{U}(\tau)\mathrm{d}\tau \tag{2.2.4}$$

式(2.2.4)右边第一项表示状态自由地转移到 $\boldsymbol{X}(t)$，第二项积分表示在 $\boldsymbol{U}(t)$ 的强迫作用下状态的转移。它描述了强迫作用下状态运动的规律。

2.3 连续系统状态方程的离散化

第1章讨论过，在连续系统的 n 阶微分方程中，用差商代替微商，转化为同阶差分方程，然后再转化为状态方程。按照这个思路进行的连续系统方程是离散化的，但它获得的是一个定性的公式。这里用状态转移矩阵这一概念可以得到一个明确的定量公式。

由式(2.2.4)知连续系统状态方程的解

$$\boldsymbol{X}(t) = \boldsymbol{\Phi}(t-t_0)\boldsymbol{X}_0 + \int_{t_0}^{t}\boldsymbol{\Phi}(t-\tau)\boldsymbol{B}\boldsymbol{U}(\tau)\mathrm{d}\tau$$

当 $t=(k+1)T$, $t_0=hT$, T 为时间周期，上式可改写成

$$X((k+1)T)=\boldsymbol{\Phi}((k+1)T-hT)X_0+\int_{hT}^{(K+1)T}\boldsymbol{\Phi}((k+1)T-\tau)BU(\tau)\mathrm{d}\tau \tag{2.2.5}$$

同样，当 $t=kT$

$$X(kT)=\boldsymbol{\Phi}(kT-hT)X_0+\int_{hT}^{kT}\boldsymbol{\Phi}(kT-\tau)BU(\tau)\mathrm{d}\tau \tag{2.2.6}$$

式(2.2.6) 左乘 $\boldsymbol{\Phi}((k+1)T-kT)$ 得

$$\begin{aligned}&\boldsymbol{\Phi}((k+1)T-kT)X(kT)\\&=\boldsymbol{\Phi}((k+1)T-kT)\boldsymbol{\Phi}(kT-hT)X_0+\boldsymbol{\Phi}((k+1)T-kT)\int_{hT}^{kT}\boldsymbol{\Phi}(kT-\tau)BU(\tau)\mathrm{d}\tau\\&=\boldsymbol{\Phi}((k+1)T-kT)\boldsymbol{\Phi}(kT-hT)X_0+\int_{hT}^{kT}\boldsymbol{\Phi}((k+1)T-kT)\boldsymbol{\Phi}(kT-\tau)BU(\tau)\mathrm{d}\tau\end{aligned}$$

由状态转移性质5，即传递性

$$\boldsymbol{\Phi}((k+1)T-kT)X(kT)=\boldsymbol{\Phi}((k+1)T-hT)X_0+\int_{hT}^{kT}\boldsymbol{\Phi}((k+1)T-\tau)BU(\tau)\mathrm{d}\tau \tag{2.2.7}$$

式(2.2.5) 减式(2.2.7) 有

$$\begin{aligned}&X((k+1)T)-\boldsymbol{\Phi}((k+1)T-kT)X(kT)\\&=\int_{hT}^{(k+1)T}\boldsymbol{\Phi}((k+1)T-\tau)BU(\tau)\mathrm{d}\tau-\int_{hT}^{kT}\boldsymbol{\Phi}((k+1)T-\tau)BU(\tau)\mathrm{d}\tau\end{aligned} \tag{2.2.8}$$

后一个积分上下限交换位置

$$=\int_{hT}^{(k+1)T}\boldsymbol{\Phi}((k+1)T-\tau)BU(\tau)\mathrm{d}\tau+\int_{kT}^{hT}\boldsymbol{\Phi}((k+1)T-\tau)BU(\tau)\mathrm{d}\tau$$

两个积分合并为一个积分

$$=\int_{kT}^{(k+1)T}\boldsymbol{\Phi}((k+1)T-\tau)BU(\tau)\mathrm{d}\tau$$

式(2.2.8) 左边的第二项移到右边，得

$$X((k+1)T)=\boldsymbol{\Phi}((k+1)T-kT)X(kT)+\int_{kT}^{(k+1)T}\boldsymbol{\Phi}((k+1)T-\tau)BU(\tau)\mathrm{d}\tau$$

上式右边第一项

$$\boldsymbol{\Phi}((k+1)T-kT)X(kT)=\boldsymbol{\Phi}(T)$$

第二项积分中 $U(\tau)$ 在 kT 至 $(k+1)T$ 区间内为常数，可提到积分号外，记为 $U(kT)$。则

$$\int_{kT}^{(k+1)T}\boldsymbol{\Phi}((k+1)T-\tau)BU(\tau)\mathrm{d}\tau=\left(\int_{kT}^{(k+1)T}\boldsymbol{\Phi}((k+1)T-\tau)B\mathrm{d}\tau\right)\cdot U(kT)$$

对括号内的积分做变量代换，令 $t=(k+1)T-\tau$，积分下限当 $\tau=kT$ 时，$t=(k+1)T-kT=T$，当 $\tau=(k+1)T$，上限 $t=(k+1)T-(k+1)T=0$，对 $t=(k+1)T-\tau$ 两边求微分得 $\mathrm{d}t=-\mathrm{d}\tau$。

则

$$\int_{kT}^{(k+1)T}\boldsymbol{\Phi}((k+1)T-\tau)B\mathrm{d}\tau=-\int_{T}^{0}\boldsymbol{\Phi}(t)B\mathrm{d}t=\int_{0}^{\mathrm{T}}\boldsymbol{\Phi}(t)B\mathrm{d}t \tag{2.2.9}$$

式(2.2.10) 可写成

$$\boldsymbol{X}((k+1)T)=\boldsymbol{\Phi}(T)\boldsymbol{X}(kT)+\left(\int_0^{\mathrm{T}}\boldsymbol{\Phi}(t)\boldsymbol{B}\mathrm{d}t\right)\boldsymbol{U}(kT)$$

省去 T 可写成

$$\boldsymbol{X}(k+1)=\boldsymbol{\Phi}(T)\boldsymbol{X}(k)+\left(\int_0^{\mathrm{T}}\boldsymbol{\Phi}(t)\boldsymbol{B}\mathrm{d}t\right)\boldsymbol{U}(k)$$

令

$$\boldsymbol{G}=\boldsymbol{\Phi}(T),$$
$$\boldsymbol{H}=\int_0^{\mathrm{T}}\boldsymbol{\Phi}(T)\boldsymbol{B}\mathrm{d}t$$

则

$$\begin{aligned}\boldsymbol{X}(k+1)&=\boldsymbol{\Phi}(T)\boldsymbol{X}(k)+\left(\int_0^{\mathrm{T}}\boldsymbol{\Phi}(t)\boldsymbol{B}\mathrm{d}t\right)\boldsymbol{U}(k)\\&=\boldsymbol{G}\boldsymbol{X}(k)+\boldsymbol{H}\boldsymbol{U}(k)\end{aligned}\qquad(2.2.10)$$

当 $\boldsymbol{A}$ 已知，仿照2.2例中的方法，$\mathrm{e}^{\boldsymbol{A}t}$ 可求。根据定义，$\boldsymbol{\phi}(t)$ 可求，$\boldsymbol{G}$ 可求，对其求一个周期的定积分，$\boldsymbol{H}$ 可求。可见式(2.2.10) 是连续系统离散化的定量计算公式。

联立式(2.2.10) 和式(1.3.11) 的第 2 式得连续系统离散状态方程

$$\begin{cases}\boldsymbol{X}(k+1)=\boldsymbol{G}\boldsymbol{X}(k)+\boldsymbol{H}\boldsymbol{U}(k)\\\boldsymbol{Y}(k)=\boldsymbol{C}\boldsymbol{X}(k)+\boldsymbol{D}\boldsymbol{U}(k)\end{cases}$$

2.4 时不变离散系统的强迫运动

已知

$$\boldsymbol{X}(k+1)=\boldsymbol{G}\boldsymbol{X}(k)+\boldsymbol{H}\boldsymbol{U}(k),\ \boldsymbol{X}(0)=\boldsymbol{X}_0$$

求 $\boldsymbol{X}(k)$ 称线性时不变系统强迫运动分析。

令 $k=0$

$$\boldsymbol{X}(1)=\boldsymbol{G}\boldsymbol{X}(0)+\boldsymbol{H}\boldsymbol{U}(0)$$

$k=1$

$$\begin{aligned}\boldsymbol{X}(2)&=\boldsymbol{G}\boldsymbol{X}(1)+\boldsymbol{H}\boldsymbol{U}(1)=\boldsymbol{G}(\boldsymbol{G}\boldsymbol{X}(0)+\boldsymbol{H}\boldsymbol{U}(0))+\boldsymbol{H}\boldsymbol{U}(1)\\&=\boldsymbol{G}^2\boldsymbol{X}(0)+\boldsymbol{G}\boldsymbol{H}\boldsymbol{U}(0)+\boldsymbol{H}\boldsymbol{U}(1)\end{aligned}$$

$k=2$

$$\boldsymbol{X}(3)=\boldsymbol{G}^3\boldsymbol{X}(0)+\boldsymbol{G}^2\boldsymbol{H}\boldsymbol{U}(0)+\boldsymbol{G}\boldsymbol{H}\boldsymbol{U}(1)+\boldsymbol{H}\boldsymbol{U}(2)$$

$$\cdots$$

$$\begin{aligned}\boldsymbol{X}(k)&=\boldsymbol{G}^k\boldsymbol{X}(0)+\boldsymbol{G}^{k-1}\boldsymbol{H}\boldsymbol{U}(0)+\boldsymbol{G}^{k-2}\boldsymbol{H}\boldsymbol{U}(1)+\cdots+\boldsymbol{H}\boldsymbol{U}(k-1)\\&=\boldsymbol{G}^k\boldsymbol{X}(0)+\sum_{i=0}^{k-1}\boldsymbol{G}^{k-i-1}\boldsymbol{H}\boldsymbol{U}(i)\end{aligned}\qquad(2.2.11)$$

式(2.2.11) 可以看出，第 k 时刻的状态与此前的输入有关，与第 k 时刻的输入无关。也就是第 k 时刻的输入不会立即产生作用，这体现了物理系统的惯性。

由式(2.2.11) 还可以看出 $\boldsymbol{X}(k)$ 同样由两部分组成，一部分是状态自由运动转移，另一部分与控制作用 $\boldsymbol{U}$ 有关。$\boldsymbol{G}=\boldsymbol{\Phi}(T)=\mathrm{e}^{\boldsymbol{A}T}=\boldsymbol{\Phi}(1)$ 为状态转移矩阵，乘上它，状态将发生一

次转移，也就是 $\boldsymbol{G\Phi}(k)=\boldsymbol{\Phi}(k+1)$，表示系统经 $\boldsymbol{\Phi}(k)$ 转移之后，又经过一次转移获得的结果。

若 $\boldsymbol{\Phi}(0)=\boldsymbol{I}$ 即假设第 0 次状态为单位阵时

则

$$\begin{aligned}
\boldsymbol{\Phi}(1) &= \boldsymbol{G\Phi}(0)=\boldsymbol{G} \\
\boldsymbol{\Phi}(2) &= \boldsymbol{G\Phi}(1)=\boldsymbol{GG\Phi}(0)=\boldsymbol{G}^2\boldsymbol{\Phi}(0)=\boldsymbol{G}^2 \\
&\cdots \\
\boldsymbol{\Phi}(k) &= \boldsymbol{G\Phi}(k-1)=\boldsymbol{G}^k
\end{aligned}$$

于是式(2.2.11)最终可写成

$$\boldsymbol{X}(k)=\boldsymbol{\Phi}(k)\boldsymbol{X}(0)+\sum_{i=0}^{k-1}\boldsymbol{\Phi}(k-i-1)\boldsymbol{HU}(i)$$

这便是线性时不变离散系统的强迫运动。当 $\boldsymbol{A}$，$\boldsymbol{X}(0)$，$\boldsymbol{U}(0)$ 已知，$\mathrm{e}^{\boldsymbol{A}t}$、$\boldsymbol{\Phi}(1)$、$\boldsymbol{H}$ 可求，由上式可求出 $\boldsymbol{X}(1)$，并依次得序列：$\boldsymbol{X}(2)$，$\boldsymbol{X}(3)$，…，$\boldsymbol{X}(N)$。这就是状态运动的轨迹。

第 3 章 控制系统的能控性与能观测性

能控性与能观测性是控制系统的两个性质，是 Kalman 于 20 世纪 60 年代提出来的。能控性体现了控制作用对系统的影响力，能观性是系统的状态能否从输出中体现出来。

3.1 能控性定义

【定义】 设系统 $\sum = (\boldsymbol{A}, \boldsymbol{B})$ 的状态方程为

$$\begin{aligned} \dot{\boldsymbol{X}}_{n\times 1} &= \boldsymbol{A}_{n\times n}\boldsymbol{X}_{n\times 1} + \boldsymbol{B}_{n\times r}\boldsymbol{U}_{r\times 1} \\ \boldsymbol{Y}_{m\times 1} &= \boldsymbol{C}_{m\times n}\boldsymbol{X}_{m\times 1} + \boldsymbol{D}_{m\times r}\boldsymbol{U}_{r\times 1} \end{aligned} \tag{3.1.1}$$

如果找到容许控制 $\boldsymbol{U}$，能在 $t_a > t_0$，$t_0 \in J$，J 为时间的定义域，使系统在 t_0 的状态 $\boldsymbol{X}(t_0) = \boldsymbol{X}_0 \neq 0$，转移到 $\boldsymbol{X}(t_a) = 0$，则称系统在 $[t_0, t_a]$ 是状态能控的。

$\sum(\boldsymbol{A}, \boldsymbol{B})$ 是由 $\boldsymbol{A}$，$\boldsymbol{B}$ 矩阵决定的系统的简写。容许控制是指物理允许的控制。

定义包含三点：

(1) 能控性是指状态能控，即系统在容许控制作用下，能从一个状态转移到另一个状态。研究非 0 状态受控到 0 状态为能控性，从 0 状态到非 0 状态为能达性。

(2) 状态转移是在有限的时间内完成的，而不是无限时间。

(3) 控制作用 $\boldsymbol{U}$ 满足方程解的存在的唯一性条件，即在 $[t_0, t_a]$ 区间内平方可积。表示物理允许，可以实现的控制。

3.2 时不变系统状态能控性判据

【定理】 时不变系统 $\sum = (\boldsymbol{A}, \boldsymbol{B})$ 状态能控的充分必要条件为

$$\boldsymbol{Q}_k = (\boldsymbol{B} \mid \boldsymbol{AB} \mid \cdots \mid \boldsymbol{A}^{n-1}\boldsymbol{B}) \text{ 满秩，或 } \mathrm{Rank}(\boldsymbol{B} \mid \boldsymbol{AB} \mid \cdots \mid \boldsymbol{A}^{n-1}\boldsymbol{B}) = n$$

即矩阵的最大不为0子行列式的阶等于它的行或列数。矩阵 $\boldsymbol{A}$，$\boldsymbol{B}$ 不随时间变化。

【证明】 重写系统强迫运动下的状态

$$\boldsymbol{X}(T) = \boldsymbol{\Phi}(T - t_0)\boldsymbol{X}_0 + \int_{t_0}^{T} \boldsymbol{\Phi}(T - t)\boldsymbol{BU}(t)\,\mathrm{d}t$$

如果系统是能控的，则在 $\boldsymbol{U}(t)$ 的控制下，状态将由 $\boldsymbol{X}(t_0) = \boldsymbol{X}_0 \neq 0$ 转移到 $\boldsymbol{X}(t_a) = 0$，于是

$$\boldsymbol{X}(t_a) = \boldsymbol{\Phi}(t_a - t_0)\boldsymbol{X}_0 + \int_{t_0}^{t_a} \boldsymbol{\Phi}(t_a - t)\boldsymbol{BU}(t)\,\mathrm{d}t = 0$$

移项得

$$-\boldsymbol{\Phi}(t_a - t_0)\boldsymbol{X}_0 = \int_{t_0}^{t_a} \boldsymbol{\Phi}(t_a - t)\boldsymbol{BU}(t)\,\mathrm{d}t$$

左乘 $-\boldsymbol{\Phi}^{-1}(t_a - t_0)$ 得

$$\boldsymbol{X}_0 = -\boldsymbol{\Phi}^{-1}(t_a - t_0)\int_{t_0}^{t_a} \boldsymbol{\Phi}(t_a - t)\boldsymbol{BU}(t)\,\mathrm{d}t$$

由转移矩阵的性质2、5得

$$\boldsymbol{\Phi}^{-1}(t_a - t_0) = \boldsymbol{\Phi}(t_0 - t_a)$$

于是

$$\begin{aligned}
\boldsymbol{X}_0 &= -\boldsymbol{\Phi}(t_0 - t_a)\int_{t_0}^{t_a} \boldsymbol{\Phi}(t_a - t)\boldsymbol{BU}(t)\,\mathrm{d}t \\
&= -\int_{t_0}^{t_a} \boldsymbol{\Phi}(t_0 - t_a)\boldsymbol{\Phi}(t_a - t)\boldsymbol{BU}(t)\,\mathrm{d}t \\
&= -\int_{t_0}^{t_a} \boldsymbol{\Phi}(t_0 - t)\boldsymbol{BU}(t)\,\mathrm{d}t
\end{aligned} \tag{3.2.1}$$

根据有限项定理式(2.1.16)

$$\mathrm{e}^{\boldsymbol{A}t} = \alpha_0(t)\boldsymbol{I} + \alpha_1(t)\boldsymbol{A} + \cdots + \alpha_{n-1}(t)\boldsymbol{A}^{n-1}$$

亦可写成

$$\mathrm{e}^{\boldsymbol{A}\tau} = \alpha_0(\tau)\boldsymbol{I} + \alpha_1(\tau)\boldsymbol{A} + \cdots + \alpha_{n-1}(\tau)\boldsymbol{A}^{n-1}$$

当 $\tau = t_0 - t$，则

$$\begin{aligned}
\mathrm{e}^{\boldsymbol{A}\tau} &= \mathrm{e}^{\boldsymbol{A}(t_0 - t)} = \boldsymbol{\Phi}(t_0 - t) \\
&= \alpha_0(\tau)\boldsymbol{I} + \alpha_1(\tau)\boldsymbol{A} + \cdots + \alpha_{n-1}(\tau)\boldsymbol{A}^{n-1}
\end{aligned} \tag{3.2.2}$$

考虑到式(3.2.2)

$$t = t_0 - \tau$$

$$\mathrm{d}t = -\mathrm{d}\tau$$

$$\boldsymbol{X}_0 = \int_{t_0}^{t_a} (\alpha_0(\tau)\boldsymbol{I} + \alpha_1(\tau)\boldsymbol{A} + \cdots + \alpha_{n-1}(\tau)\boldsymbol{A}^{n-1})\boldsymbol{BU}(t_0 - \tau)\,\mathrm{d}\tau$$

和的积分等于积分的和

$$X_0 = \int_{t_0}^{t_a} \alpha_0(\tau) \boldsymbol{IBU}(t_0 - \tau)\mathrm{d}\tau + \int_{t_0}^{t_a} \alpha_1(\tau) \boldsymbol{ABU}(t_0 - \tau)\mathrm{d}\tau + \cdots + \int_{t_0}^{t_a} \alpha_{n-1}(\tau) \boldsymbol{A}^{n-1}\boldsymbol{BU}(t_0 - \tau)\mathrm{d}\tau$$

$$= \boldsymbol{IB}\int_{t_0}^{t_a} \alpha_0(\tau) \boldsymbol{U}(t_0 - \tau)\mathrm{d}\tau + \boldsymbol{AB}\int_{t_0}^{t_a} \alpha_1(\tau) \boldsymbol{U}(t_0 - \tau)\mathrm{d}\tau \quad A^{n-1}B\int_{t_0}^{t_a} \alpha_{n-1}(\tau) \boldsymbol{U}(t_0 - \tau)\mathrm{d}\tau$$

写成矩阵相乘的形式

$$\boldsymbol{X}_0 = (\boldsymbol{B} \mid \boldsymbol{AB} \mid \cdots \mid \boldsymbol{A}^{n-1}\boldsymbol{B}) \begin{pmatrix} \int_{t_0}^{t_a} \alpha_0(\tau) \boldsymbol{U}(t_0 - \tau)\mathrm{d}\tau \\ \int_{t_0}^{t_a} \alpha_1(\tau) \boldsymbol{U}(t_0 - \tau)\mathrm{d}\tau \\ \vdots \\ \int_{t_0}^{t_a} \alpha_{n-1}(\tau) \boldsymbol{U}(t_0 - \tau)\mathrm{d}\tau \end{pmatrix} \tag{3.2.3}$$

分析上式右边两矩阵的维数可知$(\boldsymbol{B}_{n\times r} \mid \boldsymbol{A}_{n\times n}\boldsymbol{B}_{n\times r} \mid \cdots \mid \boldsymbol{A}_{n\times n}^{n-1}\boldsymbol{B}_{n\times r})_{n\times nr}$为 $n \times nr$ 维矩阵，而等号右边第二项

$$\begin{pmatrix} (\int_{t_0}^{t_a} \alpha_0(\tau) \boldsymbol{U}(t_0 - \tau)\mathrm{d}\tau)_{r\times 1} \\ (\int_{t_0}^{t_a} \alpha_1(\tau) \boldsymbol{U}(t_0 - \tau)\mathrm{d}\tau)_{r\times 1} \\ \vdots \\ (\int_{t_0}^{t_a} \alpha_{n-1}(\tau) \boldsymbol{U}(t_0 - \tau)\mathrm{d}\tau)_{r\times 1} \end{pmatrix}_{nr\times 1}$$

为 $nr \times 1$ 维矩阵。

等号右边第二项为 $nr \times 1$ 维矩阵。而右边矩阵的乘积为 $n \times 1$ 维，正好与 $\boldsymbol{X}_0$ 的维数相等。将式(3.2.3) 两边交换位置得

$$\left(\boldsymbol{B} \mid \boldsymbol{AB} \mid \cdots \mid \boldsymbol{A}^{n-1}\boldsymbol{B}\right) \begin{pmatrix} \int_{t_0}^{t_a} \alpha_0(\tau) \boldsymbol{U}(t_0 - \tau)\mathrm{d}\tau \\ \int_{t_0}^{t_a} \alpha_1(\tau) \boldsymbol{U}(t_0 - \tau)\mathrm{d}\tau \\ \vdots \\ \int_{t_0}^{t_a} \alpha_{n-1}(\tau) \boldsymbol{U}(t_0 - \tau)\mathrm{d}\tau \end{pmatrix} = \boldsymbol{X}_0 \tag{3.2.4}$$

这是以 $U(\tau)$ 为未知函数的线性方程组，根据克莱姆法则，方程组有解的充分必要条件是系数矩阵$(\boldsymbol{B} \mid \boldsymbol{AB} \mid \cdots \mid \boldsymbol{A}^{n-1}\boldsymbol{B})_{n\times nr}$ 满秩。

记为

$$\mathrm{Rank}(\boldsymbol{B} \mid \boldsymbol{AB} \mid \cdots \mid \boldsymbol{A}^{n-1}\boldsymbol{B}) = n \tag{3.2.5}$$

矩阵的秩是指矩阵中最大不为 0 子行列式的阶数。行列式是方的，即行数等于列数，且行列式不为 0，如果最大不为 0 的子行列式的行或列数等于该矩阵的行数、列数中的最小者，则称该行列式为满秩。以式(3.2.5) 为例，行数 n 列数为 nr，显然 $nr \geqslant n$，若它的秩等于 n，即最大不为 0 的子行列式的阶为 n，故称它满秩，这样式(3.2.4) 方程才会有解。

【证毕】

克莱姆法则是易于理解的。如线性方程组

$$\begin{cases} x_1 + x_2 = 5 \\ 2x_1 + 2x_2 = 6 \end{cases}$$

显然这个方程是矛盾方程，无解。若写成矩阵形式

$$\begin{pmatrix} 1 & 1 \\ 2 & 2 \end{pmatrix}\begin{pmatrix} \boldsymbol{x}_1 \\ \boldsymbol{x}_2 \end{pmatrix} = \begin{pmatrix} 5 \\ 6 \end{pmatrix},\ \boldsymbol{AX} = \boldsymbol{B},\ \boldsymbol{A} = \begin{pmatrix} 1 & 1 \\ 2 & 2 \end{pmatrix}$$

(-2) 乘以 $\boldsymbol{A}$ 的第一行后，加到第 2 行中去，得$\begin{pmatrix} 1 & 1 \\ 0 & 0 \end{pmatrix}$，这个行列式为 0，不为 0 的最大子行列式的阶为 1，不等于 $\boldsymbol{A}$ 的行数和列数，故 $\mathrm{Rank}(\boldsymbol{A}) = 1 \neq 2$，不满秩，所以方程无解。

【例】　设系统为

$$\begin{pmatrix} \dot{\boldsymbol{x}}_1 \\ \dot{\boldsymbol{x}}_2 \\ \dot{\boldsymbol{x}}_3 \end{pmatrix} = \begin{pmatrix} -1 & -2 & -2 \\ 0 & -1 & 1 \\ 1 & 0 & -2 \end{pmatrix}\begin{pmatrix} \boldsymbol{x}_1 \\ \boldsymbol{x}_2 \\ \boldsymbol{x}_3 \end{pmatrix} + \begin{pmatrix} 2 \\ 0 \\ 1 \end{pmatrix}$$

问系统状态是否可控?

【解】

$$\boldsymbol{B} = \begin{pmatrix} 2 \\ 0 \\ 1 \end{pmatrix};\ \boldsymbol{A} = \begin{pmatrix} -1 & -2 & -2 \\ 0 & -1 & 1 \\ 1 & 0 & -2 \end{pmatrix}$$

计算 $\mathrm{Rank}(\boldsymbol{B} \mid \boldsymbol{AB} \mid \boldsymbol{A}^{n-1}\boldsymbol{B})$。由于是 3 阶系统，$n = 3$，故只需计算 $\mathrm{Rank}(\boldsymbol{B} \mid \boldsymbol{AB} \mid \boldsymbol{A}^2\boldsymbol{B})$。由于

$$\boldsymbol{B} = \begin{pmatrix} 2 \\ 0 \\ 1 \end{pmatrix};\qquad \boldsymbol{AB} = \begin{pmatrix} -1 & -2 & -2 \\ 0 & -1 & 1 \\ 1 & 0 & -2 \end{pmatrix}\begin{pmatrix} 2 \\ 0 \\ 1 \end{pmatrix} = \begin{pmatrix} -4 \\ 1 \\ 1 \end{pmatrix}$$

$$\boldsymbol{A}^2\boldsymbol{B} = \boldsymbol{A} \cdot \boldsymbol{AB} = \begin{pmatrix} -1 & -2 & -2 \\ 0 & -1 & 1 \\ 1 & 0 & -2 \end{pmatrix}\begin{pmatrix} -4 \\ 1 \\ 1 \end{pmatrix} = \begin{pmatrix} 0 \\ 0 \\ 5 \end{pmatrix}$$

$$\mathrm{Rank}\begin{pmatrix} 2 & -4 & 0 \\ 0 & 1 & 0 \\ 1 & 1 & 5 \end{pmatrix} = 3$$

由于矩阵的行列不成比例，无法把某一行、列变换成全 0，故满秩，系统状态能控。

3.3 时不变系统输出能控性判据

【定义】 设系统 $\sum = (\boldsymbol{A}, \boldsymbol{B}, \boldsymbol{C}, \boldsymbol{D})$ 的状态方程为

$$\begin{cases}\dot{\boldsymbol{X}}_{n\times1} = \boldsymbol{A}_{n\times n}\boldsymbol{X}_{n\times1} + \boldsymbol{B}_{n\times r}\boldsymbol{U}_{r\times1} \\ \boldsymbol{Y}_{m\times1} = \boldsymbol{C}_{m\times n}\boldsymbol{X}_{m\times1} + \boldsymbol{D}_{m\times r}\boldsymbol{U}_{r\times1}\end{cases} \tag{3.3.1}$$

如果找到容许控制 $\boldsymbol{U}$，能在 $t_a > t_0$，$t_a \in J$，J 为时间的定义域，使系统在 t_0 的输出 $\boldsymbol{Y}(t_0) = \boldsymbol{Y}_0 \neq 0$，转移到 $\boldsymbol{Y}(t_a) = \boldsymbol{Y}_a = 0$，则称系统在 $[t_0, t_a]$ 区间输出是能控的。

【定理】 设系统 $\sum = (\boldsymbol{A}, \boldsymbol{B}, \boldsymbol{C}, \boldsymbol{D})$，即 $\begin{cases}\dot{\boldsymbol{X}} = \boldsymbol{AX} + \boldsymbol{BU} \\ \boldsymbol{Y} = \boldsymbol{CX} + \boldsymbol{DU}\end{cases}$，输出 $\boldsymbol{Y}$ 能控的充要条件是 $(\boldsymbol{CB} \mid \boldsymbol{CAB} \mid \cdots \mid \boldsymbol{CA}^{n-1}\boldsymbol{B} \mid \boldsymbol{D})$ 满秩

$$\text{Rank}(\boldsymbol{CB} \mid \boldsymbol{CAB} \mid \cdots \mid \boldsymbol{CA}^{n-1}\boldsymbol{B} \mid \boldsymbol{D}) = m$$

【证明】 将式(3.2.1) $\boldsymbol{X}_0 = -\int_{t_0}^{t_a}\boldsymbol{\Phi}(t_0 - t)\boldsymbol{BU}(t)\mathrm{d}t$ 代入输出方程

$$\begin{aligned}\boldsymbol{Y} &= \boldsymbol{CX}_0 + \boldsymbol{DU}(t) \\ &= \boldsymbol{C}\left(-\int_{t_0}^{t_a}\boldsymbol{\Phi}(t_0 - t)\boldsymbol{BU}(t)\mathrm{d}t\right) + \boldsymbol{DU}(t)\end{aligned}$$

由式(3.2.2) 知 $\boldsymbol{\Phi}(t_0 - t) = \alpha_0(\tau)\boldsymbol{I} + \alpha_1(\tau)\boldsymbol{A} + \cdots + \alpha_{n-1}(\tau)\boldsymbol{A}^{n-1} = \sum_{k=0}^{n-1}\alpha_k(\tau)\boldsymbol{A}^K$

$$\boldsymbol{Y} = \boldsymbol{C}\left(-\int_{t_0}^{t_a}\sum_{k=0}^{n-1}\alpha_k(\tau)\boldsymbol{A}^K\boldsymbol{BU}(t)\mathrm{d}t\right) + \boldsymbol{DU}(t)$$

考虑到 $\tau = t_0 - t$，$\boldsymbol{A}^k$ 与 $\boldsymbol{B}$ 为常数阵可移出积分号外

$$\boldsymbol{Y} = \boldsymbol{C}\left(-\sum_{k=0}^{n-1}\boldsymbol{A}^K\boldsymbol{B}\int_{t_0}^{t_a}\alpha_k(t_0 - t)\boldsymbol{U}(t)\mathrm{d}t\right) + \boldsymbol{DU}(t)$$

$\boldsymbol{C}$ 为常数阵可移入 $\sum$ 号内

$$\boldsymbol{Y} = -\sum_{k=0}^{n-1}\boldsymbol{CA}^k\boldsymbol{B}\int_{t_0}^{t_a}\alpha_k(t_0 - t)\boldsymbol{U}(t)\mathrm{d}t + \boldsymbol{DU}(t)$$

展开 $\sum$ 注意到 $\boldsymbol{A}^0 = \boldsymbol{I}$，则

$$\begin{aligned}\boldsymbol{Y} = -\Big(&\boldsymbol{CIB}\int_{t_0}^{t_a}\alpha_0(t_0 - t)\boldsymbol{U}(t)\mathrm{d}t + \boldsymbol{CAB}\int_{t_0}^{t_a}\alpha_1(t_0 - t)\boldsymbol{U}(t)\mathrm{d}t + \cdots + \\ &\boldsymbol{CA}^{n-1}\boldsymbol{B}\int_{t_0}^{t_a}\alpha_{n-1}(t_0 - t)\boldsymbol{U}(t)\mathrm{d}t\Big) + \boldsymbol{DU}(t)\end{aligned}$$

写成矩阵形式

$$Y=-(CB\mid CAB\mid\cdots\mid CA^{n-1}B\mid D)\begin{pmatrix}\int_{t_0}^{t_a}\alpha_0(t_0-t)U(t)\mathrm{d}t\\ \int_{t_0}^{t_a}\alpha_1(t_0-t)U(t)\mathrm{d}t\\ \vdots\\ \int_{t_0}^{t_a}\alpha_{n-1}(t_0-t)U(t)\mathrm{d}t\\ U(t)\end{pmatrix}$$

其中，矩阵$(C_{m\times n}B_{n\times r})_{m\times r}$，$(C_{m\times n}A_{n\times n}B_{n\times r})_{m\times r}$，…，故$(CB\mid CAB\mid\cdots\mid CA^{n-1}B\mid D)_{m\times(n+1)r}$。

而

$$\begin{pmatrix}(\int_{t_0}^{t_a}\alpha_0(t_0-t)U(t)\mathrm{d}t)_{n\times r}\\ (\int_{t_0}^{t_a}\alpha_1(t_0-t)U(t)\mathrm{d}t)_{n\times r}\\ \vdots\\ (\int_{t_0}^{t_a}\alpha_{n-1}(t_0-t)U(t)\mathrm{d}t)_{n\times r}\\ U(t)_{n\times r}\end{pmatrix}_{(n+1)r\times 1}$$

最后得

$$Y_{m\times 1}=-(CB\mid CAB\mid\cdots\mid CA^{n-1}B\mid D)\begin{pmatrix}\int_{t_0}^{t_a}\alpha_0(t_0-t)U(t)\mathrm{d}t\\ \int_{t_0}^{t_a}\alpha_1(t_0-t)U(t)\mathrm{d}t\\ \cdots\\ \int_{t_0}^{t_a}\alpha_{n-1}(t_0-t)U(t)\mathrm{d}t\\ U(t)\end{pmatrix}$$

可解出$U(t)$。根据克莱姆法则，这个线性方程组有解的充要条件是$\mathrm{Rank}(CB\mid CAB\mid\cdots\mid CA^{n-1}B\mid D)=m$，即$(CB\mid CAB\mid\cdots\mid CA^{n-1}B\mid D)$矩阵满秩。

【证毕】

【例】　系统

$$\begin{cases}\begin{pmatrix}\dot{x}_1\\ \dot{x}_2\end{pmatrix}=\begin{pmatrix}-4 & 5\\ 1 & 0\end{pmatrix}\begin{pmatrix}x_1\\ x_2\end{pmatrix}+\begin{pmatrix}-5\\ 1\end{pmatrix}u\\ y=(1\quad -1)\begin{pmatrix}x_1\\ x_2\end{pmatrix}+u\end{cases}$$

问输出是否可控？

【解】　求$\mathrm{Rank}(CB\mid CAB\mid\cdots\mid CA^{n-1}B\mid U)$，$n=2$，故求$\mathrm{Rank}(CB\mid CAB\mid D)$

$$C=(1\quad -1),\ B=\begin{pmatrix}-5\\1\end{pmatrix}$$

$$CB=(1\quad -1)\begin{pmatrix}-5\\1\end{pmatrix}=-6$$

$$CAB=(1\quad -1)\begin{pmatrix}-4&5\\1&0\end{pmatrix}\quad\begin{pmatrix}-5\\1\end{pmatrix}=30$$

$\boldsymbol{D}=1$，且 y 为 1 维 $m=1$。

求出 $\mathrm{Rank}(-6\quad 30\quad 1)=1=m$，所以输出能控。

3.4 连续时变系统状态的能控性

以上讨论的线性系统是时不变的，如果是时变的，又将如何？

设系统

$$\sum=(\boldsymbol{A}(t),\ \boldsymbol{B}(t),\ \boldsymbol{C}(t),\ \boldsymbol{D}(t))$$

即

$$\begin{cases}\dot{\boldsymbol{X}}(t)=\boldsymbol{A}(t)\boldsymbol{X}+\boldsymbol{B}(t)\boldsymbol{U}\\ \boldsymbol{X}(t_0)=\boldsymbol{X}_0\end{cases}$$

问系统在什么情况下是能控的?在讨论之前，先要介绍与此有关的几个矩阵概念。

3.4.1 数学基础

3.4.1.1 时变向量

设 $\boldsymbol{h}_1(t,\ t_0)$，$\boldsymbol{h}_2(t,\ t_0)$，…，$\boldsymbol{h}_n(t,\ t_0)$ 为 n 个 n 维的列向量，其中 t_0 为初始时刻 $t>t_0$ $t\in J$，J 为 t 的定义域。这 n 个列向量是时间的函数，故称为时变向量。称它为 n 维列向量是指

$$\boldsymbol{h}_i(t,\ t_0)=\begin{pmatrix}h_{1i}(t,\ t_0)\\h_{2i}(t,\ t_0)\\ \vdots\\h_{ni}(t,\ t_0)\end{pmatrix}_{n\times 1}=(h_{1i}(t,\ t_0))\mid h_{2i}(t,\ t_0)\mid\cdots\mid h_{ni}(t,\ t_0))^{\mathrm{T}}(i=1,\ \cdots,\ n)$$

T 表示矩阵的转置，即将矩阵的行写成列，列写成行。形成的矩阵，下同。将这 n 个列向量简记为 $\boldsymbol{h}_1$，$\boldsymbol{h}_2$，$\cdots\boldsymbol{h}_n$。

3.4.1.2 向量线性无关与线性相关

若时变向量 $\boldsymbol{h}_1$，$\boldsymbol{h}_2$，$\cdots\boldsymbol{h}_n$ 存在一组不全为 0 的数 c_1，c_2，$\cdots c_n$，使得 $c_1\boldsymbol{h}_1+c_2\boldsymbol{h}_2+\cdots+c_n\boldsymbol{h}_n=0$，则称 $\boldsymbol{h}_i$，$i=1,\ 2,\ \cdots n$ 为线性相关。

如果 c_1，c_2，$\cdots c_n$ 全为 0，使得 $c_1\boldsymbol{h}_1+c_2\boldsymbol{h}_2+\cdots+c_n\boldsymbol{h}_n=0$，则称 $\boldsymbol{h}_i$，$i=1,\ 2,\ \cdots,\ n$ 为线性无关。

一维空间，即数轴上，任意2个向量都是线性相关的。由于方向在一条直线上，这两个向

量总可以表示为 $\boldsymbol{h}_1 = \pm \frac{c_2}{c_1}\boldsymbol{h}_2$，如图3.4.1所示。起点不在一起，可以移到一起，+，- 表示方向相同或方向相反，c_1 c_2 不全为0，两边同乘 c_1 得 $c_1\boldsymbol{h}_1 = \pm c_2\boldsymbol{h}_2$，$c_1\boldsymbol{h}_1 \mp c_2\boldsymbol{h}_2 = 0$，如 $2\boldsymbol{h}_1 = \boldsymbol{h}_2$；移项 $2\boldsymbol{h}_1 - \boldsymbol{h}_2 = 0$，$c_1 = 2$，$c_2 = (-1)$ 显然不全为0，却能让 $c_1\boldsymbol{h}_1 + c_2\boldsymbol{h}_2 = 0$，则称 $\boldsymbol{h}_1$ 与 $\boldsymbol{h}_2$ 线性相关。

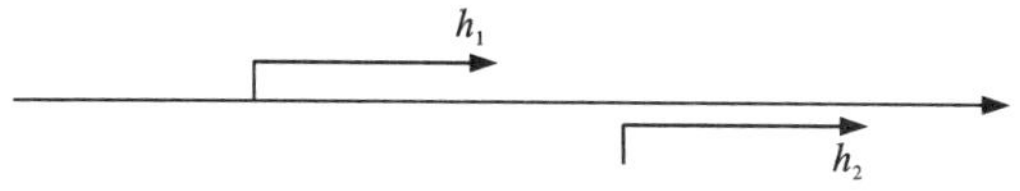

图3.4.1　一维空间的向量图

二维空间，即平面上任意两个向量都是线性无关的。如图3.4.2所示，不存在一组不全为0的数 c_1，c_2，使得 $c_1\boldsymbol{h}_1 + c_2\boldsymbol{h}_2 = 0$；如果存在的话，便有 $c_1\boldsymbol{h}_1 = -c_2\boldsymbol{h}_2$，$\boldsymbol{h}_1 = -\frac{c_2}{c_1}\boldsymbol{h}_2$。这个式子是不成立的，$c_1$，$c_2$是标量常数，$\boldsymbol{h}_1$，$\boldsymbol{h}_2$是两个方向不同的向量。一个常数除以另一个常数是不会改变向量的方向，所以，要使 $c_1\boldsymbol{h}_1 + c_2\boldsymbol{h}_2 = 0$，除非 $c_1 = c_2 = 0$，即全为0。按线性无关定义，$\boldsymbol{h}_1$，$\boldsymbol{h}_2$线性无关。如果平面上又有一向量 $\boldsymbol{h}_3$，如图3.4.2所示，则有可能当 c_1，c_2，c_3不全为0，使得 $c_1\boldsymbol{h}_1 + c_2\boldsymbol{h}_2 + c_3\boldsymbol{h}_3 = 0$。只要 $c_1\boldsymbol{h}_1 + c_2\boldsymbol{h}_2 = -c_3\boldsymbol{h}_3$，即 $\boldsymbol{h}_3$为以 $\boldsymbol{h}_1$，$\boldsymbol{h}_2$ 为平行四边形对角线的反方向就有可能。

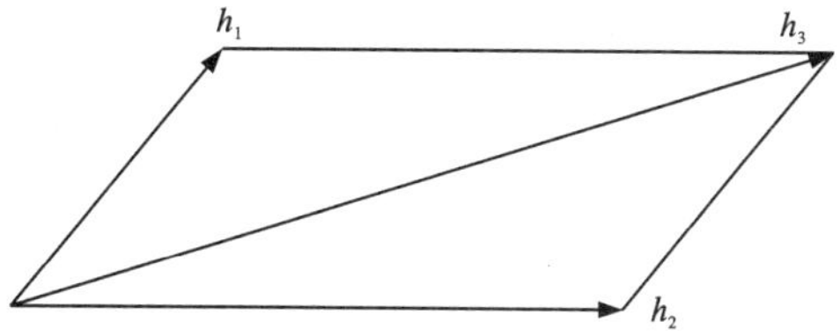

图3.4.2　2维空间的向量图

总结如下：一维空间的2个向量、二维空间的3个向量、n 维空间的 $n+1$ 个向量必线性相关。反之，一维空间的1个向量、二维空间的2个向量、三维空间的3个向量。n 维空间 n 个向量必线性无关。称2维空间中方向不同的两矢量为二维空间的基，n 维空间中的 n 个方向两两相异的矢量，称为 n 维空间的基。基不是唯一的。

3.4.1.3　时变向量的内积

【定义】　设 $\boldsymbol{h}_i(t, t_0)$，$i = 1, 2, \cdots, n$，为 n 个 n 维的线性无关的列向量，则 $(\boldsymbol{h}_i, \boldsymbol{h}_j) = \int_{t_0}^{t} \boldsymbol{h}_i^{\mathrm{T}}(t, t_0) \cdot \boldsymbol{h}_j(t, t_0)\mathrm{d}t$，称为向量 $\boldsymbol{h}_i(t, t_0)$ 与 $\boldsymbol{h}_j(t, t_0)$ 的内积，式中：$i, j = 1, 2, \cdots, n$。

内积有如下几个性质。

【性质1】　$(\boldsymbol{h}_i, \boldsymbol{h}_j) = (\boldsymbol{h}_j, \boldsymbol{h}_i)$

因为

$$(\boldsymbol{h}_i, \boldsymbol{h}_j) = \int_{t_0}^{t} \boldsymbol{h}_i^{\mathrm{T}}(t, t_0) \cdot \boldsymbol{h}_j(t, t_0)\mathrm{d}t$$

$$= \int_{t_0}^{t} (h_{1i}(t, t_0) \cdot h_{2i}(t, t_0) \cdot \cdots \cdot h_{ni}(t, t_0)) \begin{pmatrix} h_{1j}(t, t_0) \\ h_{2j}(t, t_0) \\ \cdots \\ h_{nj}(t, t_0) \end{pmatrix} \mathrm{d}t$$

为简便略去(t, t_0)，则

$$= \int_{t_0}^{t} (h_{1i} \cdot h_{1j} + h_{2i} \cdot h_{2j} + \cdots + h_{ni} \cdot h_{nj}) \mathrm{d}t$$

$$= \int_{t_0}^{t} \left(\sum_{k=1}^{n} h_{ki} \cdot h_{kj} \right) \mathrm{d}t$$

同样

$$(\boldsymbol{h}_j, \boldsymbol{h}_i) = \int_{t_0}^{t} \boldsymbol{h}_j^{\mathrm{T}} \cdot \boldsymbol{h}_i \mathrm{d}t = \int_{t_0}^{t} \left(\sum_{k=1}^{n} \boldsymbol{h}_{kj} \cdot \boldsymbol{h}_{ki} \right) \mathrm{d}t$$

所以

$$(\boldsymbol{h}_i, \boldsymbol{h}_j) = (\boldsymbol{h}_j, \boldsymbol{h}_i)$$

【性质 2】 $c(\boldsymbol{h}_i, \boldsymbol{h}_j) = (c\boldsymbol{h}_i, \boldsymbol{h}_j)$ 或 $(c\boldsymbol{h}_i, \boldsymbol{h}_j) = c(\boldsymbol{h}_i, \boldsymbol{h}_j)$

因为

$$(c\boldsymbol{h}_i, \boldsymbol{h}_j) = \int_{t_0}^{t} (c\boldsymbol{h}_i)^{\mathrm{T}} \cdot \boldsymbol{h}_j \mathrm{d}t$$

$$= \int_{t_0}^{t} c\boldsymbol{h}_i^{\mathrm{T}} \cdot \boldsymbol{h}_j \mathrm{d}t = c\int_{t_0}^{t} \boldsymbol{h}_i^{\mathrm{T}} \cdot \boldsymbol{h}_j \mathrm{d}t = c(\boldsymbol{h}_i, \boldsymbol{h}_j)$$

【性质 3】 $((\boldsymbol{h}_i + \boldsymbol{h}_j), (\boldsymbol{h}_l + \boldsymbol{h}_k)) = (\boldsymbol{h}_i, \boldsymbol{h}_l) + (\boldsymbol{h}_j, \boldsymbol{h}_l) + (\boldsymbol{h}_i, \boldsymbol{h}_k) + (\boldsymbol{h}_j, \boldsymbol{h}_k)$

【证明】

因为

$$(\boldsymbol{h}_i + \boldsymbol{h}_j, \boldsymbol{h}_l + \boldsymbol{h}_k) = \int_{t_0}^{t} (\boldsymbol{h}_i + \boldsymbol{h}_j)^{\mathrm{T}} \cdot (\boldsymbol{h}_l + \boldsymbol{h}_k) \mathrm{d}t \tag{3.4.1}$$

$$\boldsymbol{h}_i + \boldsymbol{h}_j = \begin{pmatrix} h_{1i} \\ h_{2i} \\ \cdots \\ h_{ni} \end{pmatrix} + \begin{pmatrix} h_{1j} \\ h_{2j} \\ \cdots \\ h_{nj} \end{pmatrix} = \begin{pmatrix} h_{1i} + h_{1j} \\ h_{2i} + h_{2j} \\ \cdots \\ h_{ni} + h_{nj} \end{pmatrix}$$

同样

$$\boldsymbol{h}_l + \boldsymbol{h}_k = \begin{pmatrix} h_{1l} + h_{1k} \\ h_{2l} + h_{2k} \\ \cdots \\ h_{nl} + h_{nk} \end{pmatrix}$$

故

$$(\boldsymbol{h}_i + \boldsymbol{h}_j, \boldsymbol{h}_l + \boldsymbol{h}_k) = \int_{t_0}^{t} (h_{1i} + h_{1j} \mid h_{2i} + h_{2j} \mid \cdots \mid h_{ni} + h_{nj}) \begin{pmatrix} h_{1l} + h_{1k} \\ h_{2l} + h_{2k} \\ \cdots \\ h_{nl} + h_{nk} \end{pmatrix} \mathrm{d}t$$

$$= \int_{t_0}^{t} [(h_{1i}+h_{1j})(h_{1l}+h_{1k})+(h_{2i}+h_{2j})(h_{2l}+h_{2k})+\cdots+(h_{ni}+h_{nj})(h_{nl}+h_{nk})]\mathrm{d}t \tag{3.4.2}$$

被积函数第1项展开，得

$$(h_{1i}+h_{1j})(h_{1l}+h_{1k}) = h_{1i}h_{1l}+h_{1j}h_{1l}+h_{1i}h_{1k}+h_{1j}h_{1k}$$

第2项展开，得

$$(h_{2i}+h_{2j})(h_{2l}+h_{2k}) = h_{2i}h_{2l}+h_{2j}h_{2l}+h_{2i}h_{2k}+h_{2j}h_{2k}$$

$$\cdots$$

第 n 项展开，得

$$(h_{ni}+h_{nj})(h_{nl}+h_{nk}) = h_{ni}h_{nl}+h_{nj}h_{nl}+h_{ni}h_{nk}+h_{nj}h_{nk}$$

将上 n 个式子相加后重新组合

$$\begin{aligned}
&(h_{1i}h_{1l}+h_{2i}h_{2l}+\cdots+h_{ni}h_{nl})+(h_{1j}h_{1l}+h_{2j}h_{2l}+\cdots+h_{nj}h_{nl})\\
&+(h_{1i}h_{1k}+h_{2i}h_{2k}+\cdots+h_{ni}h_{nk})+(h_{1j}h_{1k}+h_{2j}h_{2k}+\cdots+h_{nj}h_{nk})\\
&=(h_{1i}h_{2i}\cdots h_{ni})\begin{pmatrix}h_{1l}\\h_{2l}\\\cdots\\h_{nl}\end{pmatrix}+(h_{1j}h_{2j}\cdots h_{nj})\begin{pmatrix}h_{1l}\\h_{2l}\\\cdots\\h_{nl}\end{pmatrix}+(h_{1i}h_{2i}\cdots h_{ni})\begin{pmatrix}h_{1k}\\h_{2k}\\\cdots\\h_{nk}\end{pmatrix}+(h_{1j}h_{2j}\cdots h_{nj})\begin{pmatrix}h_{1k}\\h_{2k}\\\cdots\\h_{nk}\end{pmatrix}\\
&=(\boldsymbol{h}_i^{\mathrm{T}}\boldsymbol{h}_l)+(\boldsymbol{h}_j^{\mathrm{T}}\boldsymbol{h}_l)+(\boldsymbol{h}_i^{\mathrm{T}}\boldsymbol{h}_k)+(\boldsymbol{h}_j^{\mathrm{T}}\boldsymbol{h}_k)
\end{aligned} \tag{3.4.3}$$

将式(3.4.3)代入式(3.4.2)得

$$\begin{aligned}
&\int_{t_0}^{t}\boldsymbol{h}_i^{\mathrm{T}}\boldsymbol{h}_l\mathrm{d}t+\int_{t_0}^{t}\boldsymbol{h}_j^{\mathrm{T}}\boldsymbol{h}_l\mathrm{d}t+\int_{t_0}^{t}\boldsymbol{h}_i^{\mathrm{T}}\boldsymbol{h}_k\mathrm{d}t+\int_{t_0}^{t}\boldsymbol{h}_j^{\mathrm{T}}\boldsymbol{h}_k\mathrm{d}t\\
&=(\boldsymbol{h}_i,\boldsymbol{h}_l)+(\boldsymbol{h}_j,\boldsymbol{h}_l)+(\boldsymbol{h}_i,\boldsymbol{h}_k)+(\boldsymbol{h}_j,\boldsymbol{h}_k)
\end{aligned}$$

【证毕】

【性质4】　当 $\boldsymbol{h}_i \neq 0$ 时，$(\boldsymbol{h}_i, \boldsymbol{h}_i) > 0$

因为

$$(\boldsymbol{h}_i, \boldsymbol{h}_i) = \int_{t_0}^{t}\sum_{k=1}^{n}\boldsymbol{h}_{ki}^2\mathrm{d}t > 0$$

3.4.1.4　时变向量的范数

【定义】　$\|\boldsymbol{h}_i(t, t_0)\| = (\boldsymbol{h}_i, \boldsymbol{h}_i)^{\frac{1}{2}}$ 为向量 $\boldsymbol{h}_i$ 的范数。

因为

$$\begin{aligned}
(\boldsymbol{h}_i,\boldsymbol{h}_i) &= \int_{t_0}^{t}\sum_{k=1}^{n}\boldsymbol{h}_{ki}^2\mathrm{d}t;\ (\boldsymbol{h}_i,\boldsymbol{h}_i)^{\frac{1}{2}} = \left(\int_{t_0}^{t}\sum_{k=1}^{n}\boldsymbol{h}_{ki}^2\mathrm{d}t\right)^{\frac{1}{2}}\\
&= \int_{t_0}^{t}\left(\sum_{k=1}^{n}h_{ki}^2\right)^{\frac{1}{2}}\mathrm{d}t = \int_{t_0}^{t}\sqrt{(h_{1i}^2+h_{2i}^2+\cdots+h_{ni}^2)}\,\mathrm{d}t
\end{aligned}$$

可见，若是二维空间，时变向量的范数就是该向量的模在 t_0 到 t 的积分。

3.4.1.5　时变向量的 Gram 矩阵

【定义】　设 h_i，$i = 1, \cdots, n$ 为 n 个 n 维列向量，则由它们组成的矩阵 $\boldsymbol{H}(t, t_0) =$

$(\boldsymbol{h}_1 \mid \boldsymbol{h}_2 \mid \cdots \mid \boldsymbol{h}_n)$ 称为时变向量矩阵。而由这些列向量的内积组成的矩阵称为时变矩阵的克莱姆矩阵。应写成

$$\boldsymbol{G} = \begin{pmatrix} (\boldsymbol{h}_1, \boldsymbol{h}_1) & (\boldsymbol{h}_1, \boldsymbol{h}_2) & \cdots & (\boldsymbol{h}_1, \boldsymbol{h}_n) \\ (\boldsymbol{h}_2, \boldsymbol{h}_1) & (\boldsymbol{h}_2, \boldsymbol{h}_2) & \cdots & (\boldsymbol{h}_2, \boldsymbol{h}_n) \\ \vdots & \vdots & \cdots & \vdots \\ (\boldsymbol{h}_n, \boldsymbol{h}_1) & (\boldsymbol{h}_n, \boldsymbol{h}_2) & \cdots & (\boldsymbol{h}_n, \boldsymbol{h}_n) \end{pmatrix}$$

$\boldsymbol{G}$ 还可以写成

$$\boldsymbol{G} = \begin{pmatrix} \int_{t_0}^{t} \boldsymbol{h}_1^{\mathrm{T}}\boldsymbol{h}_1 \mathrm{d}t & \int_{t_0}^{t} \boldsymbol{h}_1^{\mathrm{T}}\boldsymbol{h}_2 \mathrm{d}t & \cdots & \int_{t_0}^{t} \boldsymbol{h}_1^{\mathrm{T}}\boldsymbol{h}_n \mathrm{d}t \\ \int_{t_0}^{t} \boldsymbol{h}_2^{\mathrm{T}}\boldsymbol{h}_1 \mathrm{d}t & \int_{t_0}^{t} \boldsymbol{h}_2^{\mathrm{T}}\boldsymbol{h}_2 \mathrm{d}t & \cdots & \int_{t_0}^{t} \boldsymbol{h}_2^{\mathrm{T}}\boldsymbol{h}_n \mathrm{d}t \\ \vdots & \vdots & & \vdots \\ \int_{t_0}^{t} \boldsymbol{h}_n^{\mathrm{T}}\boldsymbol{h}_1 \mathrm{d}t & \int_{t_0}^{t} \boldsymbol{h}_n^{\mathrm{T}}\boldsymbol{h}_2 \mathrm{d}t & \cdots & \int_{t_0}^{t} \boldsymbol{h}_n^{\mathrm{T}}\boldsymbol{h}_n \mathrm{d}t \end{pmatrix}$$

积分形成的矩阵等于矩阵的积分。

$$= \int_{t_0}^{t} \begin{pmatrix} \boldsymbol{h}_1^{\mathrm{T}}\boldsymbol{h}_1 & \boldsymbol{h}_1^{\mathrm{T}}\boldsymbol{h}_2 & \cdots & \boldsymbol{h}_1^{\mathrm{T}}\boldsymbol{h}_n \\ \boldsymbol{h}_2^{\mathrm{T}}\boldsymbol{h}_1 & \boldsymbol{h}_2^{\mathrm{T}}\boldsymbol{h}_2 & & \boldsymbol{h}_2^{\mathrm{T}}\boldsymbol{h}_n \\ \vdots & \vdots & & \vdots \\ \boldsymbol{h}_n^{\mathrm{T}}\boldsymbol{h}_1 & \boldsymbol{h}_n^{\mathrm{T}}\boldsymbol{h}_2 & \cdots & \boldsymbol{h}_n^{\mathrm{T}}\boldsymbol{h}_n \end{pmatrix} \mathrm{d}t$$

$$= \int_{t_0}^{t} \boldsymbol{H}^{\mathrm{T}}(t, t_0) \cdot \boldsymbol{H}(t, t_0) \mathrm{d}t$$

式中

$$\boldsymbol{H} = (\boldsymbol{h}_1 \quad \boldsymbol{h}_2 \cdots \boldsymbol{h}_n);\ \boldsymbol{H}^{\mathrm{T}} = \begin{pmatrix} \boldsymbol{h}_1^{\mathrm{T}} \\ \boldsymbol{h}_2^{\mathrm{T}} \\ \vdots \\ \boldsymbol{h}_n^{\mathrm{T}} \end{pmatrix}$$

$$\boldsymbol{H}^{\mathrm{T}}\boldsymbol{H} = \begin{pmatrix} \boldsymbol{h}_1^{\mathrm{T}} \\ \boldsymbol{h}_2^{\mathrm{T}} \\ \vdots \\ \boldsymbol{h}_n^{\mathrm{T}} \end{pmatrix} (\boldsymbol{h}_1 \quad \boldsymbol{h}_2 \cdots \boldsymbol{h}_n)$$

$$= \begin{pmatrix} \boldsymbol{h}_1^{\mathrm{T}}\boldsymbol{h}_1 & \boldsymbol{h}_1^{\mathrm{T}}\boldsymbol{h}_2 & \cdots & \boldsymbol{h}_1^{\mathrm{T}}\boldsymbol{h}_n \\ \boldsymbol{h}_2^{\mathrm{T}}\boldsymbol{h}_1 & \boldsymbol{h}_2^{\mathrm{T}}\boldsymbol{h}_2 & \cdots & \boldsymbol{h}_2^{\mathrm{T}}\boldsymbol{h}_n \\ \vdots & \vdots & \vdots & \vdots \\ \boldsymbol{h}_n^{\mathrm{T}}\boldsymbol{h}_1 & \boldsymbol{h}_n^{\mathrm{T}}\boldsymbol{h}_2 & \cdots & \boldsymbol{h}_n^{\mathrm{T}}\boldsymbol{h}_n \end{pmatrix}$$

如果 $\boldsymbol{G}$ 为复数，则

$$\boldsymbol{G} = \int_{t_0}^{t} \boldsymbol{H}^{*}\boldsymbol{H}\mathrm{d}t,\ \boldsymbol{H}^{*} \text{ 为 } \boldsymbol{H} \text{ 的共轭转置矩阵。}$$

3.4.2　时变向量线性无关性与 Gram 矩阵奇异性的等价性定理

【定理】　时变向量 $\boldsymbol{h}_i$，$i=1, \cdots, n$ 线性无关的充要条件是这些向量的 Gram 矩阵 $\boldsymbol{G}=\int_{t_0}^{t}\boldsymbol{H}^T\boldsymbol{H}\mathrm{d}t$ 非奇异阵。

【证明】　从正反两方面来证明。

证明正命题：如果 $\boldsymbol{h}_i$ 线性无关，则 $\boldsymbol{G}$ 为非奇异阵。用反证法：设 $\boldsymbol{G}$ 为非奇异，又设 $\boldsymbol{h}_i$，$i=1, \cdots, n$ 线性相关，看是否可能?若 $\boldsymbol{h}_i$，$i=1, \cdots, n$ 线性相关，必存在一组不全为0的数 c_i，$i=1, \cdots, n$ 使得

$$c_1\boldsymbol{h}_1+c_2\boldsymbol{h}_2+\cdots+c_n\boldsymbol{h}_n=0 \tag{3.4.4}$$

上式两边同时乘以 $\boldsymbol{h}_i^{\mathrm{T}}$，则

$$\boldsymbol{h}_i^T(c_1\boldsymbol{h}_1+c_2\boldsymbol{h}_2+\cdots+c_n\boldsymbol{h}_n)=0$$

两边积分

$$\int_{t_0}^{t}\boldsymbol{h}_i^{\mathrm{T}}(c_1\boldsymbol{h}_1+c_2\boldsymbol{h}_2+\cdots+c_n\boldsymbol{h}_n)\mathrm{d}t=0$$

$$\begin{aligned}\int_{t_0}^{t}\boldsymbol{h}_i^{\mathrm{T}}(c_1\boldsymbol{h}_1+c_2\boldsymbol{h}_2+\cdots+c_n\boldsymbol{h}_n)\mathrm{d}t &= c_1\int_{t_0}^{t}\boldsymbol{h}_i^{\mathrm{T}}\boldsymbol{h}_1\mathrm{d}t+c_2\int_{t_0}^{t}\boldsymbol{h}_i^{\mathrm{T}}\boldsymbol{h}_2\mathrm{d}t+\cdots+c_n\int_{t_0}^{t}\boldsymbol{h}_i^{\mathrm{T}}\boldsymbol{h}_n\mathrm{d}t \\ &= \sum_{j=1}^{n}c_j\int_{t_0}^{t}\boldsymbol{h}_i^{\mathrm{T}}\boldsymbol{h}_j\mathrm{d}t=\sum_{j=1}^{n}c_i(\boldsymbol{h}_i, \boldsymbol{h}_j)=0\end{aligned} \tag{3.4.5}$$

上式对于一切 i 成立，于是

$$\begin{pmatrix}\sum_{j=1}^{n}c_j(\boldsymbol{h}_1, \boldsymbol{h}_j)\\ \sum_{j=1}^{n}c_j(\boldsymbol{h}_2, \boldsymbol{h}_j)\\ \vdots\\ \sum_{j=1}^{n}c_j(\boldsymbol{h}_n, \boldsymbol{h}_j)\end{pmatrix}=\begin{pmatrix}c_1(\boldsymbol{h}_1, \boldsymbol{h}_1)+c_2(\boldsymbol{h}_1, \boldsymbol{h}_2)+\cdots+c_n(\boldsymbol{h}_1, \boldsymbol{h}_n)\\ c_1(\boldsymbol{h}_2, \boldsymbol{h}_1)+c_2(\boldsymbol{h}_2, \boldsymbol{h}_2)+\cdots+c_n(\boldsymbol{h}_2, \boldsymbol{h}_n)\\ \vdots\\ c_1(\boldsymbol{h}_n, \boldsymbol{h}_1)+c_2(\boldsymbol{h}_n, \boldsymbol{h}_2)+\cdots+c_n(\boldsymbol{h}_n, \boldsymbol{h}_n)\end{pmatrix} \tag{3.4.6}$$

写成 n 个列矩阵之和

$$=c_1\begin{pmatrix}(\boldsymbol{h}_1, \boldsymbol{h}_1)\\(\boldsymbol{h}_2, \boldsymbol{h}_1)\\ \vdots\\(\boldsymbol{h}_n, \boldsymbol{h}_1)\end{pmatrix}+c_2\begin{pmatrix}(\boldsymbol{h}_1, \boldsymbol{h}_2)\\(\boldsymbol{h}_2, \boldsymbol{h}_2)\\ \vdots\\(\boldsymbol{h}_n, \boldsymbol{h}_2)\end{pmatrix}+\cdots+c_n\begin{pmatrix}(\boldsymbol{h}_1, \boldsymbol{h}_n)\\(\boldsymbol{h}_2, \boldsymbol{h}_n)\\ \vdots\\(\boldsymbol{h}_n, \boldsymbol{h}_n)\end{pmatrix}=0$$

上式中的列向量就是 $\boldsymbol{G}$ 矩阵中的列向量。上式表明，假定 $\boldsymbol{h}_i$ 是线性相关的，则 $\boldsymbol{G}$ 阵的列向量也是线性相关的，因为存在一组不全为 0 的 c_1，$i=1\cdots, n$ 使得上式成立，自然 $\boldsymbol{G}$ 为奇异阵。这与 $\boldsymbol{G}$ 阵非奇异的假设相矛盾，证明了 $\boldsymbol{h}_i$ 线性相关，$\boldsymbol{G}$ 必奇异。反过来说，$\boldsymbol{h}_i$ 线性无关，$\boldsymbol{G}$ 必非奇异，正命题成立，必要条件得证。

证明逆命题：若 G 为非奇异，则 $\boldsymbol{h}_i$ 必线性无关。

既然G为非奇异，则G的内积矢量$\begin{pmatrix}(\boldsymbol{h}_1,\boldsymbol{h}_i)\\(\boldsymbol{h}_2,\boldsymbol{h}_i)\\\vdots\\(\boldsymbol{h}_n,\boldsymbol{h}_i)\end{pmatrix}$，$i=1,2,\cdots,n$是线性无关的，即找不到一组不全为0的数$c_1, c_2, \cdots, c_n$使得

$$c_1\begin{pmatrix}(\boldsymbol{h}_1,\boldsymbol{h}_1)\\(\boldsymbol{h}_2,\boldsymbol{h}_1)\\\vdots\\(\boldsymbol{h}_n,\boldsymbol{h}_1)\end{pmatrix}+c_2\begin{pmatrix}(\boldsymbol{h}_1,\boldsymbol{h}_2)\\(\boldsymbol{h}_2,\boldsymbol{h}_2)\\\vdots\\(\boldsymbol{h}_n,\boldsymbol{h}_2)\end{pmatrix}+\cdots+c_n\begin{pmatrix}(\boldsymbol{h}_1,\boldsymbol{h}_n)\\(\boldsymbol{h}_2,\boldsymbol{h}_n)\\\vdots\\(\boldsymbol{h}_n,\boldsymbol{h}_n)\end{pmatrix}=0$$

反过来推，式(3.4.6)不成立，式(3.4.5)不成立。所以，式(3.4.4)也不成立。这就证明了，$\boldsymbol{h}_1, \boldsymbol{h}_2, \cdots \boldsymbol{h}_n$是线性无关的，逆命题正确，充分条件得以证明。充分条件往往被用作判定定理，只要$\boldsymbol{G}$为非奇异，则$\boldsymbol{h}_i$，$i=1\cdots n$，必线性无关。

3.4.3 时变系统状态能控的判别定理

【定理】 系统$\sum=(\boldsymbol{A}(t),\boldsymbol{B}(t))$状态能控的充要条件是

$$\boldsymbol{W}_C(t_0,t_a)=\int_{t_0}^{t_a}(\boldsymbol{\Phi}(t_0,t)\boldsymbol{B}(t)\boldsymbol{B}^{\mathrm{T}}(t)\boldsymbol{\Phi}^{\mathrm{T}}(t_0,t))\mathrm{d}t \tag{3.4.7}$$

非奇异。

【证明】 定理的正命题是：如果系统能控，则$\boldsymbol{W}_C(t_0,t_a)$为非奇异。逆命题是，如果$\boldsymbol{W}_C(t_0,t_a)$非奇异，则系统能控。

式(3.4.7)被积函数中的$\boldsymbol{\Phi}(t_0,t)=t^{\boldsymbol{A}(t_0-t)}$为状态转移矩阵。$\boldsymbol{B}(t)$是系统状态微分方程控制$\boldsymbol{U}(t)$的系数矩阵。由于系统时变，它们都是时间的函数矩阵。设

$$\boldsymbol{H}^{\mathrm{T}}(t_0,t)=(\boldsymbol{\Phi}(t_0,t)_{n\times n}\cdot\boldsymbol{B}(t)_{n\times r})_{n\times r} \tag{3.4.8}$$

式(3.4.8)为$n\times r$维的矩阵。由矩阵求转置法则

$$\boldsymbol{H}(t_0,t)=(\boldsymbol{\Phi}(t_0,t)\cdot\boldsymbol{B}(t))^{\mathrm{T}}=\boldsymbol{B}^{\mathrm{T}}(t)\cdot\boldsymbol{\Phi}^{\mathrm{T}}(t_0,t)$$

则

$$\int_{t_0}^{t_a}\boldsymbol{H}^{\mathrm{T}}\cdot\boldsymbol{H}\mathrm{d}t=\int_{t_0}^{t_a}(\boldsymbol{\Phi}(t_0,t)\boldsymbol{B}(t)\cdot\boldsymbol{B}^{\mathrm{T}}(t)\boldsymbol{\Phi}^{\mathrm{T}}(t_0,t))\mathrm{d}t$$

并定义为$\boldsymbol{W}_C(t_0,t_a)$，故

$$\boldsymbol{W}_C(t_0,t_a)=\int_{t_0}^{t_a}(\boldsymbol{\Phi}(t_0,t)\boldsymbol{B}(t)\cdot\boldsymbol{B}^{\mathrm{T}}(t)\boldsymbol{\Phi}^{\mathrm{T}}(t_0,t))\mathrm{d}t$$

(1) 证明逆命题。如果$\boldsymbol{W}_C(t_0,t_a)$为非奇异，则系统能控。既然$\boldsymbol{W}_C(t_0,t_a)$为非奇异矩阵，则其必存在逆矩阵$\boldsymbol{W}_C^{-1}(t_0,t)$，由此构造容许控制

$$\boldsymbol{U}(t)=-\boldsymbol{B}^{\mathrm{T}}(t)\boldsymbol{\Phi}^{\mathrm{T}}(t_0,t)\boldsymbol{W}_C^{-1}(t_0,t_a)\boldsymbol{X}_0$$

在$\boldsymbol{U}(t)$的控制下，系统的状态将从$\boldsymbol{X}(t_0)$转移到$\boldsymbol{X}(t_a)$，根据式(2.2.4)得

$$\boldsymbol{X}(t_a)=\boldsymbol{\Phi}(t_a,t_0)\boldsymbol{X}_0+\int_{t_0}^{t_a}\boldsymbol{\Phi}(t_a,t)\boldsymbol{B}(t)\boldsymbol{U}(t)\mathrm{d}t$$

将容许控制$\boldsymbol{U}(t)$代入其中，得

$$\boldsymbol{X}(t_a)=\boldsymbol{\Phi}(t_a,t_0)\boldsymbol{X}_0-\int_{t_0}^{t_a}\boldsymbol{\Phi}(t_a,t)\boldsymbol{B}(t)\boldsymbol{B}^{\mathrm{T}}(t)\boldsymbol{\Phi}^{\mathrm{T}}(t_0,t)\boldsymbol{W}_C^{-1}(t_0,t_a)\boldsymbol{X}_0\mathrm{d}t$$

利用状态转移矩阵性质5(传递性)得，被积函数

$$\boldsymbol{\Phi}(t_a, t) = \boldsymbol{\Phi}(t_a, t_0)\boldsymbol{\Phi}(t_0, t)$$

所以此时系统的状态 $\boldsymbol{X}(t_a)$ 又可写成

$$\boldsymbol{X}(t_a) = \boldsymbol{\Phi}(t_a, t_0)\boldsymbol{X}_0 - \int_{t_0}^{t_a}\boldsymbol{\Phi}(t_a, t_0)\boldsymbol{\Phi}(t_0, t)\boldsymbol{B}(t)\boldsymbol{B}^{\mathrm{T}}(t)\boldsymbol{\Phi}^{\mathrm{T}}(t_0, t)\boldsymbol{W}_C^{-1}(t_0, t_a)\boldsymbol{X}_0\mathrm{d}t$$

由于 $\boldsymbol{\Phi}(t_a, t_0)$，$\boldsymbol{W}_C^{-1}(t_0, t_a)$ 及 $\boldsymbol{X}_0$ 不是时间 t 的函数，将 $\boldsymbol{\Phi}(t_a, t_0)$ 左移出积分符号外，将 $\boldsymbol{W}_C^{-1}(t_0, t_a)\boldsymbol{X}_0$ 右移出积分号外

$$\boldsymbol{X}(t_a) = \boldsymbol{\Phi}(t_a, t_0)\boldsymbol{X}_0 - \boldsymbol{\Phi}(t_a, t_0)\left(\int_{t_0}^{t_a}\boldsymbol{\Phi}(t_0, t)\boldsymbol{B}(t)\boldsymbol{B}^{\mathrm{T}}(t)\boldsymbol{\Phi}^{\mathrm{T}}(t_0, t)\mathrm{d}t\right)\boldsymbol{W}_C(t_0, t_a)\boldsymbol{X}_0$$

由式(3.4.7)知

$$\boldsymbol{X}(t_a) = \boldsymbol{\Phi}(t_a, t_0)\boldsymbol{X}_0 - \boldsymbol{\Phi}(t_a, t_0)\boldsymbol{W}_C^{-1}(t_0, t_a)\boldsymbol{W}_C(t_0, t_a)\boldsymbol{X}_0$$

因为

$$\boldsymbol{W}_C^{-1}(t_0, t_a)\boldsymbol{W}_C(t_0, t_a) = \boldsymbol{I}$$

故

$$\boldsymbol{X}(t_a) = \boldsymbol{\Phi}(t_a, t_0)\boldsymbol{X}_0 - \boldsymbol{\Phi}(t_a, t_0)\boldsymbol{X}_0 = 0$$

即在 $\boldsymbol{U}(t)$ 的控制下，$\boldsymbol{X}(t_a)$ 可转移为0，根据能控性定义，系统能控。

(2) 证明正命题。如果系统能控，则 $\boldsymbol{W}_C(t_0, t_a)$ 为非奇异矩阵。用反证法，设系统状态能控，但 $\boldsymbol{W}_C(t_0, t_a)$ 为奇异矩阵则，必存在一向量，使得

$$\boldsymbol{X}_0^{\mathrm{T}}\boldsymbol{W}_C(t_0, t_a)\boldsymbol{X}_0 = 0$$

由矩阵理论知，对于非奇异方阵 $\boldsymbol{A}$，必存在 $\boldsymbol{P}$ 阵，使得：

$$\boldsymbol{P}^{-1}\boldsymbol{A}\boldsymbol{P} = \begin{pmatrix} \lambda_1 & \cdots & 0 \\ \vdots & \ddots & \vdots \\ 0 & \cdots & \lambda_n \end{pmatrix}$$

反之 $\boldsymbol{A}$ 为奇异方阵，则必存在列阵 $\boldsymbol{P}$，使得

$$\boldsymbol{P}^{-1}\boldsymbol{A}\boldsymbol{P} = 0$$

这个结论易于理解，既然 $\boldsymbol{A}$ 为奇异矩阵，必有两行(列)线性相关，其中一行可以用另一行来线性表示。也就是说其中某行乘以一系数加到另一行，可使该行元素全为0。所以，对于奇异矩阵 $\boldsymbol{W}_C(t_0, t_a)$ 必可找到 $\boldsymbol{X}_0$ 使得 $\boldsymbol{X}_0^{\mathrm{T}}\boldsymbol{W}_C(t_0, t_a)\boldsymbol{X}_0 = 0$。

则

$$\boldsymbol{X}_0^{\mathrm{T}}\left(\int_{t_0}^{t_a}(\boldsymbol{\Phi}(t_0, t)\boldsymbol{B}(t)\cdot\boldsymbol{B}^{\mathrm{T}}(t)\boldsymbol{\Phi}^{\mathrm{T}}(t_0, t))\mathrm{d}t\right)\boldsymbol{X}_0 = 0$$

由于 $\boldsymbol{X}_0$ 不是时间 t 的函数，可移入积分号内

$$\int_{t_0}^{t_a}\boldsymbol{X}_0^{\mathrm{T}}\boldsymbol{\Phi}(t_0, t)\boldsymbol{B}(t)\cdot\boldsymbol{B}^{\mathrm{T}}(t)\boldsymbol{\Phi}^{\mathrm{T}}(t_0, t)\boldsymbol{X}_0\mathrm{d}t = 0 \tag{3.4.9}$$

又由于

$$\boldsymbol{X}_0^{\mathrm{T}}\boldsymbol{\Phi}(t_0, t)\boldsymbol{B}(t) = (\boldsymbol{B}^{\mathrm{T}}(t)\boldsymbol{\Phi}^{\mathrm{T}}(t_0, t)\boldsymbol{X}_0)^{\mathrm{T}}$$

则式(3.4.9)可写成

$$\int_{t_0}^{t_a}(\boldsymbol{B}^{\mathrm{T}}(t)\boldsymbol{\Phi}^{\mathrm{T}}(t_0, t)\boldsymbol{X}_0)^{\mathrm{T}}\cdot(\boldsymbol{B}^{\mathrm{T}}(t)\boldsymbol{\Phi}^{\mathrm{T}}(t_0, t)\boldsymbol{X}_0)\mathrm{d}t = 0$$

$\boldsymbol{B}^{\mathrm{T}}(t)_{r\times n}\boldsymbol{\Phi}^{\mathrm{T}}(t_0,\ t)_{n\times n}(\boldsymbol{X}_0)_{n\times 1}$ 为 $r\times 1$ 阶阵，$(\boldsymbol{B}^{\mathrm{T}}(t)\boldsymbol{\Phi}^{\mathrm{T}}(t_0,\ t)\boldsymbol{X}_0)^{\mathrm{T}}$ 为 $1\times r$ 阶阵。$(\boldsymbol{B}^{\mathrm{T}}(t)\boldsymbol{\Phi}^{\mathrm{T}}(t_0,\ t)\boldsymbol{X}_0)^{\mathrm{T}}_{1\times r}\cdot(\boldsymbol{B}^{\mathrm{T}}(t)\boldsymbol{\Phi}^{\mathrm{T}}(t_0,\ t)\boldsymbol{X}_0)_{r\times 1}$ 为1阶阵，即为一个常数。显然这个乘积就是向量元素的平方和，由范数的定义知该乘积是该向量范数的平方，即

$$(\boldsymbol{B}^{\mathrm{T}}(t)\boldsymbol{\Phi}^{\mathrm{T}}(t_0,\ t)\boldsymbol{X}_0)^{\mathrm{T}}\cdot(\boldsymbol{B}^{\mathrm{T}}(t)\boldsymbol{\Phi}^{\mathrm{T}}(t_0,\ t)\boldsymbol{X}_0)=\|\boldsymbol{B}^{\mathrm{T}}(t)\boldsymbol{\Phi}^{\mathrm{T}}(t_0,\ t)\boldsymbol{X}_0\|^2$$

故式(3.4.9)可写成

$$\int_{t_0}^{t_a}\|\boldsymbol{B}^{\mathrm{T}}(t)\boldsymbol{\Phi}^{\mathrm{T}}(t_0,\ t)\boldsymbol{X}_0\|^2\mathrm{d}t=0$$

积分为0，被积函数必为0。

故

$$\boldsymbol{B}^{\mathrm{T}}(t)\boldsymbol{\Phi}^{\mathrm{T}}(t_0,\ t)\boldsymbol{X}_0=0 \tag{3.4.10}$$

$\boldsymbol{B}(t)$ 为 $\sum=(\boldsymbol{A}(t),\boldsymbol{B}(t))$ 的系数矩阵，不为0，$\boldsymbol{\Phi}(t_0,\ t)=\mathrm{e}^{\boldsymbol{A}(t)(t_0,\ t)}$ 为状态转移矩阵，若式(3.4.10)要成立，则

$$\boldsymbol{X}_0=0$$

这就是说，如果 $\boldsymbol{W}_C(t_0,\ t_a)$ 为奇异矩阵，无论 $\boldsymbol{U}(t)$ 如何选取、如何控制，要想系统状态从 $\boldsymbol{X}(t_0)=\boldsymbol{X}_0$ 出发转移到 $\boldsymbol{X}(t_a)=0$，除非 $\boldsymbol{X}(t_0)=\boldsymbol{X}_0=0$。即控制无效，系统不可控。

【证毕】

由于 $\boldsymbol{W}_C(t_0,\ t_a)$ 实际上是 $\boldsymbol{\Phi}(t_0,\ t_a)\boldsymbol{B}(t)$ 列向量的Gram阵，由等价性定理，$\boldsymbol{W}_C(t_0,\ t_a)$ 非奇异，等价于 $\boldsymbol{\Phi}(t_0,\ t_a)$ 的列向量线性无关，可得以下推论

【推论】 系统 $\sum=(\boldsymbol{A}(t),\boldsymbol{B}(t))$ 状态能控的充要条件是 $\boldsymbol{\Phi}(t_0,\ t_a)\boldsymbol{B}(t)$ 的列向量线性无关。

3.5 时变系统输出能控的判别定理

【定理】 系统 $\sum=(\boldsymbol{A}(t),\boldsymbol{B}(t),\boldsymbol{C}(t),\boldsymbol{D}(t))$ 输出 $\boldsymbol{Y}(t)$ 能控的充要条件是 $\boldsymbol{B}^{\mathrm{T}}(t)\boldsymbol{\phi}(t_0,\ t)\ \boldsymbol{C}^{\mathrm{T}}(t_a)$ 列向量内积的Gram矩阵

$$\begin{aligned}\boldsymbol{V}(t_0,\ t_a)&=\int_{t_0}^{t_a}\boldsymbol{C}(t_a)\boldsymbol{\Phi}(t_0,\ t)\boldsymbol{B}(t)\boldsymbol{B}^{\mathrm{T}}(t)\boldsymbol{\Phi}^{\mathrm{T}}(t)\boldsymbol{C}^{\mathrm{T}}(t)\mathrm{d}t\\&=\boldsymbol{C}(t_a)(\int_{t_0}^{t_a}\boldsymbol{\Phi}(t_0,\ t)\boldsymbol{B}(t)\boldsymbol{B}^{\mathrm{T}}(t)\boldsymbol{\Phi}^{\mathrm{T}}(t)\mathrm{d}t)\boldsymbol{C}^{\mathrm{T}}(t)\\&=\boldsymbol{C}(t_a)W_C(t_0,\ t_a)\ \boldsymbol{C}^{\mathrm{T}}(t_a)\end{aligned}$$

系统非奇异。定理证明与定理3.4.3相类似，从略。

3.6 时不变系统状态的能观测性

系统输出是可以通过仪器仪表测量出来的，所谓观测性问题是指系统状态能否被观测，状态可否用输出来表达，如能则称状态是可以观测的，否则系统不可观测。可见，系统能控

问题是研究状态 $\boldsymbol{X}$ 与控制 $\boldsymbol{U}$ 的关系，以及 $\boldsymbol{Y}$ 与 $\boldsymbol{U}$ 的关系，而观测问题则研究 $\boldsymbol{X}$ 与 $\boldsymbol{Y}$ 的关系。

【定义】 设 $\boldsymbol{Y}(t)_{为}$ 系统 $\sum = (\boldsymbol{A}(t), \boldsymbol{B}(t), \boldsymbol{C}(t))$

即

$$\begin{cases}\dot{\boldsymbol{X}} = \boldsymbol{A}(t)\boldsymbol{X} + \boldsymbol{B}(t)\boldsymbol{U} \\ \boldsymbol{Y} = \boldsymbol{C}(t)\boldsymbol{X}\end{cases} \tag{3.6.1}$$

在 $t > t_0$（初始时刻），$t \in J$，（t 的定义域）的观测值向量，又设状态在控制 $\boldsymbol{U}(t)$ 的作用下，自由地从 $\boldsymbol{X}_0 \neq 0$ 转移到 $\boldsymbol{X}(t_a) = 0$，且能唯一地被 $\boldsymbol{Y}(t)$ 确定，则称系统的状态是能观测的。与能达性与能控性相类似，若系统的状态以 $\boldsymbol{X}_0 = 0$ 转移到 $\boldsymbol{X}(t_a) \neq 0$，且 $\boldsymbol{X}(t_a)$ 可唯一地被 $\boldsymbol{Y}(t)$ 确定，则称系统状态是能检测的。

3.6.1　时变系统状态能观测性判据

当 $\boldsymbol{U} = 0$，则式(3.6.1) 变成 $\sum = (\boldsymbol{A}(t), \boldsymbol{C}(t))$，

即

$$\begin{cases}\dot{\boldsymbol{X}} = \boldsymbol{A}(t)\boldsymbol{X} \\ \boldsymbol{Y} = \boldsymbol{C}(t)\boldsymbol{X}\end{cases} \tag{3.6.2}$$

【定理】 时变系统 $\sum = (\boldsymbol{A}(t), \boldsymbol{C}(t))$ 状态能观的充分必要条件是 Gram 矩阵

$$\boldsymbol{W}_0(t_0, t_a) = \int_{t_0}^{t_a} \boldsymbol{\Phi}^{\mathrm{T}}(t, t_0)\boldsymbol{C}^{\mathrm{T}}(t)\boldsymbol{C}(t)\boldsymbol{\Phi}(t, t_0)\,\mathrm{d}t \tag{3.6.2}$$

为非奇异。

【证明】

(1) 证明充分性：由于 $\boldsymbol{X}_0 = \boldsymbol{X}(t_0)$，则 $\boldsymbol{X}(t) = \boldsymbol{\Phi}(t, t_0)\boldsymbol{X}_0$，$\boldsymbol{\Phi}(t, t_0)$ 为状态从 t_0 到 t 的状态转移矩阵。由输出方程可得

$$\boldsymbol{Y}(t) = \boldsymbol{C}(t)\boldsymbol{X}(t) = \boldsymbol{C}(t)\boldsymbol{\Phi}(t, t_0)\boldsymbol{X}_0$$

左乘 $\boldsymbol{\Phi}^{\mathrm{T}}(t, t_0)\boldsymbol{C}^{\mathrm{T}}(t)$ 得

$$\boldsymbol{\Phi}^{\mathrm{T}}(t, t_0)\boldsymbol{C}^{\mathrm{T}}(t)\boldsymbol{Y}(t) = \boldsymbol{\Phi}^{\mathrm{T}}(t, t_0)\boldsymbol{C}^{\mathrm{T}}(t)\boldsymbol{C}(t)\boldsymbol{\Phi}(t, t_0)\boldsymbol{X}_0$$

两边积分得：

$$\int_{t_0}^{t_a} \boldsymbol{\Phi}^{\mathrm{T}}(t, t_0)\boldsymbol{C}^{\mathrm{T}}(t)\boldsymbol{Y}(t)\,\mathrm{d}t = \int_{t_0}^{t_a} \boldsymbol{\Phi}^{\mathrm{T}}(t, t_0)\boldsymbol{C}^{\mathrm{T}}(t)\boldsymbol{C}(t)\boldsymbol{\Phi}(t, t_0)\boldsymbol{X}_0\,\mathrm{d}t$$

$\boldsymbol{X}_0$ 为非 t 的函数，可提到积分号后。注意到式(3.6.2)，上式变成

$$\int_{t_0}^{t_a} \boldsymbol{\Phi}^{\mathrm{T}}(t, t_0)\boldsymbol{C}^{\mathrm{T}}(t)\boldsymbol{Y}(t)\,\mathrm{d}t = \boldsymbol{W}_0(t_0, t_a)\boldsymbol{X}_0 \tag{3.6.3}$$

由于 $$(\boldsymbol{C}(t)\cdot\boldsymbol{\Phi}(t, t_0))^{\mathrm{T}} = \boldsymbol{\Phi}^{\mathrm{T}}(t, t_0)\boldsymbol{C}^{\mathrm{T}}(t)$$

故 $$\begin{aligned}\boldsymbol{W}_0(t_0, t_a) &= \int_{t_0}^{t_a} \boldsymbol{\Phi}^{\mathrm{T}}(t, t_0)\boldsymbol{C}^{\mathrm{T}}(t)\boldsymbol{C}(t)\boldsymbol{\Phi}(t, t_0)\,\mathrm{d}t \\ &= \int_{t_0}^{t_a} (\boldsymbol{C}(t)\boldsymbol{\Phi}(t, t_0))^{\mathrm{T}}\boldsymbol{C}(t)\boldsymbol{\Phi}(t, t_0)\,\mathrm{d}t\end{aligned}$$

从维数上看 $(C(t)_{m\times n}\cdot\boldsymbol{\Phi}_{n\times n}(t, t_0))_{m\times n}$，故 $((\boldsymbol{C}(t)\boldsymbol{\Phi}(t, t_0))^{\mathrm{T}}_{n\times m}\cdot(\boldsymbol{C}(t)\boldsymbol{\Phi}(t, t_0))_{m\times n})_{n\times n}$ 是方阵，有逆 $\boldsymbol{W}_0^{-1}(t_0, t_a)$，用其乘(3.6.3) 得

$$X_0 = W_0^{-1}(t_0, t_a)\int_{t_0}^{t_a}\boldsymbol{\Phi}^{\mathrm{T}}(t, t_0)C^{\mathrm{T}}(t)Y(t)\mathrm{d}t$$

当 $Y(t)$ 已知，X_0 有解的充要条件是 $W_0^{-1}(t_0, t_a)$ 存在，即 $W_0(t_0, t_a)$ 为非奇异。充分性得证。

(2) 证明必要性：即证明若系统可观测，则 $W_0(t_0, t_a)$ 非奇异。用反证法证明，设系统可观测，但 $W_0(t_0, t_a)$ 奇异。

由于W_0 奇异，必存在状态向量 X_0 使得

$$X_0^{\mathrm{T}}W_0(t_0, t_a)X_0 = 0$$

将式(3.6.2) 代入得
$$X_0^{\mathrm{T}}\left(\int_{t_0}^{t_a}\boldsymbol{\Phi}^{\mathrm{T}}(t, t_0)C^{\mathrm{T}}(t)C(t)\boldsymbol{\Phi}(t, t_0)\mathrm{d}t\right)X_0 = 0$$

X_0 为非 t 函数可移入积分号内

$$\int_{t_0}^{t_a}X_0^{\mathrm{T}}\boldsymbol{\Phi}^{\mathrm{T}}(t, t_0)C^{\mathrm{T}}(t)C(t)\boldsymbol{\Phi}(t, t_0)X_0\mathrm{d}t = 0 \tag{3.6.4}$$

由于

$$Y(t) = C(t)\Phi(t, t_0)X_0,\ Y^{\mathrm{T}}(t) = X_0^{\mathrm{T}}\boldsymbol{\Phi}^{\mathrm{T}}(t, t_0)C^{\mathrm{T}}(t)$$

故式(3.6.4) 写成

$$\int_{t_0}^{t_a}Y^{\mathrm{T}}(t)Y(t)\mathrm{d}t = 0$$

$$\begin{aligned}Y^{\mathrm{T}}(t)Y(t) &= (y_1(t)\quad y_2(t)\quad \cdots \quad y_n(t))\begin{pmatrix}y_1(t)\\ y_2(t)\\ \vdots \\ y_n(t)\end{pmatrix}\\ &= y_1^2(t) + y_2^2(t) + \cdots + y_n^2(t)\end{aligned}$$

所以式(3.6.4) 进而写成

$$\int_{t_0}^{t_a}X_0^{\mathrm{T}}\boldsymbol{\Phi}^{\mathrm{T}}(t, t_0)C^{\mathrm{T}}(t)C(t)\boldsymbol{\Phi}(t, t_0)X_0\mathrm{d}t = \int_{t_0}^{t_a}(y_1^2(t) + y_2^2(t) + \cdots + y_n^2(t))\mathrm{d}t = 0$$

可见模 $\|Y(t)\|^2 = 0$，即 $Y(t) = C(t)\boldsymbol{\Phi}(t, t_0)X_0 = 0$。$Y(t)$ 与 $X(t)$ 毫无关系，$X(t)$ 不能用 $Y(t)$ 表示出来，与假设矛盾，系统状态不可测。所以要是 $\boldsymbol{\Sigma}$ 可观测，$W_0(t_0, t_a)$ 必非奇异，必要性得证。

【证毕】

3.6.2 时不变系统状态能观测性判据

【定理】 系统 $\sum = (A, C)$，状态能观的充分必要条件是系统能观测性矩阵 $\begin{pmatrix}C\\ CA\\ \vdots\\ CA^{n-1}\end{pmatrix}$满秩，$\mathrm{Rank}\begin{pmatrix}C\\ CA\\ \vdots\\ CA^{n-1}\end{pmatrix} = n$。

【证明】 由时变系统状态能观判别定理，状态能观的充要条件是 $W_0(t_0, t_a)$ 非奇异。又由时变向量线性无关性与 Gram 阵的奇异性等价性定理知，$W_0(t_0, t_a)$ 的非奇异，与

$\boldsymbol{C}(t)\boldsymbol{\Phi}(t,t_0)$，$n$ 维列向量线性无关等价，状态能观的充分必要条件变为 $\boldsymbol{C}(t)\boldsymbol{\Phi}(t,t_0)$ 这个 n 维列向量线性无关。

对于时不变系统

$$\boldsymbol{C}(t)\boldsymbol{\Phi}(t,t_0)=\boldsymbol{C\Phi}(t,t_0)=\boldsymbol{C}\mathrm{e}^{\boldsymbol{A}(t-t_0)}$$

由有限项定理

$$\mathrm{e}^{\boldsymbol{A}(t-t_0)}=\alpha_0(t)\boldsymbol{I}+\alpha_1(t)\boldsymbol{A}+\cdots+\alpha_{n-1}(t)\boldsymbol{A}^{n-1}$$

所以

$$\begin{aligned}\boldsymbol{C\Phi}(t,t_0)&=\boldsymbol{C}(\alpha_0(t)\boldsymbol{I}+\alpha_1(t)\boldsymbol{A}+\cdots+\alpha_{n-1}(t)\boldsymbol{A}^{n-1})\\&=\alpha_0(t)\boldsymbol{CI}+\alpha_1(t)\boldsymbol{CA}+\cdots+\alpha_{n-1}(t)\boldsymbol{CA}^{n-1}\\&=\begin{pmatrix}\alpha_0(t)&\alpha_1(t)&\cdots&\alpha_{n-1}(t)\end{pmatrix}\begin{pmatrix}\boldsymbol{CI}\\\boldsymbol{CA}\\\vdots\\\boldsymbol{CA}^{n-1}\end{pmatrix}\end{aligned}$$

两矩阵相等，等号左边矩阵列向量线性无关，则右边矩阵也必定列向量线性无关，故满秩。从维数上看

$$\begin{pmatrix}\boldsymbol{CI}_{m\times n}\\\boldsymbol{CA}_{m\times n}\\\vdots\\\boldsymbol{CA}^{n-1}_{m\times n}\end{pmatrix}_{nm\times n}$$

则它的秩就一定是行数 nm 和列数 n 中的最小者，故 $\mathrm{Rank}\begin{pmatrix}\boldsymbol{C}\\\boldsymbol{C}_A\\\vdots\\\boldsymbol{C}_A^{n-1}\end{pmatrix}=n$。

【证毕】

【例】 $\begin{pmatrix}\dot{x}_1\\\dot{x}_2\\\dot{x}_3\end{pmatrix}=\begin{pmatrix}-7&0&0\\0&-5&0\\0&0&-1\end{pmatrix}\begin{pmatrix}x_1\\x_2\\x_3\end{pmatrix}$；$y=\begin{pmatrix}0&4&5\end{pmatrix}\begin{pmatrix}x_1\\x_2\\x_3\end{pmatrix}$，问系统状态是否能观？

【解】 求 $\mathrm{Rank}\begin{pmatrix}\boldsymbol{CI}\\\boldsymbol{CA}\\\vdots\\\boldsymbol{CA}^{n-1}\end{pmatrix}$　　因为 $\boldsymbol{C}=\begin{pmatrix}0&4&5\end{pmatrix}$　　$n=3$

$$\boldsymbol{CA}=\begin{pmatrix}0&4&5\end{pmatrix}\begin{pmatrix}-7&0&0\\0&-5&0\\0&0&-1\end{pmatrix}=\begin{pmatrix}0&-20&-5\end{pmatrix}$$

$$\boldsymbol{A}^2=\begin{pmatrix}-7&0&0\\0&-5&0\\0&0&-1\end{pmatrix}\begin{pmatrix}-7&0&0\\0&-5&0\\0&0&-1\end{pmatrix}=\begin{pmatrix}49&0&0\\0&25&0\\0&0&1\end{pmatrix}$$

$$\boldsymbol{CA}^2 = (0 \quad 4 \quad 5)\begin{pmatrix} 49 & 0 & 0 \\ 0 & 25 & 0 \\ 0 & 0 & 1 \end{pmatrix} = (0 \quad 100 \quad 5)$$

$$\text{Rank}\begin{pmatrix} 0 & 4 & 5 \\ 0 & -20 & -5 \\ 0 & 100 & 5 \end{pmatrix} = 2$$

有一列为0，最大行列式的阶数为 $n \neq 3$ 不满秩，故系统状态不能观。

第 4 章

系统稳定性与李雅普诺夫第二方法

4.1　数学基础

4.1.1　合同的定义

对于任意方阵 $\boldsymbol{A}$、$\boldsymbol{B}$，若存在非奇异阵 $\boldsymbol{P}$，使得 $\boldsymbol{P}^{\mathrm{T}}\boldsymbol{A}\boldsymbol{P}=\boldsymbol{B}$，称 $\boldsymbol{A}$ 合同于 $\boldsymbol{B}$，记为 $\boldsymbol{A}\simeq\boldsymbol{B}$。可见合同是一种线性变换，又称合同变换。

4.1.2　合同性质

【性质 1】　自身性，$\boldsymbol{A}\simeq\boldsymbol{A}$。

【证明】　令 $\boldsymbol{P}=\boldsymbol{I}$，则 $\boldsymbol{P}^{\mathrm{T}}\boldsymbol{A}=\boldsymbol{I}^{\mathrm{T}}\boldsymbol{A}=\boldsymbol{A}$，所以 $\boldsymbol{A}$ 与自身合同。

【证毕】

【性质 2】　对称性，若 $\boldsymbol{A}\simeq\boldsymbol{B}$，则必有 $\boldsymbol{B}\simeq\boldsymbol{A}$。

【证明】　由于 $\boldsymbol{A}\simeq\boldsymbol{B}$，必存在非奇异阵 $\boldsymbol{P}$，使得

$$\boldsymbol{P}^{\mathrm{T}}\boldsymbol{A}\boldsymbol{P}=\boldsymbol{B} \tag{4.1.1}$$

又由于 $\boldsymbol{P}$ 非奇异，必有 $\boldsymbol{P}^{-1}$，式(4.1.1)左乘 $(\boldsymbol{P}^{-1})^{\mathrm{T}}$，右乘 $\boldsymbol{P}^{-1}$，使

$$(\boldsymbol{P}^{-1})^{\mathrm{T}}\boldsymbol{P}^{\mathrm{T}}\boldsymbol{A}\boldsymbol{P}\boldsymbol{P}^{-1}=(\boldsymbol{P}^{-1})^{\mathrm{T}}\boldsymbol{B}\boldsymbol{P}^{-1}$$

因为求逆与转置是两种独立的运算，可交换顺序

$$(\boldsymbol{P}^{-1})^{\mathrm{T}}=(\boldsymbol{P}^{\mathrm{T}})^{-1}$$

故

$$(\boldsymbol{P}^{\mathrm{T}})^{-1}\boldsymbol{P}^{\mathrm{T}}\boldsymbol{A}\boldsymbol{P}\boldsymbol{P}^{-1}=\boldsymbol{A}=(\boldsymbol{P}^{-1})^{\mathrm{T}}\boldsymbol{B}\boldsymbol{P}^{-1}$$

根据合同的定义，$\boldsymbol{B}\simeq\boldsymbol{A}$。

【证毕】

【性质 3】　传递性，若 $\boldsymbol{A}\simeq\boldsymbol{B}$，$\boldsymbol{B}\simeq\boldsymbol{C}$，则 $\boldsymbol{A}\simeq\boldsymbol{C}$。

【证明】 因为 $\boldsymbol{A} \simeq \boldsymbol{B}$，必存在 $\boldsymbol{P}$，使得

$$\boldsymbol{P}^{\mathrm{T}}\boldsymbol{A}\boldsymbol{P} = \boldsymbol{B} \tag{4.1.2}$$

又由于 $\boldsymbol{B} \simeq \boldsymbol{C}$，必存在 $\boldsymbol{Q}$，使得

$$\boldsymbol{Q}^{\mathrm{T}}\boldsymbol{B}\boldsymbol{Q} = \boldsymbol{C} \tag{4.1.3}$$

式(4.1.2) 左乘 $\boldsymbol{Q}^{\mathrm{T}}$，右乘 $\boldsymbol{Q}$，则

$$\boldsymbol{Q}^{\mathrm{T}}\boldsymbol{P}^{\mathrm{T}}\boldsymbol{A}\boldsymbol{P}\boldsymbol{Q} = \boldsymbol{Q}^{\mathrm{T}}\boldsymbol{B}\boldsymbol{Q} = \boldsymbol{C} \tag{4.1.4}$$

令

$$\boldsymbol{T} = \boldsymbol{P}\boldsymbol{Q}$$

则

$$\boldsymbol{T}^{\mathrm{T}} = (\boldsymbol{P}\boldsymbol{Q})^{\mathrm{T}} = \boldsymbol{Q}^{\mathrm{T}}\boldsymbol{P}^{\mathrm{T}}$$

故式(4.1.4) 为 $\boldsymbol{T}^{\mathrm{T}}\boldsymbol{A}\boldsymbol{T} = \boldsymbol{C}$　　根据合同的定义　　$\boldsymbol{A} \simeq \boldsymbol{C}$

【证毕】

4.1.3 合同定理

【定理 1】 $\boldsymbol{A}$ 为非奇异阵，且$\begin{pmatrix} \boldsymbol{A} & \boldsymbol{B} \\ \boldsymbol{C} & \boldsymbol{D} \end{pmatrix}$为对称阵，则$\begin{pmatrix} \boldsymbol{A} & \boldsymbol{B} \\ \boldsymbol{C} & \boldsymbol{D} \end{pmatrix} \simeq \begin{pmatrix} \boldsymbol{A} & 0 \\ 0 & \boldsymbol{D} - \boldsymbol{C}\boldsymbol{A}^{-1}\boldsymbol{B} \end{pmatrix}$

(4.1.5)

【证明】 因为$\begin{pmatrix} \boldsymbol{A} & \boldsymbol{B} \\ \boldsymbol{C} & \boldsymbol{D} \end{pmatrix}$为对称阵，$\boldsymbol{A}$、$\boldsymbol{D}$ 必为对称阵，则 $\boldsymbol{A}^{\mathrm{T}} = \boldsymbol{A}$，$\boldsymbol{D}^{\mathrm{T}} = \boldsymbol{D}$，且 $\boldsymbol{C} = \boldsymbol{B}^{\mathrm{T}}$，设

$$\boldsymbol{P} = \begin{pmatrix} \boldsymbol{I} & -\boldsymbol{A}^{-1}\boldsymbol{B} \\ 0 & \boldsymbol{I} \end{pmatrix}$$

$$\boldsymbol{P}^{\mathrm{T}} = \begin{pmatrix} \boldsymbol{I} & 0 \\ -\boldsymbol{A}^{-1}\boldsymbol{B} & \boldsymbol{I} \end{pmatrix}$$

由于

$$(-\boldsymbol{A}^{-1}\boldsymbol{B})^{\mathrm{T}} = -\boldsymbol{B}^{\mathrm{T}}(\boldsymbol{A}^{-1})^{\mathrm{T}} = -\boldsymbol{B}^{\mathrm{T}}(\boldsymbol{A}^{\mathrm{T}})^{-1} = -\boldsymbol{B}^{\mathrm{T}}\boldsymbol{A}^{-1} = -\boldsymbol{C}\boldsymbol{A}^{-1}$$

所以

$$\boldsymbol{P}^{\mathrm{T}} = \begin{pmatrix} \boldsymbol{I} & 0 \\ -\boldsymbol{C}\boldsymbol{A}^{-1} & \boldsymbol{I} \end{pmatrix}$$

式(4.1.5) 左乘 $\boldsymbol{P}^{\mathrm{T}}$，右乘 $\boldsymbol{P}$ 得

$$\begin{aligned}
\boldsymbol{P}^{\mathrm{T}}\begin{pmatrix} \boldsymbol{A} & \boldsymbol{B} \\ \boldsymbol{C} & \boldsymbol{D} \end{pmatrix}\boldsymbol{P} &= \begin{pmatrix} \boldsymbol{I} & 0 \\ -\boldsymbol{C}\boldsymbol{A}^{-1} & \boldsymbol{I} \end{pmatrix}\begin{pmatrix} \boldsymbol{A} & \boldsymbol{B} \\ \boldsymbol{C} & \boldsymbol{D} \end{pmatrix}\begin{pmatrix} \boldsymbol{I} & -\boldsymbol{A}^{-1}\boldsymbol{B} \\ 0 & \boldsymbol{I} \end{pmatrix} \\
&= \begin{pmatrix} \boldsymbol{I} & 0 \\ -\boldsymbol{C}\boldsymbol{A}^{-1} & \boldsymbol{I} \end{pmatrix}\begin{pmatrix} \boldsymbol{A} & -\boldsymbol{A}\boldsymbol{A}^{-1}\boldsymbol{B} + \boldsymbol{B} \\ \boldsymbol{C} & -\boldsymbol{C}\boldsymbol{A}^{-1}\boldsymbol{B} + \boldsymbol{D} \end{pmatrix} = \begin{pmatrix} \boldsymbol{I} & 0 \\ -\boldsymbol{C}\boldsymbol{A}^{-1} & \boldsymbol{I} \end{pmatrix}\begin{pmatrix} \boldsymbol{A} & 0 \\ \boldsymbol{C} & \boldsymbol{D} - \boldsymbol{C}\boldsymbol{A}^{-1}\boldsymbol{B} \end{pmatrix} \\
&= \begin{pmatrix} \boldsymbol{A} & 0 \\ -\boldsymbol{C}\boldsymbol{A}^{-1}\boldsymbol{A} + \boldsymbol{C} & \boldsymbol{D} - \boldsymbol{C}\boldsymbol{A}^{-1}\boldsymbol{B} \end{pmatrix} = \begin{pmatrix} \boldsymbol{A} & 0 \\ 0 & \boldsymbol{D} - \boldsymbol{C}\boldsymbol{A}^{-1}\boldsymbol{B} \end{pmatrix}
\end{aligned}$$

【证毕】

【定理 2】 如果 $\boldsymbol{A}$ 为非零的对称阵，则必存在非零的列向量 $\boldsymbol{g}$，使得 $\boldsymbol{g}^{\mathrm{T}}\boldsymbol{A}\boldsymbol{g} \neq 0$。

所谓 $\boldsymbol{A}$ 为非零矩阵，是说它的元素不全为0；$\boldsymbol{g}$ 为非零列向量是说它的分量无一个为0，

即全部元素都不为零0。

【证明】　设 $\boldsymbol{A}=\begin{pmatrix} a_{11} & a_{12} & \cdots & a_{1n} \\ a_{21} & a_{22} & \cdots & a_{2n} \\ \vdots & \vdots & \ddots & \vdots \\ a_{n1} & a_{n2} & \cdots & a_{nn} \end{pmatrix}$；　$\boldsymbol{g}=\begin{pmatrix} x_1 \\ x_2 \\ \vdots \\ x_n \end{pmatrix}$。

则

$$\boldsymbol{g}^{\mathrm{T}}\boldsymbol{A}\boldsymbol{g}=(x_1\quad x_2\quad \cdots\quad x_n)\begin{pmatrix} a_{11} & a_{12} & \cdots & a_{1n} \\ a_{21} & a_{22} & \cdots & a_{2n} \\ \vdots & \vdots & \ddots & \vdots \\ a_{n1} & a_{n2} & \cdots & a_{nn} \end{pmatrix}\begin{pmatrix} x_1 \\ x_2 \\ \vdots \\ x_n \end{pmatrix}$$

$$=(x_1\quad x_2\quad \cdots\quad x_n)\begin{pmatrix} a_{11}x_1 & + & a_{12}x_2 & + & \cdots & + & a_{1n}x_n \\ a_{21}x_1 & + & a_{22}x_2 & + & \cdots & + & a_{2n}x_n \\ \vdots & & \vdots & & \ddots & & \vdots \\ a_{n1}x_1 & + & a_{n2}x_2 & + & \cdots & + & a_{nn}x_n \end{pmatrix}$$

$$=a_{11}x_1^2+a_{21}x_1x_2+\cdots+a_{n1}x_1x_n+a_{12}x_1x_2+a_{22}x_2^2+\cdots+ a_{n2}x_2x_n+\cdots+a_{1n}x_nx_1+a_{2n}x_nx_2+\cdots+a_{nn}x_n^2 \tag{4.1.6}$$

若 $\boldsymbol{A}$ 的对角线元素有一个不为0，其余全为0，例如只有一个第 i 行第 i 列元素 $a_{ii}\neq 0$，但由于 x_1，…，x_n 无一个为0，则 $a_{ii}x_i^2$ 这一项不为0，$\boldsymbol{g}^{\mathrm{T}}\boldsymbol{A}\boldsymbol{g}\neq 0$；如对角线元素全为0，但只要有一个非对角线元素不为0，如 $a_{ij}\neq 0$，则 $a_{ij}x_ix_j$ 这一项不为0，所以 $\boldsymbol{g}^{\mathrm{T}}\boldsymbol{A}\boldsymbol{g}\neq 0$。因此，只要 A 的元素不全为0，在 x_1，…，x_n 无一为0的前提下，$\boldsymbol{g}^{\mathrm{T}}\boldsymbol{A}\boldsymbol{g}\neq 0$。

【证毕】

【定理3】　与对称阵合同的矩阵仍为对称阵，即 $\boldsymbol{A}$ 为对称阵，$\boldsymbol{A}^{\mathrm{T}}=\boldsymbol{A}$；若 $\boldsymbol{A}=\boldsymbol{B}$，则 $\boldsymbol{B}$ 亦为对称阵，$\boldsymbol{B}^{\mathrm{T}}=\boldsymbol{B}$。

【证明】　因为 $\boldsymbol{A}\simeq\boldsymbol{B}$，存在 $\boldsymbol{P}$ 使得 $\boldsymbol{P}^{\mathrm{T}}\boldsymbol{A}\boldsymbol{P}=\boldsymbol{B}$，则 $\boldsymbol{B}^{\mathrm{T}}=(\boldsymbol{P}^{\mathrm{T}}\boldsymbol{A}\boldsymbol{P})^{\mathrm{T}}=\boldsymbol{P}^{\mathrm{T}}\boldsymbol{A}^{\mathrm{T}}(\boldsymbol{P}^{\mathrm{T}})^{\mathrm{T}}=\boldsymbol{P}^{\mathrm{T}}\boldsymbol{A}\boldsymbol{P}=\boldsymbol{B}$，可见 $\boldsymbol{B}$ 亦为对称阵。

【证毕】

【定理4】　任意对称阵 $\boldsymbol{A}$ 恒可合同于对角线阵

【证明】　设 $\boldsymbol{P}=\begin{pmatrix} p_{11} & p_{12} & \cdots & p_{1n} \\ p_{21} & p_{22} & \cdots & p_{2n} \\ \vdots & \vdots & \ddots & \vdots \\ p_{n1} & p_{n2} & \cdots & p_{nn} \end{pmatrix}=(\boldsymbol{G}\quad \boldsymbol{H})$

可分为两块，其中

$$\boldsymbol{G}=\begin{pmatrix} p_{11} \\ p_{21} \\ \vdots \\ p_{n1} \end{pmatrix}_{n\times 1}$$

$$H = \begin{pmatrix} p_{12} & \cdots & p_{1n} \\ p_{22} & \cdots & p_{2n} \\ \vdots & \ddots & \vdots \\ p_{n2} & \cdots & p_{nn} \end{pmatrix}$$

则

$$\begin{aligned} \boldsymbol{P}^{\mathrm{T}} &= \begin{pmatrix} \boldsymbol{G}^{\mathrm{T}} \\ \boldsymbol{H}^{\mathrm{T}} \end{pmatrix};\ \boldsymbol{P}^{\mathrm{T}}\boldsymbol{A}\boldsymbol{P} = \begin{pmatrix} \boldsymbol{G}^{\mathrm{T}} \\ \boldsymbol{H}^{\mathrm{T}} \end{pmatrix}\boldsymbol{A}(\boldsymbol{G} \quad \boldsymbol{H}) = \begin{pmatrix} \boldsymbol{G}^{\mathrm{T}} \\ \boldsymbol{H}^{\mathrm{T}} \end{pmatrix}(\boldsymbol{AG} \quad \boldsymbol{AH}) = \begin{pmatrix} \boldsymbol{G}^{\mathrm{T}}\boldsymbol{AG} & \boldsymbol{G}^{\mathrm{T}}\boldsymbol{AH} \\ \boldsymbol{H}^{\mathrm{T}}\boldsymbol{AG} & \boldsymbol{H}^{\mathrm{T}}\boldsymbol{AH} \end{pmatrix} \\ &= \begin{pmatrix} a & \boldsymbol{B} \\ \boldsymbol{C} & \boldsymbol{D} \end{pmatrix} \end{aligned} \tag{4.1.7}$$

式中，$a^{\mathrm{T}} = (\boldsymbol{G}^{\mathrm{T}}\boldsymbol{AG})^{\mathrm{T}} = \boldsymbol{G}^{\mathrm{T}}\boldsymbol{A}^{\mathrm{T}}(\boldsymbol{G}^{\mathrm{T}})^{\mathrm{T}} = \boldsymbol{G}^{\mathrm{T}}_{1\times n}\boldsymbol{A}_{n\times n}\boldsymbol{G}_{n\times 1} = a_{1\times 1}$为标量，自然对称。而

$$\boldsymbol{B} = \boldsymbol{G}^{\mathrm{T}}\boldsymbol{AH}$$

显然

$$\boldsymbol{B}^{\mathrm{T}} = (\boldsymbol{G}^{\mathrm{T}}\boldsymbol{AH})^{\mathrm{T}} = \boldsymbol{H}^{\mathrm{T}}\boldsymbol{A}^{\mathrm{T}}(\boldsymbol{G}^{\mathrm{T}})^{\mathrm{T}} = \boldsymbol{H}^{\mathrm{T}}\boldsymbol{AG} = \boldsymbol{C}。$$

又

$$\boldsymbol{D}^{\mathrm{T}} = (\boldsymbol{H}^{\mathrm{T}}\boldsymbol{AH})^{\mathrm{T}} = \boldsymbol{H}^{\mathrm{T}}\boldsymbol{A}^{\mathrm{T}}(\boldsymbol{H}^{\mathrm{T}})^{\mathrm{T}} = \boldsymbol{H}^{\mathrm{T}}\boldsymbol{AH} = \boldsymbol{D};$$

故式(4.1.7)为对称阵，根据合同定理1

$$\begin{pmatrix} a & \boldsymbol{B} \\ \boldsymbol{C} & \boldsymbol{D} \end{pmatrix} = \begin{pmatrix} a & 0 \\ 0 & \boldsymbol{D} - \dfrac{1}{a}\boldsymbol{CB} \end{pmatrix};$$

式中，$(\boldsymbol{D} - \frac{1}{a}\boldsymbol{CB})^{\mathrm{T}} = \boldsymbol{D}^{\mathrm{T}} - \frac{1}{a}\boldsymbol{B}^{\mathrm{T}}\boldsymbol{C}^{\mathrm{T}} = \boldsymbol{D} - \frac{1}{a}\boldsymbol{CB}$，这是由于$\boldsymbol{B}^{\mathrm{T}} = \boldsymbol{C}$，$\boldsymbol{C}^{\mathrm{T}} = \boldsymbol{B}$，可见$\boldsymbol{D} - \frac{1}{a}\boldsymbol{CB}$为对称阵。所以

$$\boldsymbol{A} \simeq \begin{pmatrix} a & \boldsymbol{B} \\ \boldsymbol{C} & \boldsymbol{D} \end{pmatrix} \simeq \begin{pmatrix} a & 0 \\ 0 & \boldsymbol{D} - \dfrac{1}{a}\boldsymbol{CB} \end{pmatrix} \tag{4.1.8}$$

而且$\boldsymbol{A}$为对称阵时，上述三个矩阵均为对称阵。请注意，式(4.1.8)中a为标量是一个数，$\boldsymbol{D} - \frac{1}{a}\boldsymbol{CB}$为$n-1$阶的对称阵。按照上述分析，它又可以合同于与式(4.1.8)相同的形式，但维数为$n-2$的对称阵，如此一直进行下去，最终

$$\boldsymbol{A} \simeq \begin{pmatrix} a_1 & 0 & \cdots & 0 \\ 0 & a_2 & \cdots & 0 \\ \vdots & \vdots & \ddots & \vdots \\ 0 & 0 & \cdots & a_n \end{pmatrix}$$

【证毕】

根据矩阵特征值的定义，式中的a_1，…，a_n，实际上就是矩阵$\boldsymbol{A}$的特征值，可见

$$\boldsymbol{A} \simeq \begin{pmatrix} a_1 & 0 & \cdots & 0 \\ 0 & a_2 & \cdots & 0 \\ \vdots & \vdots & \ddots & \vdots \\ 0 & 0 & \cdots & a_n \end{pmatrix} = \begin{pmatrix} \lambda_1 & 0 & \cdots & 0 \\ 0 & \lambda_2 & \cdots & 0 \\ \vdots & \vdots & \ddots & \vdots \\ 0 & 0 & \cdots & \lambda_n \end{pmatrix}$$

4.1.4　矩阵的二次型

4.1.4.1　二次型的定义

【定义】　设 $\boldsymbol{P}$ 为 $n\times n$ 阶矩阵，$\boldsymbol{X}^{\mathrm{T}}=(x_1,\cdots,x_n)$ 为 n 阶列阵，则称 $\boldsymbol{X}^{\mathrm{T}}\boldsymbol{P}\boldsymbol{X}$ 为 $\boldsymbol{P}$ 的二次型。数值上

$$\boldsymbol{X}^{\mathrm{T}}\boldsymbol{P}\boldsymbol{X}=p_{11}x_1^2+p_{12}x_1x_2+\cdots+p_{1n}x_1x_n+p_{21}x_2x_1+p_{22}x_2^2+\cdots+p_{2n}x_2x_n+\cdots+p_{n1}x_nx_1+p_{n2}x_nx_2+\cdots+p_{nn}x_n^2$$

可见它是一个标量。

4.1.4.2　二次型的定号性

【正定性】　设 $\boldsymbol{P}$ 为非零对称阵，对于任意非零列向量 $\boldsymbol{X}$，均有 $\boldsymbol{Q}(\boldsymbol{X})=\boldsymbol{X}^{T}PX>0$，且只有当 $\boldsymbol{X}=0$ 时，才有 $\boldsymbol{Q}(\boldsymbol{X})=0$，称 $\boldsymbol{Q}(\boldsymbol{X})$ 是正定的。

对于时变非零列向量 $\boldsymbol{X}$ 的函数 $V(\boldsymbol{X},t)$，当 $\boldsymbol{X}\neq 0$，　$t\geqslant t_0$　恒有 $\boldsymbol{V}(\boldsymbol{X},t)>\boldsymbol{V}(\boldsymbol{X},t_0)$，只有当 $t\geqslant t_0$，$\boldsymbol{X}=0$，$\boldsymbol{V}(0,t)=\boldsymbol{V}(0)=0$，则称 $\boldsymbol{V}(\boldsymbol{X},t)$ 为正定。可见 $\boldsymbol{V}(\boldsymbol{X},t)$ 是二次函数，既是列向量 $\boldsymbol{X}$ 的函数，又是时间 t 的函数，而且是 t 的递增函数。随着时间的推移，其函数值是逐渐增加的。

【负定性】　如果 $-\boldsymbol{Q}(\boldsymbol{X})$ 或 $-\boldsymbol{V}(\boldsymbol{X},t)$ 是正定的，则称 $\boldsymbol{Q}(\boldsymbol{X})$ 或 $\boldsymbol{V}(\boldsymbol{X},t)$ 是负定的。

【半正定性(非负定性)】　对于任意非零 $\boldsymbol{X}$，恒有 $\boldsymbol{Q}(\boldsymbol{X})\geqslant 0$ 或 $\boldsymbol{V}(\boldsymbol{X},t)\geqslant 0$ 则称 $\boldsymbol{Q}(\boldsymbol{X})$，$\boldsymbol{V}(\boldsymbol{X},t)$ 为半正定。

【负半定性(非正定性)】　对于任意非零 $\boldsymbol{X}$，恒有 $-\boldsymbol{Q}(\boldsymbol{X})\geqslant 0$，或 $-\boldsymbol{V}(\boldsymbol{X},t)\geqslant 0$ 则称 $\boldsymbol{Q}(\boldsymbol{X})$，$\boldsymbol{V}(\boldsymbol{X},t)$ 为负半定。

【不定性】　对于 $\boldsymbol{X}=0$ 的小邻域 $\boldsymbol{\Omega}$ 如何小，$\boldsymbol{Q}(\boldsymbol{\Omega})$（或 $\boldsymbol{V}(\Omega,t)$）既可正，又可负。则称 $\boldsymbol{Q}(\boldsymbol{X})$，$\boldsymbol{V}(\boldsymbol{X},t)$ 为不定性。

4.1.5　二次型的标准型

元素均为实数的对称阵，称为实对称阵。根据合同定理，任一实对称阵均可合同于一对角线阵，即存在 $\boldsymbol{T}$，使得 $\boldsymbol{T}^{\mathrm{T}}\boldsymbol{P}\boldsymbol{T}=\begin{pmatrix}\lambda_1 & \cdots & 0\\ \vdots & \ddots & \vdots\\ 0 & \cdots & \lambda_n\end{pmatrix}$。

设 $\tilde{\boldsymbol{X}}^{\mathrm{T}}=(x_1\cdots x_n)$，则 $\boldsymbol{T}^{\mathrm{T}}\boldsymbol{P}\boldsymbol{T}$ 的二次型为 $\boldsymbol{Q}(\boldsymbol{X})=\tilde{\boldsymbol{X}}^{\mathrm{T}}(\boldsymbol{T}^{\mathrm{T}}\boldsymbol{P}\boldsymbol{T})\tilde{\boldsymbol{X}}=\tilde{\boldsymbol{X}}^{\mathrm{T}}\boldsymbol{T}^{\mathrm{T}}\boldsymbol{P}\boldsymbol{T}\tilde{\boldsymbol{X}}=(\boldsymbol{T}\tilde{\boldsymbol{X}})^{\mathrm{T}}\boldsymbol{P}(\boldsymbol{T}\boldsymbol{X})$　　称为 $\boldsymbol{P}$ 的标准二次型。令 $\boldsymbol{X}=\boldsymbol{T}\tilde{\boldsymbol{X}}$，则 $\boldsymbol{Q}(\boldsymbol{X})=\boldsymbol{X}^{\mathrm{T}}\boldsymbol{P}\boldsymbol{X}$。由于 $\boldsymbol{X}=\boldsymbol{T}\tilde{\boldsymbol{X}}$，称对列向量 $\tilde{\boldsymbol{X}}$ 进行了正交变换，称 $\boldsymbol{T}$ 为 $\boldsymbol{P}$ 的正交矩阵。因此 $\boldsymbol{Q}(\boldsymbol{X})$ 的正定与否取决于 $\boldsymbol{P}$ 阵的特征值 $\lambda_1,\cdots,\lambda_n$；若 $\lambda_1,\cdots,\lambda_n>0$，则 $\boldsymbol{P}$ 的标准二次型 $\boldsymbol{Q}(\boldsymbol{X})$ 是正定的。

【定理4】　对角线阵 $\begin{pmatrix}\lambda_1 & \cdots & 0\\ \vdots & \ddots & \vdots\\ 0 & \cdots & \lambda_n\end{pmatrix}\simeq\begin{pmatrix}1 & \cdots & 0\\ \vdots & \ddots & \vdots\\ 0 & \cdots & 1\end{pmatrix}=\boldsymbol{I}_n$。

【证明】 设 $\boldsymbol{T}=\begin{pmatrix}\frac{1}{\sqrt{\lambda_1}} & \cdots & 0\\ \vdots & \ddots & \vdots\\ 0 & \cdots & \frac{1}{\sqrt{\lambda_n}}\end{pmatrix}$；$\boldsymbol{T}^{\mathrm{T}}=\begin{pmatrix}\frac{1}{\sqrt{\lambda_1}} & \cdots & 0\\ \vdots & \ddots & \vdots\\ 0 & \cdots & \frac{1}{\sqrt{\lambda_n}}\end{pmatrix}$，则

$$\boldsymbol{T}^{\mathrm{T}}\begin{pmatrix}\lambda_1 & \cdots & 0\\ \vdots & \ddots & \vdots\\ 0 & \cdots & \lambda_n\end{pmatrix}\boldsymbol{T}=\begin{pmatrix}\frac{1}{\sqrt{\lambda_1}} & \cdots & 0\\ \vdots & \ddots & \vdots\\ 0 & \cdots & \frac{1}{\sqrt{\lambda_n}}\end{pmatrix}\begin{pmatrix}\lambda_1 & \cdots & 0\\ \vdots & \ddots & \vdots\\ 0 & \cdots & \lambda_n\end{pmatrix}\begin{pmatrix}\frac{1}{\sqrt{\lambda_1}} & \cdots & 0\\ \vdots & \ddots & \vdots\\ 0 & \cdots & \frac{1}{\sqrt{\lambda_n}}\end{pmatrix}$$

$$=\begin{pmatrix}\frac{1}{\sqrt{\lambda_1}}\lambda_1\frac{1}{\sqrt{\lambda_1}} & \cdots & 0\\ \vdots & \ddots & \vdots\\ 0 & \cdots & \frac{1}{\sqrt{\lambda_n}}\lambda_n\frac{1}{\sqrt{\lambda_n}}\end{pmatrix}=\begin{pmatrix}1 & \cdots & 0\\ \vdots & \ddots & \vdots\\ 0 & \cdots & 1\end{pmatrix}=\boldsymbol{I}_n$$

故上式成立。

【证毕】

这样实对称阵的正定性如下：

若 $\boldsymbol{P}\simeq\begin{pmatrix}1 & \cdots & 0\\ \vdots & \ddots & \vdots\\ 0 & \cdots & 1\end{pmatrix}=\boldsymbol{I}_n>0$，称 $\boldsymbol{P}$ 正定。$\boldsymbol{P}\simeq\begin{pmatrix}-1 & \cdots & 0\\ \vdots & \ddots & \vdots\\ 0 & \cdots & -1\end{pmatrix}=-I_n<0$，则称 $\boldsymbol{P}$ 负定。

若 $\boldsymbol{P}\simeq\begin{pmatrix}\begin{matrix}1\\ \vdots\\ 0\end{matrix} & 0\\ 0 & \begin{matrix}0 & \cdots & 0\\ \vdots & \ddots & \vdots\\ 0 & \cdots & 0\end{matrix}\end{pmatrix}\geqslant 0$，则称 $\boldsymbol{P}$ 为半正定。

若 $\boldsymbol{P}\simeq\begin{pmatrix}\begin{matrix}-1\\ \vdots\\ 0\end{matrix} & 0\\ 0 & \begin{matrix}0 & \cdots & 0\\ \vdots & \ddots & \vdots\\ 0 & \cdots & 0\end{matrix}\end{pmatrix}\leqslant 0$，则称 $\boldsymbol{P}$ 半负定。

若 $P \simeq \begin{pmatrix} 1 & & & \\ \vdots & & 0 & \\ 0 & & & \\ & -1 & \cdots & 0 \\ 0 & \vdots & \ddots & \vdots \\ & 0 & \cdots & -1 \end{pmatrix}$，则称 $\boldsymbol{P}$ 不定。

4.1.6　矩阵二次型定号性判据（Sylvester 定理）

【判别定理 1】　实对称阵 $\boldsymbol{P}$ 为正定的充要条件是 $\boldsymbol{P}$ 的各阶子行列式均大于0。

设 $\boldsymbol{P} = \begin{pmatrix} a_{11} & a_{12} & \cdots & a_{1n} \\ a_{21} & a_{22} & \cdots & a_{2n} \\ \vdots & \vdots & \ddots & \vdots \\ a_{n1} & a_{n2} & \cdots & a_{nn} \end{pmatrix}$ 为非零对称阵。它的各阶子行列式分别为：$\boldsymbol{\Delta}_1 = a_{11}$，；$\boldsymbol{\Delta}_2 = \begin{vmatrix} a_{11} & a_{12} \\ a_{21} & a_{22} \end{vmatrix}$，…，　$\boldsymbol{\Delta}_n = \boldsymbol{P}$　。若 $\boldsymbol{\Delta}_1 > 0$，$\boldsymbol{\Delta}_2 > 0$，…，$\boldsymbol{\Delta}_n > 0$，则 $\boldsymbol{P}$ 正定。

【证明】

（1）先证必要性，即证明正命题成立。正命题是，如果 $\boldsymbol{P} > 0$，则

$$\boldsymbol{\Delta}_1 > 0,\ \boldsymbol{\Delta}_2 > 0,\ \cdots,\ \boldsymbol{\Delta}_n > 0$$

由二次型正定阵定义，对于非零对称阵 $\boldsymbol{P}$，任意非零列向量 $\boldsymbol{X}$ 均有 $\boldsymbol{Q}(\boldsymbol{X}) = \boldsymbol{X}^{\mathrm{T}}\boldsymbol{P}\boldsymbol{X} > 0$，式中 $\boldsymbol{P}$ 为 n 阶非零对称阵成立，$\boldsymbol{P}$ 为一阶非零对称阵也成立。

因此当 $\boldsymbol{P} = (a_{11})_{1\times 1}$ 时亦成立，即 $\boldsymbol{X}^{\mathrm{T}}a_{11}\boldsymbol{X} = x_1 a_{11} x_1 = a_{11}x_1^2 > 0$，因此当 $\boldsymbol{P}$ 为正定，$\boldsymbol{P} > 0$，$a_{11} > 0$，即 $\boldsymbol{\Delta}_1 > 0$。

当 P 为 n 维非零对角线阵时，对其作合同变换，根据合同定理4，对于非零对称阵 $\boldsymbol{P}$，必存在 $\boldsymbol{T}$，使得 $\boldsymbol{T}^{\mathrm{T}}\boldsymbol{P}\boldsymbol{T} = \begin{pmatrix} \lambda_1 & \cdots & 0 \\ \vdots & \ddots & \vdots \\ 0 & \cdots & \lambda_n \end{pmatrix}$。

上式两边取行列式，右边 $\begin{vmatrix} \lambda_1 & \cdots & 0 \\ \vdots & \ddots & \vdots \\ 0 & \cdots & \lambda_n \end{vmatrix} = \lambda_1 \cdot \lambda_2 \cdots \lambda_n = \prod_{i=1}^{n} x_i$。

根据矩阵乘积的行列式等于各矩阵行列式的乘积，左边 $|\boldsymbol{T}^{\mathrm{T}}\boldsymbol{P}\boldsymbol{T}| = |\boldsymbol{T}^{\mathrm{T}}||\boldsymbol{P}||\boldsymbol{T}|$；

根据乘法交换律，行列式为数，服从乘法交换律，$|\boldsymbol{T}^{\mathrm{T}}||\boldsymbol{P}||\boldsymbol{T}| = |\boldsymbol{T}^{\mathrm{T}}||\boldsymbol{T}||\boldsymbol{P}|$。

根据行列式的性质，矩阵转置后，其行列式不变，$|\boldsymbol{T}^{\mathrm{T}}||\boldsymbol{T}||\boldsymbol{P}| = |\boldsymbol{T}^{\mathrm{T}}|^2|\boldsymbol{P}|$。

左边 = 右边，得 $|\boldsymbol{T}^{\mathrm{T}}|^2|\boldsymbol{P}| = \prod_{i=1}^{n} x_i$，所以

$$|\boldsymbol{P}| = \frac{\prod_{i=1}^{n}\lambda_i}{|\boldsymbol{T}|^2} \tag{4.1.9}$$

由于 $\boldsymbol{P}$ 正定，它的特征值 λ_1，…，$\lambda_n > 0$，故 $\prod_{i=1}^{n} x_i > 0$，分母 $|\boldsymbol{T}|^2 > 0$，所以 $|\boldsymbol{P}| > 0$。

$\boldsymbol{\Delta}_n = |\boldsymbol{P}| > 0$ 成立。既然 n 成立，$n-1$，…，2 也应成立，便有 Δ_{n-1}，Δ_{n-2}，…，Δ_2 成立，必要性得证。

(2) 证明充分性，即证明逆命题成立。若 $\boldsymbol{\Delta}_1 > 0$，$\boldsymbol{\Delta}_2 > 0$，…，$\boldsymbol{\Delta}_n > 0$，则 $\boldsymbol{P} > 0$，为正定。设

$$\boldsymbol{P} = \begin{pmatrix} \cdots & \cdots & \cdots & a_{1n} \\ \vdots & \boldsymbol{P}_{n-1} & \vdots & \vdots \\ \cdots & \cdots & \cdots & a_{n-1,n} \\ a_{n1} & \cdots & a_{n,n-1} & a_{nn} \end{pmatrix}$$

假定 $\boldsymbol{P}_{n-1}$ 正定，若证得 $\boldsymbol{P}_n$ 正定，则充分性得以证明。

可进一步写成

$$\boldsymbol{P} = \begin{pmatrix} \boldsymbol{P}_{n-1} & \boldsymbol{a} \\ \boldsymbol{a}^{\mathrm{T}} & a_{nn} \end{pmatrix} \tag{4.1.10}$$

式中

$$\boldsymbol{P} = \begin{pmatrix} a_n & \cdots & a_{1,n-1} \\ \vdots & \ddots & \vdots \\ a_{n-1,1} & \cdots & a_{n-1,n-1} \end{pmatrix}$$

其中，$\boldsymbol{a} = \begin{pmatrix} a_{1n} \\ a_{2n} \\ \vdots \\ a_{n-1,n} \end{pmatrix}$，自然 $\boldsymbol{a}^{\mathrm{T}} = (a_{n1} \quad a_{n2} \quad \cdots \quad a_{n,n-1}) = (a_{1n} \quad a_{2n} \quad \cdots \quad a_{n-1,n})$

这是因为 $\boldsymbol{P}$ 为对称阵。

设

$$\boldsymbol{T} = \begin{pmatrix} \boldsymbol{I} & \boldsymbol{P}_{n-1}^{-1}\boldsymbol{a} \\ 0 & \boldsymbol{I} \end{pmatrix}$$

则

$$\boldsymbol{T}^{\mathrm{T}} = \begin{pmatrix} \boldsymbol{I} & \boldsymbol{P}_{n-1}^{-1}\boldsymbol{a} \\ 0 & \boldsymbol{I} \end{pmatrix}^{\mathrm{T}} = \begin{pmatrix} \boldsymbol{I} & 0 \\ (\boldsymbol{P}_{n-1}^{-1}\boldsymbol{a})^{\mathrm{T}} & \boldsymbol{I} \end{pmatrix}$$

由于

$$(\boldsymbol{P}_{n-1}^{-1}\boldsymbol{a})^{\mathrm{T}} = (\boldsymbol{a}^{\mathrm{T}}(\boldsymbol{P}_{n-1}^{-1})^{\mathrm{T}}) = (\boldsymbol{a}^{\mathrm{T}}(\boldsymbol{P}_{n-1}^{\mathrm{T}})^{-1})$$

$\boldsymbol{P}_{n-1}$ 是对称阵

$$\boldsymbol{P}_{n-1}^{\mathrm{T}} = \boldsymbol{P}_{n-1}$$

于是

$$\boldsymbol{T}^{\mathrm{T}} = \begin{pmatrix} \boldsymbol{I} & 0 \\ \boldsymbol{a}^{\mathrm{T}}\boldsymbol{P}_{n-1}^{-1} & \boldsymbol{I} \end{pmatrix};$$

根据合同定理 1

$$\begin{pmatrix} \boldsymbol{P}_{n-1} & \boldsymbol{a} \\ \boldsymbol{a}^{T} & a_{nn} \end{pmatrix} \simeq \begin{pmatrix} \boldsymbol{P}_{n-1} & 0 \\ 0 & a_{nn} - \boldsymbol{a}^{\mathrm{T}}\boldsymbol{P}_{n-1}^{-1}\boldsymbol{a} \end{pmatrix}$$

这样

$$P=\begin{pmatrix} I & 0 \\ a^{\mathrm{T}}P_{n-1}^{-1} & I \end{pmatrix}\begin{pmatrix} P_{n-1} & 0 \\ 0 & a_{nn}-a^{\mathrm{T}}P_{n-1}^{-1}a \end{pmatrix}\begin{pmatrix} I & P_{n-1}^{\mathrm{T}}a \\ 0 & I \end{pmatrix} \tag{4.1.11}$$

只要将式(4.1.11)右边三个矩阵乘起来便会获得(4.1.10)那样的形式。所以

$$P=T^{\mathrm{T}}\begin{pmatrix} P_{n-1} & 0 \\ 0 & a_{nn}-a^{\mathrm{T}}P_{n-1}^{-1}a \end{pmatrix}T \tag{4.1.12}$$

则 P 的二次型为

$$X^{\mathrm{T}}PX=X^{\mathrm{T}}T^{\mathrm{T}}\begin{pmatrix} P_{n-1} & 0 \\ 0 & a_{nn}-a^{\mathrm{T}}P_{n-1}^{-1}a \end{pmatrix}TX=(TX)^{\mathrm{T}}\begin{pmatrix} P_{n-1} & 0 \\ 0 & a_{nn}-a^{\mathrm{T}}P_{n-1}^{-1}a \end{pmatrix}(TX)$$

对 X 作正交变换 $\tilde{X}=TX$，则

$$X^{\mathrm{T}}PX=\tilde{X}^{\mathrm{T}}\begin{pmatrix} P_{n-1} & 0 \\ 0 & a_{nn}-a^{\mathrm{T}}P_{n-1}^{-1}a \end{pmatrix}\tilde{X}$$

将 $\tilde{X}$ 分为两部分

$$\tilde{X}=\begin{pmatrix} \tilde{x}_1 \\ \tilde{x}_2 \\ \vdots \\ \tilde{x}_{n-1} \\ \hline \tilde{x}_n \end{pmatrix} \quad \tilde{X}^{\mathrm{T}}=(\tilde{x}_1 \quad \tilde{x}_2 \quad \cdots \quad \tilde{x}_{n-1} \mid \tilde{x}_n)$$

$$\begin{aligned} \tilde{X}^{\mathrm{T}}P\tilde{X} &= (\tilde{x}_1 \quad \cdots \quad \tilde{x}_{n-1} \mid \tilde{x}_n)\begin{pmatrix} P_{n-1} & 0 \\ 0 & a_{nn}-a^{\mathrm{T}}P_{n-1}^{-1}a \end{pmatrix}\begin{pmatrix} \tilde{x}_1 \\ \vdots \\ \tilde{x}_{n-1} \\ \hline \tilde{x}_n \end{pmatrix} \\ &= (\tilde{x}_1 \quad \cdots \quad \tilde{x}_{n-1} \mid \tilde{x}_n)\begin{pmatrix} P_{n-1}\begin{pmatrix} \tilde{x}_1 \\ \vdots \\ \tilde{x}_{n-1} \end{pmatrix} \\ (a_{nn}-a^{\mathrm{T}}P_{n-1}^{-1}a)\tilde{x}_n \end{pmatrix} \\ &= (\tilde{x}_1 \quad \cdots \quad \tilde{x}_{n-1})P_{n-1}\begin{pmatrix} \tilde{x}_1 \\ \vdots \\ \tilde{x}_{n-1} \end{pmatrix}+\tilde{x}_n(a_{nn}-a^{\mathrm{T}}P_{n-1}^{-1}a)\tilde{x}_n \end{aligned}$$

上式第 1 项，由于 P_{n-1} 是正定的，所以它的二次型大于 0，即

$$(\tilde{x}_1 \quad \cdots \quad \tilde{x}_{n-1})P_{n-1}\begin{pmatrix} \tilde{x}_1 \\ \vdots \\ \tilde{x}_{n-1} \end{pmatrix}>0$$

第 2 项，由于 $\tilde{x}_n$ 是数，$\tilde{x}_n(a_{nn}-a^{\mathrm{T}}P_{n-1}a)\tilde{x}_n=(a_{nn}-a^{\mathrm{T}}P_{n-1}a)\tilde{x}_n^2 \quad \tilde{x}_n^2>0$，第 2 项的正负取决

于$(a_{nn}-\boldsymbol{a}^{\mathrm{T}}\boldsymbol{P}_{n-1}\boldsymbol{a})$的符号。

重写$\boldsymbol{P}$

$$\boldsymbol{P}=\boldsymbol{T}^{\mathrm{T}}\begin{pmatrix}\boldsymbol{P}_{n-1} & 0\\ 0 & a_{nn}-\boldsymbol{a}^{\mathrm{T}}\boldsymbol{P}_{n-1}^{-1}\boldsymbol{a}\end{pmatrix}\boldsymbol{T}$$

它的行列式$|\boldsymbol{P}|=\left|\boldsymbol{T}^{\mathrm{T}}\begin{pmatrix}\boldsymbol{P}_{n-1} & 0\\ 0 & a_{nn}-\boldsymbol{a}^{\mathrm{T}}\boldsymbol{P}_{n-1}^{-1}\boldsymbol{a}\end{pmatrix}\boldsymbol{T}\right|$（乘积矩阵行列式等于行列式的乘积）

$$=|\boldsymbol{T}^{\mathrm{T}}|\left|\begin{pmatrix}\boldsymbol{P}_{n-1} & 0\\ 0 & a_{nn}-\boldsymbol{a}^{\mathrm{T}}\boldsymbol{P}_{n-1}^{-1}\boldsymbol{a}\end{pmatrix}\right||\boldsymbol{T}|$$

$$=|\boldsymbol{T}^{\mathrm{T}}||\boldsymbol{T}|\left|\begin{pmatrix}\boldsymbol{P}_{n-1} & 0\\ 0 & a_{nn}-\boldsymbol{a}^{\mathrm{T}}\boldsymbol{P}_{n-1}^{-1}\boldsymbol{a}\end{pmatrix}\right|\text{（数乘交换律）}$$

$$=|\boldsymbol{T}^{\mathrm{T}}\boldsymbol{T}|\left|\begin{pmatrix}\boldsymbol{P}_{n-1} & 0\\ 0 & a_{nn}-\boldsymbol{a}^{\mathrm{T}}\boldsymbol{P}_{n-1}^{-1}\boldsymbol{a}\end{pmatrix}\right|\text{（行列式的乘积等于矩阵乘积的行列式）}$$

上式第1因子$|\boldsymbol{T}^{\mathrm{T}}\boldsymbol{T}|=|\boldsymbol{T}|^2>0$，展开第2因子$\left|\begin{pmatrix}\boldsymbol{P}_{n-1} & 0\\ 0 & a_{nn}-\boldsymbol{a}^{\mathrm{T}}\boldsymbol{P}_{n-1}^{-1}\boldsymbol{a}\end{pmatrix}\right|=|\boldsymbol{P}_{n-1}|$ $(a_{nn}-\boldsymbol{a}^{\mathrm{T}}\boldsymbol{P}_{n-1}^{-1}\boldsymbol{a})$，所以

$$|\boldsymbol{P}|=|\boldsymbol{T}|^2|\boldsymbol{P}_{n-1}|(a_{nn}-\boldsymbol{a}^{\mathrm{T}}\boldsymbol{P}_{n-1}^{-1}\boldsymbol{a})$$

解得

$$(a_{nn}-\boldsymbol{a}^{\mathrm{T}}\boldsymbol{P}_{n-1}^{-1}\boldsymbol{a})=\frac{|\boldsymbol{P}|}{|\boldsymbol{T}|^2|\boldsymbol{P}_{n-1}|}=\frac{\boldsymbol{\Delta}_n}{|\boldsymbol{T}|^2\boldsymbol{\Delta}_{n-1}}>0$$

由于题设$\boldsymbol{\Delta}_{n-1}$，$\boldsymbol{\Delta}_n>0$，自然$(a_{nn}-\boldsymbol{a}^{\mathrm{T}}\boldsymbol{P}_{n-1}^{-1}\boldsymbol{a})>0$，则$\boldsymbol{P}$正定，充分性得证。

【证毕】

相似地，可得以下定理。

【定理2】 非0实对称阵$\boldsymbol{P}$为负定的充分必要条件是$\boldsymbol{P}$的多阶主子行列式满足：当i为偶数时，$\boldsymbol{\Delta}_i>0$。当i为奇数时，$\boldsymbol{\Delta}_i<0$。

【定理3】 非0实对称阵$\boldsymbol{P}$为非负定的充分必要条件是$\boldsymbol{P}$的多阶主子行列式满足：$\boldsymbol{\Delta}\geqslant 0$，…，$\boldsymbol{\Delta}_n\geqslant 0$。

【判别定理4】 非0实对称阵$\boldsymbol{P}$为非正定的充分必要条件是$\boldsymbol{P}$的多阶主子行列式满足：当i为偶数时，$\boldsymbol{\Delta}_i\leqslant 0$。当$i$为奇数时，$\boldsymbol{\Delta}_i\leqslant 0$。

定理2、3、4之所以要分偶奇，是因为

$$(-\boldsymbol{P})=\begin{pmatrix}-a_{11} & -a_{12} & \cdots & -a_{1n}\\ -a_{21} & -a_{22} & \cdots & -a_{2n}\\ \cdots & \cdots & \cdots & \cdots\\ -a_{n1} & -a_{n2} & & -a_{nn}\end{pmatrix}$$

一阶子式$\boldsymbol{\Delta}_1=-a_{11}$，$\boldsymbol{\Delta}_2=\begin{vmatrix}-a_{11} & -a_{12}\\ -a_{21} & -a_{22}\end{vmatrix}=(-a_{11})(-a_{22})-(-a_{12})(-a_{21})=a_{11}a_{22}-a_{12}a_{21}>0$与$\boldsymbol{\Delta}_2=\begin{vmatrix}a_{11} & a_{12}\\ a_{21} & a_{22}\end{vmatrix}=a_{11}a_{22}-a_{12}a_{21}>0$ 相同，可见偶为正，奇为负，所以要分偶奇。

4.2　稳定性的概念

通俗地讲，稳定性就是研究系统状态运动的趋势，若经无限大时间之后，系统状态趋向于一个平衡的位置，即称系统的运动是稳定的，否则系统是不稳定的。

第二章也讨论系统的运动，着眼点是研究系统按照一种什么样的规律运动，以及这种规律在教学上如何表述。它关注的是系统运动的过程，并不十分关注系统经长时间之后的结果。本章内容不太关注运动的过程，而是更关注运动的趋势与结果。

之前在讨论系统的能控、能观性时，将系统的状态方程解出，然后判断它是否能控和能观，还讨论了无须求解系统状态方程，直接从状态方程得出系统能控和能观的结论。与此相仿，将系统的状态方程解出，然后讨论它的稳定性，这种方法称为李雅普诺夫第一方法。在不解出状态运动方程的前提下，从系统状态中直接得出稳定性的结论，称李雅普诺夫第二方法，本章主要讨论后者。

4.2.1　引例

为了建立稳定性概念，先讨论如下系统。设平面自治系统为

$$\begin{cases}\dfrac{\mathrm{d}x_1}{\mathrm{d}t}=a_{11}x_1+a_{12}x_2\\[2mm]\dfrac{\mathrm{d}x_2}{\mathrm{d}t}=a_{21}x_1+a_{22}x_2\end{cases}$$

之所以称为平面系统，因为它是二维的；自治指自由运动，不带强迫作用。

改写成矩阵

$$\begin{pmatrix}\dot{x}_1\\ \dot{x}_2\end{pmatrix}=\begin{pmatrix}a_{11} & a_{12}\\ a_{21} & a_{22}\end{pmatrix}\begin{pmatrix}x_1\\ x_2\end{pmatrix}$$

状态方程

$$\dot{\boldsymbol{X}}=\boldsymbol{AX}$$

特征方程

$$|\lambda\boldsymbol{I}-\boldsymbol{A}|=0$$

$$\begin{vmatrix}\lambda-a_{11} & a_{12}\\ a_{21} & \lambda-a_{22}\end{vmatrix}=(\lambda-a_{11})(\lambda-a_{22})-a_{12}a_{21}=\lambda^2-(a_{11}+a_{22})\lambda+(a_{11}a_{22}-a_{12}a_{21})=0$$

$$p=-(a_{11}+a_{22}),\ q=a_{11}a_{22}-a_{12}a_{21}$$

特征方程变成

$$\lambda^2+p\lambda+q=0$$

特征值

$$\lambda_{1,2}=\frac{-p+\sqrt{p^2-4q}}{2}=\frac{-p\pm\sqrt{\Delta}}{2}$$

4.2.2 李雅普诺夫第一方法

$\Delta > 0$，则 λ_1、λ_2 均为实数，微分方程的解为

$$\begin{cases} x_1 = x_{10}e^{\lambda_1(t-t_0)}, & x_1(t_0) = x_{10} \\ x_2 = x_{20}e^{\lambda_2(t-t_0)}, & x_2(t_0) = x_{20} \end{cases}$$

若 $t_0 = 0$，得

$$\begin{cases} x_1 = x_{10}e^{\lambda_1 t} \\ x_2 = x_{20}e^{\lambda_2 t} \end{cases} \tag{4.2.1}$$

分三种情况讨论：

第一种情形 $p > \sqrt{\Delta}$，λ_1 和 λ_2 为负实数解得

$$\begin{cases} x_1(t) = x_{10}e^{-\lambda_1 t} \\ x_2(t) = x_{20}e^{-\lambda_2 t} \end{cases} \tag{4.2.2}$$

可见，$x_1(t)$、$x_2(t)$ 分别是一条从初值沿指数下降的曲线，一直到0，见图(4.2.1)所示：

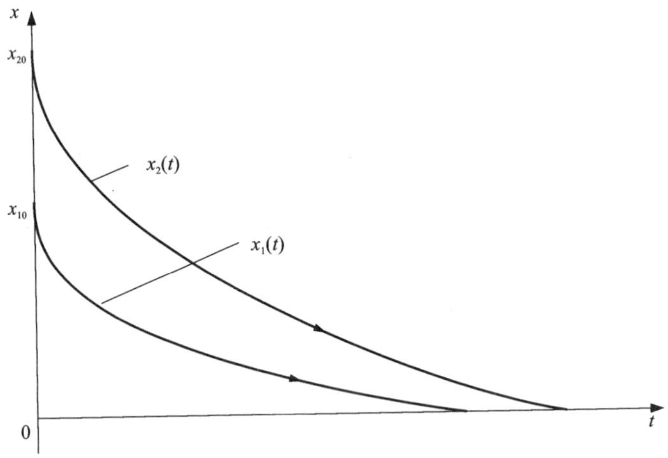

图4.2.1　$x_1(t)$、$x_2(t)$ 的曲线函数

为了更直观地表征系统运动的趋势，由式(4.2.2)解出 $x_2 = f(x_1)$，画在二维空间即直角坐标上。

由

$$x_1 = x_{10}e^{-\lambda_1 t}$$

解得

$$t = -\frac{1}{\lambda_1}\ln\frac{x_1}{x_{10}}$$

代入

$$x_2 = x_{20}\,\bar{e}^{\lambda_2\left(-\frac{1}{\lambda_1}\ln\frac{x_1}{x_{10}}\right)}$$

$$\frac{x_2}{x_{20}} = e^{\lambda_2\left(\frac{1}{\lambda_1}\ln\frac{x_1}{x_{10}}\right)} = e^{\frac{\lambda_2}{\lambda_1}\ln\left(\frac{x_1}{x_{10}}\right)}$$

两边取对数

$$\ln\frac{x_2}{x_{20}}=\frac{\lambda_2}{\lambda_1}\ln\frac{x_1}{x_{10}}=\ln\left(\frac{x_1^{\frac{\lambda_2}{\lambda_1}}}{x_{10}}\right)\qquad \frac{x_2}{x_{20}}=\left(\frac{x_1}{x_{10}}\right)^{\frac{\lambda_2}{\lambda_1}}=\frac{x_1^{\frac{\lambda_2}{\lambda_1}}}{x_{10}^{\frac{\lambda_2}{\lambda_1}}}$$

$$x_2=\frac{x_{20}}{x_{10}^{\frac{\lambda_2}{\lambda_1}}}x_1^{\frac{\lambda_2}{\lambda_1}}$$

令

$$c=\frac{x_{20}}{x_{10}^{\frac{\lambda_2}{\lambda_1}}}$$

则

$$x_2=cx_1^{\frac{\lambda_2}{\lambda_1}}\tag{4.2.3}$$

将式(4.2.3)绘成相平面图，见图4.2.2。由特征值的绝对值大小判断：$|\lambda_2|>|\lambda_1|$ $|\lambda_2/\lambda_1|>1$，若$|\lambda_2|=2|\lambda_1|$，则$x_2=cx_1^2$。虽然这是一条经坐标原点抛物线，若系数$c>0$，抛物线处在第1、第2象限；若$c<0$，抛物线处在第3、第4象限。下面分4个象限讨论运动和趋势。

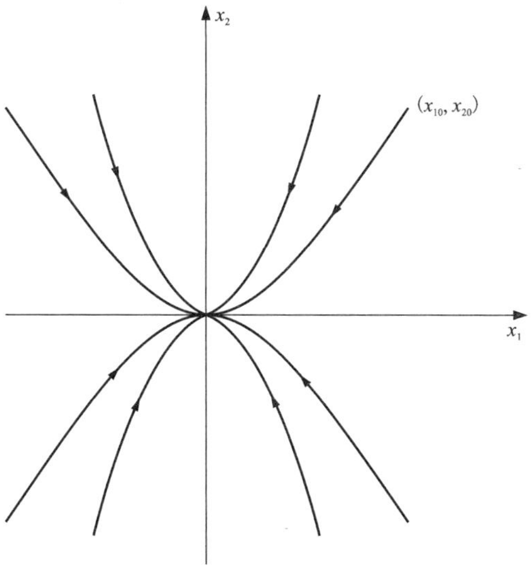

图 4.2.2　相平面图

(1)$x_{10}>0$，$x_{20}>0$，系统初始处在第1象限。由式(4.2.2)知，当$t\to\infty$时，x_1趋向于0。x_2也趋向于0，这时系统将在状态点(x_{10},x_{20})沿抛物线下降，直至原点，并将稳定停留在原点。

(2)$x_{10}<0$，$x_{20}>0$，系统处在第2象限。同样，当$t\to\infty$时，x_1从负趋向于0，x_2从正也趋向于0。这时系统将在第2象限的初始点沿抛物线下降至坐标原点。

当$c<0$，见图4.2.2，相平面图的抛物线开口向下。

(3)$x_{10}<0$，$x_{20}<0$，初始点在第3象限。由式(4.2.2)知，当$t\to\infty$时，x_1趋向于0，x_2也趋向于0，系统沿相轨迹线趋向于原点。

(4) $x_{10} > 0$，$x_{20} < 0$，初始点在第4象限。当 $x \to \infty$ 时，x_1、x_2 趋向于0，系统沿抛物线趋向于原点。可见，当 $\lambda_{1,2}$ 均为负实数，无论初值在哪个象限，当 $t \to \infty$ 时，系统状态均会趋近于坐标原点。由此引出以下述语与定义。

(1) 以 x_1，x_2 为直角坐标的平面，称相平面。

(2) 相平面上的点(x_1，x_2) 称为相点，相点随时间在相平面运动的轨迹线，称为相轨线，对于任意给定的初始相点，均有一条相轨线，不同的相初始点，有不同的相轨线。

(3) 一般系统 $\dot{\boldsymbol{X}} = f(\boldsymbol{X})$，式中 $\boldsymbol{X}_{n\times1}$ 为 $n \times 1$ 阶列阵，则满足 $f(\boldsymbol{X}) = 0$ 的 $\boldsymbol{X}$ 称为 n 阶平面的奇点，简称奇点。如 $f(\boldsymbol{X}) = \boldsymbol{A}\boldsymbol{X} = 0$，$\boldsymbol{A}$ 为系数矩阵不为0，则 $\boldsymbol{X} = 0$，这时的 $\boldsymbol{X}$ 称为奇点。对于引例，$x_1 = 0$，$x_2 = 0$，为奇点，上例相轨线，无论初始点位于哪个象限，均会趋近于奇点，这样的奇点称为稳定的节点。有稳定节点的系统，显然是稳定的。

作为第一种情况特例，$\Delta = 0$，这时 $p > 0$，于是 $\lambda_1 = \lambda_2 < 0$。

式(4.2.2) 变成 $x = cx_1^{\frac{\lambda_2}{\lambda_1}} = cx_1$。相轨线从抛物线变成通过原点的直线，当 $c > 0$ 时，即直线斜率大于0，相轨线从第1象限沿直线下降趋近原点，其他象限也同样沿直线各自方向趋近原点，见图4.2.3。

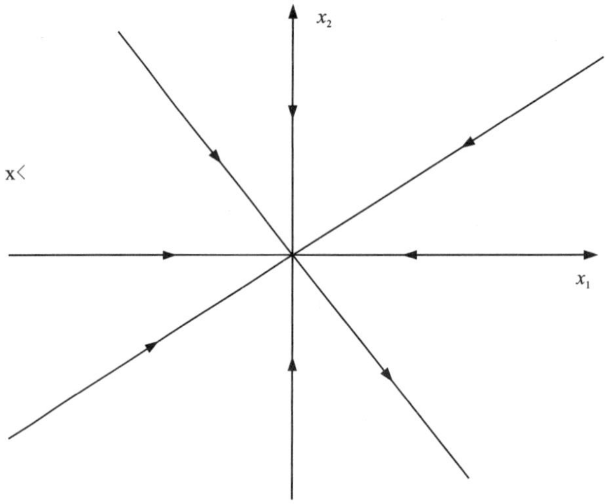

图4.2.3　时相轨线图

更有以下特殊情况：

(1) $x_{20} = 0$，若 $x_{10} > 0$，则相轨线沿横坐标正轴向左趋于原点。若 $x_{10} < 0$，则相轨线沿横坐标负轴向右趋近于原点。

(2) $x_{10} = 0$，若 $x_{20} > 0$，则相轨线沿纵坐标正轴向下趋于原点。若 $x_{20} < 0$，则相轨线沿纵坐标负轴向上趋于原点。

第二种情况，$p < \sqrt{\Delta}$，$\lambda_{1,2} = \dfrac{-p \pm \sqrt{\Delta}}{2}$。

设 $\lambda_1 = \dfrac{-p - \sqrt{\Delta}}{2} < 0$；$\lambda_2 = \dfrac{-p + \sqrt{\Delta}}{2} > 0$，式(4.2.2) 将变成

$$\begin{cases} x_1 = x_{10} e^{-\lambda_1 t} \\ x_2 = x_{20} e^{+\lambda_2 t} \end{cases} \tag{4.2.4}$$

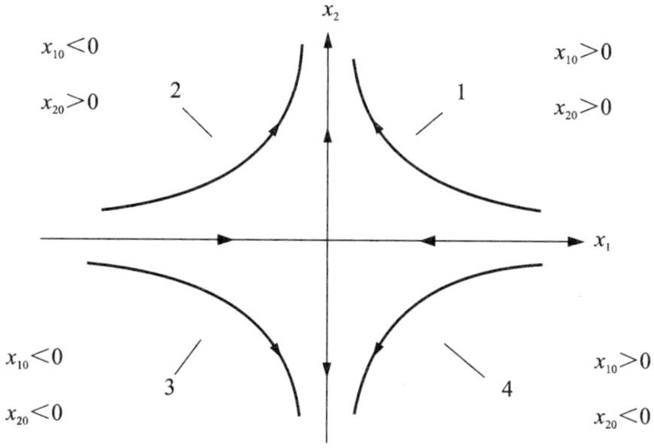

图 4.2.4 $p < \sqrt{\Delta}$, $\lambda_1 < 0$, $\lambda_2 > 0$ 时的相轨线

当($x_{10} > 0$, $x_{20} > 0$)，初值处在第1象限，$t \to \infty$，$x_1 \to 0$，$x_2 \to \infty$，相轨线为曲线1。

当($x_{10} < 0$, $x_{20} > 0$)，初值处在第2象限，$t \to \infty$，$x_1 \to 0$，$x_2 \to \infty$，相轨线为曲线2。

当($x_{10} < 0$, $x_{20} < 0$)，初值处在第3象限，$t \to \infty$，$x_1 \to 0$，$x_2 \to -\infty$，相轨线为曲线3。

当($x_{10} > 0$, $x_{20} < 0$)，初值处在第4象限，$t \to \infty$，$x_1 \to 0$，$x_2 \to -\infty$，相轨线为曲线4。

作为这种情况的特例，当 $x_{20} = 0$，$x_{10} > 0$，则相轨线沿横坐标正轴向左趋向于原点；$x_{10} < 0$，则相轨线沿横坐标负轴向右趋向于原点。当 $x_1 = 0$，若 $x_{20} > 0$，则相轨线沿纵坐标正轴向上趋向于无穷大；若 $x_{20} < 0$，则相轨线沿纵坐标负轴向下趋向于无穷大。

第三种情况，$\Delta < 0$，则特征值为两个共轭复数，$\lambda_{1,2} = p \pm jq$，$q \neq 0$。

这时通解为 $x_1 = e^{pt}(c_1 \cos qt + c_2 \sin qt)$，$x_2 = e^{pt}(c_1^* \cos qt + c_2^* \sin qt)$

式中：c_1 和 c_2 为常数，c_1^*、c_2^* 为它们的线性组合。

(1) $\lambda_{1,2}$ 的实部为负，即 $p < 0$，$q \neq 0$，通解中的因子 e^{pt} 将随 $t \to \infty$ 而趋于0，故称 e^{pt} 当 $p < 0$ 时为衰减因子，另一因子

$$\begin{aligned} c_1 \cos qt + c_2 \sin qt &= \sqrt{c_1^2 + c_2^2}\left(\frac{c_1}{\sqrt{c_1^2 + c_2^2}} \cos qt + \frac{c_2}{\sqrt{c_1^2 + c_2^2}} \sin qt\right) \\ &= \sqrt{c_1^2 + c_2^2}(\sin\theta \cos qt + \cos\theta \sin qt) = \sqrt{c_1^2 + c_2^2} \sin(qt + \theta) \end{aligned}$$

可见，x_1 为一个带有初相位的正弦函数乘以衰减因子之后，便是一个幅值按时间依指数规律衰减的周期函数。同样 x_2 也可化简为同一类型函数，将其绘在相平面图上见图4.2.5。显然随着时间的推移，当 $t \to \infty$ 相轨线会趋于原点，因为正弦函数的幅值会趋于0。

(2) 当 $\lambda_{1,2}$ 的实部为正，$p > 0$，e^{pt} 为发散因子，当 $t \to \infty$ 时 $e^{pt} \to \infty$，正弦函数乘以发散因子，幅值随着时间的推移会越来越大，见图4.2.5，直至无限大。

(3) 当 $p = 0$ 时，因子 $e^{pt} = 1$，周期函数的幅值不衰减并一直保持下去，它的相轨线见图4.2.6，是以原点为圆心，以初值与原点之间的距离为半径的同心圆。

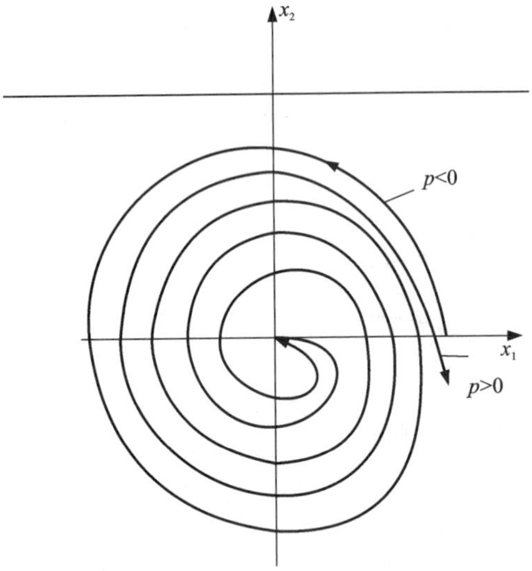

图 4.2.5　特征值为共轭复数时的相轨线

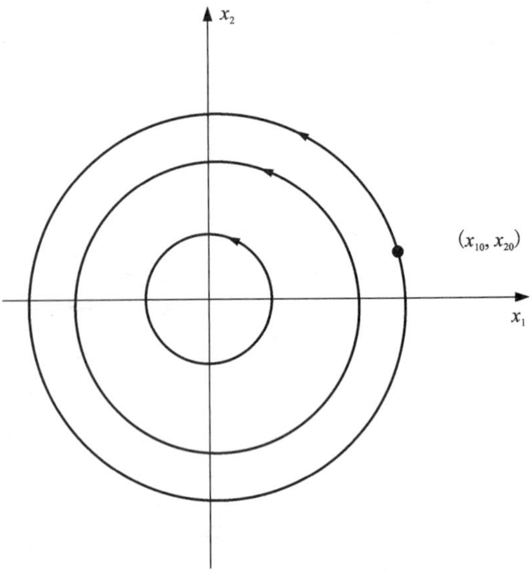

图 4.2.6　$p=0$ 时相轨线

综合上述多种情况，当特征值为负实数或复数为负实部，则相轨线有奇点即稳定结点，系统是稳定的；若特征值只要有一个正实数或正实部，则相轨线无稳定的结点即奇点，系统是不稳定的。

4.3　稳定性定义

4.3.1　相轨线

对于系统 $\dot{X}=f(X, t)$，式中 X 为 $n\times 1$ 阶矩阵，状态变量若过 $X(t_0)=X_0$ 有唯一解，则称解在相空间随时间运动的轨迹线为初始条件下的相轨线，记为 $\boldsymbol{\Phi}(t; X_0, t_0)$。可见：

(1) 相轨线 $\boldsymbol{\Phi}(t_0; X_0, t_0)$ 是初始时间 t_0 和初始状态 X_0 的函数，不同的初始时间 t_0、不同的初始状态 X_0 会有不同的相轨线。反之，同一初始状态，相轨线是唯一的。

(2) 相轨线 $\boldsymbol{\Phi}(t; X_0, t_0)$ 是相点在相空间随时间变化的空间曲线，相空间指的是以 X 的分量 x_1，…，x_n 为坐标的 n 维空间。

因此相轨线有如下性质：

(1) $\boldsymbol{\Phi}(t; X_0, t_0)=X_0$

$\boldsymbol{\Phi}(t; X_0, t_0)$ 表示一条由 X_0 开始的相空间运动轨迹线，由于同一初始状态，相轨线是唯一的，当 $t=t_0$ 时，这条相空间曲线上的点就是 X_0 这个初始点。

(2) $\boldsymbol{\Phi}(t_2; \boldsymbol{\Phi}(t; X_0, t_0), t_1)=\boldsymbol{\Phi}(t_2; X_0, t_0)$

$\boldsymbol{\Phi}(t_1; X_0, t_0)$ 表示在 t_0，通过 X_0 的相轨线在 $t_1>t_0$ 时刻的值，即 $\boldsymbol{\Phi}(t_1; X_0, t_0)=X(t_1)=X_1$，根据过同一初始状态的相轨线唯一性原理，$X_1$ 一定在 X_0，t_0 的相轨线上，而 $\boldsymbol{\Phi}(t_2;$

$\boldsymbol{\Phi}(t;\ \boldsymbol{X}_0,\ t_0),\ t_1)$ 表明 $t_2 > t_1$ 时刻的状态 $\boldsymbol{X}_2$ 在过 $\boldsymbol{X}_1$ 的相轨线上，所以 $\boldsymbol{X}_2$ 也一定在过 $\boldsymbol{X}_1$ 的相轨线上，故

$$\boldsymbol{\Phi}(t_2;\ \boldsymbol{\Phi}(t;\ \boldsymbol{X}_0,\ t_0),\ t_1) = \boldsymbol{\Phi}(t_2;\ \boldsymbol{X}_1,\ t_1) = \boldsymbol{\Phi}(t_2;\ \boldsymbol{X}_0,\ t_0) = \boldsymbol{X}_2$$

由于 $\boldsymbol{\Phi}$ 相对于 $\forall t \in \boldsymbol{R}^1$；$\forall \boldsymbol{X} \in \boldsymbol{R}^n$，是连续的，且有定义，故称系统 $\dot{\boldsymbol{X}} = f(\boldsymbol{X},\ t)$ 为连续时间的动力学系统。

4.3.2　平衡状态

满足 $\dot{\boldsymbol{X}} = f(\boldsymbol{X},\ t) = 0$，$\forall t$ 的 $\boldsymbol{X}$ 称为平衡状态，记作 $\boldsymbol{X}_e$。状态的导数等于0，$\dot{\boldsymbol{X}} = 0$，意味着相轨线在这里对时间的变化率为0，不随时间变化，故称系统处在平衡状态。

对于线性系统，$\dot{\boldsymbol{X}} = \boldsymbol{A}\boldsymbol{X} = 0$

(1) 若 $\boldsymbol{A}$ 为非奇异阵，即 $\boldsymbol{A} \neq 0$，势必 $\boldsymbol{X} = 0$，这时的 $\boldsymbol{X} = \boldsymbol{X}_e = 0$ 为平衡状态且唯一。

(2) 若 $\boldsymbol{A}$ 为奇异阵，即 $\boldsymbol{A} = 0$，则 $\boldsymbol{A}\boldsymbol{X} = 0$ 方程有无穷多组解，系统有无穷多组平衡状态。若它们是彼此孤立的，则称为孤立平衡状态。孤立的平衡状态可以通过坐标变动，将平衡点移到坐标原点。

4.3.3　稳定性的基本定义

4.3.3.1　李雅普诺夫稳定与一致稳定

【定义 1】　称孤立的平衡状态 $\boldsymbol{X}_e$ 为李雅普诺夫意义下是稳定的与一致稳定的，若对每个事先给定的实数 $\boldsymbol{\varepsilon} > 0$ 都对应存在一个实数 $\boldsymbol{\delta}(\boldsymbol{\varepsilon},\ t_0) > 0$，从满足不等式 $\|\boldsymbol{X}_0 - \boldsymbol{X}_e\| \leqslant \boldsymbol{\delta}(\boldsymbol{\varepsilon},\ t_0)$ 的任意初态 $\boldsymbol{X}_0$ 出发轨线，满足 $\|\boldsymbol{\Phi}(t;\ \boldsymbol{X}_0,\ t_0) - \boldsymbol{X}_e\| < \boldsymbol{\varepsilon}\quad \forall t > t_0$。

值得注意的是，$\boldsymbol{\delta}(\boldsymbol{\varepsilon},\ t_0)$ 既是 $\boldsymbol{\varepsilon}$ 这个事先给定的实数的函数；又是 t_0 初始时刻的函数，不同的初始时间 t_0，$\boldsymbol{\delta}$ 是不同的，这称为李雅普诺夫意义下的稳定，简称李雅普诺夫稳定。如果 $\boldsymbol{\delta}(\boldsymbol{\varepsilon})$ 只是与事先给定的实数 $\boldsymbol{\varepsilon}$ 有关，与初始时间 t_0 无关，则称这样的系统平衡状态 $\boldsymbol{X}_e$ 是一致稳定的。

式中，事先任意给定的实数 $\boldsymbol{\varepsilon}$，实际上是一个邻域 $\boldsymbol{s}(\boldsymbol{\delta})$，以平衡位置 $\boldsymbol{X}_e$ 为球心，以 $\boldsymbol{\delta}(\boldsymbol{\varepsilon},\ t_0)$ 为半径，作 n 维空间球。此外还有一个邻域 $\boldsymbol{s}(\boldsymbol{\delta},\ t_0)$，同样以 $\boldsymbol{X}_e$ 为球心，以 $\boldsymbol{\delta}(\boldsymbol{\varepsilon},\ t_0)$ 为半径作 n 维空间球。李雅普诺夫稳定，指在 $\boldsymbol{s}(\boldsymbol{\delta})$ 邻域内，由 $\boldsymbol{X}_0$ 出发的轨迹线，对于 $\forall t > t_0$，$t \to \infty$ 都将处在 $\boldsymbol{s}(\boldsymbol{\varepsilon})$ 邻域。如 $\boldsymbol{s}(\boldsymbol{\delta})$ 邻域的大小与 t_0 无关，则称 $\boldsymbol{X}_e$ 为一致稳定的。一言蔽之，$\boldsymbol{\delta}$ 与时间 t_0 有关，为稳定；与时间 t_0 无关为一致稳定。

4.3.3.2　运动有界与一致有界

上述在论及稳定性时提到的两个邻域，一个是 $\boldsymbol{X}_0$ 相轨迹线出发点邻域 $\boldsymbol{s}(\boldsymbol{\delta})$，另一个是轨迹线运动的邻域 $\boldsymbol{s}(\boldsymbol{\varepsilon})$，这两个邻域的自变量为 $\boldsymbol{\delta}$ 和 $\boldsymbol{\varepsilon}$。在稳定性的定义中 $\boldsymbol{\delta}(\boldsymbol{\varepsilon},\ t_0)$ 是 $\boldsymbol{\varepsilon}$ 的函数又是 t_0 的函数，即 $\boldsymbol{\varepsilon}$ 是自变量，$\boldsymbol{\delta}$ 是因变量。如果反过来，$\boldsymbol{\varepsilon}(\boldsymbol{\delta},\ t_0)$ 中 $\boldsymbol{\varepsilon}$ 是因变量，$\boldsymbol{\delta}$ 是自变量。

【定义 2】　如果任意给出一个实数 $\boldsymbol{\delta} > 0$ 都对应存在一个实数 $\boldsymbol{\varepsilon}(\boldsymbol{\delta},\ t_0)$，满足不等式 $\|\boldsymbol{X}_0 - \boldsymbol{X}_e\| \leqslant \boldsymbol{\delta}$ 的任一初始状态 $\boldsymbol{X}_0$ 出发的轨迹线，满足不等式 $\|\boldsymbol{\Phi}(t;\ \boldsymbol{X}_0,\ t_0) - \boldsymbol{X}_e) - \boldsymbol{X}_e\| \leqslant$

$\boldsymbol{\varepsilon}(\boldsymbol{\delta}, t_0)\quad \forall t > t_0$ 成立，

则称此运动在李雅普诺夫意义下是有界的，简称李雅普诺夫有界。如果$\boldsymbol{\varepsilon}(\boldsymbol{\delta}, t_0) = \boldsymbol{\varepsilon}(\boldsymbol{\delta})$，与$t_0$无关，则称此运动是一致有界的。

图 4.3.1 给出了二维空间的轨迹线 $\boldsymbol{\Phi}(t, \boldsymbol{X}_0, t_0)$，$\boldsymbol{H}(\boldsymbol{\varepsilon})$ 为邻域边界。事先任意给出一个实数$\boldsymbol{\varepsilon}$，由$\boldsymbol{\delta}(\boldsymbol{\varepsilon}, t_0)$的函数关系求出$\boldsymbol{s}(\boldsymbol{\delta})$邻域的半径，则在$\boldsymbol{s}(\boldsymbol{\delta})$内任意初态$\boldsymbol{X}_0$出发的轨迹线$\boldsymbol{\Phi}(t; \boldsymbol{X}_0, t_0)$将对$\forall t > 0$均在$\boldsymbol{s}(\boldsymbol{\varepsilon})$的邻域内，则称平衡点$\boldsymbol{X}_e$在李雅普诺夫意义下是一致有界的。一言蔽之，先给定运动边界邻域后确定平衡点邻域称为稳定；先给定平衡点邻域后，确定运动边界邻域谓之有界。同样，一致与否决定于与时间有关为有界以及时间无关为一致有界。

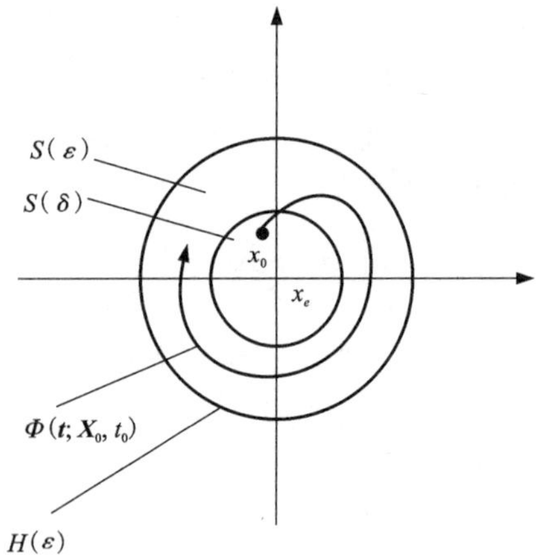

图 4.3.1　二维空间的轨迹

4.3.3.3　渐近稳定与一致渐近稳定

称系统或平衡点$\boldsymbol{X}_e$为渐近稳定的，如果系统是稳定的，且充分靠近$\boldsymbol{X}_e$的初态$\boldsymbol{X}_0$出发的轨线，当$t \to \infty$趋近于平衡状态$\boldsymbol{X}_e$。据此得渐进稳定的定义如下。

【定义 3】　任意给定两个实数$\boldsymbol{\delta} > 0, \boldsymbol{\mu} > 0$，对应存在实数$\boldsymbol{\varepsilon}(\boldsymbol{\delta}, t_0) > 0$和$T(\boldsymbol{\mu}, \boldsymbol{\delta}, t_0) > 0$使得满足不等式

$$\|\boldsymbol{X}_0 - \boldsymbol{X}_e\| < \delta \tag{4.3.1}$$

出发的迹线满足　$\|\boldsymbol{\Phi}(t; \boldsymbol{X}_0, t_0) - \boldsymbol{X}_e\| \leqslant \boldsymbol{\varepsilon}(\boldsymbol{\delta}, t_0)$，$\forall t > t_0$成立，且$\forall t \geqslant t_0 + T(\boldsymbol{\mu}, \boldsymbol{\delta}, t_0)$有

$$\|\boldsymbol{\Phi}(t; \boldsymbol{X}_0, t_0) - \boldsymbol{X}_e\| \leqslant \boldsymbol{\mu} \tag{4.3.2}$$

则称系统的平衡状态是渐进稳定的。

渐近稳定与稳定在以下两方面是有区别的。

(1) 给出一个实数$\boldsymbol{\varepsilon} > 0$必存在$\boldsymbol{\delta}(\boldsymbol{\varepsilon}, t_0)$，使得在$\boldsymbol{\delta}$邻域$\boldsymbol{s}(\delta)$内出发的轨线不超出邻域$\boldsymbol{s}(\boldsymbol{\varepsilon})$范围，称系统在$\boldsymbol{X}_e$是稳定的。给出$\boldsymbol{\delta} > 0$必存在$\boldsymbol{\varepsilon}(\boldsymbol{\delta}, t_0)$，使得在$\boldsymbol{\delta}$邻域$\boldsymbol{s}(\boldsymbol{\delta})$内出发的轨线不超出邻域$\boldsymbol{s}(\boldsymbol{\varepsilon})$范围，称系统在$\boldsymbol{X}_e$是渐近稳定的。可见渐近稳定表征系统运动的有界性。简而言之，先给定运动边界邻域，后确定平衡点邻域称为稳定，反之称为渐近稳定。渐近稳定与有界性的意思相近。

(2) 渐进稳定定义与稳定定义相比，多了一个$T(\boldsymbol{\delta}, \boldsymbol{\mu}, t_0)$函数。这是一个关于时间的函数，除了在空间上要求无限靠近平衡位置之外，在时间上也有要求，即

$$\forall t \geqslant t_0 + T(\boldsymbol{\mu}, \boldsymbol{\delta}, t_0) \quad 使 \quad \|\boldsymbol{\Phi}(t; \boldsymbol{X}_0, t_0) - \boldsymbol{X}_e\| \leqslant \boldsymbol{\mu}$$

通俗地说，$\boldsymbol{\mu}$无论多么小，均可以找到一个$T(\boldsymbol{\mu}, \boldsymbol{\delta}, t_0)$，使得在$t \geqslant t_0 + T(\boldsymbol{\mu}, \boldsymbol{\delta}, t_0)$之后，相轨线与平衡点之间的距离比预定的距离$\boldsymbol{\mu}$还小。可见渐近稳定与稳定的区别是，轨线不得超出预定的范围，并无限趋近于$\boldsymbol{X}_e$平衡点。

上述的$\boldsymbol{\varepsilon}$, T不仅是$\boldsymbol{\delta}, \boldsymbol{\mu}$的函数，而且还是$t_0$的函数，不同的$t_0$对应相同的$\boldsymbol{\varepsilon}$，也会有不

同的 $\boldsymbol{\delta}$，T。不同的 t_0，不同 $\boldsymbol{X}(t_0)=\boldsymbol{X}_0$，轨线也就不一样，这种稳定是不一致的。若 $\boldsymbol{\delta}$，T 不是 t_0 的函数，也就是不同的 t_0 都有相同的 $\boldsymbol{\delta}$，T，轨线是同一条曲线，则称这种系统 $\boldsymbol{X}_e$ 或为一致渐近稳定。

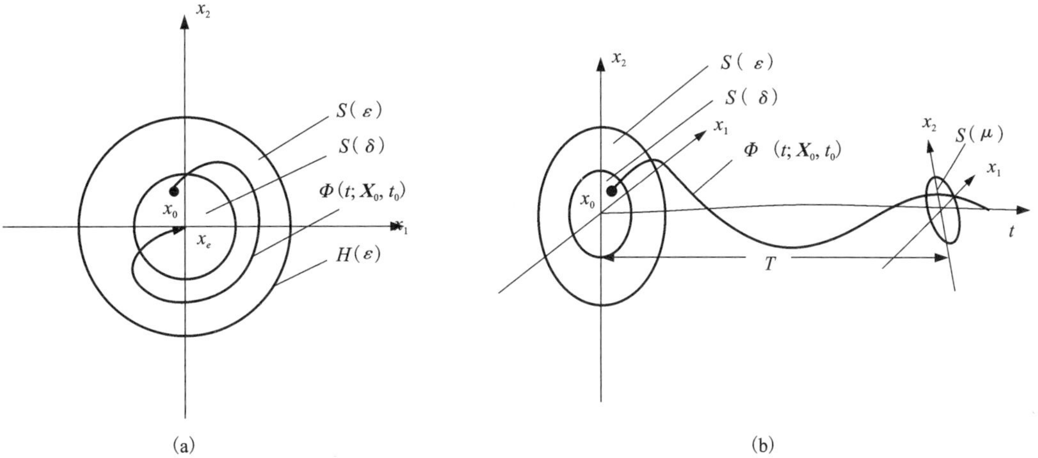

图 4.3.2　二维空间渐近稳定的几何解释

图(4.3.2) 给出了二维空间渐近稳定的几何描述，与图 4.3.1 相比差别在于轨线 $\boldsymbol{\Phi}(t;\boldsymbol{X}_0,t_0)$；当 $t\to\infty$ 时，收敛于 $\boldsymbol{X}_e$ 平衡状态，而稳定的轨线只是稳定在一个邻域 $\boldsymbol{s}(\boldsymbol{\varepsilon})$ 内，图4.3.2(b) 给出了轨线 $\boldsymbol{\Phi}(t;\boldsymbol{X}_0,t_0)$ 在 $t>t_0+T(\boldsymbol{\mu},\boldsymbol{\delta},t_0)$ 的收敛过程，只要事先给定 $\boldsymbol{\delta},\boldsymbol{\mu}$ 由 $\boldsymbol{\varepsilon}(\boldsymbol{\delta},t_0)$ 和 $T(\boldsymbol{\delta},\boldsymbol{\mu},t_0)$ 的函数关系，求出 $\boldsymbol{s}(\boldsymbol{\varepsilon})$ 邻域和时间 T 的长短，使轨线被装入截面为 $\boldsymbol{s}(\boldsymbol{\varepsilon})$、长为 T 的笼子里。如 $\boldsymbol{\delta},\boldsymbol{\mu}$ 足够小，轨线将收敛于任意小的范围。

4.3.3.4　大范围渐近稳定

【定义 4】　如果从状态空间所有的点出发的轨线都成立，即 $\lim\limits_{t\to\infty}\|\boldsymbol{\Phi}(t;\boldsymbol{X}_0,t_0)\|=X_0$，则称平衡状态 $\boldsymbol{X}_e$ 为大范围渐近稳定，或全局稳定。若 $\boldsymbol{X}_e$ 为大范围渐近稳定的。则 $\boldsymbol{X}_e$ 必是状态空间中唯一的平衡点。对于线性系统 $\dot{\boldsymbol{X}}=f(\boldsymbol{X},t)$，状态方程的解是唯一的，若它的平衡状态是渐近稳定的，则它必是大范围渐近稳定的。

在工程上，总是希望系统是大范围渐近稳定的，否则就要确定渐近稳定的最大范围，问题就变得复杂得多。幸好，工程上俗称的稳定性，就是李雅普诺夫意义下的稳定性，是大范围稳定。

4.3.3.5　不稳定

【定义 5】　对于给定的 $\boldsymbol{\varepsilon}$ 不存在 $\boldsymbol{\delta}$，使得在 $\boldsymbol{s}(\boldsymbol{\delta})$ 内出发的轨线超出邻域 $\boldsymbol{s}(\boldsymbol{\varepsilon})$ 范围，即 $\|\boldsymbol{X}_0-X_e\|$[无论 $\boldsymbol{s}(\boldsymbol{\delta})$ 如何的小]，则称 $\boldsymbol{X}_e$ 是不稳定的。不稳定的轨线与状态见图4.3.3。这样的轨线是不收敛的，故为不稳定。

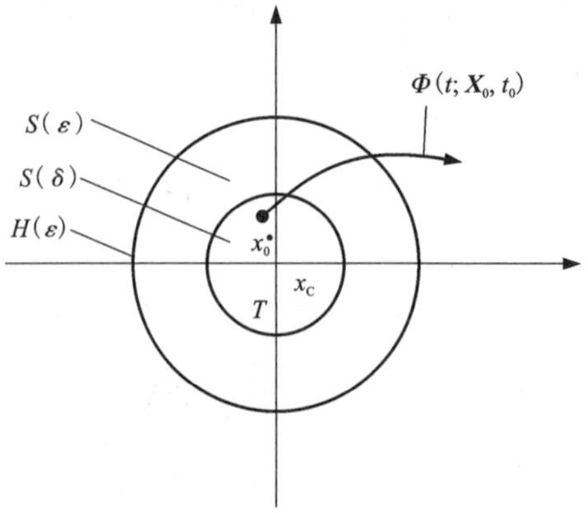

图 4.3.3　不稳定的状态轨线

4.4　李雅普诺夫第二方法(间接法)

4.4.1　李雅普诺夫主稳定性定理

【定义 1】　以系统 $\dot{X} = f(X, t)$ 的平衡点 $X_e = 0$ 为坐标原点，即 $f(X_e, t) = f(0, t) = 0$，如果存在一个李雅普诺夫标量函数 $V(X, t)$，它对 X 和 t 具有连续的一阶偏导数，$V(0, t) = 0$，并满足如下条件时，则称系统为大范围一致渐近稳定的。

【条件 1】　$V(X, t)$ 正定，非减，有上下界。

【条件 2】　$\dot{V}(X, t) = \dfrac{\partial V(X, t)}{\partial t}$　为负定。

李雅普诺夫函数 $V(X, t)$ 是系统状态 $X = (x_1, \cdots, x_n)^T$ 和时间的标量函数。一维时，其为一个数，正定就是这个数对于所有的 X 和 t 均大于0。非减是指 $V(X, t)$ 随着 X 的增加而不减少。具有下界，即存在一个连续的非减标量函数 $\alpha(\|X\|)$（它是状态变量 X 绝对值的函数），对于一切 t，有：

(1) $\alpha(\|X\|) = \alpha(0) = 0$，即当 $X = 0$ 时，这个 α 函数为0。

(2) $V(X, t) \geqslant \alpha(\|X\|) > 0$，对于 $\forall X \neq 0$ 时，由于 $V(X, t)$ 在任何时候，无论 $X = 0$ 或 $X \neq 0$，$V(X, t) \geqslant \alpha(\|X\|)$，故称 $\alpha(\|X\|)$ 为 $V(X, t)$ 的下界标量函数。由于 $\alpha(\|X\|)$ 是非减的，当 $\|X\| \to \infty$ 时，$\alpha(\|X\|) \to \infty$。

有上界，即存在一个连续的非减标量函数 $\beta(\|X\|)$（它也是状态变量 X 的绝对值的函数），对于一切 t 都有：

(1) $\beta(\|X\|) = \beta(0) = 0$，即当 $X = 0$ 时，这个函数为0。

(2) $V(X, t) \leqslant \beta(\|X\|)$，对于 $\forall X \neq 0$，由于 $V(X, t)$ 在任何时候，无论 $X = 0$ 或 $X \neq 0$，$V(\|X\|, t) \leqslant \beta(\|X\|)$，故称 $\beta(\|X\|)$ 为 $V(X, t)$ 的上界标量函数。

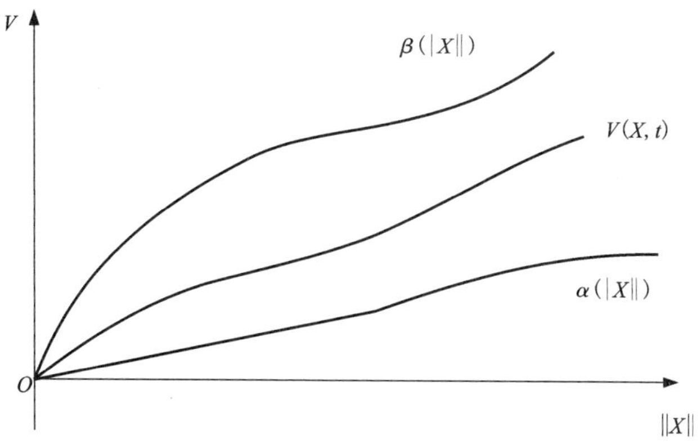

图 4.3.4　李雅普诺夫函数与上、下界函数 α(‖X‖)、β(‖X‖)

图 4.3.4 形象地表明了李雅普诺夫函数与它的上、下界函数 $\alpha(\|\boldsymbol{X}\|)$ 与 $\beta(\|\boldsymbol{X}\|)$ 之间的关系。

$\dot{V}(\boldsymbol{X},\ t) = \dfrac{\alpha V(\boldsymbol{X},\ t)}{\partial t}$ 为负定，是指 V 对时间变化率为负，也就是 $V(\boldsymbol{X},\ t)$ 随时间的增加而下降。

由于 $V(\boldsymbol{X},\ t)$ 是 $\boldsymbol{X}$ 的函数，而 $\boldsymbol{X}$ 又是时间 t 的函数，也就是 $\boldsymbol{X}$ 的每一个分量均是时间 t 的函数，实际上可写成

$$V(\boldsymbol{X},\ t) = V(x_1(t),\ x_2(t),\ \cdots,\ x_n(t)$$

由复合函数求偏导的法则可得

$$\begin{aligned}\dot{V}(\boldsymbol{X},\ t) &= \frac{\partial V(x_1(t),\ x_2(t),\ \cdots,\ x_n(t))}{\partial t}\\ &= \frac{\partial V(\boldsymbol{X},\ t)}{\partial x_1}\frac{\partial x_1(t)}{\partial t} + \frac{\partial V(\boldsymbol{X},\ t)}{\partial x_2}\frac{\partial x_2(t)}{\partial t} + \cdots + \frac{\partial V(\boldsymbol{X},\ t)}{\partial x_n}\frac{\partial x_n(t)}{\partial t}\end{aligned}$$

由于 $x(t)$ 就只是时间 t 的函数，故

$$\frac{\partial x_1(t)}{\partial t} = \frac{\mathrm{d}x_1(t)}{\mathrm{d}t},\ \cdots,\ \frac{\partial x_n(t)}{\partial t} = \frac{\mathrm{d}x_n(t)}{\mathrm{d}t}$$

$$\dot{V}(\boldsymbol{X},\ t) = \frac{\partial V(\boldsymbol{X},\ t)}{\partial x_1}\frac{\mathrm{d}x_1(t)}{\mathrm{d}t} + \frac{\partial V(\boldsymbol{X},\ t)}{\partial x_2}\frac{\mathrm{d}x_2(t)}{\mathrm{d}t} + \cdots + \frac{\partial V(\boldsymbol{X},\ t)}{\partial x_n}\frac{\mathrm{d}x_n(t)}{\mathrm{d}t}$$

写成矩阵形式

$$\dot{V}(\boldsymbol{X},\ t) = \begin{pmatrix}\dfrac{\partial V(\boldsymbol{X},\ t)}{\partial x_1} & \dfrac{\partial V(\boldsymbol{X},\ t)}{\partial x_2} & \cdots & \dfrac{\partial V(\boldsymbol{X},\ t)}{\partial x_n}\end{pmatrix}\begin{pmatrix}\dfrac{\mathrm{d}x_1(t)}{\mathrm{d}t}\\ \dfrac{\mathrm{d}x_2(t)}{\mathrm{d}t}\\ \vdots\\ \dfrac{\mathrm{d}x_n(t)}{\mathrm{d}t}\end{pmatrix}$$

$$= \left(\frac{\partial V}{\partial x_1} \quad \frac{\partial V}{\partial x_2} \quad \cdots \quad \frac{\partial V}{\partial x_n}\right)\begin{pmatrix}\dot{x} \\ \dot{x}_2 \\ \vdots \\ \dot{x}_n\end{pmatrix} = (\nabla V)^{\mathrm{T}} f(\boldsymbol{X},\ t)$$

$$(\nabla V)^{\mathrm{T}} = \left(\frac{\partial V}{\partial x_1} \quad \frac{\partial V}{\partial x_2} \quad \cdots \quad \frac{\partial V}{\partial x_n}\right),\ \dot{X} = (\dot{x}_1 \quad \dot{x}_2 \quad \cdots \quad \dot{x}_n)^{\mathrm{T}}$$

故

$$\dot{V}(\boldsymbol{X},\ t) = (\nabla V)^{\mathrm{T}} \cdot \dot{X} = (\nabla V)^{\mathrm{T}} f(\boldsymbol{X},\ t) \tag{4.3.3}$$

式中，∇V 表示 $V(\boldsymbol{X},\ t)$ 对 $\boldsymbol{X}$ 的变化率，它的几何意义就是对 $\boldsymbol{X}$ 的梯度；$\dot{V}(\boldsymbol{X},\ t)$ 负定表示李雅普诺夫函数随着 $\boldsymbol{X}$ 的增加而下降，必存在一个连续的非减标量函数 $\gamma(\|\boldsymbol{X}\|)$，使得：

(1)$\gamma(\|\boldsymbol{X}\|) = \gamma(0) = 0$，当 $X = 0$

(2)$\dot{V}(\boldsymbol{X},\ t) = \nabla^{\mathrm{T}} V \cdot f(\boldsymbol{X},\ t) \leqslant -\gamma(\|\boldsymbol{X}\|) < 0 \quad \forall \boldsymbol{X} \neq 0$

绘于 $\gamma(\|\boldsymbol{X}\|)$ 与 $\dot{V}(\boldsymbol{X},\ t)$ 见图 4.3.5，可见 $-\gamma\|\boldsymbol{X}\|$ 为 $\dot{V}(\boldsymbol{X},\ t)$ 的上界。图 4.3.5 的 $+\gamma(\|\boldsymbol{X}\|)$ 在第一象限，$-\gamma(\|\boldsymbol{X}\|)$ 在第四象限，它是李雅普诺夫函数 $\dot{V}(\boldsymbol{X},\ t)$ 的上界，对所有 $\|\boldsymbol{X}\|$，$\dot{V}(\boldsymbol{X},\ t)$ 都处在 $\gamma(\|\boldsymbol{X}\|)$ 曲线下方。

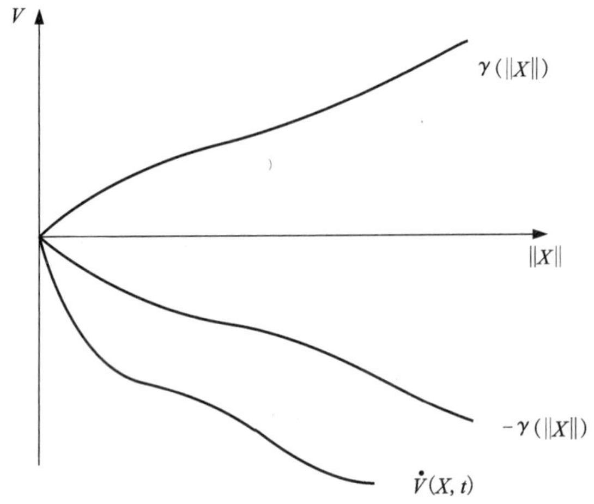

图 4.3.5　李雅普诺夫函数以及它的上界函数

4.4.2　李雅普诺夫主稳定性定理的证明

证明这个定理，实质上就是证明满足条件 1、2 的平衡点（奇点）为大范围一致渐近稳定的。具体需证明三点：首先要证明平衡点是一致稳定的，其次要证明它是一致渐近稳定的，最后还要证明它是大范围一致渐近稳定的。

4.4.2.1　证明平衡点 $\boldsymbol{X}_e = \boldsymbol{0}$ 是一致稳定的。

从一致稳定的定义出发，对于任意给定的 $\boldsymbol{\varepsilon} > 0$，若总能找到 $\boldsymbol{\delta}(\boldsymbol{\varepsilon},\ t_0)$，使得从 $\boldsymbol{X}_e = 0$ 为中心的 n 阶邻球 $\boldsymbol{s}(\boldsymbol{\delta})$ 内发出的轨线，不超出同样以 $\boldsymbol{X}_e$ 为中心的 n 阶邻球 $\boldsymbol{s}(\boldsymbol{\varepsilon})$，则平衡点 $\boldsymbol{X}_e$

$=0$ 为一致稳定的，其中 $\boldsymbol{\delta}$ 与 t_0 无关。

图4.3.6给出了这个寻找过程，图中 $V(X, t)$ 为李雅普诺夫函数。在横坐标任意给定一点 $\boldsymbol{\varepsilon}$，作横坐标垂线，交于下界函数 $\alpha(\|\boldsymbol{X}\|)$ 上的一点 $\boldsymbol{A}$，$\boldsymbol{A}$ 点的函数值为 $\alpha(\boldsymbol{\varepsilon})$。过 $\boldsymbol{A}$ 点作平行于横轴的直线，交上界函数 $\beta(\|\boldsymbol{X}\|)$ 上的一点 $\boldsymbol{B}$，则 $\boldsymbol{B}$ 点的横坐标为 $\boldsymbol{\delta}$，它的纵坐标值为 $\beta(\boldsymbol{\delta})=\alpha(\boldsymbol{\varepsilon})$，坐标原点 O 就是平衡点 $\boldsymbol{X}_e$。在横坐标 O 到 $\boldsymbol{\delta}$ 的范围内取一点 $\boldsymbol{\delta}'$，若证得以 $\overline{0\boldsymbol{\delta}'}$ 为初态 $\boldsymbol{X}_0$，时间为 t_0，出发的轨线 $\boldsymbol{\Phi}(t; \boldsymbol{X}_0, t_0)$ 不超出 $\boldsymbol{s}(\boldsymbol{\varepsilon})$ 范围，且与 t_0 无关，则 $\boldsymbol{X}_e$ 是一致稳定的。

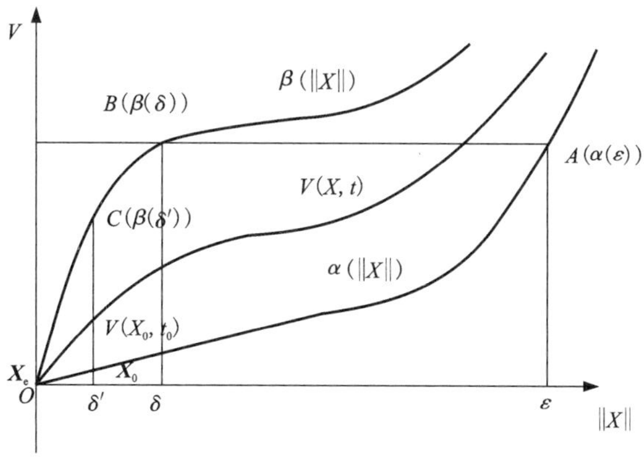

图 4.3.6　一致稳定证明路线图

过 $\boldsymbol{\delta}'$ 作垂线交 $\beta(\|\boldsymbol{X}\|)$ 于 $\boldsymbol{C}$ 点，$\boldsymbol{C}$ 点函数值为 $\beta(\boldsymbol{\delta}')$，由于上界函数 $\beta(\|\boldsymbol{X}\|)$ 是非减的，$\beta(\boldsymbol{\delta}')<\beta(\boldsymbol{\delta})=\alpha(\boldsymbol{\varepsilon})$，所以

$$\beta(\boldsymbol{\delta}')<\alpha(\boldsymbol{\varepsilon}) \tag{4.3.4}$$

由于 $\beta(\|\boldsymbol{X}\|)$ 是 $V(\boldsymbol{X}, t)$ 的上界，故

$$\beta(\boldsymbol{\delta}')\geqslant V(\boldsymbol{X}_0, t_0) \tag{4.3.5}$$

又由于 $\dot{V}(\boldsymbol{X}, t)$ 是负定的，随着时间的增加而减少，故

$$V(\boldsymbol{X}_0, t_0)\geqslant V(\boldsymbol{\Phi}(t; \boldsymbol{X}_0, t_0), t) \tag{4.3.6}$$

同时，$\alpha(\|\boldsymbol{X}\|)$ 是 $V(\boldsymbol{X}, t)$ 的下界，对于相同的 $\|\boldsymbol{X}\|$，

$$V(\boldsymbol{\Phi}(t; \boldsymbol{X}_0, t_0), t)\geqslant\alpha(\|\boldsymbol{\Phi}(t; \boldsymbol{X}_0, t_0)\|) \tag{4.3.7}$$

将式(4.3.4)至式(4.3.7)四个不等式联合在一起得 $\alpha(\boldsymbol{\varepsilon})>\alpha(\|\boldsymbol{\Phi}(t; \boldsymbol{X}_0, t_0)\|)$，$\alpha(\|\boldsymbol{X}\|)$ 是非减的，$\alpha(\|\boldsymbol{X}\|)$ 越小，函数值越小，$\|\boldsymbol{X}\|$ 也越大，最终获得 $\boldsymbol{\varepsilon}>\|\boldsymbol{\Phi}(t; \boldsymbol{X}_0, t_0)\|$。这就证明了，以 $\|\boldsymbol{X}_0\|\leqslant\boldsymbol{\delta}'$ 为出发点的所有轨线，当 $t\to\infty$，均在 $\boldsymbol{s}(\boldsymbol{\varepsilon})$ 这个 n 阶邻球内且与 t_0 无关。根据一致稳定定义，显然 $\boldsymbol{X}_e$ 是一致稳定的。

4.4.2.2　证明 $X_e=0$ 是渐近稳定的

渐近稳定是指任意给定 $\boldsymbol{\delta}$，$\boldsymbol{\mu}$ 必有 $\boldsymbol{\varepsilon}(\boldsymbol{\delta}, t_0)>0$ 和 $T(\boldsymbol{\mu}, \boldsymbol{\delta}, t_0)>0$，从 $\boldsymbol{s}(\boldsymbol{\delta})$ 这个 n 阶邻球域内出发的轨线，经 $T(\boldsymbol{\mu}, \boldsymbol{\delta}, t_0)$ 时间后，系统状态 $\boldsymbol{X}_0$ 到平衡位置的距离小于 $\boldsymbol{\mu}$。

不超出 $\boldsymbol{s}(\boldsymbol{\varepsilon})$ 范围，是渐近稳定问题。先给出平衡位置邻域，后确定运动边界邻域。这里要证明的是，经 $T(\boldsymbol{\mu}, \boldsymbol{\delta}, t_0)$ 之后，系统将到达与平衡位置 $\boldsymbol{X}_e$ 之间的距离小于 $\boldsymbol{\mu}$，对此有三个命题需要证明。

【引理1】 $T(\boldsymbol{\mu}, \boldsymbol{\delta}, t_0)$ 存在。

【证明】 在图4.3.7的 $\|\boldsymbol{X}\|$ 坐标上，任意取一点 $\boldsymbol{\varepsilon}$，下界函数在该点的函数值为 $\alpha(\boldsymbol{\varepsilon})$，则上界函数 $\beta(\|\boldsymbol{X}\|) = \alpha(\boldsymbol{\varepsilon})$ 横坐标为 $\boldsymbol{\delta}'$，即 $\beta(\|\boldsymbol{\delta}'\|) = \alpha(\boldsymbol{\varepsilon})$。在 $\|\boldsymbol{X}\|$ 轴上从0到 $\boldsymbol{\delta}'$ 之间任取一点 $\boldsymbol{\delta}$，则以 $\boldsymbol{X}_0 = \boldsymbol{\delta}$ 出发的轨线，一定不会超出 $\boldsymbol{s}(\boldsymbol{\varepsilon})$ 这个 n 阶邻球的范围。

按照同样的方法，在0到 $\boldsymbol{\delta}$ 区间，任意取一点 $\boldsymbol{\mu}$，这时下界函数值为 $\alpha(\boldsymbol{\mu})$，上界函数值 $\beta(\|\boldsymbol{X}\|) = \alpha(\boldsymbol{\mu})$ 的横坐标为 $\boldsymbol{v}'$。

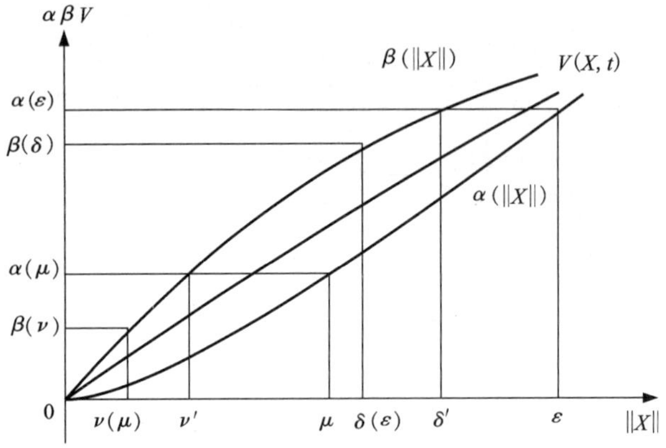

图4.3.7 $T(\mu, \delta, t_0)$ 寻找过程示意图

在0到 $\boldsymbol{v}'$ 之间任取一点 $\boldsymbol{v}$，则以 $\boldsymbol{v}$ 为 $\boldsymbol{X}_0$ 起点的轨线，必定不会超出 $s(\boldsymbol{\mu})$ 这个 n 阶邻球的范围。这样在 $\|\boldsymbol{X}\|$ 上得到了两个点，即 $\boldsymbol{\delta}$ 与 $\boldsymbol{v}$。由于 $\boldsymbol{\varepsilon}$ 的位置不同，$\boldsymbol{\delta}$ 点也就不同，$\boldsymbol{\delta}$ 因 $\boldsymbol{\varepsilon}$ 而变，故 $\boldsymbol{\delta}$ 是 $\boldsymbol{\varepsilon}$ 的函数，记为 $\boldsymbol{\delta}(\boldsymbol{\varepsilon})$。同样 $\boldsymbol{\mu}$ 的位置不同，$\boldsymbol{\nu}$ 点也不同，$\boldsymbol{\nu}$ 因 $\boldsymbol{\mu}$ 而变，故 $\boldsymbol{\nu}$ 是 $\boldsymbol{\mu}$ 的函数，记为 $\boldsymbol{\nu}(\boldsymbol{\mu})$。现在李雅普诺夫函数的导函数与 $\|\boldsymbol{X}\|$ 轴坐标图上找出这个点，并标在图4.3.8上。可见 $\boldsymbol{V}$ 对时间的变化率，不同的 $\|\boldsymbol{X}\|$ 是不同的。图中 $\gamma(\|\boldsymbol{X}\|)$ 是 $\dot{V}$ 的下界曲线，是连续非减函数。在区间 $[\boldsymbol{\nu}(\boldsymbol{\mu}), \boldsymbol{\delta}(\boldsymbol{\varepsilon})]$，令 $\gamma^*(\boldsymbol{\mu}, \boldsymbol{\delta})$ 为 $\gamma(\|\boldsymbol{X}\|)$ 函数在 $[\boldsymbol{\nu}(\boldsymbol{\mu}), \boldsymbol{\delta}(\boldsymbol{\varepsilon})]$ 中的最小值。显然这个最小值与 $\boldsymbol{\mu}$，$\boldsymbol{\delta}$ 点的选取有关，故记为 $\boldsymbol{\mu}$，$\boldsymbol{\delta}$ 的函数。如果 $\gamma(\|\boldsymbol{X}\|)$ 在 $[\boldsymbol{v}(\boldsymbol{\mu}), \boldsymbol{\delta}(\boldsymbol{\varepsilon})]$ 区间平行 $\|\boldsymbol{X}\|$ 轴，则这时 $\gamma(\boldsymbol{\nu}) = \gamma(\boldsymbol{\delta})$，因此这个区间为闭区间。这时选时长

$$T(\boldsymbol{\mu}, \boldsymbol{\delta}) = \frac{\beta(\boldsymbol{\delta})}{\gamma^*(\boldsymbol{\mu}, \boldsymbol{\delta})} \tag{4.3.8}$$

由于 $\gamma^*(\boldsymbol{\mu}, \boldsymbol{\delta}) = \min\limits_{\boldsymbol{\nu}(\boldsymbol{\mu}) < \|\boldsymbol{X}\| < \boldsymbol{\delta}(\boldsymbol{\varepsilon})} |\gamma(\|\boldsymbol{X}\|)|$，而 $\gamma(\|\boldsymbol{X}\|)$ 是 $\dot{V}$ 的下界函数，故

$$|\dot{V}(\boldsymbol{X}, t)| > |\gamma(\|\boldsymbol{X}\|) \geqslant \gamma^*(\boldsymbol{\mu}, \boldsymbol{\delta})$$

(4.3.8) 的分子 $\beta(\boldsymbol{\delta})$ 是 $V(\boldsymbol{X}, t)$ 上界函数在 $\|\boldsymbol{X}\| = \boldsymbol{\delta}$ 时的值，因此 $\beta(\boldsymbol{\delta}) > V(\boldsymbol{\delta}, t)$，这样 $\dfrac{\beta(\boldsymbol{\delta})}{\gamma^*(\boldsymbol{\mu}, \boldsymbol{\delta})}$ 是用 V 的最大可能值除以 V 最小的变化速率 $\gamma^*(\boldsymbol{\mu}, \boldsymbol{\delta})$，得到轨线 $\boldsymbol{\Phi}(t; \boldsymbol{X}_0, t_0)$ 给定的最大可能值下降到要求值 $\boldsymbol{\mu}$ 所需要的时间 $T(\boldsymbol{\mu}, \boldsymbol{\delta})$（见图4.3.2）。

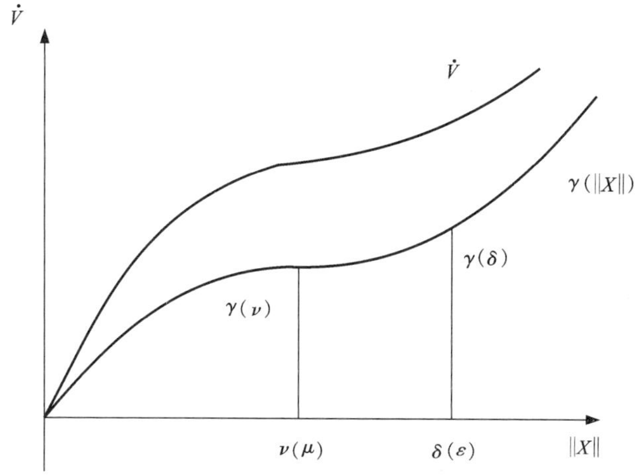

图4.3.8　$\dot{V}-\|X\|$坐标轴图

从式(4.3.8)可见，轨线$\Phi(t;\ \boldsymbol{X}_0,\ t_0)$在$\|\boldsymbol{X}\|=\boldsymbol{\delta}$处的值最大超不出$\beta(\boldsymbol{\delta})$，无论$\gamma^*(\boldsymbol{\mu},\ \boldsymbol{\delta})$怎么小，总可以找到时间长度$T(\boldsymbol{\mu},\ \boldsymbol{\delta})$，使得经$T(\boldsymbol{\mu},\ \boldsymbol{\delta})$之后，轨线$\boldsymbol{\Phi}(t;\ \boldsymbol{X}_0,\ t_0)$下降到$\boldsymbol{s}(\boldsymbol{\mu})$这个$n$阶邻球的范围。所以$T(\boldsymbol{\mu},\ \boldsymbol{\delta})$是存在的。

【证毕】

【引理2】　对于t_2，$t_0\leqslant t_2\leqslant t_0+T(\boldsymbol{\mu},\ \boldsymbol{\delta})$，必有$\boldsymbol{\Phi}(t;\ \boldsymbol{X}_0,\ t_0)=\boldsymbol{\nu}(\boldsymbol{\mu})$。

【证明】　通俗地说，无论给出多么小的实数$\boldsymbol{\mu}$，一定能找到$T(\boldsymbol{\mu},\ \boldsymbol{\delta})$，使得经过$T(\boldsymbol{\mu},\ \boldsymbol{\delta})$之后，轨线为$\boldsymbol{\nu}(\boldsymbol{\mu})$。

用反证法证明。令$t_1=t_0+T(\boldsymbol{\mu},\ \boldsymbol{\delta})$，设$t_0\leqslant t\leqslant t_1$内的所有$t$，$\boldsymbol{\Phi}(t;\ \boldsymbol{X}_0,\ t_0)>\boldsymbol{\nu}(\boldsymbol{\mu})$，都进入不了$\boldsymbol{\nu}(\boldsymbol{\mu})$这个$n$阶邻球的范围。按照以前讲述的方法，给定$\boldsymbol{\mu}$，可得$\boldsymbol{\nu}(\boldsymbol{\mu})$。在$\|\boldsymbol{X}\|=\boldsymbol{\nu}(\boldsymbol{\mu})$处，$0<\alpha(\boldsymbol{\nu})<V(\boldsymbol{\nu})$，因为$\alpha$是$V$的下限函数。根据上述假设，轨线在时间区间$[t_0,\ t_1]$进不了$\boldsymbol{\nu}(\boldsymbol{\mu})$范围，这时$\boldsymbol{\Phi}(t;\ \boldsymbol{X}_0,\ t_0)>\boldsymbol{\nu}(\boldsymbol{\mu})$，自然也包括$t_1$时刻。于是$\boldsymbol{\Phi}(t_1;\ \boldsymbol{X}_0,\ t_0)>\boldsymbol{\nu}(\boldsymbol{\mu})$由于$\boldsymbol{\Phi}(t_1;\ \boldsymbol{X}_0;\ t_0)=\boldsymbol{X}(t_1)=\boldsymbol{X}_1$，故$\|\boldsymbol{\Phi}(t_1;\ \boldsymbol{X}_0;\ t_0)\|=\|\boldsymbol{X}_1\|>\boldsymbol{\nu}(\boldsymbol{\mu})$这时李雅普诺夫函数$V(\boldsymbol{\Phi}(t_1;\ \boldsymbol{X}_0,\ t_0)=V(\boldsymbol{X}_1,\ t_1)>\alpha(\boldsymbol{\nu})$。这样就有以下一串不等式

$$0<\alpha(\boldsymbol{\nu})\leqslant V(\boldsymbol{\Phi}(t_1;\ \boldsymbol{X}_0;\ t_0),\ t_1)=V(\boldsymbol{X}_1,\ t_1)\leqslant V(\boldsymbol{X}_0,\ t_1) \tag{4.3.9}$$

$$\leqslant V(\boldsymbol{X}_0,\ t_0)-(t_1-t_0)\gamma^*(\boldsymbol{\mu},\ \boldsymbol{\delta}) \tag{4.3.10}$$

$$\leqslant\beta(\boldsymbol{\delta})-T(\boldsymbol{\mu},\ \boldsymbol{\delta})\gamma^*(\boldsymbol{\mu},\ \boldsymbol{\delta})=0 \tag{4.3.11}$$

式(4.3.9)成立是因为V的变化率$\dot{V}$为负定，即V随时间下降，且$\boldsymbol{X}(t_0)=\boldsymbol{X}_0>\boldsymbol{X}(t_1)=\boldsymbol{X}_1$，而$V$是$\|\boldsymbol{X}\|$的非减函数，$\|\boldsymbol{X}\|$愈小，$V((\|\boldsymbol{X}\|),\ t)$愈小，所以$V(\boldsymbol{X}_1,\ t_1)\leqslant V(\boldsymbol{X}_0,\ t_1)$。

式(4.3.10)中的$\gamma^*(\boldsymbol{\mu},\ \boldsymbol{\delta})$表示以这个最小变化率计，经过$(t_1-t_0)$之后会下降多少。$V(\boldsymbol{X}_0,\ t_0)-(t_1-t_0)\gamma^*(\boldsymbol{\mu},\ \boldsymbol{\delta})$表示$V$从$V(\boldsymbol{X}_0,\ t_0)$开始，按最小的变化率，到$t_1$时为止，下降了多少。$V(\boldsymbol{X}_0,\ t_1)$表示从$V(\boldsymbol{X}_0,\ t_0)$开始经$t_1$时间后实际下降了多少，显然

$$V(\boldsymbol{X}_0,\ t_1)\leqslant(\boldsymbol{X}_0,\ t_0)-(t_1-t_0)\gamma^*(\boldsymbol{\mu},\ \boldsymbol{\delta})$$

成立。如果$\boldsymbol{X}_0$选在$\|\boldsymbol{X}\|=\delta$处，$\beta(\boldsymbol{\delta})$为$V(\boldsymbol{X},\ t)$的上界函数当$\|\boldsymbol{X}\|=\delta$的值，故有$V(\boldsymbol{X}_0,\ t_0)\leqslant\beta(\boldsymbol{\delta})$。令$t_1-t_0=T(\boldsymbol{\mu},\ \boldsymbol{\delta})$则式(4.3.11)成立，因为

$$V(\boldsymbol{X}_0, t_0) - (t_1 - t_0)\gamma^*(\boldsymbol{\mu}, \boldsymbol{\delta}) \leqslant \beta(\boldsymbol{\delta}) - T(\boldsymbol{\mu}, \boldsymbol{\delta})\gamma^*(\boldsymbol{\mu}, \boldsymbol{\delta})$$

由于

$$T(\boldsymbol{\mu}, \boldsymbol{\delta}) = \frac{\beta(\boldsymbol{\delta})}{\gamma^*(\boldsymbol{\mu}, \boldsymbol{\delta})}$$

则

$$\beta(\boldsymbol{\delta}) - T(\boldsymbol{\mu}, \boldsymbol{\delta})\gamma^*(\boldsymbol{\mu}, \boldsymbol{\delta}) = \beta(\boldsymbol{\delta}) - \frac{\beta(\boldsymbol{\delta})}{\gamma^*(\boldsymbol{\mu}, \boldsymbol{\delta})}\gamma^*(\boldsymbol{\mu}, \delta) = 0$$

将式(4.3.9)至式(4.3.11)合并可得出 $0<0$ 的结论，但这是不可能的，显然开始假设的在区间 $[t_0, t_1]$ 内的 $\forall t \quad \|\boldsymbol{\Phi}(t; \boldsymbol{X}_0, t_0)\| > \boldsymbol{\nu}(\boldsymbol{\mu})$ 是错误的。这就证明了 $t_0 \leqslant t_2 \leqslant t_0 + T(\boldsymbol{\mu}, \boldsymbol{\delta})$，必有 $\|\boldsymbol{\Phi}(t; \boldsymbol{X}_0, t_0)\| = \boldsymbol{\nu}(\boldsymbol{\mu})$。

【证毕】

【引理3】 对于所有的 $t \geqslant t_0 + T(\boldsymbol{\mu}, \boldsymbol{\delta}) \quad \|\boldsymbol{\Phi}(t; \boldsymbol{X}_0, t_0)\| < \boldsymbol{\mu}$。

【证明】 因为 $\alpha(\|\boldsymbol{X}\|)$ 是 $V(\boldsymbol{X}, t)$ 的下界函数，对于 $t > t_2$，有

$$\alpha|(|\boldsymbol{\Phi}(t; \boldsymbol{X}_2, t_2)\|) < V(\boldsymbol{\Phi}(t; \boldsymbol{X}_2, t_2), t) \tag{4.3.12}$$

因为 $\dot{V}$ 是负定的，$V(\boldsymbol{X}, t)$ 随着时间的增加而下降，故

$$V(\boldsymbol{\Phi}(t; \boldsymbol{X}_2, t_2), t) \leqslant V(\boldsymbol{X}_2, t_2) \tag{4.3.13}$$

因为 $\beta(\boldsymbol{\nu})$ 是 $V(\boldsymbol{X}, t)$ 的上界函数 $\beta(\|\boldsymbol{X}\|)$ 当 $\|\boldsymbol{X}\| = \boldsymbol{\nu}$ 时的值，$\boldsymbol{\nu}$ 的时间为 t_2，则

$$V(\boldsymbol{X}_2, t_2) \leqslant \beta(\boldsymbol{\nu}) \tag{4.3.14}$$

任给 $\boldsymbol{\mu}$，在图(4.3.7)上得 $\boldsymbol{\nu}$ 点，这时

$$B(\boldsymbol{\nu}) < \alpha(\boldsymbol{\mu}) \tag{4.3.15}$$

将式(4.3.12)至式(4.3.15)连在一起，便有

$$\alpha(\|\boldsymbol{\Phi}(t; \boldsymbol{X}_2, t_2)\|) \leqslant V(\boldsymbol{\Phi}(t; \boldsymbol{X}_2, t_2), t) \leqslant V(\boldsymbol{X}_2, t_2) \leqslant \beta(\boldsymbol{\nu}) < \alpha(\boldsymbol{\mu})$$

最终得出

$$\alpha(\|\boldsymbol{\Phi}(t; \boldsymbol{X}_2, t_2)\|) < \alpha(\boldsymbol{\mu})。$$

由于 $\alpha(\|\boldsymbol{X}\|)$ 为非减函数，函数值大，自变量 $\boldsymbol{\mu}$ 也大，所以 $\|\boldsymbol{\Phi}(t; \boldsymbol{X}_0, t)\| < \boldsymbol{\mu}$。

【证毕】

【定理】 $\boldsymbol{X}_e = 0$ 是大范围全局稳定与一致稳定的。

【证明】 由于 $\alpha(\|\boldsymbol{X}\|)$ 是非减函数，当 $\|\boldsymbol{X}\| \to \infty$ 时，$\alpha(\|\boldsymbol{X}\|) \to \infty$，所以，对于任意大的 $\boldsymbol{\delta}$，必存在实数 $\boldsymbol{\varepsilon}(\boldsymbol{\delta})$ 使得

$$\beta(\boldsymbol{\delta}) < \alpha(\boldsymbol{\varepsilon}) \tag{4.3.17}$$

于是对于任意的 $\boldsymbol{X}_0 \in \boldsymbol{X}$，$\forall t > t_0$，均有

$$\alpha(\boldsymbol{\varepsilon}) > \beta(\boldsymbol{\delta}) \geqslant V(\boldsymbol{X}_0, t_0) \tag{4.3.18}$$

在确定 $\boldsymbol{\delta}$ 之后，$\boldsymbol{X}_0$ 选在 $s(\boldsymbol{\delta})$ 这个 n 阶邻球内为轨线的出发点，且 $\beta(\|\boldsymbol{X}\|)$ 为 $V(\boldsymbol{X}, t)$ 的上界函数，自然

$$\beta(\delta) \geqslant V(\boldsymbol{X}_0, t_0) \tag{4.3.19}$$

由于 $\dot{V}$ 为负定，V 随 t 下降，故

$$V(\boldsymbol{X}_0, t_0) \geqslant V(\boldsymbol{\Phi}(t; \boldsymbol{X}_0, t_0), t) \tag{4.3.20}$$

由于 $\alpha(\|\boldsymbol{X}\|)$ 为 $V(\boldsymbol{X}, t)$ 的下界函数，$V(\boldsymbol{\Phi}(t; \boldsymbol{X}_0, t_0), t) \geqslant \|\alpha(\boldsymbol{\Phi}(t; \boldsymbol{X}_0, t_0))\|$

(4.3.21)

式(4.3.17)至式(4.3.21)合并得出 $\alpha(\varepsilon) > \|\alpha(\boldsymbol{\Phi}(t; \boldsymbol{X}_0, t_0))\|$，由于 $\alpha(\boldsymbol{\varepsilon})$ 是非减的，函数值非减，自然自变量也非减，于是 $\varepsilon > \boldsymbol{\Phi}(t; \boldsymbol{X}_0, t_0)$，根据大范围稳定的定义可知 $\boldsymbol{X}_e$ 是大范围稳定的。

以上李雅普诺夫主稳定性定理证明完毕

【证毕】

4.4.3　算例

【例】　设系统 $\dot{\boldsymbol{X}} = f(\boldsymbol{X}, t)$ 为

$$\begin{cases} \dot{x}_1 = x_2 - ax_1(x_1^2 + x_2^2) \\ \dot{x}_2 = -x_1 - ax_2(x_1^2 + x_2^2) \end{cases} \tag{4.4.1}$$

其中 a 为非 0 正实数，显然系统是非线性的，令 $f(\boldsymbol{X}, t) = 0$，则

$$x_2 - ax_1(x_1^2 + x_2^2) = 0 \tag{4.4.2}$$

$$-x_1 - ax_2(x_1^2 + x_2^2) = 0 \tag{4.4.3}$$

$-x_1$ 乘(4.4.3)加 x_2 乘(4.4.2)得

$$x_1^2 + x_2^2 + ax_1x_2(x_1^2 + x_2^2) - ax_1x_2(x_1^2 + x_2^2) = 0,\ x_1^2 + x_2^2 = 0$$

只有当 $x_1 = 0$；$x_2 = 0$，上式才成立，故 $f(\boldsymbol{X}, t) = 0$ 的解为 $\begin{cases} x_1 = 0 \\ x_2 = 0 \end{cases}$

由平衡状态的定义知，能令 $f(\boldsymbol{X}, t) = 0$ 的状态，称为平衡状态。故 $x_1 = 0$，$x_2 = 0$ 为系统的平衡状态，简称平衡点。要判断平衡点是否稳定，在不解出运动轨线的前提下，利用李雅普诺夫第二方法，选取李雅普诺夫函数 $V(\boldsymbol{X}, t)$，然后判断平衡点是否满足李雅普诺夫主稳定性定理。

根据观察，取李雅普诺夫函数为 $V(\boldsymbol{X}, t) = x_1^2 + x_2^2 = \boldsymbol{X}^{\mathrm{T}}\boldsymbol{X}$。

式中，$\boldsymbol{X} = \begin{pmatrix} x_1 \\ x_2 \end{pmatrix}$。

(1) 当 $x_1 \neq 0$，$x_2 \neq 0$ 时，$V(\boldsymbol{X}, t) > 0$。只有当 $x_1 = 0$；$x_2 = 0$ 时，$V(\boldsymbol{X}, t) = 0$，故 $V(\boldsymbol{X}, t)$ 是正定的。

(2) $\dot{V} = \dfrac{\partial(x_1^2(t) + x_2^2(t))}{\partial t} = \dfrac{\partial(x_1^2(t))}{\partial t} + \dfrac{\partial(x_2^2(t))}{\partial t} = 2x_1(t)\dfrac{\mathrm{d}x_1}{\mathrm{d}t} + 2x_2(t)\dfrac{\mathrm{d}x_2}{\mathrm{d}t}$

将式(4.4.2)和式(4.4.3)代入上式，得

$$\dot{V} = 2x_1(x_2 - ax_1(x_1^2 + x_2^2)) + 2x_2(-x_1 - ax_2(x_1^2 + x_2^2)) = -2a(x_1^2 + x_2^2)^2$$

由于 $a > 0$，当 $x_1 \neq 0$，$x_2 \neq 0$ 时，$(x_1^2 + x_2^2)^2 > 0$，所以 $\dot{V} < 0$；只有当 $x_1 = 0$；$x_2 = 0$ 时，$\dot{V} = 0$，所以 $\dot{V}$ 是负定的。

(3) 当 $x \to \infty$ 或 $x_2 \to \infty$，$\lim\limits_{x_1 \to \infty,\ x_2 \to \infty} V(\boldsymbol{X}, t) = \infty$。

可见，李雅普诺夫函数 $V(\boldsymbol{X}, t)$ 满足李雅普诺夫稳定性的三个条件，故系统平衡点 $x_1 = 0$；$x_2 = 0$ 是大范围、一致渐进稳定的。

本例表明，运用李雅普诺夫第二方法，判断系统平衡点是否稳定的关键是寻找李雅普诺夫函数。但迄今为止，仍未有普遍适用的方法，通常需要经验与技巧。如下通过一个算例，介绍一种较为有效的方法 —— 变量梯度法。

4.5 变量梯度法

在构造李雅普诺夫函数之前，对其特性先作一般性介绍。

4.5.1 李雅普诺夫函数 $V(\boldsymbol{X}, t)$ 特性

(1) $V(\boldsymbol{X}, t)$ 是实标量函数。

(2) $V(\boldsymbol{X}, t)$ 满足如下所列条件中某几个：

ⅰ $V(\boldsymbol{X}, t)$ 具有一阶连续的偏导数。

ⅱ $V(\boldsymbol{X}, t)$ 是正定的，即 $V(\boldsymbol{X}, t) > 0$，对 $V(\boldsymbol{X}, t) \in \Omega$ 上，$\forall \boldsymbol{X} \neq 0$ 和 $\forall t$；$V(0, t) = 0$，$\forall t$。

ⅲ $\dot{V}(\boldsymbol{X}, t) = \dfrac{\partial V}{\partial t} = (\nabla V)^{\mathrm{T}} f(\boldsymbol{X}, t)$ 是负定的，即 $\dot{V}(\boldsymbol{X}, t) < 0$，对 $V(\boldsymbol{X}, t) \in \Omega$ 上，$\forall \boldsymbol{X} \neq 0$ 和 $\forall t$；$\dot{V}(0, t) = 0$，$\forall t$。

ⅳ $\dot{V}(\boldsymbol{X}, t) = \dfrac{\partial V}{\partial t} = (\nabla V)^{\mathrm{T}} f(\boldsymbol{X}, t)$ 是负半定的，即 $\dot{V}(\boldsymbol{X}, t) \leqslant 0$，对 $V(\boldsymbol{X}, t) \in \Omega$ 上，$\forall \boldsymbol{X} \neq 0$ 和 $\forall t$；$\dot{V}(0, t) = 0$，$\forall t$。

ⅴ 当 $\|\boldsymbol{X}\| \to \infty$ 时，有 $V(\boldsymbol{X}, t) \to \infty$。

(3) 对于给定的动力学系统，$V(\boldsymbol{X}, t)$ 不是唯一的。

(4) $V(\boldsymbol{X}, t)$ 的最简单形式是二次型，即 $V(\boldsymbol{X}) = \boldsymbol{X}^{\mathrm{T}} \boldsymbol{Q} \boldsymbol{X}$。

其中 $\boldsymbol{Q}$ 为 $n \times n$ 阶阵，元素可以是时变的，或是时不变的。$\boldsymbol{Q}$ 一般为对称阵。如果李雅普诺夫函数不对称，则必存在一个对称阵 $\tilde{\boldsymbol{Q}}$，使 $V(\boldsymbol{X}) = \boldsymbol{X}^{\mathrm{T}} \boldsymbol{Q} \boldsymbol{X} = \boldsymbol{Z}^{\mathrm{T}} \tilde{\boldsymbol{Q}} \boldsymbol{Z}$。

(5) 研究表明，只要对系统做某些限制，李雅普诺夫函数可表为二次型。对线性系统而言，只要满足某些限制，它一定可构成二次型。

4.5.2 变量梯度法

变量梯度法是构造李雅普诺夫函数较为有效的方法。构造李雅普诺夫函数首先须基于如下事实，如果系统 $\dot{X} = f(\boldsymbol{X}, t)$ 存在使其平衡状态具有渐近稳定的李雅普诺夫函数 $V(\boldsymbol{X}, t)$，则它一定具有唯一的梯度 ∇V。对于某一确定时刻 t，$V(\boldsymbol{X}, t)$ 写成 $V(\boldsymbol{X})$ 或 V。值得注意的是，构造李雅普诺夫函数不是从 V 开始，而是从它的梯度 ∇V 开始，故称为梯度法。

设

$$\nabla V = \boldsymbol{P}\boldsymbol{X}$$

式中，$\boldsymbol{X} = (x_1 \quad \cdots \quad x_n)^{\mathrm{T}}$，$\boldsymbol{P} = \begin{pmatrix} p_{11} & p_{12} & \cdots & p_{1n} \\ p_{21} & p_{22} & \cdots & p_{2n} \\ \vdots & \vdots & \ddots & \vdots \\ p_{n1} & p_{n2} & \cdots & p_{nn} \end{pmatrix}$。

在逐一确定 $\boldsymbol{P}$ 的元素 p_{ij}，$(i, j = 1, \cdots, n)$ 之后，反过来求 ∇V 的积分，得出李雅普诺夫函数 $V(\boldsymbol{X}, t)$。选取有如下方面

（1）根据梯度定义

$$\nabla V=\frac{\partial V}{\partial \boldsymbol{X}}=\frac{\partial V}{\partial\begin{pmatrix}x_1\\x_2\\\vdots\\x_n\end{pmatrix}}=\begin{pmatrix}\dfrac{\partial V}{\partial x_1}\\\dfrac{\partial V}{\partial x_2}\\\vdots\\\dfrac{\partial V}{\partial x_n}\end{pmatrix}=\begin{pmatrix}\nabla V_2\\\nabla V_2\\\vdots\\\nabla V_n\end{pmatrix}$$

设

$$\nabla V=\begin{pmatrix}p_{11}&p_{12}&\cdots&p_{1n}\\p_{21}&p_{22}&\cdots&p_{2n}\\\vdots&\vdots&\ddots&\vdots\\p_{n1}&p_{n2}&\cdots&p_{nn}\end{pmatrix}\begin{pmatrix}x_1\\x_2\\\vdots\\x_n\end{pmatrix}=\begin{pmatrix}p_{11}x_1+p_{12}x_2+\cdots+p_{1n}x_n\\p_{21}x_1+p_{22}x_2+\cdots+p_{2n}x_n\\\vdots\\p_{n1}x_1+p_{n2}x_2+\cdots+p_{nn}x_n\end{pmatrix}=\begin{pmatrix}\nabla V_1\\\nabla V_2\\\vdots\\\nabla V_n\end{pmatrix}\tag{4.5.1}$$

即

$$\begin{aligned}\nabla V_1&=p_{11}x_1+p_{12}x_2+\cdots+p_{1n}x_n\\\nabla V_2&=p_{21}x_1+p_{22}x_2+\cdots+p_{2n}x_n\\&\cdots\\\nabla V_n&=p_{n1}x_1+p_{n2}x_2+\cdots+p_{nn}x_n\end{aligned}$$

构造李雅普诺夫函数实质就是寻找 p_{ij}。它可以是常数，也可以是 t 的函数，或是 x_1，…，x_n 的函数，可取 0 或按它的特性作为约束条件选取。p_{nn} 通常选常数或只是 t 的函数。

（2）根据设定的∇V 来确定 $\dot{V}$。

根据(4，4，1) 式和李雅普诺夫稳定性定理，$\dot{V}(\boldsymbol{X},t)=\dfrac{\partial V(\boldsymbol{X},t)}{\partial t}=(\nabla V)^{\mathrm{T}}f(\boldsymbol{X},t)\leqslant 0$，从中可得出$\nabla V$ 中的部分参数 p_{ij}。

（3）由式(4.5.1) 知

$$\nabla V=(\nabla V_1\quad\nabla V_2\quad\cdots\quad\nabla V_n)^{\mathrm{T}}$$

式中，∇V_1 表示 V 在 x_1 方向上的梯度，即$\dfrac{\partial V}{\partial x_1}$。

则 V 二阶导数

$$\nabla^2 V=\nabla(\nabla V)^{\mathrm{T}}=\frac{\partial}{\partial\boldsymbol{X}}(\nabla V_1\quad\nabla V_2\quad\cdots\quad\nabla V_n)$$

$$=\frac{\partial(\nabla V_1\quad\nabla V_2\quad\cdots\quad\nabla V_N)}{\partial\begin{pmatrix}x_1\\x_2\\\vdots\\x_n\end{pmatrix}}=\begin{pmatrix}\dfrac{\partial\nabla V_1}{\partial x_1}&\dfrac{\partial\nabla V_2}{\partial x_1}&\cdots&\dfrac{\partial\nabla V_n}{\partial x_1}\\\dfrac{\partial\nabla V_1}{\partial x_2}&\dfrac{\partial\nabla V_2}{\partial x_2}&\cdots&\dfrac{\partial\nabla V_n}{\partial x_2}\\\vdots&\vdots&\ddots&\vdots\\\dfrac{\partial\nabla V_1}{\partial x_n}&\dfrac{\partial\nabla V_2}{\partial x_n}&\cdots&\dfrac{\partial\nabla V_n}{\partial x_n}\end{pmatrix}$$

式中，$\frac{\partial \nabla V_1}{\partial x_2}$表示$V$对$x_1$求偏导后再对$x_2$求偏导，$\frac{\partial \nabla V_2}{\partial x_1}$表示对$x_2$求偏导后再对$x_1$求偏导。由于求偏导与坐标顺序无关，所以$\frac{\partial \nabla V_1}{\partial x_2}=\frac{\partial \nabla V_2}{\partial x_1}$，同理可推广为$\frac{\partial \nabla V_i}{\partial x_j}=\frac{\partial \nabla V_j}{\partial x_i}$，

可见$\nabla^2 V$矩阵是对称矩阵，称雅可比矩阵。因此除对角线元素外，可得$(n-1)\frac{n}{2}$个关系式，可待定出$(n-1)\frac{n}{2}$个参数来。

(4) 在设定的∇V基础上，反过来计算李雅普诺夫函数$V(\boldsymbol{X},t)$。

由于 $V(\boldsymbol{X})=\int_0^X(\nabla V)^{\mathrm{T}}\mathrm{d}\boldsymbol{X}$，这是线积分，积分的结果与路径无关，可任意选择积分路径。为简单计算按$\boldsymbol{X}$多个分量的顺序进行。

首先对x_1求积分，这时令$x_2,\cdots,x_n$为0，则x_1方向上的积分为

$$\int_0^{x_1(x_2=x_3=\cdots=x_n=0)}\nabla V_1\mathrm{d}x_1=\int_0^{x_1}\nabla V_1\mathrm{d}x_1\quad(x_2=x_3=\cdots x_n=0)$$

如同从山顶上下山，先从x_1的方向上作山的剖面，与山交于一平面，横坐标x_1为人沿剖面曲线下降到达x_1时，再求对x_2的积分。对x_2求积分时，固定x_1不变，令$x_3\cdots x_n=0$，只对x_2求积分。

$$\int_0^{x_2(x_1=c_1,\,x_3=\cdots=x_n=0}\nabla V_2\mathrm{d}x_2=\int_0^{x_2}\nabla V_1\mathrm{d}x_1$$

如同在x_1处，沿x_2的方向作山的剖面，与山交于一平面，横坐标为x_2，求人沿剖面线下降到x_2的积分，… 按照这个路径求分量积分到x_n，这时积分为

$$\int_0^{x_n(x_1=c_1,\,x_2=c_2,\,\cdots,\,x_{n-1}=c_{n-1}}\nabla V_n\mathrm{d}x_n=\int_0^{x_n}\nabla V_n\mathrm{d}x_n$$

总的积分应等于各分量积分之和，则

$$V(\boldsymbol{X})=\int_0^X(\nabla V)^{\mathrm{T}}\mathrm{d}\boldsymbol{X}=\int_0^{x_1}\nabla V_1\mathrm{d}x_1+\int_0^{x_2}\nabla V_2\mathrm{d}x_2+\cdots+\int_0^{x_n}\nabla V_n\mathrm{d}x_n$$

在此基础上，检验$V(\boldsymbol{X},t)$的正定性，$\dot{V}(\boldsymbol{X},t)$的负定性，从而判断系统平衡点$\boldsymbol{X}_e$是否为渐近稳定。

【例】 设系统

$$\dot{X}=f(\boldsymbol{X},t)=\begin{cases}\dot{x}_1=x_2\\ \dot{x}_2=-x_2-x_1^3\end{cases}\tag{4.5.2}$$

令$f(\boldsymbol{X},t)=0$，解得$x_2=0$，$x_1=0$，即$\begin{cases}x_1=0\\x_2=0\end{cases}$为系统的平衡点。

【解】 要求寻找对于平衡点$\boldsymbol{X}_e=0$为渐近稳定的李雅普诺夫函数。按变量梯度法的基本思路，不先构造李雅普诺夫函数$V(\boldsymbol{X},t)$，而从它的梯度∇V入手来构造它，设

$$\nabla V=\begin{pmatrix}\nabla V_1\\ \nabla V_2\end{pmatrix}=\begin{pmatrix}p_{11}&p_{12}\\p_{21}&2\end{pmatrix}\begin{pmatrix}x_1\\x_2\end{pmatrix}=\begin{pmatrix}p_{11}x_1+p_{12}x_2\\p_{21}x_1+2x_2\end{pmatrix}\tag{4.5.3}$$

p_{nn}通常可设为常数，令$p_{22}=2$，由式(4.4.1)可知

$$\dot{V}(\boldsymbol{X})=(\nabla V)^{\mathrm{T}}\dot{\boldsymbol{X}}=(p_{11}x_1+p_{12}x_2\quad p_{21}x_1+2x_2)\begin{pmatrix}\dot{x}_1\\ \dot{x}_2\end{pmatrix}$$

$$= (p_{11}x_1 + p_{12}x_2)\dot{x}_1 + (p_{21}x_1 + 2x_2)\dot{x}_1$$

把式(4.5.2)代入得

$$\dot{V}(\boldsymbol{X}) = (p_{11}x_1 + p_{12}x_2)x_2 + (p_{21}x_1 + 2x_2)(-x_2 - x_1^3)$$

展开括号并整理，得

$$\dot{V}(\boldsymbol{X}) = x_1x_2(p_{11} - p_{21} - 2x_1^2) + x_2^2(p_{12} - 2) - p_{21}x_1^4$$

当选取

$$\begin{cases} p_{11} = p_{21} + 2x_1^2 \\ p_{21} > 0 \\ 0 \leqslant p_{12} \leqslant 2 \end{cases} \tag{4.5.3}$$

则 $\dot{V}$ 为负定或负半定。为简单起见，尽量减少设定值的个数，可以这样选

$$\begin{cases} p_{12} = p_{21};\ 0 < p_{12} < 2 \\ p_{11} = p_{12} + 2x_1^2 \end{cases} \tag{4.5.4}$$

把式(4.5.4)代入式(4.5.3)得

$$\nabla V = \begin{pmatrix} (p_{12} + 2x_1^2)x_1 + p_{12}x_2 \\ p_{12}x_1 + 2x_2 \end{pmatrix}$$

由于

$$\frac{\partial \nabla V_1}{\partial x_2} = \frac{\partial((p_{12} + 2x_1^2)x_1 + p_{12}x_2)}{\partial x_2} = p_{12};\quad \frac{\partial \nabla V_2}{\partial x_1} = \frac{\partial(p_{12}x_1 + 2x_2)}{\partial x_1} = p_{12}$$

可见$\nabla(\nabla V)^{\mathrm{T}}$是对称矩阵。由于系统是2阶的，应有$(n-1)\dfrac{n}{2}$个对称元素，满足$\dfrac{\partial \nabla V_i}{\partial x_j} = \dfrac{\partial \nabla V_j}{\partial x_i}$的条件。根据李雅普诺夫函数

$$V(\boldsymbol{X}) = \int_0^{\boldsymbol{X}} (\nabla V)^{\mathrm{T}} \mathrm{d}\boldsymbol{X} = \int_0^{x_1(x_2=0)} \nabla V_1 \mathrm{d}z_1 + \int_0^{x_2(x_1=c_1)} \nabla V_2 \mathrm{d}z_0 \tag{4.5.5}$$

用 z_1 和 z_0 是为了避免与积分的限相混淆。

$$\nabla V_1 \big|_{x_2=0} = ((p_{21} + 2x_1^2)x_1 + p_{12}x_2)\big|_{x_2=0} = p_{21}x_1 + 2x_1^3 = p_{21}z_1 + 2z_1^3$$

$$\nabla V_2 \big|_{x_1=c_1} = (p_{21}x_1 + 2x_2)\big|_{x_1=c_1} = p_{12}c_1 + 2z_2$$

式(4.5.5)变成

$$\begin{aligned} V(\boldsymbol{X}) &= \int_0^{x_1} (p_{12}z_1 + 2x_1^3)\mathrm{d}z_1 + \int_0^{x_2} (p_{12}c_1 + 2z_2)\mathrm{d}z_2 \\ &= \left(p_{12}\frac{z_1^{1+1}}{1+1} + 2\frac{z_1^{3+1}}{3+1}\right)\Bigg|_0^{x_1} + \left(p_{12}c_1z_2 + 2\frac{z_2^{1+1}}{1+1}\right)\Bigg|_0^{x_2} \\ &= \frac{1}{2}x_1^4 + \frac{p_{12}}{2}x_1^2 + p_{12}c_1x_2 + x_2^2 \end{aligned} \tag{4.5.6}$$

由于 $c_1 = x_1$，式(4.5.6)可写成 $V(\boldsymbol{X}) = \dfrac{1}{2}x_1^4 + \dfrac{1}{2}P_{12}x_1^2 + P_{12}x_1x_2 + x_2^2$。

第 1 项正定，令

$$\frac{p_{12}}{2}x_1^2 + p_{12}x_1x_2 + x_2^2 = (x_1\quad x_2)\begin{pmatrix} q_{11} & q_{12} \\ q_{21} & q_{22} \end{pmatrix}\begin{pmatrix} x_1 \\ x_2 \end{pmatrix} = \boldsymbol{X}^{\mathrm{T}}Q\boldsymbol{X}$$

$$= (x_1\quad x_2)\begin{pmatrix} q_{11}x_1 + q_{12}x_2 \\ q_{21}x_1 + q_{22}x_2 \end{pmatrix} = q_{11}x_1^2 + q_{12}x_1x_2 + q_{21}x_1x_2 + q_{22}x_2^2 \tag{4.5.7}$$

要使式(4.5.7) 等于式(4.5.6)，则

$$q_{11}=\frac{p_{12}}{2};\ q_{12}=q_{21}=\frac{p_{12}}{2};\ q_{22}=1$$

于是

$$\boldsymbol{Q}=\begin{pmatrix} q_{11} & q_{12} \\ q_{21} & q_{22} \end{pmatrix}=\begin{pmatrix} \frac{p_{12}}{2} & \frac{p_{12}}{2} \\ \frac{p_{12}}{2} & 1 \end{pmatrix}$$

由于 Q 是二阶矩阵，它有两个主子行列式，$\Delta_1=\frac{p_{12}}{2}$，由式(4.5.3) 中 $p_{12}>0$，故 $\Delta_1>0$。

$\Delta_2=\begin{vmatrix} \frac{p_{12}}{2} & \frac{p_{12}}{2} \\ \frac{p_{12}}{2} & 1 \end{vmatrix}=\frac{p_{12}}{2}-\left(\frac{p_{12}}{2}\right)^2=\frac{p_{12}}{2}\left(1-\frac{p_{12}}{2}\right)$，由于 $2>p_{12}>0$，故 $1-\frac{p_{12}}{2}=\frac{2-p_{12}}{2}>0$，故 $\Delta_2>0$，根据 Sylvester 定理，$\boldsymbol{Q}$ 正定，二次型 $\boldsymbol{X}^{\mathrm{T}}\boldsymbol{Q}\boldsymbol{X}>0$，$V(\boldsymbol{X})=\frac{1}{2}x_1^4+\boldsymbol{X}^{\mathrm{T}}Q\boldsymbol{X}>0$，所以 $V(\boldsymbol{X})$ 正定，式(4.5.4) 已经令 ∇V 负定，根据李雅普诺夫主稳定性定理，系统平衡点 $\boldsymbol{X}_e=0$ 是渐近稳定的。

4.6 线性连续系统的稳定性

【定理】 线性连续自由系统

$$\dot{\boldsymbol{X}}=\boldsymbol{A}\boldsymbol{X} \tag{4.6.1}$$

当且仅当给定一个正定对称阵 $\boldsymbol{Q}$，若存在一个正定对称阵 $\boldsymbol{P}$，满足 $\boldsymbol{A}^{\mathrm{T}}\boldsymbol{P}+\boldsymbol{P}\boldsymbol{A}=-\boldsymbol{Q}$，则系统的平衡位置 $\boldsymbol{X}_e=0$ 是渐近稳定的。或者，平衡点 $\boldsymbol{X}_e=0$ 为渐近稳定的充分必要条件是：给定一个正定对称阵 $\boldsymbol{Q}$，则存在一个正定对称阵 $\boldsymbol{P}$，使得 $\boldsymbol{A}^{\mathrm{T}}\boldsymbol{P}+\boldsymbol{P}\boldsymbol{A}=-\boldsymbol{Q}$

【证明】 先证充分性，即逆命题成立。若 $\boldsymbol{A}^{\mathrm{T}}\boldsymbol{P}+\boldsymbol{P}\boldsymbol{A}=-\boldsymbol{Q}$ 的 $\boldsymbol{P}$ 存在，则系统 $\boldsymbol{X}_e=0$ 是渐近稳定的。

设李雅普诺夫函数 $V(\boldsymbol{X},t)=\boldsymbol{X}^{\mathrm{T}}\boldsymbol{P}\boldsymbol{X}$，当 $\boldsymbol{P}>0$ 正定时，它的二次型 $\boldsymbol{X}^{\mathrm{T}}\boldsymbol{P}\boldsymbol{X}$ 必正定，因此 $V(\boldsymbol{X},t)$ 正定，满足李雅普诺夫主稳定性定理的第一条件。由于

$$\dot{V}(\boldsymbol{X},t)=\frac{\mathrm{d}}{\mathrm{d}t}(\boldsymbol{X}^{\mathrm{T}}\boldsymbol{P}\boldsymbol{X})=\frac{\mathrm{d}\boldsymbol{X}^{\mathrm{T}}}{\mathrm{d}t}\boldsymbol{P}\boldsymbol{X}+\boldsymbol{X}^{\mathrm{T}}\frac{\mathrm{d}\boldsymbol{P}\boldsymbol{X}}{\mathrm{d}t} \tag{4.6.2}$$

式中，$\frac{\mathrm{d}\boldsymbol{X}^{\mathrm{T}}}{\mathrm{d}t}=\left(\frac{\mathrm{d}\boldsymbol{X}}{\mathrm{d}t}\right)^{\mathrm{T}}=\dot{\boldsymbol{X}}^{\mathrm{T}}=(\boldsymbol{A}\boldsymbol{X})^{\mathrm{T}}=\boldsymbol{X}^{\mathrm{T}}\boldsymbol{A}^{\mathrm{T}}$。

第 1 个等号是因为矩阵转置与微分运算是两个独立的运算，可以交换顺序。因为系统是线性的，故第 2、第 3 个等号成立。

$$\frac{\mathrm{d}\boldsymbol{P}\boldsymbol{X}}{\mathrm{d}t}=P\frac{\mathrm{d}\boldsymbol{X}}{\mathrm{d}t}=\boldsymbol{P}\dot{\boldsymbol{X}}=\boldsymbol{P}\boldsymbol{A}\boldsymbol{X}$$

式(4.6.2) 变成

$$\dot{V}(\boldsymbol{X}, t) = \boldsymbol{X}^{\mathrm{T}}\boldsymbol{A}^{\mathrm{T}}\boldsymbol{P}\boldsymbol{X} + \boldsymbol{X}^{\mathrm{T}}\boldsymbol{P}\boldsymbol{A}\boldsymbol{X}。$$

左抽 $\boldsymbol{X}^{\mathrm{T}}$ 因子，右抽 $\boldsymbol{X}$ 因子

$$= \boldsymbol{X}^{\mathrm{T}}(\boldsymbol{A}^{\mathrm{T}}\boldsymbol{P} + \boldsymbol{P}\boldsymbol{A})\boldsymbol{X} = \boldsymbol{X}^{\mathrm{T}}(-\boldsymbol{Q})\boldsymbol{X}$$

由于 $\boldsymbol{Q}$ 正定，则 $\dot{V}(\boldsymbol{X}, t)$ 必负定，满足李雅普诺夫主稳定性定理的第二条件，故 $\boldsymbol{X}_e = 0$ 必渐近稳定，逆命题成立。

证明必要性。系统 $\boldsymbol{X}_e = 0$ 是渐近稳定的，则存在 $\boldsymbol{P}$，使 $\boldsymbol{A}^{\mathrm{T}}\boldsymbol{P} + \boldsymbol{P}\boldsymbol{A} = -\boldsymbol{Q}$ 成立。证明分为三部分：$\boldsymbol{P}$ 存在，$\boldsymbol{P}$ 对称，$\boldsymbol{P}$ 正定。

(1) 证明 $\boldsymbol{P}$ 存在

用式(4.6.1)的 $\boldsymbol{A}$ 阵来构造矢量方程

$$\begin{cases}\dot{\boldsymbol{X}} = \boldsymbol{A}^{\mathrm{T}}\boldsymbol{X} + \boldsymbol{X}\boldsymbol{A} \\ \boldsymbol{X}(0) = \boldsymbol{Q}\end{cases} \tag{4.6.3}$$

则矢量方程的解为

$$\boldsymbol{X}(t) = \mathrm{e}^{\boldsymbol{A}^{\mathrm{T}}t}\boldsymbol{Q}\mathrm{e}^{\boldsymbol{A}t} \tag{4.6.4}$$

这是因为

$$\dot{\boldsymbol{X}}(t) = \frac{\mathrm{d}\boldsymbol{X}}{\mathrm{d}t} = \frac{\mathrm{d}}{\mathrm{d}t}(\mathrm{e}^{\boldsymbol{A}^{\mathrm{T}}t}\boldsymbol{Q}\mathrm{e}^{\boldsymbol{A}t}) = \frac{\mathrm{d}}{\mathrm{d}t}(\mathrm{e}^{\boldsymbol{A}^{\mathrm{T}}t})\boldsymbol{Q}\mathrm{e}^{\boldsymbol{A}t} + \mathrm{e}^{\boldsymbol{A}^{\mathrm{T}}t}\left(\frac{\mathrm{d}}{\mathrm{d}t}\boldsymbol{Q}\mathrm{e}^{\boldsymbol{A}t}\right)$$

$$= \boldsymbol{A}^{\mathrm{T}}\mathrm{e}^{\boldsymbol{A}^{\mathrm{T}}t}\boldsymbol{Q}\mathrm{e}^{\boldsymbol{A}t} + \mathrm{e}^{\boldsymbol{A}^{\mathrm{T}}t}\boldsymbol{Q}\mathrm{e}^{\boldsymbol{A}t}\boldsymbol{A} = \boldsymbol{A}^{\mathrm{T}}\boldsymbol{X} + \boldsymbol{X}\boldsymbol{A}$$

可见，式(4.6.4)能满足式(4.6.3)，所以式(4.6.4)是式(4.6.3)的解。

式(4.6.3)也可写成

$$\frac{\mathrm{d}\boldsymbol{X}}{\mathrm{d}t} = \boldsymbol{A}^{\mathrm{T}}\boldsymbol{X} + \boldsymbol{X}\boldsymbol{A}\mathrm{d}\boldsymbol{X} = (\boldsymbol{A}^{\mathrm{T}}\boldsymbol{X} + \boldsymbol{X}\boldsymbol{A})\mathrm{d}t$$

两边求从 0 到 ∞ 的积分

$$\int_0^{\infty}\mathrm{d}\boldsymbol{X} = \int_0^{\infty}(\boldsymbol{A}^{\mathrm{T}}\boldsymbol{X} + \boldsymbol{X}\boldsymbol{A})\mathrm{d}t$$

$$\boldsymbol{X}(\infty) - \boldsymbol{X}(0) = \int_0^{\infty}(\boldsymbol{A}^{\mathrm{T}}\boldsymbol{X} + \boldsymbol{X}\boldsymbol{A})\mathrm{d}t = \int_0^{\infty}\boldsymbol{A}^{\mathrm{T}}\boldsymbol{X}\mathrm{d}t + \int_0^{\infty}\boldsymbol{X}\boldsymbol{A}\mathrm{d}t$$

$$= \boldsymbol{A}^{\mathrm{T}}\int_0^{\infty}\boldsymbol{X}\mathrm{d}t + (\int_0^{\infty}\boldsymbol{X}\mathrm{d}t)\boldsymbol{A}$$

由于事先假定系统 $\boldsymbol{X}_e = 0$ 是渐近稳定的，故 $\boldsymbol{X}(\infty) = 0$，且初始条件 $\boldsymbol{X}(0) = \boldsymbol{Q}$，则

$$-\boldsymbol{Q} = \boldsymbol{A}^{\mathrm{T}}\int_0^{\infty}\boldsymbol{X}\mathrm{d}t + \left(\int_0^{\infty}\boldsymbol{X}\mathrm{d}t\right)\boldsymbol{A} \tag{4.6.5}$$

令 $\boldsymbol{P} = \int_0^{\infty}\boldsymbol{X}\mathrm{d}t$，则式(4.6.5)变成 $\boldsymbol{A}^{\mathrm{T}}\boldsymbol{P} + \boldsymbol{P}\boldsymbol{A} = -\boldsymbol{Q}$。

由此可见，当 $\boldsymbol{X}_e = 0$ 是渐近稳定的，一定存在 $\boldsymbol{P}$，使得 $\boldsymbol{A}^{\mathrm{T}}\boldsymbol{P} + \boldsymbol{P}\boldsymbol{A} = -\boldsymbol{Q}$。

(2) 证明 $\boldsymbol{P}$ 对称

设 $\boldsymbol{Q}$ 是对称的，则 $\boldsymbol{P}$ 一定对称，这是因为

$$\boldsymbol{P}^{\mathrm{T}} = (\int_0^{\infty}\boldsymbol{X}\mathrm{d}t)^{\mathrm{T}} = \int_0^{\infty}(\mathrm{e}^{\boldsymbol{A}^{\mathrm{T}}t}\boldsymbol{Q}\mathrm{e}^{\boldsymbol{A}t})^{\mathrm{T}}\mathrm{d}t$$

$$= \int_0^{\infty}(\mathrm{e}^{\boldsymbol{A}t})^{\mathrm{T}}\boldsymbol{Q}^{\mathrm{T}}(\mathrm{e}^{\boldsymbol{A}^{\mathrm{T}}t})^{\mathrm{T}}\mathrm{d}t = \int_0^{\infty}\mathrm{e}^{\boldsymbol{A}^{\mathrm{T}}t}\boldsymbol{Q}^{\mathrm{T}}\mathrm{e}^{(\boldsymbol{A}^{\mathrm{T}})^{\mathrm{T}}t}\mathrm{d}t = \int_0^{\infty}\mathrm{e}^{\boldsymbol{A}^{\mathrm{T}}t}\boldsymbol{Q}\mathrm{e}^{\boldsymbol{A}t}\mathrm{d}t = \int_0^{\infty}\boldsymbol{X}\mathrm{d}t = \boldsymbol{P}$$

所以 $\boldsymbol{P}$ 是对称的。

(3) 证明 P 正定

因为

$$X^{\mathrm{T}}PX = X^{\mathrm{T}}(\int_0^{\infty} X\mathrm{d}t)^{\mathrm{T}}X = X^{\mathrm{T}}\int_0^{\infty}(\mathrm{e}^{A^{\mathrm{T}}t}Q\mathrm{e}^{At})^{\mathrm{T}}\mathrm{d}tX$$
$$= \int_0^{\infty} X^{\mathrm{T}}(\mathrm{e}^{A^{\mathrm{T}}t}Q\mathrm{e}^{At})^{\mathrm{T}}X\mathrm{d}t = \int_0^{\infty}(\mathrm{e}^{At}X)^{\mathrm{T}}Q(\mathrm{e}^{At}X)\mathrm{d}t \qquad (4.6.6)$$

式中，e^{At} 为 $n\times n$ 阶矩阵；X 为 $n\times 1$ 阶矩阵；$\mathrm{e}^{At}_{n\times n}X_{n\times 1}$ 的维数为 $n\times 1$；$(\mathrm{e}^{At}_{n\times n}X_{n\times 1})^{\mathrm{T}}$ 为 $1\times n$；$(\mathrm{e}^{At}_{n\times n}X_{n\times 1})^{\mathrm{T}}_{1\times n}Q_{n\times n}(\boldsymbol{e}^{At}_{n\times n}X_{n\times 1})_{n\times 1}$ 为一阶阵，即为数。由于式(4.6.6)中 Q 正定，故为二次型，$X^{\mathrm{T}}PX>0$，P 必正定，正命题成立。

【证毕】

【例】 设系统 $\dot{X}=\begin{pmatrix}-1 & -2\\ 1 & -4\end{pmatrix}X=AX$，解方程得 $AX=0$，由于 $A\neq 0$，故 $X=\begin{pmatrix}x_1\\ x_2\end{pmatrix}=0$，$x_1=0$，$x_2=0$，故 $X_e=0$ 为系统的平衡位置。问 $X_e=0$ 稳定吗?

【解】 给定 $Q=\begin{pmatrix}1 & 0\\ 0 & 1\end{pmatrix}>0$，显然 Q 正定对称。

问题的关键是，能否找到正定对称阵 P，满足 $A^{\mathrm{T}}P+PA=-Q$；若能，则 $X_e=0$ 是渐近稳定的。

设 $P=\begin{pmatrix}p_{11} & p_{12}\\ p_{21} & p_{22}\end{pmatrix}$；$p_{12}=p_{21}$，故 P 对称。

因为

$$A=\begin{pmatrix}-1 & -2\\ 1 & -4\end{pmatrix}$$

$$A^{\mathrm{T}}=\begin{pmatrix}-1 & -2\\ 1 & -4\end{pmatrix}^{\mathrm{T}}=\begin{pmatrix}-1 & 1\\ -2 & -4\end{pmatrix}$$

代入充分条件到

$$A^{\mathrm{T}}P+PA=-Q$$

$$\begin{pmatrix}-1 & 1\\ -2 & -4\end{pmatrix}\begin{pmatrix}p_{11} & p_{12}\\ p_{12} & p_{22}\end{pmatrix}+\begin{pmatrix}p_{11} & p_{12}\\ p_{12} & p_{22}\end{pmatrix}\begin{pmatrix}-1 & -2\\ 1 & -4\end{pmatrix}=-\begin{pmatrix}1 & 0\\ 0 & 1\end{pmatrix}$$

$$\begin{pmatrix}-p_{11}+p_{12} & -p_{12}+p_{22}\\ -2p_{11}-4p_{12} & -2p_{12}-4p_{22}\end{pmatrix}+\begin{pmatrix}-p_{11}+p_{12} & -2p_{12}-4p_{22}\\ -p_{12}+p_{22} & -2p_{12}-4p_{22}\end{pmatrix}=\begin{pmatrix}-1 & 0\\ 0 & -1\end{pmatrix}$$

得以下方程组

$$\begin{cases}-p_{11}+p_{12}-p_{11}+p_{12}=-1\\ -p_{12}+p_{22}-2p_{11}-4p_{12}=0\\ -2p_{11}-4p_{12}-p_{12}+p_{22}=0\\ -2p_{12}-4p_{22}-2p_{12}-4p_{22}=-1\end{cases}$$

解得 $p_1=\frac{23}{60}$，$p_{12}=-\frac{7}{60}$，$p_{22}=\frac{11}{60}$，故 $P=\begin{pmatrix}\frac{23}{60} & \frac{-7}{60}\\ \frac{-7}{60} & \frac{11}{60}\end{pmatrix}$。$P$ 的一阶行列式 $\Delta_1=\frac{23}{60}>0$；二阶

行列式 $\Delta_2 = \begin{vmatrix} \frac{23}{60} & \frac{-7}{60} \\ \frac{-7}{60} & \frac{11}{60} \end{vmatrix} = \frac{23}{60} \times \frac{11}{60} - \left(\frac{7}{60}\right)\left(-\frac{7}{60}\right) > 0$。

根据 Sylrster 定理，$\boldsymbol{P}$ 正定。根据连续线性系统稳定性定理，本例系统平衡点 $\boldsymbol{X}_e = 0$ 是渐近稳定的。

第二篇

系统辨识

第5章

参数最小二乘估计

上述各章有一个共同的基础，那就是系统的数学模型 n 阶微分方程为已知。即微分方程的阶是已知的，各阶导数的系数也是已知的。在这个基础上可得状态微分方程和输出方程，以进行系统的自由与强迫运动分析，进而在不解出 $\boldsymbol{X}(t)$ 的情况下，判断状态与输出是否能控、能观和具有稳定性。若失去这些基础，上述一切将成为空谈。

表征系统在稳定状态下输入输出以及内部各量之间的关系，称为系统稳态数学模型，或称静态数学模型。描述在运动过程中，即动态过程输入输出之间的函数关系，称为动态数学模型。显然 n 阶微分方程就是动态数学模型中的一种普遍形式。

建立系统数学模型的方法有两种，一是理论建模，从系统内部机理出发，推导出输入输出之间量或者函数的关系，显然这是专业工作者的任务。另一种就是从检测系统的输入输出这些外部表现来推测系统状态各量之间的关系。后者可以不知道系统内部机理，外行人做内行人的工作，而且可以做得比内行人更好，更符合实际。这种方法称系统辨识，是控制工作者必备的科学方法与技能。

系统辨识有两类问题，一类是黑箱问题，对系统毫无所知，对系统略有所知则是灰箱问题，幸好平常遇到的问题大多是灰箱问题。

辨识系统有两大任务，辨识系统结构与系统的参数，这也是系统辨识的两个步骤。一般会认为，先辨识系统结构然后辨识参数，该步骤称为参数估计。由于结构辨识是建立在参数估计之上的，故先讨论参数估计，再讨论结构辨识。

设系统为 n 阶微分方程

$$y^{(n)} + a_1 y^{(n-1)} + a_2 y^{(n-2)} + \cdots + a_n y = b_0 u^{(n)} + b_1 u^{(n-1)} + b_2 u^{(n-2)} + \cdots + b_n u$$

式中，$y^{(n)} = \dfrac{\mathrm{d}^n y}{\mathrm{d}t^n}$，为 y 对 t 求 n 阶导数，其余类推。n 为系统结构参数，$a_1 \cdots a_n$ 和 $b_0 \cdots b_n$ 为系统参数。参数估计，就是如何从实验获得的输入输出为依据，估计出系统的参数。

5.1 数学基础

矩阵微分有以下四个法则。

【法则 1】 设 $\boldsymbol{X}$ 为 $n\times 1$ 阶列阵，即 $\boldsymbol{X}=\begin{pmatrix}x_1\\x_2\\\vdots\\x_n\end{pmatrix}$ 则 $\dfrac{\partial \boldsymbol{X}^{\mathrm{T}}}{\partial \boldsymbol{X}}=\boldsymbol{I}_n$。

式中，$\boldsymbol{X}^{\mathrm{T}}=(x_1\quad x_2\quad\cdots\quad x_n)$。

【证明】 行阵对列阵求偏导，规则是行阵元素依次对列阵元素求偏导排成一列，依次进行，则

$$\frac{\partial \boldsymbol{X}^{\mathrm{T}}}{\partial \boldsymbol{X}}=\frac{\partial(x_1\quad x_2\quad\cdots\quad x_n)}{\partial\begin{pmatrix}x_1\\x_2\\\vdots\\x_n\end{pmatrix}}=\begin{pmatrix}\dfrac{\partial x_1}{\partial x_1} & \dfrac{\partial x_2}{\partial x_1} & \cdots & \dfrac{\partial x_n}{\partial x_1}\\ \dfrac{\partial x_1}{\partial x_2} & \dfrac{\partial x_2}{\partial x_2} & \cdots & \dfrac{\partial x_n}{\partial x_2}\\ \vdots & \vdots & & \vdots\\ \dfrac{\partial x_1}{\partial x_n} & \dfrac{\partial x_2}{\partial x_n} & \cdots & \dfrac{\partial x_n}{\partial x_n}\end{pmatrix}=\begin{pmatrix}1 & & 0\\ & 1 & \\ & & \ddots & \\ 0 & & & 1\end{pmatrix}=\boldsymbol{I}_n$$

【证毕】

【法则 2】 $\dfrac{\partial \boldsymbol{X}}{\partial \boldsymbol{X}}=\mathrm{cs}\boldsymbol{I}_n$。

【证明】 列阵对列阵求偏导，列阵元素对列阵的每一元素求偏导排成一列，总体成一列，则

$$\frac{\partial \boldsymbol{X}}{\partial \boldsymbol{X}}=\frac{\partial\begin{pmatrix}x_1\\x_2\\\vdots\\x_n\end{pmatrix}}{\partial\begin{pmatrix}x_1\\x_2\\\vdots\\x_n\end{pmatrix}}=\begin{pmatrix}\begin{pmatrix}\dfrac{\partial x_1}{\partial x_1}\\ \dfrac{\partial x_1}{\partial x_2}\\ \vdots\\ \dfrac{\partial x_1}{\partial x_n}\end{pmatrix}\\ \vdots\\ \begin{pmatrix}\dfrac{\partial x_n}{\partial x_1}\\ \dfrac{\partial x_n}{\partial x_2}\\ \vdots\\ \dfrac{\partial x_n}{\partial x_n}\end{pmatrix}\end{pmatrix}=\begin{pmatrix}\begin{pmatrix}1\\0\\\vdots\\0\end{pmatrix}\\ \begin{pmatrix}0\\1\\\vdots\\0\end{pmatrix}\\ \vdots\\ \begin{pmatrix}0\\0\\\vdots\\1\end{pmatrix}\end{pmatrix}\tag{5.1.1}$$

可见所得为单位阵的列排列。记为 $\mathrm{cs}\boldsymbol{I}_n$，故$\dfrac{\partial \boldsymbol{X}}{\partial \boldsymbol{X}} = \mathrm{cs}\boldsymbol{I}_n$。

【证毕】

【法则3】 设 $\boldsymbol{\lambda}$ 为 $n\times 1$ 列阵，$\boldsymbol{\lambda} = \begin{pmatrix} \lambda_1 \\ \lambda_2 \\ \vdots \\ \lambda_n \end{pmatrix}_{n\times 1}$，$\boldsymbol{A} = \begin{pmatrix} a_{11} & a_{12} & \cdots & a_{1m} \\ a_{21} & a_{21} & \cdots & a_{2m} \\ \vdots & \vdots & & \vdots \\ a_{n1} & a_{n2} & \cdots & a_{nm} \end{pmatrix}_{n\times m}$，

则 $\boldsymbol{\lambda}^{\mathrm{T}}\boldsymbol{A}\cdot \mathrm{cs}\boldsymbol{I}_n = \boldsymbol{A}^{\mathrm{T}}\boldsymbol{\lambda}$。

【证明】 设 $\boldsymbol{A} = \begin{pmatrix} a_{11} & a_{12} & \cdots & a_{1m} \\ a_{21} & a_{21} & \cdots & a_{2m} \\ \vdots & \vdots & & \vdots \\ a_{n1} & a_{n2} & \cdots & a_{nm} \end{pmatrix}_{n\times m} = \begin{pmatrix} \boldsymbol{A}_1 \\ \boldsymbol{A}_2 \\ \vdots \\ \boldsymbol{A}_n \end{pmatrix}$

则

$$\begin{aligned}
\boldsymbol{\lambda}^{\mathrm{T}}\boldsymbol{A} &= (\boldsymbol{\lambda}_1 \quad \boldsymbol{\lambda}_2 \quad \cdots \quad \boldsymbol{\lambda}_n)_{1\times n}\begin{pmatrix} \boldsymbol{A}_1 \\ \boldsymbol{A}_2 \\ \vdots \\ \boldsymbol{A}_n \end{pmatrix}_{n\times m} \\
&= \boldsymbol{\lambda}_1\boldsymbol{A}_1 + \boldsymbol{\lambda}_2\boldsymbol{A}_2 + \cdots + \boldsymbol{\lambda}_n\boldsymbol{A}_n \\
&= \boldsymbol{\lambda}_1(a_{11} \quad a_{12} \quad \cdots \quad a_{1m})_{1\times m} + \boldsymbol{\lambda}_2(a_{21} \quad a_{22} \quad \cdots \quad a_{2m})_{1\times m} \\
&\quad + \cdots + \boldsymbol{\lambda}_n(a_{n1} \quad a_{n2} \quad \cdots \quad a_{nm})_{1\times m}
\end{aligned}$$

为 n 个 $1\times m$ 阶阵之和，将系数 $\boldsymbol{\lambda}$ 乘入矩阵

$$= (\boldsymbol{\lambda}_1 a_{11} \ \boldsymbol{\lambda}_1 a_{12} \ \cdots \ \boldsymbol{\lambda}_1 a_{1m})_{1\times m} + (\boldsymbol{\lambda}_2 a_{21} \ \boldsymbol{\lambda}_2 a_{22} \ \cdots \ \boldsymbol{\lambda}_2 a_{2m})_{1\times m} + \cdots + (\boldsymbol{\lambda}_n a_{n1} \ \boldsymbol{\lambda}_n a_{n2} \ \cdots \ \boldsymbol{\lambda}_n a_{nm})_{1\times m}$$

矩阵之和等于对应元素相加而形成的矩阵

$$= [(\boldsymbol{\lambda}_1 a_{11} + \boldsymbol{\lambda}_2 a_{21} + \cdots + \boldsymbol{\lambda}_n a_{n1})(\boldsymbol{\lambda}_1 a_{12} + \boldsymbol{\lambda}_2 a_{22} + \cdots + \boldsymbol{\lambda}_n a_{n2})\cdots(\boldsymbol{\lambda}_1 a_{1m} + \boldsymbol{\lambda}_2 a_{2m} + \cdots + \boldsymbol{\lambda}_n a_{nm})]_{1\times m}$$

获得的是 $1\times m$ 矩阵

$\boldsymbol{\lambda}^{\mathrm{T}}\boldsymbol{A}\cdot \mathrm{cs}\boldsymbol{I}_m$ 即上式乘式(5.1.1)，只是式(5.1.1)中 n 用 m 来代替，因为是 m 维单位阵的列排列。两式相乘的结果为

$$= (\boldsymbol{\lambda}_1 a_{11} + \boldsymbol{\lambda}_2 a_{21} + \cdots + \boldsymbol{\lambda}_n a_{n1})\begin{pmatrix} 1 \\ 0 \\ \vdots \\ 0 \end{pmatrix}_{m\times 1} + (\boldsymbol{\lambda}_1 a_{12} + \boldsymbol{\lambda}_2 a_{22} + \cdots + \boldsymbol{\lambda}_n a_{n2})\begin{pmatrix} 0 \\ 1 \\ \vdots \\ 0 \end{pmatrix}_{m\times 1} + \cdots +$$

$$(\boldsymbol{\lambda}_1 a_{1m} + \boldsymbol{\lambda}_2 a_{2m} + \cdots + \boldsymbol{\lambda}_n a_{nm})\begin{pmatrix} 0 \\ 0 \\ \vdots \\ 1 \end{pmatrix}_{m\times 1}$$

将系数乘入矩阵得

$$
= \begin{pmatrix} (\lambda_1 a_{11} + \lambda_2 a_{21} + \cdots + \lambda_n a_{n1}) \\ 0 \\ \vdots \\ 0 \end{pmatrix}_{m\times 1} + \begin{pmatrix} 0 \\ (\lambda_1 a_{12} + \lambda_2 a_{22} + \cdots + \lambda_n a_{n2}) \\ 0 \\ \vdots \end{pmatrix}_{m\times 1} + \cdots
$$

$$
+ \begin{pmatrix} 0 \\ \vdots \\ 0 \\ (\lambda_1 a_{1m} + \lambda_2 a_{2m} + \cdots + \lambda_n a_{nm}) \end{pmatrix}_{m\times 1} = \begin{pmatrix} \lambda_1 a_{11} + \lambda_2 a_{21} + \cdots + \lambda_n a_{n1} \\ \lambda_1 a_{12} + \lambda_2 a_{22} + \cdots + \lambda_n a_{n2} \\ \vdots \\ \lambda_1 a_{1m} + \lambda_2 a_{2m} + \cdots + \lambda_n a_{nm} \end{pmatrix}_{m\times 1}
$$

$$
= \begin{pmatrix} a_{11} & a_{21} & \cdots & a_{n1} \\ a_{12} & a_{22} & \cdots & a_{n2} \\ \vdots & \vdots & & \vdots \\ a_{1m} & a_{2m} & \cdots & a_{nm} \end{pmatrix}_{m\times n} \begin{pmatrix} \boldsymbol{\lambda}_1 \\ \boldsymbol{\lambda}_2 \\ \vdots \\ \boldsymbol{\lambda}_n \end{pmatrix}_{n\times 1} = \boldsymbol{A}^{\mathrm{T}}\boldsymbol{\lambda}
$$

可见 $\boldsymbol{A}$ 的行变成 $\boldsymbol{A}^{\mathrm{T}}$的列了，矩阵就是 $\boldsymbol{A}$ 的转置矩阵。

【证毕】

从维数上看$(\boldsymbol{\lambda}^{\mathrm{T}}\boldsymbol{A})_{1\times m}$，而$(\boldsymbol{A}^{\mathrm{T}}\boldsymbol{\lambda})_{m\times 1}$ 可见它们互为转置矩阵。法则 3 可推广为任意矩阵，右乘 $\mathrm{cs}\boldsymbol{I}_n$，将完成一次转置操作，故称 $\mathrm{cs}\boldsymbol{I}_n$ 为转置操作矩阵。

【法则 4】 $\dfrac{\partial \boldsymbol{X}^{\mathrm{T}}\boldsymbol{A}^{\mathrm{T}}\boldsymbol{A}\boldsymbol{X}}{\partial \boldsymbol{X}} = 2\boldsymbol{A}^{\mathrm{T}}\boldsymbol{A}\boldsymbol{X}$

【证明】 用分部微分法

$$
\frac{\partial \boldsymbol{X}^{\mathrm{T}}\boldsymbol{A}^{\mathrm{T}}\boldsymbol{A}\boldsymbol{X}}{\partial \boldsymbol{X}} = \frac{\partial(\boldsymbol{X}^{\mathrm{T}}\boldsymbol{A}^{\mathrm{T}})(\boldsymbol{A}\boldsymbol{X})}{\partial \boldsymbol{X}} = \frac{\partial(\boldsymbol{X}^{\mathrm{T}}\boldsymbol{A}^{\mathrm{T}})}{\partial \boldsymbol{X}} \cdot \boldsymbol{A}\boldsymbol{X} + \boldsymbol{X}^{\mathrm{T}}\boldsymbol{A}^{\mathrm{T}} \cdot \frac{\partial \boldsymbol{A}\boldsymbol{X}}{\partial \boldsymbol{X}} \tag{5.1.2}
$$

而上式右边第 1 项中的$\dfrac{\partial(\boldsymbol{X}^{\mathrm{T}}\boldsymbol{A}^{\mathrm{T}})}{\partial \boldsymbol{X}} = \dfrac{\partial \boldsymbol{X}^{\mathrm{T}}}{\partial \boldsymbol{X}}\boldsymbol{A}^{\mathrm{T}} + \boldsymbol{X}^{\mathrm{T}}\dfrac{\partial \boldsymbol{A}^{\mathrm{T}}}{\partial \boldsymbol{X}} = \boldsymbol{A}^{\mathrm{T}}$，这是因为 $\boldsymbol{A}^{\mathrm{T}}$ 为常数阵，求导为0。而由法则 1 $\dfrac{\partial \boldsymbol{X}^{\mathrm{T}}}{\partial \boldsymbol{X}} = \boldsymbol{I}_n$，故式(5.1.2) 第 1 项为

$$
\frac{\partial(\boldsymbol{X}^{\mathrm{T}}\boldsymbol{A}^{\mathrm{T}})}{\partial \boldsymbol{X}} \cdot \boldsymbol{A}\boldsymbol{X} = \boldsymbol{A}^{\mathrm{T}}\boldsymbol{A}\boldsymbol{X}
$$

式(5.1.2) 右边的第 2 项为

$$
\boldsymbol{X}^{\mathrm{T}}\boldsymbol{A}^{\mathrm{T}} \cdot \frac{\partial \boldsymbol{A}\boldsymbol{X}}{\partial \boldsymbol{X}} = \boldsymbol{X}^{\mathrm{T}}\boldsymbol{A}^{\mathrm{T}}\left(\frac{\partial \boldsymbol{A}}{\partial \boldsymbol{X}} \cdot \boldsymbol{X} + \boldsymbol{A} \cdot \frac{\partial \boldsymbol{X}}{\partial \boldsymbol{X}}\right) = \boldsymbol{X}^{\mathrm{T}}\boldsymbol{A}^{\mathrm{T}}\boldsymbol{A} \cdot \frac{\partial \boldsymbol{X}}{\partial \boldsymbol{X}}
$$

由法则 2，$\dfrac{\partial \boldsymbol{X}}{\partial \boldsymbol{X}} = \mathrm{cs}\boldsymbol{I}_n$，故

$$
\boldsymbol{X}^{\mathrm{T}}\boldsymbol{A}^{\mathrm{T}}\boldsymbol{A}cs\boldsymbol{I}_n = (\boldsymbol{X}^{\mathrm{T}}\boldsymbol{A}^{\mathrm{T}}\boldsymbol{A})^{\mathrm{T}} = \boldsymbol{A}^{\mathrm{T}}(\boldsymbol{A}^{\mathrm{T}})^{\mathrm{T}}(\boldsymbol{X}^{\mathrm{T}})^{\mathrm{T}} = \boldsymbol{A}^{\mathrm{T}}\boldsymbol{A}\boldsymbol{X}
$$

所以

$$
\frac{\partial \boldsymbol{X}^{\mathrm{T}}\boldsymbol{A}^{\mathrm{T}}\boldsymbol{A}\boldsymbol{X}}{\partial \boldsymbol{X}} = \boldsymbol{A}^{\mathrm{T}}\boldsymbol{A}\boldsymbol{X} + \boldsymbol{A}^{\mathrm{T}}\boldsymbol{A}\boldsymbol{X} = 2\boldsymbol{A}^{\mathrm{T}}\boldsymbol{A}\boldsymbol{X}
$$

【证毕】

因为$(\boldsymbol{A}^{\mathrm{T}}\boldsymbol{A})^{\mathrm{T}} = \boldsymbol{A}^{\mathrm{T}}\boldsymbol{A}$ 为对称阵，设 $\boldsymbol{Q} = \boldsymbol{A}^{\mathrm{T}}\boldsymbol{A}$，得出推论如下

$$
\frac{\partial \boldsymbol{X}^{\mathrm{T}}\boldsymbol{A}^{\mathrm{T}}\boldsymbol{A}\boldsymbol{X}}{\partial \boldsymbol{X}} = \frac{\partial \boldsymbol{X}^{\mathrm{T}}\boldsymbol{Q}\boldsymbol{X}}{\partial \boldsymbol{X}} = 2\boldsymbol{Q}\boldsymbol{X}
$$

5.2 稳态数学模型参数估计与最小二乘法

设系统有 n 个输入，分别为 u_1，u_2，…，u_n，只有一个输出 y。如图5.2.1所示。数学模型为

$$y = a_1 u_1 + a_2 u_2 + \cdots + a_n u_n \tag{5.2.1}$$

式中，a_1，a_2，…，a_n 为系统参数。

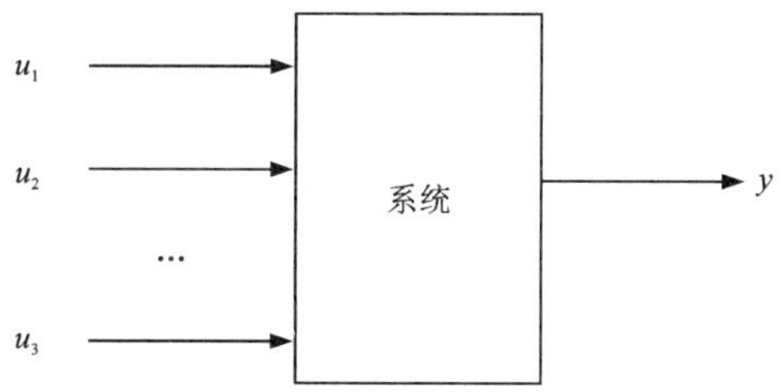

图5.2.1 多输入单输出系统示意图

首先对系统进行稳态测试，在系统的输入端加上 u_1，u_2，…，u_n 信号，待系统稳定后测输出 y，得数表如下。

次序	输入	输出	
第1次	$u_1(1) u_2(1) \cdots u_n(1)$	$y(1)$	
2	$u_1(2)\ u_2(2)\ \cdots\ u_n(2)$	$y(2)$	
⋮	⋮	⋮	
N	$u_1(N)\ u_2(N)\ \cdots\ u_n(N)$	$y(N)$	$N \gg n$

问题是如何根据测试的数据求出系统的参数，这个工作称为参数估计。上述数表又称为输入输出数据，它是在系统稳定之后测得的，明显忽略了系统从一个稳态到另一个稳态的过渡过程，只对过程的结果感兴趣，对过渡过程不予关注，这种测试称为稳态测试或静态测试。对这样的系统进行参数估计，称为稳(静)态系统的参数估计。

容易想到输入输出数据是在式(5.2.1)这样的系统测试出来的，每次测试数据理应满足式(5.2.1)，于是有：

$$\begin{cases} y(1) = a_1 u_1(1) + a_2 u_2(1) + \cdots + a_n u_n(1) + e(1) \\ y(2) = a_1 u_1(2) + a_2 u_2(2) + \cdots + a_n u_n(2) + e(2) \\ \cdots \\ y(N) = a_1 u_1(N) + a_2 u_2(N) + \cdots + a_n u_n(N) + e(N) \end{cases} \tag{5.2.2}$$

式中，$u_1(1)$，(1)中的1为第一次测试，下标1为输入的序号；$u_i(j)$表示对第 i 个输入进行第 j 次测试。如果测试绝对精确，上式中的误差补偿项 $e(1)$，…，$e(N)$ 应为0。这是不可能的，误差必须考虑在内，而且它是随机变量。式(5.2.2)写成矩阵形式

$$\begin{pmatrix} y(1) \\ y(2) \\ \vdots \\ y(N) \end{pmatrix} = \begin{pmatrix} u_1(1) & u_2(1) & \cdots & u_n(1) \\ u_1(2) & u_2(2) & \cdots & u_n(2) \\ \vdots & \vdots & \ddots & \vdots \\ u_1(N) & u_2(N) & \cdots & u_n(N) \end{pmatrix} \begin{pmatrix} a_1 \\ a_2 \\ \vdots \\ a_n \end{pmatrix} + \begin{pmatrix} e(1) \\ e(2) \\ \vdots \\ e(N) \end{pmatrix} \tag{5.2.3}$$

$$\boldsymbol{Y} = \begin{pmatrix} y(1) \\ y(2) \\ \vdots \\ y(N) \end{pmatrix}_{N\times 1}, \boldsymbol{\Phi} = \begin{pmatrix} u_1(1) & u_2(1) & \cdots & u_n(1) \\ u_1(2) & u_2(2) & \cdots & u_n(2) \\ \vdots & \vdots & \ddots & \vdots \\ u_1(N) & u_2(N) & \cdots & u_n(N) \end{pmatrix}_{N\times n}, \boldsymbol{\beta} = \begin{pmatrix} a_1 \\ a_2 \\ \vdots \\ a_n \end{pmatrix}_{n\times 1}, \boldsymbol{E} = \begin{pmatrix} e(1) \\ e(2) \\ \vdots \\ e(N) \end{pmatrix}_{N\times 1}$$

则

$$\boldsymbol{Y} = \boldsymbol{\Phi\beta} + \boldsymbol{E} \tag{5.2.4}$$

一般会认为，要求出式(5.2.2)中的a_1, a_2, …, a_n，只需n个方程。n是系统输入的个数，实际的系统n相对有限，故只需很少的n次实验就够了。但这样定出来的参数显然不够精确，实验的次数愈多，对提高参数的精确度愈有利。而从解线性方程组的角度来看，只要多一个方程式，方程组便无解，这是一个难以调和的矛盾。

换一种思维，引入函数

$$\begin{aligned} J = \boldsymbol{E}^{\mathrm{T}}\boldsymbol{E} &= \begin{pmatrix} e(1) & e(2) & \cdots & e(N) \end{pmatrix} \begin{pmatrix} e(1) \\ e(2) \\ \vdots \\ e(N) \end{pmatrix} \\ &= \mathrm{e}^2(1) + \mathrm{e}^2(2) + \cdots + \mathrm{e}^2(N) \\ &= \sum_{i=1}^{N} \mathrm{e}^2(i) \end{aligned} \tag{5.2.5}$$

可见J就是误差平方和，由式(5.2.4)知，$\boldsymbol{E} = \boldsymbol{Y} - \boldsymbol{\Phi\beta}$，代入式(5.2.5)得

$$J = (\boldsymbol{Y} - \boldsymbol{\Phi\beta})^{\mathrm{T}}(\boldsymbol{Y} - \boldsymbol{\Phi\beta}) \tag{5.2.6}$$

式中，$\boldsymbol{Y}$是输出矩阵，$\boldsymbol{\Phi}$是输入数据阵，均由实验数据组成；J是$\boldsymbol{\beta}$的函数，记作$J(\boldsymbol{\beta})$，不同的$\boldsymbol{\beta}$，J的大小也不一样。若任意给定一组参数a_1, a_2, …, a_n，即给定一个$\boldsymbol{\beta}_1$列阵。由式(5.2.6)可算得J_1。又任意给定另一组a_1, a_2, …, a_n，即另一$\boldsymbol{\beta}_2$列阵，同样可算得另一个J_2。若$J_2 < J_1$，可以判定$\boldsymbol{\beta}_2$的参数更接近于系统的真参数。容易理解，当$J = 0$时，与此相对应的参数就是真参数。由于存在误差，$J \neq 0$，但J的大小有评价系统参数是否准确的功能，故称J为评价函数。这样一来，求a_1, a_2, …, a_n的问题就转变为求评价函数$J(\boldsymbol{\beta})$中$\boldsymbol{\beta}$为何值时最小，这就是典型求函数最小值问题。

求函数最小值，在数学上有现成的方法：求函数的导数，令它为0，解之得$\boldsymbol{\beta}$，$J(\boldsymbol{\beta})$为最小值，计算步骤如下：

求$\dfrac{\partial J(\boldsymbol{\beta})}{\partial \boldsymbol{\beta}} = 0$。

由于和差转置等于转置和差

$$\begin{aligned} J(\boldsymbol{\beta}) &= (\boldsymbol{Y} - \boldsymbol{\Phi\beta})^{\mathrm{T}}(\boldsymbol{Y} - \boldsymbol{\Phi\beta}) \\ &= (\boldsymbol{Y}^{\mathrm{T}} - (\boldsymbol{\Phi\beta})^{\mathrm{T}})(\boldsymbol{Y} - \boldsymbol{\Phi\beta}) \end{aligned}$$

乘积的转置等于后矩阵转置写在前，前矩阵转置写在后，并展开括号

$$J(\boldsymbol{\beta}) = (\boldsymbol{Y}^{\mathrm{T}} - \boldsymbol{\beta}^{\mathrm{T}}\boldsymbol{\Phi}^{\mathrm{T}})(\boldsymbol{Y} - \boldsymbol{\Phi\beta}) = \boldsymbol{Y}^{\mathrm{T}}\boldsymbol{Y} - \boldsymbol{\beta}^{\mathrm{T}}\boldsymbol{\Phi}^{\mathrm{T}}\boldsymbol{Y} - \boldsymbol{Y}^{\mathrm{T}}\boldsymbol{\Phi\beta} + \boldsymbol{\beta}^{\mathrm{T}}\boldsymbol{\Phi}^{\mathrm{T}}\boldsymbol{\Phi\beta} \tag{5.2.7}$$

对式(5.2.7)的各项求偏导，由于 $\boldsymbol{Y}$ 不含 $\boldsymbol{\beta}$，则

第1项

$$\frac{\partial \boldsymbol{Y}^{\mathrm{T}}\boldsymbol{Y}}{\partial \boldsymbol{\beta}} = 0$$

第2项

$$\frac{\partial(\boldsymbol{\beta}^{\mathrm{T}}\boldsymbol{\Phi}^{\mathrm{T}}\boldsymbol{Y})}{\partial \boldsymbol{\beta}} = \frac{\partial(\boldsymbol{\beta}^{\mathrm{T}})(\boldsymbol{\Phi}^{\mathrm{T}}\boldsymbol{Y})}{\partial \boldsymbol{\beta}} = \frac{\partial \boldsymbol{\beta}^{\mathrm{T}}}{\partial \boldsymbol{\beta}} \cdot \boldsymbol{\Phi}^{\mathrm{T}}\boldsymbol{Y} + \boldsymbol{\beta}^{\mathrm{T}}\frac{\partial \boldsymbol{\Phi}^{\mathrm{T}}\boldsymbol{Y}}{\partial \boldsymbol{\beta}}$$

$\boldsymbol{\Phi}^{\mathrm{T}}\boldsymbol{Y}$ 是不含 $\boldsymbol{\beta}$ 的常数阵，$\frac{\partial \boldsymbol{\Phi}^{\mathrm{T}}\boldsymbol{Y}}{\partial \boldsymbol{\beta}} = 0$；由法则1知，$\frac{\partial \boldsymbol{\beta}^{\mathrm{T}}}{\partial \boldsymbol{\beta}} = \boldsymbol{I}$，故$\frac{\partial(\boldsymbol{\beta}^{\mathrm{T}}\boldsymbol{\Phi}^{\mathrm{T}}\boldsymbol{Y})}{\partial \boldsymbol{\beta}} = \boldsymbol{\Phi}^{\mathrm{T}}\boldsymbol{Y}$。

第3项

$$\frac{\partial \boldsymbol{Y}^{\mathrm{T}}\boldsymbol{\Phi\beta}}{\partial \boldsymbol{\beta}} = \frac{\partial(\boldsymbol{Y}^{\mathrm{T}}\boldsymbol{\Phi})(\boldsymbol{\beta})}{\partial \boldsymbol{\beta}} = \frac{\partial \boldsymbol{Y}^{\mathrm{T}}\boldsymbol{\Phi}}{\partial \boldsymbol{\beta}} \cdot \boldsymbol{\beta} + (\boldsymbol{Y}^{\mathrm{T}}\boldsymbol{\Phi}) \cdot \frac{\partial \boldsymbol{\beta}}{\partial \boldsymbol{\beta}}$$

$\boldsymbol{Y}^{\mathrm{T}}$为不含$\boldsymbol{\beta}$的常数阵，$\frac{\partial \boldsymbol{Y}^{\mathrm{T}}\boldsymbol{\Phi}}{\partial \boldsymbol{\beta}} = 0$，由法则2 $\frac{\partial \boldsymbol{\beta}}{\partial \boldsymbol{\beta}} = \mathrm{cs}\boldsymbol{I}_n$，$\frac{\partial \boldsymbol{Y}^{\mathrm{T}}\boldsymbol{\Phi\beta}}{\partial \boldsymbol{\beta}} = (\boldsymbol{Y}^{\mathrm{T}}\boldsymbol{\Phi}) \cdot \mathrm{cs}\boldsymbol{I}_n = (\boldsymbol{Y}^{\mathrm{T}}\boldsymbol{\Phi})^{\mathrm{T}} = \boldsymbol{\Phi}^{\mathrm{T}}(\boldsymbol{Y}^{\mathrm{T}})^{\mathrm{T}} = \boldsymbol{\Phi}^{\mathrm{T}}\boldsymbol{Y}$。

第4项，由法则4

$$\frac{\partial \boldsymbol{\beta}^{\mathrm{T}}\boldsymbol{\Phi}^{\mathrm{T}}\boldsymbol{\Phi\beta}}{\partial \boldsymbol{\beta}} = 2\boldsymbol{\Phi}^{\mathrm{T}}\boldsymbol{\Phi\beta}$$

于是，$\frac{\partial J(\boldsymbol{\beta})}{\partial \boldsymbol{\beta}} = -\boldsymbol{\Phi}^{\mathrm{T}}\boldsymbol{Y} - \boldsymbol{\Phi}^{\mathrm{T}}\boldsymbol{Y} + 2\boldsymbol{\Phi}^{\mathrm{T}}\boldsymbol{\Phi\beta} = 0$，$-2\boldsymbol{\Phi}^{\mathrm{T}}\boldsymbol{Y} + 2\boldsymbol{\Phi}^{\mathrm{T}}\boldsymbol{\Phi\beta} = 0$，$\boldsymbol{\Phi}^{\mathrm{T}}\boldsymbol{\Phi\beta} = \boldsymbol{\Phi}^{\mathrm{T}}\boldsymbol{Y}$，两边左乘$(\boldsymbol{\Phi}^{\mathrm{T}}\boldsymbol{\Phi})^{-1}$，有

$$(\boldsymbol{\Phi}^{\mathrm{T}}\boldsymbol{\Phi})^{-1} \cdot \boldsymbol{\Phi}^{\mathrm{T}}\boldsymbol{\Phi}\beta = (\boldsymbol{\Phi}^{\mathrm{T}}\boldsymbol{\Phi})^{-1} \cdot \boldsymbol{\Phi}^{\mathrm{T}}\boldsymbol{Y}$$

最后得

$$\boldsymbol{\beta} = (\boldsymbol{\Phi}^{\mathrm{T}}\boldsymbol{\Phi})^{-1} \cdot \boldsymbol{\Phi}^{\mathrm{T}}\boldsymbol{Y}$$

由输入输出数表便可构造$\boldsymbol{\Phi}$与$\boldsymbol{Y}$常数阵，$\boldsymbol{\beta} = (\boldsymbol{a}_1 \quad \boldsymbol{a}_2 \quad \cdots \quad \boldsymbol{a}_n)^{\mathrm{T}}$可求，用输入输出数据估计出来的参数阵记为$\hat{\boldsymbol{\beta}}$，于是

$$\hat{\boldsymbol{\beta}} = (\boldsymbol{\Phi}^{\mathrm{T}}\boldsymbol{\Phi})^{-1} \cdot \boldsymbol{\Phi}^{\mathrm{T}}\boldsymbol{Y} \tag{5.2.8}$$

结论如下：

(1) 由(5.2.3)知 $\boldsymbol{\Phi}_{N\times n}$，$\boldsymbol{Y}_{N\times 1}$ 包含了所有的测试数据，测试数据被成批地运用，故称这种算法为批量算法。运用中没有丢弃任何一组数据，故包含了测试中所有信息。随着试验次数 N 的增加，$\hat{\boldsymbol{\beta}}$ 会愈加准确。可以证明 $\lim\limits_{N\to\infty}\hat{\boldsymbol{\beta}} \to \boldsymbol{\beta}_0$（$\boldsymbol{\beta}_0$ 为系统的真参数）。这是因为式(5.2.3)中 $\boldsymbol{E}$ 阵由 $e(1)$，$e(2)$，…，$e(N)$ 组成，误差补偿 e 是随机变量，它服从正态分布，可用描述函数$f(\delta) = \frac{1}{\sigma\sqrt{2\pi}}\mathrm{e}^{\frac{-\delta^2}{2\sigma^2}}$ 表述。式中 δ 对应于 e。σ^2 为 e 的方差。标准差 σ 为它的均方根值，相应图形如图5.2.2所示。

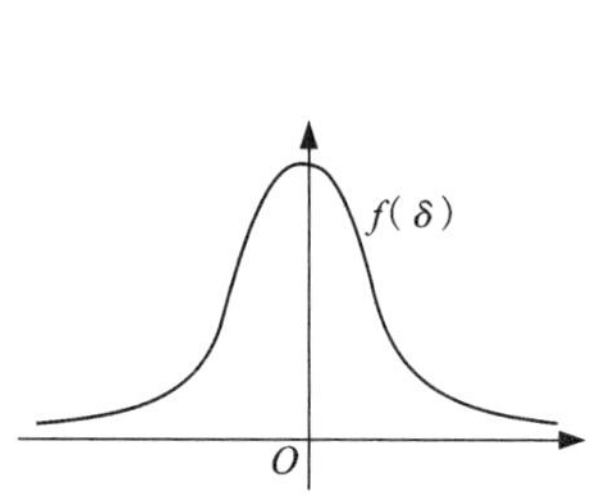

图5.2.2　高斯正态分布概率曲线

这是一条对 Y 轴对称的曲线，正差概率与负差概率相等，故数学期望为 0。所以 $\lim\limits_{N\to\infty}\hat{\boldsymbol{\beta}}\to\boldsymbol{\beta}_0$

(2) 根据式(5.2.8)，系统参数估计的步骤如下：

① 做系统的稳态测试，得输入输出数据。

② 构成 $\boldsymbol{\Phi}$ 阵与 $\boldsymbol{Y}$ 阵。

③ 代入式(5.2.8)，求出 $\hat{\boldsymbol{\beta}}$。

(3) 由以上步骤知，整个过程未涉及系统内部机理。对系统不甚了解的情况下亦可进行，不需要对系统有先验知识，为控制工作者提供了建模的机会。由于是实测系统输入输出而估计出来的参数，因此往往比理论建模更合乎实际

(4) 式(5.2.8) 是在评价函数以误差平方和为最小的思想得到的结果，它由高斯首先提出，并在计算地球环绕太阳旋转轨道获得成功，故又称高斯最小二乘法。误差平方和除以误差个数 N，即误差平方的均值；当 $N\to\infty$ 时，即随机变量 e 的方差。误差平方和最小与方差最小是等价的，基本思想是一样的，只是名称不同而已。

5.3 动态模型参数估计

重写式(1.3.2) 并移项，将移项后 a_1，a_2，…，a_n 前的负号包含在参数之中，令 $b_0=0$，得离散系统差分方程为：

$$y(k)=a_1y(k-1)+a_2y(k-2)+\cdots+a_ny(k-n)+b_1u(k-1)+b_2u(k-2)+\cdots+b_nu(k-n) \tag{5.3.1}$$

动态系统示意图如图5.3所示。对其进行动态测试。具体做法是，在动态过程中，对输入输出同时作等时间间隔的采样测量。

图5.3　动态系统示意图

系统如图5.3所示。对其进行动态测试，具体做法是，在动态过程中，对输入输出同时作等时间间隔的采样测量。有三个特点：① 在动态过程中测量。② 对输入输出的测量同时进行。③ 由机器按一定的采样周期 T 进行 A/D 转换。

其与稳态测试有明显差别，稳态测试只注重结果，待输入信号对系统的作用稳定后才测输出。而动态不仅关注结果，更关注过程的变化。现用差分方程做系统动态的数学模型。

经动态测试得输入输出序列如下。

输入：$u(1)$，$u(2)$，…，$u(N)$；

输出：$y(1)$，$y(2)$，…，$y(N)$。

序列为实测，必能满足式(5.3.1)，则

$$\begin{cases} y(1) = a_1y(0) + a_2y(-1) + \cdots + a_ny(1-n) \\ \qquad + b_1u(0) + b_2u(-1) + \cdots + b_nu(1-n) + e(1) \\ y(2) = a_1y(1) + a_2y(0) + \cdots + a_ny(2-n) \\ \qquad + b_1u(1) + b_2u(0) + \cdots + b_nu(2-n) + e(2) \\ \qquad \cdots \\ y(N) = a_1y(N-1) + a_2y(N-2) + \cdots + a_ny(N-n) \\ \qquad + b_1u(N-1) + b_2u(N-2) + \cdots + b_nu(N-n) + e(N) \end{cases} \tag{5.3.2}$$

写成矩阵形式，令

$$\boldsymbol{Y} = \begin{pmatrix} y(1) \\ y(2) \\ \vdots \\ y(N) \end{pmatrix}_{N\times 1}, \boldsymbol{\beta} = \begin{pmatrix} a_1 \\ \vdots \\ a_n \\ b_1 \\ \vdots \\ b_n \end{pmatrix}_{2n\times 1}, \boldsymbol{E} = \begin{pmatrix} e(1) \\ e(2) \\ \vdots \\ e(N) \end{pmatrix}_{N\times 1},$$

$$\boldsymbol{\Phi} = \begin{pmatrix} y(0) & y(-1) & \cdots & y(1-n) & u(0) & u(-1) & \cdots & u(1-n) \\ y(1) & y(0) & \cdots & y(2-n) & u(1) & u(0) & \cdots & u(2-n) \\ \cdots \\ y(N-1) & y(N-2) & \cdots & y(N-n) & u(N-1) & u(N-2) & \cdots & u(N-n) \end{pmatrix}_{N\times 2n} \tag{5.3.3}$$

得

$$\boldsymbol{Y}_{N\times 1} = \boldsymbol{\Phi}_{N\times 2n} \cdot \boldsymbol{\beta}_{2n\times 1} + \boldsymbol{E}_{N\times 1}$$
$$\boldsymbol{E} = \boldsymbol{Y} - \boldsymbol{\Phi} \cdot \boldsymbol{\beta}$$

引入评价函数

$$J(\boldsymbol{\beta}) = \boldsymbol{E}^{\mathrm{T}}\boldsymbol{E} = (\boldsymbol{Y} - \boldsymbol{\Phi\beta})^{\mathrm{T}}(\boldsymbol{Y} - \boldsymbol{\Phi\beta})$$

令$\dfrac{\partial J(\boldsymbol{\beta})}{\partial \boldsymbol{\beta}} = 0$，解得

$$\hat{\boldsymbol{\beta}} = (\boldsymbol{\Phi}^{\mathrm{T}}\boldsymbol{\Phi})^{-1}\boldsymbol{\Phi}^{\mathrm{T}}\boldsymbol{y}$$

结果与式(5.2.8)完全相同，只是$\boldsymbol{\Phi}$矩阵有所不同。前者全由输入数据构成，后者还包括了输出数据。

式(5.3.2)中的e称为动态模型的残差，与静态残差有很大不同。静态e只是一个随机变量，而动态e则是随机过程，$e(1)$，$e(2)$，…，$e(N)$是按时间向前延伸。静态e，如$e(1)$与$e(2)$互不相关，见(5.2.2)式的第1、2式，它们之间无任何关系。而(5.3.2)式的第2式中$y(0)\cdots y(2-n)$第1式亦有，可见$\boldsymbol{e}(1)$与$\boldsymbol{e}(2)$不独立，称为相关残差，又称相关噪声。由频谱分析知，独立残差又称独立噪声，它的频谱与白光频谱相同，为均匀频谱，故称静态e为白噪声。而动态e是相关噪声，它的频谱与有色光相同，故称为有色噪声。正是由于这一重大差别，致使动态模型的参数估计是有偏估计，即$\lim\limits_{N\to\infty}\hat{\boldsymbol{\beta}} \nrightarrow \boldsymbol{\beta}_0$。在以后的有关章节会进一步讨论这个问题。

5.4 参数估计的递推算法

式(5.3.2)之所以称为批量算法，是因为它对输入输出数据的使用是成批进行的。它有以下缺点：

(1) 参数估计要精确，测试次数 N 要足够大，使得 $\boldsymbol{\Phi}$ 的维数逐次增加。计算量会随维数的增加呈几何级数增长，特别是矩阵求逆，使得参数估计失去实时性，只能作离线计算，不能用作在线控制。

(2) 批量算法中，历史数据需要保留，测试又要与时俱进，这就造成了需要存储的数据无限而计算机存储空间有限之间的矛盾。

能否设想这样一种算法，在原有参数估计的基础上，根据新采得的一组输入输出数据，只作少量计算，便对原估计的参数进行修正，从而获得新的估计值。若能行，计算量大为简化自不必说，历史数据也没有必要保留，上述两个缺点全部加以克服。下面就以这种思想为指导，进化推演，看会产生什么样的结果。

5.4.1 和矩阵求逆公式(又称矩阵反演定理)

【引理】 设 $\boldsymbol{A}$ 为非奇异方阵，$\boldsymbol{BC}^{\mathrm{T}}$ 的乘积维数与 $\boldsymbol{A}$ 相同

则

$$(\boldsymbol{A}+\boldsymbol{BC}^{\mathrm{T}})^{-1}=\boldsymbol{A}^{-1}-\boldsymbol{A}^{-1}\boldsymbol{B}(\boldsymbol{I}+\boldsymbol{C}^{\mathrm{T}}\boldsymbol{A}^{-1}\boldsymbol{B})^{-1}\boldsymbol{C}^{\mathrm{T}}\boldsymbol{A}^{-1} \tag{5.4.1}$$

式中，$\boldsymbol{I}$ 为与 $\boldsymbol{A}$ 同维的单位阵。

【证明】 式(5.4.1)两边同左乘$(\boldsymbol{A}+\boldsymbol{BC}^{\mathrm{T}})$，左边 $(\boldsymbol{A}+\boldsymbol{BC}^{\mathrm{T}})(\boldsymbol{A}+\boldsymbol{BC}^{\mathrm{T}})^{-1}=\boldsymbol{I}$

右边

$$(\boldsymbol{A}+\boldsymbol{BC}^{\mathrm{T}})[\boldsymbol{A}^{-1}-\boldsymbol{A}^{-1}\boldsymbol{B}(\boldsymbol{I}+\boldsymbol{C}^{\mathrm{T}}\boldsymbol{A}^{-1}\boldsymbol{B})^{-1}\boldsymbol{C}^{\mathrm{T}}\boldsymbol{A}^{-1}]$$

$$=\boldsymbol{AA}^{-1}+\boldsymbol{BC}^{\mathrm{T}}\boldsymbol{A}^{-1}-\boldsymbol{AA}^{-1}\boldsymbol{B}(\boldsymbol{I}+\boldsymbol{C}^{\mathrm{T}}\boldsymbol{A}^{-1}\boldsymbol{B})^{-1}\boldsymbol{C}^{\mathrm{T}}\boldsymbol{A}^{-1}-\boldsymbol{BC}^{\mathrm{T}}\boldsymbol{A}^{-1}\boldsymbol{B}(\boldsymbol{I}+\boldsymbol{C}^{\mathrm{T}}\boldsymbol{A}^{-1}\boldsymbol{B})^{-1}\boldsymbol{C}^{\mathrm{T}}\boldsymbol{A}^{-1}$$

因为

$$\boldsymbol{A}\cdot\boldsymbol{A}^{-1}=\boldsymbol{I}$$

$$=\boldsymbol{I}+\boldsymbol{BC}^{\mathrm{T}}\boldsymbol{A}^{-1}-\boldsymbol{B}(\boldsymbol{I}+\boldsymbol{C}^{\mathrm{T}}\boldsymbol{A}^{-1}\boldsymbol{B})^{-1}\boldsymbol{C}^{\mathrm{T}}\boldsymbol{A}^{-1}-\boldsymbol{BC}^{\mathrm{T}}\boldsymbol{A}^{-1}\boldsymbol{B}(\boldsymbol{I}+\boldsymbol{C}^{\mathrm{T}}\boldsymbol{A}^{-1}\boldsymbol{B})^{-1}\boldsymbol{C}^{\mathrm{T}}\boldsymbol{A}^{-1}$$

上式第3、第4项，左抽 $\boldsymbol{B}$，右抽$(\boldsymbol{I}+\boldsymbol{C}^{\mathrm{T}}\boldsymbol{A}^{-1}\boldsymbol{B})^{-1}\boldsymbol{C}^{\mathrm{T}}\boldsymbol{A}^{-1}$

$$=\boldsymbol{I}+\boldsymbol{BC}^{\mathrm{T}}\boldsymbol{A}^{-1}-\boldsymbol{B}(\boldsymbol{I}+\boldsymbol{C}^{\mathrm{T}}\boldsymbol{A}^{-1}\boldsymbol{B})(\boldsymbol{I}+\boldsymbol{C}^{\mathrm{T}}\boldsymbol{A}^{-1}\boldsymbol{B})^{-1}\boldsymbol{C}^{\mathrm{T}}\boldsymbol{A}^{-1}$$

因为

$$(\boldsymbol{I}+\boldsymbol{C}^{\mathrm{T}}\boldsymbol{A}^{-1}\boldsymbol{B})(\boldsymbol{I}+\boldsymbol{C}^{\mathrm{T}}\boldsymbol{A}^{-1}\boldsymbol{B})^{-1}=\boldsymbol{I}$$

右边最终

$$=\boldsymbol{I}+\boldsymbol{BC}^{\mathrm{T}}\boldsymbol{A}^{-1}-\boldsymbol{BC}^{\mathrm{T}}\boldsymbol{A}^{-1}=\boldsymbol{I}$$

式(5.4.1)两边同左乘$(\boldsymbol{A}+\boldsymbol{BC}^{\mathrm{T}})$后均为单位阵 $\boldsymbol{I}$，故知矩阵求逆公式成立。

【证毕】

5.4.2 递推公式

设系统在 N 次测试后又进行了一次新的采样，输入输出序列又多了一组新的数据

$$
\begin{matrix} u(1) & u(2) & \cdots & u(N) & u(N+1) \\ y(1) & y(2) & \cdots & y(N) & y(N+1) \end{matrix}
$$

式(5.3.2)将增加一个 $y(N+1)$ 的方程式

$$
\begin{aligned} y(N+1) &= a_1y(N) + a_2y(N-1) + \cdots + a_ny(N-n+1) \\ &+ b_1u(N) + b_2u(N-1) + \cdots + b_nu(N-n+1) + e(N+1) \end{aligned}
$$

这就意味着

$$
\boldsymbol{Y}_{N+1} = \begin{pmatrix} y(1) \\ y(2) \\ \vdots \\ y(N) \\ y(N+1) \end{pmatrix}_{(N+1)\times 1} = \begin{pmatrix} \boldsymbol{Y}_N \\ y(N+1) \end{pmatrix}_{(N+1)\times 1} \tag{5.4.2}
$$

$$
\boldsymbol{E} = \begin{pmatrix} e(1) \\ e(2) \\ \vdots \\ e(N) \\ e(N+1) \end{pmatrix}_{(N+1)\times 1}
$$

$$
\boldsymbol{\Phi}_{N+1} = \begin{pmatrix} y(0) & y(-1) & \cdots & y(1-n) & u(0) & u(-1) & \cdots & u(1-n) \\ y(1) & y(0) & \cdots & y(2-n) & u(1) & u(0) & \cdots & u(2-n) \\ & & & & \cdots & & & \\ y(N-1) & y(N-2) & \cdots & y(N-n) & u(N-1) & u(N-2) & \cdots & u(N-n) \\ y(N) & y(N-1) & \cdots & y(N-n+1) & u(N) & u(N-1) & \cdots & u(N-n+1) \end{pmatrix}_{(N+1)\times 2n}
$$

$$
= \begin{pmatrix} \boldsymbol{\Phi}_N \\ \boldsymbol{X}_{N+1}^{\mathrm{T}} \end{pmatrix}_{(N+1)\times 1} \tag{5.4.3}
$$

式中，$\boldsymbol{Y}_{N+1}$，$\boldsymbol{\Phi}_{N+1}$ 表示由 $N+1$ 组数组成的矩阵；自然 $\boldsymbol{\Phi}_N$ 和 $\boldsymbol{Y}_N$ 表示由 N 组数组成的矩阵；式(5.4.2)表明了 $\boldsymbol{Y}_{N+1}$ 与 $\boldsymbol{Y}_{N+1}$ 之间的关系；式(5.4.3)表明了 Φ_{N+1} 和 Φ_N 的关系。式(5.4.3)与式(5.3.3)作比较，将多出的行阵设为 $\boldsymbol{X}_{N+1}^{\mathrm{T}}$，$\boldsymbol{X}^{N+1}$ 为列阵。

【定理】 设 $\boldsymbol{P}_N = (\boldsymbol{\Phi}_N^{\mathrm{T}}\boldsymbol{\Phi}_N)^{-1}$，$\boldsymbol{P}_{N+1} = (\boldsymbol{\Phi}_{N+1}^{\mathrm{T}}\boldsymbol{\Phi}_{N+1})^{-1}$，且$\hat{\boldsymbol{\beta}}_N = (\boldsymbol{\Phi}_N^{\mathrm{T}}\boldsymbol{\Phi}_N)^{-1}\boldsymbol{\Phi}_N^{\mathrm{T}}\boldsymbol{Y}_N$，$\hat{\boldsymbol{\beta}}_{N+1} = (\boldsymbol{\Phi}_{N+1}^{\mathrm{T}}\boldsymbol{\Phi}_{N+1})^{-1}\boldsymbol{\Phi}_{N+1}^{\mathrm{T}}\boldsymbol{Y}_{N+1}$，则

$$
\begin{cases} \boldsymbol{P}_{N+1} = \boldsymbol{P}_N - \boldsymbol{P}_N\boldsymbol{X}_{N+1}(\boldsymbol{I} + \boldsymbol{X}_{N+1}^{\mathrm{T}}\boldsymbol{P}_N\boldsymbol{X}_{N+1})^{-1}\boldsymbol{X}_{N+1}^{\mathrm{T}}\boldsymbol{P}_N \\ \hat{\boldsymbol{\beta}}_{N+1} = \hat{\boldsymbol{\beta}}_N - \boldsymbol{P}_N\boldsymbol{X}_{N+1}(\boldsymbol{I} + \boldsymbol{X}_{N+1}^{\mathrm{T}}\boldsymbol{P}_N\boldsymbol{X}_{N+1})^{-1}(\boldsymbol{X}_{N+1}^{\mathrm{T}}\hat{\boldsymbol{\beta}}_N - y_{(N+1)}) \end{cases}
$$

【证明】 由 $N+1$ 组数用批量算法可求得

$$
\hat{\boldsymbol{\beta}}_{N+1} = (\boldsymbol{\Phi}_{N+1}^{\mathrm{T}}\boldsymbol{\Phi}_{N+1})^{-1}\boldsymbol{\Phi}_{N+1}^{\mathrm{T}}\boldsymbol{Y}_{N+1} \tag{5.4.4}
$$

其中

$$
\boldsymbol{\Phi}_{N+1}^{\mathrm{T}}\boldsymbol{\Phi}_{N+1} = \begin{pmatrix} \boldsymbol{\Phi}_N \\ \boldsymbol{X}_{N+1}^{\mathrm{T}} \end{pmatrix}^{\mathrm{T}} \begin{pmatrix} \boldsymbol{\Phi}_N \\ \boldsymbol{X}_{N+1}^{\mathrm{T}} \end{pmatrix} = (\boldsymbol{\Phi}_N^{\mathrm{T}}\ \boldsymbol{X}_{N+1}) \begin{pmatrix} \boldsymbol{\Phi}_N \\ \boldsymbol{X}_{N+1}^{\mathrm{T}} \end{pmatrix} = \boldsymbol{\Phi}_N^{\mathrm{T}}\boldsymbol{\Phi}_N + \boldsymbol{X}_{N+1}\boldsymbol{X}_{N+1}^{\mathrm{T}}
$$

则

$$
(\boldsymbol{\Phi}_{N+1}^{\mathrm{T}}\boldsymbol{\Phi}_{N+1})^{-1} = (\boldsymbol{\Phi}_N^{\mathrm{T}}\boldsymbol{\Phi}_N + \boldsymbol{X}_{N+1}\boldsymbol{X}_{N+1}^{\mathrm{T}})^{-1} \tag{5.4.5}
$$

由于$(\boldsymbol{\Phi}_N)_{N\times 2n}$，于是$(\boldsymbol{\Phi}_N^{\mathrm{T}})_{2n\times N}$，$(\boldsymbol{\Phi}_N^{\mathrm{T}}\boldsymbol{\Phi}_N)_{2n\times 2n}$为方阵，故有逆。将$(\boldsymbol{\Phi}_N^{\mathrm{T}}\boldsymbol{\Phi}_N)$看作(5.4.1)中的$\boldsymbol{A}$，$\boldsymbol{X}_{N+1}$看作$\boldsymbol{B}$，$\boldsymbol{X}_{N+1}^{\mathrm{T}}$看作$\boldsymbol{C}^{\mathrm{T}}$，根据矩阵求逆公式得

$$(\boldsymbol{\Phi}_{N+1}^{\mathrm{T}}\boldsymbol{\Phi}_{N+1})^{-1}=(\boldsymbol{\Phi}_N^{\mathrm{T}}\boldsymbol{\Phi}_N)^{-1}-(\boldsymbol{\Phi}_N^{\mathrm{T}}\boldsymbol{\Phi}_N)^{-1}\boldsymbol{X}_{N+1}(\boldsymbol{I}+\boldsymbol{X}_{N+1}^{\mathrm{T}}(\boldsymbol{\Phi}_N^{\mathrm{T}}\boldsymbol{\Phi}_N)^{-1}\boldsymbol{X}_{N+1})^{-1}\boldsymbol{X}_{N+1}^{\mathrm{T}}(\boldsymbol{\Phi}_N^{\mathrm{T}}\boldsymbol{\Phi}_N)^{-1}$$

为简化，令$\boldsymbol{P}_N=(\boldsymbol{\Phi}_N^{\mathrm{T}}\boldsymbol{\Phi}_N)^{-1}$，则$\boldsymbol{P}_{N+1}=(\boldsymbol{\Phi}_{N+1}^{\mathrm{T}}\boldsymbol{\Phi}_{N+1})^{-1}$，于是得

$$\boldsymbol{P}_{N+1}=\boldsymbol{P}_N-\boldsymbol{P}_N\boldsymbol{X}_{N+1}(\boldsymbol{I}+\boldsymbol{X}_{N+1}^{\mathrm{T}}\boldsymbol{P}_N\boldsymbol{X}_{N+1})^{-1}\boldsymbol{X}_{N+1}^{\mathrm{T}}\boldsymbol{P}_N \tag{5.4.6}$$

而式(5.4.4)右边的后因子矩阵为

$$\boldsymbol{\Phi}_{N+1}^{\mathrm{T}}\boldsymbol{Y}_{N+1}=\begin{pmatrix}\boldsymbol{\Phi}_N\\ \\ \boldsymbol{X}_{N+1}^{\mathrm{T}}\end{pmatrix}^{\mathrm{T}}\begin{pmatrix}\boldsymbol{Y}_N\\ \cdots\\ y_{(N+1)}\end{pmatrix}=(\boldsymbol{\Phi}_N^{\mathrm{T}}\ \boldsymbol{X}_{N+1})\begin{pmatrix}\boldsymbol{Y}_N\\ y_{(N+1)}\end{pmatrix}=\boldsymbol{\Phi}_N^{\mathrm{T}}\boldsymbol{Y}_N+\boldsymbol{X}_{N+1}y_{(N+1)} \tag{5.4.7}$$

将式(5.4.6)式和(5.4.7)代入式(5.4.4)，有

$$\begin{aligned}\hat{\boldsymbol{\beta}}_{N+1}&=(\boldsymbol{P}_N-\boldsymbol{P}_N\boldsymbol{X}_{N+1}(\boldsymbol{I}+\boldsymbol{X}_{N+1}^{\mathrm{T}}\boldsymbol{P}_N\boldsymbol{X}_{N+1})^{-1}\boldsymbol{X}_{N+1}^{\mathrm{T}}\boldsymbol{P}_N)(\boldsymbol{\Phi}_N^{\mathrm{T}}\boldsymbol{Y}_N+\boldsymbol{X}_{N+1}y_{(N+1)})\\&=\boldsymbol{P}_N\boldsymbol{\Phi}_N^{\mathrm{T}}\boldsymbol{Y}_N-\boldsymbol{P}_N\boldsymbol{X}_{N+1}(\boldsymbol{I}+\boldsymbol{X}_{N+1}^{\mathrm{T}}\boldsymbol{P}_N\boldsymbol{X}_{N+1})^{-1}\boldsymbol{X}_{N+1}^{\mathrm{T}}\boldsymbol{P}_N\boldsymbol{\Phi}_N^{\mathrm{T}}\boldsymbol{Y}_N\\&\quad+\boldsymbol{P}_N\boldsymbol{X}_{N+1}y_{(N+1)}-\boldsymbol{P}_N\boldsymbol{X}_{N+1}(\boldsymbol{I}+\boldsymbol{X}_{N+1}^{\mathrm{T}}\boldsymbol{P}_N\boldsymbol{X}_{N+1})^{-1}\boldsymbol{X}_{N+1}^{\mathrm{T}}\boldsymbol{P}_N\boldsymbol{X}_{N+1}y_{(N+1)}\end{aligned} \tag{5.4.8}$$

将上式第3项插入$(\boldsymbol{I}+\boldsymbol{X}_{N+1}^{\mathrm{T}}\boldsymbol{P}_N\boldsymbol{X}_{N+1})^{-1}(\boldsymbol{I}+\boldsymbol{X}_{N+1}^{\mathrm{T}}\boldsymbol{P}_N\boldsymbol{X}_{N+1})$，则有

$$\boldsymbol{P}_N\boldsymbol{X}_{N+1}y_{(N+1)}=\boldsymbol{P}_N\boldsymbol{X}_{N+1}(\boldsymbol{I}+\boldsymbol{X}_{N+1}^{\mathrm{T}}\boldsymbol{P}_N\boldsymbol{X}_{N+1})^{-1}(\boldsymbol{I}+\boldsymbol{X}_{N+1}^{\mathrm{T}}\boldsymbol{P}_N\boldsymbol{X}_{N+1})y_{(N+1)}$$

展开第2个括号

$$=\boldsymbol{P}_N\boldsymbol{X}_{N+1}(\boldsymbol{I}+\boldsymbol{X}_{N+1}^{\mathrm{T}}\boldsymbol{P}_N\boldsymbol{X}_{N+1})^{-1}y_{(N+1)}+\boldsymbol{P}_N\boldsymbol{X}_{N+1}(\boldsymbol{I}+\boldsymbol{X}_{N+1}^{\mathrm{T}}\boldsymbol{P}_N\boldsymbol{X}_{N+1})^{-1}\boldsymbol{X}_{N+1}^{\mathrm{T}}\boldsymbol{P}_N\boldsymbol{X}_{N+1}y_{(N+1)}$$

上式第2项正好与(5.4.8)的第4项相同，符号相反，约后

$$\hat{\boldsymbol{\beta}}_{N+1}=\boldsymbol{P}_N\boldsymbol{\Phi}_N^{\mathrm{T}}\boldsymbol{Y}_N-\boldsymbol{P}_N\boldsymbol{X}_{N+1}(\boldsymbol{I}+\boldsymbol{X}_{N+1}^{\mathrm{T}}\boldsymbol{P}_N\boldsymbol{X}_{N+1})^{-1}\boldsymbol{X}_{N+1}^{\mathrm{T}}\boldsymbol{P}_N\boldsymbol{\Phi}_N^{\mathrm{T}}\boldsymbol{Y}_N+\boldsymbol{P}_N\boldsymbol{X}_{N+1}(\boldsymbol{I}+\boldsymbol{X}_{N+1}^{\mathrm{T}}\boldsymbol{P}_N\boldsymbol{X}_{N+1})^{-1}y_{(N+1)}$$

上式第2、第3项有公因子，抽出后得，且

$$\hat{\boldsymbol{\beta}}_N=(\boldsymbol{\Phi}_N^{\mathrm{T}}\boldsymbol{\Phi}_N)^{-1}\boldsymbol{\Phi}_N^{\mathrm{T}}\boldsymbol{Y}_N=\boldsymbol{P}_N\boldsymbol{\Phi}_N^{\mathrm{T}}\boldsymbol{Y}_N$$

$$\hat{\boldsymbol{\beta}}_{N+1}=\hat{\boldsymbol{\beta}}_N-\boldsymbol{P}_N\boldsymbol{X}_{N+1}(\boldsymbol{I}+\boldsymbol{X}_{N+1}^{\mathrm{T}}\boldsymbol{P}_N\boldsymbol{X}_{N+1})^{-1}(\boldsymbol{X}_{N+1}^{\mathrm{T}}\hat{\boldsymbol{\beta}}_N-y_{(N+1)}) \tag{5.4.9}$$

联立式(5.4.6)与式(5.4.9)得

$$\begin{cases}\boldsymbol{P}_{N+1}=\boldsymbol{P}_N-\boldsymbol{P}_N\cdot\boldsymbol{X}_{N+1}(\boldsymbol{I}+\boldsymbol{X}_{N+1}^{\mathrm{T}}\boldsymbol{P}_N\boldsymbol{X}_{N+1})^{-1}\boldsymbol{X}_{N+1}^{\mathrm{T}}\boldsymbol{P}_N\\ \hat{\boldsymbol{\beta}}_{N+1}=\hat{\boldsymbol{\beta}}_N-\boldsymbol{P}_N\boldsymbol{X}_{N+1}(\boldsymbol{I}+\boldsymbol{X}_{N+1}^{\mathrm{T}}\boldsymbol{P}_N\boldsymbol{X}_{N+1})^{-1}(\boldsymbol{X}_{N+1}^{\mathrm{T}}\hat{\boldsymbol{\beta}}_N-y_{(N+1)})\end{cases} \tag{5.4.10}$$

式(5.4.10)称为参数估计的递推公式。

【证毕】

表面上，与批量算法相比，递推算法较为复杂，计算是较多；实际上由式(5.4.5)知，$(\boldsymbol{P}_N)_{2n\times 2n}$，故$(\boldsymbol{X}_{N+1}^{\mathrm{T}})_{1\times 2n}(\boldsymbol{P}_{N+1})_{2n\times 2n}(\boldsymbol{X}_{N+1})_{2n\times 1}$就是一个数(标量)，$(\boldsymbol{I}+\boldsymbol{X}_{N+1}^{\mathrm{T}}\boldsymbol{P}_N\boldsymbol{X}_{N+1})^{-1}$中的单位阵$\boldsymbol{I}$自然就是1。$(\boldsymbol{I}+\boldsymbol{X}_{N+1}^{\mathrm{T}}\boldsymbol{P}_N\boldsymbol{X}_{N+1})^{-1}$就是一个数的倒数，可从下式中间换到前面，则有

$$\begin{aligned}&\boldsymbol{P}_N\cdot\boldsymbol{X}_{N+1}(\boldsymbol{I}+\boldsymbol{X}_{N+1}^{\mathrm{T}}\boldsymbol{P}_N\boldsymbol{X}_{N+1})^{-1}\boldsymbol{X}_{N+1}^{\mathrm{T}}\boldsymbol{P}_N\\&=(\boldsymbol{I}+\boldsymbol{X}_{N+1}^{\mathrm{T}}\boldsymbol{P}_N\boldsymbol{X}_{N+1})^{-1}[(\boldsymbol{P}_N\boldsymbol{X}_{N+1})_{2n\times 1}(\boldsymbol{X}_{N+1}^{\mathrm{T}}\boldsymbol{P}_N)_{1\times 2n}]_{2n\times 2n}\end{aligned}$$

上式中的$(\boldsymbol{P}_N\boldsymbol{X}_{N+1}\cdot\boldsymbol{X}_{N+1}^{\mathrm{T}}\boldsymbol{P}_N)$也只是$2n$阶列阵与$2n$阶行阵的乘积，是矩阵乘积中最为简单的一种，可见递推算式的计算量已经少到最低限度。

式(5.4.10)建立了$\boldsymbol{P}_{N+1}$与$\boldsymbol{P}_N$、$\hat{\boldsymbol{\beta}}_{N+1}$与$\hat{\boldsymbol{\beta}}_N$之间的关系，若已知$\boldsymbol{P}_N$和$\hat{\boldsymbol{\beta}}_N$，据式(5.4.10)可方便地计算出$\boldsymbol{P}_{N+1}$和$\hat{\boldsymbol{\beta}}_{N+1}$，得递推算法如下。

步骤1：由少量的N次采样数据，用批量算法算出$\boldsymbol{P}_N$和$\hat{\boldsymbol{\beta}}_N$。

步骤2：进行新一轮采样，得出 $u(N+1)$ 和 $y(N+1)$，构造 $\boldsymbol{X}_{N+1}$ 和 $\boldsymbol{X}_{N+1}^{\mathrm{T}}$。

步骤3：代入式(5.4.10)，可求得 $\boldsymbol{P}_{N+1}$ 和 $\hat{\boldsymbol{\beta}}_{N+1}$。

步骤4：用 $\boldsymbol{P}_{N+1}$ 和 $\hat{\boldsymbol{\beta}}_{N+1}$ 作为新的 $\boldsymbol{P}_N$ 和 $\hat{\boldsymbol{\beta}}_N$，返回步骤2，循环步骤。

这样，参数估计值被一次次刷新，实现了初衷，不仅大大减少计算，而且历史数据没有保存的必要，数据无限而存储容量有限的矛盾得以完美解决。

由于这种估计算法是根据新的检测对估计值一次次的修改，特别适用于时变系统的参数跟踪，故递推算法有自学习、自适应的功能。这对时变系统尤其有效，由此派生出一个新的学科领域 —— 自适应控制，即用递推算法进行参数估计与最优等控制算法的融合在一起形成的算法。

递推算法能跟踪参数的变化，初值就变得不重要了，不必由批量算法产生，可以从任意初值开始递推，如令 $a_1, a_2, \cdots, a_n = 1$，开始递推。初值 $\boldsymbol{P}_N = \boldsymbol{PI} = \boldsymbol{P}\begin{pmatrix} 1 & \cdots & 0 \\ \vdots & \ddots & \vdots \\ 0 & \cdots & 1 \end{pmatrix}$，$\boldsymbol{P}$ 取值可大一点，如 $\boldsymbol{P} = 10^3$。计算机模拟实验表明，只要递推迭代十多次便逼近真值。

差分方程的参数估计出来以后，则数学模型被唯一地确定下来，前几章的分析便有了扎实的基础。

5.5　参数估计的数字仿真

用差分方程来模拟物理系统进行参数估计，称为参数估计的数字仿真。仿真的关键在于如何获取已知系统的输入输出数据，而不是真实的物理系统采样。后者需要许多硬设备，而仿真只是为了验证算法的有效性。

仿真的步骤如下：

(1) 先设定系统的差分方程为。

$$\begin{aligned} y(k) &= a_1y(k-1) + a_2y(k-2) + \cdots + a_ny(k-n) + b_1u(k-1) \\ &\quad + b_2u(k-2) + \cdots + b_nu(k-n) \end{aligned} \tag{5.5.1}$$

由于是已知系统，$a_1, \cdots, a_n$；$b_1, \cdots, b_n$ 和阶 n 为已知，给定输入序列输入为 $u(1)$，$u(2), \cdots, u(N)$，将这些数据代入式(5.5.1)，则输出序列可求。假定系统的输入端从0时刻加上输入信号的，则自然0时刻之前(包括0时刻)输入为0，同理，0时刻之前的输出也为0。由式(5.5.1)有，令

$k = 1$

$$\begin{aligned} y(1) &= a_1y(0) + a_2y(-1) + \cdots + a_ny(1-n) \\ &\quad + b_1u(0) + b_2u(-1) + \cdots + b_nu(1-n) \\ &= 0 \end{aligned}$$

$k = 2$

$$\begin{aligned} y(2) &= a_1y(1) + a_2y(0) + \cdots + a_ny(2-n) \\ &\quad + b_1u(1) + b_2u(0) + \cdots + b_nu(2-n) \\ &= b_1u(1) \end{aligned}$$

$y(2)$ 可求。

$k=3$

$$\begin{aligned} y(3) &= a_1y(2)+a_2y(1)+\cdots+a_ny(3-n) \\ &+b_1u(2)+b_2u(1)+\cdots+b_nu(3-n) \\ &= a_1\cdots b_1u(1)+b_1u(2)+b_2u(1) \end{aligned}$$

$y(3)$ 可求。

$$\cdots$$

依照这个方法，对于给定的差分方程和输入序列，可求得 y 序列为

$$0, \cdots, 0, u(1), u(2), \cdots, u(N)$$
$$0, \cdots, 0, y(1), y(2), \cdots, y(N)$$

这一工作称为解差分方程，按式(5.5.1) 可编写解差分方程的程序。

(2) 根据估计算法公式，设计参数估计程序，批量或递推，编写 n 阶的通用 C ++ 程序，调试通过，并观察估计参数是否接近给定的 $\boldsymbol{A}$，$\boldsymbol{B}$ 参数，若是，程序通过。

(3) 用调试通过的 ++ 程序以及输入输出数据。在机上进行离线计算，估计未知系统参数，正确的算法程序应该是随意给定系统参数，估计出来的参数与它差不多。

第6章

结构辨识——阶的F检测

6.1　数学基础

6.1.1　分块方阵的求逆公式

【定理1】　设方阵 $\boldsymbol{A}=\begin{pmatrix}\boldsymbol{A}_{11} & \boldsymbol{A}_{12}\\ 0 & \boldsymbol{A}_{22}\end{pmatrix}$，则

$$\boldsymbol{A}^{-1}=\begin{pmatrix}\boldsymbol{A}_{11}^{-1} & -\boldsymbol{A}_{11}^{-1}\boldsymbol{A}_{12}\boldsymbol{A}_{22}^{-1}\\ 0 & \boldsymbol{A}_{22}^{-1}\end{pmatrix} \tag{6.1.1}$$

【证明】　式(6.1.1)的两边同右乘以 $\boldsymbol{A}$，左边 $\boldsymbol{A}^{-1}\boldsymbol{A}=\boldsymbol{I}_n$，$n$ 为 $\boldsymbol{A}$ 的阶。右边

$$\begin{pmatrix}\boldsymbol{A}_{11}^{-1} & -\boldsymbol{A}_{11}^{-1}\boldsymbol{A}_{12}\boldsymbol{A}_{22}^{-1}\\ 0 & \boldsymbol{A}_{22}^{-1}\end{pmatrix}\begin{pmatrix}\boldsymbol{A}_{11} & \boldsymbol{A}_{12}\\ 0 & \boldsymbol{A}_{22}\end{pmatrix}=\begin{pmatrix}\boldsymbol{M}_{11} & \boldsymbol{M}_{12}\\ \boldsymbol{M}_{21} & \boldsymbol{M}_{22}\end{pmatrix}$$

其中，$\boldsymbol{M}_{11}=\boldsymbol{A}_{11}^{-1}\boldsymbol{A}_{11}+(-\boldsymbol{A}_{11}^{-1}\boldsymbol{A}_{12}\boldsymbol{A}_{22}^{-1})\cdot 0=\boldsymbol{A}_{11}^{-1}\boldsymbol{A}_{11}=\boldsymbol{I}_P$，$P$ 为 $\boldsymbol{A}_{11}$ 方阵的阶；$\boldsymbol{M}_{22}=0\cdot\boldsymbol{A}_{12}+\boldsymbol{A}_{22}^{-1}\boldsymbol{A}_{22}=\boldsymbol{I}_Q$；$Q$ 为 $\boldsymbol{A}_{22}$ 方阵的阶，$n=P+Q\boldsymbol{M}_{12}=\boldsymbol{A}_{11}^{-1}\boldsymbol{A}_{12}+(-\boldsymbol{A}_{11}^{-1}\boldsymbol{A}_{12}\boldsymbol{A}_{22}^{-1})\cdot\boldsymbol{A}_{22}=0$；$\boldsymbol{M}_{21}=0\cdot\boldsymbol{A}_{11}+\boldsymbol{A}_{22}^{-1}\cdot 0=0$

可见

$$\begin{pmatrix}\boldsymbol{M}_{11} & \boldsymbol{M}_{12}\\ \boldsymbol{M}_{21} & \boldsymbol{M}_{22}\end{pmatrix}=\begin{pmatrix}\boldsymbol{I}_P & 0\\ 0 & \boldsymbol{I}_Q\end{pmatrix}=\boldsymbol{I}_n$$

右边等于左边。

式(6.1.1)称为上三角矩阵求逆公式。

【证毕】

【定理2】　设方阵 $\boldsymbol{A}=\begin{pmatrix}\boldsymbol{A}_{11} & 0\\ \boldsymbol{A}_{21} & \boldsymbol{A}_{22}\end{pmatrix}$

则

$$A^{-1}=\begin{pmatrix} A_{11}^{-1} & 0 \\ -A_{22}^{-1}A_{21}A_{11}^{-1} & A_{22}^{-1} \end{pmatrix} \tag{6.1.2}$$

【证明】 因为$A^{-1}A=I_n$，而$\begin{pmatrix} A_{11}^{-1} & 0 \\ -A_{22}^{-1}A_{21}A_{11}^{-1} & A_{22}^{-1} \end{pmatrix}\begin{pmatrix} A_{11} & 0 \\ A_{21} & A_{22} \end{pmatrix}=\begin{pmatrix} M_{11} & M_{12} \\ M_{21} & M_{22} \end{pmatrix}$

其中

$$\begin{aligned} M_{11} &= A_{11}^{-1}A_{11}+0\cdot A_{21}=I_P \\ M_{22} &= (-A_{22}^{-1}A_{21}A_{11}^{-1})\cdot 0+A_{22}^{-1}A_{22}=I_Q \\ M_{12} &= A_{11}^{-1}\cdot 0+0\cdot A_{22}=0 \\ M_{21} &= (-A_{22}^{-1}A_{21}A_{11}^{-1})\cdot A_{11}+A_{22}^{-1}A_{21}=0 \end{aligned}$$

可见

$$\begin{pmatrix} M_{11} & M_{12} \\ M_{21} & M_{22} \end{pmatrix}=\begin{pmatrix} I_P & 0 \\ 0 & I_Q \end{pmatrix}=I_n$$

【证毕】

式(6.1.2)称为下三角矩阵求逆公式。

【定理3】 设方阵$A=\begin{pmatrix} A_{11} & A_{12} \\ A_{21} & A_{22} \end{pmatrix}$，阶$n=P+Q$，则$A$阵可分解为两个三角矩阵之积，即

$$A=\begin{pmatrix} I_P & A_{12}A_{22}^{-1} \\ 0 & I_Q \end{pmatrix}\begin{pmatrix} A^{11}-A_{12}A_{22}^{-1}A_{21} & 0 \\ A_{21} & A^{22} \end{pmatrix} \tag{6.1.3}$$

【证明】 令 $A=\begin{pmatrix} I_P & A_{12}A_{22}^{-1} \\ 0 & I_Q \end{pmatrix}\begin{pmatrix} A^{11}-A_{12}A_{22}^{-1}A_{21} & 0 \\ A_{21} & A^{22} \end{pmatrix}=\begin{pmatrix} M_{11} & M_{12} \\ M_{21} & M_{22} \end{pmatrix}$

则

$$\begin{aligned} M_{11} &= I_P(A_{11}-A_{12}A_{22}^{-1}A_{21})+A_{12}A_{22}^{-1}A_{21} \\ &= I_PA_{11}-I_PA_{12}A_{22}^{-1}A_{21}+A_{12}A_{22}^{-1}A_{21}=A_{11} \\ M_{12} &= I_P\cdot 0+A_{12}A_{22}^{-1}A_{22}=A_{12} \\ M_{21} &= 0\cdot(A_{11}-A_{12}A_{22}^{-1}A_{21})+I_QA_{21}=A_{21} \\ M_{22} &= 0\cdot 0+I_QA^{22}=A_{22} \end{aligned}$$

可见

$$\begin{pmatrix} M_{11} & M_{12} \\ M_{21} & M_{22} \end{pmatrix}=\begin{pmatrix} A_{11} & A_{12} \\ A_{21} & A_{22} \end{pmatrix}=A$$

【证毕】

式(6.1.3)表明一个方阵分块后求逆等于两个三角矩阵的乘积，前为上三角矩阵，后为下三角矩阵。

【定理4】 若$A=BC$；A，B，C均为方阵，则

$$A^{-1}=C^{-1}B^{-1} \tag{6.1.4}$$

【证明】　式(6.1.4)式两边同时右乘$\boldsymbol{A}$得，等式左边为$\boldsymbol{A}^{-1}\boldsymbol{A}=\boldsymbol{I}$，而等式右边

$$\boldsymbol{C}^{-1}\boldsymbol{B}^{-1}\boldsymbol{A}=\boldsymbol{C}^{-1}\boldsymbol{B}^{-1}(\boldsymbol{BC})=\boldsymbol{C}^{-1}\boldsymbol{B}^{-1}\boldsymbol{BC}=\boldsymbol{C}^{-1}\boldsymbol{C}=\boldsymbol{I}$$

左右两边相等，式(6.1.4)成立。

【证毕】

【定理5】　设$\boldsymbol{A}=\begin{pmatrix}\boldsymbol{A}_{11} & \boldsymbol{A}_{12}\\ \boldsymbol{A}_{21} & \boldsymbol{A}_{22}\end{pmatrix}$，分块矩阵求逆公式为

则

$$\begin{pmatrix}\boldsymbol{A}_{11} & \boldsymbol{A}_{12}\\ \boldsymbol{A}_{21} & \boldsymbol{A}_{22}\end{pmatrix}^{-1}=\begin{pmatrix}\widetilde{\boldsymbol{A}}_{11}^{-1} & -\widetilde{\boldsymbol{A}}_{11}^{-1}\boldsymbol{A}_{12}\boldsymbol{A}_{22}^{-1}\\ -\boldsymbol{A}_{22}^{-1}\boldsymbol{A}_{21}\widetilde{\boldsymbol{A}}_{11}^{-1} & \boldsymbol{A}_{22}^{-1}\boldsymbol{A}_{21}\widetilde{\boldsymbol{A}}_{11}^{-1}\boldsymbol{A}_{12}\boldsymbol{A}_{22}^{-1}+\boldsymbol{A}_{22}^{-1}\end{pmatrix}$$

式中，$\widetilde{\boldsymbol{A}}_{11}=\boldsymbol{A}_{11}-\boldsymbol{A}_{12}\boldsymbol{A}_{22}^{-1}\boldsymbol{A}_{21}$。

【证明】　由式(6.1.3)

$$\boldsymbol{A}=\begin{pmatrix}\boldsymbol{A}_{11} & \boldsymbol{A}_{12}\\ \boldsymbol{A}_{21} & \boldsymbol{A}_{22}\end{pmatrix}=\begin{pmatrix}\boldsymbol{I}_P & \boldsymbol{A}_{12}\boldsymbol{A}_{22}^{-1}\\ 0 & \boldsymbol{I}_Q\end{pmatrix}\begin{pmatrix}\boldsymbol{A}^{11}-\boldsymbol{A}_{12}\boldsymbol{A}_{22}^{-1}\boldsymbol{A}_{21} & 0\\ \boldsymbol{A}_{21} & \boldsymbol{A}^{22}\end{pmatrix}^{-1}$$

由式(6.1.4)

$$\boldsymbol{A}^{-1}=\begin{pmatrix}\boldsymbol{A}_{11} & \boldsymbol{A}_{12}\\ \boldsymbol{A}_{21} & \boldsymbol{A}_{22}\end{pmatrix}^{-1}=\begin{pmatrix}\boldsymbol{A}^{11}-\boldsymbol{A}_{12}\boldsymbol{A}_{22}^{-1}\boldsymbol{A}_{21} & 0\\ \boldsymbol{A}_{21} & \boldsymbol{A}^{22}\end{pmatrix}^{-1}\begin{pmatrix}\boldsymbol{I}_P & \boldsymbol{A}_{12}\boldsymbol{A}_{22}^{-1}\\ 0 & \boldsymbol{I}_Q\end{pmatrix}^{-1}\quad(6.1.4)$$

由式(6.1.2)(下三角矩阵求逆公式)

$$\begin{pmatrix}\boldsymbol{A}^{11}-\boldsymbol{A}_{12}\boldsymbol{A}_{22}^{-1}\boldsymbol{A}_{21} & 0\\ \boldsymbol{A}_{21} & \boldsymbol{A}^{22}\end{pmatrix}^{-1}$$

$$=\begin{pmatrix}(\boldsymbol{A}^{11}-\boldsymbol{A}_{12}\boldsymbol{A}_{22}^{-1}\boldsymbol{A}_{21})^{-1} & 0\\ -\boldsymbol{A}_{22}^{-1}\boldsymbol{A}_{21}(\boldsymbol{A}^{11}-\boldsymbol{A}_{12}\boldsymbol{A}_{22}^{-1}\boldsymbol{A}_{21})^{-1} & \boldsymbol{A}_{22}^{-1}\end{pmatrix}=\begin{pmatrix}\widetilde{\boldsymbol{A}}_{11}^{-1} & 0\\ -\boldsymbol{A}_{22}^{-1}\boldsymbol{A}^{21}\widetilde{\boldsymbol{A}}_{11}^{-1} & \boldsymbol{A}_{22}^{-1}\end{pmatrix}\quad(6.1.5)$$

式中，$\widetilde{\boldsymbol{A}}_{11}^{-1}=(\boldsymbol{A}_{11}-\boldsymbol{A}_{12}\boldsymbol{A}_{22}^{-1}\boldsymbol{A}_{21})^{-1}$。

由式(6.1.1)(上三角矩阵求逆公式)得

$$\begin{pmatrix}\boldsymbol{I}_P & \boldsymbol{A}_{12}\boldsymbol{A}_{22}^{-1}\\ 0 & \boldsymbol{I}_Q\end{pmatrix}^{-1}=\begin{pmatrix}\boldsymbol{I}_P^{-1} & -\boldsymbol{I}_P^{-1}\boldsymbol{A}_{12}\boldsymbol{A}_{22}^{-1}\boldsymbol{I}_Q^{-1}\\ 0 & \boldsymbol{I}_Q^{-1}\end{pmatrix}=\begin{pmatrix}\boldsymbol{I}_P & -\boldsymbol{A}_{12}\boldsymbol{A}_{22}^{-1}\\ 0 & \boldsymbol{I}_Q\end{pmatrix}\quad(6.1.6)$$

单位阵的逆就是其自身，即$\boldsymbol{I}_P^{-1}=\boldsymbol{I}_P$，$\boldsymbol{I}_Q^{-1}=\boldsymbol{I}_Q$。

将式(6.1.5)与式(6.1.6)代入式(6.1.4)得

$$\begin{pmatrix}\boldsymbol{A}_{11} & \boldsymbol{A}_{12}\\ \boldsymbol{A}_{21} & \boldsymbol{A}_{22}\end{pmatrix}^{-1}=\begin{pmatrix}\widetilde{\boldsymbol{A}}_{11}^{-1} & 0\\ -\boldsymbol{A}_{22}^{-1}\boldsymbol{A}^{21}\widetilde{\boldsymbol{A}}_{11}^{-1} & \boldsymbol{A}_{22}^{-1}\end{pmatrix}\begin{pmatrix}\boldsymbol{I}_P & -\boldsymbol{A}_{12}\boldsymbol{A}_{22}^{-1}\\ 0 & \boldsymbol{I}_Q\end{pmatrix}$$

$$=\begin{bmatrix}\widetilde{\boldsymbol{A}}_{11}^{-1}\boldsymbol{I}_P+0\cdot 0 & \widetilde{\boldsymbol{A}}_{11}^{-1}(-\boldsymbol{A}_{12}\boldsymbol{A}_{22}^{-1})+0\cdot\boldsymbol{I}_Q\\ -\boldsymbol{A}_{22}^{-1}\boldsymbol{A}_{21}\widetilde{\boldsymbol{A}}_{11}^{-1}\boldsymbol{I}_P+\boldsymbol{A}_{22}^{-1}\cdot 0 & (-\boldsymbol{A}_{22}^{-1}\boldsymbol{A}_{21}\widetilde{\boldsymbol{A}}_{11}^{-1})(-\boldsymbol{A}_{12}\boldsymbol{A}_{22}^{-1})+\boldsymbol{A}_{22}^{-1}\boldsymbol{I}_Q\end{bmatrix}$$

$$=\begin{pmatrix}\widetilde{\boldsymbol{A}}_{11}^{-1} & -\widetilde{\boldsymbol{A}}_{11}^{-1}\boldsymbol{A}_{12}\boldsymbol{A}_{22}^{-1}\\ -\boldsymbol{A}_{22}^{-1}\boldsymbol{A}_{21}\widetilde{\boldsymbol{A}}_{11}^{-1} & \boldsymbol{A}_{22}^{-1}\boldsymbol{A}_{21}\widetilde{\boldsymbol{A}}_{11}^{-1}\boldsymbol{A}_{12}\boldsymbol{A}_{22}^{-1}+\boldsymbol{A}_{22}^{-1}\end{pmatrix}\quad(6.1.7)$$

【证毕】

【定理6】　矩阵和差求逆公式第二形式。设$\boldsymbol{A}$为方阵，则

$$(A+BCD)^{-1}=A^{-1}-A^{-1}B(C^{-1}+DA^{-1}B)^{-1}DA^{-1} \tag{6.1.7}$$

【证明】 上式两边左乘$(A+BCD)$

左边为

$$(A+BCD)(A+BCD)^{-1}=I$$

右边为

$$(A+BCD)[A^{-1}-A^{-1}B(C^{-1}+DA^{-1}B)^{-1}DA^{-1}]$$
$$=AA^{-1}+BCDA^{-1}-AA^{-1}B(C^{-1}+DA^{-1}B)^{-1}DA^{-1}-BCDA^{-1}B(C^{-1}+DA^{-1}B)^{-1}DA^{-1}$$
$$=I+BCDA^{-1}-B(C^{-1}+DA^{-1}B)^{-1}DA^{-1}-BCDA^{-1}B(C^{-1}+DA^{-1}B)^{-1}DA^{-1}$$

第3、第4项左抽B，右抽$(C^{-1}+DA^{-1}B)^{-1}DA^{-1}$

$$=I+BCDA^{-1}-B(I+CDA^{-1}B)(C^{-1}+DA^{-1}B)^{-1}DA^{-1}$$
$$=I+BCDA^{-1}-BC(C^{-1}+DA^{-1}B)(C^{-1}+DA^{-1}B)^{-1}DA^{-1}$$
$$=I+BCDA^{-1}-BCDA^{-1}=I$$

式(6.1.7)成立。

【证毕】

6.1.2 幂等矩阵秩定理

【定义1】 矩阵A中不为0的最大子行列式的阶数称为该矩阵的秩。

如$A=\begin{pmatrix} I_r & 0 \\ 0 & 0 \end{pmatrix}$，其中$I_r=\begin{pmatrix} 1 & & 0 \\ & \ddots & \\ 0 & & 1 \end{pmatrix}$ 则A的秩为r，记作 $\mathrm{Rank}A=r$。

【定义2】 对角线阵A对角线元素之和r称为该矩阵的迹，记为$\mathrm{tr}(A)=r$。

如$A=\begin{pmatrix} 1 & & 0 \\ & \ddots & \\ 0 & & 1 \end{pmatrix}_{r\times r}$，$\mathrm{tr}(A)=r$。

【定义3】 设B为n阶方阵，存在可逆矩阵P，Q使得$PBQ=\begin{pmatrix} I_r & 0 \\ 0 & 0 \end{pmatrix}=A$，则称$A$为幂等矩阵。式中，$I_r=\begin{pmatrix} 1 & & 0 \\ & \ddots & \\ 0 & & 1 \end{pmatrix}$。

易于证明，$A^2=A$，因为$I_r^2=I_r$，则

$$A^2=\begin{pmatrix} I_r & 0 \\ 0 & 0 \end{pmatrix}\begin{pmatrix} I_r & 0 \\ 0 & 0 \end{pmatrix}=\begin{pmatrix} I_r^2 & 0 \\ 0 & 0 \end{pmatrix}=\begin{pmatrix} I_r & 0 \\ 0 & 0 \end{pmatrix}=A$$

综上所述：幂等矩阵的秩与其阶数是相等的，若A为幂等矩阵，则$\mathrm{Rank}(A)=\mathrm{tr}(A)=r$。

6.1.3 样本分布与科克伦定理

6.1.3.1 样本和观察值

例如在袋子里摸球，袋子里有无限多个球，每次摸出一个，并记录下球的编号。第一次

试验，从袋子里逐个摸出10球为一批，得 x_1，x_2，…，x_{10}，称为第一个样本，记为 X_1；第二次得 x_1，x_2，…x_{10}，称为第二个样本，记为 X_2；…… 一直进行下去，获得 X_1，X_2，…X_n。每次的 x_1，x_2，…x_{10} 称为每个样本中的观察值。观察值又称一次实现，说得更大一点，x_1，x_2，…，x_n 为由 n 个样本 X_1，X_2，…X_n 组成的 n 维向量中的一个观察值。

6.1.3.2 抽样分布

（1）正态分布。

设 $X \sim N(\mu, \sigma^2)$，X_1，X_2，…X_n 是它的 n 个样本，则 n 个样本的均值 $\overline{X} = \frac{1}{n}\sum_{i=1}^{n} X_i$ 也服从正态分布，概率密度函数为 $f(\overline{X}) = \frac{1}{\sqrt{2\pi}\sigma} e^{-\frac{(\overline{X}-\mu)2}{2\sigma 2}}$，它的数学期望与方差分别是 $E(\overline{X}) = \mu$，$D(\overline{X}) = \frac{\sigma^2}{n}$，即 $\overline{X} \sim N(\mu, \frac{\sigma^2}{n})$。

（2）卡方分布。

设 $X \sim N(0, 1)$，又设 X_1^2，X_2^2，…X_n^2 为 X 的一个样本，它们的平方和记作 χ^2，即 $Q = X_1^2 + X_2^2 + \cdots + X_n^2$，称 Q 为服从于自由度为 n 的 χ^2 分布，记作 $Q \sim \chi^2(n)$。

所谓自由度可解释如下：若对于变量 X_1，X_2，…X_n 存在一组不全为0的常数 c_1，c_2，…，c_n，使得 $c_1X_1 + c_2X_2 + \cdots + c_nX_n = 0$，则称 X_1，X_2，…X_n 之间存在一个约束条件，如果存在着 k 个约束条件，则有 $c_{i1}X_1 + c_{i2}X_2 + \cdots + c_{in}X_n = 0$，$i = 1, 2, \cdots, k$。

【定理】 设随机变量 X_1，…，X_n，相互独立且都服从正态分布 $N(0, \sigma^2)$，记 $\boldsymbol{Q}_j = \boldsymbol{X}^{\mathrm{T}}\boldsymbol{A}_j\boldsymbol{X}$，$j = 1, \cdots, r$，其中 $\boldsymbol{A}_j$ 为 n 阶非负定的对称阵，且其秩为 n_j，$j = 1, \cdots, r$，$\boldsymbol{X}$ 又是随机（列）向量，即 $\boldsymbol{X}^{\mathrm{T}} = (X_1 \quad \cdots \quad X_n)$，如果 $\sum_{j=1}^{r} Q_j = \sum_{i=1}^{n} X_i^2$，则 Q_1，…，Q_r 相互独立，且 $\frac{Q_j}{\sigma^2}$ 服从 $\chi^2(n_j)$，$j = 1, \cdots, r$ 的充分必要条件是 $\sum_{j=1}^{r} n_j = n$。

【证明】 先证必要性，即正命题成立 Q_1，…，Q_r 相互独立且 $\frac{Q_j}{\sigma^2}$ 服从 χ^2 分布，则 $\sum_{j=1}^{r} n_j = n$。

不失一般性，假定 $\sigma^2 = 1$（方差为1），不然的话，可以先令 $Y_i = \frac{X_i}{\sigma}$，$i = 1, \cdots, n$。由于 Y_1，…，Y_n 相互独立，且都服从 $N(0, \sigma^2)$，根据 $\chi^2(n_j)$ 分布的可加性，立即可以推得必要性成立。

充分性，即逆命题成立。证明如下：假定 $\sum_{j=1}^{r} n_j = n$ 成立，对每一个 $j = 1, \cdots, r$，由于 $\boldsymbol{A}_j$ 是 n 阶非负定方阵，因此由线性代数理论可知，存在秩为 n_j 的 $n \times n_j$ 矩阵 $\boldsymbol{C}_j$，使得 $\boldsymbol{A}_j = \boldsymbol{C}_j\boldsymbol{C}_j^{\mathrm{T}}$，把分块矩阵 $(\boldsymbol{C}_1 \quad \cdots \quad \boldsymbol{C}_r)$ 记作 $\boldsymbol{C}$，易见 $\boldsymbol{C}$ 是 $n \times n$ 阶方阵。作变换

$$\boldsymbol{Z} \triangleq \begin{pmatrix} Z_1 \\ \vdots \\ Z_n \end{pmatrix} = \boldsymbol{C}^{\mathrm{T}}\boldsymbol{X}$$

由

$$\boldsymbol{Z}^{\mathrm{T}}\boldsymbol{Z} = \boldsymbol{X}^{\mathrm{T}}\boldsymbol{C}\,\boldsymbol{C}^{\mathrm{T}}\boldsymbol{X} = \boldsymbol{X}^{\mathrm{T}}\left(\sum_{j=1}^{r} c_jc_j^{\mathrm{T}}\right)\boldsymbol{X}$$

而

$$X^{\mathrm{T}}(\sum_{j=1}^{r} A_j)X = \sum_{j=1}^{r} X^{\mathrm{T}} A_j X = \sum_{j=1}^{r} Q_j = \sum_{j=1}^{r} X_i^2 = X^{\mathrm{T}}X$$

推得 $\boldsymbol{C}\boldsymbol{C}^{\mathrm{T}} = \boldsymbol{I}_n$。这里$\boldsymbol{I}_n$ 表示 n 阶单位阵，这表明 $\boldsymbol{C}$ 为正交矩阵。因此Z_1，…，Z_n 是相互独立的随机变量，且都服从 $N(0, \sigma^2)$。

$$\boldsymbol{C}_j^{\mathrm{T}}\boldsymbol{X} = (Z_{n_i+\cdots+n_{j-1}}, Z_{n_i+\cdots+n_j})^{\mathrm{T}} \qquad i = 1, \cdots, r$$

$$\boldsymbol{Q}_j = \boldsymbol{X}^{\mathrm{T}}\boldsymbol{A}_j\boldsymbol{X} = = \boldsymbol{X}^{\mathrm{T}}\boldsymbol{C}_j\boldsymbol{C}_j^{\mathrm{T}}\boldsymbol{X} = \sum_{l=n_1+\cdots+n_{j-1}+1}^{n_1+\cdots+n_j} Z_l^2 \qquad j = 1, \cdots, r$$

这表明$\boldsymbol{Q}_1$，…，$\boldsymbol{Q}_r$ 相互独立且$\boldsymbol{Q}_j$ 服从$\chi^2(n_j)$，$j = 1$，…，r。

【证毕】

6.2 阶的 F 检验

阶的 F 检验是基于参数估计的基础上提出的，上述讨论的最小二乘批量算法、递推算法是在阶已知的情况下进行的，如果没有正确的阶的先验知识，参数估计将无法开始，阶未知意味着$\boldsymbol{\beta}$ 阵的阶未知，参数估计便成了空谈。但只要任意给定一个阶，$\boldsymbol{\beta}$ 列阵的阶数便能确定，参数估计的工作便可进行下去。可以设想如下算法：

(1) 先作测试，获得输入输出数据。

(2) 先从低阶做起，阶 $n = 1$，若是静态模型，$\boldsymbol{\beta}$ 为一维。用上述方法可估计出系统的参数，而且还能算出该参数的评价函数 $J(1)$，其中(1) 表示阶为 1 时的评价函数。用相同的输入输出数据，设 $n = 2$，同样可估计出该参数及该参数的估计函数 $J(2)$。然后阶数增加 1，重复上述过程可得到 $J(1)$，…，$J(n)$。这个过程称为阶的搜索。可以想象，当搜索阶等于真阶时，以误差平方为最小的评价函数与非真阶下的评价函数相比应该是最小的。

以某三阶系统为例，如图 6.1.1 所示，该系统当阶 n 为 1 时，$J(1)$ 最大，$J(2)$ 略有下降，而 $J(3)$ 最小、$J(4)$，$J(5)$ 缓慢上升。实验的结论是，真阶下的评价函数为最小，但是这种实验结果只能作为一种客观的基础，若把它作为特别定理，还须数学上的严格证明。

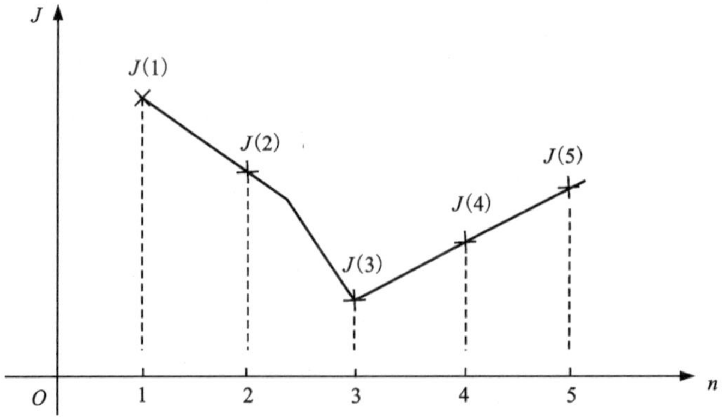

图 6.1.1　$J(n)$ 曲线图

6.2.1　静态模型阶的 F 检验

6.2.1.1　非真阶的参数阵 $\boldsymbol{\beta}_j$ 与真阶 $\boldsymbol{\beta}_0$ 之间的关系

若系统的真阶为 n，在 n 未知的情况下，设系统模型的阶为 n_j，且 $n_j > n$，在输入输出数据的基础上，得 n_j 下参数阵的估计值

$$\hat{\boldsymbol{\beta}}_j = (\boldsymbol{\Phi}_j^{\mathrm{T}}\boldsymbol{\Phi}_j)^{-1}\boldsymbol{\Phi}_j^{\mathrm{T}}\tilde{\boldsymbol{Y}}_N \tag{6.2.1}$$

或

$$(\boldsymbol{\Phi}_j^{\mathrm{T}}\boldsymbol{\Phi}_j)\boldsymbol{\beta}_j = \boldsymbol{\Phi}_j^{\mathrm{T}}\tilde{\boldsymbol{Y}}_N \tag{6.2.2}$$

式中，$\boldsymbol{\Phi}_j$ 是模型阶为 n_j 时的系数矩阵，与真阶下的 $\boldsymbol{\Phi}_n$ 比，行数 N 相同，但列数会有所增加；$\boldsymbol{\Phi}_j$ 分为两块，即 $\boldsymbol{\Phi}_j = (\boldsymbol{\Phi}_n \quad \boldsymbol{\varphi}_j)$，$\boldsymbol{\Phi}_n$ 为真阶时列数组成的块，而 $\boldsymbol{\varphi}_j$ 是由于 $n_j > n$ 而多出的块；$(\boldsymbol{\Phi}_j)_{N\times n_j}$ 即 $\boldsymbol{\Phi}_j$ 是 $N\times n_j$ 阶矩阵。$(\boldsymbol{\varphi}_j)_{N\times(n_j-n)}$ 即多出部分的矩阵，N 为试验次数。

$$\boldsymbol{\Phi}_j^{\mathrm{T}} = (\boldsymbol{\Phi}_n \quad \boldsymbol{\varphi}_j)^{\mathrm{T}} = \begin{pmatrix} \boldsymbol{\Phi}_n^{\mathrm{T}} \\ \boldsymbol{\varphi}_j^{\mathrm{T}} \end{pmatrix} \tag{6.2.3}$$

$$\boldsymbol{\Phi}_j^{\mathrm{T}}\boldsymbol{\Phi}_j = \begin{pmatrix} \boldsymbol{\Phi}_n^{\mathrm{T}} \\ \boldsymbol{\varphi}_j^{\mathrm{T}} \end{pmatrix}(\boldsymbol{\Phi}_n \quad \boldsymbol{\varphi}_j) = \begin{pmatrix} \boldsymbol{\Phi}_n^{\mathrm{T}}\boldsymbol{\Phi}_n & \boldsymbol{\Phi}_n^{\mathrm{T}}\boldsymbol{\varphi}_j \\ \boldsymbol{\varphi}_j^{\mathrm{T}}\boldsymbol{\Phi}_n & \boldsymbol{\varphi}_j^{\mathrm{T}}\boldsymbol{\varphi}_j \end{pmatrix} \tag{6.2.4}$$

与式(6.2.4)相类似，在真阶 n 下会有

$$\boldsymbol{Y}_N = \boldsymbol{\Phi}_n\boldsymbol{\beta}_0 + \boldsymbol{E}_N \tag{6.2.5}$$

上式中 $\boldsymbol{\Phi}_n$ 是真阶下的矩阵。式中，$\boldsymbol{Y}_N = (y(1) \quad \cdots \quad y(N))^{\mathrm{T}}$，$\boldsymbol{E}_N = (e(1) \quad \cdots \quad e(N))^{\mathrm{T}}$，$N$ 是实验次数，同前，无论 n_j 为多少，$\boldsymbol{Y}_N$，$\boldsymbol{E}_N$ 都是不变的。$\boldsymbol{\beta}_0$ 为真阶下估计的参数。将式(6.2.4)与式(6.2.5)分别代入式(6.2.2)得

$$\begin{pmatrix} \boldsymbol{\Phi}_n^{\mathrm{T}}\boldsymbol{\Phi}_n & \boldsymbol{\Phi}_n^{\mathrm{T}}\boldsymbol{\varphi}_j \\ \boldsymbol{\varphi}_j^{\mathrm{T}}\boldsymbol{\Phi}_n & \boldsymbol{\varphi}_j^{\mathrm{T}}\boldsymbol{\varphi}_j \end{pmatrix}\hat{\boldsymbol{\beta}}_j = \begin{pmatrix} \boldsymbol{\Phi}_n^{\mathrm{T}} \\ \\ \boldsymbol{\varphi}_j^{\mathrm{T}} \end{pmatrix}(\boldsymbol{\Phi}_n\boldsymbol{\beta}_0 + \boldsymbol{E}_N)$$

右边展开括号

$$= \begin{pmatrix} \boldsymbol{\Phi}_n^{\mathrm{T}}\boldsymbol{\Phi}_n \\ \boldsymbol{\varphi}_j^{\mathrm{T}}\boldsymbol{\Phi}_n \end{pmatrix}\boldsymbol{\beta}_0 + \begin{pmatrix} \boldsymbol{\Phi}_n^{\mathrm{T}} \\ \boldsymbol{\varphi}_j^{\mathrm{T}} \end{pmatrix}\boldsymbol{E}_N = \begin{pmatrix} \boldsymbol{\Phi}_n^{\mathrm{T}}\boldsymbol{\Phi}_n \\ \boldsymbol{\varphi}_j^{\mathrm{T}}\boldsymbol{\Phi}_n \end{pmatrix}\boldsymbol{\beta}_0 + \boldsymbol{\Phi}_j^{\mathrm{T}}\boldsymbol{E}_N \tag{6.2.6}$$

上式两边同乘以式(6.2.4)的逆阵

$$\hat{\boldsymbol{\beta}}_j = \begin{pmatrix} \boldsymbol{\Phi}_n^{\mathrm{T}}\boldsymbol{\Phi}_n & \boldsymbol{\Phi}_n^{\mathrm{T}}\boldsymbol{\varphi}_j \\ \boldsymbol{\varphi}_j^{\mathrm{T}}\boldsymbol{\Phi}_n & \boldsymbol{\varphi}_j^{\mathrm{T}}\boldsymbol{\varphi}_j \end{pmatrix}^{-1}\begin{pmatrix} \boldsymbol{\Phi}_n^{\mathrm{T}}\boldsymbol{\Phi}_n \\ \boldsymbol{\varphi}_j^{\mathrm{T}}\boldsymbol{\Phi}_n \end{pmatrix}\boldsymbol{\beta}_0 + \begin{pmatrix} \boldsymbol{\Phi}_n^{\mathrm{T}}\boldsymbol{\Phi}_n & \boldsymbol{\Phi}_n^{\mathrm{T}}\boldsymbol{\varphi}_j \\ \boldsymbol{\varphi}_j^{\mathrm{T}}\boldsymbol{\Phi}_n & \boldsymbol{\varphi}_j^{\mathrm{T}}\boldsymbol{\varphi}_j \end{pmatrix}^{-1}\boldsymbol{\Phi}_j^{\mathrm{T}}\boldsymbol{E}_N \tag{6.2.7}$$

【定理】

$$\begin{pmatrix} \boldsymbol{\Phi}_n^{\mathrm{T}}\boldsymbol{\Phi}_n & \boldsymbol{\Phi}_n^{\mathrm{T}}\boldsymbol{\varphi}_j \\ \boldsymbol{\varphi}_j^{\mathrm{T}}\boldsymbol{\Phi}_n & \boldsymbol{\varphi}_j^{\mathrm{T}}\boldsymbol{\varphi}_j \end{pmatrix}^{-1} = \begin{pmatrix} \boldsymbol{P}_1 + \boldsymbol{P}_3\boldsymbol{\varphi}_j\boldsymbol{\Phi}_n\boldsymbol{P}_1 & -\boldsymbol{P}_3 \\ -\boldsymbol{P}_3^{\mathrm{T}} & \boldsymbol{P}_2 \end{pmatrix}$$

式中，$\boldsymbol{P}_1 = (\boldsymbol{\Phi}_n^{\mathrm{T}}\boldsymbol{\Phi}_n)^{-1}$；$\boldsymbol{P}_2 = (\boldsymbol{\varphi}_j^{\mathrm{T}}\boldsymbol{\varphi}_j - \boldsymbol{\varphi}_j^{T}\boldsymbol{\Phi}_nP_1\boldsymbol{\Phi}_n^{\mathrm{T}}\boldsymbol{\varphi}_j)^{-1}$；$\boldsymbol{P}_3 = \boldsymbol{P}_1 + \boldsymbol{P}_3\boldsymbol{\varphi}_j\boldsymbol{\Phi}_n\boldsymbol{P}_1$。

【证明】　利用分块矩阵求逆公式，先求

$$\begin{pmatrix} \boldsymbol{\Phi}_n^{\mathrm{T}}\boldsymbol{\Phi}_n & \boldsymbol{\Phi}_n^{\mathrm{T}}\boldsymbol{\varphi}_j \\ \boldsymbol{\varphi}_j^{\mathrm{T}}\boldsymbol{\Phi}_n & \boldsymbol{\varphi}_j^{\mathrm{T}}\boldsymbol{\varphi}_j \end{pmatrix}^{-1} = \begin{pmatrix} \boldsymbol{M}_{11} & \boldsymbol{M}_{12} \\ \boldsymbol{M}_{21} & \boldsymbol{M}_{22} \end{pmatrix}$$

式中

$$\boldsymbol{M}_{11} = (\boldsymbol{\Phi}_n^{\mathrm{T}}\boldsymbol{\Phi}_n - \boldsymbol{\Phi}_n^{\mathrm{T}}\boldsymbol{\varphi}_j(\boldsymbol{\varphi}_j^{\mathrm{T}}\boldsymbol{\varphi}_j)^{-1}\boldsymbol{\varphi}_j^{\mathrm{T}}\boldsymbol{\Phi}_n)^{-1}$$

$$\boldsymbol{M}_{12} = -(\boldsymbol{\Phi}_n^{\mathrm{T}}\boldsymbol{\Phi}_n - \boldsymbol{\Phi}_n^{\mathrm{T}}\boldsymbol{\varphi}_j(\boldsymbol{\varphi}_j^{\mathrm{T}}\boldsymbol{\varphi}_j)^{-1}\boldsymbol{\varphi}_j^{\mathrm{T}}\boldsymbol{\Phi}_n)^{-1}\boldsymbol{\Phi}_n^{\mathrm{T}}\boldsymbol{\varphi}_j(\boldsymbol{\varphi}_j^{\mathrm{T}}\boldsymbol{\varphi}_j)^{-1}$$

$$\boldsymbol{M}_{21} = -(\boldsymbol{\varphi}_j^{\mathrm{T}}\boldsymbol{\varphi}_j)^{-1}(\boldsymbol{\varphi}_j^{\mathrm{T}}\boldsymbol{\Phi}_n)(\boldsymbol{\Phi}_n^{\mathrm{T}}\boldsymbol{\Phi}_n - \boldsymbol{\Phi}_n^{\mathrm{T}}\boldsymbol{\varphi}_j(\boldsymbol{\varphi}_j^{\mathrm{T}}\boldsymbol{\varphi}_j)^{-1}\boldsymbol{\varphi}_j^{\mathrm{T}}\boldsymbol{\Phi}_n)^{-1}$$

$$\boldsymbol{M}_{22} = (\boldsymbol{\varphi}_j^{\mathrm{T}}\boldsymbol{\varphi}_j)^{-1}(\boldsymbol{\varphi}_j^{\mathrm{T}}\boldsymbol{\Phi}_n)(\boldsymbol{\Phi}_n^{\mathrm{T}}\boldsymbol{\Phi}_n - \boldsymbol{\Phi}_n^{\mathrm{T}}\boldsymbol{\varphi}_j(\boldsymbol{\varphi}_j^{\mathrm{T}}\boldsymbol{\varphi}_j)^{-1}\boldsymbol{\varphi}_j^{\mathrm{T}}\boldsymbol{\Phi}_n)^{-1}\boldsymbol{\Phi}_n^{\mathrm{T}}\boldsymbol{\varphi}_j(\boldsymbol{\varphi}_j^{\mathrm{T}}\boldsymbol{\varphi}_j)^{-1} + (\boldsymbol{\varphi}_j^{\mathrm{T}}\boldsymbol{\varphi}_j)^{-1}$$

以上 4 式可以化简，利用和差矩阵求逆公式

$$(\boldsymbol{A} + \boldsymbol{BCD})^{-1} = \boldsymbol{A}^{-1} - \boldsymbol{A}^{-1}\boldsymbol{B}(\boldsymbol{C}^{-1} + \boldsymbol{DA}^{-1}\boldsymbol{B})^{-1}\boldsymbol{DA}^{-1}$$

$$\boldsymbol{M}_{11} = (\boldsymbol{\Phi}_n^{\mathrm{T}}\boldsymbol{\Phi}_n)^{-1} + (\boldsymbol{\Phi}_n^{\mathrm{T}}\boldsymbol{\Phi}_n)^{-1}\boldsymbol{\Phi}_n^{\mathrm{T}}\boldsymbol{\varphi}_j(((\boldsymbol{\varphi}_j^{\mathrm{T}}\boldsymbol{\varphi}_n)^{-1})^{-1} - \boldsymbol{\varphi}_j^{\mathrm{T}}\boldsymbol{\Phi}_n(\boldsymbol{\Phi}_n^{\mathrm{T}}\boldsymbol{\Phi}_n)^{-1}\boldsymbol{\Phi}_n^{\mathrm{T}}\boldsymbol{\varphi}_j)^{-1}\boldsymbol{\varphi}_j^{\mathrm{T}}\boldsymbol{\Phi}_n(\boldsymbol{\Phi}_n^{\mathrm{T}}\boldsymbol{\Phi}_n)^{-1}$$

设

$$\boldsymbol{P}_1 = (\boldsymbol{\Phi}_n^{\mathrm{T}}\boldsymbol{\Phi}_n)^{-1} \tag{6.2.8}$$

$$\boldsymbol{P}_2 = (\boldsymbol{\varphi}_j^{\mathrm{T}}\boldsymbol{\varphi}_n - \boldsymbol{\varphi}_j^{\mathrm{T}}\boldsymbol{\Phi}_n(\boldsymbol{\Phi}_n^{\mathrm{T}}\boldsymbol{\Phi}_n)^{-1}\boldsymbol{\Phi}_n^{\mathrm{T}}\boldsymbol{\varphi}_j)^{-1} \tag{6.2.9}$$

则

$$\boldsymbol{M}_{11} = \boldsymbol{P}_1 + \boldsymbol{P}_1\boldsymbol{\Phi}_n^{\mathrm{T}}\boldsymbol{\varphi}_j\boldsymbol{P}_2\boldsymbol{\varphi}_j^{\mathrm{T}}\boldsymbol{\Phi}_n\boldsymbol{P}_1 \tag{6.2.10}$$

又设

$$\boldsymbol{P}_3 = \boldsymbol{P}_1\boldsymbol{\Phi}_n^{\mathrm{T}}\boldsymbol{\varphi}_j\boldsymbol{P}_2 \tag{6.2.11}$$

$$\boldsymbol{M}_{11} = (\boldsymbol{\Phi}_n^{\mathrm{T}}\boldsymbol{\Phi}_n - \boldsymbol{\Phi}_n^{\mathrm{T}}\boldsymbol{\varphi}_j(\boldsymbol{\varphi}_j^{\mathrm{T}}\boldsymbol{\varphi}_j)^{-1}\boldsymbol{\varphi}_j^{\mathrm{T}}\boldsymbol{\Phi}_n)^{-1} = \boldsymbol{P}_1 + \boldsymbol{P}_3\boldsymbol{\varphi}_j^{\mathrm{T}}\boldsymbol{\Phi}_n\boldsymbol{P}_1 \tag{6.2.12}$$

$$\begin{aligned} \boldsymbol{M}_{12} &= -(\boldsymbol{\Phi}_n^{\mathrm{T}}\boldsymbol{\Phi}_n - \boldsymbol{\Phi}_n^{\mathrm{T}}\boldsymbol{\varphi}_j(\boldsymbol{\varphi}_j^{\mathrm{T}}\boldsymbol{\varphi}_j)^{-1}\boldsymbol{\varphi}_j^{\mathrm{T}}\boldsymbol{\Phi}_n)^{-1}\boldsymbol{\Phi}_n^{\mathrm{T}}\boldsymbol{\varphi}_j(\boldsymbol{\varphi}_j^{\mathrm{T}}\boldsymbol{\varphi}_j)^{-1} \\ &= -(\boldsymbol{P}_1 + \boldsymbol{P}_3\boldsymbol{\varphi}_j^{\mathrm{T}}\boldsymbol{\Phi}_n\boldsymbol{P}_1)\boldsymbol{\Phi}_n^{\mathrm{T}}\boldsymbol{\varphi}_j(\boldsymbol{\varphi}_j^{\mathrm{T}}\boldsymbol{\varphi}_j)^{-1} \\ &= -\boldsymbol{P}_1\boldsymbol{\Phi}_n^{\mathrm{T}}\boldsymbol{\varphi}_j(\boldsymbol{\varphi}_j^{\mathrm{T}}\boldsymbol{\varphi}_j)^{-1} + \boldsymbol{P}_3\boldsymbol{\varphi}_j^{\mathrm{T}}\boldsymbol{\Phi}_n\boldsymbol{P}_1\boldsymbol{\Phi}_n^{\mathrm{T}}\boldsymbol{\varphi}_j(\boldsymbol{\varphi}_j^{\mathrm{T}}\boldsymbol{\varphi}_j)^{-1} \\ &= -(\boldsymbol{\Phi}_n^{\mathrm{T}}\boldsymbol{\Phi}_n)^{-1}\boldsymbol{\Phi}_n^{\mathrm{T}}\boldsymbol{\varphi}_j(\boldsymbol{\varphi}_j^{\mathrm{T}}\boldsymbol{\varphi}_j)^{-1} + (\boldsymbol{\Phi}_n^{\mathrm{T}}\boldsymbol{\Phi}_n)^{-1}\boldsymbol{\Phi}_n^{\mathrm{T}}\boldsymbol{\varphi}_j\boldsymbol{P}_2\boldsymbol{\varphi}_j^{\mathrm{T}}\boldsymbol{\Phi}_n(\boldsymbol{\Phi}_j^{\mathrm{T}}\boldsymbol{\Phi}_j)^{-1}\boldsymbol{\Phi}_n^{\mathrm{T}}\boldsymbol{\varphi}_j(\boldsymbol{\varphi}_j^{\mathrm{T}}\boldsymbol{\varphi}_j)^{-1} \end{aligned} \tag{6.2.13}$$

展开括号，将式(6.2.8)、式(6.2.9)、式(6.2.11) 代上式

由式(6.2.9)

$$\boldsymbol{P}_2^{-1} = \boldsymbol{\varphi}_j^{\mathrm{T}}\boldsymbol{\varphi}_n - \boldsymbol{\varphi}_j^{\mathrm{T}}\boldsymbol{\Phi}_n(\boldsymbol{\Phi}_n^{\mathrm{T}}\boldsymbol{\Phi}_n)^{-1}\boldsymbol{\Phi}_n^{\mathrm{T}}\boldsymbol{\varphi}_j$$

$$\boldsymbol{\varphi}_j^{\mathrm{T}}\boldsymbol{\Phi}_n(\boldsymbol{\Phi}_n^{\mathrm{T}}\boldsymbol{\Phi}_n)^{-1}\boldsymbol{\Phi}_n^{\mathrm{T}}\boldsymbol{\varphi}_j = \boldsymbol{\varphi}_j^{\mathrm{T}}\boldsymbol{\varphi}_n - \boldsymbol{P}_2^{-1} \tag{6.2.14}$$

$$\boldsymbol{M}_{12} = -((\boldsymbol{\Phi}_n^{\mathrm{T}}\boldsymbol{\Phi}_n)^{-1}\boldsymbol{\Phi}_n^{\mathrm{T}}\boldsymbol{\varphi}_j(\boldsymbol{\varphi}_j^{\mathrm{T}}\boldsymbol{\varphi}_j)^{-1} + (\boldsymbol{\Phi}_n^{\mathrm{T}}\boldsymbol{\Phi}_n)^{-1}\boldsymbol{\Phi}_n^{\mathrm{T}}\boldsymbol{\varphi}_j\boldsymbol{P}_2(\boldsymbol{\varphi}_j^{\mathrm{T}}\boldsymbol{\varphi}_j - \boldsymbol{P}_2^{-1})(\boldsymbol{\varphi}_j^{\mathrm{T}}\boldsymbol{\varphi}_j)^{-1})$$

展开第 2 项的括号，注意到$(\boldsymbol{\varphi}_j^{\mathrm{T}}\boldsymbol{\varphi}_j)(\boldsymbol{\varphi}_j^{\mathrm{T}}\boldsymbol{\varphi}_j)^{-1} = \boldsymbol{I}$，且 $\boldsymbol{P}_2\boldsymbol{P}_2^{-1} = \boldsymbol{I}$。

$$\boldsymbol{M}_{12} = -((\boldsymbol{\Phi}_n^{\mathrm{T}}\boldsymbol{\Phi}_n)^{-1}\boldsymbol{\Phi}_n^{\mathrm{T}}\boldsymbol{\varphi}_j(\boldsymbol{\varphi}_j^{\mathrm{T}}\boldsymbol{\varphi}_j)^{-1} + (\boldsymbol{\Phi}_n^{\mathrm{T}}\boldsymbol{\Phi}_n)^{-1}\boldsymbol{\Phi}_n^{\mathrm{T}}\boldsymbol{\varphi}_j\boldsymbol{P}_2(\boldsymbol{\varphi}_j^{\mathrm{T}}\boldsymbol{\varphi}_j(\boldsymbol{\varphi}_j^{\mathrm{T}}\boldsymbol{\varphi}_j)^{-1} - \boldsymbol{P}_2^{-1}(\boldsymbol{\varphi}_j^{\mathrm{T}}\boldsymbol{\varphi}_j)^{-1})$$

$$\boldsymbol{M}_{12} = -(\boldsymbol{\Phi}_n^{\mathrm{T}}\boldsymbol{\Phi}_n)^{-1}\boldsymbol{\Phi}_n^{\mathrm{T}}\boldsymbol{\varphi}_j\boldsymbol{P}_2 = -\boldsymbol{P}_1\boldsymbol{\Phi}_n^{\mathrm{T}}\boldsymbol{\varphi}_j\boldsymbol{P}_2 = -\boldsymbol{P}_3$$

上式展开后面括号，约去第 1、第 3 两项，对式(6.2.13) 求转置

$$\begin{aligned} \boldsymbol{M}_{12}^{\mathrm{T}} &= (-(\boldsymbol{\Phi}_n^{\mathrm{T}}\boldsymbol{\Phi}_n - \boldsymbol{\Phi}_n^{\mathrm{T}}\boldsymbol{\varphi}_j(\boldsymbol{\varphi}_j^{\mathrm{T}}\boldsymbol{\varphi}_j)^{-1}\boldsymbol{\varphi}_j^{\mathrm{T}}\boldsymbol{\Phi}_n)^{-1}\boldsymbol{\Phi}_n^{\mathrm{T}}\boldsymbol{\varphi}_j(\boldsymbol{\varphi}_j^{\mathrm{T}}\boldsymbol{\varphi}_j)^{-1})^{\mathrm{T}} \\ &= -((\boldsymbol{\varphi}_j^{\mathrm{T}}\boldsymbol{\varphi}_j)^{-1})^{\mathrm{T}}(\boldsymbol{\Phi}_n^{\mathrm{T}}\boldsymbol{\varphi}_j)^{\mathrm{T}}((\boldsymbol{\Phi}_n^{\mathrm{T}}\boldsymbol{\Phi}_n - \boldsymbol{\Phi}_n^{\mathrm{T}}\boldsymbol{\varphi}_j(\boldsymbol{\varphi}_j^{\mathrm{T}}\boldsymbol{\varphi}_j)^{-1}\boldsymbol{\varphi}_j^{\mathrm{T}}\boldsymbol{\Phi}_n)^{-1})^{\mathrm{T}} \\ &= -((\boldsymbol{\varphi}_j^{\mathrm{T}}\boldsymbol{\varphi}_j)^{-1})^{\mathrm{T}}(\boldsymbol{\varphi}_j^{\mathrm{T}}\boldsymbol{\Phi}_n)((\boldsymbol{\Phi}_n^{\mathrm{T}}\boldsymbol{\Phi}_n - \boldsymbol{\Phi}_n^{\mathrm{T}}\boldsymbol{\varphi}_j(\boldsymbol{\varphi}_j^{\mathrm{T}}\boldsymbol{\varphi}_j)^{-1}\boldsymbol{\varphi}_j^{\mathrm{T}}\boldsymbol{\Phi}_n)^{-1})^{\mathrm{T}} \end{aligned}$$

矩阵转置与求逆是两种独立的运算，可交换运算其值不变，故

$$((\boldsymbol{\varphi}_j^{\mathrm{T}}\boldsymbol{\varphi}_j)^{-1})^{\mathrm{T}} = ((\boldsymbol{\varphi}_j^{\mathrm{T}}\boldsymbol{\varphi}_j)^{\mathrm{T}})^{-1} = (\boldsymbol{\varphi}_j^{\mathrm{T}}(\boldsymbol{\varphi}_j^{\mathrm{T}})^{\mathrm{T}})^{-1} = (\boldsymbol{\varphi}_j^{\mathrm{T}}\boldsymbol{\varphi}_j)^{-1}$$

$$\begin{aligned}&((\boldsymbol{\Phi}_n^{\mathrm{T}}\boldsymbol{\Phi}_n-\boldsymbol{\Phi}_n^{\mathrm{T}}\boldsymbol{\varphi}_j(\boldsymbol{\varphi}_j^{\mathrm{T}}\boldsymbol{\varphi}_j)^{-1}\boldsymbol{\varphi}_j^{\mathrm{T}}\boldsymbol{\Phi}_n)^{-1})^{\mathrm{T}}\\&=((\boldsymbol{\Phi}_n^{\mathrm{T}}\boldsymbol{\Phi}_n-\boldsymbol{\Phi}_n^{\mathrm{T}}\boldsymbol{\varphi}_j(\boldsymbol{\varphi}_j^{\mathrm{T}}\boldsymbol{\varphi}_j)^{-1}\boldsymbol{\varphi}_j^{\mathrm{T}}\boldsymbol{\Phi}_n)^{\mathrm{T}})^{-1}\\&=((\boldsymbol{\Phi}_n^{\mathrm{T}}\boldsymbol{\Phi}_n)^{\mathrm{T}}-(\boldsymbol{\Phi}_n^{\mathrm{T}}\boldsymbol{\varphi}_j(\boldsymbol{\varphi}_j^{\mathrm{T}}\boldsymbol{\varphi}_j)^{-1}\boldsymbol{\varphi}_j^{\mathrm{T}}\boldsymbol{\Phi}_n)^{\mathrm{T}})^{-1}\\&=(\boldsymbol{\Phi}_n^{\mathrm{T}}\boldsymbol{\Phi}_n-\boldsymbol{\Phi}_n^{\mathrm{T}}\boldsymbol{\varphi}_j(\boldsymbol{\varphi}_j^{\mathrm{T}}\boldsymbol{\varphi}_j)^{-1}\boldsymbol{\varphi}_j^{\mathrm{T}}\boldsymbol{\Phi}_n)^{-1}\end{aligned}$$

所以

$$\boldsymbol{M}_{12}^{\mathrm{T}}=-(\boldsymbol{\varphi}_j^{\mathrm{T}}\boldsymbol{\varphi}_j)^{-1}(\boldsymbol{\varphi}_j^{\mathrm{T}}\boldsymbol{\Phi}_n)((\boldsymbol{\Phi}_n^{\mathrm{T}}\boldsymbol{\Phi}_n-\boldsymbol{\Phi}_n^{\mathrm{T}}\boldsymbol{\varphi}_j(\boldsymbol{\varphi}_j^{\mathrm{T}}\boldsymbol{\varphi}_j)^{-1}\boldsymbol{\varphi}_j^{\mathrm{T}}\boldsymbol{\Phi}_n)^{-1}=\boldsymbol{M}_{21}$$

$$\boldsymbol{M}_{22}=(\boldsymbol{\varphi}_j^{\mathrm{T}}\boldsymbol{\varphi}_j)^{-1}(\boldsymbol{\varphi}_j^{\mathrm{T}}\boldsymbol{\Phi}_n)((\boldsymbol{\Phi}_n^{\mathrm{T}}\boldsymbol{\Phi}_n-\boldsymbol{\Phi}_n^{\mathrm{T}}\boldsymbol{\varphi}_j(\boldsymbol{\varphi}_j^{\mathrm{T}}\boldsymbol{\varphi}_j)^{-1}\boldsymbol{\varphi}_j^{\mathrm{T}}\boldsymbol{\Phi}_n)^{-1}\boldsymbol{\Phi}_n^{\mathrm{T}}\boldsymbol{\varphi}_j(\boldsymbol{\varphi}_j^{\mathrm{T}}\boldsymbol{\varphi}_j)^{-1}+(\boldsymbol{\varphi}_j^{\mathrm{T}}\boldsymbol{\varphi}_j)^{-1}$$

由式(6.2.12)

$$\boldsymbol{M}_{22}=(\boldsymbol{\varphi}_j^{\mathrm{T}}\boldsymbol{\varphi}_j)^{-1}(\boldsymbol{\varphi}_j^{\mathrm{T}}\boldsymbol{\Phi}_n)(\boldsymbol{P}_1-\boldsymbol{P}_3\boldsymbol{\varphi}_j^{\mathrm{T}}\boldsymbol{\Phi}_n\boldsymbol{P}_1)\boldsymbol{\Phi}_n^{\mathrm{T}}\boldsymbol{\varphi}_j(\boldsymbol{\varphi}_j^{\mathrm{T}}\boldsymbol{\varphi}_j)^{-1}+(\boldsymbol{\varphi}_j^{\mathrm{T}}\boldsymbol{\varphi}_j)^{-1}$$

展开括号

$$\begin{aligned}\boldsymbol{M}_{22}=&(\boldsymbol{\varphi}_j^{\mathrm{T}}\boldsymbol{\varphi}_j)^{-1}(\boldsymbol{\varphi}_j^{\mathrm{T}}\boldsymbol{\Phi}_n)\boldsymbol{P}_1\boldsymbol{\Phi}_n^{\mathrm{T}}\boldsymbol{\varphi}_j(\boldsymbol{\varphi}_j^{\mathrm{T}}\boldsymbol{\varphi}_j)^{-1}+\\&+(\boldsymbol{\varphi}_j^{\mathrm{T}}\boldsymbol{\varphi}_j)^{-1}(\boldsymbol{\varphi}_j^{\mathrm{T}}\boldsymbol{\Phi}_n)\boldsymbol{P}_3\boldsymbol{\varphi}_j^{\mathrm{T}}\boldsymbol{\Phi}_n\boldsymbol{P}_1\boldsymbol{\Phi}_n^{\mathrm{T}}\boldsymbol{\varphi}_j(\boldsymbol{\varphi}_j^{\mathrm{T}}\boldsymbol{\varphi}_j)^{-1}+(\boldsymbol{\varphi}_j^{\mathrm{T}}\boldsymbol{\varphi}_j)^{-1}\end{aligned}\tag{6.2.15}$$

由于 $\boldsymbol{P}_3=(\boldsymbol{\Phi}_n^{\mathrm{T}}\boldsymbol{\Phi}_n)^{-1}\boldsymbol{\Phi}_n^{\mathrm{T}}\boldsymbol{\varphi}_j\boldsymbol{P}_2$, $\boldsymbol{P}_1=(\boldsymbol{\Phi}_n^{\mathrm{T}}\boldsymbol{\Phi}_n)^{-1}$；上式的第 2 项变成

$$(\boldsymbol{\varphi}_j^{\mathrm{T}}\boldsymbol{\varphi}_j)^{-1}(\boldsymbol{\varphi}_j^{\mathrm{T}}\boldsymbol{\Phi}_n)(\boldsymbol{\Phi}_n^{\mathrm{T}}\boldsymbol{\Phi}_n)^{-1}(\boldsymbol{\Phi}_n^{\mathrm{T}}\boldsymbol{\varphi}_j)\boldsymbol{P}_2\boldsymbol{\varphi}_j^{\mathrm{T}}\boldsymbol{\Phi}_n(\boldsymbol{\Phi}_n^{\mathrm{T}}\boldsymbol{\Phi}_n)^{-1}\boldsymbol{\Phi}_n^{\mathrm{T}}\boldsymbol{\varphi}_j(\boldsymbol{\varphi}_j^{\mathrm{T}}\boldsymbol{\varphi}_j)^{-1}$$

由式(6.2.14) 知(6.2.15) 的第 2 项为

$$=(\boldsymbol{\varphi}_j^{\mathrm{T}}\boldsymbol{\varphi}_j)^{-1}(\boldsymbol{\varphi}_j^{\mathrm{T}}\boldsymbol{\Phi}_n)(\boldsymbol{\Phi}_n^{\mathrm{T}}\boldsymbol{\Phi}_n)^{-1}(\boldsymbol{\Phi}_n^{\mathrm{T}}\boldsymbol{\varphi}_j)\boldsymbol{P}_2(\boldsymbol{\varphi}_j^{\mathrm{T}}\boldsymbol{\varphi}_j-\boldsymbol{P}_2^{-1})(\boldsymbol{\varphi}_j^{\mathrm{T}}\boldsymbol{\varphi}_j)^{-1}$$

上式展开括号得两项为

$$\begin{aligned}&=(\boldsymbol{\varphi}_j^{\mathrm{T}}\boldsymbol{\varphi}_j)^{-1}(\boldsymbol{\varphi}_j^{\mathrm{T}}\boldsymbol{\Phi}_n)(\boldsymbol{\Phi}_n^{\mathrm{T}}\boldsymbol{\Phi}_n)^{-1}(\boldsymbol{\Phi}_n^{\mathrm{T}}\boldsymbol{\varphi}_j)\boldsymbol{P}_2(\boldsymbol{\varphi}_j^{\mathrm{T}}\boldsymbol{\varphi}_j)(\boldsymbol{\varphi}_j^{\mathrm{T}}\boldsymbol{\varphi}_j)^{-1}\\&(\boldsymbol{\varphi}_j^{\mathrm{T}}\boldsymbol{\varphi}_j)^{-1}(\boldsymbol{\varphi}_j^{\mathrm{T}}\boldsymbol{\Phi}_n)(\boldsymbol{\Phi}_n^{\mathrm{T}}\boldsymbol{\Phi}_n)^{-1}(\boldsymbol{\Phi}_n^{\mathrm{T}}\boldsymbol{\varphi}_j)\boldsymbol{P}_2\boldsymbol{P}_2^{-1}(\boldsymbol{\varphi}_j^{\mathrm{T}}\boldsymbol{\varphi}_j)^{-1}\\&=(\boldsymbol{\varphi}_j^{\mathrm{T}}\boldsymbol{\varphi}_j)^{-1}(\boldsymbol{\varphi}_j^{\mathrm{T}}\boldsymbol{\Phi}_n)(\boldsymbol{\Phi}_n^{\mathrm{T}}\boldsymbol{\Phi}_n)^{-1}(\boldsymbol{\Phi}_n^{\mathrm{T}}\boldsymbol{\varphi}_j)\boldsymbol{P}_2\\&-(\boldsymbol{\varphi}_j^{\mathrm{T}}\boldsymbol{\varphi}_j)^{-1}(\boldsymbol{\varphi}_j^{\mathrm{T}}\boldsymbol{\Phi}_n)(\boldsymbol{\Phi}_n^{\mathrm{T}}\boldsymbol{\Phi}_n)^{-1}(\boldsymbol{\Phi}_n^{\mathrm{T}}\boldsymbol{\varphi}_j)(\boldsymbol{\varphi}_j^{\mathrm{T}}\boldsymbol{\varphi}_j)^{-1}\\&=(\boldsymbol{\varphi}_j^{\mathrm{T}}\boldsymbol{\varphi}_j)^{-1}(\boldsymbol{\varphi}_j^{\mathrm{T}}\boldsymbol{\Phi}_n)(\boldsymbol{\Phi}_n^{\mathrm{T}}\boldsymbol{\Phi}_n)^{-1}(\boldsymbol{\Phi}_n^{\mathrm{T}}\boldsymbol{\varphi}_j)\boldsymbol{P}_2\\&-(\boldsymbol{\varphi}_j^{\mathrm{T}}\boldsymbol{\varphi}_j)^{-1}(\boldsymbol{\varphi}_j^{\mathrm{T}}\boldsymbol{\Phi}_n)\boldsymbol{P}_1(\boldsymbol{\Phi}_n^{\mathrm{T}}\boldsymbol{\varphi}_j)(\boldsymbol{\varphi}_j^{\mathrm{T}}\boldsymbol{\varphi}_j)^{-1}\end{aligned}\tag{6.2.16}$$

式(6.2.16) 的第 2 项与式(6.2.15) 的第 1 项完全相同且符号相反，可以约去，故

$$\boldsymbol{M}_{22}=(\boldsymbol{\varphi}_j^{\mathrm{T}}\boldsymbol{\varphi}_j)^{-1}(\boldsymbol{\varphi}_j^{\mathrm{T}}\boldsymbol{\Phi}_n)(\boldsymbol{\Phi}_n^{\mathrm{T}}\boldsymbol{\Phi}_n)^{-1}\boldsymbol{\Phi}_n^{\mathrm{T}}\boldsymbol{\varphi}_j\boldsymbol{P}_2+(\boldsymbol{\varphi}_j^{\mathrm{T}}\boldsymbol{\varphi}_j)^{-1}$$

同样由于式(6.2.14)

$$\begin{aligned}\boldsymbol{M}_{22}&=(\boldsymbol{\varphi}_j^{\mathrm{T}}\boldsymbol{\varphi}_j)^{-1}((\boldsymbol{\varphi}_j^{\mathrm{T}}\boldsymbol{\varphi}_j)^{-1}-\boldsymbol{P}_2^{\mathrm{T}})\boldsymbol{P}_2+(\boldsymbol{\varphi}_j^{\mathrm{T}}\boldsymbol{\varphi}_j)^{-1}\\&=(\boldsymbol{\varphi}_j^{\mathrm{T}}\boldsymbol{\varphi}_j)^{-1}(\boldsymbol{\varphi}_j^{\mathrm{T}}\boldsymbol{\varphi}_j)\boldsymbol{P}_2-(\boldsymbol{\varphi}_j^{\mathrm{T}}\boldsymbol{\varphi}_j)^{-1}\boldsymbol{P}_2^{-1}\boldsymbol{P}_2+(\boldsymbol{\varphi}_j^{\mathrm{T}}\boldsymbol{\varphi}_j)^{-1}=\boldsymbol{P}_2\end{aligned}$$

最终对式(6.2.4) 求逆得

$$\begin{pmatrix}\boldsymbol{\Phi}_n^{\mathrm{T}}\boldsymbol{\Phi}_n & \boldsymbol{\Phi}_n^{\mathrm{T}}\boldsymbol{\varphi}_j\\ \boldsymbol{\varphi}_j^{\mathrm{T}}\boldsymbol{\Phi}_n & \boldsymbol{\varphi}_j^{\mathrm{T}}\boldsymbol{\varphi}_j\end{pmatrix}^{-1}=\begin{pmatrix}\boldsymbol{M}_{11} & \boldsymbol{M}_{12}\\ \boldsymbol{M}_{21} & \boldsymbol{M}_{22}\end{pmatrix}=\begin{pmatrix}\boldsymbol{P}_1+\boldsymbol{P}_3\boldsymbol{\varphi}_j^{\mathrm{T}}\boldsymbol{\Phi}_n\boldsymbol{P}_1 & -\boldsymbol{P}_3\\ -\boldsymbol{P}_3^{\mathrm{T}} & \boldsymbol{P}_2\end{pmatrix}\tag{6.2.17}$$

【证毕】

【定理】 $\boldsymbol{\beta}_j=\begin{pmatrix}\boldsymbol{I}_n\\0\end{pmatrix}\boldsymbol{\beta}_0+(\boldsymbol{\Phi}_j^{\mathrm{T}}\boldsymbol{\Phi}_j)^{-1}\boldsymbol{\Phi}_j^{\mathrm{T}}\boldsymbol{E}_n$

【证明】 由式(6.2.17)，则式(6.2.7) 中 $\boldsymbol{\beta}_0$ 的系数矩阵成为

$$\begin{pmatrix}\boldsymbol{P}_1+\boldsymbol{P}_3\boldsymbol{\varphi}_j^{\mathrm{T}}\boldsymbol{\Phi}_n\boldsymbol{P}_1 & -\boldsymbol{P}_3\\ -\boldsymbol{P}_3^{\mathrm{T}} & \boldsymbol{P}_2\end{pmatrix}\begin{pmatrix}\boldsymbol{\Phi}_n^{\mathrm{T}}\boldsymbol{\Phi}_n\\ \boldsymbol{\varphi}_j^{\mathrm{T}}\boldsymbol{\Phi}_n\end{pmatrix}=\begin{pmatrix}(\boldsymbol{P}_1+\boldsymbol{P}_3\boldsymbol{\varphi}_j^{\mathrm{T}}\boldsymbol{\Phi}_n\boldsymbol{P}_1)\boldsymbol{\Phi}_n^{\mathrm{T}}\boldsymbol{\Phi}_n+(-\boldsymbol{P}_3)\boldsymbol{\varphi}_j^{\mathrm{T}}\boldsymbol{\Phi}_n\\ (-\boldsymbol{P}_3^{\mathrm{T}})\boldsymbol{\Phi}_n^{\mathrm{T}}\boldsymbol{\Phi}_n+\boldsymbol{P}_2\boldsymbol{\varphi}_j^{\mathrm{T}}\boldsymbol{\Phi}_n\end{pmatrix}$$

矩阵的第 1 行元素，由于 $\boldsymbol{P}_1=(\boldsymbol{\Phi}_n^{\mathrm{T}}\boldsymbol{\Phi}_n)^{-1}$，则 $\boldsymbol{P}_1^{-1}=(\boldsymbol{\Phi}_n^{\mathrm{T}}\boldsymbol{\Phi}_n)$

$$\begin{aligned}&(\boldsymbol{P}_1+\boldsymbol{P}_3\boldsymbol{\varphi}_j^{\mathrm{T}}\boldsymbol{\Phi}_n\boldsymbol{P}_1)\boldsymbol{\Phi}_n^{\mathrm{T}}\boldsymbol{\Phi}_n-\boldsymbol{P}_3\boldsymbol{\varphi}_j^{\mathrm{T}}\boldsymbol{\Phi}_n=(\boldsymbol{P}_1+\boldsymbol{P}_3\boldsymbol{\varphi}_j^{\mathrm{T}}\boldsymbol{\Phi}_n\boldsymbol{P}_1)\boldsymbol{P}_1^{-1}-\boldsymbol{P}_3\boldsymbol{\varphi}_j^{\mathrm{T}}\boldsymbol{\Phi}_n\\&\quad=(\boldsymbol{P}_1\boldsymbol{P}_1^{-1}+\boldsymbol{P}_3\boldsymbol{\varphi}_j^{\mathrm{T}}\boldsymbol{\Phi}_n\boldsymbol{P}_1\boldsymbol{P}_1^{-1})-\boldsymbol{P}_3\boldsymbol{\varphi}_j^{\mathrm{T}}\boldsymbol{\Phi}_n=\boldsymbol{I}_n+\boldsymbol{P}_3\boldsymbol{\varphi}_j^{\mathrm{T}}\boldsymbol{\Phi}_n-\boldsymbol{P}_3\boldsymbol{\varphi}_j^{\mathrm{T}}\boldsymbol{\Phi}_n=\boldsymbol{I}_n\end{aligned}\tag{6.2.18}$$

由式(6.2.11)矩阵的第 2 行元素

$$\begin{aligned}&-\boldsymbol{P}_3\boldsymbol{\Phi}_n^{\mathrm{T}}\boldsymbol{\Phi}_n+\boldsymbol{P}_2\boldsymbol{\varphi}_j^{\mathrm{T}}\boldsymbol{\Phi}_n\\&=-(\boldsymbol{P}_1\boldsymbol{\Phi}_n^{\mathrm{T}}\boldsymbol{\varphi}_j\boldsymbol{P}_2)^{\mathrm{T}}\boldsymbol{\Phi}_n^{\mathrm{T}}\boldsymbol{\Phi}_n+\boldsymbol{P}_2\boldsymbol{\varphi}_j^{\mathrm{T}}\boldsymbol{\Phi}_n=-\boldsymbol{P}_2^{\mathrm{T}}\boldsymbol{\varphi}_j^{\mathrm{T}}(\boldsymbol{\Phi}_n^{\mathrm{T}})^{\mathrm{T}}\boldsymbol{P}_1^{\mathrm{T}}\boldsymbol{\Phi}_n^{\mathrm{T}}\boldsymbol{\Phi}_n+\boldsymbol{P}_2\boldsymbol{\varphi}_j^{\mathrm{T}}\boldsymbol{\Phi}_n\end{aligned}\tag{6.2.19}$$

因式(6.2.9)知

$$\begin{aligned}\boldsymbol{P}_2^{\mathrm{T}}&=((\boldsymbol{\varphi}_j^{\mathrm{T}}\boldsymbol{\varphi}_n-\boldsymbol{\varphi}_j^{\mathrm{T}}\boldsymbol{\Phi}_n(\boldsymbol{\Phi}_n^{\mathrm{T}}\boldsymbol{\Phi}_n)^{-1}\boldsymbol{\Phi}_n^{\mathrm{T}}\boldsymbol{\varphi}_j)^{-1})^{\mathrm{T}}\\&=((\boldsymbol{\varphi}_j^{\mathrm{T}}\boldsymbol{\varphi}_n-\boldsymbol{\varphi}_j^{\mathrm{T}}\boldsymbol{\Phi}_n(\boldsymbol{\Phi}_n^{\mathrm{T}}\boldsymbol{\Phi}_n)^{-1}\boldsymbol{\Phi}_n^{\mathrm{T}}\boldsymbol{\varphi}_j)^{\mathrm{T}})^{-1}\\&=((\boldsymbol{\varphi}_j^{\mathrm{T}}\boldsymbol{\varphi}_n)^{\mathrm{T}}-(\boldsymbol{\varphi}_j^{\mathrm{T}}\boldsymbol{\Phi}_n(\boldsymbol{\Phi}_n^{\mathrm{T}}\boldsymbol{\Phi}_n)^{-1}\boldsymbol{\Phi}_n^{\mathrm{T}}\boldsymbol{\varphi}_j)^{\mathrm{T}})^{-1}\end{aligned}$$

易于证明

$$(\boldsymbol{\varphi}_j^{\mathrm{T}}\boldsymbol{\varphi}_j)^{\mathrm{T}}=\boldsymbol{\varphi}_j^{\mathrm{T}}(\boldsymbol{\varphi}_j^{\mathrm{T}})^{\mathrm{T}}=\boldsymbol{\varphi}_j^{\mathrm{T}}\boldsymbol{\varphi}_j$$

同理

$$(\boldsymbol{\varphi}_j^{\mathrm{T}}\boldsymbol{\Phi}_n(\boldsymbol{\Phi}_n^{\mathrm{T}}\boldsymbol{\Phi}_n)^{-1}\boldsymbol{\Phi}_n^{\mathrm{T}}\boldsymbol{\varphi}_j)^{\mathrm{T}}=\boldsymbol{\varphi}_j^{\mathrm{T}}\boldsymbol{\Phi}_n(\boldsymbol{\Phi}_n^{\mathrm{T}}\boldsymbol{\Phi}_n)^{-1}\boldsymbol{\Phi}_n^{\mathrm{T}}\boldsymbol{\varphi}_j$$

所以

$$\boldsymbol{P}_2^{\mathrm{T}}=(\boldsymbol{\varphi}_j^{\mathrm{T}}\boldsymbol{\varphi}_n-\boldsymbol{\varphi}_j^{\mathrm{T}}\boldsymbol{\Phi}_n(\boldsymbol{\Phi}_n^{\mathrm{T}}\boldsymbol{\Phi}_n)^{-1}\boldsymbol{\Phi}_n^{\mathrm{T}}\boldsymbol{\varphi}_j)^{-1}=\boldsymbol{P}_2$$

式(6.2.19)成为

$$\begin{aligned}&-\boldsymbol{P}_3\boldsymbol{\Phi}_n^{\mathrm{T}}\boldsymbol{\Phi}_n+\boldsymbol{P}_2\boldsymbol{\varphi}_j^{\mathrm{T}}\boldsymbol{\Phi}_n\\&=-\boldsymbol{P}_2^{\mathrm{T}}\boldsymbol{\varphi}_j^{\mathrm{T}}(\boldsymbol{\Phi}_n^{\mathrm{T}})^{\mathrm{T}}(\boldsymbol{\Phi}_n^{\mathrm{T}}\boldsymbol{\Phi}_n)^{-1}\boldsymbol{\Phi}_n^{\mathrm{T}}\boldsymbol{\Phi}_n+\boldsymbol{P}_2\boldsymbol{\varphi}_j^{\mathrm{T}}\boldsymbol{\Phi}_n=0\end{aligned}\tag{6.2.20}$$

由式(6.2.18)与式(6.2.20)得

$$\begin{pmatrix}\boldsymbol{\Phi}_n^{\mathrm{T}}\boldsymbol{\Phi}_n & \boldsymbol{\Phi}_n^{\mathrm{T}}\boldsymbol{\varphi}_j\\ \boldsymbol{\varphi}_j^{\mathrm{T}}\boldsymbol{\Phi}_n & \boldsymbol{\varphi}_j^{\mathrm{T}}\boldsymbol{\varphi}_j\end{pmatrix}^{-1}\begin{pmatrix}\boldsymbol{\Phi}_n^{\mathrm{T}}\boldsymbol{\Phi}_n\\ \boldsymbol{\varphi}_j^{\mathrm{T}}\boldsymbol{\Phi}_n\end{pmatrix}=\begin{pmatrix}\boldsymbol{I}_n\\ \\ 0\end{pmatrix}$$

式(6.2.7)变成

$$\hat{\boldsymbol{\beta}}_j=\begin{pmatrix}\boldsymbol{I}_n\\ \\ 0\end{pmatrix}\boldsymbol{\beta}_0+(\boldsymbol{\Phi}_j^{\mathrm{T}}\boldsymbol{\Phi}_j)^{-1}\boldsymbol{\Phi}_j^{\mathrm{T}}\boldsymbol{E}_N\tag{6.2.21}$$

【证毕】

式中，$\boldsymbol{\beta}_0$ 是真阶下估计出来的参数；$\hat{\boldsymbol{\beta}}_j$ 是模型阶大于真阶下估计出来的参数。式(6.2.21)表征它俩之间的差别与关系。

6.2.1.2　n_j 阶下的评价函数 $J(n_j)$

【定理】　设 $n_j>n$，为模型阶，则 $\boldsymbol{J}(n_j)=\boldsymbol{E}_n^{\mathrm{T}}[\boldsymbol{I}_n-\boldsymbol{\Phi}_j(\boldsymbol{\Phi}_j^{\mathrm{T}}\boldsymbol{\Phi}_j)^{-1}\boldsymbol{\Phi}_j^{\mathrm{T}}]\boldsymbol{E}_n$，为 $\boldsymbol{E}_n$ 的二次型。

【证明】　在模型阶为 n_j 下，由于每一组实验数据均应满足原结构方程得 N 的方程组，将其写成矩阵形式，仿照式(5.2.4)

$$\tilde{\boldsymbol{Y}}_N=\boldsymbol{\Phi}_j\hat{\boldsymbol{\beta}}_j+\boldsymbol{E}_j\tag{6.2.22}$$

式中，$\boldsymbol{Y}$ 的下标 N 表示实验次数；j 为阶的标识，表明阶为 $n_j>n$ 时获得的方程组，实质上两个方程组是一致的。真阶下的相应矩阵方程为

$$\widetilde{\boldsymbol{Y}}_N = \boldsymbol{\Phi}_n \hat{\boldsymbol{\beta}}_0 + \boldsymbol{E}_n \tag{6.2.23}$$

两式的$\widetilde{\boldsymbol{Y}}_N$是相同的。由式(6.2.22)得

$$\boldsymbol{E}_j = \widetilde{\boldsymbol{Y}}_N - \boldsymbol{\Phi}_j \hat{\boldsymbol{\beta}}_j \tag{6.2.24}$$

式中，$\boldsymbol{E}_n$表示真阶下的模型残差列阵，$\boldsymbol{E}_j$表示n_j阶下的模型残差列阵。
将式(6.2.2)代入式(6.2.24)得

$$\boldsymbol{E}_j = \widetilde{\boldsymbol{Y}}_N - \boldsymbol{\Phi}_j\left(\begin{pmatrix}\boldsymbol{I}_n \\ \\ 0\end{pmatrix}\boldsymbol{\beta}_0 + (\boldsymbol{\Phi}_j^{\mathrm{T}}\boldsymbol{\Phi}_j)^{-1}\boldsymbol{\Phi}_j^{\mathrm{T}}\boldsymbol{E}_n\right)$$

去括号有

$$\boldsymbol{E}_j = \widetilde{\boldsymbol{Y}}_N - \left(\boldsymbol{\Phi}_j\begin{pmatrix}\boldsymbol{I}_n \\ \\ 0\end{pmatrix}\boldsymbol{\beta}_0 + \boldsymbol{\Phi}_j(\boldsymbol{\Phi}_j^{\mathrm{T}}\boldsymbol{\Phi}_j)^{-1}\boldsymbol{\Phi}_j^{\mathrm{T}}\boldsymbol{E}_n\right)$$

由于$\boldsymbol{\Phi}_j = (\boldsymbol{\Phi}_n \quad \boldsymbol{\varphi}_j)$，$\widetilde{\boldsymbol{Y}}_N$用式(6.2.23)代之有

$$\boldsymbol{E}_j = \boldsymbol{\Phi}_n \hat{\boldsymbol{\beta}}_0 + \boldsymbol{E}_n - \left((\boldsymbol{\Phi}_n \quad \boldsymbol{\varphi}_j)\begin{pmatrix}\boldsymbol{I}_n \\ \\ 0\end{pmatrix}\boldsymbol{\beta}_0 + \boldsymbol{\Phi}_j(\boldsymbol{\Phi}_j^{\mathrm{T}}\boldsymbol{\Phi}_j)^{-1}\boldsymbol{\Phi}_j^{\mathrm{T}}\boldsymbol{E}_n\right)$$

$$\boldsymbol{E}_j = \boldsymbol{\Phi}_n \hat{\boldsymbol{\beta}}_0 + \boldsymbol{E}_n - \boldsymbol{\Phi}_n\boldsymbol{\beta}_0 - \boldsymbol{\Phi}_j(\boldsymbol{\Phi}_j^{\mathrm{T}}\boldsymbol{\Phi}_j)^{-1}\boldsymbol{\Phi}_j^{\mathrm{T}}\boldsymbol{E}_n$$

当参数估计是无偏时，可以认为$\hat{\boldsymbol{\beta}}_0 = \boldsymbol{\beta}_0$，故

$$\boldsymbol{E}_j = \boldsymbol{E}_n - \boldsymbol{\Phi}_j(\boldsymbol{\Phi}_j^{\mathrm{T}}\boldsymbol{\Phi}_j)^{-1}\boldsymbol{\Phi}_j^{\mathrm{T}}\boldsymbol{E}_n = (\boldsymbol{I}_n - \boldsymbol{\Phi}_j(\boldsymbol{\Phi}_j^{\mathrm{T}}\boldsymbol{\Phi}_j)^{-1}\boldsymbol{\Phi}_j^{\mathrm{T}})\boldsymbol{E}_n \tag{6.2.25}$$

可见由于阶的不同，模型误差列阵也会有所不同，这个公式表征了它们之间的关系。这样n_j阶下的评价函数

$$\begin{aligned}J(n_j) &= \boldsymbol{E}_j^{\mathrm{T}}\boldsymbol{E}_j \\ &= ((\boldsymbol{I}_n - \boldsymbol{\Phi}_j(\boldsymbol{\Phi}_j^{\mathrm{T}}\boldsymbol{\Phi}_j)^{-1}\boldsymbol{\Phi}_j^{\mathrm{T}})\boldsymbol{E}_n)^{\mathrm{T}}(\boldsymbol{I}_n - \boldsymbol{\Phi}_j(\boldsymbol{\Phi}_j^{\mathrm{T}}\boldsymbol{\Phi}_j)^{-1}\boldsymbol{\Phi}_j^{\mathrm{T}})\boldsymbol{E}_n \\ &= (\boldsymbol{E}_n^{\mathrm{T}}(\boldsymbol{I}_n - \boldsymbol{\Phi}_j(\boldsymbol{\Phi}_j^{\mathrm{T}}\boldsymbol{\Phi}_j)^{-1}\boldsymbol{\Phi}_j^{\mathrm{T}})^{\mathrm{T}}(\boldsymbol{I}_n - \boldsymbol{\Phi}_j(\boldsymbol{\Phi}_j^{\mathrm{T}}\boldsymbol{\Phi}_j)^{-1}\boldsymbol{\Phi}_j^{\mathrm{T}})\boldsymbol{E}_n\end{aligned}$$

$[\boldsymbol{I}_n - \boldsymbol{\Phi}_j(\boldsymbol{\Phi}_j^{\mathrm{T}}\boldsymbol{\Phi}_j)^{-1}\boldsymbol{\Phi}_j^{\mathrm{T}}]$是对称阵，因为

$$\begin{aligned}[\boldsymbol{I}_n - \boldsymbol{\Phi}_j(\boldsymbol{\Phi}_j^{\mathrm{T}}\boldsymbol{\Phi}_j)^{-1}\boldsymbol{\Phi}_j^{\mathrm{T}}]^{\mathrm{T}} &= \boldsymbol{I}_n^{\mathrm{T}} - (\boldsymbol{\Phi}_j(\boldsymbol{\Phi}_j^{\mathrm{T}}\boldsymbol{\Phi}_j)^{-1}\boldsymbol{\Phi}_j^{\mathrm{T}})^{\mathrm{T}} \\ &= \boldsymbol{I}_n - (\boldsymbol{\Phi}_j^{\mathrm{T}})^{\mathrm{T}}((\boldsymbol{\Phi}_j^{\mathrm{T}}\boldsymbol{\Phi}_j)^{-1})^{\mathrm{T}}\boldsymbol{\Phi}_j^{\mathrm{T}} = \boldsymbol{I}_n - \boldsymbol{\Phi}_j(\boldsymbol{\Phi}_j^{\mathrm{T}}\boldsymbol{\Phi}_j)^{-1}\boldsymbol{\Phi}_j^{\mathrm{T}}\end{aligned}$$

所以

$$\begin{aligned}J(n_j) &= \boldsymbol{E}_n^{\mathrm{T}}(\boldsymbol{I}_n - \boldsymbol{\Phi}_j(\boldsymbol{\Phi}_j^{\mathrm{T}}\boldsymbol{\Phi}_j)^{-1}\boldsymbol{\Phi}_j^{\mathrm{T}})(\boldsymbol{I}_n - \boldsymbol{\Phi}_j(\boldsymbol{\Phi}_j^{\mathrm{T}}\boldsymbol{\Phi}_j)^{-1}\boldsymbol{\Phi}_j^{\mathrm{T}})\boldsymbol{E}_n \\ &= \boldsymbol{E}_n^{\mathrm{T}}(\boldsymbol{I}_n - \boldsymbol{\Phi}_j(\boldsymbol{\Phi}_j^{\mathrm{T}}\boldsymbol{\Phi}_j)^{-1}\boldsymbol{\Phi}_j^{\mathrm{T}})^2\boldsymbol{E}_n\end{aligned}$$

由于

$$\begin{aligned}(\boldsymbol{I}_n - \boldsymbol{\Phi}_j(\boldsymbol{\Phi}_j^{\mathrm{T}}\boldsymbol{\Phi}_j)^{-1}\boldsymbol{\Phi}_j^{\mathrm{T}})^2 &= (\boldsymbol{I}_n)^2 - 2\boldsymbol{\Phi}_j(\boldsymbol{\Phi}_j^{\mathrm{T}}\boldsymbol{\Phi}_j)^{-1}\boldsymbol{\Phi}_j^{\mathrm{T}} + \boldsymbol{\Phi}_j(\boldsymbol{\Phi}_j^{\mathrm{T}}\boldsymbol{\Phi}_j)^{-1}\boldsymbol{\Phi}_j^{\mathrm{T}}\boldsymbol{\Phi}_j(\boldsymbol{\Phi}_j^{\mathrm{T}}\boldsymbol{\Phi}_j)^{-1}\boldsymbol{\Phi}_j^{\mathrm{T}} \\ &= \boldsymbol{I}_n - \boldsymbol{\Phi}_j(\boldsymbol{\Phi}_j^{\mathrm{T}}\boldsymbol{\Phi}_j)^{-1}\boldsymbol{\Phi}_j^{\mathrm{T}}\end{aligned}$$

可见$(\boldsymbol{I}_n - \boldsymbol{\Phi}_j(\boldsymbol{\Phi}_j^{\mathrm{T}}\boldsymbol{\Phi}_j)^{-1}\boldsymbol{\Phi}_j^{\mathrm{T}})$是幂等的。
结论是

$$J(n_j) = \boldsymbol{E}_n^{\mathrm{T}}(\boldsymbol{I}_n - \boldsymbol{\Phi}_j(\boldsymbol{\Phi}_j^{\mathrm{T}}\boldsymbol{\Phi}_j)^{-1}\boldsymbol{\Phi}_j^{\mathrm{T}})\boldsymbol{E}_n \tag{6.2.26}$$

【证毕】

6.2.1.3 $J(n_j)$ 的概率分布

式(6.2.26)是在 $n_j > n$ 的情况下推得的，设 $n_1 > n$，便有

$$J(n_1) = \boldsymbol{E}_n^{\mathrm{T}}(\boldsymbol{I}_n - \boldsymbol{\Phi}_1(\boldsymbol{\Phi}_1^{\mathrm{T}}\boldsymbol{\Phi}_1)^{-1}\boldsymbol{\Phi}_1^{\mathrm{T}})\boldsymbol{E}_n$$

同样当 $n_2 = n_1 + 1$，也有

$$J(n_2) = \boldsymbol{E}_n^{\mathrm{T}}(\boldsymbol{I}_n - \boldsymbol{\Phi}_2(\boldsymbol{\Phi}_2^{\mathrm{T}}\boldsymbol{\Phi}_2)^{-1}\boldsymbol{\Phi}_2^{\mathrm{T}})\boldsymbol{E}_n$$

由于上述讨论的系统是静态的，式(6.2.26)中 $\boldsymbol{E}_n$ 是一个相互独立的随机变量，呈高斯正态分布，均值为0，方差为 σ^2，不失一般性 $\sigma^2 = 1$，$N(0, 1)$，相当科克伦定理中的 $\boldsymbol{X}$。由于 $\boldsymbol{I}_n - \boldsymbol{\Phi}_j(\boldsymbol{\Phi}_j^{\mathrm{T}}\boldsymbol{\Phi}_j)^{-1}\boldsymbol{\Phi}_j^{\mathrm{T}}$ 是幂等的，为非负定的对称阵，故 $J(n_2)$ 是 $\boldsymbol{E}_n$ 的二次型。而

$$\begin{aligned}J(n_1) - J(n_2) &= \boldsymbol{E}_n^{\mathrm{T}}(\boldsymbol{I}_n - \boldsymbol{\Phi}_1(\boldsymbol{\Phi}_1^{\mathrm{T}}\boldsymbol{\Phi}_1)^{-1}\boldsymbol{\Phi}_1^{\mathrm{T}})\boldsymbol{E}_n - \boldsymbol{E}_n^{\mathrm{T}}(\boldsymbol{I}_n - \boldsymbol{\Phi}_2(\boldsymbol{\Phi}_2^{\mathrm{T}}\boldsymbol{\Phi}_2)^{-1}\boldsymbol{\Phi}_2^{\mathrm{T}})\boldsymbol{E}_n \\ &= \boldsymbol{E}_n^{\mathrm{T}}\boldsymbol{I}_n\boldsymbol{E}_n - \boldsymbol{E}_n^{\mathrm{T}}\boldsymbol{\Phi}_1(\boldsymbol{\Phi}_1^{\mathrm{T}}\boldsymbol{\Phi}_1)^{-1}\boldsymbol{\Phi}_1^{\mathrm{T}}\boldsymbol{E}_n - \boldsymbol{E}_n^{\mathrm{T}}\boldsymbol{I}_n\boldsymbol{E}_n + \boldsymbol{E}_n^{\mathrm{T}}\boldsymbol{\Phi}_2(\boldsymbol{\Phi}_2^{\mathrm{T}}\boldsymbol{\Phi}_2)^{-1}\boldsymbol{\Phi}_2^{\mathrm{T}}\boldsymbol{E}_n \\ &= \boldsymbol{E}_n^{\mathrm{T}}(\boldsymbol{\Phi}_2(\boldsymbol{\Phi}_2^{\mathrm{T}}\boldsymbol{\Phi}_2)^{-1}\boldsymbol{\Phi}_2^{\mathrm{T}} - \boldsymbol{\Phi}_1(\boldsymbol{\Phi}_1^{\mathrm{T}}\boldsymbol{\Phi}_1)^{-1}\boldsymbol{\Phi}_1^{\mathrm{T}})\boldsymbol{E}_n\end{aligned}$$

式中，$\boldsymbol{\Phi}_1(\boldsymbol{\Phi}_1^{\mathrm{T}}\boldsymbol{\Phi}_1)^{-1}\boldsymbol{\Phi}_1^{\mathrm{T}}$，$\boldsymbol{\Phi}_2(\boldsymbol{\Phi}_2^{\mathrm{T}}\boldsymbol{\Phi}_2)^{-1}\boldsymbol{\Phi}_2^{\mathrm{T}}$ 同为非负定的对称阵，由于 $n_2 > n_1$，则 $\boldsymbol{\Phi}_2(\boldsymbol{\Phi}_2^{\mathrm{T}}\boldsymbol{\Phi}_2)^{-1}\boldsymbol{\Phi}_2^{\mathrm{T}} > \boldsymbol{\Phi}_1(\boldsymbol{\Phi}_1^{\mathrm{T}}\boldsymbol{\Phi}_1)^{-1}\boldsymbol{\Phi}_1^{\mathrm{T}}$，$\boldsymbol{\Phi}_2(\boldsymbol{\Phi}_2^{\mathrm{T}}\boldsymbol{\Phi}_2)^{-1}\boldsymbol{\Phi}_2^{\mathrm{T}} - \boldsymbol{\Phi}_1(\boldsymbol{\Phi}_1^{\mathrm{T}}\boldsymbol{\Phi}_1)^{-1}\boldsymbol{\Phi}_1^{\mathrm{T}} > 0$，也是非负定的对称阵。故 $J(n_1) - J(n_2)$ 为 $\boldsymbol{E}_n$的另一个二次型。同理 $\boldsymbol{E}_n^{\mathrm{T}}\boldsymbol{I}_n\boldsymbol{E}_n - J(n_1)$ 为 $\boldsymbol{E}_n$的第三个二次型，因为

$$\begin{aligned}\boldsymbol{E}_n^{\mathrm{T}}\boldsymbol{I}_n\boldsymbol{E}_n - J(n_1) &= \boldsymbol{E}_n^{\mathrm{T}}\boldsymbol{I}_n\boldsymbol{E}_n - \boldsymbol{E}_n^{-1}(\boldsymbol{I}_n - \boldsymbol{\Phi}_1(\boldsymbol{\Phi}_1^{\mathrm{T}}\boldsymbol{\Phi}_1)^{-1}\boldsymbol{\Phi}_1^{\mathrm{T}})\boldsymbol{E}_n \\ &= \boldsymbol{E}_n^{\mathrm{T}}(\boldsymbol{\Phi}_1(\boldsymbol{\Phi}_1^{\mathrm{T}}\boldsymbol{\Phi}_1)^{-1}\boldsymbol{\Phi}_1^{\mathrm{T}})\boldsymbol{E}_n\end{aligned}$$

上述已经证明 $\boldsymbol{\Phi}_1(\boldsymbol{\Phi}_1^{\mathrm{T}}\boldsymbol{\Phi}_1)^{-1}\boldsymbol{\Phi}_1^{\mathrm{T}}$ 为非负定的对称阵。

以下分别计算 $J(n_2)$、$J(n_1) - J(n_2)$ 以及 $\boldsymbol{E}_n^{\mathrm{T}}\boldsymbol{I}_n\boldsymbol{E}_n - J(n_1)$ 这三个 $\boldsymbol{E}_n$ 的二次型的秩。幂等矩阵有 $\mathrm{Rank}\boldsymbol{A} = \mathrm{tr}\boldsymbol{A}$ 定理，$\boldsymbol{\Phi}_1(\boldsymbol{\Phi}_1^{\mathrm{T}}\boldsymbol{\Phi}_1)^{-1}\boldsymbol{\Phi}_1^{\mathrm{T}}$ 是幂等的，故

$$\mathrm{Rank}(\boldsymbol{\Phi}_j(\boldsymbol{\Phi}_j^{\mathrm{T}}\boldsymbol{\Phi}_j)^{-1}\boldsymbol{\Phi}_j^{\mathrm{T}}) = \mathrm{tr}(\boldsymbol{\Phi}_j(\boldsymbol{\Phi}_j^{\mathrm{T}}\boldsymbol{\Phi}_j)^{-1}\boldsymbol{\Phi}_j^{\mathrm{T}})$$

根据矩阵逆的性质，交换乘积矩阵相对位置其秩不变

$$\mathrm{tr}(\boldsymbol{\Phi}_j(\boldsymbol{\Phi}_j^{\mathrm{T}}\boldsymbol{\Phi}_j)^{-1}\boldsymbol{\Phi}_j^{\mathrm{T}}) = \mathrm{tr}((\boldsymbol{\Phi}_j^{\mathrm{T}}\boldsymbol{\Phi}_j)^{-1}\boldsymbol{\Phi}_j^{\mathrm{T}}\boldsymbol{\Phi}_j) = \boldsymbol{I}_j = n_j$$

于是

$$\mathrm{Rank}(\boldsymbol{\Phi}_1(\boldsymbol{\Phi}_1^{\mathrm{T}}\boldsymbol{\Phi}_1)^{-1}\boldsymbol{\Phi}_1^{\mathrm{T}}) = n_1$$

$$\mathrm{Rank}(\boldsymbol{\Phi}_2(\boldsymbol{\Phi}_2^{\mathrm{T}}\boldsymbol{\Phi}_2)^{-1}\boldsymbol{\Phi}_2^{\mathrm{T}}) = n_2$$

$$\mathrm{Rank}\boldsymbol{I}_n = n$$

而且

$$\mathrm{Rank}(\boldsymbol{I}_n - \boldsymbol{\Phi}_2(\boldsymbol{\Phi}_2^{\mathrm{T}}\boldsymbol{\Phi}_2)^{-1}\boldsymbol{\Phi}_2^{\mathrm{T}}) = n - n_2$$

$$\mathrm{Rank}(\boldsymbol{\Phi}_2(\boldsymbol{\Phi}_2^{\mathrm{T}}\boldsymbol{\Phi}_2)^{-1}\boldsymbol{\Phi}_2^{\mathrm{T}} - \boldsymbol{\Phi}_1(\boldsymbol{\Phi}_1^{\mathrm{T}}\boldsymbol{\Phi}_1)^{-1}\boldsymbol{\Phi}_1^{\mathrm{T}}) = n_2 - n_1$$

这样一来，$J(n_2)$、$J(n_1) - J(n_2)$ 以及 $\boldsymbol{E}_n^{\mathrm{T}}\boldsymbol{I}_n\boldsymbol{E}_n - J(n_1)$ 这三个 $\boldsymbol{E}_n$的二次型之和

$$J(n_2) + (J(n_1) - J(n_2)) + (\boldsymbol{E}_n^{\mathrm{T}}\boldsymbol{I}_n\boldsymbol{E}_n - J(n_1)) = \boldsymbol{E}_n^{\mathrm{T}}\boldsymbol{I}_n\boldsymbol{E}_n = \boldsymbol{E}_n^{\mathrm{T}}\boldsymbol{E}_n$$

为 $\boldsymbol{E}_n$ 的正定二次型，满足科克伦定理的 $\sum_{j=1}^{3}\boldsymbol{Q}_j = \sum_{i=1}^{3}X_i^2$ 的条件。而且它们的秩(又称自由度)之和 $n - n_2 + n_2 - n_1 + n_1 = n$，又完全满足科克伦定理 $\sum_{j=1}^{3}n_j = n$ 的充要条件。

根据科克伦定理，称 $J(n_2)$ 、$J(n_1) - J(n_2)$ 以及 $\boldsymbol{E}_n^{\mathrm{T}}\boldsymbol{I}_n\boldsymbol{E}_n - J(n_1)$ 这三个 $\boldsymbol{E}_n$ 的二次型，分

别是自由度为 $n-n_2$、n_2-n_1、n_1 的 χ^2 分布。由此得统计量

$$t=\frac{J(n_1)-J(n_2)}{J(n_2)}\frac{n-n_2}{n_2-n_1}\sim F(n_2-n_1,\ n-n_2)$$

即服从自由度为 n_2-n_1、$n-n_2$ 的 F 分布，即 $F(n_2-n_1,\ n-n_2)$。

6.2.1.4　阶的假设检验问题

由于阶的搜索，是小样本试验，阶不可能从 1 搜索到无穷大，只能寥寥几次，因此要用到小样本的假设检验的方法来检验系统的阶。所谓假设检验就是对问题先提出一种假设，然后检验它有多大的可能性是正确的。设系统的真阶为 n，n_2-n_1 是两个被检验的阶，得阶的假设检验问题

$$H_0:\ n_2>n_1>n$$

步骤如下：

(1) 作测试得输入输出数据。

(2) 分别以 n_1，$n_2=n_1+1$ 为阶，求出 $J(n_1)$，$J(n_2)$，进而得统计量

$$t=\frac{J(n_1)-J(n_2)}{J(n_2)}\frac{n-n_2}{n_2-n_1}$$

(3) 给定信度 α，查 F 的分布表得 t_α。若 $t<t_\alpha$，则接受 H_0；若 $t\geqslant t_\alpha$，则拒绝 H_0。这时，n_1，n_2 递增 1，即 $n_1+1\rightarrow n_1$、$n_2+1\rightarrow n_2$，回步骤 2，…，直到 $t<t_\alpha$ 时为止；这时的 n_1 为系统的阶。

6.2.2　动态模型阶的 F 检验

上述静态数学模型阶的 F 检验，近似地可以推广到动态系统中。由于动态模型的参数较之静态多了一倍，二次型的自由度也发生变化，统计量变成

$$t=\frac{J(n_1)-J(n_2)}{J(n_2)}\frac{n-2n_2}{2(n_2-n_1)}$$

可以证明，这时的 t 服从渐近的 $F(2(n_2-n_1),\ n-2n_2)$ 分布。究其原因是静态模型的残差是独立残差，而动态模型的残差是相关残差，是有色的，并不完全满足科克伦定理的前提条件。如果沿用广义最小二乘参数估计算法用白化滤波将动态残差滤成白色，就能满足科克伦定理。

第 7 章

相关分析法

上述讨论的系统基本上是确定性系统，其输入输出是确定性的，或者说是强相关的，如果是弱相关的随机系统又该如何？

再则，上述辨识方法，均建立在动态测试的基础上，这就存在一个测试信号的选取问题。理论上测试信号的选取是任意的，但实际上要受到种种限制。就测试的角度出发，阶跃信号，尤其是单位脉冲信号较为理想，由于它是均匀频谱，从基波到无限大的谐波幅值都是一样的，对系统的激励非常充分。但在线测试它是不可使用的信号，若输入阶跃信号，会使系统偏离原来的良好状态。若输入脉冲信号，系统将会受到难以接受的冲击，对生产造成严重影响，以致久久不能恢复。因此从生产、运行的角度出发，希望输入的阶跃信号、脉冲信号幅值越小越好，但没有一定的幅值辨识出来的参数不一定符合实际，这是一个难以调和的矛盾。是否存在这样一种信号，不用太大的幅度，不太影响生产，但由此建立起来的数学模型却能较好地反映系统的实际？以下将证明，白噪声就是这样一种理想的信号。

7.1 数学基础

7.1.1 随机变量的概率分布函数和密度函数

在多次重复的一种实践中，除了必然会发生的事件（确定性事件）之外，还有可能发生，又可能不发生的事件，称为随机事件。

在测量某物理量的过程中，其值会在一定范围内变化，既可以是范围内的这个数，也可以是另一个数，称这类数为随机变数或随机变量，记为 $\boldsymbol{X}$。这个范围的每个数称为 $\boldsymbol{X}$ 的取值，记为 x，取值的范围记为 $[a, b]$，若取值 x 在 $[a, b]$ 内连续，称这种随机变量是连续型的。若不连续，如抛硬币，只有两种可能，两个数，又如丢骰子，俗称丢色子，只有 6 个数，称为离散型的随机变量。本章讨论的随机变量均为一维。

若丢色子一直进行下去，范围中的每一个取值随着试验次数的增加而不断重复。将其取

值的重复次数 n_i 除以总次数 N，得到称为取值 x_i 的概率，记为 $f(x_i)$，即

$$f(x_i)=\frac{n_i}{N} \tag{7.1.1}$$

将 $f(x_i)$ 绘在坐标图上，色子的六面分别为1、2、3、4、5、6，标在横坐标上，纵坐标为相应的概率，则丢色子的概率曲线如图7.1.1所示。这是离散型随机变量的概率曲线，有6个离散点，取值之间没有别的取值。

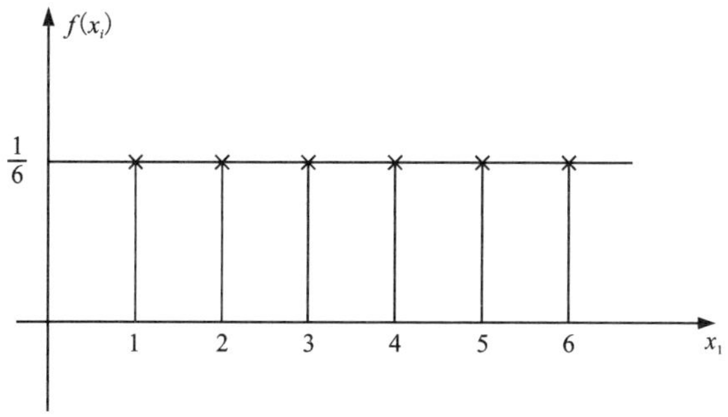

图7.1.1 丢色子概率曲线

对某物理量进行测量，范围内的每一个数都可能是取值，所得的概率曲线不会是几个离散点，而是一条连续的概率曲线，如图7.1.2所示。在取值范围内取一点 x_1，$a \leqslant x_1 \leqslant b$，称在 $[a, x_1]$ 范围内的所有取值的概率之和，为取值小于等于 x_1 的概率积累，记为 $F(x_1)$，则

$$F(x_1)=\int_a^{x_1} f(x)\,\mathrm{d}x \tag{7.1.2}$$

$f(x_1)$ 实际上就是在 $[a, x_1]$ 之间，它与横轴所包围的面积，如图7.1.3中阴影部分面积。当 x_1 右移，$f(x_1)$ 面积随之增大，当 x_1 到达零点时，面积增加最快，因为这时概率最大，过了零点它的面积仍然继续上升，但增加的速率却变慢，这是由于 $f(x_1)$ 下降了。可见 x_1 将视为变量，则 $F(x_1)$ 曲线如图7.1.3中的曲线2所示，称为概率分布曲线。可见概率分布函数实际上就是概率积累对取值 x_1 的函数。

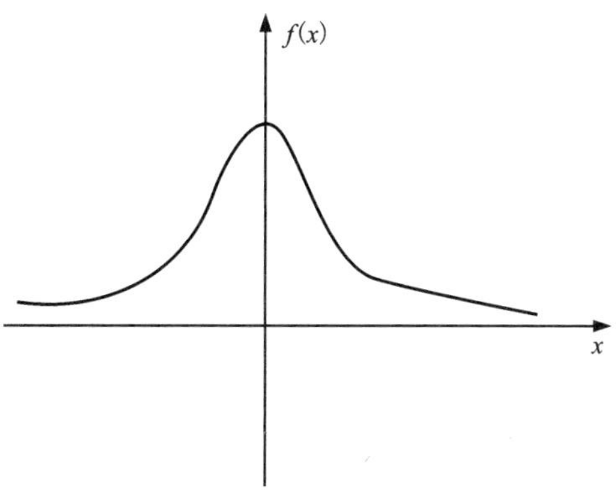

图7.1.2 连续随机变量概率曲线

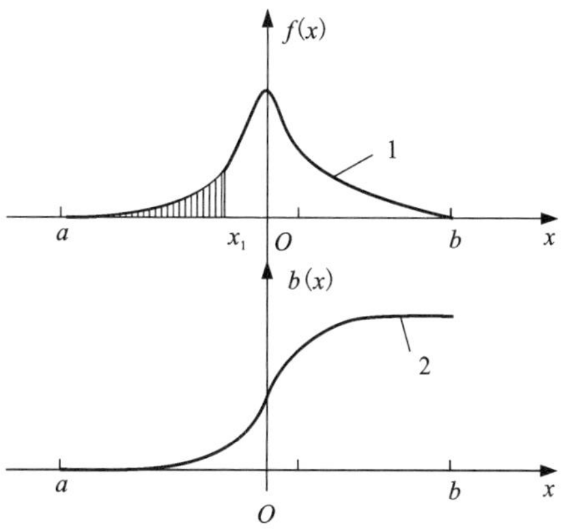

图7.1.3 连续型概率曲线与概率分布曲线

对式(7.1.2)求微分

$$F'(x) = \frac{\mathrm{d}}{\mathrm{d}x}\int f(x)\mathrm{d}x = \int \frac{\mathrm{d}}{\mathrm{d}x}f(x)\mathrm{d}x = \int \mathrm{d}f(x) = f(x) \tag{7.1.3}$$

称为概率密度函数。结合式(7.1.2)与式(7.1.3)可见，概率密度函数 $f(x)$ 是概率分布函数 $F(x)$ 的微分，而概率分布函数则是概率密度函数的积分。

概率密度函数与分布函数是对随机函数变量完备的描述。许多时候对随机变量的统计特性，即它的数字表征数学期望与方差更感兴趣。

7.1.2 随机变量的数字特征

离散型随机变量 X，它的取值为 x_i，$i = 1, \cdots, n$，取值的概率为 $f(x_i)$，所有取值与该取值概率乘积总和称为该随机变量的数学期望，记为 $E(X)$，则

$$E(X) = \sum_{i=1}^{n} x_i f(x_i)$$

如学生考试，设 x_i，$i = 1, \cdots, n$ 为考试的分数，n_i 为取得分数 x_i 的人数。总人数为 $N = \sum_{i=1}^{n} n_i$，取得 x_i 分数的概率为 $f(x_i) = \frac{n_i}{N}$，学生考试的数学期望为

$$\begin{aligned} E(X) &= \sum_{i=1}^{n} x_i f(x_i) = x_1 f(x_1) + x_2 f(x_2) + \cdots + x_n f(x_n) \\ &= x_1 \frac{n_1}{N} + x_2 \frac{n_2}{N} + \cdots + x_n \frac{n_n}{N} = \frac{1}{N}(x_1 n_1 + x_2 n_2 + \cdots + x_n n_n) \end{aligned}$$

分数乘以取得这个分数的人数，然后全部加起来便是总分，除以总人数就是平均分，可见随机变量的数学期望就是该随机变量的均值。

对于连续型的随机变量，X 的数学期望

$$E(X) = \int_a^b x f(x)\mathrm{d}x \tag{7.1.4}$$

随机变量取值离差平方的数学期望为方差，记为 $D(X)$，则

$$D(X) = E((x - E(X))^2) \tag{7.1.5}$$

式中，$x - E(X)$ 称离差。方差表征了随机变量与均值之间的接近程度，离差越小，方差就越小。随机变量与均值就愈接近。

7.1.3 随机过程

如图 1.1 所示，若系统为确定性系统，在无任何干扰因素的环境中做实验，且加在系统输入端的信号，每次都是完全一样，没有任何差别，则系统的输出只可能是一条响应曲线。由于干扰不可避免，纵然输入信号完全一致输出也不会是一条曲线而是一族曲线，称这族时间 t 的曲线为随机过程，或称随机函数，记为 $X(t)$。其中的一条曲线(或者一个函数)称为该随机过程的一次“物理实现”，记为 $x(t)$。大写 $X(t)$ 为随机过程，小写 $x(t)$ 为一次物理实现，都是时间 t 的函数。

换一种方式思考，既然每一次物理实现都不相同，从加输入后任一个确定的时刻 t_1，输出每一次物理实现在此刻的输出值不会是一个确定的值，而是随机变量，记为 $X(t_1)$，称为随

机过程在 t_1 时刻的状态。因此随机过程又可定义为任一时刻均为随机变量的过程。若不同时刻的状态是相互独立的随机变量，则称这样的随机过程为独立的随机过程。

7.1.3.1　一维概率分布，密度函数

既然随机过程的状态是随机变量，就会有概率分布函数

$$F(x_1, t_1) = \int_a^{x_1} f(x, t_1)\mathrm{d}x \tag{7.1.6}$$

式中，$F(x_1, t_1)$ 是特指在 t_1 时间点，随机过程状态 $X(t_1) = X_1$，是取值为 x_1 的概率积累。视 x_1 为变量 x，它在取值范围变化，则 $F(x, t_1)$ 就是该状态 X_1 的概率分布函数。由于概率密度函数 $f(x)$ 是概率分布函数 $F(x)$ 的微分，在这里显然有

$$f(x, t_1) = F'(x, t_1) \tag{7.1.7}$$

一般地，取值范围为$(-\infty, +\infty)$，则状态 $X(t_1)$ 的数学期望

$$E(X(t_1)) = \int_{-\infty}^{\infty} xf(x, t_1)\mathrm{d}x \tag{7.1.8}$$

方差

$$D(X(t_1)) = E((x - E(X(t_1)))^2) \tag{7.1.9}$$

式(7.1.8)、式(7.1.9)表征了随机过程一个孤立状态的统计性质，故称为一维概率分布函数与一维概率密度函数。

7.1.3.2　二维概率分布、密度函数

在同一个独立的随机过程中，设 t_1 时刻状态 $X(t_1)$ 的取值 $x < x_1$，与 t_2 时刻状态 $X(t_2)$ 的取值 $x < x_2$，同在一次物理实现中的概率积累称为该随机过程的二维概率分布函数，记为 $F_2(x_1, t_1; x_2, t_2)$。

设 $F_2(x_1, t_1; x_2, t_2)$ 为随机过程的二维概率分布函数，则满足

$$F_2(x_1, t_1; x_2, t_2) = \int_{-\infty}^{x_1}\int_{-\infty}^{x_2} f_2(x_1, t_1; x_2, t_2)\mathrm{d}x_1\mathrm{d}x_2 \tag{7.1.10}$$

的被积函数 $f_2(x_1, t_1; x_2, t_2)$，称为二维概率密度函数。

二维概率密度函数等于 $f(x_1, t_1)$ 与 $f(x_2, t_2)$ 两个概率的乘积 $f_2(x_1, t_1; x_2, t_2) = f(x_1, t_1)\cdot f(x_2, t_2)$，表示两个概率事件同时发生的概率。换言之就是状态 $X(t_1)$ 取值为 x_1，状态 $X(t_2)$ 取值 x_2，同在一次物理实现中的概率。

状态 $X(t_1)$ 取值为 x_1，状态 $X(t_2)$ 取值 x_2，同在一次物理实现中的概率，是指有这样的一次物理实现，在时刻 t_1 通过 x_1 点，在 t_2 时刻通过 x_2 点。在时刻 t_1 通过 x_1 点的物理实现不一定在 t_2 时刻通过 x_2 点，但也有通过的可能，显然 x_1，x_2 同在一次物理实现中是个随机事件，它的概率不会为1。由于两个随机变量的乘积也是随机变量，它的取值是两个随机变量取值的乘积，乘积随机变量的概率为它们概率的乘积，即两个随机变量的取值 x_1，x_2 同在一次物理实现中的概率。因此，x_1，x_2 同在一次物理实现的概率，实际上就是 $X(t_1)$ 和 $X(t_2)$ 这两个随机变量的乘积所得到的这个新随机变量取值为 x_1x_2 的概率。如汽车发生交通事故的概率为 $f(x_1)$，汽车交通事故中，人的伤亡概率为 $f(x_2)$，则汽车交通事故造成人员伤亡的概率等于 $f(x_1)f(x_2)$。

7.1.3.3 自相关函数

设随机过程在 t_1 时刻的状态为 $X(t_1)$，在 t_2 时刻状态为 $X(t_2)$，则两状态的乘积 $X(t_1)X(t_2)$ 的数学期望称为该随机过程的自相关函数，记为 $R_{xx}(t_1, t_2)$。于是

$$R_{xx}(t_1, t_2) = E(X(t_1)X(t_2)) = \int_{-\infty}^{\infty}\int_{-\infty}^{\infty} x_1x_2f(x_1, t_1; x_2, t_2)\mathrm{d}x_1\mathrm{d}x_2 \tag{7.1.11}$$

式中，x_1x_2 为乘积随机变量 $X(t_1)X(t_2)$ 的取值；$f(x_1, t_1; x_2, t_2)$ 为取值 x_1x_2 的概率。

从式(7.1.11)可以看出，若 t_1，t_2 很接近，而且 x_1 与 x_2 也相差无几，x_1，x_2 同在一次物理实现的概率就会较大。也就是说两者的关系较为密切，相关性就强，当 $t_1 = t_2$，且 $x_1 = x_2$ 时，两者完全相关了，反之，t_1，和 t_2 以及 x_1 和 x_2 相距甚远，两者同在一次物理实现中的可能性就小多了，可见自相关函数是自身两个不同状态之间关系密切程度的一种衡量。

7.1.3.4 互相关函数

若图 1.1 的输入函数也是随机函数，或者说也是随机过程，系统输出更是随机过程。记输入随机过程为 $X(t)$，输出随机过程为 $Y(t)$，在一次实验中，输入随机过程的一次物理实现为 $x(t)$，它的输出响应随机过程的一次物理实现为 $y(t)$。设 $x(t)$ 在 t_1 时刻，通过 x 点，$y(t)$ 在 t_2 时刻通过 y 点，则称 x，y 为同一次物理实现。如上所述，这是一随机事件，它的概率为 $f(x, t_1; y, t_2)$。

设输入随机过程在 t_1 时刻的状态为 $X(t_1)$，输出随机过程在 $t_2(t_1 < t_2)$ 时刻的状态为 $Y(t_2)$，则称 $X(t_1)Y(t_2)$ 的数学期望为这两个随机过程的互相关函数，记为 $R_{XY}(t_1, t_2)$。于是

$$R_{XY}(t_1, t_2) = E(X(t_1)Y(t_2)) = \int_{-\infty}^{\infty}\int_{-\infty}^{\infty} xyf(x, t_1; y, t_2)\mathrm{d}x\mathrm{d}y \tag{7.1.12}$$

式中，xy 为乘积随机变量的取值；$f(x, t_1; y, t_2)$ 为该取值的概率。

7.1.4 平稳随机过程

7.1.4.1 平稳随机过程定义

如果随机过程满足以下条件：

(1) 一维概率分布和密度函数不是时间 t 的函数，即 $F(x, t) = F(x)$；$f(x, t) = f(x)$；或者状态的数学期望不随时间变化，即 $E(X, t) = C$。

(2) 二维概率分布、密度函数不是时间 t 的函数，而是时间间隔 $\tau = t_2 - t_1$ 的函数，即

$$f(x_1, t_1; x_2, t_2) = f(x_1, x_2, \tau) \tag{7.1.15}$$

$$F(x_1, t_1; x_2, t_2) = F(x_1, x_2, \tau) \tag{7.1.16}$$

则自相关函数与 t_1，t_2 无关，而是时间间隔 $\tau = t_2 - t_1$ 的函数，即 $R_{XX}(t_1, t_2) = R_{XX}(\tau)$ 则称这样的随机过程称为平稳随机过程。

7.1.4.2 各态历经定理

【定理】 设 $X(t)$ 为平稳随机过程，则它任一状态的数学期望等于它任一物理实现在无限大时间范围内的时间均值，即

$$E(X(t)) = \lim_{T\to\infty}\frac{1}{2T}\int_{-T}^{T}x(t)\,\mathrm{d}t$$

由于 $E(X(t)) = \int_{-\infty}^{\infty}xf(x)\,\mathrm{d}x$，各态历经定理可写成

$$\int_{-\infty}^{\infty}xf(x)\,\mathrm{d}x = \lim_{T\to\infty}\frac{1}{2T}\int_{-T}^{\mathrm{T}}x(x)\,\mathrm{d}t$$

式中，$X(t)$ 为平稳随机过程的任一状态；x 为状态取值，$f(x)$ 为该取值的概率。上式左边的积分限为取值范围。等号右边 $x(t)$ 为过程的任一物理实现，T 为时间周期。$\int_{-T}^{T}x(t)\,\mathrm{d}t$ 为一次物理实现曲线与横轴间在上下范围内所包围的面积，除以 $2T$ 为面积的平均高，即时间均值。

等式左边为状态均值，可见各态历经定理的实质是平稳随机过程的状态均值等于一次物理实现的时间均值。

通俗地讲，由于过程是平稳的，各个状态的统计特征都是一样的，一次物理实现经历所有状态的各个取值，如同历经一个状态中的所有取值，故称为各态历经定理或称遍历性定理。

各态历经定理使得对平稳随机过程状态的研究转化为对它一次物理实现的研究，换言之，只需对过程做一次物理实现就足够了，这就是定理的意义所在。

7.1.4.3　自相关函数各态历经定理。

设平稳随机过程在 t_1 时刻的状态为 $X(t_1)$，t_2 时刻的状态为 $X(t_2)$，$(t_2 - t_1 = \tau)$，$X(t_1)$ 的取值 x_1 与 $X(t_2)$ 的取值 x_2 同在一次物理实现中的概率为 $f(x_1, t_1; x_2, t_2)$。由于过程是平稳的，由式(7.1.15)得

$$f(x_1, t_1; x_2, t_2) = f(x_1, x_2, \tau)$$

则

$$R_{xx}(t_1, t_2) = R_{XX}(\tau) = E(X(t)X(t+\tau)) = \int_{-\infty}^{\infty}\int_{-\infty}^{\infty}x_1x_2f(x_1, t_1; x_2, t_2)\,\mathrm{d}x_1\mathrm{d}x_2$$

$$= \int_{-\infty}^{\infty}\int_{-\infty}^{\infty}x_1x_2f(x_1, x_2, \tau)\,\mathrm{d}x_1\mathrm{d}x_2 = \lim_{T\to\infty}\frac{1}{2T}\int_{-T}^{T}x(t)x(t+\tau)\,\mathrm{d}t$$

式中，$x(t)$ 为随机过程 $X(t)$ 的一次物理实现，见图 7.1.4

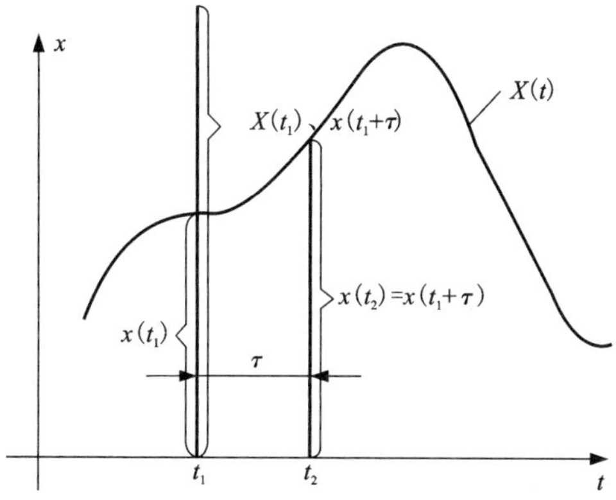

图 7.1.4　$X(t)$ 一次物理实现图

$X(t_1)$ 和 $X(t_2)$ 分别为随机过程的两个状态，都是随机变量。因此 $X(t_1)X(t_2)$ 也是随机变量，称为乘积随机变量。乘积随机变量形成的过程为乘积随机过程。

由于 $x(t)$ 为 X 的一次物理实现。它在 t_1 时刻的值为 $x(t_1)$，在 t_2 时刻的值为 $x(t_2)=x(t_1+\tau)$，则 $x(t_1)x(t_1+\tau)$ 为乘积随机过程一次物理实现在 t_1 时刻的值。它是这样获得的。首先在曲线上找两条 $x(t_1)$、$x(t_1+\tau)$。然后相乘得到乘积随机过程一次物理实现上的一个点 $x(t_1)x(t_1+\tau)$。视 t_1 为变量，可得乘积随机过程的一次物理实现 $x(t)x(t+\tau)$。根据平稳随机过程的各态历经定理，乘积随机过程的状态均值等于一次物理实现的时间均值，则

$$
\begin{aligned}
R_{XX}(\tau) &= E(X(t)X(t+\tau)) = \int_{-\infty}^{\infty}\int_{-\infty}^{\infty} x_1x_2f(x_1, x_2, \tau)\,\mathrm{d}x_1\mathrm{d}x_2 \\
&= \lim_{T\to\infty}\frac{1}{2T}\int_{-T}^{T} x(t)x(t+\tau)\,\mathrm{d}t
\end{aligned} \tag{7.1.17}
$$

式(7.1.17) 称为随机过程的自相关函数。

7.1.4.4 互相关函数的各态历经定理

若系统的输入、输出随机过程都是平稳的，则这两个随机过程的互相关函数的各态历经定理也有类似的公式。

互相关函数的各态历经定理

$$
\begin{aligned}
R_{XY}(\tau) &= E(X(t)Y(t+\tau)) = \int_{-\infty}^{\infty}\int_{-\infty}^{\infty} xyf(x, y, \tau)\,\mathrm{d}x\mathrm{d}y \\
&= \lim_{T\to\infty}\frac{1}{2T}\int_{-T}^{\mathrm{T}} x(t)y(t+\tau)\,\mathrm{d}t
\end{aligned} \tag{7.1.18}
$$

式中，$x(t)$ 是输入随机过程的一次物理实现；$y(t)$ 是 $x(t)$ 响应的一次物理实现；τ 是两个随机过程被观察的时间之差。

7.1.5 自相关函数的频谱

式(7.1.17) 与式(7.1.18) 右边经对 t 求定积分后，不再是 t 的函数，而是观察点之间相对距离 τ 的函数。故 $R_{XX}(\tau)$ 和 $R_{XY}(\tau)$ 只是 τ 的函数。不同的 τ 有不同的自相关与互相关函数值，以表征这两个状态之间的紧密程度。

一个周期性函数经傅里叶变换为一离散频谱。(非周期则变换成一连续频谱)

设某平稳随机过程的自相关函数为 $R_{XX}(\tau)$，则称它的傅里叶变换 $S_X(\omega)$ 为能量频谱密度。

$$
S_X(\omega) = \int_{-\infty}^{\infty} R_{XX}(\tau)\mathrm{e}^{-\mathrm{j}\omega\tau}\mathrm{d}\tau
$$

上式右边为傅里叶变换的定义式，左边就是变换的结果。它不再是时间间隔 τ 的函数，而是角频率 ω 的函数。由于横坐标为角频率，故称频谱。它表征了基波及高次谐波幅值与谐波角频率之间的关系，显然幅值与能量有关，故称 $S_X(\omega)$ 为能量频谱密度。

7.1.6 白噪声过程

称均值为0(状态均值为0，一次物理实现的时间均值为零)、自相关函数为 δ 函数的平稳随机过程，即白噪声过程，简称为白噪声。

若

$$\delta(\tau)=\begin{cases}0 & \tau\neq 0\\ \infty & \tau=0\end{cases}\quad 且\int_{0^-}^{0^+}\delta(\tau)\mathrm{d}\tau=1$$

则称 $\delta(\tau)$ 为单位脉冲函数，0^- 为小于0但无限接近于0，0^+ 为大于0，但无限接近于0。则

$$R_{XX}(\tau)=K\delta(\tau)$$

式中，K 为脉冲冲量。对 $R_{xx}(\tau)$ 进行傅里叶变换，得它的频谱为

$$\begin{aligned}S_X(\omega)&=\int_{-\infty}^{\infty}K\delta(\tau)\mathrm{e}^{-\mathrm{j}\omega\tau}\mathrm{d}\tau\\&=K\left(\int_{-\infty}^{0^-}\delta(\tau)\mathrm{e}^{-\mathrm{j}\omega\tau}\mathrm{d}\tau+\int_{0^-}^{0^+}\delta(\tau)\mathrm{e}^{-\mathrm{j}\omega\tau}\mathrm{d}\tau+\int_{0^+}^{\infty}\delta(\tau)\mathrm{e}^{-\mathrm{j}\omega\tau}\mathrm{d}\tau\right)=K\end{aligned}$$

这是因为第一项与第三项，被积函数为0，积分为0，第二项的积分为1，故 $S_X(\omega)=K$。

能量频谱密度为常数 K，意味着分解出来的基波及所有的谐波，它们的幅值是一样的。这样的频谱为均匀频谱，于是白噪声过程又可定义为能量频谱密度为常数的平稳随机过程。

7.2　白噪声的输出响应

以下研究系统输入白噪声的一次物理实现，系统输出响应将是什么？两者有什么统计特征。

白噪声虽然是一种较为特殊的随机过程，但它并非是一确定性信号，它的一次物理实现属于更有一般非周期函数。图7.2.1中的 $x(t)$ 为输入随机过程白噪声的一次物理实现，如何求系统的输出响应，有如下定理。

【定理】　设 $x(t)$ 为系统输入随机过程白噪声的一次物理实现，$g(t)$ 为单位脉冲输出响应，则 $x(t)$ 的输出响应为

$$y(t)=\int_{-\infty}^{\infty}g(\theta)x(t-\theta)\mathrm{d}\theta$$

【证明】

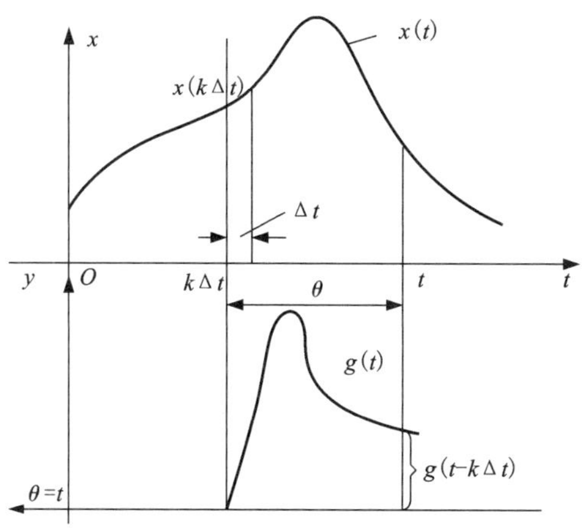

图7.2.1

将图 7.2.1 中的 $x(t)$ 在时间区间 0 到 t 范围内，分为 N 等分，每一小段为 Δt，第 k 分点的时间为 $k\Delta t$，此时的函数值为 $x(k\Delta t)$。视 $x(k\Delta t)$ 为一个脉冲，脉冲高为 $x(k\Delta t)$，宽度为 Δt，$x(k\Delta t)\Delta t$ 为脉冲的冲量，这个脉冲可等效为一个理想的脉冲。它的冲量为 $x(k\Delta t)\Delta t$，脉冲发生在时刻 $k\Delta t$，即

$$\delta(t-k\Delta t)=\begin{cases}0 & t\neq k\Delta t\\ \infty & t=k\Delta t\end{cases}$$

且

$$\int_{k\Delta t^-}^{k\Delta t^+}\delta(t-k\Delta t)\,\mathrm{d}\tau=1$$

这样，经理想化的假定之后，矩形脉冲等效于理想脉冲

$$x(k\Delta t)\Delta t\cdot\delta(t-k\Delta t)$$

由经典控制理论，系统的传递函数

$$G(s)=\frac{Y(s)}{X(s)}$$

式中，$Y(s)$ 为系统输出函数的拉式变换；$X(s)$ 为输入函数的拉式变换；$G(s)$ 为该系统的传递函数。得

$$Y(s)=G(s)X(s) \tag{7.2.1}$$

当系统输入单位脉冲信号为 $\delta(t)$，它的拉式变换为

$$X(s)=\mathscr{L}(\delta(t))=\int_{-\infty}^{\infty}\delta(t)\mathrm{e}^{-s\tau}\mathrm{d}t$$

$$=\int_{-\infty}^{0^-}\delta(t)\mathrm{e}^{-st}\mathrm{d}t+\int_{0^-}^{0^+}\delta(t)\mathrm{e}^{-st}\mathrm{d}t+\int_{0^+}^{\infty}\delta(t)\mathrm{e}^{-st}\mathrm{d}t=1 \tag{7.2.2}$$

可见单位脉冲的拉式变换为 1，代入式(7.2.1) 得

$$Y(s)=G(s) \tag{7.2.3}$$

对式(7.2.3) 的两边求反拉式变换

$$\mathscr{L}^{-1}Y(s)=\mathscr{L}^{-1}G(s)$$

输出拉式变换 $Y(s)$ 求反变换就是单位脉冲的输出响应即

$$\mathscr{L}^{-1}Y(s)=\mathscr{L}^{-1}G(s)=g(t)$$

系统传递函数的反拉式变换，称为脉冲过渡函数，记为 $g(t)$，即 $\mathscr{L}^{-1}G(s)=g(t)$。而 $\mathscr{L}^{-1}Y(s)=y(t)$，于是便有 $y(t)=g(t)$。这就是说，当输入函数为单位脉冲函数时，系统输出为 $y(t)=g(t)$。若输入为 $x(t)=\delta(t-k\Delta t)$ 时，输出 $g(t-k\Delta t)$ 。毫无疑问，当输入为 $x(k\Delta t)\Delta t\delta(t-k\Delta t)$ 时，输出为

$$y(t)=x(k\Delta t)\Delta t g(t-k\Delta t) \tag{7.2.4}$$

式(7.2.4) 意味着，矩形脉冲 $x(k\Delta t)\Delta t\delta(t-k\Delta t)$ 加在系统的输入端，将在 t 时刻产生输出 $y(t)=x(k\Delta t)\Delta t g(t-k\Delta t)$。如图 7.2.1 所示，0 到 t 区间内每一个小块脉冲都在 t 时刻产生输出，所以输入 $x(t)$ 这个噪声的一次物理实现函数，在 t 时刻产生的输出应是这 N 个小脉冲作用的叠加，故

$$y(t)=\sum_{k=1}^{N}x(k\Delta t)\Delta t g(t-k\Delta t) \tag{7.2.5}$$

作变量代换，令 $\theta=t-k\Delta t$，则 $k\Delta t=t-\theta$. 当 $N\to\infty$ 时，$\Delta t\to 0$。

式(7.2.5)可写成积分

$$y(t)=\lim_{N\to\infty}\sum_{k=1}^{N}x(k\Delta t)\Delta t g(t-k\Delta t)=\lim_{N\to\infty}\sum_{k=1}^{N}x(t-\theta)g(\theta)\Delta t$$

根据定积分定义$\lim\limits_{N\to\infty}\sum\limits_{k=1}^{N}x(t-\theta)g(\theta)\Delta t=\int_0^t g(\theta)x(t-\theta)\mathrm{d}t$，所以

$$y(t)=\int_0^t g(\theta)x(t-\theta)\mathrm{d}t \tag{7.2.6}$$

若改写成对θ的积分，当t从0积到t时，θ是从t积到0的，而且t的正方向与θ的正方向是相反的，即$\mathrm{d}t=-\mathrm{d}\theta$，于是式(7.2.6)写成

$$y(t)=\int_t^0 g(\theta)x(t-\theta)d(-\theta)=\int_0^t g(\theta)x(t-\theta)\mathrm{d}\theta \tag{7.2.7}$$

将式(7.2.7)的积分限扩展到$\pm\infty$，由于信号是在零时刻才加上去的，在此之前无输入；在t时刻之后的输入不会对以前的输出产生影响，正如后人不会改变历史一样，故

$$y(t)=\int_{-\infty}^{\infty}g(\theta)x(t-\theta)\mathrm{d}\theta \tag{7.2.8}$$

【证毕】

称式(7.2.8)为$g(\theta)$与$x(t-\theta)$的卷积分。这个求任意输入函数响应的公式称杜哈梅(Duhamel)公式。

7.3　相关分析法的原理公式

【定理】　设系统输入、输出随机过程的互相关函数为$R_{XY}(\tau)$，系统单位脉冲响应为$g(\tau)$，则有如下关系

$$g(\tau)=\frac{1}{K}R_{XY}(\tau)$$

式中，K为脉冲冲量。

【证明】　根据平稳随机过程互相关函数的各态历经定理

$$R_{XY}(\tau)=E(X(t)Y(t+\tau))=\int_{-\infty}^{\infty}\int_{-\infty}^{\infty}xyf(x,y,\tau)\mathrm{d}x\mathrm{d}y$$
$$=\lim_{T\to\infty}\frac{1}{2T}\int_{-T}^{\mathrm{T}}x(t)y(t+\tau)\mathrm{d}t \tag{7.3.1}$$

对于$t+\tau$时刻由式(7.2.8)得

$$y(t+\tau)=\int_{-\infty}^{\infty}g(\theta)x(t+\tau-\theta)\mathrm{d}\theta$$

代入式(7.3.1)得

$$R_{XY}(\tau)=\lim_{T\to\infty}\frac{1}{2T}\int_{-T}^{\mathrm{T}}x(t)\left(\int_{-\infty}^{\infty}g(\theta)x(t+\tau-\theta)\mathrm{d}\theta\right)\mathrm{d}t$$

交换积分先后顺序，先求对t的积分，后对θ求积分，求极限与求积分是两种独立的运算，也可交换顺序，于是

$$R_{XY}(\tau)=\int_{-\infty}^{\infty}g(\theta)\left(\lim_{T\to\infty}\frac{1}{2T}\int_{-T}^{T}x(t)(x(t+\tau-\theta)\mathrm{d}t)\right)\mathrm{d}\theta \tag{7.3.2}$$

根据式(7.1.17)

$$R_{XX}(\tau) = \lim_{T\to\infty}\frac{1}{2T}\int_{-T}^{T}x(t)x(t+\tau)\mathrm{d}t$$

知

$$R_{XX}(\tau-\theta) = \lim_{T\to\infty}\frac{1}{2T}\int_{-T}^{T}x(t)x(t+\tau-\theta)\mathrm{d}t \tag{7.3.3}$$

式(7.3.3)代入式(7.3.2)得

$$R_{XY}(\tau) = \int_{-\infty}^{\infty}g(\theta)R_{XX}(\tau-\theta)\mathrm{d}\theta \tag{7.3.4}$$

由于白噪声的自相关函数 $R_{XX}(\tau) = K\delta(\tau)$，则

$$R_{XX}(\tau-\theta) = K\delta(\tau-\theta)$$

代入式(7.3.4)得

$$R_{XY}(\tau) = \int_{-\infty}^{\infty}g(\theta)K\delta(\tau-\theta)\mathrm{d}\theta = K\int_{-\infty}^{\infty}g(\theta)\delta(\tau-\theta)\mathrm{d}\theta$$

$$= K\left(\int_{-\infty}^{\tau^-}g(\theta)\delta(\tau-\theta)\mathrm{d}\theta + \int_{\tau^-}^{\tau^+}g(\theta)\delta(\tau-\theta)\mathrm{d}\theta + \int_{\tau^+}^{\infty}g(\theta)\delta(\tau-\theta)\mathrm{d}\theta\right)$$

第1、第3项由于 $\delta(\tau-\theta)$ 在积分限范围的函数值为0，故积分为0

上式变成

$$R_{XY}(\tau) = K\int_{\tau^-}^{\tau^+}g(\theta)\delta(\tau-\theta)\mathrm{d}\theta$$

由于当 $\theta=\tau$ 时，$g(\theta) = g(\tau)$ 为常数可提到积分号外，因为 $\int_{\tau^-}^{\tau^+}\delta(\tau-\theta)\mathrm{d}\theta = 1$，最终得

$$R_{XY}(\tau) = Kg(\tau)\int_{\tau^-}^{\tau^+}\delta(\tau-\theta)\mathrm{d}\theta = Kg(\tau)$$

所以

$$g(\tau) = \frac{1}{K}R_{XY}(\tau) \tag{7.3.5}$$

【证毕】

式(7.3.5)就是相关分析法的原理公式，将白噪声过程的互相关函数 $R_{XY}(\tau)$ 除以脉冲函数的脉冲冲量 K，便可得系统的脉冲响应函数 $g(\tau)$ 其等效于在系统的输入端加上一个冲量为 K 的脉冲所得到的脉冲响应函数，得输入输出数据如下：

$$\begin{cases} x(t) & \cdots & 0 & 0 & K & 0 & 0 & 0 & \cdots \\ g(t) & \cdots & g(-2) & g(-1) & g(0) & g(1) & g(2) & g(3) & \cdots \end{cases}$$

用最小二乘批量算法或递推算法可估计出系统的参数。

7.4 伪随机码(PRBS)

上一节，只是讨论了相关分析法的理论基础。当系统输入白噪声的一次物理实现后，获取它的输出响应，经过互相关分析函数计算，由式(7.3.5)最终求得单位脉冲响应，进而估计出系统的参数，问题的关键是要产生白噪声的一次物理实现。白噪声是一种随机过程，它

的一次物理实现是随机函数，毫无规律可言，只有统计规律，不能理解为一任意函数。它应满足白噪声一次物理实现的基本性质，时间均值为0、方差为1、自相关函数为δ函数，为此特别制造出一种能满足上述要求的输入信号，这个测试信号就是伪随机码、英文名为PRBS信号。

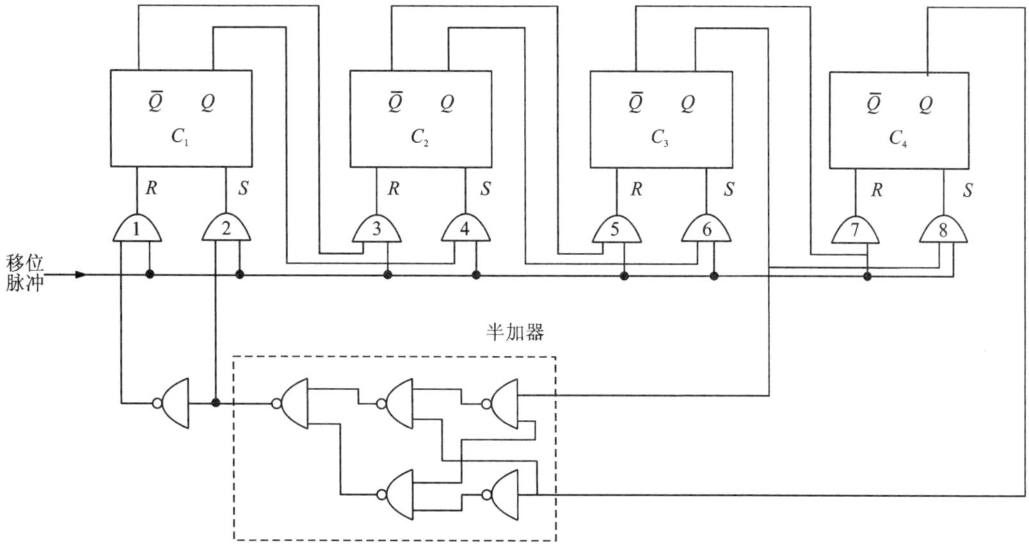

图7.4.1 PRBS伪随机码逻辑电路

7.4.1 PRBS电路

图7.4.1中C_1，C_2，C_3，C_4为双稳态触发器，它们的两个输出为$\bar{Q}$、Q，互为非逻辑。两个输入端，R为复位端，S为置位端。C_1的复位端受控于异或门的非输出，它的置位端受控于异或门输出，每个双稳态触发器均受移位脉冲经两个与门的控制，异或门的两个输入分别是C_3的Q端输出，与C_4的Q端输出。当移位脉冲过来16个周期时，则C_4的Q的输出为1，1，1，1，0，0，0，1，0，0，1，1，0，1，0的15位数序列。称为4位的PRBS信号，如用5个双稳态触发器，则产生5位PRBS信号，序列长度31位，如此类推。这些均可用计算机按逻辑函数产生。

经电平变换，将0变成 -1，则得波形如7.4.2所示。

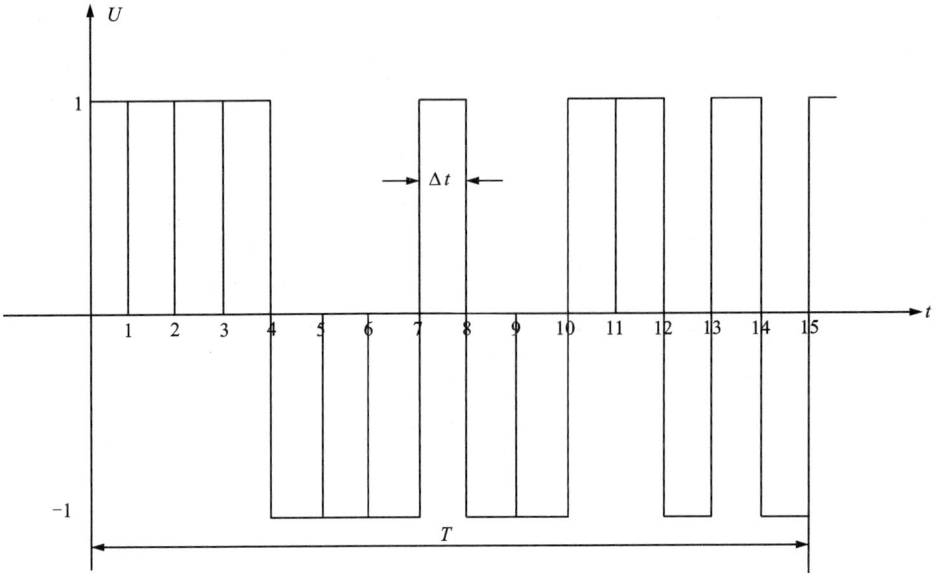

图 7.4.2　PRBS 信号的时间曲线

（白噪声过程的一次物理实现）

7.4.2　伪随机码的性质

【性质 1】　一周期的时间均值为 0。

以 4 位 PRBS 信号为例，如图 7.4.2 所示，它状态数学期望等于 PRBS 信号的时间均值，为

$$E(X)=\lim_{T\to\infty}\frac{1}{2T}\int_{-T}^{T}x(t)\,\mathrm{d}t=\frac{1}{15\Delta t}(4\Delta t-3\Delta t+\Delta t-2\Delta t+2\Delta t-\Delta t+\Delta t-\Delta t)=\frac{1}{15}\approx 0$$

易于推广 $E(X)=\frac{1}{N}$；4 位 PRBS，$N=15$。5 位 PRBS 信号，$N=31$。6 位 $N=63$。即 $N=2^n-1$，其中 n 为双稳态触发器的个数。可见，当 n 很大时，PRBS 信号的均值为 0。

【性质 2】　方差为 1。

根据方差定义

$$D(X)=E((x-E(X))^2)$$

由性质 1

$$D(X)=E(x^2)=\frac{1}{N}\sum_{i=1}^{N}x_i^2=\frac{1}{N}N=1$$

因为 x_i 不是 1，便是 -1，平方之后均为 1。可见 PRBS 的方差为 1。

【性质 3】　自相关函数为 δ 函数。

由平稳随机过程自相关函数的各态历经定理

$$R_{XX}(\tau)=\lim_{T\to\infty}\frac{1}{2T}\int_{-T}^{T}x(t)x(t+\tau)\,\mathrm{d}t$$

用有限时间近似无限时间，则

$$R_{XX}(\tau) = \frac{1}{2T}\int_{-T}^{T} x(t)x(t+\tau)\mathrm{d}t \tag{7.4.1}$$

以下分两种情况讨论。

第一种情况：当$0 \leqslant |\tau| < 1$时，式(7.4.1)积分由于$x(t)$为PRBS信号，$x(t+\tau)$就是$x(t)$向右平移了τ距离。由于$x(t)$的幅值为1，$x(t+\tau)$的幅值也为1，相乘幅值仍为1，这样乘积曲线与$x(t)$、$x(t+\tau)$的幅值相同。以方便画图，故$x(t) \cdot x(t+\tau)$是图7.4.3中$x(t)$与$x(t+\tau)$两条曲线互相交叠的部分，用阴影线标出，可分为重叠与不重叠两种部分，计算这两部分面积。设$x(t)$，$x(t+\tau)$的幅值为a。

当$0 < \tau < \Delta t$时，重叠部分见图7.4.3。在$\tau \leqslant x < 4\Delta t$区间，阴影部分面积为

$$\int_{\tau}^{4\Delta t} x(t)x(t+\tau)\mathrm{d}t = a^2(4\Delta t - \tau)$$

当$4\Delta t + \tau \leqslant x < 7\Delta t$时，区间阴影部分面积

$$\int_{4\Delta t+\tau}^{7\Delta t} x(t)x(t+\tau)\mathrm{d}t = a^2(3\Delta t - \tau)$$

其他的阴影面积依次为$a^2(\Delta t - \tau)$、$a^2(2\Delta t - \tau)$、$a^2(2\Delta t - \tau)$、$a^2(\Delta t - \tau)$、$a^2(\Delta t - \tau)$、$a^2(\Delta t - \tau)$。

阴影的面积之和为$a^2(4\Delta t - \tau) + a^2(3\Delta t - \tau) + a^2(\Delta t - \tau) + a^2(2\Delta t - \tau) + a^2(2\Delta t - \tau) + a^2(\Delta t - \tau) + a^2(\Delta t - \tau) + a^2(\Delta t - \tau) = 15a^2\Delta t - 8a^2\tau$。

非阴影部分的面积为8小块，每块$x(t)$与异号$x(t+\tau)$乘积为$-a^2\tau$，故非阴影部分$x(t)x(t+\tau)$的面积为$-8a^2\tau$。

则

$$R_{XX}(\tau) = \frac{1}{N\Delta t}\int_{0}^{T=N\Delta t} x(t)x(t+\tau)\mathrm{d}t$$

$$= \frac{1}{15\Delta t}(15a^2\Delta t - 8a^2\tau - 8a^2\tau) = a^2 - (\frac{15+1}{15})a^2\frac{\tau}{\Delta t} \tag{7.4.2}$$

当$-\Delta t < \tau \leqslant 0$时，如图7.4.4所示。

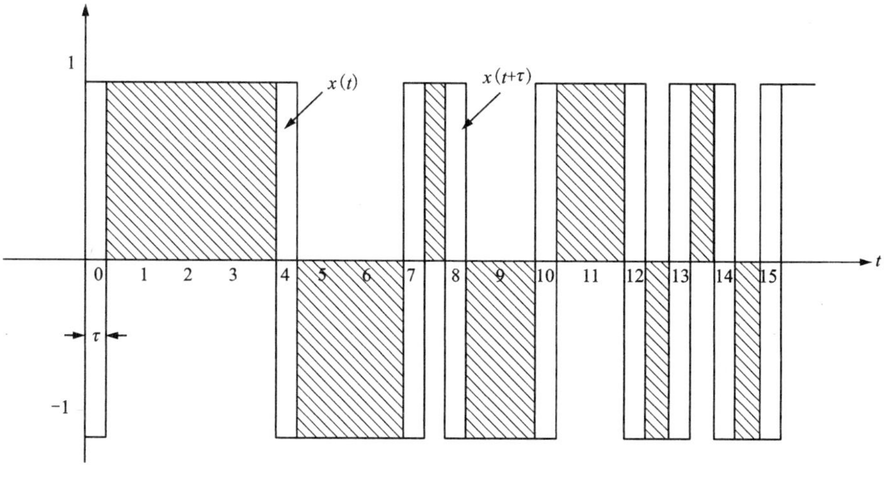

图7.4.3 $x(t)$与$x(t+\tau)$曲线图，$0 < \tau < \Delta t$

对比图 7.4.4 与图 7.4.3，重叠面积与不重叠面积完全一样

$$R_{XX}(\tau) = a^2 - \left(\frac{15+1}{15}\right)a^2 \frac{\tau}{\Delta t} \tag{7.4.3}$$

综合式(7.4.3) 与式(7.4.2) 得

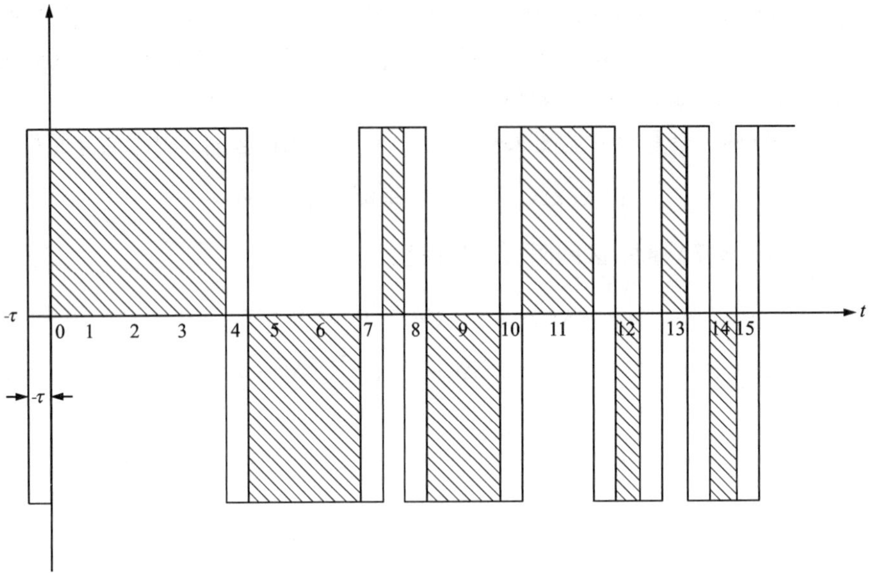

图 7.4.4　$x(t)$ 与 $x(t+(-\tau))$ 曲线图，$-\Delta t<\tau<0$

$$R_{XX}(|\tau|) = a^2 - \left(\frac{15+1}{15}\right)a^2 \frac{|\tau|}{\Delta t} \tag{7.4.4}$$

式(7.4.4) 可以推广到 5、6、7 … 位 PRBS 信号，同样有

$$R_{XX}(|\tau|) = a^2 - \left(\frac{N+1}{N}\right)a^2 \frac{|\tau|}{\Delta t} = a^2\left(1 - \frac{N+1}{N}\frac{|\tau|}{\Delta t}\right) \tag{7.4.5}$$

式中，$N = 2^n - 1$，n 为 PRBS 信号的位数。如此类推，由于 $+\tau$，$-\tau$ 时 $R_{XX}(\tau)$ 的函数值相等，故 $R_{XX}(\tau)$ 图形对于纵轴对称。当 $\tau = 0$ 时，$R_{XX}(|\tau|) = a^2$，当 $\tau = \pm\Delta t$ 时，$R_{XX}(|\tau|) = -\frac{1}{N}a^2$。

第二种情况：$\Delta t < \tau \leqslant T - \Delta t$

沿用上述方法，分别画出 $x(t)$ 与 $x(t+\tau)$ 曲线，计算重叠面积与不重叠面积，重叠为正不全叠为负，结果是

$$R_{XX}(|\tau|) = \frac{1}{15\Delta t}(-a^2\Delta t) = \frac{-a^2}{15}$$

推广到 n 位 PRBS 信号，

$$R_{XX}(|\tau|) = -\frac{1}{N}a^2 \tag{7.4.6}$$

当 $\tau > T$ 时，由于 PRBS 信号是周期函数，设 τ 为 $\tau + kT$，式中 k 为自然数，则

$$x(t+\tau) = x(t+(\tau+kT)) = x(t+\tau+kT)$$

所以

$$R_{XX}(\tau + kT) = \frac{1}{T}\int_0^T x(t)x(t + \tau + kT)\mathrm{d}t$$
$$= \frac{1}{T}\int_x^T (t)x(t + \tau)\mathrm{d}t = R_{XX}(\tau) \quad (7.4.7)$$

可见，伪随机码的自相关函数也是以 T 为周期的函数，综合式(7.4.5)、式(7.4.6) 与式(5.4.7) 得

$$R_{XX}(\tau) = \begin{cases} a^2(1 - \frac{N+1}{N}\frac{|\tau|}{\Delta t})\cdots\cdots & |\tau| \leqslant \Delta t \\ -\frac{a^2}{N}\cdots\cdots & \Delta t < \tau \leqslant T - \Delta t \\ R_{XX}(\tau + kT)\cdots\cdots & k = 1, \cdots, n \end{cases} \quad (7.4.8)$$

将 $R_{XX}(\tau)$ 绘图，如图 7.4.5 所示。

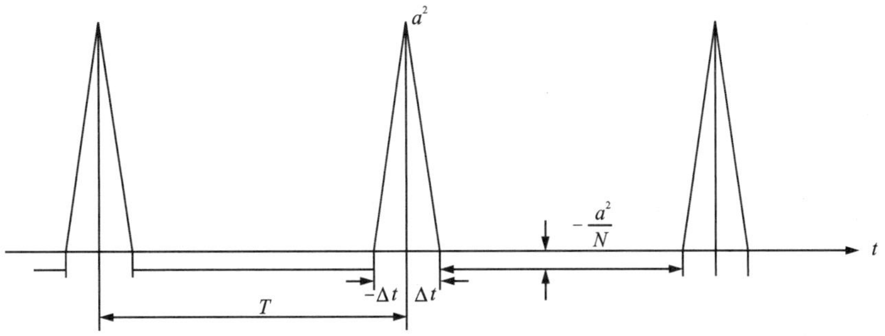

图 7.4.5　PRBS 信号的自相关函数 $R_{XX}(\tau)$

将式(7.4.8) 的第 1 式插入 $+\frac{a^2}{N}$ 与 $-\frac{a^2}{N}$ 中，得

$$R_{XX}(|\tau|) = a^2 + \frac{a^2}{N} - (\frac{N+1}{N})a^2\frac{|\tau|}{\Delta t} - \frac{a^2}{N}$$
$$= a^2(\frac{N+1}{N}) - a^2(\frac{N+1}{N})\frac{|\tau|}{\Delta t} - \frac{a^2}{N}$$
$$= a^2(\frac{N+1}{N})(1 - \frac{|\tau|}{\Delta t}) - \frac{a^2}{N}$$
$$= a^2(\frac{N+1}{N})\Delta t\frac{(1 - \frac{|\tau|}{\Delta t})}{\Delta t} - \frac{a^2}{N} \quad (7.4.9)$$

尖峰三角形的底边为 $2\Delta t$，高为 $a^2 + \frac{a^2}{N} = a^2(\frac{N+1}{N})$，故三角形的面积为

$$\frac{1}{2}\cdot 2\Delta t\cdot a^2(\frac{N+1}{N}) = a^2(\frac{N+1}{N})\Delta t$$

这就是式(7.4.9) 右边前三因子相乘的几何意义。令高 $a^2(\frac{N+1}{N}) = K$，以下将证明当

$N\to\infty$，或 $\Delta t\to 0$，$R_{XX}(|\tau|)$ 是一个脉冲冲量为 K 的理想脉冲信号。对第二因子 $\dfrac{(1-\frac{|\tau|}{\Delta t})}{\Delta t}$

求 $\Delta t\to 0$ 时的极限 $\lim\limits_{\Delta t\to 0}\dfrac{(1-\frac{|\tau|}{\Delta t})}{\Delta t}=\lim\limits_{\Delta t\to 0}\dfrac{\Delta t-|\tau|}{\Delta^2 t}$

（1）当 $\tau=0$ 时，$\lim\limits_{\Delta t\to 0}\dfrac{\Delta t-|\tau|}{\Delta^2 t}=\lim\limits_{\Delta t\to 0}\dfrac{1}{\Delta t}=\infty$。

（2）当 $|\tau|=\Delta t$，$\lim\limits_{\Delta t\to 0}\dfrac{\Delta t-\Delta t}{\Delta^2 t}=\lim\limits_{\Delta t\to 0}\dfrac{0}{\Delta^2 t}=0$。

这两点证明 $\dfrac{(1-\frac{|\tau|}{\Delta t})}{\Delta t}$ 在 $\tau=0$ 时，其值为 $+\infty$，当 $\tau=\Delta t\neq 0$，且 $\Delta t\to 0$ 时，它与单位脉冲 $\delta(t)=\begin{cases}\infty & t=0\\ 0 & t\neq 0\end{cases}$ 相同，如果证明 $\int_{-\infty}^{\infty}\dfrac{(1-\frac{|\tau|}{\Delta t})}{\Delta t}\mathrm{d}t=1$ 则 $\dfrac{(1-\frac{|\tau|}{\Delta t})}{\Delta t}$ 就是一个单位脉冲函数。用 $R_{XX}(\tau)$ 一个周期来近似自相关函数，可将积分上下限扩展至 $\pm\infty$。

$$\int_{-\infty}^{\infty}\frac{\Delta t-|\tau|}{\Delta^2 t}\mathrm{d}t=\int_{-\infty}^{-\Delta t}\frac{\Delta t-|\tau|}{\Delta^2 t}\mathrm{d}t+\int_{-\Delta t}^{+\Delta t}\frac{\Delta t-|\tau|}{\Delta^2 t}\mathrm{d}t+\int_{+\Delta t}^{\infty}\frac{\Delta t-|\tau|}{\Delta^2 t}\mathrm{d}t \quad (7.4.10)$$

由式(7.4.8)的第2个式子 $-\infty<\tau<-\Delta t$ 以及 $\Delta t<\tau<\infty$ 范围，$R_{XX}(\tau)=-\dfrac{a^2}{N}$

这意味着式(7.4.9)中第1项第二因子 $\dfrac{(1-\frac{|\tau|}{\Delta t})}{\Delta t}=\dfrac{\Delta t-|\tau|}{\Delta^2 t}=0$

因此式(7.4.10)的第1、第3项被积函数为0，积分为0。

式(7.4.10)变成

$$\int_{-\infty}^{\infty}\frac{\Delta t-|\tau|}{\Delta^2 t}\mathrm{d}t=\int_{-\Delta t}^{\Delta t}\left(\frac{\Delta t}{\Delta^2 t}-\frac{|\tau|}{\Delta^2 t}\right)\mathrm{d}t=\int_{-\Delta t}^{\Delta t}\frac{1}{\Delta t}\mathrm{d}t-\int_{-\Delta t}^{\Delta t}\frac{|\tau|}{\Delta^2 t}\mathrm{d}t \quad (7.4.11)$$

右边第1项积分

$$\int_{\Delta t-}^{\Delta t+}\frac{1}{\Delta t}\mathrm{d}t=\frac{1}{\Delta t}t\Big|_{-\Delta t}^{+\Delta t}=\frac{1}{\Delta t}(\Delta t-(-\Delta t))=2$$

右边第2项积分

$$\int_{\Delta t-}^{\Delta t+}\frac{|\tau|}{\Delta^2 t}\mathrm{d}t=\frac{1}{\Delta^2 t}\int_{\Delta t-}^{\Delta t+}|\tau|\,\mathrm{d}t=\frac{2}{\Delta^2 t}\int_{0}^{\Delta t+}|\tau|\,\mathrm{d}t=\frac{2}{\Delta^2 t}\cdot\frac{1}{2}\tau^2\Big|_{0}^{\Delta t}=1$$

式(7.4.11)变成

$$\int_{-\infty}^{\infty}\frac{\Delta t-|\tau|}{\Delta^2 t}\mathrm{d}t=2-1=1 \quad (7.4.12)$$

综合性质1、2、3，$\dfrac{(1-\frac{|\tau|}{\Delta t})}{\Delta t}=\dfrac{\Delta t-|\tau|}{\Delta^2 t}$，当 $\Delta t\to\infty$ 时就是一个 δ 函数，记为

$$\delta(\tau)=\frac{\Delta t-|\tau|}{\Delta^2 t}$$

这样式(7.4.9)变为

$$R_{XX}(\tau)=K\delta(\tau)-\frac{a^2}{N} \tag{7.4.13}$$

可见PRBS信号的自相关函数是一个带有直流漂流量 $-\frac{a^2}{N}$，冲量为 K 的脉冲函数。具有白噪声一次物理实现的均值为0、方差为1、自相关函数为 δ 函数的三个性质。用它来模拟白噪声的一次物理实现是恰当的。

7.4.3　脉冲过渡函数的修正公式

重写式(7.3.5)

$$g(\tau)=\frac{1}{K}R_{XX}(\tau)$$

上式是基于输入函数是白噪声一次物理实现的前提下，获得的结论。而PRBS信号与真正的白噪声一次物理实现还是有区别的。PRBS信号的自相关函数多了一项直流漂移项 $\frac{-a^2}{N}$。如用PRBS信号作为系统输入，所得结果应予以修正。

由式(7.3.4)知，在白噪声一次物理实现控制下的系统的互相关函数

$$R_{XY}(\tau)=\int_{-\infty}^{\infty}g(\theta)R_{XX}(\tau-\theta)\mathrm{d}\theta \tag{7.4.14}$$

用PRBS信号作输入时

$$R_{XX}(\tau)=K\delta(\tau)-\frac{a^2}{N}$$

用 $\tau-\theta$ 代替 τ，则

$$R_{XX}(\tau-\theta)=K\delta(\tau-\theta)-\frac{a^2}{N} \tag{7.4.15}$$

用式(7.4.15)代入式(7.13.14)得PRBS下的互相关函数为

$$R_{XY}(\tau)=\int_0^{N\Delta t}g(\theta)[K\delta(\tau-\theta)-\frac{a^2}{N}]\mathrm{d}\theta$$

由图7.2.1知，θ 的坐标方向与 t 的坐标是相反的，若改对 θ 为对 t 的积分则

$$\begin{aligned}R_{XY}(\tau)&=\int_0^{N\Delta t}g(t)[K\delta(t-\tau)-\frac{a^2}{N}]\mathrm{d}t\\&=\int_0^{N\Delta t}g(t)K\delta(t-\tau)\mathrm{d}t-\frac{a^2}{N}\int_0^{N\Delta t}g(t)\mathrm{d}t\end{aligned} \tag{7.4.16}$$

第1项，由式(7.3.5)知　$K\int_0^{N\Delta t}g(t)\delta(t-\tau)\mathrm{d}t=Kg(\tau)$

故式(7.4.16)变成

$$R_{XX}(\tau)=Kg(\tau)-\frac{a^2}{N}\int_0^{N\Delta t}g(t)\mathrm{d}t \tag{7.4.17}$$

上式两边对 τ 求积分

$$\int_0^{N\Delta t}R_{XX}(\tau)\mathrm{d}\tau=\int_0^{N\Delta t}Kg(\tau)\mathrm{d}\tau-\int_0^{N\Delta t}(\frac{a^2}{N}\int_0^{N\Delta t}g(t)\mathrm{d}t)\mathrm{d}\tau \tag{7.4.18}$$

第1项中的 K 是尖峰三角形的面积

$$K = a^2(\frac{N+1}{N})\Delta t$$

故上式第 1 项为

$$a^2(\frac{N+1}{N})\Delta t\int_0^{N\Delta t} g(\tau)\,dt$$

第 2 项 τ 的被积函数$\frac{a^2}{N}\cdot\int_0^{N\Delta t} g(t)\,dt$，积分后不再是 t 的函数。t 与 τ 是一样的，只是坐标方向不同，也不是 τ 的函数。对于 τ 而言是常数，可提到积分号前，该项变成

$$(\frac{a^2}{N}\int_0^{N\Delta t} g(t)\,dt)\int_0^{N\Delta t} d\tau = (\frac{a^2}{N}\int_0^{N\Delta t} g(t)\,dt)\cdot\tau\Big|_0^{N\Delta t} = \frac{a^2 N\Delta t}{N}\int_0^{N\Delta t} g(t)\,dt$$

于是式(7.4.18)变成

$$\int_0^{N\Delta t} R_{XX}(\tau)\,d\tau = \frac{a^2(N+1)}{N}\Delta t\int_0^{N\Delta t} g(\tau)\,d\tau - \frac{a^2 N\Delta t}{N}\int_0^{N\Delta t} g(t)\,dt = \frac{a^2}{N}\Delta t\int_0^{N\Delta t} g(\tau)\,d\tau$$

这是因为$\int_0^{N\Delta t} g(\tau)\,d\tau = \int_0^{N\Delta t} g(t)\,dt$，什么都相同，只是变量名不同，故相等。

这样

$$\frac{a^2}{N}\int_0^{N\Delta t} g(\tau)\,d\tau = \frac{1}{\Delta t}\int_0^{N\Delta t} R_{XX}(\tau)\,d\tau \tag{7.4.19}$$

式(7.4.19)代入式(7.4.17)右边第 2 项，得

$$R_{XX}(\tau) = Kg(\tau) - \frac{1}{\Delta t}\int_0^{N\Delta t} R_{XY}(\tau)\,d\tau$$

解得

$$g(\tau) = \frac{1}{K}[R_{XY}(\tau) + \frac{1}{\Delta t}\int_0^{N\Delta t} R_{XY}(\tau)\,d\tau] = \frac{1}{K}R_{XY}(\tau) + \frac{1}{K\Delta t}\int_0^{N\Delta t} R_{XY}(\tau)\,d\tau$$

$$= \frac{1}{K}R_{XX}(\tau) - g_0 \tag{7.4.20}$$

式中，$g_0 = \frac{1}{K\Delta t}\int_0^{N\Delta t} R_{XY}(\tau)\,d\tau$。

g_0 就是因为 PRBS 信号自相关函数多了一项直流漂流项 $-\frac{a^2}{N}$，造成的脉冲过渡函数的漂移项，它也是一个常数项，不是函数。

7.4.4 相关分析算法

一、选择 PRBS 信号的参数原则

1. 周期时间 T

从参数估计的质量上说，实验的时间长一些好，但耗时过长总是不好的。由于在系统的输入端加 PRBS 信号，希望系统处在暂时的稳定状态，避免系统在由一稳态到另一稳态的过程中实验。因此只需要周期时间 T 略大于系统的时间常数。当加上 PRBS 信号第一周期结束时，系统的过渡过程就已经结束了。这样第 2、第 3 周期就会处在相对稳定的状态。

2. 基本电平时间 Δt

从模拟白噪声的角度出发，Δt 小一点好，即频率高好。由于系统总有一个截止频率。当频率高于截止频率，系统的输出不响应。因此 Δt 对应的频率应小于系统截止频率 2 ~ 5 倍为宜。

3. PRBS 信号的幅值 a

从辨识的角度出发，a 大点好，但 a 大，会影响系统正常工作。因此在能检测得系统的响应前提下小一点好。

4. PRBS 位数 N

位数的确定取决于周期时间 T 与 Δt 时间。例如加热炉的时间常数为20 min，它的截止频率对应的周期时间为6 s。若选取 Δt 的频率比截止频率低4倍。对应的周期是截止频率时应周期的4位。$\Delta t = 4 \times 6 = 24$，故选用63拍PRBS，即6位($n = 6$)PRBS信号，$N = 2^6 - 1 = 63$。这样 $63 \times 24 \div 60 = 25.2$ min，大于加热炉的20 min。

二、算法步骤

(1) 依据上述选取 PRBS 参数，由模拟电路或计算机产生 PRBS 信号，加上系统的输入端，同时录取系统的输出响应。

(2) 进行数据处理，包括相关函数计算，并按式(7.4.20) 计算 $g(\tau)$ 序列。

(3) 用最小二乘批量或递推算法估计系统参数。

第三篇

最佳状态估计

第 8 章

状态最小二乘估计

8.1　数学基础

设 X，Y 为两个一维的随机过程，$X(t)$，$Y(t)$ 分别为 X，Y 随机过程在 t 时刻的状态。通常也可表为 X，Y。根据定义，随机过程在任一时刻的状态均为随机变量。则在 t 时刻的状态 X，Y 为随机变量。

设 $E(X)$，$E(Y)$ 分别为随机过程 X，Y 的数学期望。$D(X\|) = E(X-E(X))^2$，称为 X 过程在 t 时刻状态的方差。在本章改为 $\mathrm{Var}(X)$，于中 $\mathrm{Var}(X) = E(X-E(X))^2$ 同样称 $\mathrm{Var}(Y) = E(Y-E(Y))^2$ 为 Y 过程在 t 时刻状态的方差。

8.1.1　数学期望运算法则

【法则 1】　设 c 为常数，则

$$E(c) = c \tag{8.1.1}$$

【法则 2】　设 c 为常数，则

$$E(cX) = cE(X) \tag{8.1.2}$$

【法则 3】　设 X，Y 为两个任意的随时变量，则

$$E(X+Y) = E(X) + E(Y) \tag{8.1.3}$$

【法则 4】　设 X，Y 为两个相互独立的随机变量，则

$$E(XY) = E(X)E(Y) \tag{8.1.4}$$

若 X，Y 不相互独立，则

$$E(XY) \neq E(X)E(Y) \tag{8.1.5}$$

8.1.2　方差运算法则

【法则 1】　设 $X = c$ 为常数，则

$$\mathrm{Var}(c)=0 \tag{8.1.6}$$

因为

$$\mathrm{Var}(X)=E((\boldsymbol{X}-E(X))^2=E(c-c)^2=0 \tag{8.1.7}$$

【法则 2】 设 c 为常数，则

$$\mathrm{Var}(c)X=c^2\mathrm{Var}(X)$$

因为

$$\begin{aligned}\mathrm{Var}(cX)&=E(cX-E(cX))^2=E)cX-cE(X))^2=E(c^2(X-E(X))^2)\\&=c^2E(x-E(X))^2=c^2\mathrm{Var}(X)\end{aligned} \tag{8.1.8}$$

【法则 3】 设 X，Y 为两个相互独立的随机变量，则

$$\mathrm{Var}(X+Y)=\mathrm{Var}(X)+\mathrm{Var}(Y) \tag{8.1.9}$$

【证明】 因为

$$\begin{aligned}\mathrm{Var}(X+Y)&=E((X+Y)-E(X+Y))^2\\&=E((X+Y-E(X)-E(Y))^2\\&=E((X-E(X))+(Y-E(Y)))^2\\&=E((X-E(X))^2+2(X-E(X))(Y-E(Y))+(Y-E(Y))^2)\\&=E(X-E(X))^2+2E((X-E(X))(Y-E(Y)))+E(Y-E(Y))^2\end{aligned} \tag{8.1.10}$$

展开上式第 2 项

$$\begin{aligned}E((X-E(X))(Y-E(Y)))&=E(XY-YE(X)-XE(Y)+E(X)E(Y))\\&=E(XY)-E(YE(X))-E(XE(Y))+E(E(X)E(Y))\end{aligned} \tag{8.1.11}$$

由于 $E(X)$ 是均值，为常数，常数可提到数学期望号外，则

$$E(YE(X))=E(Y)E(X)$$

同理

$$E(XE(Y))=E(X)E(Y)$$

且

$$E(E(X)E(Y))=E(X)E(Y)$$

式(8.1.11) 变成

$$E((X-E(X))(Y-E(Y)))=E(XY)-E(X)E(Y)) \tag{8.1.12}$$

若 X，Y 相互独立，根据式(8.1.4)、式(8.1.12) 变成

$$E((X-E(X))(Y-E(Y)))=E(X)E(Y)-E(X)E(Y)=0 \tag{8.1.13}$$

这样式(8.1.10) 变成

$$\mathrm{Var}(X+Y)=E(X-E(X))^2+E(Y-E(Y))^2=\mathrm{Var}(X)+Var(Y)$$

【证毕】

式(8.1.13) 表明，当 X，Y 相互独立，才有 $E((X-E(X))(Y-E(Y)))=0$；反之，X，Y 相关，则(8.1.13) 不成立，即

$$E((X-E(X))(Y-E(Y)))\neq 0$$

因此为了研究两个随机变量之间的相关性，引入协方差概念。

8.1.3 协方差运算法则

【定义 1】 随机变量 X，Y，若 $E((X-E(X))(Y-E(Y)))\neq 0$，则称 $E((X-E(X))(Y$

$-E(Y)))$ 为随机变量的协方差，记为 $\mathrm{Cov}(X, Y)$，于是

$$\mathrm{Cov}(X, Y) = E((X-E(X))(Y-E(Y))) \tag{8.1.14}$$

根据协方差的定义，对于同一个随机变量，同样有

$$\mathrm{Cov}(X, X) = E(X-E(X))(X-E(X)) = E(Z-E(X))^2 = \mathrm{Var}(X) \tag{8.1.15}$$

同理

$$\mathrm{Cov}(Y, Y) = \mathrm{Var}(Y) \tag{8.1.16}$$

由式(8.1.14)、式(8.1.15)、式8.1.16)，则式(8.1.10)可写成

$$\mathrm{Var}(X+Y) = \mathrm{Cov}(X, X) + 2\mathrm{Cov}(X, Y) + \mathrm{Cov}(Y, Y) \tag{8.1.17}$$

协方差有如下运算法则

【法则1】

$$\mathrm{Cov}(X, Y) = \mathrm{Cov}(Y, X) \tag{8.1.18}$$

因为

$$\mathrm{Cov}(X, Y) = E(X-E(X))(Y-E(Y)) = E(Y-E(Y))(X-E(X)) = \mathrm{Cov}(Y, X)$$

【法则2】

$$\mathrm{Cov}(aX, bY) = ab\mathrm{Cov}(X, Y) \tag{8.1.19}$$

因为

$$\mathrm{Cov}(aX, bY) = E(aX-E(aX))(bY-E(bY)) = E(aX-aE(X))(bY-bE(y))$$
$$= E(a(X-E(X)))(b(Y-E(Y))) = abE(X-E(X))(Y-E(Y)) = ab\mathrm{Cov}(X, Y)$$

【法则3】

$$\mathrm{Cov}(X_1+X_2, Y) = \mathrm{Cov}(X_1, Y) + \mathrm{Cov}(X_2, Y) \tag{8.1.20}$$

【证明】　根据式(8.1.14)

$$\begin{aligned}\mathrm{Cov}(X_1+X_2, Y) &= E((X_1+X_2)-E(X_1+X_2))(Y-E(Y))) \\ &= E((X_1+X_2-E(X_1)-E(X_2))(Y-E(Y))) \\ &= E((X_1-E(X_1))+(X_2-E(X_2))(Y-E(Y))) \\ &= E((X_1-E(X_1))(Y-E(Y))+(X_2-E(X_2))(Y-E(Y))) \\ &= E((X_1-E(X_1))(Y-E(Y))+E((X_2-E(X_2))(Y-E(Y))) \\ &= \mathrm{Cov}(X_1, Y) + \mathrm{Cov}(X_2, Y)\end{aligned}$$

【证毕】

以上的随机变量是一维的，若 $\boldsymbol{X}$ 为 n 维列向量，有如下定理

【定义2】　设 $\boldsymbol{X}^{\mathrm{T}} = (x_1 \quad x_2 \quad \cdots \quad x_n)$，称 $E((\boldsymbol{X}-E(\boldsymbol{X}))(\boldsymbol{X}-E(\boldsymbol{X}))^{\mathrm{T}})$ 为随机变量 $\boldsymbol{X}$ 的方差阵，记为 $\mathrm{Var}(\boldsymbol{X})$，则

$$\mathrm{Var}(\boldsymbol{X}) = E((\boldsymbol{X}-E(\boldsymbol{X}))(\boldsymbol{X}-E(\boldsymbol{X}))^{\mathrm{T}})$$

又设 $\boldsymbol{Y}^{\mathrm{T}} = (y_1 \quad y_2 \quad \cdots \quad y_n)$，称 $E((\boldsymbol{Y}-E(\boldsymbol{Y}))(\boldsymbol{Y}-E(\boldsymbol{Y}))^{\mathrm{T}})$ 为随机变量 $\boldsymbol{Y}$ 的方差阵，记为 $\mathrm{Var}(\boldsymbol{Y})$，则

$$\mathrm{Var}(\boldsymbol{Y}) = E((\boldsymbol{Y}-E(\boldsymbol{Y}))(\boldsymbol{Y}-E(\boldsymbol{Y}))^{\mathrm{T}}) \tag{8.1.21}$$

显然 $\mathrm{Var}(\boldsymbol{X})$，$\mathrm{Var}(\boldsymbol{Y})$ 为 $n\times n$ 阶对称阵，它有如下定理

【定理】

$$\mathrm{Var}(\boldsymbol{X}) = E(\boldsymbol{X}\boldsymbol{X}^{\mathrm{T}}) - E(\boldsymbol{X})E(\boldsymbol{X})^{\mathrm{T}} = \mathrm{Var}^{\mathrm{T}}(\boldsymbol{X}) \tag{8.1.22}$$

【证明】　由式(8.1.21)

$$\begin{aligned}\mathrm{Var}(\boldsymbol{X}) &= E((\boldsymbol{x}-E(\boldsymbol{X}))(\boldsymbol{x}-E(\boldsymbol{X}))^{\mathrm{T}})\\ &= E((\boldsymbol{x}-E(\boldsymbol{X}))(\boldsymbol{x}^{\mathrm{T}}-(E(\boldsymbol{X}))^{\mathrm{T}})\end{aligned}$$

由于

$$(E(\boldsymbol{X}))^{\mathrm{T}} = \left(E\begin{pmatrix}x_1\\x_2\\\vdots\\x_n\end{pmatrix}\right)^{\mathrm{T}} = \begin{pmatrix}E(X_1)\\E(X_2)\\\vdots\\E(X_n)\end{pmatrix}^{\mathrm{T}} = (E(X_1)\quad E(X_2)\quad\cdots\quad E(X_n)) = E(\boldsymbol{X}^{\mathrm{T}})$$

式(8.1.21) 变成

$$\begin{aligned}\mathrm{Var}(\boldsymbol{X}) &= E((\boldsymbol{X}-E(\boldsymbol{X}))(\boldsymbol{X}^{\mathrm{T}}-E(\boldsymbol{X}^{\mathrm{T}})))\\ &= E(\boldsymbol{X}\boldsymbol{X}^{\mathrm{T}}-E(\boldsymbol{X})\boldsymbol{X}^{\mathrm{T}}-\boldsymbol{X}E(\boldsymbol{X}^{\mathrm{T}})+E(\boldsymbol{X})E(\boldsymbol{X}^{\mathrm{T}}))\\ &= E(\boldsymbol{X}\boldsymbol{X}^{\mathrm{T}})-E(E(\boldsymbol{X})\boldsymbol{X}^{\mathrm{T}})-E(\boldsymbol{X}E(\boldsymbol{X}^{\mathrm{T}}))+E(E(\boldsymbol{X})E(\boldsymbol{X}^{\mathrm{T}}))\end{aligned}\tag{8.1.23}$$

由于 $E(\boldsymbol{X})$，$E(\boldsymbol{X}^{\mathrm{T}})$，$E(\boldsymbol{X})E(\boldsymbol{X})$ 为常数阵，可提到数学期望号外，式(8.1.23) 的第二项 $E(E(\boldsymbol{X})\boldsymbol{X}^{\mathrm{T}}) = E(\boldsymbol{X})E(\boldsymbol{X}^{\mathrm{T}})$，同理第三项 $E(\boldsymbol{X}E(\boldsymbol{X})^{\mathrm{T}}) = E(\boldsymbol{X})E(\boldsymbol{X})^{\mathrm{T}}$，第四项 $E(E(\boldsymbol{X}))E(\boldsymbol{X}^{\mathrm{T}}) = E(\boldsymbol{X})E(\boldsymbol{X}^{\mathrm{T}})$。

式(8.1.23) 变成

$$\begin{aligned}\mathrm{Var}(\boldsymbol{X}) &= E(\boldsymbol{X}\boldsymbol{X}^{\mathrm{T}})-E(\boldsymbol{X})E(\boldsymbol{X}^{\mathrm{T}})-E(\boldsymbol{X})E(\boldsymbol{X}^{\mathrm{T}})+E(\boldsymbol{X})E(\boldsymbol{X}^{\mathrm{T}}) \quad (8.1.24)\\ &= E(\boldsymbol{X}\boldsymbol{X}^{\mathrm{T}})-E(\boldsymbol{X})E(\boldsymbol{X}^{\mathrm{T}}) = \mathrm{Var}^{\mathrm{T}}(\boldsymbol{X})\end{aligned}$$

【证毕】

同理

$$\mathrm{Var}(\boldsymbol{Y}) = E(\boldsymbol{Y}\boldsymbol{Y}^{\mathrm{T}})-E(\boldsymbol{Y})E(\boldsymbol{Y})^{\mathrm{T}} = \mathrm{Var}^{\mathrm{T}}(\boldsymbol{Y})\tag{8.1.25}$$

为研究 $\boldsymbol{X}$，$\boldsymbol{Y}$ 之间的相关性，有如下定义。

【定义 3】 设 $\boldsymbol{X}$，$\boldsymbol{Y}$ 均为 n 阶列阵，称 $E((\boldsymbol{X}-E(\boldsymbol{X}))(\boldsymbol{Y}-E(\boldsymbol{Y}))^{\mathrm{T}})$ 为随机变量 $\boldsymbol{X}$，$\boldsymbol{Y}$ 的协方差阵，记为 $\mathrm{Cov}(\boldsymbol{X},\boldsymbol{Y})$，则

$$\mathrm{Cov}(\boldsymbol{X},\boldsymbol{Y}) = E((\boldsymbol{X}-E(\boldsymbol{X}))(\boldsymbol{Y}-E(\boldsymbol{Y}))^{\mathrm{T}})\tag{8.1.26}$$

显然 $\mathrm{Cov}(\boldsymbol{X},\boldsymbol{Y})$ 为 $n\times n$ 阶对称阵，它有如下定理。

【定理】

$$\mathrm{Cov}(\boldsymbol{X},\boldsymbol{Y}) = E(\boldsymbol{X}\boldsymbol{Y}^{\mathrm{T}})-E(\boldsymbol{X})E(\boldsymbol{Y}^{\mathrm{T}}) = \mathrm{Cov}^{\mathrm{T}}(\boldsymbol{Y},\boldsymbol{X})\tag{8.1.27}$$

【证明】 由定义

$$\begin{aligned}\mathrm{Cov}(\boldsymbol{X},\boldsymbol{Y}) &= E((\boldsymbol{X}-E(\boldsymbol{X}))(\boldsymbol{Y}-E(\boldsymbol{Y}))^{\mathrm{T}})\\ &= E((\boldsymbol{X}-E(\boldsymbol{X}))(\boldsymbol{Y}^{\mathrm{T}}-E(\boldsymbol{Y}^{\mathrm{T}}))\\ &= E(\boldsymbol{X}\boldsymbol{Y}^{\mathrm{T}})-E(\boldsymbol{X})\boldsymbol{Y}^{\mathrm{T}}-\boldsymbol{X}E(\boldsymbol{Y}^{\mathrm{T}})+E(\boldsymbol{X})E(\boldsymbol{Y}^{\mathrm{T}}))\\ &= E(\boldsymbol{X}\boldsymbol{Y}^{\mathrm{T}})-E(\boldsymbol{X})E(\boldsymbol{Y}^{\mathrm{T}})-E(\boldsymbol{X})E(\boldsymbol{Y}^{\mathrm{T}})+E(\boldsymbol{X})E(\boldsymbol{Y}^{\mathrm{T}})\\ &= E(\boldsymbol{X}\boldsymbol{Y}^{\mathrm{T}})-E(\boldsymbol{X})E(\boldsymbol{Y}^{\mathrm{T}})\end{aligned}$$

又由定义

$$\begin{aligned}\mathrm{Cov}^{\mathrm{T}}(\boldsymbol{Y},\boldsymbol{X}) &= (E((\boldsymbol{Y}-E(\boldsymbol{Y}))(\boldsymbol{X}-E(\boldsymbol{X}))^{\mathrm{T}})^{\mathrm{T}}\\ &= E((\boldsymbol{Y}-E(\boldsymbol{Y}))(\boldsymbol{X}-E(\boldsymbol{X}))^{\mathrm{T}})^{\mathrm{T}} = E(((\boldsymbol{X}-E(\boldsymbol{X}))^{\mathrm{T}})^{\mathrm{T}}(\boldsymbol{Y}-E(\boldsymbol{Y}))^{\mathrm{T}})\\ &= E((\boldsymbol{X}-E(\boldsymbol{X}))(\boldsymbol{Y}-E(\boldsymbol{Y}))^{\mathrm{T}}) = \mathrm{Cov}(\boldsymbol{X},\boldsymbol{Y})\end{aligned}$$

【证毕】

8.1.4　矩阵的迹运算法则

上述章节，对矩阵的迹有过零星描述，这里将作系统、深入地探讨。

【定义 4】　称方阵 $\boldsymbol{A}$ 的对角线元素之和为该方阵的迹，记为 $\mathrm{tr}(\boldsymbol{A})$

【例】

$$\mathrm{tr}(\boldsymbol{A}) = \mathrm{tr}\begin{pmatrix} a_{11} & \cdots & a_{1n} \\ \vdots & \ddots & \vdots \\ a_{n1} & \cdots & a_{nn} \end{pmatrix} = a_{11} + a_{22} + \cdots + a_{nn}$$

有如下运算法则。

【法则 1】设 α 为标量，则

$$\mathrm{tr}(\alpha\boldsymbol{A}) = \alpha\mathrm{tr}(\boldsymbol{A}) \tag{8.1.28}$$

【证明】

$$\mathrm{tr}(\boldsymbol{A}) = \mathrm{tr}(\alpha\begin{pmatrix} a_{11} & \cdots & a_{1n} \\ \vdots & \ddots & \vdots \\ a_{n1} & \cdots & a_{nn} \end{pmatrix}) = \mathrm{tr}\begin{pmatrix} \alpha a_{11} & \cdots & \alpha a_{1n} \\ \vdots & \ddots & \vdots \\ \alpha a_{n1} & \cdots & \alpha a_{nn} \end{pmatrix}$$

$$= \alpha a_{11} + \alpha a_{22} + \cdots + \alpha a_{nn}$$

$$= \alpha(a_{11} + a_{22} + \cdots + a_{nn})$$

$$= \alpha\mathrm{tr}(\boldsymbol{A})$$

【证毕】

【法则 2】　设 $\boldsymbol{A}$，$\boldsymbol{B}$ 为 n 阶方阵，则

$$\mathrm{tr}(\boldsymbol{A} + \boldsymbol{B}) = \mathrm{tr}(\boldsymbol{A}) + \mathrm{tr}(\boldsymbol{B}) \tag{8.1.29}$$

【证明】

$$\mathrm{tr}(\boldsymbol{A} + \boldsymbol{B}) = \mathrm{tr}\left(\begin{pmatrix} a_{11} & \cdots & a_{1n} \\ \vdots & \ddots & \vdots \\ a_{n1} & \cdots & a_{nn} \end{pmatrix} + \begin{pmatrix} b_{11} & \cdots & b_{1n} \\ \vdots & \ddots & \vdots \\ b_{n1} & \cdots & b_{nn} \end{pmatrix}\right)$$

$$= \mathrm{tr}\begin{pmatrix} a_{11} + b_{11} & \cdots & a_{1n} + b_{1n} \\ \vdots & \ddots & \vdots \\ a_{n1} + b_{n1} & \cdots & a_{nn} + b_{n1} \end{pmatrix} = (a_{11} + b_{11}) + (a_{22} + b_{22}) + \cdots + (a_{nn} + b_{nn})$$

$$= (a_{11} + a_{22} + \cdots + a_{nn}) + (b_{11} + b_{22} + \cdots + b_{nn}) = \mathrm{tr}(\boldsymbol{A}) + \mathrm{tr}(\boldsymbol{B})$$

【证毕】

【法则 3】　设 $\boldsymbol{A}$，$\boldsymbol{B}$ 为 n 阶方阵，则

$$\mathrm{tr}(\boldsymbol{A} \cdot \boldsymbol{B}) = \mathrm{tr}(\boldsymbol{B} \cdot \boldsymbol{A}) \tag{8.1.30}$$

【证明】

$$\mathrm{tr}(\boldsymbol{A} \cdot \boldsymbol{B}) = \mathrm{tr}\begin{pmatrix} a_{11} & \cdots & a_{1n} \\ \vdots & \ddots & \vdots \\ a_{n1} & \cdots & a_{nn} \end{pmatrix}\begin{pmatrix} b_{11} & \cdots & b_{1n} \\ \vdots & \ddots & \vdots \\ b_{n1} & \cdots & b_{nn} \end{pmatrix}$$

$$= \mathrm{tr}\begin{pmatrix} a_{11}b_{11} + \cdots + a_{1n}b_{n1} & \cdots & a_{11}b_{1n} + \cdots + a_{1n}b_{nn} \\ \vdots & \ddots & \vdots \\ a_{n1}b_{11} + \cdots + a_{nn}b_{n1} & \cdots & a_{n1}b_{1n} + \cdots + a_{nn}b_{nn} \end{pmatrix}$$

$$= (a_{11}b_{11} + \cdots + a_{1n}b_{n1}) + \cdots + (a_{n1}b_{1n} + \cdots + a_{nn}b_{nn})$$

而

$$\mathrm{tr}(\boldsymbol{B}\cdot\boldsymbol{A}) = \mathrm{tr}\begin{pmatrix} b_{11} & \cdots & b_{1n} \\ \vdots & \ddots & \vdots \\ b_{n1} & \cdots & b_{nn} \end{pmatrix}\begin{pmatrix} a_{11} & \cdots & a_{1n} \\ \vdots & \ddots & \vdots \\ a_{n1} & \cdots & a_{nn} \end{pmatrix}$$

$$= \mathrm{tr}\begin{pmatrix} b_{11}a_{11} + \cdots + b_{1n}a_{n1} & \cdots & b_{11}a_{1n} + \cdots + b_{1n}a_{nn} \\ \vdots & \ddots & \vdots \\ b_{n1}a_{11} + \cdots + b_{nn}a_{n1} & \cdots & b_{n1}a_{1n} + \cdots + b_{nn}a_{nn} \end{pmatrix}$$

$$= (b_{11}a_{11} + \cdots b_{1n}a_{n1}) + \cdots + (b_{1n}a_{n1} + \cdots + b_{nn}a_{nn})$$

$$= (a_{11}b_{11} + \cdots + a_{1n}b_{n1}) + \cdots + (a_{n1}b_{1n} + \cdots + a_{nn}b_{nn})$$

故 $\mathrm{tr}(\boldsymbol{A}\cdot\boldsymbol{B}) = \mathrm{tr}(\boldsymbol{B}\cdot\boldsymbol{A})$。

【证毕】

【法则 4】 设 $\boldsymbol{A}$, $\boldsymbol{B}$ 为 n 阶方阵，$\boldsymbol{X}$ 为 n 阶列阵，则

$$\boldsymbol{X}^{\mathrm{T}}\boldsymbol{A}\boldsymbol{X} = \mathrm{tr}(\boldsymbol{X}\boldsymbol{X}^{\mathrm{T}}\boldsymbol{A}) = \mathrm{tr}(\boldsymbol{A}\boldsymbol{X}\boldsymbol{X}^{\mathrm{T}}) \tag{8.1.31}$$

【证明】 因为

$$\boldsymbol{X}^{\mathrm{T}}\boldsymbol{A}\boldsymbol{X} = (x_1 \quad \cdots \quad x_n)\begin{pmatrix} a_{11} & \cdots & a_{1n} \\ \vdots & \ddots & \vdots \\ a_{n1} & \cdots & a_{nn} \end{pmatrix}\begin{pmatrix} x_1 \\ \vdots \\ x_n \end{pmatrix}$$

$$= (x_1 \quad \cdots \quad x_n)\begin{pmatrix} a_{11}x_1 + \cdots + a_{1n}x_n \\ \vdots \\ a_{n1}x_1 + \cdots + a_{nn}x_n \end{pmatrix}$$

$$= x_1(a_{11}x_1 + \cdots + a_{1n}x_n) + \cdots + x_n(a_{n1}x_1 + \cdots + a_{nn}x_n)$$

$$= (x_1a_{11}x_1 + \cdots + x_1a_{1n}x_n) + \cdots + (x_na_{n1}x_1 + \cdots + x_na_{nn}x_n)$$

而

$$\mathrm{tr}(\boldsymbol{X}\boldsymbol{X}^{\mathrm{T}}\boldsymbol{A}) = \mathrm{tr}(\begin{pmatrix} x_1 \\ \vdots \\ x_n \end{pmatrix}(x_1 \quad \cdots \quad x_n)\begin{pmatrix} a_{11} & \cdots & a_{1n} \\ \vdots & \ddots & \vdots \\ a_{n1} & \cdots & a_{nn} \end{pmatrix})$$

$$= \mathrm{tr}(\begin{pmatrix} x_1x_1 & \cdots & x_1x_n \\ \vdots & \ddots & \vdots \\ x_nx_1 & \cdots & x_nx_n \end{pmatrix}\begin{pmatrix} a_{11} & \cdots & a_{1n} \\ \vdots & \ddots & \vdots \\ a_{n1} & \cdots & a_{nn} \end{pmatrix})$$

$$= \mathrm{tr}\begin{pmatrix} x_1x_1a_{11} + \cdots + x_1x_na_{n1} & \cdots & x_1x_1a_{1n} + \cdots + x_1x_na_{nn} \\ \vdots & \ddots & \vdots \\ x_nx_1a_{11} + \cdots + x_nx_na_{n1} & \cdots & x_nx_1a_{1n} + \cdots + x_nx_na_{nn} \end{pmatrix}$$

$$= (x_1x_1a_{11} + \cdots + x_1x_na_{n1}) + \cdots + (x_nx_1a_{1n} + \cdots + x_nx_na_{nn})$$

经重新排序

$$= (x_1a_{11}x_1 + \cdots + x_1a_{1n}x_n) + \cdots + (x_na_{n1}x_1 + \cdots + x_na_{nn}x_n)$$

可见

$$\boldsymbol{X}^{\mathrm{T}}\boldsymbol{A}\boldsymbol{X} = \mathrm{tr}(\boldsymbol{X}\boldsymbol{X}^{\mathrm{T}}\boldsymbol{A})$$

同样

$$\mathrm{tr}(\boldsymbol{AXX}^{\mathrm{T}}) = \mathrm{tr}\left(\begin{pmatrix} a_{11} & \cdots & a_{1n} \\ \vdots & \ddots & \vdots \\ a_{n1} & \cdots & a_{nn} \end{pmatrix}\begin{pmatrix} x_1 \\ \vdots \\ x_n \end{pmatrix}(x_1 \quad \cdots \quad x_n)\right)$$

$$= \mathrm{tr}\left(\begin{pmatrix} a_{11} & \cdots & a_{1n} \\ \vdots & \ddots & \vdots \\ a_{n1} & \cdots & a_{nn} \end{pmatrix}\begin{pmatrix} x_1x_1 & \cdots & x_1x_n \\ \vdots & \ddots & \vdots \\ x_nx_1 & \cdots & x_nx_n \end{pmatrix}\right)$$

$$= \mathrm{tr}\begin{pmatrix} a_{11}x_1x_1 + \cdots + a_{1n}x_nx_1 & \cdots & a_{11}x_1x_n + \cdots + a_{1n}x_nx_n \\ \vdots & \ddots & \vdots \\ a_{n1}x_1x_1 + \cdots + a_{nn}x_nx_1 & \cdots & a_{n1}x_1x_n + \cdots + a_{nn}x_nx_n \end{pmatrix}$$

$$= (a_{11}x_1x_1 + \cdots + a_{1n}x_1x_n) + \cdots + (a_{n1}x_nx_1 + \cdots + a_{nn}x_nx_n)$$

可见

$$\mathrm{tr}(\boldsymbol{AXX}^{\mathrm{T}}) = \boldsymbol{X}^{\mathrm{T}}\boldsymbol{AX}$$

【证毕】

【法则 5】 设 $\boldsymbol{A}$ 为 n 阶方阵，则

$$\mathrm{tr}(\boldsymbol{A}) = \mathrm{tr}(\boldsymbol{A}^{\mathrm{T}}) \tag{8.1.32}$$

因为

$$\mathrm{tr}(\boldsymbol{A}) = \mathrm{tr}\begin{pmatrix} a_{11} & \cdots & a_{1n} \\ \vdots & \ddots & \vdots \\ a_{n1} & \cdots & a_{nn} \end{pmatrix} = a_{11} + \cdots + a_{nn} = \mathrm{tr}\begin{pmatrix} a_{11} & \cdots & a_{n1} \\ \vdots & \ddots & \vdots \\ a_{1n} & \cdots & a_{nn} \end{pmatrix} = \mathrm{tr}(\boldsymbol{A}^{\mathrm{T}})$$

【定义 5】 设 $\boldsymbol{A}(\boldsymbol{X})$，$\boldsymbol{X}$ 为 n 阶方阵，则

$$\frac{\mathrm{d}\boldsymbol{A}}{\mathrm{d}\boldsymbol{X}} = \begin{pmatrix} \frac{\mathrm{d}\boldsymbol{A}}{\mathrm{d}x_{11}} & \cdots & \frac{\mathrm{d}\boldsymbol{A}}{\mathrm{d}x_{1n}} \\ \vdots & \ddots & \vdots \\ \frac{\mathrm{d}\boldsymbol{A}}{\mathrm{d}x_{n1}} & \cdots & \frac{\mathrm{d}\boldsymbol{A}}{\mathrm{d}x_{nn}} \end{pmatrix} \tag{8.1.33}$$

【法则 6】 设 $\boldsymbol{B}$，$\boldsymbol{X}$，$\boldsymbol{BX} = \boldsymbol{P}$ 均为 n 阶方阵，则

$$\frac{\mathrm{dtr}(\boldsymbol{BX})}{\mathrm{d}\boldsymbol{X}} = \frac{\mathrm{dtr}(\boldsymbol{X}^{\mathrm{T}}\boldsymbol{B}^{\mathrm{T}})}{\mathrm{d}\boldsymbol{X}} = \boldsymbol{B}^{\mathrm{T}} \tag{8.1.34}$$

【证明】 由式(8.1.32)

$$\frac{\mathrm{dtr}(\boldsymbol{BX})}{\mathrm{d}\boldsymbol{X}} = \frac{\mathrm{dtr}(\boldsymbol{BX})^{\mathrm{T}}}{\mathrm{d}\boldsymbol{X}} = \frac{\mathrm{dtr}(\boldsymbol{X}^{\mathrm{T}}\boldsymbol{B}^{\mathrm{T}})}{\mathrm{d}\boldsymbol{X}}$$

$$\boldsymbol{BX} = \begin{pmatrix} b_{11} & \cdots & \cdots & \cdots & b_{1n} \\ \vdots & \ddots & \vdots & \vdots & \vdots \\ b_{i1} & \cdots & \cdots & \cdots & b_{in} \\ \vdots & \vdots & \vdots & \ddots & \vdots \\ b_{n1} & \cdots & \cdots & \cdots & b_{nn} \end{pmatrix}\begin{pmatrix} x_{11} & \cdots & x_{1j} & \cdots & x_{1n} \\ \vdots & \ddots & \vdots & \vdots & \vdots \\ \vdots & \vdots & \vdots & \vdots & \vdots \\ \vdots & \vdots & \vdots & \ddots & \vdots \\ x_{n1} & \cdots & x_{nj} & \cdots & x_{nn} \end{pmatrix} = \begin{pmatrix} p_{11} & \cdots & p_{1j} & \cdots & p_{1n} \\ \vdots & \ddots & \vdots & \vdots & \vdots \\ p_{i1} & \cdots & p_{ij} & \cdots & p_{in} \\ \vdots & \vdots & \vdots & \ddots & \vdots \\ p_{n1} & \cdots & p_{nj} & \cdots & p_{nn} \end{pmatrix}$$

乘积矩阵 $\boldsymbol{P}$ 的第 i 行第 j 列元素

$$p_{ij}=(b_{i1}\quad\cdots\quad b_{in})\begin{pmatrix}x_{1j}\\ \vdots\\ x_{nj}\end{pmatrix}=b_{i1}x_{1j}+\cdots+b_{ij}x_{ji}x_{jj}+\cdots+b_{in}x_{nj}$$

当 $i=j$ 便是对角线上的元素

$$p_{ii}=b_{i1}x_{1i}+b_{i2}x_{2i}+\cdots+b_{in}x_{ni}$$

$$i=1,\ p_{11}=b_{11}x_{11}+b_{12}x_{21}+\cdots+b_{1n}x_{n1}$$

$$i=2,\ p_{22}=b_{21}x_{12}+b_{22}x_{22}+\cdots+b_{2n}x_{n2}$$

$$\cdots\quad\cdots$$

$$i=i,\ p_{ii}=b_{i1}x_{1i}+b_{i2}x_{2i}+\cdots+b_{in}x_{ni}$$

$$i=n,\ p_{nn}=b_{n1}x_{1n}+b_{n2}x_{2n}+\cdots+b_{nn}x_{nn}$$

$$\mathrm{tr}(\boldsymbol{BX})=p_{11}+p_{22}+\cdots+p_{nn}=\sum_{i=1}^{n}p_{ii}$$

$$\frac{\mathrm{d}\,\mathrm{tr}(\boldsymbol{BX})}{\mathrm{d}\boldsymbol{X}}=\begin{pmatrix}\dfrac{\mathrm{d}\sum\limits_{i=1}^{n}p_{ii}}{\mathrm{d}x_{11}} & \cdots & \dfrac{\mathrm{d}\sum\limits_{i=1}^{n}p_{ii}}{\mathrm{d}x_{11}}\\ \vdots & \ddots & \vdots\\ \dfrac{\mathrm{d}\sum\limits_{i=1}^{n}p_{ii}}{\mathrm{d}x_{11}} & \cdots & \dfrac{\mathrm{d}\sum\limits_{i=1}^{n}p_{ii}}{\mathrm{d}x_{11}}\end{pmatrix}\tag{8.1.35}$$

由于 x 不同的下标，在 $\sum\limits_{i=1}^{n}p_{ii}$ 中仅出现一次，而且 x 的下标与 b 的下标行列相反，如 x_{12} 的系数是 b_{21}，x_{21} 的系数是 b_{12}，$\dfrac{\mathrm{d}\sum\limits_{i=1}^{n}p_{ii}}{\mathrm{d}x_{12}}=b_{21}$；则式(8.1.35)变成

$$\frac{\mathrm{d}\,\mathrm{tr}(\boldsymbol{BX})}{\mathrm{d}\boldsymbol{X}}=\begin{pmatrix}b_{11} & \cdots & b_{n1}\\ \vdots & \ddots & \vdots\\ b_{1n} & \cdots & b_{nn}\end{pmatrix}=\boldsymbol{B}^{\mathrm{T}}$$

【证毕】

【法则 7】 设 $\boldsymbol{A}$，$\boldsymbol{X}$ 均为 $n\times n$ 方阵，则

$$\frac{\mathrm{d}\,\mathrm{tr}(\boldsymbol{X}^{\mathrm{T}}\boldsymbol{AX})}{\mathrm{d}\boldsymbol{X}}=(\boldsymbol{A}+\boldsymbol{A}^{\mathrm{T}})\boldsymbol{X}$$

【证明】

$$\boldsymbol{X}^{\mathrm{T}}\boldsymbol{AX}=\begin{pmatrix}x_{11} & \cdots & x_{n1}\\ \vdots & \ddots & \vdots\\ x_{1n} & \cdots & x_{nn}\end{pmatrix}\begin{pmatrix}a_{11} & \cdots & a_{1n}\\ \vdots & \ddots & \vdots\\ a_{n1} & \cdots & a_{nn}\end{pmatrix}\begin{pmatrix}x_{11} & \cdots & x_{1n}\\ \vdots & \ddots & \vdots\\ x_{n1} & \cdots & x_{nn}\end{pmatrix}$$

$$=\begin{pmatrix}x_{11} & \cdots & x_{n1}\\ \vdots & \ddots & \vdots\\ x_{1n} & \cdots & x_{nn}\end{pmatrix}\begin{pmatrix}a_{11}x_{11}+\cdots+a_{1n}x_{n1} & \cdots & a_{11}x_{1n}+\cdots+a_{1n}x_{nn}\\ \vdots & \ddots & \vdots\\ a_{n1}x_{11}+\cdots+a_{nn}x_{n1} & \cdots & a_{n1}x_{1n}+\cdots+a_{nn}x_{nn}\end{pmatrix}$$

$$= \begin{pmatrix} p_{11} & \cdots & p_{n1} \\ \vdots & \ddots & \vdots \\ p_{1n} & \cdots & p_{nn} \end{pmatrix}$$

其中对角线元素

$$p_{11} = x_{11}(a_{11}x_{11} + \cdots + a_{1n}x_{n1}) + \cdots + x_{n1}(a_{n1}x_{11} + \cdots + a_{nn}x_{n1})$$
$$\cdots$$
$$p_{nn} = x_{1n}(a_{11}x_{1n} + \cdots + a_{1n}x_{nn}) + \cdots + x_{nn}(a_{n1}x_{1n} + \cdots + a_{nn}x_{nn})$$

故

$$\begin{aligned} \mathrm{tr}(\boldsymbol{X}^{\mathrm{T}}\boldsymbol{AX}) &= x_{11}(a_{11}x_{11} + \cdots + a_{1n}x_{n1}) + \cdots + x_{n1}(a_{n1}x_{11} + \cdots + a_{nn}x_{n1}) \\ &+ \cdots + x_{1n}(a_{11}x_{1n} + \cdots + a_{1n}x_{nn}) + \cdots + x_{nn}(a_{n1}x_{1n} + \cdots + a_{nn}x_{nn}) \end{aligned}$$

$$\frac{\mathrm{d}\,\mathrm{tr}(\boldsymbol{X}^{\mathrm{T}}\boldsymbol{AX})}{\mathrm{d}\boldsymbol{X}} = \begin{pmatrix} \frac{\mathrm{d}}{\mathrm{d}x_{11}}\mathrm{tr}(\boldsymbol{X}^{\mathrm{T}}\boldsymbol{AX}) & \cdots & \frac{\mathrm{d}}{\mathrm{d}x_{1n}}\mathrm{tr}(\boldsymbol{X}^{\mathrm{T}}\boldsymbol{AX}) \\ \vdots & \ddots & \vdots \\ \frac{\mathrm{d}}{\mathrm{d}x_{n1}}\mathrm{tr}(\boldsymbol{X}^{\mathrm{T}}\boldsymbol{AX}) & \cdots & \frac{\mathrm{d}}{\mathrm{d}x_{nn}}\mathrm{tr}(\boldsymbol{X}^{\mathrm{T}}\boldsymbol{AX}) \end{pmatrix}$$

$\mathrm{tr}(\boldsymbol{X}^{\mathrm{T}}\boldsymbol{AX})$ 中含 x_{11} 因子的项有：$x_{11}(a_{11}x_{11} + \cdots + a_{1n}x_{n1})$，$x_{21}a_{21}x_{11}$，$\cdots$，$x_{n1}a_{n1}x_{11}$
其他项不含 x_{11} 因子，于是

$$\begin{aligned} \frac{\mathrm{d}\,\mathrm{tr}(\boldsymbol{X}^{\mathrm{T}}\boldsymbol{AX})}{\mathrm{d}x_{11}} &= 2a_{11}x_{11} + a_{12}x_{21} + \cdots + a_{1n}x_{n1} + x_{21}a_{21} + \cdots + x_{n1}a_{n1} \\ &= 2a_{11}x_{11} + (a_{12} + a_{21})x_{21} + \cdots + (a_{1n} + a_{n1})x_{n1} \end{aligned}$$

而

$$(\boldsymbol{A} + \boldsymbol{A}^{\mathrm{T}})\boldsymbol{X} = \left(\begin{pmatrix} a_{11} & \cdots & a_{1n} \\ \vdots & \ddots & \vdots \\ a_{n1} & \cdots & a_{nn} \end{pmatrix} + \begin{pmatrix} a_{11} & \cdots & a_{n1} \\ \vdots & \ddots & \vdots \\ a_{1n} & \cdots & a_{nn} \end{pmatrix}\right)\begin{pmatrix} x_{11} & \cdots & x_{1n} \\ \vdots & \ddots & \vdots \\ x_{n1} & \cdots & x_{nn} \end{pmatrix}$$

$$= \begin{pmatrix} 2a_{11} & a_{12} + a_{21} & \cdots & a_{1n} + a_{n1} \\ a_{21} + a_{12} & 2a_{22} & \cdots & a_{2n} + a_{n2} \\ \vdots & \vdots & \ddots & \vdots \\ a_{n1} + a_{1n} & a_{n2} + a_{2n} & \cdots & 2a_{nn} \end{pmatrix}\begin{pmatrix} x_{11} & x_{12} & \cdots & x_{1n} \\ x_{21} & x_{22} & \cdots & x_{2n} \\ \vdots & \vdots & \ddots & \vdots \\ x_{n1} & x_{n2} & \cdots & x_{nn} \end{pmatrix} = \begin{pmatrix} p_{11} & p_{12} & \cdots & p_{1n} \\ p_{21} & p_{22} & \cdots & p_{2n} \\ \vdots & \vdots & \ddots & \vdots \\ p_{n1} & p_{n2} & \cdots & p_{nn} \end{pmatrix} = \boldsymbol{P}$$

式中，$p_{11} = 2a_{11}x_{11} + (a_{12} + a_{21})x_{21} + \cdots + (a_{1n} + a_{n1})x_{n1}$。
可见

$$\frac{\mathrm{d}\,\mathrm{tr}(\boldsymbol{X}^{\mathrm{T}}\boldsymbol{AX})}{\mathrm{d}x_{11}} = p_{11}$$

如此类推，$\frac{\mathrm{d}\,\mathrm{tr}(\boldsymbol{X}^{\mathrm{T}}\boldsymbol{AX})}{\mathrm{d}x_{11}}$ 与 $\boldsymbol{P}$ 阵对应元素相等，故 $\frac{\mathrm{d}\,\mathrm{tr}(\boldsymbol{X}^{\mathrm{T}}\boldsymbol{AX})}{\mathrm{d}\boldsymbol{X}} = (\boldsymbol{A} + \boldsymbol{A}^{\mathrm{T}})\boldsymbol{X}$。

【证毕】

8.1.5　随机变量的矩

设 $\boldsymbol{X}$ 为随机变量。若 $E(\boldsymbol{X}^k)$，$k = 1, \cdots, n$ 存在，则称 $E(\boldsymbol{X}^k)$ 为 $\boldsymbol{X}$ 的 k 阶原点矩；称 $E(\boldsymbol{X} - E(\boldsymbol{X}))^k$ 为 $\boldsymbol{X}$ 的 k 阶中心距。

若$E(\boldsymbol{X}^k, \boldsymbol{Y}^l)$，$(k, l = 1, \cdots, n)$存在，则称$E(\boldsymbol{X}^k, \boldsymbol{Y}^l)$为$\boldsymbol{X}$与$\boldsymbol{Y}$的$k+l$阶混合矩；若$E((\boldsymbol{X}-E(\boldsymbol{X}))^k(\boldsymbol{Y}-E(\boldsymbol{Y}))^l)$存在，则称其为$\boldsymbol{X}$，$\boldsymbol{Y}$的$k+l$阶中心混合矩。显然$E(\boldsymbol{X})$为$\boldsymbol{X}$的一阶原点矩。$\mathrm{Var}(\boldsymbol{X}) = E[\boldsymbol{X}-E(\boldsymbol{X})]^2$为$\boldsymbol{X}$的二阶中心距。

$\mathrm{Cov}(\boldsymbol{X}, \boldsymbol{Y}) = E((\boldsymbol{X}-E(\boldsymbol{X}))(\boldsymbol{Y}-E(\boldsymbol{Y})))$为$\boldsymbol{X}$，$\boldsymbol{Y}$的2阶中心混合矩。

8.1.6 矩阵的柯西施瓦茨不等式

【定理】 设$\boldsymbol{A}$为$m \times n$矩阵，$\boldsymbol{B}$为$n \times r$矩阵，则有

$$\boldsymbol{B}^{\mathrm{T}}\boldsymbol{B} \geqslant (\boldsymbol{AB})^{\mathrm{T}}(\boldsymbol{AA}^{\mathrm{T}})^{-1}(\boldsymbol{AB}) \tag{8.1.36}$$

【证明】 因为任意矩阵的转置与该矩阵自身的乘积大于等于0，故有：

$$(\boldsymbol{B}-\boldsymbol{A}^{\mathrm{T}}(\boldsymbol{AA}^{\mathrm{T}})^{-1}\boldsymbol{AB})^{\mathrm{T}}(\boldsymbol{B}-\boldsymbol{A}^{\mathrm{T}}(\boldsymbol{AA}^{\mathrm{T}})^{-1}\boldsymbol{AB}) \geqslant 0$$

而

$$\begin{aligned}&(\boldsymbol{B}-\boldsymbol{A}^{\mathrm{T}}(\boldsymbol{AA}^{\mathrm{T}})^{-1}\boldsymbol{AB})^{\mathrm{T}}(\boldsymbol{B}-\boldsymbol{A}^{\mathrm{T}}(\boldsymbol{AA}^{\mathrm{T}})^{-1}\boldsymbol{AB})\\&= (\boldsymbol{B}^{\mathrm{T}}-\boldsymbol{B}^{\mathrm{T}}\boldsymbol{A}^{\mathrm{T}}((\boldsymbol{AA}^{\mathrm{T}})^{-1})^{\mathrm{T}}\boldsymbol{A})(\boldsymbol{B}-\boldsymbol{A}^{\mathrm{T}}(\boldsymbol{AA}^{\mathrm{T}})^{-1}\boldsymbol{AB})\end{aligned}$$

求逆与转置是两种独立的运算，可以交换运算

$$\text{上式} = (\boldsymbol{B}^{\mathrm{T}}-\boldsymbol{B}^{\mathrm{T}}\boldsymbol{A}^{\mathrm{T}}((\boldsymbol{AA}^{\mathrm{T}})^{\mathrm{T}})^{-1}\boldsymbol{A})(\boldsymbol{B}-\boldsymbol{A}^{\mathrm{T}}(\boldsymbol{AA}^{\mathrm{T}})^{-1}\boldsymbol{AB})$$

因为

$$(\boldsymbol{AA}^{\mathrm{T}})^{\mathrm{T}} = \boldsymbol{AA}^{\mathrm{T}}$$

$$= (\boldsymbol{B}^{\mathrm{T}}-\boldsymbol{B}^{\mathrm{T}}\boldsymbol{A}^{\mathrm{T}}(\boldsymbol{AA}^{\mathrm{T}})^{-1}\boldsymbol{A})(\boldsymbol{B}-\boldsymbol{A}^{\mathrm{T}}(\boldsymbol{AA}^{\mathrm{T}})^{-1}\boldsymbol{AB})$$

展开

$$\begin{aligned}&= \boldsymbol{B}^{\mathrm{T}}\boldsymbol{B}-\boldsymbol{B}^{\mathrm{T}}\boldsymbol{A}^{\mathrm{T}}(\boldsymbol{AA}^{\mathrm{T}})^{-1}\boldsymbol{AB}-\boldsymbol{B}^{\mathrm{T}}\boldsymbol{A}^{\mathrm{T}}(\boldsymbol{AA}^{\mathrm{T}})^{-1}\boldsymbol{AB}+\boldsymbol{B}^{\mathrm{T}}\boldsymbol{A}^{\mathrm{T}}(\boldsymbol{AA}^{\mathrm{T}})^{-1}\boldsymbol{AA}^{\mathrm{T}}(\boldsymbol{AA}^{\mathrm{T}})^{-1}\boldsymbol{AB}\\&= \boldsymbol{B}^{\mathrm{T}}\boldsymbol{B}-\boldsymbol{B}^{\mathrm{T}}\boldsymbol{A}^{\mathrm{T}}(\boldsymbol{AA}^{\mathrm{T}})^{-1}\boldsymbol{AB}\end{aligned}$$

$\boldsymbol{B}^{\mathrm{T}}\boldsymbol{B}$，$\boldsymbol{B}^{\mathrm{T}}\boldsymbol{A}^{\mathrm{T}}(\boldsymbol{AA}^{\mathrm{T}})^{-1}\boldsymbol{AB}$均为二次型，大于0，故

$$\boldsymbol{B}^{\mathrm{T}}\boldsymbol{B}-\boldsymbol{B}^{\mathrm{T}}\boldsymbol{A}^{\mathrm{T}}(\boldsymbol{AA}^{\mathrm{T}})^{-1}\boldsymbol{AB} \geqslant 0$$

所以

$$\boldsymbol{B}^{\mathrm{T}}\boldsymbol{B} \geqslant \boldsymbol{B}^{\mathrm{T}}\boldsymbol{A}^{\mathrm{T}}(\boldsymbol{AA}^{\mathrm{T}})^{-1}\boldsymbol{AB}$$

【证毕】

8.2 状态的最小二乘估计及其性质

在第5章系统辨识里，讨论了系统参数的最小二乘估计，得参数的最小二乘估计

$$\hat{\boldsymbol{\beta}} = (\boldsymbol{\Phi}^{\mathrm{T}}\boldsymbol{\Phi})^{-1}\boldsymbol{\Phi}^{\mathrm{T}}\boldsymbol{Y}$$

以下讨论沿用参数的最小二乘估计思想，应用到系统状态的估计上去，从而获得状态的最小二乘估计。

8.2.1 状态的最小二乘估计

设系统为

$$\begin{cases}\dot{\boldsymbol{X}} = f(\boldsymbol{X}, \boldsymbol{U}) = \boldsymbol{AX}+\boldsymbol{BU}\\\boldsymbol{Y} = \boldsymbol{CX}+\boldsymbol{DU}\end{cases} \tag{8.2.1}$$

第一个方程为状态方程，第二个为输出方程，若输出方程不考虑控制 $\boldsymbol{U}$，并引入 $\boldsymbol{V}$，则

$$\boldsymbol{Y} = \boldsymbol{CX} + \boldsymbol{V} \tag{8.2.2}$$

式中，$\boldsymbol{V}$ 为零均值的观测误差矢量；$\boldsymbol{Y}$，$\boldsymbol{V}$ 为 $km \times 1$ 阶列阵；$\boldsymbol{C}$ 为 $km \times n$ 阶阵；$\boldsymbol{X}$ 为 $n \times 1$ 阶阵。

式(8.2.2)改写成

$$\boldsymbol{V} = \boldsymbol{Y} - \boldsymbol{CX},$$

引入评价函数(损失函数)

$$J = \boldsymbol{V}^{\mathrm{T}}\boldsymbol{V} = (\boldsymbol{Y} - \boldsymbol{CX})^{\mathrm{T}}(\boldsymbol{Y} - \boldsymbol{CX})$$

令 $\dfrac{\partial J}{\partial \boldsymbol{X}} = 0$，仿照第5章方法解得 $\boldsymbol{X} = (\boldsymbol{C}^{\mathrm{T}}\boldsymbol{C})^{-1}\boldsymbol{C}^{\mathrm{T}}\boldsymbol{Y}$，这便是系统状态的最小二乘估计。记为 $\hat{\boldsymbol{X}}_{\mathrm{LS}}(\boldsymbol{Y})$，则

$$\hat{\boldsymbol{X}}_{\mathrm{LS}}(\boldsymbol{Y}) = (\boldsymbol{C}^{\mathrm{T}}\boldsymbol{C})^{-1}\boldsymbol{C}^{\mathrm{T}}\boldsymbol{Y} \tag{8.2.3}$$

式中，$\hat{\boldsymbol{X}}$ 的下标为英文最小二乘的缩写，$\hat{\boldsymbol{X}}$ 是估计值，以便与真值 $\boldsymbol{X}$ 相区别，括号内 $\boldsymbol{Y}$ 是由实测系统输出序列组成的列阵，表示状态的估计值取决于 $\boldsymbol{Y}$。

式(8.2.3)中，对状态的每一个分量是同等地对待的，若在程度上重视其中某些分量，相对轻视其他，则需引入加权矩阵 $\boldsymbol{W}$，则

$$J = \boldsymbol{V}^{\mathrm{T}}\boldsymbol{WV}$$

按照相同的方法，令 $\dfrac{\partial J}{\partial \boldsymbol{X}} = 0$，解得 $\hat{\boldsymbol{X}}_{\mathrm{LSW}} = (\boldsymbol{C}^{\mathrm{T}}\boldsymbol{WC})^{-1}\boldsymbol{C}^{\mathrm{T}}\boldsymbol{WY}$，称其为引入加权矩阵 $\boldsymbol{W}$ 的状态最小二乘估计。

8.2.2　状态最小二乘估计的性质

【性质1】　无须任何先验知识，包括 $\boldsymbol{Y}$ 的一、二阶矩。

【性质2】　状态的最小二乘估计 $\hat{\boldsymbol{X}}_{\mathrm{LS}}(\boldsymbol{Y})$ 为无偏估计，即

$$E(\hat{\boldsymbol{X}}_{\mathrm{LS}}(\boldsymbol{Y})) = \boldsymbol{E}(\boldsymbol{X}) = \boldsymbol{X}。$$

【证明】　式(8.2.3)两边求数学期望得

$$E(\hat{\boldsymbol{X}}_{\mathrm{LS}}(\boldsymbol{Y})) = E((\boldsymbol{C}^{\mathrm{T}}\boldsymbol{C})^{-1}\boldsymbol{C}^{\mathrm{T}}\boldsymbol{Y})$$

将式(8.2.2)、式(8.2.3)代入上式

$$= E((\boldsymbol{C}^{\mathrm{T}}\boldsymbol{C})^{-1}\boldsymbol{C}^{\mathrm{T}}(\boldsymbol{CX} + \boldsymbol{V}))$$

展开括号

$$= E[(\boldsymbol{C}^{\mathrm{T}}\boldsymbol{C})^{-1}\boldsymbol{C}^{\mathrm{T}}\boldsymbol{CX} + (\boldsymbol{C}^{\mathrm{T}}\boldsymbol{C})^{-1}\boldsymbol{C}^{\mathrm{T}}\boldsymbol{V}]$$

由于 $\boldsymbol{C}^{\mathrm{T}}\boldsymbol{C})^{-1}\boldsymbol{C}^{\mathrm{T}}\boldsymbol{C} = \boldsymbol{I}$，则

$$\begin{aligned} E(\hat{\boldsymbol{X}}_{\mathrm{LS}}(\boldsymbol{Y})) &= E[\boldsymbol{X} + (\boldsymbol{C}^{\mathrm{T}}\boldsymbol{C})^{-1}\boldsymbol{C}^{\mathrm{T}}\boldsymbol{V})] = E(\boldsymbol{X}) + E(\boldsymbol{C}^{\mathrm{T}}\boldsymbol{C})^{-1}\boldsymbol{C}^{\mathrm{T}}\boldsymbol{V}) \\ &= E(\boldsymbol{X}) + (\boldsymbol{C}^{\mathrm{T}}\boldsymbol{C})^{-1}\boldsymbol{C}^{\mathrm{T}}E(\boldsymbol{V}) = E(\boldsymbol{X}) = \boldsymbol{X} \end{aligned}$$

这是因为 $\boldsymbol{V}$ 为零均值，有 $E(\boldsymbol{V}) = 0$。

【证毕】

同样可证

$$E(\hat{\boldsymbol{X}}_{\mathrm{LSW}}(\boldsymbol{Y})) = E((\boldsymbol{C}^{\mathrm{T}}\boldsymbol{WC})^{-1}\boldsymbol{C}^{\mathrm{T}}\boldsymbol{Y}) = E(\boldsymbol{X}) = \boldsymbol{X}$$

8.3 马尔可夫估计

【定义1】 设状态真值 $\boldsymbol{X}$ 与最小二乘估计值之差$\hat{\boldsymbol{X}}_{\mathrm{LS}}(\boldsymbol{Y})$ 为估计离差，记为$\tilde{\boldsymbol{X}}_{\mathrm{LS}}(\boldsymbol{Y})$，则

$$\tilde{\boldsymbol{X}}_{\mathrm{LS}}(\boldsymbol{Y}) = \boldsymbol{X} - \hat{\boldsymbol{X}}_{\mathrm{LS}}(\boldsymbol{Y})。$$

对于一维随机变量，离差平方的数学期望称之为该随机变量的方差，若 $\boldsymbol{X}$ 是 n 维随机变量，即 $\boldsymbol{X}$ 为 $n\times 1$ 阶列阵，则

$$\mathrm{Var}(\tilde{\boldsymbol{X}}_{\mathrm{LS}}(\boldsymbol{Y})) = E(\tilde{\boldsymbol{X}}_{\mathrm{LS}}(\boldsymbol{Y})\tilde{\boldsymbol{X}}_{\mathrm{LS}}^{\mathrm{T}}(\boldsymbol{Y})) = (E(\boldsymbol{X}-\hat{\boldsymbol{X}}_{\mathrm{LS}}(\boldsymbol{Y}))_{n\times 1}(\boldsymbol{X}-\hat{\boldsymbol{X}}_{\mathrm{LS}}(\boldsymbol{Y})^{\mathrm{T}})_{1\times n})_{n\times n}$$

可见估计离差的方差为 $n\times n$ 阶矩阵，为离差与离差转置乘积的数学期望。对于无加权阵的状态最小二乘估计

$$\hat{\boldsymbol{X}}_{\mathrm{LS}}(\boldsymbol{Y}) = (\boldsymbol{C}^{\mathrm{T}}\boldsymbol{C})^{-1}\boldsymbol{C}^{\mathrm{T}}\boldsymbol{Y} = (\boldsymbol{C}^{\mathrm{T}}\boldsymbol{C})^{-1}\boldsymbol{C}^{\mathrm{T}}(\boldsymbol{C}\boldsymbol{X}+\boldsymbol{V}) = \boldsymbol{X} + (\boldsymbol{C}^{\mathrm{T}}\boldsymbol{C})^{-1}\boldsymbol{C}^{\mathrm{T}}\boldsymbol{V}$$

则

$$\begin{aligned}
\tilde{\boldsymbol{X}}_{\mathrm{LS}}(\boldsymbol{Y}) &= \boldsymbol{X} - \hat{\boldsymbol{X}}_{\mathrm{LS}}(\boldsymbol{Y}) = \boldsymbol{X} - [\boldsymbol{X} + (\boldsymbol{C}^{\mathrm{T}}\boldsymbol{C})^{-1}\boldsymbol{C}^{\mathrm{T}}\boldsymbol{V}] = -(\boldsymbol{C}^{\mathrm{T}}\boldsymbol{C})^{-1}\boldsymbol{C}^{\mathrm{T}}\boldsymbol{V}\\
\mathbf{Var}(\tilde{\boldsymbol{X}}_{\mathrm{LS}}(\boldsymbol{Y})) &= E[(-(\boldsymbol{C}^{\mathrm{T}}\boldsymbol{C})^{-1}\boldsymbol{C}^{\mathrm{T}}\boldsymbol{V}][-(\boldsymbol{C}^{\mathrm{T}}\boldsymbol{C})^{-1}\boldsymbol{C}^{\mathrm{T}}\boldsymbol{V})^{\mathrm{T}}]\\
&= E(\boldsymbol{C}^{\mathrm{T}}\boldsymbol{C})^{-1}\boldsymbol{C}^{\mathrm{T}}\boldsymbol{V})(\boldsymbol{V}^{\mathrm{T}}\boldsymbol{C}((\boldsymbol{C}^{\mathrm{T}}\boldsymbol{C})^{-1})^{\mathrm{T}})\\
&= (\boldsymbol{C}^{\mathrm{T}}\boldsymbol{C})^{-1}\boldsymbol{C}^{\mathrm{T}}E(\boldsymbol{V}\boldsymbol{V}^{\mathrm{T}})\boldsymbol{C}(\boldsymbol{C}^{\mathrm{T}}\boldsymbol{C})^{-1}
\end{aligned} \tag{8.2.4}$$

由于 $\boldsymbol{V}$ 为零均值的随机变量 $E(\boldsymbol{V})=0$，它方差阵

$$\mathrm{Var}\boldsymbol{V} = E((\boldsymbol{V}-E(\boldsymbol{V}))(\boldsymbol{V}-E(\boldsymbol{V}))^{\mathrm{T}}) = E(\boldsymbol{V}\boldsymbol{V}^{\mathrm{T}}) = \boldsymbol{R}$$

式中，$\boldsymbol{V}$ 为与 $\boldsymbol{X}$ 同维，为 $n\times 1$ 阶列阵，$\boldsymbol{R}$ 为 $n\times n$ 阶列阵，且为对称阵，即 $\boldsymbol{R}^{\mathrm{T}}=\boldsymbol{R}$。式(8.3.1) 变成

$$\mathrm{Var}(\tilde{\boldsymbol{X}}_{\mathrm{LS}}(\boldsymbol{Y})) = (\boldsymbol{C}^{\mathrm{T}}\boldsymbol{C})^{-1}\boldsymbol{C}^{\mathrm{T}}\boldsymbol{R}\boldsymbol{C}(\boldsymbol{C}^{\mathrm{T}}\boldsymbol{C})^{-1} \tag{8.3.2}$$

对于有加权阵的状态最小二乘估计，它的方差阵为

$$\mathrm{Var}(\tilde{\boldsymbol{X}}_{\mathrm{LS}}(\boldsymbol{Y})) = (\boldsymbol{C}^{\mathrm{T}}\boldsymbol{W}\boldsymbol{C})^{-1}\boldsymbol{C}^{\mathrm{T}}\boldsymbol{W}\boldsymbol{R}\boldsymbol{W}^{\mathrm{T}}\boldsymbol{C}(\boldsymbol{C}^{\mathrm{T}}\boldsymbol{W}\boldsymbol{C})^{-1} \tag{8.3.3}$$

【定理】 加权阵 $\boldsymbol{W}=\boldsymbol{R}^{-1}$ 的状态最小二乘估计的方差阵为最小，即

$$\mathrm{Var}(\tilde{\boldsymbol{X}}_{\mathrm{LS}}(\boldsymbol{Y}))\mid_{\boldsymbol{W}=\boldsymbol{R}^{-1}} = \min_{\boldsymbol{W}=\boldsymbol{R}^{-1}}\mathrm{Var}(\tilde{\boldsymbol{X}}_{\mathrm{LS}}(\boldsymbol{Y}))$$

【证明】 当选取 $\boldsymbol{W}=\boldsymbol{R}^{-1}$ 时，式(8.2.5) 变成

$$\begin{aligned}
\mathrm{Var}(\tilde{\boldsymbol{X}}_{\mathrm{LS}}(\boldsymbol{Y})) &= (\boldsymbol{C}^{\mathrm{T}}\boldsymbol{R}^{-1}\boldsymbol{C})^{-1}\boldsymbol{C}^{\mathrm{T}}\boldsymbol{R}^{-1}\boldsymbol{R}(\boldsymbol{R}^{-1})^{\mathrm{T}}\boldsymbol{C}(\boldsymbol{C}^{\mathrm{T}}\boldsymbol{R}^{-1}\boldsymbol{C})^{-1}\\
&= (\boldsymbol{C}^{\mathrm{T}}\boldsymbol{R}^{-1}\boldsymbol{C})^{-1}\boldsymbol{C}^{\mathrm{T}}\boldsymbol{R}^{-1}\boldsymbol{R}(\boldsymbol{R}^{\mathrm{T}})^{-1}\boldsymbol{C}(\boldsymbol{C}^{\mathrm{T}}\boldsymbol{R}^{-1}\boldsymbol{C})^{-1}\\
&= (\boldsymbol{C}^{\mathrm{T}}\boldsymbol{R}^{-1}\boldsymbol{C})^{-1}\boldsymbol{C}^{\mathrm{T}}\boldsymbol{R}^{-1}\boldsymbol{R}\boldsymbol{R}^{-1}\boldsymbol{C}(\boldsymbol{C}^{\mathrm{T}}\boldsymbol{R}^{-1}\boldsymbol{C})^{-1}\\
&= (\boldsymbol{C}^{\mathrm{T}}\boldsymbol{R}^{-1}\boldsymbol{C})^{-1}\boldsymbol{C}^{\mathrm{T}}\boldsymbol{R}^{-1}\boldsymbol{C}(\boldsymbol{C}^{\mathrm{T}}\boldsymbol{R}^{-1}\boldsymbol{C})^{-1} = (\boldsymbol{C}^{\mathrm{T}}\boldsymbol{R}^{-1}\boldsymbol{C})^{-1}
\end{aligned} \tag{8.3.4}$$

如不选取 $\boldsymbol{W}=\boldsymbol{R}^{-1}$，而做其他选择，令 $\boldsymbol{R}=\boldsymbol{S}^{\mathrm{T}}\boldsymbol{S}$。

于是式(8.3.3) 变成

$$\mathrm{Var}(\tilde{\boldsymbol{X}}_{\mathrm{LS}}(\boldsymbol{Y})) = (\boldsymbol{C}^{\mathrm{T}}\boldsymbol{W}\boldsymbol{C})^{-1}\boldsymbol{C}^{\mathrm{T}}\boldsymbol{W}\boldsymbol{S}^{\mathrm{T}}\boldsymbol{S}\boldsymbol{W}^{\mathrm{T}}\boldsymbol{C}(\boldsymbol{C}^{\mathrm{T}}\boldsymbol{W}\boldsymbol{C})^{-1} \tag{8.3.5}$$

设

$$\boldsymbol{B} = \boldsymbol{S}\boldsymbol{W}^{\mathrm{T}}\boldsymbol{C}(\boldsymbol{C}^{\mathrm{T}}\boldsymbol{W}\boldsymbol{C})^{-1}$$

则

$$B^{T}=((C^{T}WC)^{-1})^{T}C^{T}(W^{T})^{T}S^{T} \tag{8.3.6}$$

其中

$$((C^{T}WC)^{-1})^{T}=(C^{T}W^{T}(C^{T})^{T})^{-1}=(C^{T}WC)^{-1}$$

式(8.3.6)变成

$$B^{T}=(C^{T}WC)^{-1}C^{T}WS^{T}$$

这样式(8.3.5)变成

$$\mathrm{Var}(\tilde{X}_{LS}(Y))=(C^{T}WC)^{-1}C^{T}WS^{T}SW^{T}C(C^{T}WC)^{-1}=B^{T}B$$

根据柯西—施瓦茨不等式

$$\mathrm{Var}(\tilde{X}_{LS}(Y))=B^{T}B\geqslant(AB)^{T}(AA^{T})^{-1}(AB) \tag{8.3.7}$$

令

$$A=C^{T}S^{-1} \tag{8.3.8}$$

则

$$A^{T}=(C^{T}S^{-1})^{T}=(S^{-1})^{T}(C^{T})^{T}=(S^{T})^{-1}C$$

$$AB=C^{T}S^{-1}SW^{T}C(C^{T}WC)^{-1}=C^{T}W^{T}C(C^{T}WC)^{-1}=C^{T}WC(C^{T}WC)^{-1}=I$$

将式(8.3.8)代入式(8.3.7)有

$$(AB)^{T}(AA^{T})^{-1}(AB)=I^{T}(AA^{T})^{-1}I=(AA^{T})^{-1}=(C^{T}S^{-1}(S^{T})^{-1}C)^{-1} \tag{8.3.9}$$

由于

$$R=S^{T}S \tag{8.3.10}$$

式(8.3.10)两边用右乘 S^{-1}

$$RS^{-1}=S^{T}SS^{-1}=S^{T} \tag{8.3.11}$$

两边用右乘$(S^{T})^{-1}$

$$RS^{-1}(S^{T})^{-1}=S^{T}(S^{T})^{-1}=I$$

式(8.3.11)两边左乘 R^{-1}

$$R^{-1}RS^{-1}(S^{T})^{-1}=R^{-1}$$

得

$$S^{-1}(S^{T})^{-1}=R^{-1}$$

式(8.3.19)变成

$$(AB)^{T}(AA^{T})^{-1}(AB)=(C^{T}S^{-1}(S^{T})^{-1}C)^{-1}=(C^{T}R^{-1}C)^{-1} \tag{8.3.12}$$

根据式(8.3.4)

$$(C^{T}R^{-1}C)^{-1}=\mathrm{Var}(\tilde{X}_{LS}(Y))\big|_{W=R^{-1}} \tag{8.3.13}$$

将式(8.3.7)、式(8.3.12)、式(8.3.13)联系在一起获得

$$\mathrm{Var}(\tilde{X}_{LS}(Y))\geqslant\mathrm{Var}(\tilde{X}_{LS}(Y))\big|_{W=R^{-1}}$$

这就是说，当选取加权阵 $W=R^{-1}=(E(VV^{T}))^{-1}$，即观测误差方阵的逆矩阵时，估计离差的方差阵 $\mathrm{Var}(\tilde{X}_{LS}(Y))$ 为最小。

【证毕】

估计离差的方差阵最小的估计称为马尔可夫估计。

第 9 章

状态最小方差估计

状态最小二乘估计是一种最简单的状态估计方法，它无须任何先验知识，只要知道系统的观测方程与观测值便可以利用式(8.2.3)把状态估计出来。实际上状态 $\boldsymbol{X}$ 与输出 $\boldsymbol{Y}$ 为两个随机过程，若事先有某些先验知识，即已知 $\boldsymbol{X}$, $\boldsymbol{Y}$ 的统计特性，包括一阶矩、二阶矩以及它们的 1 + 1 阶中心混合矩，在这个基础上，根据观测方程与观测值，将状态 $\boldsymbol{X}$ 估计出来，并使其估计值的方差为最小，这就是状态的最小方差估计。显然它的估计比最小二乘精确。

状态最小方差估计的基本问题是，已知系统观测值(系统输出)与状态 $\boldsymbol{X}$ 的一、二阶矩，如 $E(\boldsymbol{X})$, $E(\boldsymbol{Y})$, $\mathrm{Var}(\boldsymbol{X})$, $\mathrm{Var}(\boldsymbol{Y})$, $\mathrm{Cov}(\boldsymbol{X}, \boldsymbol{Y})$，求出状态的估计值 $\hat{\boldsymbol{X}}_{\mathrm{LMV}}(\boldsymbol{Y})$，使其线性方差为最小。

$\hat{\boldsymbol{X}}$ 为 $\boldsymbol{X}$ 的估计值，$\boldsymbol{X}$ 的下标 LMV 为线性最小方差的英文缩写，$(\boldsymbol{Y})$ 中的 $\boldsymbol{Y}$ 为观测值。

9.1 状态最小方差估计公式

已知 $\boldsymbol{X}$, $\boldsymbol{Y}$ 的一、二阶矩，求最小方差估计的实质，即要求出线性最小方差估计与 $\boldsymbol{X}$, $\boldsymbol{Y}$ 的一、二阶矩之间的关系，或者说用 $\boldsymbol{X}$, $\boldsymbol{Y}$ 的一、二阶矩将状态最小方差估计表达出来。

9.1.1 状态与输出呈线性关系的系统

设系统的状态估计 $\hat{\boldsymbol{X}}(\boldsymbol{Y})$ 与系统的输出 $\boldsymbol{Y}$ 呈线性关系为

$$\hat{\boldsymbol{X}}(\boldsymbol{Y}) = a + \boldsymbol{B}\boldsymbol{Y} \tag{9.1.1}$$

估计的误差

$$\tilde{\boldsymbol{X}} = \boldsymbol{X} - \hat{\boldsymbol{X}}(\boldsymbol{Y}) = \boldsymbol{X} - (a + \boldsymbol{B}\boldsymbol{Y}) \tag{9.1.2}$$

引入目标函数 $\bar{J} = E(\tilde{\boldsymbol{X}}^{\mathrm{T}}\tilde{\boldsymbol{X}})$，用估计误差平方和的数学期望为最小作为追求，将式(9.1.2)代入目标函数，则有

$$\bar{J} = E(\boldsymbol{X} - (a + \boldsymbol{B}\boldsymbol{Y}))^{\mathrm{T}}(\boldsymbol{X} - (a + \boldsymbol{B}\boldsymbol{Y}))) \tag{9.1.3}$$

9.1.2　求解最小方差估计

如何求最小方差估计，实际上成了如何求 a，$\boldsymbol{B}$，使得 $\bar{J}$ 为最小，这是一个求函数极值的问题。方法是令 $\dfrac{\partial \bar{J}}{\partial a}=0$，解之得 a，令 $\dfrac{\partial \bar{J}}{\partial \boldsymbol{B}}=0$，解之得 $\boldsymbol{B}$。

9.1.2.1　求 $\dfrac{\partial \bar{J}}{\partial \boldsymbol{B}}$

根据式(9.1.3)对 $\boldsymbol{B}$ 求偏导有，$\dfrac{\partial \bar{J}}{\partial \boldsymbol{B}}=\dfrac{\partial}{\partial \boldsymbol{B}}E(\boldsymbol{X}-a-\boldsymbol{B}\boldsymbol{Y})^{\mathrm{T}}(\boldsymbol{X}-a-\boldsymbol{B}\boldsymbol{Y})$。

求偏导与求数学期望是两种独立的运算，可交换运算顺序

$$\frac{\partial \bar{J}}{\partial \boldsymbol{B}}=E\left[\frac{\partial}{\partial \boldsymbol{B}}(\boldsymbol{X}-a-\boldsymbol{B}\boldsymbol{Y})^{\mathrm{T}}(\boldsymbol{X}-a-\boldsymbol{B}\boldsymbol{Y})\right] \tag{9.1.4}$$

根据迹运算法则4，式(8.1.31)，$\boldsymbol{X}^{\mathrm{T}}\boldsymbol{A}\boldsymbol{X}=\mathrm{tr}(\boldsymbol{X}\boldsymbol{X}^{\mathrm{T}}\boldsymbol{A})$ 令 $\boldsymbol{A}=\boldsymbol{I}$，$\boldsymbol{X}^{\mathrm{T}}\boldsymbol{A}\boldsymbol{X}=\boldsymbol{X}\boldsymbol{X}^{\mathrm{T}}=\mathrm{tr}(\boldsymbol{X}\boldsymbol{X}^{\mathrm{T}}\boldsymbol{I})=\mathrm{tr}(\boldsymbol{X}\boldsymbol{X}^{\mathrm{T}})$

故

$$\begin{aligned}(\boldsymbol{X}-a-\boldsymbol{B}\boldsymbol{Y})^{\mathrm{T}}(\boldsymbol{X}-a-\boldsymbol{B}\boldsymbol{Y}) &= \mathrm{tr}((\boldsymbol{X}-a-\boldsymbol{B}\boldsymbol{Y})(\boldsymbol{X}-a-\boldsymbol{B}\boldsymbol{Y})^{\mathrm{T}})\\ &= \mathrm{tr}((\boldsymbol{X}-a-\boldsymbol{B}\boldsymbol{Y})(\boldsymbol{X}^{\mathrm{T}}-a^{\mathrm{T}}-\boldsymbol{Y}^{\mathrm{T}}\boldsymbol{B}^{\mathrm{T}}))\\ &= \mathrm{tr}(\boldsymbol{X}\boldsymbol{X}^{\mathrm{T}}-a\boldsymbol{X}^{\mathrm{T}}-\boldsymbol{B}\boldsymbol{Y}\boldsymbol{X}^{\mathrm{T}}-\boldsymbol{X}a^{\mathrm{T}}+aa^{\mathrm{T}}+\boldsymbol{B}\boldsymbol{Y}a^{\mathrm{T}}-\boldsymbol{X}\boldsymbol{Y}^{\mathrm{T}}\boldsymbol{B}^{\mathrm{T}}+a\boldsymbol{Y}^{\mathrm{T}}\boldsymbol{B}^{\mathrm{T}}+\boldsymbol{B}\boldsymbol{Y}\boldsymbol{Y}^{\mathrm{T}}\boldsymbol{B}^{\mathrm{T}})\end{aligned} \tag{9.1.5}$$

根据迹运算法则2，式(8.1.29)，$\mathrm{tr}(\boldsymbol{A}+\boldsymbol{B})=\mathrm{tr}(\boldsymbol{A})+\mathrm{tr}(\boldsymbol{B})$，式(9.1.5)写成

$$\begin{aligned}&=\mathrm{tr}\boldsymbol{X}\boldsymbol{X}^{\mathrm{T}}-\mathrm{tr}a\boldsymbol{X}^{\mathrm{T}}-\mathrm{tr}\boldsymbol{B}\boldsymbol{Y}\boldsymbol{X}^{\mathrm{T}}-\mathrm{tr}\boldsymbol{X}a^{\mathrm{T}}+\mathrm{tr}aa^{\mathrm{T}}+\mathrm{tr}\boldsymbol{B}\boldsymbol{Y}a^{\mathrm{T}}\\ &\quad-\mathrm{tr}\boldsymbol{X}\boldsymbol{Y}^{\mathrm{T}}\boldsymbol{B}^{\mathrm{T}}+\mathrm{tr}a\boldsymbol{Y}^{\mathrm{T}}\boldsymbol{B}^{\mathrm{T}}+\mathrm{tr}\boldsymbol{B}\boldsymbol{Y}\boldsymbol{Y}^{\mathrm{T}}\boldsymbol{B}^{\mathrm{T}}\end{aligned}$$

对 $\boldsymbol{B}$ 求偏导

$$\begin{aligned}&\frac{\partial}{\partial \boldsymbol{B}}(\boldsymbol{X}-a-\boldsymbol{B}\boldsymbol{Y})^{\mathrm{T}}(\boldsymbol{X}-a-\boldsymbol{B}\boldsymbol{Y}))\\ &=\frac{\partial}{\partial \boldsymbol{B}}\mathrm{tr}\boldsymbol{X}\boldsymbol{X}^{\mathrm{T}}-\frac{\partial}{\partial \boldsymbol{B}}\mathrm{tr}a\boldsymbol{X}^{\mathrm{T}}-\frac{\partial}{\partial \boldsymbol{B}}\mathrm{tr}\boldsymbol{B}\boldsymbol{Y}\boldsymbol{X}^{\mathrm{T}}-\frac{\partial}{\partial \boldsymbol{B}}\mathrm{tr}\boldsymbol{X}a^{\mathrm{T}}+\frac{\partial}{\partial \boldsymbol{B}}\mathrm{tr}aa^{\mathrm{T}}+\frac{\partial}{\partial \boldsymbol{B}}\mathrm{tr}\boldsymbol{B}\boldsymbol{Y}a^{\mathrm{T}}\\ &\quad-\frac{\partial}{\partial \boldsymbol{B}}\mathrm{tr}\boldsymbol{X}\boldsymbol{Y}^{\mathrm{T}}\boldsymbol{B}^{\mathrm{T}}+\frac{\partial}{\partial \boldsymbol{B}}\mathrm{tr}a\boldsymbol{Y}^{\mathrm{T}}\boldsymbol{B}^{\mathrm{T}}+\frac{\partial}{\partial \boldsymbol{B}}\mathrm{tr}\boldsymbol{B}\boldsymbol{Y}\boldsymbol{Y}^{\mathrm{T}}\boldsymbol{B}^{\mathrm{T}}\end{aligned} \tag{9.1.6}$$

式(9.1.6)中的项对 $\boldsymbol{B}$ 求偏导。其中的第1、第2、第4、第5项对 $\boldsymbol{B}$ 求偏导为0，因为这4项不含 $\boldsymbol{B}$，对 $\boldsymbol{B}$ 而言为常数。

根据迹运算法则3，式(8.1.30)，即 $\mathrm{tr}(\boldsymbol{A}\boldsymbol{B})=\mathrm{tr}(\boldsymbol{B}\boldsymbol{A})$，式(9.1.6)第3项

$$\mathrm{tr}(\boldsymbol{B}\boldsymbol{Y}\boldsymbol{X}^{\mathrm{T}})=\mathrm{tr}(\boldsymbol{B}(\boldsymbol{Y}\boldsymbol{X}^{\mathrm{T}}))=\mathrm{tr}((\boldsymbol{Y}\boldsymbol{X}^{\mathrm{T}})\boldsymbol{B})$$

又根据迹运算法则6，式(8.1.34)，式(9.1.6)第3项对 $\boldsymbol{B}$ 求偏导

$$\frac{\partial \mathrm{tr}(\boldsymbol{B}\boldsymbol{Y}\boldsymbol{X}^{\mathrm{T}})}{\partial \boldsymbol{B}}=\frac{\partial \mathrm{tr}(\boldsymbol{Y}\boldsymbol{X}^{\mathrm{T}}\boldsymbol{B})}{\partial \boldsymbol{B}}=(\boldsymbol{Y}\boldsymbol{X}^{\mathrm{T}})^{\mathrm{T}}=\boldsymbol{X}\boldsymbol{Y}^{\mathrm{T}} \tag{9.1.7}$$

式(9.1.6)的第7项对 $\boldsymbol{B}$ 求偏导，根据迹运算法则6，即 $\dfrac{\mathrm{d}\mathrm{tr}(\boldsymbol{B}\boldsymbol{A})}{\mathrm{d}\boldsymbol{X}}=\dfrac{\mathrm{d}\mathrm{tr}(\boldsymbol{B}\boldsymbol{A})^{\mathrm{T}}}{\mathrm{d}\boldsymbol{X}}$

$$\frac{\partial \mathrm{tr}(\boldsymbol{X}\boldsymbol{Y}^{\mathrm{T}}\boldsymbol{B}^{\mathrm{T}})}{\partial \boldsymbol{B}}=\frac{\partial \mathrm{tr}(\boldsymbol{X}\boldsymbol{Y}^{\mathrm{T}}\boldsymbol{B}^{\mathrm{T}})^{\mathrm{T}}}{\partial \boldsymbol{B}}=\frac{\partial \mathrm{tr}(\boldsymbol{B}\boldsymbol{Y}\boldsymbol{X}^{\mathrm{T}})}{\partial \boldsymbol{B}}$$

根据迹运算法则3，式(8.1.30)

$$\frac{\partial \mathrm{tr}(\boldsymbol{BYX}^{\mathrm{T}})}{\partial \boldsymbol{B}} = \frac{\partial \mathrm{tr}(\boldsymbol{B}(\boldsymbol{YX}^{\mathrm{T}}))}{\partial \boldsymbol{B}} = \frac{\partial \mathrm{tr}(\boldsymbol{YX}^{\mathrm{T}}\boldsymbol{B})}{\partial \boldsymbol{B}}$$

根据迹运算法则6，式(8.1.34)，即

$$\frac{\partial \mathrm{tr}(\boldsymbol{YX}^{\mathrm{T}}\boldsymbol{B})}{\partial \boldsymbol{B}} = (\boldsymbol{YX}^{\mathrm{T}})^{\mathrm{T}} = \boldsymbol{XY}^{\mathrm{T}}$$

故式(9.1.6)的第7项对$\boldsymbol{B}$求偏导

$$\frac{\partial \mathrm{tr}(\boldsymbol{XY}^{\mathrm{T}}\boldsymbol{B}^{\mathrm{T}})}{\partial \boldsymbol{B}} = \boldsymbol{XY}^{\mathrm{T}} \tag{9.1.8}$$

式(9.1.6)中的第6项对$\boldsymbol{B}$求偏导，与第3项对$\boldsymbol{B}$求偏导类似，只是把$\boldsymbol{X}$换成a，故

$$\frac{\partial \mathrm{tr}(\boldsymbol{BY}a^{\mathrm{T}})}{\partial \boldsymbol{B}} = a\boldsymbol{Y}^{\mathrm{T}} \tag{9.1.9}$$

式(9.1.6)第8项对$\boldsymbol{B}$求偏导，与第7项对$\boldsymbol{B}$求偏导相类似，只要把$\boldsymbol{X}$换成a，故

$$\frac{\partial \mathrm{tr}(a\boldsymbol{Y}^{\mathrm{T}}\boldsymbol{B}^{\mathrm{T}})}{\partial \boldsymbol{B}} = a\boldsymbol{Y}^{\mathrm{T}} \tag{9.1.10}$$

式(9.1.6)第9项对$\boldsymbol{B}$求偏导

$$\frac{\partial \mathrm{tr}(\boldsymbol{BYY}^{\mathrm{T}}\boldsymbol{B}^{\mathrm{T}})}{\partial \boldsymbol{B}} = \frac{\partial \mathrm{tr}(\boldsymbol{B}(\boldsymbol{YY}^{\mathrm{T}}\boldsymbol{B}^{\mathrm{T}}))}{\partial \boldsymbol{B}}$$

根据迹运算法则3，式(8.1.30)

$$\begin{aligned}\frac{\partial \mathrm{tr}(\boldsymbol{B}(\boldsymbol{YY}^{\mathrm{T}}\boldsymbol{B}^{\mathrm{T}}))}{\partial \boldsymbol{B}} &= \frac{\partial \mathrm{tr}((\boldsymbol{YY}^{\mathrm{T}}\boldsymbol{B}^{\mathrm{T}})\boldsymbol{B})}{\partial \boldsymbol{B}} \\ &= \frac{\partial \boldsymbol{B}^{\mathrm{T}}\boldsymbol{B}}{\partial \boldsymbol{B}} \frac{\partial \mathrm{tr}(\boldsymbol{YY}^{\mathrm{T}}\boldsymbol{B}^{\mathrm{T}}\boldsymbol{B})}{\partial \boldsymbol{B}^{\mathrm{T}}\boldsymbol{B}}\end{aligned} \tag{9.1.11}$$

因为分子、分母中的$\partial \boldsymbol{B}^{\mathrm{T}}\boldsymbol{B}$可约去，便是原式。

式(9.1.11)的第一因子，根据迹运算法则7

$$\frac{\partial \mathrm{tr}(\boldsymbol{X}^{\mathrm{T}}\boldsymbol{AX})}{\partial \boldsymbol{X}} = (\boldsymbol{A} + \boldsymbol{A}^{\mathrm{T}})\boldsymbol{X}$$

令$\boldsymbol{A} = \boldsymbol{I}$(单位阵)

$$\frac{\partial \mathrm{tr}(\boldsymbol{X}^{\mathrm{T}}\boldsymbol{X})}{\partial \boldsymbol{X}} = (\boldsymbol{I} + \boldsymbol{I}^{\mathrm{T}})\boldsymbol{X}$$

因此

$$\frac{\partial \boldsymbol{B}^{\mathrm{T}}\boldsymbol{B}}{\partial \boldsymbol{B}} = (\boldsymbol{I} + \boldsymbol{I}^{\mathrm{T}})\boldsymbol{B} = 2\boldsymbol{B} \tag{9.1.12}$$

式(9.1.11)的第二因子，根据迹运算法则6，式(8.1.34)，因此

$$\frac{\partial \mathrm{tr}\boldsymbol{YY}^{\mathrm{T}}\boldsymbol{B}^{\mathrm{T}}\boldsymbol{B}}{\partial \boldsymbol{B}^{\mathrm{T}}\boldsymbol{B}} = \frac{\partial \mathrm{tr}(\boldsymbol{YY}^{\mathrm{T}})(\boldsymbol{B}^{\mathrm{T}}\boldsymbol{B})}{\partial \boldsymbol{B}^{\mathrm{T}}\boldsymbol{B}} = (\boldsymbol{YY}^{\mathrm{T}})^{\mathrm{T}} = \boldsymbol{YY}^{\mathrm{T}} \tag{9.1.13}$$

由式(9.1.12)和式(9.1.13)，故式(9.1.11)即式(9.1.6)第9项对$\boldsymbol{B}$求偏导

$$\frac{\partial \mathrm{tr}(\boldsymbol{BYY}^{\mathrm{T}}\boldsymbol{B}^{\mathrm{T}})}{\partial \boldsymbol{B}} = 2\boldsymbol{BYY}^{\mathrm{T}} \tag{9.1.14}$$

将式(9.1.7)～式(9.1.10)和式(9.1.13)代入式(9.1.6)

$$\begin{aligned}\frac{\partial \bar{J}}{\partial \boldsymbol{B}} &= E(\frac{\partial}{\partial \boldsymbol{B}}(\boldsymbol{X} - a - \boldsymbol{BY})^{\mathrm{T}}(\boldsymbol{X} - a - \boldsymbol{BY})) \\ &= E(-2\boldsymbol{XY}^{\mathrm{T}} + 2a\boldsymbol{Y}^{\mathrm{T}} + 2\boldsymbol{BYY}^{\mathrm{T}}) = 2(E(a\boldsymbol{Y}^{\mathrm{T}}) + E(\boldsymbol{BYY}^{\mathrm{T}}) - E(\boldsymbol{XY}^{\mathrm{T}}))\end{aligned}$$

$$= 2(aE(\boldsymbol{Y}^{\mathrm{T}}) + \boldsymbol{B}E(\boldsymbol{Y}\boldsymbol{Y}^{\mathrm{T}}) - E(\boldsymbol{X}\boldsymbol{Y}^{\mathrm{T}})) \tag{9.1.15}$$

9.1.2.2 求 $\mathbf{a}_{\mathrm{L}}$

式(9.1.3)对 a 求偏导

$$\frac{\partial \bar{J}}{\partial a} = \frac{\partial}{\partial a}E(\boldsymbol{X} - a - \boldsymbol{B}\boldsymbol{Y})^{\mathrm{T}}(\boldsymbol{X} - a - \boldsymbol{B}\boldsymbol{Y})$$

$$= E(\frac{\partial}{\partial a}(\boldsymbol{X} - a - \boldsymbol{B}\boldsymbol{Y})^{\mathrm{T}}(\boldsymbol{X} - a - \boldsymbol{B}\boldsymbol{Y}))$$

式中

$$(\boldsymbol{X} - a - \boldsymbol{B}\boldsymbol{Y})^{\mathrm{T}}(\boldsymbol{X} - a - \boldsymbol{B}\boldsymbol{Y}) = \mathrm{tr}(\boldsymbol{X} - a - \boldsymbol{B}\boldsymbol{Y})(\boldsymbol{X} - a - \boldsymbol{B}\boldsymbol{Y})^{\mathrm{T}}$$

$$= \mathrm{tr}(\boldsymbol{X} - a - \boldsymbol{B}\boldsymbol{Y})(\boldsymbol{X}^{\mathrm{T}} - a^{\mathrm{T}} - \boldsymbol{Y}^{\mathrm{T}}\boldsymbol{B}^{\mathrm{T}})$$

$$= \mathrm{tr}(\boldsymbol{X}\boldsymbol{X}^{\mathrm{T}} - a\boldsymbol{X}^{\mathrm{T}} - \boldsymbol{B}\boldsymbol{Y}\boldsymbol{X}^{\mathrm{T}} - \boldsymbol{X}a^{\mathrm{T}} + aa^{\mathrm{T}} + \boldsymbol{B}\boldsymbol{Y}a^{\mathrm{T}} - \boldsymbol{X}\boldsymbol{Y}^{\mathrm{T}}\boldsymbol{B}^{\mathrm{T}} + a\boldsymbol{Y}^{\mathrm{T}}\boldsymbol{B}^{\mathrm{T}} + \boldsymbol{B}\boldsymbol{Y}\boldsymbol{Y}^{\mathrm{T}}\boldsymbol{B}^{\mathrm{T}})$$

$$= \mathrm{tr}\boldsymbol{X}\boldsymbol{X}^{\mathrm{T}} - \mathrm{tr}a\boldsymbol{X}^{\mathrm{T}} - \mathrm{tr}\boldsymbol{B}\boldsymbol{Y}\boldsymbol{X}^{\mathrm{T}} - \mathrm{tr}\boldsymbol{X}a^{\mathrm{T}} + \mathrm{tr}aa^{\mathrm{T}} + tr\boldsymbol{B}\boldsymbol{Y}a^{\mathrm{T}}$$
$$- \mathrm{tr}\boldsymbol{X}\boldsymbol{Y}^{\mathrm{T}}\boldsymbol{B}^{\mathrm{T}} + \mathrm{tr}a\boldsymbol{Y}^{\mathrm{T}}\boldsymbol{B}^{\mathrm{T}} + \mathrm{tr}\boldsymbol{B}\boldsymbol{Y}\boldsymbol{Y}^{\mathrm{T}}\boldsymbol{B}^{\mathrm{T}}$$

则

$$\frac{\partial \bar{J}}{\partial a} = E(\frac{\partial}{\partial a}\mathrm{tr}\boldsymbol{X}\boldsymbol{X}^{\mathrm{T}} - \frac{\partial}{\partial a}\mathrm{tr}a\boldsymbol{X}^{\mathrm{T}} - \frac{\partial}{\partial a}\mathrm{tr}\boldsymbol{B}\boldsymbol{Y}\boldsymbol{X}^{\mathrm{T}} - \frac{\partial}{\partial a}\mathrm{tr}\boldsymbol{X}a^{\mathrm{T}} + \frac{\partial}{\partial a}\mathrm{tr}aa^{\mathrm{T}} + \frac{\partial}{\partial a}\mathrm{tr}\boldsymbol{B}\boldsymbol{Y}a^{\mathrm{T}}$$
$$- \frac{\partial}{\partial a}\mathrm{tr}\boldsymbol{X}\boldsymbol{Y}^{\mathrm{T}}\boldsymbol{B}^{\mathrm{T}} + \frac{\partial}{\partial a}\mathrm{tr}a\boldsymbol{Y}^{\mathrm{T}}\boldsymbol{B}^{\mathrm{T}} + \frac{\partial}{\partial a}\mathrm{tr}\boldsymbol{B}\boldsymbol{Y}\boldsymbol{Y}^{\mathrm{T}}\boldsymbol{B}^{\mathrm{T}}) \tag{9.1.16}$$

其中，$\frac{\partial}{\partial a}\mathrm{tr}\boldsymbol{X}\boldsymbol{X}^{\mathrm{T}} = 0$，因为 $\mathrm{tr}\boldsymbol{X}\boldsymbol{X}^{\mathrm{T}}$ 不含 a。

同理

$$\frac{\partial}{\partial a}\mathrm{tr}\boldsymbol{B}\boldsymbol{Y}\boldsymbol{X}^{\mathrm{T}} = 0,\ \frac{\partial}{\partial a}\mathrm{tr}\boldsymbol{X}\boldsymbol{Y}^{\mathrm{T}}\boldsymbol{B}^{\mathrm{T}} = 0,\ \frac{\partial}{\partial a}\mathrm{tr}\boldsymbol{B}\boldsymbol{Y}\boldsymbol{Y}^{\mathrm{T}}\boldsymbol{B}^{\mathrm{T}} = 0$$

式(9.1.16)改写成

$$\frac{\partial \bar{J}}{\partial a} = E(-\frac{\partial}{\partial a}\mathrm{tr}a\boldsymbol{X}^{\mathrm{T}} - \frac{\partial}{\partial a}\mathrm{tr}\boldsymbol{X}a^{\mathrm{T}} + \frac{\partial}{\partial a}\mathrm{tr}aa^{\mathrm{T}} + \frac{\partial}{\partial a}\mathrm{tr}\boldsymbol{B}\boldsymbol{Y}a^{\mathrm{T}} + \frac{\partial}{\partial a}\mathrm{tr}a\boldsymbol{Y}^{\mathrm{T}}\boldsymbol{B}^{\mathrm{T}}) \tag{9.1.17}$$

根据迹运算法则5，式(9.1.16)右边的第1项$\frac{\partial}{\partial a}\mathrm{tr}a\boldsymbol{X}^{\mathrm{T}} = \frac{\partial}{\partial a}\mathrm{tr}(a\boldsymbol{X}^{\mathrm{T}})^{\mathrm{T}} = \frac{\partial}{\partial a}\mathrm{tr}\boldsymbol{X}a^{\mathrm{T}}$，与第2项相同，可合并。

同理式(9.1.17)的第5项$\frac{\partial}{\partial a}\mathrm{tr}a\boldsymbol{Y}^{\mathrm{T}}\boldsymbol{B}^{\mathrm{T}} = \frac{\partial}{\partial a}\mathrm{tr}(a\boldsymbol{Y}^{\mathrm{T}}\boldsymbol{B}^{\mathrm{T}})^{\mathrm{T}} = \frac{\partial}{\partial a}\mathrm{tr}\boldsymbol{B}\boldsymbol{Y}a^{\mathrm{T}}$，与第4项同，可合并。

于是式(9.1.17)变成

$$\frac{\partial \bar{J}}{\partial a} = E(-2\frac{\partial}{\partial a}\mathrm{tr}a\boldsymbol{X}^{\mathrm{T}} + \frac{\partial}{\partial a}\mathrm{tr}aa^{\mathrm{T}} + 2\frac{\partial}{\partial a}\mathrm{tr}\boldsymbol{B}\boldsymbol{Y}a^{\mathrm{T}}) \tag{9.1.18}$$

根据迹运算法则3有

$$\frac{\partial}{\partial a}\mathrm{tr}a\boldsymbol{X}^{\mathrm{T}} = \frac{\partial}{\partial a}\mathrm{tr}\boldsymbol{X}^{\mathrm{T}}a$$

根据迹运算法则6有

$$\frac{\partial}{\partial a}\mathrm{tr}\boldsymbol{X}^{\mathrm{T}}a = (\boldsymbol{X}^{\mathrm{T}})^{\mathrm{T}} = \boldsymbol{X} \tag{9.1.19}$$

同理，根据法测 3、6 有

$$\frac{\partial}{\partial a}\mathrm{tr}\boldsymbol{B}\boldsymbol{Y}a^{\mathrm{T}} = \frac{\partial}{\partial a}\mathrm{tr}a^{\mathrm{T}}\boldsymbol{B}\boldsymbol{Y} = \boldsymbol{B}\boldsymbol{Y}$$

根据迹运算法则 7 有

$$\frac{\partial}{\partial a}\mathrm{tr}aa^{\mathrm{T}} = \frac{\partial}{\partial a}\mathrm{tr}a^{\mathrm{T}}a = 2a \tag{9.1.20}$$

将式(9. 1. 19)、式(9. 1. 20) 代入式(9. 1. 18) 得

$$\begin{aligned}\frac{\partial\bar{J}}{\partial a} &= E(-2\boldsymbol{X}+2a+2\boldsymbol{B}\boldsymbol{Y}) = -2(E(\boldsymbol{X})-E(a)-E(\boldsymbol{B}\boldsymbol{Y})) = -2(E(\boldsymbol{X})-a-\boldsymbol{B}E(\boldsymbol{Y}))\\ &= 0\end{aligned}$$

解得

$$a = E(\boldsymbol{X}) - \boldsymbol{B}E(\boldsymbol{Y})$$

由于解得的 a，能令$\frac{\partial\bar{J}}{\partial a} = 0$，记为 a_{L}，则

$$a_{\mathrm{L}} = E(\boldsymbol{X}) - \boldsymbol{B}E(\boldsymbol{Y}) \tag{9.1.21}$$

9.1.2.3 求 $\boldsymbol{B}_L$

将式(9. 1. 21) 代入式(9. 1. 15)

$$\begin{aligned}\frac{\partial\bar{J}}{\partial\boldsymbol{B}} &= 2(aE(\boldsymbol{Y}^{\mathrm{T}}) + \boldsymbol{B}E(\boldsymbol{Y}\boldsymbol{Y}^{\mathrm{T}}) - E(\boldsymbol{X}\boldsymbol{Y}^{\mathrm{T}}))\\ &= 2((E(\boldsymbol{X}) - \boldsymbol{B}E(\boldsymbol{Y}))E(\boldsymbol{Y}^{\mathrm{T}}) + \boldsymbol{B}E(\boldsymbol{Y}\boldsymbol{Y}^{\mathrm{T}}) - E(\boldsymbol{X}\boldsymbol{Y}^{\mathrm{T}})) = 0\end{aligned}$$

$$E(\boldsymbol{X})E(\boldsymbol{Y}^{\mathrm{T}}) - \boldsymbol{B}E(\boldsymbol{Y})E(\boldsymbol{Y}^{\mathrm{T}}) + \boldsymbol{B}E(\boldsymbol{Y}\boldsymbol{Y}^{\mathrm{T}}) - E(\boldsymbol{X}\boldsymbol{Y}^{\mathrm{T}})) = 0$$

$$\boldsymbol{B}(E(\boldsymbol{Y}\boldsymbol{Y}^{\mathrm{T}}) - E(\boldsymbol{Y})E(\boldsymbol{Y}^{\mathrm{T}})) - (E(\boldsymbol{X}\boldsymbol{Y}^{\mathrm{T}}) - E(\boldsymbol{X})E(\boldsymbol{Y}^{\mathrm{T}})) = 0 \tag{9.1.22}$$

根据式(8. 1. 25) 知

$$\mathrm{Var}(\boldsymbol{Y}) = E(\boldsymbol{Y}\boldsymbol{Y}^{\mathrm{T}}) - E(\boldsymbol{Y})E(\boldsymbol{Y}^{\mathrm{T}})$$

根据式(8. 1. 27) 知

$$\mathrm{Cov}(\boldsymbol{X},\boldsymbol{Y}) = E(\boldsymbol{X}\boldsymbol{Y}^{\mathrm{T}}) - E(\boldsymbol{X})E(\boldsymbol{Y}^{\mathrm{T}})$$

式(9. 1. 22) 写成

$$\boldsymbol{B}\mathrm{Var}(\boldsymbol{Y}) - \mathrm{Cov}(\boldsymbol{X},\boldsymbol{Y}) = 0$$

$$\boldsymbol{B}\mathrm{Var}(\boldsymbol{Y}) = \mathrm{Cov}(\boldsymbol{X},\boldsymbol{Y}) \tag{9.1.23}$$

式(9. 1. 23) 两边同右乘 $\mathrm{Var}^{-1}(\boldsymbol{Y})$

$$\boldsymbol{B} = \mathrm{Cov}(\boldsymbol{X},\boldsymbol{Y})\mathrm{Var}^{-1}(\boldsymbol{Y})$$

由于解得的 $\boldsymbol{B}$，能令$\frac{\partial\bar{J}}{\partial\boldsymbol{B}} = 0$，记为 $\boldsymbol{B}_{\mathrm{L}}$，则

$$\boldsymbol{B}_{\mathrm{L}} = \mathrm{Cov}(\boldsymbol{X},\boldsymbol{Y})\mathrm{Var}^{-1}(\boldsymbol{Y}) \tag{9.1.24}$$

式(9. 1. 21)、式(9. 1. 24) 代入式(9. 1. 1) 得系统的状态估计

$$\begin{aligned}\hat{\boldsymbol{X}}(\boldsymbol{Y}) &= a_{\mathrm{L}} + \boldsymbol{B}_{\mathrm{L}}\boldsymbol{Y} = E(\boldsymbol{X}) - \boldsymbol{B}_{\mathrm{L}}E(\boldsymbol{Y}) + \boldsymbol{B}_{\mathrm{L}}\boldsymbol{Y} = E(\boldsymbol{X}) + \boldsymbol{B}_{\mathrm{L}}(\boldsymbol{Y} - E(\boldsymbol{Y}))\\ &= E(\boldsymbol{X}) + \mathrm{Cov}(\boldsymbol{X},\boldsymbol{Y})\mathrm{Var}^{-1}(\boldsymbol{Y})(\boldsymbol{Y} - E(\boldsymbol{Y}))\end{aligned} \tag{9.1.25}$$

由于 a_{L} 能令$\frac{\partial\bar{J}}{\partial a} = 0$，$\boldsymbol{B}_{\mathrm{L}}$ 能令$\frac{\partial\bar{J}}{\partial\boldsymbol{B}} = 0$，而$\bar{J}$是估计值的方差，由此获得的方差值必定是最小的，

这时状态估计值记为$\hat{\boldsymbol{X}}_{\mathrm{LMV}}(\boldsymbol{Y})$，最终获得的状态最小方差估计为

$$\hat{\boldsymbol{X}}_{\mathrm{LMV}}(\boldsymbol{Y}) = E(\boldsymbol{X}) + \mathrm{Cov}(\boldsymbol{X},\boldsymbol{Y})\mathrm{Var}^{-1}(\boldsymbol{Y})[\boldsymbol{Y} - E(\boldsymbol{Y})] \tag{9.1.26}$$

结论是，只要知道状态的数学期望 $E(\boldsymbol{X})$，观测值 $\boldsymbol{Y}$ 和观测值的数学期望 $E(\boldsymbol{X})$、方差 $\mathrm{Var}(\boldsymbol{X})$，以及状态和观测值的协方差 $\mathrm{Cov}(\boldsymbol{X},\boldsymbol{Y})$ 则可求出状态的最小方差估计$\hat{\boldsymbol{X}}_{\mathrm{LMV}}(\boldsymbol{Y})$。

9.2 状态最小方差估计性质

【性质 1】 无偏性

$$E(\hat{\boldsymbol{X}}_{\mathrm{LMV}}(\boldsymbol{Y})) = E(\boldsymbol{X}) = \boldsymbol{X} \tag{9.2.1}$$

【证明】

$$\boldsymbol{E}(\hat{\boldsymbol{X}}_{\mathrm{LMV}}(\boldsymbol{Y})) = E(E(\boldsymbol{X}) + \mathrm{Cov}(\boldsymbol{X},\boldsymbol{Y})\mathrm{Var}^{-1}(\boldsymbol{Y})(\boldsymbol{Y} - E(\boldsymbol{Y})))$$

$$= E(E(\boldsymbol{X})) + E(\mathrm{Cov}(\boldsymbol{X},\boldsymbol{Y})\mathrm{Var}^{-1}(\boldsymbol{Y})(\boldsymbol{Y} - E(\boldsymbol{Y}))) \tag{9.2.2}$$

因为 $E(\boldsymbol{X})$, $\mathrm{Cov}(\boldsymbol{X},\boldsymbol{Y})\mathrm{Var}^{-1}(\boldsymbol{Y})$ 为常数，$E(E(\boldsymbol{X})) = E(\boldsymbol{X})$

$$E(\mathrm{Cov}(\boldsymbol{X},\boldsymbol{Y})\mathrm{Var}^{-1}(\boldsymbol{Y})(\boldsymbol{Y} - E(\boldsymbol{Y}))) = \mathrm{Cov}(\boldsymbol{X},\boldsymbol{Y})\mathrm{Var}^{-1}(\boldsymbol{Y})E(\boldsymbol{Y} - E(\boldsymbol{Y}))$$

$$= \mathrm{Cov}(\boldsymbol{X},\boldsymbol{Y})\mathrm{Var}^{-1}(\boldsymbol{Y})(E(\boldsymbol{Y}) - E(E(\boldsymbol{Y}))) = \mathrm{Cov}(\boldsymbol{X},\boldsymbol{Y})\mathrm{Var}^{-1}(\boldsymbol{Y})(E(\boldsymbol{Y}) - E(\boldsymbol{Y}))$$

$$= 0$$

式(9.2.2) 变成

$$E(\hat{\boldsymbol{X}}_{\mathrm{LMV}}(\boldsymbol{Y})) = E(\boldsymbol{X}) = \boldsymbol{X}$$

【证毕】

【性质 2】 最小方差估计的方差阵为

$$\mathrm{Var}(\hat{\boldsymbol{X}}_{\mathrm{LMV}}(\boldsymbol{Y})) = \mathrm{Var}(\tilde{\boldsymbol{X}}) - \mathrm{Cov}(\boldsymbol{X},\boldsymbol{Y})\mathrm{Var}^{-1}(\boldsymbol{Y})\mathrm{Cov}(\boldsymbol{Y},\boldsymbol{X})$$

【证明】 根据方差阵定义

$$\mathrm{Var}(\hat{\boldsymbol{X}}_{\mathrm{LMV}}(\boldsymbol{Y})) = E((\boldsymbol{X} - \hat{\boldsymbol{X}}_{\mathrm{LMV}}(\boldsymbol{Y}))((\boldsymbol{X} - \hat{\boldsymbol{X}}_{\mathrm{LMV}}(\boldsymbol{Y}))^{\mathrm{T}}) \tag{9.2.3}$$

式(9.1.26) 代入式(9.2.3)

$$\mathrm{Var}(\hat{\boldsymbol{X}}_{\mathrm{LMV}}(\boldsymbol{Y})) = E((\boldsymbol{X} - (E(\boldsymbol{X}) + \mathrm{Cov}(\boldsymbol{X},\boldsymbol{Y})\mathrm{Var}^{-1}(\boldsymbol{Y})(\boldsymbol{Y} - E(\boldsymbol{Y}))))$$

$$(\boldsymbol{X} - (E(\boldsymbol{X}) + \mathrm{Cov}(\boldsymbol{X},\boldsymbol{Y})\mathrm{Var}^{-1}(\boldsymbol{Y})(\boldsymbol{Y} - E(\boldsymbol{Y}))))^{\mathrm{T}}$$

$$= E((\boldsymbol{X} - E(\boldsymbol{X})) - \mathrm{Cov}(\boldsymbol{X},\boldsymbol{Y})\mathrm{Var}^{-1}(\boldsymbol{Y})(\boldsymbol{Y} - E(\boldsymbol{Y}))))$$

$$((\boldsymbol{X} - E(\boldsymbol{X}))^{\mathrm{T}} - (\boldsymbol{Y} - E(\boldsymbol{Y}))^{\mathrm{T}}(\mathrm{Var}^{-1}(\boldsymbol{Y}))^{\mathrm{T}}(\mathrm{Cov}(\boldsymbol{X},\boldsymbol{Y}))^{\mathrm{T}})$$

右边展开成 4 项，并分别求数学期望：

第 1 项

$$E(\boldsymbol{X} - E(\boldsymbol{X}))(\boldsymbol{X} - E(\boldsymbol{X}))^{\mathrm{T}} = \mathrm{Var}(\boldsymbol{X}) \tag{9.2.4}$$

第 2 项

$$E(-\mathrm{Cov}(\boldsymbol{X},\boldsymbol{Y})\mathrm{Var}^{-1}(\boldsymbol{Y})(\boldsymbol{Y} - E(\boldsymbol{Y}))(\boldsymbol{X} - E(\boldsymbol{X}))^{\mathrm{T}})$$

$$= -\mathrm{Cov}(\boldsymbol{X},\boldsymbol{Y})\mathrm{Var}^{-1}(\boldsymbol{Y})E(\boldsymbol{Y} - E(\boldsymbol{Y}))(\boldsymbol{X} - E(\boldsymbol{X}))^{\mathrm{T}}$$

$$= -\mathrm{Cov}(\boldsymbol{X},\boldsymbol{Y})\mathrm{Var}^{-1}(\boldsymbol{Y})\mathrm{Cov}(\boldsymbol{Y},\boldsymbol{X}) \tag{9.2.5}$$

第 3 项

$$-E((\boldsymbol{X} - E(\boldsymbol{X}))(\boldsymbol{Y} - E(\boldsymbol{Y}))^{\mathrm{T}}(\mathrm{Var}^{-1}(\boldsymbol{Y}))^{\mathrm{T}}(\mathrm{Cov}(\boldsymbol{X},\boldsymbol{Y}))^{\mathrm{T}})$$

将系数向右提出

$$-E((\boldsymbol{X}-E(\boldsymbol{X}))(\boldsymbol{Y}-E(\boldsymbol{Y}))^{\mathrm{T}})\cdot(\mathrm{Var}^{-1}(\boldsymbol{Y}))^{\mathrm{T}}(\mathrm{Cov}(\boldsymbol{X},\boldsymbol{Y}))^{\mathrm{T}})$$

$Var(\boldsymbol{Y})$ 为对称阵

$$=-\mathrm{Cov}(\boldsymbol{X},\boldsymbol{Y})\mathrm{Var}^{-1}(\boldsymbol{Y})\mathrm{Cov}^{\mathrm{T}}(\boldsymbol{X},\boldsymbol{Y}) \tag{9.2.6}$$

第 4 项

$$E(\mathrm{Cov}(\boldsymbol{X},\boldsymbol{Y})\mathrm{Var}^{-1}(\boldsymbol{Y})(\boldsymbol{Y}-E(\boldsymbol{Y}))(\boldsymbol{Y}-E(\boldsymbol{Y}))^{\mathrm{T}}(\mathrm{Var}^{-1}(\boldsymbol{Y}))^{\mathrm{T}}\mathrm{Cov}^{\mathrm{T}}(\boldsymbol{X},\boldsymbol{Y}))$$

将协方差、方差以及它们的转置依次提出，有

$$=\mathrm{Cov}(\boldsymbol{X},\boldsymbol{Y})\mathrm{Var}^{-1}(\boldsymbol{Y})\cdot E(\boldsymbol{Y}-E(\boldsymbol{Y}))(\boldsymbol{Y}-E(\boldsymbol{Y}))^{\mathrm{T}}\cdot(\mathrm{Var}^{-1}(\boldsymbol{Y}))^{\mathrm{T}}\mathrm{Cov}^{\mathrm{T}}(\boldsymbol{X},\boldsymbol{Y}))$$

$$=\mathrm{Cov}(\boldsymbol{X},\boldsymbol{Y})\mathrm{Var}^{-1}(\boldsymbol{Y})\cdot\mathrm{Var}(\boldsymbol{Y})\cdot\mathrm{Var}^{-1}(\boldsymbol{Y})\mathrm{Cov}^{\mathrm{T}}(\boldsymbol{X},\boldsymbol{Y}))$$

$$=\mathrm{Cov}(\boldsymbol{X},\boldsymbol{Y})\mathrm{Var}^{-1}(\boldsymbol{Y})\mathrm{Cov}^{\mathrm{T}}(\boldsymbol{X},\boldsymbol{Y})) \tag{9.2.7}$$

第 3 项与第 4 项相消，最后得

$$\mathrm{Var}(\hat{\boldsymbol{X}}_{\mathrm{LMV}}(\boldsymbol{Y}))=\mathrm{Var}(\boldsymbol{X})-\mathrm{Cov}(\boldsymbol{X},\boldsymbol{Y})\mathrm{Var}^{-1}(\boldsymbol{Y})\mathrm{Cov}(\boldsymbol{Y},\boldsymbol{X}) \tag{9.2.8}$$

【证毕】

式(9.2.8) 的意义在于，它给出了最小方差估计与被估计量 $\boldsymbol{X}$、观测值 $\boldsymbol{Y}$ 的二阶矩之间的关系。如果知道 $\boldsymbol{X}$, $\boldsymbol{Y}$ 的二阶矩，状态最小方差估计的方差阵是可以被估计出来的。

【定理 1】 状态最小方差估计的方差阵最小

【证明】 设任一方差非最小线性估计

$$\hat{\boldsymbol{X}}_L=a-\boldsymbol{B}\boldsymbol{Y}$$

该估计的误差

$$\tilde{\boldsymbol{X}}_{\mathrm{L}}=\boldsymbol{X}-\hat{\boldsymbol{X}}_{\mathrm{L}}=\boldsymbol{X}-a-\boldsymbol{B}\boldsymbol{Y} \tag{9.2.9}$$

方差阵为

$$\boldsymbol{Var}(\tilde{\boldsymbol{X}}_{\mathrm{L}})=E(\tilde{\boldsymbol{X}}_{\mathrm{L}}\tilde{\boldsymbol{X}}_{\mathrm{L}})=E((\boldsymbol{X}-a-\boldsymbol{B}\boldsymbol{Y})(\boldsymbol{X}-a-\boldsymbol{B}\boldsymbol{Y})^{\mathrm{T}}) \tag{9.2.10}$$

设任一估计误差的数学期望为 $-\boldsymbol{b}$

$$-\boldsymbol{b}=E(\tilde{\boldsymbol{X}}_{\mathrm{L}})=E(\boldsymbol{X}-a-\boldsymbol{B}\boldsymbol{Y})=E(\boldsymbol{X})-a-\boldsymbol{B}E(\boldsymbol{Y})$$

则

$$a=\boldsymbol{b}+E(\boldsymbol{X})-\boldsymbol{B}E(\boldsymbol{Y}) \tag{9.2.11}$$

代入式(9.2.10)

$$\mathrm{Var}(\tilde{\boldsymbol{X}}_{\mathrm{L}})=E((\boldsymbol{X}-(\boldsymbol{b}+E(\boldsymbol{X})-\boldsymbol{B}E(\boldsymbol{Y}))-\boldsymbol{B}\boldsymbol{Y})(\boldsymbol{X}-(\boldsymbol{b}+E(\boldsymbol{X})-\boldsymbol{B}E(\boldsymbol{Y}))-\boldsymbol{B}\boldsymbol{Y})^{\mathrm{T}})$$

$$=E((\boldsymbol{X}-E(\boldsymbol{X})-\boldsymbol{b}+\boldsymbol{B}E(\boldsymbol{Y})-\boldsymbol{B}\boldsymbol{Y})(\boldsymbol{X}-E(\boldsymbol{X})-\boldsymbol{b}+\boldsymbol{B}E(\boldsymbol{Y})-\boldsymbol{B}\boldsymbol{Y})^{\mathrm{T}})$$

$$=E(((\boldsymbol{X}-E(\boldsymbol{X}))-\boldsymbol{b}-\boldsymbol{B}(\boldsymbol{Y}-E(\boldsymbol{Y})))((\boldsymbol{X}-E(\boldsymbol{X}))^{\mathrm{T}}-\boldsymbol{b}^{\mathrm{T}}-(\boldsymbol{Y}-E(\boldsymbol{Y}))^{\mathrm{T}}\boldsymbol{B}^{\mathrm{T}})$$

展开得 9 项，并分别求数学期望。

第 1 项

$$E(\boldsymbol{X}-E(\boldsymbol{X}))(\boldsymbol{X}-E(\boldsymbol{X}))^{\mathrm{T}}=\mathrm{Var}(\boldsymbol{X}) \tag{9.2.12}$$

第 2 项

$$E(-\boldsymbol{b}(\boldsymbol{X}-E(\boldsymbol{X}))^{\mathrm{T}})=-\boldsymbol{b}E(\boldsymbol{X}-E(\boldsymbol{X}))^{\mathrm{T}}=-\boldsymbol{b}E(\boldsymbol{X}^{\mathrm{T}}-E^{\mathrm{T}}(\boldsymbol{X}))$$

$$=-\boldsymbol{b}(E(\boldsymbol{X}^{\mathrm{T}})-E(\boldsymbol{X}^{\mathrm{T}}))=0$$

第 3 项

$$E(-\boldsymbol{B}(\boldsymbol{Y}-E(\boldsymbol{Y}))(\boldsymbol{X}-E(\boldsymbol{X}))^{\mathrm{T}})=-\boldsymbol{B}E(\boldsymbol{Y}-E(\boldsymbol{Y}))(\boldsymbol{X}-E(\boldsymbol{X}))^{\mathrm{T}}$$

$$=-\boldsymbol{B}\mathrm{Cov}(\boldsymbol{Y},\boldsymbol{X}) \tag{9.2.13}$$

第 4 项

$$E((\boldsymbol{X}-E(\boldsymbol{X}))(-\boldsymbol{b}^{\mathrm{T}}))=E[\boldsymbol{X}-E(\boldsymbol{X})]\cdot(-\boldsymbol{b}^{\mathrm{T}})$$
$$=[E(\boldsymbol{X})-E(E(\boldsymbol{X}))]\cdot(-\boldsymbol{b}^{\mathrm{T}})=[E(\boldsymbol{X})-E(\boldsymbol{X})]\cdot(-\boldsymbol{b}^{\mathrm{T}})=0$$

第5项

$$E((-\boldsymbol{b})(-\boldsymbol{b}^{\mathrm{T}}))=\boldsymbol{b}\boldsymbol{b}^{\mathrm{T}} \tag{9.2.14}$$

第6项

$$E(-\boldsymbol{B}(\boldsymbol{Y}-E(\boldsymbol{Y}))(-\boldsymbol{b}^{\mathrm{T}}))=-\boldsymbol{B}E(\boldsymbol{Y}-E(\boldsymbol{Y})\cdot(-\boldsymbol{b}^{\mathrm{T}})$$
$$=-\boldsymbol{B}(E(\boldsymbol{Y})-E(E(\boldsymbol{Y}))\cdot(-\boldsymbol{b}^{\mathrm{T}})$$
$$=-\boldsymbol{B}(E(\boldsymbol{Y})-\boldsymbol{E}(\boldsymbol{Y}))\cdot(-\boldsymbol{b}^{\mathrm{T}})=0$$

第7项

$$E((\boldsymbol{X}-E(\boldsymbol{X}))(-(\boldsymbol{Y}-E(\boldsymbol{Y}))^{\mathrm{T}}\boldsymbol{B}^{\mathrm{T}}=-E((\boldsymbol{X}-E(\boldsymbol{X}))(\boldsymbol{Y}-E(\boldsymbol{Y}))^{\mathrm{T}})\cdot\boldsymbol{B}^{\mathrm{T}}$$
$$=-\mathrm{Cov}(\boldsymbol{X},\boldsymbol{Y})\cdot\boldsymbol{B}^{\mathrm{T}} \tag{9.2.15}$$

第8项

$$E((-\boldsymbol{b})(-(\boldsymbol{Y}-E(\boldsymbol{Y}))^{\mathrm{T}}\boldsymbol{B}^{\mathrm{T}})=\boldsymbol{b}E(\boldsymbol{Y}-E(\boldsymbol{Y}))^{\mathrm{T}}\cdot\boldsymbol{B}^{\mathrm{T}}=\boldsymbol{b}(E(\boldsymbol{Y}^{\mathrm{T}})-E(E\boldsymbol{Y}^{\mathrm{T}}))\boldsymbol{B}^{\mathrm{T}}$$
$$=\boldsymbol{b}\cdot(E(\boldsymbol{Y}^{\mathrm{T}})-E(\boldsymbol{Y}^{\mathrm{T}}))\cdot\boldsymbol{B}^{\mathrm{T}}=0$$

第9项

$$E((-\boldsymbol{B}(\boldsymbol{Y}-E(\boldsymbol{Y}))(-(\boldsymbol{Y}-E(\boldsymbol{Y}))^{\mathrm{T}}\boldsymbol{B}^{\mathrm{T}})=\boldsymbol{B}E(\boldsymbol{Y}-E(\boldsymbol{Y})(\boldsymbol{Y}-E(\boldsymbol{Y}))^{\mathrm{T}}\cdot\boldsymbol{B}^{\mathrm{T}}=\boldsymbol{B}\mathrm{Var}(\boldsymbol{Y})\mathrm{B}^{\mathrm{T}} \tag{9.2.16}$$

将式(9.2.12) ~ 式(9.2.16)代入式(9.2.10)的展开式

$$\mathrm{Var}(\tilde{\boldsymbol{X}}_{\mathrm{L}})=E(\tilde{\boldsymbol{X}}_{\mathrm{L}}\tilde{\boldsymbol{X}}_{\mathrm{L}})=\mathrm{Var}(\boldsymbol{X})+\boldsymbol{b}\boldsymbol{b}^{\mathrm{T}}+\boldsymbol{B}\mathrm{Var}(\boldsymbol{X})\boldsymbol{B}^{\mathrm{T}}-\boldsymbol{B}\mathrm{Cov}(\boldsymbol{Y},\boldsymbol{X})-\mathrm{Cov}(\boldsymbol{X},\boldsymbol{Y})\boldsymbol{B}^{\mathrm{T}} \tag{9.2.17}$$

对式(9.2.17)进行以下改造

(1) 第4项 $-\boldsymbol{B}\mathrm{Cov}(\boldsymbol{Y},\boldsymbol{X})$ 中间插入 $\mathrm{Var}(\boldsymbol{Y})\mathrm{Var}^{-1}(\boldsymbol{Y})$，则第4项

$$-\boldsymbol{B}\mathrm{Var}(\boldsymbol{Y})\mathrm{Var}^{-1}(\boldsymbol{Y})\mathrm{Cov}(\boldsymbol{Y},\boldsymbol{X})$$

(2) 式(9.2.17)插入 $\pm\mathrm{Cov}(\boldsymbol{X},\boldsymbol{Y})\mathrm{Var}^{-1}(\boldsymbol{Y})\mathrm{Cov}(\boldsymbol{Y},\boldsymbol{X})$，式(9.2.17)变成

$$\mathrm{Var}(\tilde{\boldsymbol{X}}_{\mathrm{L}})=\boldsymbol{b}\boldsymbol{b}^{\mathrm{T}}+\boldsymbol{B}\mathrm{Var}(\boldsymbol{X})\boldsymbol{B}^{\mathrm{T}}-\mathrm{Cov}(\boldsymbol{X},\boldsymbol{Y})\boldsymbol{B}^{\mathrm{T}}-\boldsymbol{B}\mathrm{Var}^{-1}(\boldsymbol{Y})\mathrm{Var}^{-1}(\boldsymbol{Y})\mathrm{Cov}(\boldsymbol{Y},\boldsymbol{X})$$
$$+\mathrm{Cov}(\boldsymbol{X},\boldsymbol{Y})\mathrm{Var}^{-1}(\boldsymbol{Y})\mathrm{Cov}(\boldsymbol{Y},\boldsymbol{X})+\mathrm{Var}(\boldsymbol{Y})-\mathrm{Cov}(\boldsymbol{X},\boldsymbol{Y})\mathrm{Var}^{-1}(\boldsymbol{Y})\mathrm{Cov}(\boldsymbol{Y},\boldsymbol{X}) \tag{9.2.18}$$

由于

$$(\boldsymbol{B}-\mathrm{Cov}(\boldsymbol{X},\boldsymbol{Y})\mathrm{Var}^{-1}(\boldsymbol{Y}))\mathrm{Var}(\boldsymbol{Y})(\boldsymbol{B}-\mathrm{Cov}(\boldsymbol{X},\boldsymbol{Y})\mathrm{Var}^{-1}(\boldsymbol{Y}))^{\mathrm{T}}$$
$$=(\boldsymbol{B}-\mathrm{Cov}(\boldsymbol{X},\boldsymbol{Y})\mathrm{Var}^{-1}(\boldsymbol{Y}))\mathrm{Var}(\boldsymbol{Y})(\boldsymbol{B}^{\mathrm{T}}-(\mathrm{Var}^{-1}(\boldsymbol{Y}))^{\mathrm{T}}\mathrm{Cov}^{\mathrm{T}}(X,Y))$$
$$=(\boldsymbol{B}-\mathrm{Cov}(\boldsymbol{X},\boldsymbol{Y})\mathrm{Var}^{-1}(\boldsymbol{Y}))\mathrm{Var}(\boldsymbol{Y})(\boldsymbol{B}^{\mathrm{T}}-(\mathrm{Var}^{-1}(\boldsymbol{Y}))^{\mathrm{T}}\mathrm{Cov}^{\mathrm{T}}(X,Y))$$
$$=(\boldsymbol{B}\mathrm{Var}(\boldsymbol{Y})\boldsymbol{B}^{\mathrm{T}}-\mathrm{Cov}(\boldsymbol{X},\boldsymbol{Y})\mathrm{Var}^{-1}(\boldsymbol{Y})\mathrm{Var}(\boldsymbol{Y})\boldsymbol{B}^{\mathrm{T}}-\boldsymbol{B}\mathrm{Var}(\boldsymbol{Y})(\mathrm{Var}^{-1}(\boldsymbol{Y}))^{\mathrm{T}}\mathrm{Cov}^{\mathrm{T}}(\boldsymbol{X},\boldsymbol{Y}))$$
$$+\mathrm{Cov}(\boldsymbol{X},\boldsymbol{Y})\mathrm{Var}^{-1}(\boldsymbol{Y})\mathrm{Var}(\boldsymbol{Y})(\mathrm{Var}^{-1}(\boldsymbol{Y}))^{\mathrm{T}}\mathrm{Cov}^{\mathrm{T}}(\boldsymbol{X},\boldsymbol{Y}))$$
$$=(\boldsymbol{B}\mathrm{Var}(\boldsymbol{Y})\boldsymbol{B}^{\mathrm{T}}-\mathrm{Cov}(\boldsymbol{X},\boldsymbol{Y})\mathrm{Var}^{-1}(\boldsymbol{Y})\mathrm{Var}(\boldsymbol{Y})\boldsymbol{B}^{\mathrm{T}}-\boldsymbol{B}\mathrm{Var}(\boldsymbol{Y})(\mathrm{Var}^{-1}(\boldsymbol{Y}))\mathrm{Cov}^{T}(\boldsymbol{X},\boldsymbol{Y}))$$
$$+\mathrm{Cov}(\boldsymbol{X},\boldsymbol{Y})\mathrm{Var}^{-1}(\boldsymbol{Y})\mathrm{Var}(\boldsymbol{Y})\mathrm{Var}^{-1}(\boldsymbol{Y})\mathrm{Cov}^{\mathrm{T}}(\boldsymbol{X},\boldsymbol{Y}))$$
$$=\boldsymbol{B}\mathrm{Var}(\boldsymbol{Y})\boldsymbol{B}^{\mathrm{T}}-\mathrm{Cov}(\boldsymbol{X},\boldsymbol{Y})\boldsymbol{B}^{\mathrm{T}}-\boldsymbol{B}\mathrm{Var}(\boldsymbol{Y})\mathrm{Var}^{-1}(\boldsymbol{Y})\mathrm{Cov}^{\mathrm{T}}(\boldsymbol{X},\boldsymbol{Y}$$
$$+\mathrm{Cov}(\boldsymbol{X},\boldsymbol{Y})\mathrm{Var}^{-1}(\boldsymbol{Y})\mathrm{Cov}^{\mathrm{T}}(\boldsymbol{X},\boldsymbol{Y}))$$

式(9.2.18)变成

$$\mathrm{Var}(\tilde{\boldsymbol{X}}_{\mathrm{L}})=E(\tilde{\boldsymbol{X}}_{\mathrm{L}}\tilde{\boldsymbol{X}}_{\mathrm{L}}^{\mathrm{T}})=\boldsymbol{b}\boldsymbol{b}^{\mathrm{T}}$$

$$+(\boldsymbol{B}-\mathrm{Cov}(\boldsymbol{X},\boldsymbol{Y})\mathrm{Var}^{-1}(\boldsymbol{Y}))\mathrm{Var}(\boldsymbol{Y})(\boldsymbol{B}-\mathrm{Cov}(\boldsymbol{X},\boldsymbol{Y})\mathrm{Var}^{-1}(\boldsymbol{Y}))^{\mathrm{T}}$$
$$+\mathbf{Var}(\boldsymbol{X})-\mathrm{Cov}(\boldsymbol{X},\boldsymbol{Y})\mathbf{Var}^{-1}(\boldsymbol{X})\mathrm{Cov}^{\mathrm{T}}(\boldsymbol{X},\boldsymbol{Y}) \tag{9.2.19}$$

根据非负定的定义，若对于任意列向量 $\boldsymbol{X}$，均有 $\boldsymbol{X}^{\mathrm{T}}\boldsymbol{A}\boldsymbol{X}\geqslant 0$，则称 $\boldsymbol{A}$ 为非负定。显然 $\boldsymbol{X}^{\mathrm{T}}\boldsymbol{b}\boldsymbol{b}^{\mathrm{T}}\boldsymbol{X}$ 为非负定。因为 $\boldsymbol{b}$ 为 $n\times 1$ 阶列阵，$\boldsymbol{b}\boldsymbol{b}^{\mathrm{T}}$ 为 $n\times n$ 阶方阵；若 $\boldsymbol{X}$ 为 $n\times 1$ 阶列阵时，$\boldsymbol{X}^{\mathrm{T}}\boldsymbol{b}\boldsymbol{b}^{\mathrm{T}}\boldsymbol{X}$ 为标量，且 $\boldsymbol{X}^{\mathrm{T}}\boldsymbol{b}=\boldsymbol{b}^{\mathrm{T}}\boldsymbol{X}$，$\boldsymbol{X}^{\mathrm{T}}\boldsymbol{b}\boldsymbol{b}^{\mathrm{T}}\boldsymbol{X}$ 为二次型，即一标量的平方 $\boldsymbol{X}^{\mathrm{T}}\boldsymbol{b}\boldsymbol{b}^{\mathrm{T}}\boldsymbol{X}\geqslant 0$，故 $\boldsymbol{b}\boldsymbol{b}^{\mathrm{T}}$ 为非负定。

同理 $\mathrm{Var}(\boldsymbol{Y})=E(\boldsymbol{Y}-E(\boldsymbol{Y}))(\boldsymbol{Y}-E(\boldsymbol{Y}))^{\mathrm{T}}\geqslant 0$ 为非负定。

式(9.2.19)的第2项$(\boldsymbol{B}-\mathrm{Cov}(\boldsymbol{X},\boldsymbol{Y})\mathrm{Var}^{-1}(\boldsymbol{Y}))\mathrm{Var}(\boldsymbol{Y})(\boldsymbol{B}-\mathrm{Cov}(\boldsymbol{X},\boldsymbol{Y})\mathrm{Var}^{-1}(\boldsymbol{Y}))^{\mathrm{T}}$为非负定，第3项、第4项也为非负定。

结合式(9.1.20)、式(9.1.23)及式(9.2.19)知，当 $a_{\mathrm{L}}=E(\boldsymbol{X})-\boldsymbol{B}E(\boldsymbol{Y})$，$\boldsymbol{B}=\boldsymbol{B}_{\mathrm{L}}=Cov(\boldsymbol{X},\boldsymbol{Y})\mathrm{Var}^{-1}(\boldsymbol{Y})$。时，取

$$\boldsymbol{b}=a_{\mathrm{L}}-E(\boldsymbol{X})-\boldsymbol{B}E(\boldsymbol{Y})=0$$
$$\boldsymbol{B}-\mathrm{Cov}(\boldsymbol{X},\boldsymbol{Y})\mathrm{Var}^{-1}(\boldsymbol{Y})=0。$$

式(9.2.19)右边变成

$$Var(\boldsymbol{X})-\mathrm{Cov}(\boldsymbol{X},\boldsymbol{Y})\mathrm{Var}^{-1}(\boldsymbol{Y})\mathrm{Cov}^{\mathrm{T}}(\boldsymbol{X},\boldsymbol{Y})=Var(\hat{\boldsymbol{X}}_{\mathrm{LMV}}(\boldsymbol{Y}))$$

于是最终得出如下结论

$$\mathrm{Var}(\tilde{\boldsymbol{X}}_{\mathrm{L}})\geqslant Var(\hat{\boldsymbol{X}}_{\mathrm{LMV}}(\boldsymbol{Y})) \tag{9.2.20}$$

这就意味着任意估计偏差的方差均大于等于最小方差估计的方差，所以最小方差估计的方差是最小的。

【证毕】

【性质3】 真值与最小方差估计之差的数学期望为0。

由(9.1.25)

$$\hat{\boldsymbol{X}}_{\mathrm{LMV}}(\boldsymbol{Y})=E(\boldsymbol{X})+\mathrm{Cov}(\boldsymbol{X},\boldsymbol{Y})\mathrm{Var}^{-1}(\boldsymbol{Y})(\boldsymbol{Y}-E(\boldsymbol{Y}))$$
$$\boldsymbol{X}-\hat{\boldsymbol{X}}_{\mathrm{LMV}}(\boldsymbol{Y})=\boldsymbol{X}-E(\boldsymbol{X})-\mathrm{Cov}(\boldsymbol{X},\boldsymbol{Y})\mathrm{Var}^{-1}(\boldsymbol{Y})(\boldsymbol{Y}-E(\boldsymbol{Y}))$$

求数学期望

$$\begin{aligned}E(\boldsymbol{X}-\hat{\boldsymbol{X}}_{\mathrm{LMV}}(\boldsymbol{Y}))&=E(\boldsymbol{X})-E(E(\boldsymbol{X}))-E(\mathrm{Cov}(\boldsymbol{X},\boldsymbol{Y})\mathrm{Var}^{-1}(\boldsymbol{Y})(\boldsymbol{Y}-E(\boldsymbol{Y}))\\&=E(\boldsymbol{X})-E(\boldsymbol{X})-\mathrm{Cov}(\boldsymbol{X},\boldsymbol{Y})\mathrm{Var}^{-1}(\boldsymbol{Y})E(\boldsymbol{Y}-E(\boldsymbol{Y}))\\&=-\mathrm{Cov}(\boldsymbol{X},\boldsymbol{Y})\mathrm{Var}^{-1}(\boldsymbol{Y})(E(\boldsymbol{Y})-E(\boldsymbol{Y}))=0\end{aligned} \tag{9.2.21}$$

第 10 章

最佳状态估计

10.1　数学基础

10.1.1　向量正交

【定义 1】 n 维向量空间 $\boldsymbol{A}$, $\boldsymbol{B}$, 若 $\boldsymbol{A}^{\mathrm{T}}\boldsymbol{B}=0$, 或 $\boldsymbol{B}^{\mathrm{T}}\boldsymbol{A}=0$, 则称 $\boldsymbol{A}$, $\boldsymbol{B}$ 正交。

【例 1】 设 $\boldsymbol{A}$, $\boldsymbol{B}$ 为二维向量(见图 10.1.1), $\boldsymbol{A}=\begin{pmatrix}x_1\\y_1\end{pmatrix}$, $B=\begin{pmatrix}x_2\\y_2\end{pmatrix}$, 若

$$\boldsymbol{A}^{\mathrm{T}}\boldsymbol{B}=(x_1\quad y_1)\begin{pmatrix}x_2\\y_2\end{pmatrix}=x_1x_2+y_1y_2=0$$

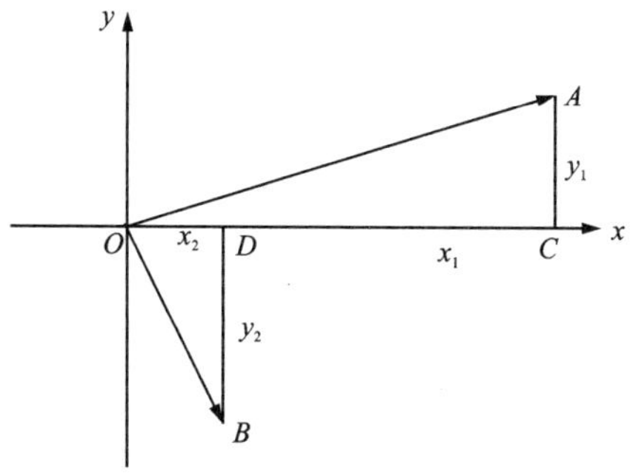

图 10.1.1　二维矢量正交

$$x_1x_2=-y_1y_2;\ \frac{x_1}{y_1}=-\frac{y_2}{x_2}$$

显然

$$\Delta OAC \sim \Delta OBD \quad \angle OAC = \angle DOB$$

故向量 $\angle AOB = \angle AOC + \angle DOB = \angle AOC + \angle OAC = 90^\circ$。可见正交是二维垂直概念在 n 维空间的推广。

【定义 2】 设 $\boldsymbol{A}$, $\boldsymbol{B}$ 为 n 维随机变量，若 $E(\boldsymbol{A}\boldsymbol{B}^{\mathrm{T}}) = 0$，则称随机变量 $\boldsymbol{A}$, $\boldsymbol{B}$ 正交。

以下利用向量正交的概念来分析最小方差估计 $\hat{\boldsymbol{X}}_{\mathrm{LMV}}(\boldsymbol{y})$ 与观测向量之间的几何关系。

10.1.2 向量正交定理

【定理 1】 设 $\boldsymbol{A}$, $\boldsymbol{B}$ 分别为具有 1，2 阶矩的 n 阶随机变量，则

$$E(\boldsymbol{A}\boldsymbol{B}^{\mathrm{T}}) = \mathrm{Cov}(\boldsymbol{A}, \boldsymbol{B}) + E(\boldsymbol{A})E^{T}(\boldsymbol{B}) \tag{10.1.1}$$

【证明】

$$\begin{aligned}
E(\boldsymbol{A}\boldsymbol{B}^{\mathrm{T}}) &= E((\boldsymbol{A} - E(\boldsymbol{A})) + E(\boldsymbol{A}))((\boldsymbol{B} - E(\boldsymbol{B})) + E(\boldsymbol{B}))^{\mathrm{T}}) \\
&= E(((\boldsymbol{A} - E(\boldsymbol{A})) + E(\boldsymbol{A}))((\boldsymbol{B} - E(\boldsymbol{B}))^{\mathrm{T}} + E^{\mathrm{T}}(\boldsymbol{B}))) \\
&= E((\boldsymbol{A} - E(\boldsymbol{A}))(\boldsymbol{B} - E(\boldsymbol{B}))^{\mathrm{T}} + E(\boldsymbol{A})(\boldsymbol{B} - E(\boldsymbol{B}))^{\mathrm{T}} + (\boldsymbol{A} - E(\boldsymbol{A}))E^{\mathrm{T}}(\boldsymbol{B}) + E(\boldsymbol{A})E(\boldsymbol{B})^{\mathrm{T}}) \\
&= E((\boldsymbol{A} - E(\boldsymbol{A}))(\boldsymbol{B} - E(\boldsymbol{B}))^{\mathrm{T}}) + E(E(\boldsymbol{A})(\boldsymbol{B} - E(\boldsymbol{B}))^{\mathrm{T}}) \\
&\quad + E((\boldsymbol{A} - E(\boldsymbol{A}))E^{\mathrm{T}}(\boldsymbol{B})) + E(E(\boldsymbol{A})E(\boldsymbol{B})^{\mathrm{T}})
\end{aligned} \tag{10.1.2}$$

上式第 2 项

$$\begin{aligned}
E(E(\boldsymbol{A})(\boldsymbol{B} - E(\boldsymbol{B}))^{\mathrm{T}}) &= E(\boldsymbol{A})E(\boldsymbol{B} - E(\boldsymbol{B}))^{\mathrm{T}} \\
&= E(\boldsymbol{A})E(\boldsymbol{B}^{\mathrm{T}} - E^{T}(\boldsymbol{B})) = E(\boldsymbol{A})(E(\boldsymbol{B}^{\mathrm{T}}) - E(E^{\mathrm{T}}(\boldsymbol{B}))) \\
&= E(\boldsymbol{A})(E(\boldsymbol{B}^{\mathrm{T}}) - E(\boldsymbol{B}^{\mathrm{T}})) = 0
\end{aligned}$$

同理第 3 项

$$\begin{aligned}
E((\boldsymbol{A} - E(\boldsymbol{A}))E^{\mathrm{T}}(\boldsymbol{B})) &= E((\boldsymbol{A} - E(\boldsymbol{A})) \cdot E^{\mathrm{T}}(\boldsymbol{B})) \\
&= (E(\boldsymbol{A}) - E(E(\boldsymbol{A}))) \cdot E^{\mathrm{T}}(\boldsymbol{B})) = (E(\boldsymbol{A}) - E(\boldsymbol{A})) \cdot E^{\mathrm{T}}(\boldsymbol{B})) = 0
\end{aligned}$$

又由于 $E((\boldsymbol{A} - E(\boldsymbol{A}))(\boldsymbol{B} - E(\boldsymbol{B}))^{\mathrm{T}}) = \mathrm{Cov}(\boldsymbol{A}, \boldsymbol{B})$

式(10.1.1)变成

$$E(\boldsymbol{A}\boldsymbol{B}^{\mathrm{T}}) = \mathrm{Cov}(\boldsymbol{A}, \boldsymbol{B}) + E(\boldsymbol{A})E^{\mathrm{T}}(\boldsymbol{B})$$

【证毕】

10.2 最小方差估计的正交性

根据式(10.1.1)，将向量正交定理应用于最小方差估计，有如下定理

【定理 2】

$$E((\boldsymbol{X} - \hat{\boldsymbol{X}}_{\mathrm{LMV}}(\boldsymbol{Y}))\boldsymbol{Y}^{\mathrm{T}}) = 0 \tag{10.2.1}$$

【证明】 将 $(\boldsymbol{X} - \hat{\boldsymbol{X}}_{\mathrm{LMV}}(\boldsymbol{Y}))$ 看作 $\boldsymbol{A}$，$\boldsymbol{Y}^{\mathrm{T}}$ 看作 $\boldsymbol{B}^{\mathrm{T}}$，利用式(10.1.1)，有如下等式

$$\begin{aligned}
&E((\boldsymbol{X} - \hat{\boldsymbol{X}}_{\mathrm{LMV}}(\boldsymbol{Y}))\boldsymbol{Y}^{\mathrm{T}}) \\
&= \mathrm{Cov}((\boldsymbol{X} - \hat{\boldsymbol{X}}_{\mathrm{LMV}}(\boldsymbol{Y})), \boldsymbol{Y}) + E(\boldsymbol{X} - \hat{\boldsymbol{X}}_{\mathrm{LMV}}(\boldsymbol{Y}))E^{\mathrm{T}}(\boldsymbol{Y})
\end{aligned} \tag{10.2.2}$$

上式第 2 项，由于最小方差的估计是无偏估计，$E(\boldsymbol{X} - \hat{\boldsymbol{X}}_{\mathrm{LMV}}(\boldsymbol{Y})) = 0$。

所以式(10.2.2)变成

$$E((\boldsymbol{X}-\hat{\boldsymbol{X}}_{\mathrm{LMV}}(\boldsymbol{Y}))\boldsymbol{Y}^{\mathrm{T}})=\mathrm{Cov}((\boldsymbol{X}-\hat{\boldsymbol{X}}_{\mathrm{LMV}}(\boldsymbol{Y})),\boldsymbol{Y}) \tag{10.2.3}$$

根据式(8.1.27)

$$\mathrm{Cov}(\boldsymbol{X},\boldsymbol{Y})=E(\boldsymbol{X}\boldsymbol{Y}^{\mathrm{T}})-E(\boldsymbol{X})E(\boldsymbol{Y}^{\mathrm{T}})=\mathrm{Cov}^{\mathrm{T}}(\boldsymbol{Y},\boldsymbol{X})$$

$$\mathrm{Cov}((\boldsymbol{X}-\hat{\boldsymbol{X}}_{\mathrm{LMV}}(\boldsymbol{Y})),\boldsymbol{Y})=E(\boldsymbol{X}-\hat{\boldsymbol{X}}_{\mathrm{LMV}}(\boldsymbol{Y}))\boldsymbol{Y}^{\mathrm{T}}-E((\boldsymbol{X}-\hat{\boldsymbol{X}}_{\mathrm{LMV}}(\boldsymbol{Y}))(\boldsymbol{Y}-E(\boldsymbol{Y}))^{\mathrm{T}})$$

由式(9.2.21)知

$$E(\boldsymbol{X}-\hat{\boldsymbol{X}}_{\mathrm{LMV}}(\boldsymbol{Y}))=0$$

式(10.2.3)可写成

$$\mathrm{Cov}((\boldsymbol{X}-\hat{\boldsymbol{X}}_{\mathrm{LMV}}(\boldsymbol{Y})),\boldsymbol{Y})=-E((\boldsymbol{X}-\hat{\boldsymbol{X}}_{\mathrm{LMV}}(\boldsymbol{Y}))(\boldsymbol{Y}-E(\boldsymbol{Y}))^{\mathrm{T}}) \tag{10.2.4}$$

由式(9.1.25)知

$$\hat{\boldsymbol{X}}_{\mathrm{LMV}}(\boldsymbol{Y})=E(\boldsymbol{X})+\mathrm{Cov}(\boldsymbol{X},\boldsymbol{Y})\mathrm{Var}^{-1}(\boldsymbol{Y})(\boldsymbol{Y}-E(\boldsymbol{Y})))$$

代入式(10.2.4)

$$\begin{aligned}
&\mathrm{Cov}((\boldsymbol{X}-\hat{\boldsymbol{X}}_{\mathrm{LMV}}(\boldsymbol{Y})),\boldsymbol{Y})\\
&=-E((\boldsymbol{X}-(E(\boldsymbol{X})+\mathrm{Cov}(\boldsymbol{X},\boldsymbol{Y})\mathrm{Var}^{-1}(\boldsymbol{Y})(\boldsymbol{Y}-E(\boldsymbol{Y}))))(\boldsymbol{Y}-E(\boldsymbol{Y}))^{\mathrm{T}})\\
&=-E((\boldsymbol{X}-E(\boldsymbol{X}))(\boldsymbol{Y}-E(\boldsymbol{Y}))^{\mathrm{T}})-\mathrm{Cov}(\boldsymbol{X},\boldsymbol{Y})\mathrm{Var}^{-1}(\boldsymbol{Y})(\boldsymbol{Y}-E(\boldsymbol{Y}))(\boldsymbol{Y}-E(\boldsymbol{Y}))^{\mathrm{T}})\\
&=-E((\boldsymbol{X}-E(\boldsymbol{X}))(\boldsymbol{Y}-E(\boldsymbol{Y}))^{\mathrm{T}})+E(\mathrm{Cov}(\boldsymbol{X},\boldsymbol{Y})\mathrm{Var}^{-1}(\boldsymbol{Y})(\boldsymbol{Y}-E(\boldsymbol{Y}))(\boldsymbol{Y}-E(\boldsymbol{Y}))^{\mathrm{T}})\\
&=-E((\boldsymbol{X}-E(\boldsymbol{X}))(\boldsymbol{Y}-E(\boldsymbol{Y}))^{\mathrm{T}})+\mathrm{Cov}(\boldsymbol{X},\boldsymbol{Y})\mathrm{Var}^{-1}(\boldsymbol{Y})E((\boldsymbol{Y}-E(\boldsymbol{Y}))(\boldsymbol{Y}-E(\boldsymbol{Y}))^{\mathrm{T}})\\
&=-E((\boldsymbol{X}-E(\boldsymbol{X}))(\boldsymbol{Y}-E(\boldsymbol{Y}))^{\mathrm{T}})+\mathrm{Cov}(\boldsymbol{X},\boldsymbol{Y})\mathrm{Var}^{-1}(\boldsymbol{Y})\mathrm{Var}(\boldsymbol{Y})\\
&=-\mathrm{Cov}(\boldsymbol{X},\boldsymbol{Y})+\mathrm{Cov}(\boldsymbol{X},\boldsymbol{Y})=0
\end{aligned}$$

最终得到

$$E((\boldsymbol{X}-\hat{\boldsymbol{X}}_{\mathrm{LMV}}(\boldsymbol{Y}))\cdot\boldsymbol{Y}^{\mathrm{T}})=0$$

【证毕】

根据随机变量正交的定义，由此得知随机变量 $\boldsymbol{X}-\hat{\boldsymbol{X}}_{\mathrm{LMV}}(\boldsymbol{Y})$ 与 $\boldsymbol{Y}$ 正交。

10.3　正交投影

将状态$\boldsymbol{X}$的最小方差估计以及观测向量$\boldsymbol{Y}$绘图，见图10.3.1。由于$(\boldsymbol{X}-\hat{\boldsymbol{X}}_{\mathrm{LMV}}(\boldsymbol{Y}))$与$\boldsymbol{Y}$正交，$\hat{\boldsymbol{X}}_{\mathrm{LMV}}(\boldsymbol{Y})$ 便是 $\boldsymbol{X}$ 在 $\boldsymbol{Y}$ 上的投影，记为 $\hat{E}(\boldsymbol{X}\mid\boldsymbol{Y})$，于是 $\hat{E}(\boldsymbol{X}\mid\boldsymbol{Y})=\hat{\boldsymbol{X}}_{\mathrm{LMV}}(\boldsymbol{Y})$。

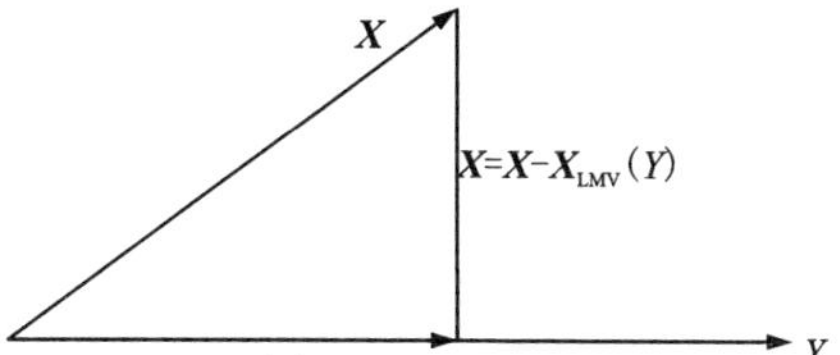

图 10.3.1　向量正交投影图

由此引出正交投影的数学定义。

【定义1】 设$\boldsymbol{X}$，$\boldsymbol{Y}$分别为具有1，2阶矩的n维与m维的随机向量，如果存在与状态$\boldsymbol{X}$同阶的估计量$\hat{\boldsymbol{X}}(\boldsymbol{Y})$满足：

(1) 是观测量$\boldsymbol{Y}$的线性表示，即$\hat{\boldsymbol{X}}(\boldsymbol{Y}) = \boldsymbol{a} + \boldsymbol{BY}$；

(2) 估计是无偏的，即$E(\hat{\boldsymbol{X}}(\boldsymbol{Y})) = E(\boldsymbol{X})$；

(3) 估计误差$\boldsymbol{X} - \hat{\boldsymbol{X}}(\boldsymbol{Y})$与$\boldsymbol{Y}$正交，即$E(\boldsymbol{X} - \hat{\boldsymbol{X}}(\boldsymbol{Y}) \cdot \boldsymbol{Y}^{\mathrm{T}}) = 0$。

则称$\hat{\boldsymbol{X}}(\boldsymbol{Y})$为$\boldsymbol{X}$在$\boldsymbol{Y}$上的正交投影，记为$\hat{E}(\boldsymbol{X}|\boldsymbol{Y})$，则

$$\hat{E}(\boldsymbol{X}|\boldsymbol{Y}) = \hat{\boldsymbol{X}}(\boldsymbol{Y})$$

从上述章节的讨论中，线性最小方差估计$\hat{\boldsymbol{X}}_{\mathrm{LMV}}(\boldsymbol{Y})$正好满足上述三个条件，因此线性最小方差估计为$\boldsymbol{X}$在$\boldsymbol{Y}$上的正交投影，则$\hat{E}(\boldsymbol{X}|\boldsymbol{Y}) = \hat{\boldsymbol{X}}(\boldsymbol{Y}) = \hat{\boldsymbol{X}}_{\mathrm{LMV}}(\boldsymbol{Y})$

正交投影具有如下性质：

【性质1】 $\boldsymbol{X}$在$\boldsymbol{Y}$上的正交投影，是且仅是$\boldsymbol{X}$的线性最小方差估计。上述已经证明

$$E((\boldsymbol{X} - \hat{\boldsymbol{X}}_{\mathrm{LMV}}(\boldsymbol{Y}))\boldsymbol{Y}^{\mathrm{T}}) = 0$$

这就表明，$\hat{\boldsymbol{X}}_{\mathrm{LMV}}(\boldsymbol{Y})$是$\boldsymbol{X}$在$\boldsymbol{Y}$上的正交投影。

【性质2】 设$\boldsymbol{A}$为非随机矩阵，则

$$\hat{E}(\boldsymbol{AX}|\boldsymbol{Y}) = \boldsymbol{A}\hat{E}(\boldsymbol{X}|\boldsymbol{Y}) \tag{10.3.1}$$

【证明】 根据状态最小方差估计式(9.1.26)

$$\hat{\boldsymbol{X}}_{\mathrm{LMV}}(\boldsymbol{Y}) = E(\boldsymbol{X}) + \mathrm{Cov}(\boldsymbol{X}, \boldsymbol{Y})\mathrm{Var}^{-1}(\boldsymbol{Y})(\boldsymbol{Y} - E(\boldsymbol{Y}))$$

因为$\boldsymbol{A}$为系数矩阵，$\boldsymbol{AX}$仅改变了向量的大小(模)，但不改变向量的方向。因此用$\boldsymbol{AX}$代替上式的$\boldsymbol{X}$

$$\begin{aligned}\hat{E}(\boldsymbol{AX}|\boldsymbol{Y}) &= \hat{\boldsymbol{X}}_{\mathrm{LMV}}(\boldsymbol{Y})|_{\boldsymbol{AX}} = E(\boldsymbol{AX}) + \mathrm{Cov}(\boldsymbol{AX}, \boldsymbol{Y})\mathrm{Var}^{-1}(\boldsymbol{Y})(\boldsymbol{Y} - E(\boldsymbol{Y}))\\ &= \boldsymbol{A}E(\boldsymbol{X}) + \boldsymbol{A}\mathrm{Cov}(\boldsymbol{X}, \boldsymbol{Y})\mathrm{Var}^{-1}(\boldsymbol{Y})(\boldsymbol{Y} - E(\boldsymbol{Y}))\\ &= \boldsymbol{A}(E(\boldsymbol{X}) + \mathrm{Cov}(\boldsymbol{X}, \boldsymbol{Y})\mathrm{Var}^{-1}(\boldsymbol{Y})(\boldsymbol{Y} - E(\boldsymbol{Y}))) = \boldsymbol{A}(\hat{E}(\boldsymbol{X}|\boldsymbol{Y})\end{aligned}$$

【证毕】

【定理1】 设$\boldsymbol{Y}^k = \begin{pmatrix}\boldsymbol{y}(1)\\ \boldsymbol{y}(2)\\ \vdots\\ \boldsymbol{y}(k-1)\\ \boldsymbol{y}(k)\end{pmatrix} = \begin{pmatrix}\boldsymbol{Y}^{k-1}\\ \boldsymbol{y}(k)\end{pmatrix}$，则

$$\begin{aligned}\hat{\boldsymbol{X}}(\boldsymbol{Y}) &= \hat{E}(\boldsymbol{X}|\boldsymbol{Y}^k) = \hat{E}(\boldsymbol{X}|\boldsymbol{Y}^{k-1}) + \hat{E}(\tilde{\boldsymbol{X}}|\tilde{\boldsymbol{Y}}(k))\\ &= \hat{E}(\boldsymbol{X}|\boldsymbol{Y}^{k-1}) + E(\tilde{\boldsymbol{X}}\tilde{\boldsymbol{Y}}^{T}(k))(E(\tilde{\boldsymbol{Y}}(k)\tilde{\boldsymbol{Y}}^{\mathrm{T}}(k)))^{-1}\tilde{\boldsymbol{Y}}(k)\end{aligned} \tag{10.3.2}$$

式中，$\boldsymbol{Y}$的上标k不表示$\boldsymbol{Y}$的k次方，而表示$\boldsymbol{Y}$的列阵由k个观测值y组成的列阵。$\boldsymbol{Y}^{k-1}$表示由$k-1$个$\boldsymbol{y}$组成的列阵，显然$\boldsymbol{Y}^k$是在$\boldsymbol{Y}^{k-1}$基础上，增加一个$y(k)$共同组成。

$$\tilde{\boldsymbol{X}} = \boldsymbol{X} - \hat{E}(\boldsymbol{X}|\boldsymbol{Y}^{k-1}) \tag{10.3.3}$$

$$\tilde{\boldsymbol{Y}}(k) = \boldsymbol{y}(k) - \hat{E}(\boldsymbol{y}(k)|\boldsymbol{Y}^{k-1}) \tag{10.3.4}$$

式中，$\boldsymbol{X}$为状态；$\hat{E}(\boldsymbol{X}|\boldsymbol{Y}^{k-1})$表示状态$\boldsymbol{X}$在$\boldsymbol{Y}^{k-1}$方向上的正交投影；$\tilde{\boldsymbol{X}}$为状态与投影之差；称为估计误差，$\boldsymbol{y}(k)$为第$k$时刻的观测值；$\hat{E}(\boldsymbol{y}(k)|\boldsymbol{Y}^{k-1})$表示$\boldsymbol{y}(k)$在$\boldsymbol{Y}^{k-1}$上的正交投影；$\tilde{\boldsymbol{Y}}(k)$表示$\boldsymbol{y}(k)$与它的正交投影之差；$\hat{E}(\tilde{\boldsymbol{X}}|\boldsymbol{Y}^{k-1})$，表示状态估计误差在$\boldsymbol{Y}^{k-1}$上的正交投影。

定理1也称为正交投影性质3。

【证明】（1）先证明

$$\hat{E}(\boldsymbol{X} \mid \boldsymbol{Y}^{k-1}) + \hat{E}(\tilde{\boldsymbol{X}} \mid \tilde{\boldsymbol{Y}}(k))$$
$$= \hat{E}(\boldsymbol{X} \mid \boldsymbol{Y}^{k-1}) + E(\tilde{\boldsymbol{X}}\tilde{\boldsymbol{Y}}^{T}(k))(E(\tilde{\boldsymbol{Y}}(k)\cdot\tilde{\boldsymbol{Y}}^{T}(k)))^{-1}\tilde{\boldsymbol{Y}}(k) \tag{10.3.5}$$

状态 $\boldsymbol{X}$ 在 $\boldsymbol{Y}$ 上的正交投影就是状态最小方差估计。由式(9.1.25)有

$$\hat{E}(\boldsymbol{X} \mid \boldsymbol{Y}) = \hat{\boldsymbol{X}}_{\text{LMV}}(\boldsymbol{Y}) = E(\boldsymbol{X}) + \text{Cov}(\boldsymbol{X},\boldsymbol{Y})\text{Var}^{-1}(\boldsymbol{Y})(\boldsymbol{Y} - E(\boldsymbol{Y}))$$

用 $\tilde{\boldsymbol{X}}$，$\tilde{\boldsymbol{Y}}(k)$ 分别代替上式的 $\boldsymbol{X}$ 和 $\boldsymbol{Y}$，得

$$\hat{E}(\tilde{\boldsymbol{X}} \mid \tilde{\boldsymbol{Y}}(k)) = E(\tilde{\boldsymbol{X}}) + \text{Cov}(\tilde{\boldsymbol{X}},\tilde{\boldsymbol{Y}}(k))\text{Var}^{-1}(\tilde{\boldsymbol{Y}}(k))(\tilde{\boldsymbol{Y}}(k) - E(\tilde{\boldsymbol{Y}}(k))) \tag{10.3.6}$$

式(10.3.6)右边第 1 项

$$E(\tilde{\boldsymbol{X}}) = E(\boldsymbol{X} - \hat{E}(\boldsymbol{X} \mid \boldsymbol{Y}^{k-1})) \tag{10.3.7}$$
$$= E(\boldsymbol{X}) - E(\hat{E}(\boldsymbol{X} \mid \boldsymbol{Y}^{k-1})) \tag{10.3.8}$$

式中，$\hat{E}(\boldsymbol{X} \mid \boldsymbol{Y}^{k-1})$ 为 $\boldsymbol{X}$ 在 $\boldsymbol{Y}^{k-1}$ 的正交投影；$\hat{E}(\boldsymbol{X} \mid \boldsymbol{Y}^{k})$ 为 $\boldsymbol{X}$ 在 $\boldsymbol{Y}^{k}$ 上的正交投影。不同之处在于前者是基于 $k-1$ 组观测值上的最小方差估计，后者是基于 k 组观测值上的最小方差估计，比前者多了一个观测值。它们的数学期应相等，根据线性最小方差估计的无偏性

$$E(\hat{E}(\boldsymbol{X} \mid \boldsymbol{Y}^{k-1})) = E(\hat{E}(\boldsymbol{X} \mid \boldsymbol{Y}^{k})) = E(\boldsymbol{X}) \tag{10.3.9}$$

故式(10.3.8)为

$$E(\tilde{\boldsymbol{X}}) = E(\boldsymbol{X}) - E(\hat{E}(\boldsymbol{X} \mid \boldsymbol{Y}^{k-1}) = E(\boldsymbol{X}) - E(\boldsymbol{X}) = 0 \tag{10.3.10}$$

式(10.3.6)中的第 2 项的第 1 个因子，根据协方差的定义

$$\text{Cov}(\tilde{\boldsymbol{X}},\tilde{\boldsymbol{Y}}(k)) = E((\tilde{\boldsymbol{X}} - E(\tilde{\boldsymbol{X}}))(\tilde{\boldsymbol{Y}}(k) - E(\tilde{\boldsymbol{Y}}(k))^{\text{T}}) \tag{10.3.11}$$

由式(10.3.10)知式(10.3.6)右边第一项 $E(\tilde{\boldsymbol{X}}) = 0$。

同理可证

$$\boldsymbol{E}(\tilde{\boldsymbol{Y}}(k)) = E(\boldsymbol{Y}(k) - \hat{E}(\boldsymbol{Y}(k) \mid \boldsymbol{Y}^{k-1})) = E(\boldsymbol{Y}(k)) - E(\hat{E}(\boldsymbol{Y}(k) \mid \boldsymbol{Y}^{k-1})) \tag{10.3.12}$$

由于最小方差估计是无偏估计

$$E(\hat{E}(\boldsymbol{Y}(k) \mid \boldsymbol{Y}^{k-1})) = E(\hat{E}(\boldsymbol{Y}(k) \mid \boldsymbol{Y}^{k})) = E(\boldsymbol{Y}(k))$$

这样式(10.3.12)变成

$$\boldsymbol{E}(\tilde{\boldsymbol{Y}}(k)) = E(\boldsymbol{Y}(k)) - E(\boldsymbol{Y}(k)) = 0 \tag{10.3.13}$$

式(10.3.11)为

$$\text{Cov}(\tilde{\boldsymbol{X}},\tilde{\boldsymbol{Y}}(k)) = E(\tilde{\boldsymbol{X}}\tilde{\boldsymbol{Y}}^{\text{T}}(k)) \tag{10.3.14}$$

式(10.3.6)中第 2 项的第 2 个因子

$$\text{Var}(\tilde{\boldsymbol{Y}}(k)) = E((\tilde{\boldsymbol{Y}}(k) - E(\tilde{\boldsymbol{Y}}(k))(\tilde{\boldsymbol{Y}}(k) - E(\tilde{\boldsymbol{Y}}(k))^{\text{T}}) \tag{10.3.15}$$

由式(10.3.13)知

$$E(\tilde{\boldsymbol{Y}}(k)) = 0;\ E(\tilde{\boldsymbol{Y}}(k)^{\text{T}}) = 0$$

式(10.3.15)成为

$$\text{Var}(\tilde{\boldsymbol{Y}}(k)) = E(\tilde{\boldsymbol{Y}}(k)\tilde{\boldsymbol{Y}}^{\text{T}}(k)) \tag{10.3.16}$$

式(10.3.6)第 2 项的第 3 因子同样有

$$\tilde{\boldsymbol{Y}}(k) - E(\tilde{\boldsymbol{Y}}(k)) = \tilde{\boldsymbol{Y}}(k) \tag{10.3.17}$$

将式(10.3.10)、式(10.3.14)、式(10.3.16)、式(10.3.17)代入式(10.3.6)，有

$$\hat{E}(\tilde{\boldsymbol{X}} \mid \tilde{\boldsymbol{Y}}(k)) = E(\tilde{\boldsymbol{X}}\tilde{\boldsymbol{Y}}^{\text{T}}(k))(E(\tilde{\boldsymbol{Y}}(k)\tilde{\boldsymbol{Y}}^{\text{T}}(k)))^{-1}\tilde{\boldsymbol{Y}}(k)$$

这样式(10.3.2)的第 2 个等号成立，即

$$\hat{E}(\boldsymbol{X}|\boldsymbol{Y}^{k-1})+\hat{E}(\tilde{\boldsymbol{X}}|\tilde{\boldsymbol{Y}}(k))=\hat{E}(\boldsymbol{X}|Y^{k-1})+E(\tilde{\boldsymbol{X}}\tilde{\boldsymbol{Y}}^{\mathrm{T}}(k))(E(\tilde{\boldsymbol{Y}}(k)\tilde{\boldsymbol{Y}}^{T}(k)))^{-1}\tilde{\boldsymbol{Y}}(k)$$

(2) 后证明

$$\hat{E}(\boldsymbol{X}|\boldsymbol{Y}^{k})=\hat{E}(\boldsymbol{X}|\boldsymbol{Y}^{k-1})+E(\tilde{\boldsymbol{X}}\tilde{\boldsymbol{Y}}(k))(E(\tilde{\boldsymbol{Y}}(k)\tilde{\boldsymbol{Y}}^{\mathrm{T}}(k)))^{-1}\tilde{\boldsymbol{Y}}(k)$$

令

$$\hat{\boldsymbol{X}}(\boldsymbol{Y})=\hat{E}(\boldsymbol{X}|\boldsymbol{Y}^{k-1})+E(\tilde{\boldsymbol{X}}\tilde{\boldsymbol{Y}}(k))(E(\tilde{\boldsymbol{Y}}(k)\tilde{\boldsymbol{Y}}^{\mathrm{T}}(k)))^{-1}\tilde{\boldsymbol{Y}}(k) \tag{10.3.18}$$

式中，$\hat{\boldsymbol{X}}(\boldsymbol{Y})$ 为基于观测量 $\boldsymbol{Y}$ 的状态估计量，根据正交投影的定义，状态任一估计量可表示为状态 $\boldsymbol{X}$ 在 $\boldsymbol{Y}^k$ 上的正交投影，即

$$\hat{\boldsymbol{X}}(\boldsymbol{Y})=\hat{E}(X|Y^{k}) \tag{10.3.19}$$

如果能证得假设的 $\hat{\boldsymbol{X}}(\boldsymbol{Y})$ 正是 $\boldsymbol{X}$ 在 $\boldsymbol{Y}^k$ 上的正交投影，即假设的 $\hat{\boldsymbol{X}}(\boldsymbol{Y})$ 满足式(10.3.19)，则式(10.3.2) 的第 1 个等号成立，结合式(10.3.18) 则定理得证。以下证明的命题是，状态 $\boldsymbol{X}$ 的估计 $\hat{\boldsymbol{X}}(\boldsymbol{Y})$ 是该状态 $\boldsymbol{X}$ 在 $\boldsymbol{Y}^k$ 上的正交投影。要证明一个状态的估计是该状态 $\boldsymbol{X}$ 在 $\boldsymbol{Y}^k$ 上的正交投影，必须证明该估计量具备正交投影的三个必要条件

【条件 1】 $\hat{X}(Y)$ 是 $\boldsymbol{Y}^k$ 的线性表示。

根据状态最小方差估计式(9.1.25)

$$\hat{\boldsymbol{X}}_{\mathrm{LMV}}(\boldsymbol{Y})=E(\boldsymbol{X})+\mathrm{Cov}(\boldsymbol{X},\boldsymbol{Y})\mathrm{Var}^{-1}(\boldsymbol{Y})(\boldsymbol{Y}-E(\boldsymbol{Y}))$$

将 $\boldsymbol{Y}$ 换成 $\boldsymbol{Y}^{k-1}$，也就是观测量不是 $\boldsymbol{Y}$，而是 $\boldsymbol{Y}^{k-1}$，则

$$\hat{\boldsymbol{X}}_{\mathrm{LMV}}(\boldsymbol{Y}^{k-1})=\hat{E}(\boldsymbol{X}|\boldsymbol{Y}^{k-1})=E(\boldsymbol{X})+\mathrm{Cov}(\boldsymbol{X},\boldsymbol{Y}^{k-1})\mathrm{Var}^{-1}(\boldsymbol{Y}^{k-1})(\boldsymbol{Y}^{k-1}-E(\boldsymbol{Y}^{k-1})) \tag{10.3.20}$$

将式(10.3.20)) 等式右边的第 2 项展开为两项，得

$$\hat{E}(\boldsymbol{X}|\boldsymbol{Y}^{k-1})=E(\boldsymbol{X})+\mathrm{Cov}(\boldsymbol{X},\boldsymbol{Y}^{k-1})\mathrm{Var}^{-1}(\boldsymbol{Y}^{k-1})\boldsymbol{Y}^{k-1}-\mathrm{Cov}(\boldsymbol{X},\boldsymbol{Y}^{k-1})\mathrm{Var}^{-1}(\boldsymbol{Y}^{k-1})E(\boldsymbol{Y}^{k-1})$$

由于 $E(\boldsymbol{X})$，$\mathrm{Cov}(\boldsymbol{X},\boldsymbol{Y}^{k-1})$，$\mathrm{Var}^{-1}(\boldsymbol{Y}^{k-1})$，$E(\boldsymbol{Y}^{k-1})$ 均为常数

令

$$a'=E(\boldsymbol{X})-\mathrm{Cov}(\boldsymbol{X},\boldsymbol{Y}^{k-1})\mathrm{Var}^{-1}(\boldsymbol{Y}^{k-1})E(\boldsymbol{Y}^{k-1})$$

又令

$$b'=\mathrm{Cov}(\boldsymbol{X},\boldsymbol{Y}^{k-1})\mathrm{Var}^{-1}(\boldsymbol{Y}^{k-1})$$

式(10.3.20) 变成

$$\hat{E}(\boldsymbol{X}|\boldsymbol{Y}^{k-1})=a'+b'\boldsymbol{Y}^{k-1}$$

也就是说式(10.3.18) 右边的第 1 项可表示为 $\boldsymbol{Y}^{k-1}$ 的线性表示。

式(10.3.18) 右边的第 2 项

$$E(\tilde{\boldsymbol{X}}\tilde{\boldsymbol{Y}}(k))(E(\tilde{\boldsymbol{Y}}(k)\tilde{\boldsymbol{Y}}^{T}(k)))^{-1}\tilde{\boldsymbol{Y}}(k) \tag{10.3.21}$$

由式(10.3.4) 知

$$\tilde{\boldsymbol{Y}}(k)=\boldsymbol{y}(k)-\hat{E}(\boldsymbol{y}(k)|\boldsymbol{Y}^{k-1})$$

式(10.3.21) 变成

$$E(\tilde{\boldsymbol{X}}\tilde{\boldsymbol{Y}}(k))(E(\tilde{\boldsymbol{Y}}(k)\tilde{\boldsymbol{Y}}^{\mathrm{T}}(k)))^{-1}(\boldsymbol{y}(k)-\hat{E}(\boldsymbol{y}(k)|\boldsymbol{Y}^{k-1}) \tag{10.3.22}$$

类似于式(10.3.20)，式(10.3.22) 中的

$$\begin{aligned}\hat{E}(\boldsymbol{y}(k)|\boldsymbol{Y}^{k-1})&=E(\boldsymbol{y}(k))+\mathrm{Cov}(\boldsymbol{y}(k),\boldsymbol{Y}^{k-1})\mathrm{Var}^{-1}(\boldsymbol{Y}^{k-1})(\boldsymbol{Y}^{k-1}-E(\boldsymbol{Y}^{k-1}))\\&=E(\boldsymbol{y}(k))+\mathrm{Cov}(\boldsymbol{y}(k),\boldsymbol{Y}^{k-1})\mathrm{Var}^{-1}(\boldsymbol{Y}^{k-1})\boldsymbol{Y}^{k-1}\\&\quad-\mathrm{Cov}(\boldsymbol{y}(k),\boldsymbol{Y}^{k-1})\mathrm{Var}^{-1}(\boldsymbol{Y}^{k-1})E(\boldsymbol{Y}^{k-1})\end{aligned}$$

令

$$a'' = E(\boldsymbol{y}(k)) - \mathrm{Cov}(\boldsymbol{y}(k), \boldsymbol{Y}^{k-1})\mathrm{Var}^{-1}(\boldsymbol{Y}^{k-1})E(\boldsymbol{Y}^{k-1})$$
$$b'' = \mathrm{Cov}(\boldsymbol{y}(k), \boldsymbol{Y}^{k-1})\mathrm{Var}^{-1}(\boldsymbol{Y}^{k-1})$$

则

$$\hat{E}(\boldsymbol{y}(k) \mid \boldsymbol{Y}^{k-1}) = a'' + b''\boldsymbol{Y}^{k-1} \tag{10.3.23}$$

又令

$$c'' = E(\tilde{\boldsymbol{X}}\tilde{\boldsymbol{Y}}(k))(E(\tilde{\boldsymbol{Y}}(k)\tilde{\boldsymbol{Y}}^{T}(k)))^{-1}$$

这样式(10.3.18)右边的第2项

$$E(\tilde{\boldsymbol{X}}\tilde{\boldsymbol{Y}}(k))(E(\tilde{\boldsymbol{Y}}(k)\tilde{\boldsymbol{Y}}^{\mathrm{T}}(k)))^{-1}\tilde{\boldsymbol{Y}}(k) = c''(\boldsymbol{y}(k) - a'' - b''\boldsymbol{Y}^{k-1})$$

式(10.3.18)变成

$$\begin{aligned}\hat{\boldsymbol{X}}(\boldsymbol{Y}) &= a' + b'\boldsymbol{Y}^{k-1} + c''\boldsymbol{y}(k) - c''a'' - c''b''Y^{k-1} \\ &= (a' - c''a'') + (b' - c''b'')\boldsymbol{Y}^{k-1} + c''\boldsymbol{y}(k) \\ &= (a' - c''a'') + (b' - c''b'' \quad c'')\begin{pmatrix}\boldsymbol{Y}^{k-1} \\ \boldsymbol{y}(k)\end{pmatrix} \\ &= a + \boldsymbol{B}\boldsymbol{Y}^{k}\end{aligned}$$

式中，$a = a' - c''a''$；$\boldsymbol{B} = (b' - c''b'' \quad c'')$；$\boldsymbol{Y}^{k} = \begin{pmatrix}\boldsymbol{Y}^{k-1} \\ \boldsymbol{Y}(k)\end{pmatrix}$，可见$\hat{\boldsymbol{X}}(\boldsymbol{Y})$可表示为$\boldsymbol{Y}^{k}$的线性表示，满足正交投影条件1。

【条件2】 $\hat{\boldsymbol{X}}(\boldsymbol{Y})$是无偏估计。

对式(10.3.18)两边求数学期望

$$\begin{aligned}E(\hat{\boldsymbol{X}}(\boldsymbol{Y})) &= E(\hat{E}(\tilde{\boldsymbol{X}} \mid \boldsymbol{Y}^{k-1}) + E(\tilde{\boldsymbol{X}}\tilde{\boldsymbol{Y}}(k))(E(\tilde{\boldsymbol{Y}}(k)\tilde{\boldsymbol{Y}}^{T}(k)))^{-1}\tilde{\boldsymbol{Y}}(k)) \\ &= E(\hat{E}(\tilde{\boldsymbol{X}} \mid \boldsymbol{Y}^{k-1})) + E(E(\tilde{\boldsymbol{X}}\tilde{\boldsymbol{Y}}(k))(E(\tilde{\boldsymbol{Y}}(k)\tilde{\boldsymbol{Y}}^{T}(k)))^{-1}\tilde{\boldsymbol{Y}}(k)) \\ &= E(\hat{E}(\tilde{\boldsymbol{X}} \mid \boldsymbol{Y}^{k-1})) + E(\tilde{\boldsymbol{X}}\tilde{\boldsymbol{Y}}(k))(E(\tilde{\boldsymbol{Y}}(k)\tilde{\boldsymbol{Y}}^{\mathrm{T}}(k)))^{-1}E(\tilde{\boldsymbol{Y}}(k))\end{aligned} \tag{10.3.24}$$

根据(10.3.9)类似的理由，最小方差估计是无偏估计

$$E(\hat{E}(y(k) \mid \boldsymbol{Y}^{k-1})) = E(\hat{E}(y(k) \mid \boldsymbol{Y}^{k})) = E(y(k))$$

由于

$$\begin{aligned}E(\tilde{\boldsymbol{Y}}(k)) &= E(y(k)) - \hat{E}(y(k) \mid Y^{k-1}) = E(y(k) - E(y(k))) \\ &= E(y(k) - E(y(k)) = E(y(k) - E(y(k)) = 0\end{aligned}$$

式(10.3.24)成为

$$E(\hat{\boldsymbol{X}}(\boldsymbol{Y})) = E(\hat{E}(\tilde{\boldsymbol{X}} \mid \boldsymbol{Y}^{k-1})) \tag{10.3.25}$$

根据式(10.3.3)

$$\tilde{\boldsymbol{X}} = \boldsymbol{X} - \hat{E}(\boldsymbol{X} \mid \boldsymbol{Y}^{k-1})$$

两边同求数学期望

$$E(\tilde{\boldsymbol{X}}) = E(\boldsymbol{X}) - E(\hat{E}(\boldsymbol{X} \mid \boldsymbol{Y}^{k-1}))$$

由于状态的最小方差估计是无偏的，即

$$E(\tilde{\boldsymbol{X}}) = 0$$

这样

$$E(\boldsymbol{X}) - E(\hat{E}(\boldsymbol{X} \mid \boldsymbol{Y}^{k-1})) = 0$$
$$E(\hat{E}(\boldsymbol{X} \mid \boldsymbol{Y}^{k-1})) = E(\boldsymbol{X}) \tag{10.3.26}$$

式(10.3.26))代入式(10.3.24)，得到

$$E(\hat{\boldsymbol{X}}(\boldsymbol{Y}))=E(\hat{E}(\tilde{\boldsymbol{X}}\mid \boldsymbol{Y}^{k-1}))=E(\boldsymbol{X})$$

可见，$\hat{\boldsymbol{X}}(\boldsymbol{Y})$ 是无偏估计，正交投影条件 2 满足。

条件 3 在证明之前，先要证明 4 个引理。

【引理 1】

$$E(\tilde{\boldsymbol{X}}(\hat{E}(\boldsymbol{y}(k)\mid \boldsymbol{Y}^{k-1})^{T})=0 \tag{10.3.27}$$

【证明】 由式(10.3.23) $\hat{E}(\boldsymbol{y}(k)\mid \boldsymbol{Y}^{k-1})=a''+b''\boldsymbol{Y}^{k-1}$ 已经可以表示为 y^{k-1} 的线性表示，或可以写成

$$\hat{E}(\boldsymbol{y}(k)\mid \boldsymbol{Y}^{k-1})=a+\boldsymbol{B}\boldsymbol{Y}^{k-1} \tag{10.3.28}$$

将式(10.3.28)代入式(10.3.27)中

$$\begin{aligned}E(\tilde{\boldsymbol{X}}(\hat{E}(\boldsymbol{y}(k)\mid \boldsymbol{Y}^{k-1})^{\mathrm{T}})&=E(\tilde{\boldsymbol{X}}(a+B\boldsymbol{Y}^{k-1})^{\mathrm{T}})=E(\tilde{\boldsymbol{X}}(a^{\mathrm{T}}+(\boldsymbol{Y}^{k-1})^{\mathrm{T}}\boldsymbol{B}^{\mathrm{T}}))\\&=E(\tilde{\boldsymbol{X}}a^{\mathrm{T}})+E(\tilde{\boldsymbol{X}}(\boldsymbol{Y}^{k-1})^{\mathrm{T}}\boldsymbol{B}^{\mathrm{T}})=E(\tilde{\boldsymbol{X}})a^{\mathrm{T}}+E(\tilde{\boldsymbol{X}}(\boldsymbol{Y}^{k-1})^{\mathrm{T}})\boldsymbol{B}^{\mathrm{T}}\end{aligned} \tag{10.3.29}$$

由式(10.3.10)知 $E(\tilde{\boldsymbol{X}})=0$，式(10.3.29)第 1 项为 0，而

$$E(\tilde{\boldsymbol{X}}(\boldsymbol{Y}^{k-1})^{\mathrm{T}})=E((\boldsymbol{X}-\hat{E}(\boldsymbol{X}\mid \boldsymbol{Y}^{k-1}))(\boldsymbol{Y}^{k-1})^{\mathrm{T}})$$

根据已经证明的条件 2，是无偏估计

$$\hat{\boldsymbol{X}}(\boldsymbol{Y}^{k-1})=\hat{E}(\boldsymbol{X}\mid \boldsymbol{Y}^{k-1})$$

估计误差 $\tilde{\boldsymbol{X}}=\boldsymbol{X}-\hat{\boldsymbol{X}}(\boldsymbol{Y}^{k-1})=\boldsymbol{X}-\hat{E}(\boldsymbol{X}\mid \boldsymbol{Y}^{k-1})$ 与$\boldsymbol{Y}^{k-1}$ 正交，根据式(10.2.1)

$$E(\tilde{\boldsymbol{X}}(\boldsymbol{Y}^{k-1})^{\mathrm{T}})=E((\boldsymbol{X}-\hat{E}(\boldsymbol{X}\mid \boldsymbol{Y}^{k-1}))(\boldsymbol{Y}^{k-1})^{\mathrm{T}})=0$$

这样式(10.3.29)第 2 项为 0，所以

$$E(\tilde{\boldsymbol{X}}(\hat{E}(\boldsymbol{y}(k)\mid \boldsymbol{Y}^{k-1})^{T})=0$$

【证毕】

【引理 2】

$$E(\tilde{\boldsymbol{Y}}(k)(\hat{E}(\boldsymbol{y}(k)\mid \boldsymbol{Y}^{k-1})^{T})=0 \tag{10.3.30}$$

【证明】 由式(10.3.28) $\hat{E}(\boldsymbol{y}(k)\mid \boldsymbol{Y}^{k-1})$ 与$\boldsymbol{Y}^{k-1}$ 呈线性关系，可设

$$\hat{E}(\boldsymbol{y}(k)\mid \boldsymbol{Y}^{k-1})=a+\boldsymbol{B}\boldsymbol{Y}^{k-1} \tag{10.3.31}$$

将式(10.3.31)代入式(10.3.30)

$$\begin{aligned}E(\tilde{\boldsymbol{Y}}(k)(\hat{E}(\boldsymbol{y}(k)\mid \boldsymbol{Y}^{k-1})^{\mathrm{T}})&=E(\tilde{\boldsymbol{Y}}(k)(a+\boldsymbol{B}\boldsymbol{Y}^{k-1})^{\mathrm{T}})=E(\tilde{\boldsymbol{Y}}(k)(a^{\mathrm{T}}+(\boldsymbol{Y}^{k-1})^{\mathrm{T}}\boldsymbol{B}^{\mathrm{T}}))\\&=E((\tilde{\boldsymbol{Y}}(k)a^{T}+\tilde{\boldsymbol{Y}}(k)(\boldsymbol{Y}^{k-1})^{\mathrm{T}}\boldsymbol{B}^{\mathrm{T}}))=E(\tilde{\boldsymbol{Y}}(k))\cdot a^{\mathrm{T}}+E(\tilde{\boldsymbol{Y}}(k)(\boldsymbol{Y}^{k-1})^{\mathrm{T}})\boldsymbol{B}^{\mathrm{T}}\end{aligned}$$

式中，$\tilde{\boldsymbol{Y}}(k)=\boldsymbol{y}(k)-\hat{E}(\boldsymbol{y}(k)\mid \boldsymbol{Y}^{k-1})$ 中的$\hat{E}(\boldsymbol{y}(k)\mid \boldsymbol{Y}^{k-1})$ 是 $\boldsymbol{y}(k)$ 在$\boldsymbol{Y}^{k-1}$ 上的正交投影，且估计是无偏的。所以

$$E(\tilde{\boldsymbol{Y}}(k))=0 \tag{10.3.32}$$

而$\hat{E}(\tilde{\boldsymbol{Y}}(k)\boldsymbol{Y}^{k-1})^{\mathrm{T}})$ 也因$\hat{E}(\boldsymbol{y}(k)\mid \boldsymbol{Y}^{k-1})$ 是$\boldsymbol{Y}^{k-1}$ 上的正交投影，由式(10.2.1)知

$$\hat{E}(\tilde{\boldsymbol{Y}}(k)(\boldsymbol{Y}^{k-1})^{T})=0 \tag{10.3.33}$$

基于式(10.3.32)和式(10.3.33)，所以

$$E(\tilde{\boldsymbol{Y}}(k)(\hat{E}(\boldsymbol{Y}(k)\mid \boldsymbol{Y}^{k-1})^{\mathrm{T}})=0$$

【证毕】

【引理 3】

$$E(\tilde{\boldsymbol{X}}\tilde{\boldsymbol{Y}}^{\mathrm{T}}(k))=E(\tilde{\boldsymbol{X}}\boldsymbol{y}(k)) \tag{10.3.34}$$

【证明】 因为

$$E(\tilde{X}\tilde{Y}^{\mathrm{T}}(k)) = E(\tilde{X}(y(k) - \hat{E}(y(k) \mid Y^{k-1}))^{\mathrm{T}}) = E(\tilde{X}(y^{\mathrm{T}}(k)) - \tilde{X}(\hat{E}(y(k) \mid Y^{k-1}))^{\mathrm{T}})$$
$$= E(\tilde{X}y^{\mathrm{T}}(k)) - E(\tilde{X}(\hat{E}(y(k) \mid Y^{k-1}))^{\mathrm{T}})$$

根据引理1有

$$E(\tilde{X}(\hat{E}(y(k) \mid Y^{k-1})^{T}) = 0,$$

所以

$$E(\tilde{X}\tilde{Y}^{\mathrm{T}}(k)) = E(\tilde{X}y(k))$$

【证毕】

【引理4】

$$E(\tilde{Y}(k)\tilde{Y}^{\mathrm{T}}(k)) = E(\tilde{Y}(k)y^{\mathrm{T}}(k)) \tag{10.3.35}$$

【证明】 因为

$$E(\tilde{Y}(k)\tilde{Y}^{T}(k)) = E(\tilde{Y}(k)(y(k) - \hat{E}(y(k) \mid Y^{k-1}))^{\mathrm{T}}) = E(\tilde{Y}(k)(y^{\mathrm{T}}(k) - (\hat{E}(y(k) \mid Y^{k-1}))^{\mathrm{T}})$$
$$= E(\tilde{Y}(k)(y^{\mathrm{T}}(k) - \tilde{Y}(k)(\hat{E}(y(k) \mid Y^{k-1}))^{\mathrm{T}}) = E(\tilde{Y}(k)y^{\mathrm{T}}(k)) - E(\tilde{Y}(k)(\hat{E}(y(k) \mid Y^{k-1}))^{\mathrm{T}})$$

根据引理2，$E(\tilde{Y}(k)(\hat{E}(y(k) \mid Y^{k-1})^{\mathrm{T}}) = 0$，所以

$$E(\tilde{Y}(k)\tilde{Y}^{\mathrm{T}}(k)) = E(\tilde{Y}(k)y^{\mathrm{T}}(k))$$

【证毕】

有了上述引理，以下将证明条件3。

【条件3】 $\hat{X}(Y)$ 是 X 在 Y^{k-1} 上的正交投影，即

$$E((X - \hat{X}(Y)(Y^{k})^{\mathrm{T}}) = 0 \tag{10.3.36}$$

【证明】 将式(10.3.18) $\hat{X}(Y) = \hat{E}(X \mid Y^{k-1}) + E(\tilde{X}\tilde{Y}(k))(E(\tilde{Y}(k)\tilde{Y}^{\mathrm{T}}(k)))^{-1}\tilde{Y}(k)$ 代入式(10.3.36)得到

$$E((X - \hat{X}(Y)(Y^{k})^{\mathrm{T}})$$
$$= E((X - (\hat{E}(X \mid Y^{k-1}) + E(\tilde{X}\tilde{Y}(k))(E(\tilde{Y}(k)\tilde{Y}^{\mathrm{T}}(k)))^{-1}\tilde{Y}(k))(Y^{k})^{\mathrm{T}})$$
$$= E((X - \hat{E}(X \mid Y^{k-1})) - E(\tilde{X}\tilde{Y}(k))(E(\tilde{Y}(k)\tilde{Y}^{\mathrm{T}}(k)))^{-1}\tilde{Y}(k))(Y^{k})^{\mathrm{T}}))$$
$$= E(X - \hat{E}(X \mid Y^{k-1})) - E(E(\tilde{X}\tilde{Y}(k))(E(\tilde{Y}(k)\tilde{Y}^{\mathrm{T}}(k)))^{-1}\tilde{Y}(k)(Y^{k})^{\mathrm{T}}) \tag{10.3.37}$$

式(10.3.37)第2项写成

$$E(\tilde{X}\tilde{Y}(k))(E(\tilde{Y}(k)\tilde{Y}^{\mathrm{T}}(k)))^{-1}E(\tilde{Y}(k)(Y^{k})^{\mathrm{T}})$$

式(10.3.37)第1项

$$E(X - (\hat{E}(X \mid Y^{k-1})) = E(\tilde{X})$$

由于是在Y^{k-1}基础上的估计，且估计是无偏的，正如式(10.3.9)

$$E(\hat{E}(X \mid Y^{k-1})) = E(\hat{E}(X \mid Y^{k})) = E(X)$$

故 $E(\tilde{X}) = E(\tilde{X}(Y^{k})^{\mathrm{T}})$，即状态估计误差 $\tilde{X}$ 与观测向量 Y^{k} 正交。

这样式(10.3.37)进而写成

$$E((X - \hat{X}(Y)(Y^{k})^{\mathrm{T}})$$
$$= E(\tilde{X}(Y^{k})^{\mathrm{T}}) - E(\tilde{X}\tilde{Y}^{\mathrm{T}}(k))(E(\tilde{Y}(k)\tilde{Y}^{\mathrm{T}}(k)))^{-1}E(\tilde{Y}(k)(Y^{k})^{\mathrm{T}}) \tag{10.3.38}$$

注意到：$Y^{k} = \begin{pmatrix} Y^{k-1} \\ y(k) \end{pmatrix}$，$(Y^{k})^{\mathrm{T}} = ((Y^{k-1})^{\mathrm{T}} \mid y^{\mathrm{T}}(k))$。

式(10.3.38)的第1项

$$E(\tilde{X}(Y^{k})^{\mathrm{T}}) = E(\tilde{X}((Y^{k-1})^{\mathrm{T}} \mid y^{\mathrm{T}}(k)) = E(\tilde{X}(Y^{k-1})^{\mathrm{T}} \mid \tilde{X}y^{\mathrm{T}}(k))$$

$$= (E(\tilde{\boldsymbol{X}}(\boldsymbol{Y}^{k-1})^{\mathrm{T}}) \mid E(\tilde{\boldsymbol{X}}\boldsymbol{y}^{\mathrm{T}}(k))) \tag{10.3.39}$$

由正交投影性质 1 知，$E(\tilde{\boldsymbol{X}}(\boldsymbol{Y}^{k-1})^{\mathrm{T}}) = 0$。则式(10.3.39)变成

$$E(\tilde{\boldsymbol{X}}(Y^{k})^{\mathrm{T}}) = (0 \mid E(\tilde{\boldsymbol{X}}\boldsymbol{y}^{\mathrm{T}}(k))) \tag{10.3.40}$$

式(10.3.38)的第 2 项

$$\begin{aligned}&E(\tilde{\boldsymbol{X}}\tilde{\boldsymbol{Y}}^{\mathrm{T}}(k))(E(\tilde{\boldsymbol{Y}}(k)\tilde{\boldsymbol{Y}}^{\mathrm{T}}(k)))^{-1}E(\tilde{\boldsymbol{Y}}(k)(\boldsymbol{Y}^{k})^{\mathrm{T}})\\
&= E(\tilde{\boldsymbol{X}}\tilde{\boldsymbol{Y}}^{\mathrm{T}}(k))(E(\tilde{\boldsymbol{Y}}(k)\tilde{\boldsymbol{Y}}^{\mathrm{T}}(k)))^{-1}E(\tilde{\boldsymbol{Y}}(k)((\boldsymbol{Y}^{k-1})^{\mathrm{T}} \mid \boldsymbol{y}^{\mathrm{T}}(k)))\\
&= E(\tilde{\boldsymbol{X}}\tilde{\boldsymbol{Y}}^{\mathrm{T}}(k))(E(\tilde{\boldsymbol{Y}}(k)\tilde{\boldsymbol{Y}}^{\mathrm{T}}(k)))^{-1}E(\tilde{\boldsymbol{Y}}(k)(\boldsymbol{Y}^{k-1})^{\mathrm{T}} \mid \tilde{\boldsymbol{Y}}(k)\boldsymbol{y}^{\mathrm{T}}(k))\\
&= E(\tilde{\boldsymbol{X}}\tilde{\boldsymbol{Y}}^{\mathrm{T}}(k))(E(\tilde{\boldsymbol{Y}}(k)\tilde{\boldsymbol{Y}}^{\mathrm{T}}(k)))^{-1}(E(\tilde{\boldsymbol{Y}}(k)(\boldsymbol{Y}^{k-1})^{\mathrm{T}}) \mid E(\tilde{\boldsymbol{Y}}(k)Y^{\mathrm{T}}(k)))\end{aligned} \tag{10.3.41}$$

由于 $\tilde{\boldsymbol{Y}}(k) = \boldsymbol{y}(k) - \hat{E}(\boldsymbol{y}(k) \mid \boldsymbol{Y}^{k-1})$ 中的 $\hat{E}(\boldsymbol{y}(k) \mid \boldsymbol{Y}^{k-1})$ 是向量 $\boldsymbol{y}(k)$ 在 $\boldsymbol{Y}^{k-1}$ 上的正交投影，$\tilde{\boldsymbol{Y}}(k)$ 与 $\boldsymbol{Y}^{k-1}$ 正交，于是 $E(\tilde{\boldsymbol{Y}}(k)(\boldsymbol{Y}^{k-1})^{\mathrm{T}}) = 0$。

式(10.3.41)进而变成

$$\begin{aligned}&= E(\tilde{\boldsymbol{X}}\tilde{\boldsymbol{Y}}^{\mathrm{T}}(k))(E(\tilde{\boldsymbol{Y}}(k)\tilde{\boldsymbol{Y}}^{\mathrm{T}}(k)))^{-1}(0 \mid E(\tilde{\boldsymbol{Y}}(k)\boldsymbol{Y}^{\mathrm{T}}(k)))\\
&= (0 \mid E(\tilde{\boldsymbol{X}}\tilde{\boldsymbol{Y}}^{\mathrm{T}}(k))(E(\tilde{\boldsymbol{Y}}(k)\tilde{\boldsymbol{Y}}^{\mathrm{T}}(k)))^{-1}E(\tilde{\boldsymbol{Y}}(k)\boldsymbol{Y}^{\mathrm{T}}(k)))\\
&= (0 \mid E(\tilde{\boldsymbol{X}}\tilde{\boldsymbol{Y}}^{\mathrm{T}}(k)))\end{aligned} \tag{10.3.42}$$

将式(10.3.40)和式(10.3.42)代入式(10.3.38)

$$\begin{aligned}E((\boldsymbol{X} - \hat{\boldsymbol{X}}(\boldsymbol{Y})(\boldsymbol{Y}^{k})^{\mathrm{T}}) &= (0 \mid E(\tilde{\boldsymbol{X}}\boldsymbol{y}^{\mathrm{T}}(k))) - (0 \mid E(\tilde{\boldsymbol{X}}\tilde{\boldsymbol{Y}}^{\mathrm{T}}(k)))\\
&= E(\tilde{\boldsymbol{X}}\boldsymbol{Y}^{\mathrm{T}}(k)) - E(\tilde{\boldsymbol{X}}\tilde{\boldsymbol{Y}}^{\mathrm{T}}(k))\end{aligned} \tag{10.3.43}$$

根据引理 3 有

$$E(\tilde{\boldsymbol{X}}\boldsymbol{y}^{\mathrm{T}}(k)) = E(\tilde{\boldsymbol{X}}\tilde{\boldsymbol{Y}}^{\mathrm{T}}(k))$$

式(10.3.43)变成

$$E((\boldsymbol{X} - \hat{\boldsymbol{X}}(\boldsymbol{Y})(\boldsymbol{Y}^{k})^{\mathrm{T}}) = 0$$

【证毕】

到此，已经证明 $\hat{\boldsymbol{X}}(\boldsymbol{Y})$ 与 $\boldsymbol{Y}$ 满足正交投影的 3 个条件，故 $\hat{\boldsymbol{X}}(\boldsymbol{Y})$ 是 $\boldsymbol{X}$ 在 $\boldsymbol{Y}^{k}$ 上的正交投影。

10.4 正交投影向量图

重写性质3，$\hat{\boldsymbol{X}}(\boldsymbol{Y}) = \hat{E}(\boldsymbol{X} \mid \boldsymbol{Y}) = \hat{E}(\boldsymbol{X} \mid \boldsymbol{Y}^{k-1}) + \hat{E}(\tilde{\boldsymbol{X}} \cdot \tilde{\boldsymbol{Y}}^{\mathrm{T}}(k))(\hat{E}(\tilde{\boldsymbol{Y}}(k) \cdot \tilde{\boldsymbol{Y}}^{\mathrm{T}}(k)))^{-1}\tilde{\boldsymbol{Y}}(k)$。并将式中涉及的变量绘于图 10.4.1。

图 10.4.1 中 $\boldsymbol{Y}^{k}$ 为由 k 个观测值组成的向量，$\boldsymbol{Y}^{k-1}$ 为由 $k-1$ 个观测值组成的向量，$\boldsymbol{y}(k)$ 是第 k 个观测向量，$\hat{E}(\boldsymbol{y}(k) \mid \boldsymbol{Y}^{k-1})$ 为 $\boldsymbol{y}(k)$ 向量在 $\boldsymbol{Y}^{k-1}$ 上的正交投影，也是基于 $\boldsymbol{Y}^{k-1}$，$\boldsymbol{y}(k)$ 的估计量。

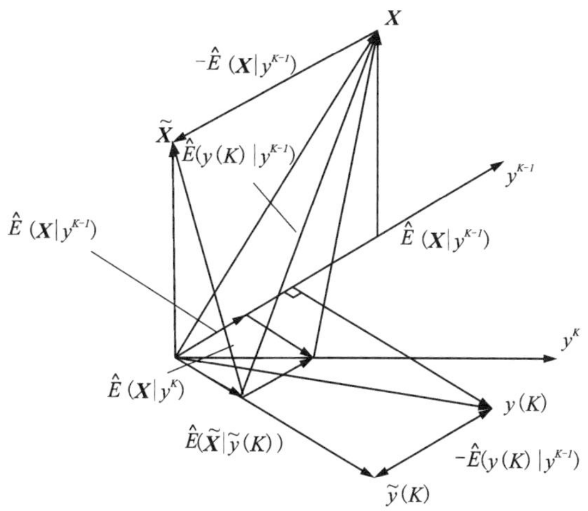

图 10.4.1 状态观测量、状态估误差向量图

由图 $\tilde{\boldsymbol{Y}}(k)=\boldsymbol{y}(k)-\hat{E}(\boldsymbol{y}(k)\mid\boldsymbol{Y}^{k-1})$ 为 $\boldsymbol{y}(k)$ 与估计量 $E(\hat{E}(\boldsymbol{X}\mid\boldsymbol{Y}^{k-1}))$ 之差，称为 $\boldsymbol{y}(k)$ 的估计误差。$\boldsymbol{X}$ 为状态，它在 $\boldsymbol{Y}^{k-1}$ 上的正交投影为 $\hat{E}(\boldsymbol{X}\mid\boldsymbol{Y}^{k-1})$，在 $\boldsymbol{Y}^{k}$ 上的投影为 $\hat{E}(X\mid Y^{k})$。由图可见 $\tilde{\boldsymbol{X}}=\boldsymbol{X}-\hat{E}(\boldsymbol{X}\mid\boldsymbol{Y}^{k-1})$ 为 X 与它的估计量 $\hat{E}(\boldsymbol{X}\mid\boldsymbol{Y}^{k-1})$ 之差，称为 $\boldsymbol{X}$ 的估计误差。$\tilde{\boldsymbol{X}}$ 在 $\tilde{\boldsymbol{Y}}(k)$ 上的正交投影为 $\hat{E}(\tilde{\boldsymbol{X}}\mid\boldsymbol{Y}(k))$。性质3 给出了 $\boldsymbol{X}$ 在 $\boldsymbol{Y}^{k}$ 上的正交投影，与 $\boldsymbol{X}$ 在 $\boldsymbol{Y}^{k-1}$ 上的正交投影之间的向量关系，为状态的一步预测递推公式，即卡尔曼(Kalman) 滤波奠定基础。

10.5 线性离散系统的最佳状态估计(离散型卡尔曼滤波)

设离散系统为

$$\begin{cases}\boldsymbol{X}(k+1)=\boldsymbol{\Phi}(k+1,k)\boldsymbol{X}(k)+\boldsymbol{\Gamma}(k+1,k)\boldsymbol{W}(k)\\ \boldsymbol{Y}(k+1)=\boldsymbol{C}(k+1)\boldsymbol{X}(k+1)+\boldsymbol{V}(k+1)\end{cases}\tag{10.5.1}$$

式中，$\boldsymbol{X}(k+1)$、$\boldsymbol{X}(k)$ 分别表示第 $k+1$ 时刻，k 时刻的状态，均为 $n\times 1$ 阶列阵。$\boldsymbol{Y}(k+1)$ 为系统 $k+1$ 时刻的输出，为 $m\times 1$ 阶列阵，称观测向量。$\boldsymbol{\Phi}(k+1,k)$ 为状态转移矩阵，$n\times n$ 阶，k 为初始时刻，$k+1$ 为末端时刻。当 $\boldsymbol{\Phi}(k+1,k)$ 乘上初始状态 $\boldsymbol{X}(k)$ 后，状态 $\boldsymbol{X}(k)$ 将从初态转移到末端状态 $\boldsymbol{X}(k+1)$，如果不考虑扰动向量的话。$\boldsymbol{W}(k)$ 为扰动量，如是人为施加的，称为控制向量。如果是自然施加的未知量称为扰动量，为 $p\times 1$ 阶列向量。$\boldsymbol{\Gamma}(k+1,k)$ 为扰动量的状态转移矩阵，$n\times p$ 阶，意义与 $\boldsymbol{\Phi}(k+1,k)$ 相同。$C(k+1)$ 为输出系数矩阵，$m\times n$ 阶。$V(k+1)$ 为观测噪声，$m\times 1$ 阶矩阵。

假设：

(1) 随机扰动 $\boldsymbol{W}(k)$，$k\geqslant 0$；观测噪声 $\boldsymbol{V}(k+1)$，$k\geqslant 0$，为零均值白噪声或高斯白噪声序列。括号中的 $k\geqslant 0$，表示这两个量是从 $k=0$ 开始的，不包含0之前

$$E(\boldsymbol{W}(k))=0\tag{10.5.2}$$

白噪声序列是指自相关函数为 δ 函数的随机过程。$(\boldsymbol{W}(k);\ k\geqslant 0)$ 是一个随机过程，这

个过程在任一时刻均为随机变量，称为随机过程的状态。不同时刻状态随机变量乘积的数学期望称为自相关函数，即

$$\boldsymbol{R}_{XX}(k) = E(\boldsymbol{W}(k)\boldsymbol{W}^{\mathrm{T}}(j))$$

这正是 $\boldsymbol{W}(k)$ 和 $\boldsymbol{W}(j)$ 的协方差阵

$$\mathrm{Cov}(\boldsymbol{W}(k), \boldsymbol{W}(j)) = \boldsymbol{R}_{XX}(k) = E(\boldsymbol{W}(k)\boldsymbol{W}^{\mathrm{T}}(j)) = \boldsymbol{Q}(k)\delta(k, j) \tag{10.5.3}$$

式中，$\boldsymbol{Q}(k)$ 为 $p\times p$ 非负定阵，$\delta(k, j)$ 为 δ 函数，称为单位脉冲函数。

$$\delta(k, j) = \begin{cases}1 & k = j\\ 0 & k \neq j\end{cases} \quad 且 \quad \int_{j^-}^{j^+}\delta(0)\mathrm{d}t = 1 \tag{10.5.4}$$

式中，$\boldsymbol{Q}(k)$ 称为脉冲冲量。

同样设 $\boldsymbol{V}(k)$，$k\geqslant 0$ 为零均值的白噪声或高斯白噪声，即

$$\begin{cases}E(\boldsymbol{V}(k)) = 0\\ \mathrm{Cov}(\boldsymbol{V}(k), \boldsymbol{V}(j)) = \boldsymbol{R}(k)\delta(k, j)\end{cases} \tag{10.5.5}$$

式中，$\boldsymbol{R}(k)$ 为 $m\times m$ 阶非负定阵，是 $\boldsymbol{V}(k)$ 的协方差阵，脉冲冲量，不要与$\boldsymbol{R}_{XX}(k)$ 混淆。

（2）随机扰动 $\boldsymbol{W}(k)$ 与观测噪声 $\boldsymbol{V}(k)$ 是相互独立的，即

$$\mathrm{Cov}(\boldsymbol{W}(k), \boldsymbol{V}(k)) = 0 \tag{10.5.6}$$

（3）系统初态 $X(0)$ 亦为随机变量，它的数学期望与方差阵为

$$E(\boldsymbol{X}(0)) = \boldsymbol{\mu}_X(0) \tag{10.5.7}$$

$$\mathrm{Var}(\boldsymbol{X}(0)) = \boldsymbol{P}_X(0) \tag{10.5.8}$$

（4）系统的初态与随机扰动、观测噪声相互独立，即

$$\mathrm{Cov}(\boldsymbol{W}(k), \boldsymbol{X}(0)) = 0 \tag{10.5.9}$$

$$\mathrm{Cov}(\boldsymbol{V}(k), \boldsymbol{X}(0)) = 0 \tag{10.5.10}$$

根据上述假设，可得如下关系。

【定理 1】 对于 $j\geqslant k$

$$\mathrm{Cov}(\boldsymbol{X}(k), \boldsymbol{W}(j)) = E(\boldsymbol{X}(k)\boldsymbol{W}^{\mathrm{T}}(j)) = 0 \tag{10.5.11}$$

【证明】 根据协方差定义

$$\mathrm{Cov}(\boldsymbol{X}(k), \boldsymbol{W}(j)) = E((\boldsymbol{X}(k) - E(\boldsymbol{X}(k)))(\boldsymbol{W}(j) - E(\boldsymbol{W}(j)))^{\mathrm{T}}) \tag{10.5.12}$$

由式(10.5.2)

$$E(\boldsymbol{W}(k)) = 0$$

式(10.5.12) 写成

$$\begin{aligned}\mathrm{Cov}(\boldsymbol{X}(k), \boldsymbol{W}(j)) &= E((\boldsymbol{X}(k) - E(\boldsymbol{X}(k)))\boldsymbol{W}^{\mathrm{T}}(j))\\ &= E(\boldsymbol{X}(k)\boldsymbol{W}^{\mathrm{T}}(j) - E(\boldsymbol{X}(k))\boldsymbol{W}^{\mathrm{T}}(j))\\ &= E(\boldsymbol{X}(k)\boldsymbol{W}^{\mathrm{T}}(j)) - E(E(\boldsymbol{X}(k)\boldsymbol{W}^{\mathrm{T}}(j))\\ &= E(\boldsymbol{X}(k)\boldsymbol{W}^{\mathrm{T}}(j)) - E(\boldsymbol{X}(k))\cdot E(\boldsymbol{W}^{\mathrm{T}}(j))\end{aligned}$$

由于

$$E(\boldsymbol{W}^{\mathrm{T}}(j)) = (E(\boldsymbol{W}(j)))^{\mathrm{T}} = 0^{\mathrm{T}} = 0$$

所以

$$\mathrm{Cov}(\boldsymbol{X}(k), \boldsymbol{W}(j)) = E(\boldsymbol{X}(k)\boldsymbol{W}^{\mathrm{T}}(j))$$

根据状态方程

$$\boldsymbol{X}(k+1) = \boldsymbol{\Phi}(k+1, k)\boldsymbol{X}(k) + \boldsymbol{\Gamma}(k+1, k)\boldsymbol{W}(k)$$

当 $k=0$ 时

$$X(1)=\boldsymbol{\Phi}(1,0)X(0)+\boldsymbol{\Gamma}(1,0)W(0) \tag{10.5.13}$$

当 $k=1$ 时

$$X(2)=\boldsymbol{\Phi}(2,1)X(1)+\boldsymbol{\Gamma}(2,1)W(1) \tag{10.5.14}$$

将式(10.5.13)代入式(10.5.14)

$$\begin{aligned} X(2) &= \boldsymbol{\Phi}(2,1)(\boldsymbol{\Phi}(1,0)X(0)+\boldsymbol{\Gamma}(1,0)W(0))+\boldsymbol{\Gamma}(2,1)W(1) \\ &= \boldsymbol{\Phi}(2,1)\boldsymbol{\Phi}(1,0)X(0)+\boldsymbol{\Phi}(2,1)\boldsymbol{\Gamma}(1,0)W(0)+\boldsymbol{\Gamma}(2,1)W(1) \end{aligned} \tag{10.5.15}$$

由于状态转移矩阵的传递性

$$\boldsymbol{\Phi}(2,1)\boldsymbol{\Phi}(1,0)=\boldsymbol{\Phi}(2,0)$$

$$\sum_{i=1}^{2}\boldsymbol{\Phi}(2,i)\boldsymbol{\Gamma}(i,i-1)W(i-1)=\boldsymbol{\Phi}(2,1)\boldsymbol{\Gamma}(1,0)W(0)+\boldsymbol{\Phi}(2,2)\boldsymbol{\Gamma}(2,1)W(1)$$

其中，$\boldsymbol{\Phi}(2,2)=1$ 因为从状态 2 转移到状态 2，实际没转移。

式(10.5.15)变成

$$X(2)=\boldsymbol{\Phi}(2,0)X(0)+\sum_{i=1}^{2}\boldsymbol{\Phi}(2,i)\boldsymbol{\Gamma}(i,i-1)W(i-1)$$

推而广之，k 时刻时

$$X(k)=\boldsymbol{\Phi}(k,0)X(0)+\sum_{i=1}^{k}\boldsymbol{\Phi}(k,i)\boldsymbol{\Gamma}(i,i-1)W(i-1) \tag{10.5.16}$$

因此

$$\begin{aligned} & E(X(k)\,W^{\mathrm{T}}(j)) \\ &= E\Big(\Big(\boldsymbol{\Phi}(k,0)X(0)+\sum_{i=1}^{k}\boldsymbol{\Phi}(k,i)\boldsymbol{\Gamma}(i,i-1)W(i-1)\Big)\,W^{\mathrm{T}}(j)\Big) \\ &= E((\boldsymbol{\Phi}(k,0)X(0)\,W^{\mathrm{T}}(j))+E\Big(\Big(\sum_{i=1}^{k}\boldsymbol{\Phi}(k,i)\boldsymbol{\Gamma}(i,i-1)W(i-1)\Big)\,W^{\mathrm{T}}(j)\Big) \end{aligned} \tag{10.5.17}$$

式(10.5.17)的第 1 项

$$E((\boldsymbol{\Phi}(k,0)X(0)\,W^{\mathrm{T}}(j))=\boldsymbol{\Phi}(k,0)E(X(0)\,W^{\mathrm{T}}(j))$$

根据假设(4)，系统初态与随机扰动相互独立

$$E(X(0)\,W^{\mathrm{T}}(j))=0$$

故式(10.5.17)的第 1 项

$$E((\boldsymbol{\Phi}(k,0)X(0)\,W^{\mathrm{T}}(j))=0 \tag{10.5.18}$$

由于 $j\geqslant k$，$i\leqslant k$，$j>i$，$W^{\mathrm{T}}(j)$ 对 i 而言是常数，故 $W^{\mathrm{T}}(j)$ 可以移入 $\sum$ 号内，故式(10.5.17)的第 2 项变成

$$E\Big(\sum_{i=1}^{k}\boldsymbol{\Phi}(k,i)\boldsymbol{\Gamma}(i,i-1)W(i-1)\,W^{\mathrm{T}}(j)\Big)$$

i 从 1 到 k 求累加，可见 $i\leqslant k$，而引理 1 的前提是，只有当 $j=k$ 时，$\delta_{k,k}=1$，就算 $i=k$，$j=k$，

$$W(i-1)\,W^{\mathrm{T}}(j)=W(k-1)\,W^{\mathrm{T}}(k)$$

$W(k-1)$ 与 $W(k)$ 不是同一时刻，不相关，故

$$E(W(k-1)\,W^{\mathrm{T}}(k))=0$$

在$j > k$时刻，$\boldsymbol{W}(k-1)$与$\boldsymbol{W}(k)$更不相关，故$E(\boldsymbol{W}(i-1)\boldsymbol{W}^{\mathrm{T}}(j))=0$，这样式(10.5.17)第2项

$$E\left(\left(\sum_{i=1}^{k}\boldsymbol{\Phi}(k,i)\boldsymbol{\Gamma}(i,i-1)\boldsymbol{W}(i-1)\right)\boldsymbol{W}^{\mathrm{T}}(j)\right)=0 \tag{10.5.19}$$

结合式(10.5.18)和式(10.5.19)，当$j \geqslant k$时，式(10.5.17)变成$E(\boldsymbol{X}(k)\boldsymbol{W}^{\mathrm{T}}(j))=0$。即当$j \geqslant k$在$k$之后，状态$\boldsymbol{X}(k)$与扰动协方差等于0。

【证毕】

【定理2】 对于$j \geqslant k$ Cov($\boldsymbol{Y}(k)$

$$\boldsymbol{W}(j))=E(\boldsymbol{Y}(k)\boldsymbol{W}^{\mathrm{T}}(j))=0 \tag{10.5.20}$$

【证明1】

$$\mathrm{Cov}(\boldsymbol{Y}(k),\boldsymbol{W}(j))=E((\boldsymbol{Y}(k)-E(\boldsymbol{Y}(k)))(\boldsymbol{W}(j)-E(\boldsymbol{W}(j)))^{\mathrm{T}}) \tag{10.5.21}$$

由式(10.5.2)$E(\boldsymbol{W}(j))=0$，则式(10.5.21)变成

$$\begin{aligned}\mathrm{Cov}(\boldsymbol{Y}(k),\boldsymbol{W}(j))&=E((\boldsymbol{Y}(k)-E(\boldsymbol{Y}(k)))\boldsymbol{W}^{\mathrm{T}}(j))\\&=E((\boldsymbol{Y}(k)\boldsymbol{W}^{\mathrm{T}}(j)-E(\boldsymbol{Y}(k))\boldsymbol{W}^{\mathrm{T}}(j))\\&=E(\boldsymbol{Y}(k)\boldsymbol{W}^{\mathrm{T}}(j))-E(E(\boldsymbol{Y}(k)\boldsymbol{W}^{\mathrm{T}}(j)))\\&=E(\boldsymbol{Y}(k)\boldsymbol{W}^{\mathrm{T}}(j))-E(\boldsymbol{Y}(k))E(\boldsymbol{W}^{\mathrm{T}}(j))\end{aligned} \tag{10.5.22}$$

式中，$E(\boldsymbol{W}^{\mathrm{T}}(j))=E^{\mathrm{T}}(\boldsymbol{W}(j))=0$。

式(10.5.22)变成

$$\mathrm{Cov}(\boldsymbol{Y}(k),\boldsymbol{W}(j))=E(\boldsymbol{Y}(k)\boldsymbol{W}^{\mathrm{T}}(j)) \tag{10.5.23}$$

由式(10.5.1)知，输出方程

$$\boldsymbol{Y}(k+1)=\boldsymbol{C}(k+1)X(k+1)+\boldsymbol{V}(k+1)$$

而状态方程知

$$\boldsymbol{X}(k+1)=\boldsymbol{\Phi}(k+1,k)\boldsymbol{X}(k)+\boldsymbol{\Gamma}(k+1,k)\boldsymbol{W}(k)$$

状态方程代入输出方程得

$$\boldsymbol{Y}(k+1)=\boldsymbol{C}(k+1)(\boldsymbol{\Phi}(k+1,k)\boldsymbol{X}(k)+\boldsymbol{\Gamma}(k+1,k)\boldsymbol{W}(k))+\boldsymbol{V}(k+1)$$

当$k=0$时

$$\boldsymbol{Y}(1)=\boldsymbol{C}(1)(\boldsymbol{\Phi}(1,0)\boldsymbol{X}(0)+\boldsymbol{\Gamma}(1,0)\boldsymbol{W}(0))+\boldsymbol{V}(1)$$

当$k=1$时

$$\boldsymbol{Y}(2)=\boldsymbol{C}(2)(\boldsymbol{\Phi}(2,1)\boldsymbol{X}(1)+\boldsymbol{\Gamma}(2,1)\boldsymbol{W}(1))+\boldsymbol{V}(2) \tag{10.5.24}$$

而当$k=0$时，状态方程变成

$$\boldsymbol{X}(1)=\boldsymbol{\Phi}(1,0)\boldsymbol{X}(0)+\boldsymbol{\Gamma}(1,0)\boldsymbol{W}(0) \tag{10.5.25}$$

式(10.5,25)代入式(10.5,24)

$$\begin{aligned}\boldsymbol{Y}(2)&=\boldsymbol{C}(2)(\boldsymbol{\Phi}(2,1)(\boldsymbol{\Phi}(1,0)\boldsymbol{X}(0)+\boldsymbol{\Gamma}(1,0)\boldsymbol{W}(0))+\boldsymbol{\Gamma}(2,1)\boldsymbol{W}(1))+\boldsymbol{V}(2)\\&=\boldsymbol{C}(2)\boldsymbol{\Phi}(2,1)\boldsymbol{\Phi}(1,0)\boldsymbol{X}(0)+\boldsymbol{C}(2)\boldsymbol{\Phi}(2,1)\boldsymbol{\Gamma}(1,0)\boldsymbol{W}(0)+\boldsymbol{C}(2)\boldsymbol{\Gamma}(2,1)\boldsymbol{W}(1))+\boldsymbol{V}(2)\\&=\boldsymbol{C}(2)\boldsymbol{\Phi}(2,0)X(0)+\boldsymbol{C}(2)\sum_{i=1}^{2}\boldsymbol{\Phi}(2,i)\boldsymbol{\Gamma}(i,i-1)\boldsymbol{W}(i-1)+\boldsymbol{V}(2)\end{aligned}$$

由此可以归纳为

$$\boldsymbol{Y}(k)=\boldsymbol{C}(k)\boldsymbol{\Phi}(k,0)\boldsymbol{X}(0)+\boldsymbol{C}(k)\sum_{i=1}^{k}\boldsymbol{\Phi}(k,i)\boldsymbol{\Gamma}(i,i-1)\boldsymbol{W}(i-1)+\boldsymbol{V}(k)$$

这样

$$E(\boldsymbol{Y}(k)\boldsymbol{W}^{\mathrm{T}}(j))$$
$$=E(\boldsymbol{C}(k)\boldsymbol{\Phi}(k,0)\boldsymbol{X}(0)+\boldsymbol{C}(k)\sum_{i=1}^{k}\boldsymbol{\Phi}(k,i)\boldsymbol{\Gamma}(i,i-1)\boldsymbol{W}(i-1)+\boldsymbol{V}(k))\boldsymbol{W}^{\mathrm{T}}(j))$$
$$=E(\boldsymbol{C}(k)\boldsymbol{\Phi}(k,0)\boldsymbol{X}(0)\boldsymbol{W}^{\mathrm{T}}(j))+\boldsymbol{E}(\boldsymbol{C}(k)\sum_{i=1}^{k}\boldsymbol{\Phi}(k,i)\boldsymbol{\Gamma}(i,i-1)\boldsymbol{W}(i-1))\cdot\boldsymbol{W}^{\mathrm{T}}(j))$$
$$+E(\boldsymbol{V}(k)\boldsymbol{W}^{\mathrm{T}}(j)) \tag{10.5.26}$$

式(10.5.26)的第1项

$$E(\boldsymbol{C}(k)\boldsymbol{\Phi}(k,0)\boldsymbol{X}(0)\boldsymbol{W}^{\mathrm{T}}(j))=\boldsymbol{C}(k)\boldsymbol{\Phi}(k,0)E(\boldsymbol{X}(0))\boldsymbol{W}^{\mathrm{T}}(j)$$

根据假设(4)，即式(10.5.9)有

$$\mathrm{Cov}(\boldsymbol{W}(j),\boldsymbol{X}(0))=0$$

又由式(8.1.18)有

$$\mathrm{Cov}(\boldsymbol{W}(j),\boldsymbol{X}(0))=\mathrm{Cov}(\boldsymbol{X}(0),\boldsymbol{W}(j))$$

于是有

$$\mathrm{Cov}(\boldsymbol{X}(0),\boldsymbol{W}(j))=0$$
$$\mathrm{Cov}(\boldsymbol{X}(0),\boldsymbol{W}(j))=E((\boldsymbol{X}(0)-E(\boldsymbol{X}(0)))(\boldsymbol{W}(j)-E(\boldsymbol{W}(j)))^{\mathrm{T}}) \tag{10.5.27}$$

因为扰动是零均值的，$E(\boldsymbol{W}(j))=0$，式(10.5.27)变成

$$\mathrm{Cov}(\boldsymbol{X}(0),\boldsymbol{W}(j))=E((\boldsymbol{X}(0)-E(\boldsymbol{X}(0)))\boldsymbol{W}^{\mathrm{T}}(j))$$
$$=E(\boldsymbol{X}(0)\boldsymbol{W}^{\mathrm{T}}(j))-E(E(\boldsymbol{X}(0))\cdot\boldsymbol{W}^{\mathrm{T}}(j))$$
$$=E(\boldsymbol{X}(0)\boldsymbol{W}^{\mathrm{T}}(j))-E(\boldsymbol{X}(0))E(\boldsymbol{W}^{\mathrm{T}}(j))=0$$

$\boldsymbol{W}(j)$为零均值，$E(\boldsymbol{W}^{\mathrm{T}}(j))=0$，所以

$$E(\boldsymbol{X}(0)\boldsymbol{W}^{\mathrm{T}}(j))=0$$

这样式(10.5.26)的第1项为

$$E(\boldsymbol{C}(k)\boldsymbol{\Phi}(k,0)\boldsymbol{X}(0)\boldsymbol{W}^{\mathrm{T}}(j))$$
$$=\boldsymbol{C}(k)\boldsymbol{\Phi}(k,0)E(\boldsymbol{X}(0)\boldsymbol{W}^{T}(j))=0$$

式(10.5.26)的第2项为

$$E(\boldsymbol{C}(k)\sum_{i=1}^{k}\boldsymbol{\Phi}(k,i)\boldsymbol{\Gamma}(i,i-1)\boldsymbol{W}(i-1))\cdot(\boldsymbol{W}^{\mathrm{T}}(j))$$
$$=\boldsymbol{C}(k)E(\sum_{i=1}^{k}\boldsymbol{\Phi}(k,i)\boldsymbol{\Gamma}(i,i-1)\boldsymbol{W}(i-1))(\boldsymbol{W}^{\mathrm{T}}(j))$$

其中，$\boldsymbol{W}^{\mathrm{T}}(j)$与$i$无关，对$i$而言为常数，可以移入$\sum$内，上式变成

$$=\boldsymbol{C}(k)E(\sum_{i=1}^{k}\boldsymbol{\Phi}(k,i)\boldsymbol{\Gamma}(i,i-1)\boldsymbol{W}(i-1)\boldsymbol{W}^{\mathrm{T}}(j))$$
$$=\boldsymbol{C}(k)\sum_{i=1}^{k}\boldsymbol{\Phi}(k,i)\boldsymbol{\Gamma}(i,i-1)E(\boldsymbol{W}(i-1)\boldsymbol{W}^{\mathrm{T}}(j))$$

上述也有类似的讨论，i从1到k，$\boldsymbol{W}(i-1)$与$\boldsymbol{W}(k)$必是不同时刻，两者相互独立，相关函数为0。将上式展开，每项中的$E(\boldsymbol{W}(i-1)\cdot\boldsymbol{W}^{\mathrm{T}}(j))=0$，故式(10.5.26)的第2项为0。

根据假设(2)有

$$\mathrm{Cov}(\boldsymbol{V}(k),\boldsymbol{W}(j))$$

$$= E(((\boldsymbol{V}(k) - E(\boldsymbol{V}(k))(\boldsymbol{W}(j) - E(\boldsymbol{W}(j)))^{\mathrm{T}}) \tag{10.5.28}$$

$\boldsymbol{V}(k)$ 与 $\boldsymbol{W}(j)$ 均为零均值的噪声过程

$$E(\boldsymbol{V}(k)) = 0 \quad E(\boldsymbol{W}(j)) = 0$$

式(10.5.28)变成

$$\mathrm{Cov}(\boldsymbol{V}(k), \boldsymbol{W}(j)) = E(\boldsymbol{V}(k)\boldsymbol{W}^{\mathrm{T}}(j))$$

由假设(2) $\mathrm{Cov}(\boldsymbol{V}(k), \boldsymbol{W}(j)) = 0$，所以

$$E(\boldsymbol{V}(k)\boldsymbol{W}^{\mathrm{T}}(j)) = 0$$

式(10.5.26)第3项为0。由于式(10.5.26)的三项均为0，所以

$$E(\boldsymbol{Y}(k)\boldsymbol{W}^{\mathrm{T}}(j)) = 0$$

【证毕】

【证明2】 引理2还可以直接从引理1得出

$$\mathrm{Cov}(\boldsymbol{Y}(k), \boldsymbol{W}(j)) = E((\boldsymbol{Y}(k) - E(\boldsymbol{Y}(k))(\boldsymbol{W}(j) - E(\boldsymbol{W}(j)))^{\mathrm{T}})$$

由于

$$E(\boldsymbol{W}(j)) = 0$$

$$\mathrm{Cov}(\boldsymbol{Y}(k), \boldsymbol{W}(j)) = E((\boldsymbol{Y}(k) - E(\boldsymbol{Y}(k))\boldsymbol{W}^{\mathrm{T}}(j))$$
$$= E(\boldsymbol{Y}(k)\boldsymbol{W}^{\mathrm{T}}(j) - E(\boldsymbol{Y}(k))\boldsymbol{W}^{\mathrm{T}}(j))$$
$$= E(\boldsymbol{Y}(k)\boldsymbol{W}^{\mathrm{T}}(j)) - E(E(\boldsymbol{Y}(k)\boldsymbol{W}^{\mathrm{T}}(j))) = E(\boldsymbol{Y}(k)\boldsymbol{W}^{\mathrm{T}}(j)) - E(\boldsymbol{Y}(k))E(\boldsymbol{W}^{\mathrm{T}}(j))$$

由于

$$E(\boldsymbol{W}^{\mathrm{T}}(j)) = 0 \quad \mathrm{Cov}(\boldsymbol{Y}(k), \boldsymbol{W}(j)) = E(\boldsymbol{Y}(k)\cdot\boldsymbol{W}^{\mathrm{T}}(j)) \tag{10.5.29}$$

输出方程

$$\boldsymbol{Y}(k+1) = \boldsymbol{C}(k+1)\boldsymbol{X}(k+1) + \boldsymbol{V}(k+1)$$

对于 k 时刻

$$\boldsymbol{Y}(k) = \boldsymbol{C}(k)\boldsymbol{X}(k) + \boldsymbol{V}(k) \tag{10.5.30}$$

将式(10.5.30)代入式(10.5.29)

$$\mathrm{Cov}(\boldsymbol{Y}(k), \boldsymbol{W}(j)) = E(\boldsymbol{Y}(k)\boldsymbol{W}^{\mathrm{T}}(j))$$
$$= E((\boldsymbol{C}(k)\boldsymbol{X}(k) + \boldsymbol{V}(k))\cdot\boldsymbol{W}^{\mathrm{T}}(j)) = E(\boldsymbol{C}(k)\boldsymbol{X}(k)\boldsymbol{W}^{\mathrm{T}}(j) + \boldsymbol{V}(k)\boldsymbol{W}^{\mathrm{T}}(j))$$
$$= E(\boldsymbol{C}(k)\boldsymbol{X}(k)\boldsymbol{W}^{\mathrm{T}}(j)) + E(\boldsymbol{V}(k)\boldsymbol{W}^{\mathrm{T}}(j)) \tag{10.5.31}$$

由假设(2)

$$\mathrm{Cov}(\boldsymbol{V}(k), \boldsymbol{W}(k)) = \mathrm{Cov}(\boldsymbol{W}(k), \boldsymbol{V}(k)) = 0$$
$$\mathrm{Cov}(\boldsymbol{V}(k), \boldsymbol{W}(j)) = E((\boldsymbol{V}(k) - E(\boldsymbol{V}(k)))(\boldsymbol{W}(j) - E(\boldsymbol{W}(j)))^{\mathrm{T}}) \tag{10.5.32}$$

由假设(1)有

$$E(\boldsymbol{W}(j)) = 0$$

由式(10.5.32)有

$$\mathrm{Cov}(\boldsymbol{V}(k), \boldsymbol{W}(j)) = E((\boldsymbol{V}(k) - E(\boldsymbol{V}(k)))\boldsymbol{W}^{\mathrm{T}}(j))$$
$$= E((\boldsymbol{V}(k)\boldsymbol{W}^{\mathrm{T}}(j) - E(\boldsymbol{V}(k))\boldsymbol{W}^{\mathrm{T}}(j)))$$
$$= E((\boldsymbol{V}(k)\boldsymbol{W}^{\mathrm{T}}(j)) - E(E(\boldsymbol{V}(k))\boldsymbol{W}^{\mathrm{T}}(j))$$
$$= E((\boldsymbol{V}(k)\boldsymbol{W}^{\mathrm{T}}(j)) - E(\boldsymbol{V}(k))E(\boldsymbol{W}^{\mathrm{T}}(j))$$

式(10.5.32)写成

$$\mathrm{Cov}(\boldsymbol{V}(k), \boldsymbol{W}(j)) = E(\boldsymbol{V}(k)\boldsymbol{W}^{\mathrm{T}}(j))$$

由于

$$\mathrm{Cov}(\boldsymbol{V}(k),\ \boldsymbol{W}(j)) = 0$$

故

$$E(\boldsymbol{V}(k)\ \boldsymbol{W}^{\mathrm{T}}(j)) = 0 \tag{10.5.33}$$

将式(10.5.33)代入式(10.5.31)

$$E(\boldsymbol{Y}(k)\ \boldsymbol{W}^{\mathrm{T}}(j)) = E(\boldsymbol{C}(k)\boldsymbol{X}(k)\ \boldsymbol{W}^{\mathrm{T}}(j)) = \boldsymbol{C}(k)E(\boldsymbol{X}(k)\ \boldsymbol{W}^{\mathrm{T}}(j))$$

由引理1

$$E(\boldsymbol{X}(k)\ \boldsymbol{W}^{\mathrm{T}}(j)) = 0$$

所以

$$E(\boldsymbol{Y}(k)\ \boldsymbol{W}^{\mathrm{T}}(j)) = 0$$

式中，$j \geqslant k$。

【证毕】

这是第二种证明的方法。引理1、2表明k时刻的状态$\boldsymbol{X}(k)$和观测量$\boldsymbol{Y}(k)$，即系统的状态和输出，与之后的扰动不相关。

同理可证状态$\boldsymbol{X}(k)$和观测量$\boldsymbol{Y}(k)$与之后的观测噪声因素不相关，即

$$\mathrm{Cov}(\boldsymbol{X}(k),\ \boldsymbol{V}(j)) = E(\boldsymbol{X}(k)\ \boldsymbol{V}^{\mathrm{T}}(j)) = 0 \tag{10.5.34}$$

$$\mathrm{Cov}(\boldsymbol{Y}(k),\ \boldsymbol{V}(j)) = E(\boldsymbol{Y}(k)\ \boldsymbol{V}^{\mathrm{T}}(j)) = 0 \tag{10.5.35}$$

10.6　卡尔曼滤波方程

以下用正交投影的方法推广卡尔曼滤波方程，使其建立在更为严谨的数学基础上。为了简便，令$\hat{\boldsymbol{X}}(j \mid k) = \hat{E}(\boldsymbol{X}(j) \mid \boldsymbol{Y}^k)$，为$j$时刻状态$\boldsymbol{X}(j)$在$\boldsymbol{Y}^k$方向上的正交投影，记为$\hat{\boldsymbol{X}}(j \mid k)$。其中$k$表示$Y^k$方向，$j$表示$j$时刻的状态，$\hat{E}$表示正交投影。由此论之，$\hat{\boldsymbol{X}}(k \mid k)$表示$k$时刻的状态在$\boldsymbol{Y}^k$方向上的正交投影。由于

$$\boldsymbol{Y}^k = \begin{pmatrix} \boldsymbol{Y}^{k-1} \\ \boldsymbol{Y}(K) \end{pmatrix}$$

用新的标记方法，正交投影的第3个性质即定理1

$$\hat{\boldsymbol{X}}(k \mid k) = \hat{E}(\boldsymbol{X}(k) \mid \boldsymbol{Y}^{k-1}) + \hat{E}(\tilde{\boldsymbol{X}}(k)\ \tilde{\boldsymbol{Y}}^{\mathrm{T}}(k))\ (\hat{E}(\tilde{\boldsymbol{Y}}(k)\ \tilde{\boldsymbol{Y}}^{\mathrm{T}}(k)))^{-1}\tilde{\boldsymbol{Y}}(k)$$

其中

$$\tilde{\boldsymbol{X}}(k) = \boldsymbol{X}(k) - \hat{E}(\boldsymbol{X}(k) \mid \boldsymbol{Y}^{k-1}) = \boldsymbol{X}(k) - \hat{E}(k \mid k-1) \tag{10.6.1}$$

$$\tilde{\boldsymbol{Y}}(k) = \boldsymbol{Y}(k) - \hat{E}(\boldsymbol{Y}(k) \mid \boldsymbol{Y}^{k-1}) = \boldsymbol{Y}(k) - \hat{E}(k \mid k-1)$$

由图10.4.1可见，若图中的$\boldsymbol{X}$为$\boldsymbol{X}(k)$时，$\tilde{\boldsymbol{X}}(k)$是$\boldsymbol{X}(k)$在$\boldsymbol{Y}^{k-1}$方向上的正交投影，也是$\boldsymbol{X}(k)$在$\boldsymbol{Y}^{k-1}$基础上的估计误差，应用上述简化记法，同样于是

$$\tilde{\boldsymbol{X}}(k) = \tilde{\boldsymbol{X}}(\boldsymbol{X}(k) \mid \boldsymbol{Y}^{k-1}) = \tilde{\boldsymbol{X}}(k \mid k-1)$$

$$\tilde{\boldsymbol{Y}}(k) = \tilde{\boldsymbol{Y}}(\boldsymbol{Y}(k) \mid \boldsymbol{Y}^{k-1}) = \tilde{\boldsymbol{Y}}(k \mid k-1)$$

于是

$$\hat{\boldsymbol{X}}(k \mid k) = \hat{E}(\boldsymbol{X}(k) \mid \boldsymbol{Y}^{k-1})$$

$$+\hat{E}(\tilde{\boldsymbol{X}}(k|k-1)\cdot\tilde{\boldsymbol{Y}}^{\mathrm{T}}(k|k-1))(\hat{E}(\tilde{\boldsymbol{Y}}(k|k-1)\tilde{\boldsymbol{Y}}^{\mathrm{T}}(k|k-1)))^{-1}\tilde{\boldsymbol{Y}}(k|k-1) \tag{10.6.2}$$

由于 $\boldsymbol{X}(k)$ 在$\boldsymbol{Y}^{k-1}$ 上的正交投影可以简记为$\hat{\boldsymbol{X}}(k|k-1)$，故

$$\hat{\boldsymbol{X}}(k|k-1)=\hat{E}(\boldsymbol{X}(k)|\boldsymbol{Y}^{k-1}) \tag{10.6.3}$$

由式(10.5.1) 知

$$\boldsymbol{X}(k+1)=\boldsymbol{\Phi}(k+1,k)\boldsymbol{X}(k)+\boldsymbol{\Gamma}(k+1,k)\boldsymbol{W}(k)$$

对于 k 时刻的状态为

$$\boldsymbol{X}(k)=\boldsymbol{\Phi}(k,k-1)\boldsymbol{X}(k-1)+\boldsymbol{\Gamma}(k,k-1)\boldsymbol{W}(k-1) \tag{10.6.4}$$

将式(10.6.4) 代入式(10.6.3) 得

$$\hat{\boldsymbol{X}}(k|k-1)=\hat{E}(\boldsymbol{\Phi}(k,k-1)\boldsymbol{X}(k-1)+\boldsymbol{\Gamma}(k,k-1)\boldsymbol{W}(k-1)|\boldsymbol{Y}^{k-1})$$

根据两矢量和的投影等于投影之和，则

$$\hat{\boldsymbol{X}}(k|k-1)=\hat{E}(\boldsymbol{\Phi}(k,k-1)\boldsymbol{X}(k-1)|\boldsymbol{Y}^{k-1})+\hat{E}(\boldsymbol{\Gamma}(k,k-1)\boldsymbol{W}(k-1)|\boldsymbol{Y}^{k-1})$$

其中，$\boldsymbol{\Phi}(k,k-1)$ 与 $\boldsymbol{\Gamma}(k,k-1)$ 均为非随机矩阵，根据正交投影性质2，可提到投影号外，即

$$\hat{\boldsymbol{X}}(k|k-1)=\boldsymbol{\Phi}(k,k-1)\hat{E}(\boldsymbol{X}(k-1)|\boldsymbol{Y}^{k-1})+\boldsymbol{\Gamma}(k,k-1)\hat{E}(\boldsymbol{W}(k-1)|\boldsymbol{Y}^{k-1})$$

用简化记法

$$\hat{\boldsymbol{X}}(k|k-1)=\boldsymbol{\Phi}(k,k-1)\hat{\boldsymbol{X}}(k-1|k-1)+\boldsymbol{\Gamma}(k,k-1)\hat{E}(\boldsymbol{W}(k-1)|\boldsymbol{Y}^{k-1}) \tag{10.6.5}$$

注意简化记号仅适用于 $\boldsymbol{X}$，$\boldsymbol{Y}$。

【引理1】 扰动 $\boldsymbol{W}(k-1)$ 在$\boldsymbol{Y}^{k-1}$ 上的正交投影$\hat{E}(\boldsymbol{W}(k-1)|\boldsymbol{Y}^{k-1})=0$。

【证明】 根据状态最小方差估计，即式(9.1.25)

$$\hat{\boldsymbol{X}}_{\mathrm{LMV}}(\boldsymbol{Y})=E(\boldsymbol{X})+\mathrm{Cov}(\boldsymbol{X},\boldsymbol{Y})\mathrm{Var}^{-1}(\boldsymbol{Y})(\boldsymbol{Y}-E(\boldsymbol{Y}))$$

令 $\boldsymbol{X}=\boldsymbol{W}(k-1)$，$\boldsymbol{Y}=\boldsymbol{Y}^{(1)}$ 则

$$\hat{\boldsymbol{W}}(k-1)_{\mathrm{LMV}}(\boldsymbol{Y}(1))=\hat{E}(\boldsymbol{W}(k-1)|\boldsymbol{Y}(1))$$

$$=E(\boldsymbol{W}(k-1)+\mathrm{Cov}(\boldsymbol{W}(k-1),\boldsymbol{Y}(1))\mathrm{Var}^{-1}(\boldsymbol{Y}(1))(\boldsymbol{Y}(1)-E(\boldsymbol{Y}(1))) \tag{10.6.6}$$

根据假设(1)，扰动为零均值随机变量，$E(\boldsymbol{W}(k-1))=0$，又根据滤波问题假设而得到的引理2，即式(10.5.20)，对于$j\geqslant k$

$$\mathrm{Cov}(\boldsymbol{Y}(k),\boldsymbol{W}(j))=E(\boldsymbol{Y}(k)\boldsymbol{W}^{\mathrm{T}}(j))=0$$

显然$j>k-1$，故

$$\mathrm{Cov}(\boldsymbol{W}(k-1),\boldsymbol{Y}(1))=\mathrm{Cov}(\boldsymbol{Y}(1),\boldsymbol{W}(k-1))=0$$

所以

$$\hat{E}(\boldsymbol{W}(k-1)|\boldsymbol{Y}(1))=0 \tag{10.6.7}$$

根据正交投影性质3[即定理1，见式(10.1.2)]

$$\hat{E}(\boldsymbol{X}|\boldsymbol{Y}^{k})=\hat{E}(\boldsymbol{X}|\boldsymbol{Y}^{k-1})+\hat{E}(\tilde{\boldsymbol{X}}|\tilde{\boldsymbol{Y}}(k)) \tag{10.6.8}$$

当$k=2$，$\boldsymbol{Y}^{2}=\begin{pmatrix}\boldsymbol{Y}(1)\\ \boldsymbol{Y}(2)\end{pmatrix}$，$\boldsymbol{Y}^{1}=\boldsymbol{Y}(1)$ 时，式(10.6.7) 变成

$$\hat{E}(\boldsymbol{W}(k-1)|\boldsymbol{Y}(1))=\hat{E}(\boldsymbol{W}(k-1)|\boldsymbol{Y}^{1})=0$$

式(10.6.8) 变成

$$\hat{E}(\boldsymbol{W}(k-1)|\boldsymbol{Y}^{2})=\hat{E}(\boldsymbol{W}(k-1)|Y^{1})+\hat{E}(\tilde{\boldsymbol{W}}(k-1)|\tilde{\boldsymbol{Y}}(2))$$

$$= \hat{E}(\boldsymbol{W}(k-1) \mid \boldsymbol{Y}(1)) + \hat{E}(\tilde{\boldsymbol{W}}(k-1) \mid \tilde{\boldsymbol{Y}}(2)) \tag{10.6.9}$$

式(10.6.9)的第1项，由式(10.6.7)知为0。

式(10.6.9)的第2项，根据状态最小方差估计式(9.1.25)知

$$\hat{\boldsymbol{X}}_{\mathrm{LMV}}(\boldsymbol{Y}) = \hat{E}(\boldsymbol{X} \mid \boldsymbol{Y}) = E(\boldsymbol{X}) + \mathrm{Cov}(\boldsymbol{X}, \boldsymbol{Y})\mathrm{Var}^{-1}(\boldsymbol{Y})(\boldsymbol{Y} - E(\boldsymbol{Y}))$$

令 $\boldsymbol{X} = \tilde{\boldsymbol{W}}(k-1)$，$\boldsymbol{Y} = \tilde{\boldsymbol{Y}}(2)$，则

$$\begin{aligned}\hat{E}(\tilde{\boldsymbol{W}}(k-1) \mid \tilde{\boldsymbol{Y}}(2)) &= E(\tilde{\boldsymbol{W}}(k-1)) \\ &+ \mathrm{Cov}(\tilde{\boldsymbol{W}}(k-1), \tilde{\boldsymbol{Y}}(2))\mathrm{Var}^{-1}(\tilde{\boldsymbol{Y}}(2))(\tilde{\boldsymbol{Y}}(2) - E(\tilde{\boldsymbol{Y}}(2)))\end{aligned} \tag{10.6.10}$$

因为

$$\begin{aligned}E(\tilde{\boldsymbol{W}}(k-1)) &= E(\boldsymbol{W}(k-1) - \hat{E}(\boldsymbol{W}(k-1)) \\ &= E(\boldsymbol{W}(k-1)) - E(\hat{E}(\boldsymbol{W}(k-1))) \\ &= E(\boldsymbol{W}(k-1)) - \hat{E}(\boldsymbol{W}(k-1))\end{aligned}$$

式中，$\hat{E}(\boldsymbol{W}(k-1))$，是 $\boldsymbol{W}(k-1)$ 的无偏估计。$\hat{E}(\boldsymbol{W}(k-1)) = E(\boldsymbol{W}(k-1)) = 0$，故式(10.6.10)等号右边的第1项为0，(10.6.10)第2项的第1因子

$$\mathrm{Cov}(\tilde{\boldsymbol{W}}(k-1), \tilde{\boldsymbol{Y}}(2)) = E((\boldsymbol{W}(k-1) - \hat{E}(\boldsymbol{W}(k-1)))(\boldsymbol{Y}(2) - \hat{E}(\boldsymbol{Y}(2)))^{\mathrm{T}}) \tag{10.6.11}$$

同理，式(10.6.11)变成

$$\begin{aligned}\mathrm{Cov}(\tilde{\boldsymbol{W}}(k-1), \tilde{\boldsymbol{Y}}(2)) &= E((\boldsymbol{W}(k-1))(Y^{\mathrm{T}}(2) - \hat{E}^{\mathrm{T}}(\boldsymbol{Y}(2)))) \\ &= E((\boldsymbol{W}(k-1))\boldsymbol{Y}^{\mathrm{T}}(2) - \boldsymbol{W}(k-1)\hat{E}^{\mathrm{T}}(Y(2)))) \\ &= E(\boldsymbol{W}(k-1)\boldsymbol{Y}^{\mathrm{T}}(2)) - E(\boldsymbol{W}(k-1)\hat{E}^{\mathrm{T}}(Y(2)))\end{aligned} \tag{10.6.12}$$

式(10.6.12)第2项

$$E(\boldsymbol{W}(k-1)\hat{E}^{\mathrm{T}}(Y(2))) = E(\boldsymbol{W}(k-1)) \cdot \hat{E}^{\mathrm{T}}(Y(2))) = 0 \cdot \hat{E}^{\mathrm{T}}(\boldsymbol{Y}(2)) = 0$$

故式(10.6.12)变成

$$\mathrm{Cov}(\tilde{\boldsymbol{W}}(k-1), \tilde{\boldsymbol{Y}}(2)) = E(\boldsymbol{W}(k-1)\boldsymbol{Y}^{\mathrm{T}}(2)) \tag{10.6.13}$$

由输出式(10.5.1)

$$\boldsymbol{Y}(k+1) = \boldsymbol{C}(k+1)\boldsymbol{X}(k+1) + \boldsymbol{V}(k+1)$$

当 $k = 1$ 时

$$\boldsymbol{Y}(2) = \boldsymbol{C}(2)\boldsymbol{X}(2) + \boldsymbol{V}(2) \tag{10.6.14}$$

将式(10.6.14)代入式(10.6.13)得

$$\begin{aligned}\mathrm{Cov}(\tilde{\boldsymbol{W}}(k-1), \tilde{\boldsymbol{Y}}(2)) &= E(\boldsymbol{W}(k-1)(\boldsymbol{C}(2)\boldsymbol{X}(2) + \boldsymbol{V}(2))^{\mathrm{T}}) \\ &= E(\boldsymbol{W}(k-1)(\boldsymbol{X}^{\mathrm{T}}(2)\boldsymbol{C}^{\mathrm{T}}(2) + \boldsymbol{V}^{\mathrm{T}}(2))) \\ &= E(\boldsymbol{W}(k-1)\boldsymbol{X}^{\mathrm{T}}(2)\boldsymbol{C}^{\mathrm{T}}(2)) + E(\boldsymbol{W}(k-1)\boldsymbol{V}^{\mathrm{T}}(2))\end{aligned} \tag{10.6.15}$$

根据假设(2)，随机扰动 $\boldsymbol{W}(k)$ 与观测噪声 $\boldsymbol{V}(k)$ 相互独立，即 $\mathrm{Cov}(\boldsymbol{W}(k), \boldsymbol{V}(j)) = \mathrm{Cov}(\boldsymbol{V}(j), \boldsymbol{W}(k)) = 0$。由式(10.5.33)知

$$E(\boldsymbol{V}(k)\boldsymbol{W}^{\mathrm{T}}(j)) = 0$$

式(10.6.15)变成

$$\begin{aligned}\mathrm{Cov}(\tilde{\boldsymbol{W}}(k-1), \tilde{\boldsymbol{Y}}(2)) &= E(\boldsymbol{W}(k-1)X^{\mathrm{T}}(2)C^{\mathrm{T}}(2)) \\ &= E(\boldsymbol{W}(k-1)\boldsymbol{X}^{\mathrm{T}}(2)) \cdot \boldsymbol{C}^{\mathrm{T}}(2)\end{aligned} \tag{10.6.16}$$

由滤波问题假设得到的定理1，即式(10.5.11)

$$\mathrm{Cov}(\boldsymbol{X}(k),\ \boldsymbol{W}(j)) = E(\boldsymbol{X}(k)\ \boldsymbol{W}^{\mathrm{T}}(j)) = 0$$

则有

$$(E(\boldsymbol{X}(k)\ \boldsymbol{W}^{\mathrm{T}}(j)))^{\mathrm{T}} = 0$$

根据

$$(E(\boldsymbol{X}))^{\mathrm{T}} = E(\boldsymbol{X}^{\mathrm{T}}),\ \text{故}$$

$$(E(\boldsymbol{X}(k)\ \boldsymbol{W}^{\mathrm{T}}(j)))^{\mathrm{T}} = E((\boldsymbol{X}(k)\ \boldsymbol{W}^{\mathrm{T}}(j))^{\mathrm{T}}) = E(\boldsymbol{W}(j)\ \boldsymbol{X}^{\mathrm{T}}(k))$$

于是

$$E(\boldsymbol{W}(j)\ \boldsymbol{X}^{\mathrm{T}}(k)) = 0$$

所以

$$E(\boldsymbol{W}(k-1)\ \boldsymbol{X}^{\mathrm{T}}(2)) = 0$$

这样，式(10.6.16) 为

$$\mathrm{Cov}(\tilde{\boldsymbol{W}}(k-1),\ \tilde{\boldsymbol{Y}}(2)) = 0$$

可见式(10.6.10) 等号右边的1、2 项均为0，则式(10.6.9) 等号右边的1、2 项为0，故式(10.6.9) 最终有如下结果

$$E(\boldsymbol{W}(k-1) \mid \boldsymbol{Y}^2) = 0$$
$$\hat{E}(\boldsymbol{W}(k-1) \mid \boldsymbol{Y}^2) = 0$$

在$\boldsymbol{Y}^1$ 的基础上，可求出 $\boldsymbol{W}(k-1)$ 的估计$\hat{E}(\boldsymbol{W}(k-1) \mid \boldsymbol{Y}^1)$ 为0。在$\boldsymbol{Y}^2 = \begin{pmatrix} Y^1 \\ Y(2) \end{pmatrix}$的基础上推得 $\boldsymbol{W}(k-1)$ 的估计$\hat{E}(\boldsymbol{W}(k-1) \mid \boldsymbol{Y}^2)$ 为0，如此类推，最后将可推得

$$\hat{E}(\boldsymbol{W}(k-1) \mid \boldsymbol{Y}^k) = 0 \tag{10.6.17}$$

【证毕】

【引理 2】 观测噪声 $\boldsymbol{V}(k-1)$ 在$\boldsymbol{Y}^{k-1}$ 上的正交投影

$$\hat{E}(\boldsymbol{V}(k-1) \mid \boldsymbol{Y}^k) = 0 \tag{10.6.18}$$

【证明】 由于观测噪声为零均值的随机变量且与 $Y(k)$ 相互独立。基于这两点，采用引理1 的证明路径，先证$\hat{E}(\boldsymbol{V}(k-1) \mid \boldsymbol{Y}^1) = 0$，后证$\hat{E}(\boldsymbol{V}(k-1) \mid \boldsymbol{Y}^2) = 0$，…，一直推广到$\hat{E}(\boldsymbol{V}(k-1) \mid \boldsymbol{Y}^k) = 0$ 证明过程从略。

【第 1 方程】

$$\hat{\boldsymbol{X}}(k \mid k-1) = \boldsymbol{\Phi}(k,\ k-1)\ \hat{\boldsymbol{X}}(k-1 \mid k-1)$$

【证明】 将式(10.6.17) 代入式(10.6.5)

$$\begin{aligned}\hat{\boldsymbol{X}}(k \mid k-1) &= \boldsymbol{\Phi}(k,\ k-1)\ \hat{\boldsymbol{X}}(k-1 \mid k-1) + \boldsymbol{\Gamma}(k,\ k-1)\ \hat{E}(\boldsymbol{W}(k-1) \mid Y^{k-1}) \\ &= \boldsymbol{\Phi}(k,\ k-1)\ \hat{\boldsymbol{X}}(k-1 \mid k-1)\end{aligned} \tag{10.6.19}$$

这个结果给出了$\boldsymbol{X}(k)$ 在$\boldsymbol{Y}^{k-1}$ 上的正交投影等于前一时刻状态，$\boldsymbol{X}(k-1)$ 在$\boldsymbol{Y}^{k-1}$ 上的正交投影乘上从 $k-1$ 到 k 时刻的状态转移矩阵。换一种说法：在 $\boldsymbol{Y}^{k-1} = \begin{pmatrix} \boldsymbol{Y}(1) \\ \vdots \\ \boldsymbol{Y}(k-1) \end{pmatrix}$观测数据组成的观测列阵的基础上，下一步状态的估计，或者说下一步的预测 $\hat{\boldsymbol{X}}(k \mid k-1)$ 等于这一步在$\boldsymbol{Y}^{k-1}$ 基础上的预估计或预测乘上从这一步到下一步的状态转移矩阵。从这一步的状态$\hat{\boldsymbol{X}}(k-1 \mid k-1)$ 估计下一步的状态$\hat{\boldsymbol{X}}(k \mid k-1)$，称这个估计公式(10.6.18) 为最佳状态估计。

【第 2 方程】

$$\tilde{\boldsymbol{Y}}(k\mid k-1)=\boldsymbol{Y}(k)-\boldsymbol{C}(k)\boldsymbol{\Phi}(k,k-1)\hat{\boldsymbol{X}}(k-1\mid k-1) \tag{10.6.20}$$

【证明】　由于 $\tilde{\boldsymbol{Y}}(\boldsymbol{Y}(k)\mid \boldsymbol{Y}^{k-1})=\boldsymbol{Y}(k)-\hat{E}(\boldsymbol{Y}(k)\mid \boldsymbol{Y}^{k-1})$，使用简化记法，$\boldsymbol{Y}(k)$ 在 $\boldsymbol{Y}^{k-1}$ 上的正交投影 $\hat{E}(\boldsymbol{Y}(k)\mid \boldsymbol{Y}^{k-1})$ 记为 $\hat{\boldsymbol{Y}}(k\mid k-1)$，则

$$\hat{\boldsymbol{Y}}(k\mid k-1)=\hat{E}(\boldsymbol{Y}(k)\mid \boldsymbol{Y}^{k-1}$$

k 时刻的输出方程

$$\boldsymbol{Y}(k)=\boldsymbol{C}(k)\boldsymbol{X}(k)+\boldsymbol{V}(k)$$

于是

$$\begin{aligned}\hat{\boldsymbol{Y}}(k\mid k-1)&=\hat{E}((\boldsymbol{C}(k)\boldsymbol{X}(k)+\boldsymbol{V}(k))\mid \boldsymbol{Y}^{k-1})\\&=\hat{E}(\boldsymbol{C}(k)\boldsymbol{X}(k)\mid \boldsymbol{Y}^{k-1})+\hat{E}(\boldsymbol{V}(k)\mid \boldsymbol{Y}^{k-1})\end{aligned} \tag{10.6.21}$$

两矢量在 $\boldsymbol{Y}^{k-1}$ 上的投影等于两矢量投影之和。

将式(10.6.18) 代入式(10.6.21) 得

$$\begin{aligned}\hat{\boldsymbol{Y}}(k\mid k-1)&=\hat{E}(\boldsymbol{C}(k)\boldsymbol{X}(k)\mid \boldsymbol{Y}^{k-1})=\boldsymbol{C}(k)\hat{E}(\boldsymbol{X}(k)\mid \boldsymbol{Y}^{k-1})\\&=\boldsymbol{C}(k)\hat{\boldsymbol{X}}(k\mid k-1)\end{aligned} \tag{10.6.22}$$

将式(10.6.19) 代入式(10.6.22) 得

$$\hat{\boldsymbol{Y}}(k\mid k-1)=\hat{E}(\boldsymbol{Y}(k)\mid \boldsymbol{Y}^{k-1})=\boldsymbol{C}(k)\boldsymbol{\Phi}(k,k-1)\hat{\boldsymbol{X}}(k-1\mid k-1)$$

根据式(10.1.9)

$$\tilde{\boldsymbol{Y}}(k)=\boldsymbol{Y}(k)-\hat{E}(\boldsymbol{Y}(k)\mid \boldsymbol{Y}^{k-1})$$

所以

$$\tilde{\boldsymbol{Y}}(k\mid k-1)=\tilde{\boldsymbol{Y}}(k)=\boldsymbol{Y}(k)-\boldsymbol{C}(k)\boldsymbol{\Phi}(k,k-1)\hat{\boldsymbol{X}}(k-1\mid k-1) \tag{10.6.23}$$

【证毕】

【第 3 方程】

$$\begin{aligned}&E(\tilde{\boldsymbol{Y}}(k\mid k-1)\tilde{\boldsymbol{Y}}^{\mathrm{T}}(k\mid k-1))\\&=\boldsymbol{C}(k)\boldsymbol{P}(k\mid k-1)\boldsymbol{C}^{\mathrm{T}}(k)+\boldsymbol{R}(k)\end{aligned} \tag{10.6.24}$$

式中，$\boldsymbol{P}(k\mid k-1)=E(\tilde{\boldsymbol{X}}(k\mid k-1)\tilde{\boldsymbol{X}}^{\mathrm{T}}(k\mid k-1))$；$\boldsymbol{R}(k)=E(\boldsymbol{V}(k)\boldsymbol{V}^{\mathrm{T}}(k))$。

【证明】　由式(10.6.23) 可知

$$\begin{aligned}&E(\tilde{\boldsymbol{Y}}(k\mid k-1)\tilde{\boldsymbol{Y}}^{\mathrm{T}}(k\mid k-1))\\&=E((\boldsymbol{Y}(k)-\boldsymbol{C}(k)\boldsymbol{\Phi}(k,k-1)\hat{\boldsymbol{X}}(k-1\mid k-1))\\&\quad\cdot(\boldsymbol{Y}(k)-\boldsymbol{C}(k)\boldsymbol{\Phi}(k,k-1)\hat{\boldsymbol{X}}(k-1\mid k-1))^{\mathrm{T}})\end{aligned} \tag{10.6.25}$$

由于 k 时刻的输出方程

$$\boldsymbol{Y}(k)=\boldsymbol{C}(k)\boldsymbol{X}(k)+\boldsymbol{V}(k)$$

$$\begin{aligned}\tilde{\boldsymbol{Y}}(k\mid k-1)&=\boldsymbol{C}(k)\boldsymbol{X}(k)+\boldsymbol{V}(k)-\boldsymbol{C}(k)\boldsymbol{\Phi}(k,k-1)\hat{\boldsymbol{X}}(k-1\mid k-1)\\&=\boldsymbol{C}(k)\boldsymbol{X}(k)-\boldsymbol{C}(k)\boldsymbol{\Phi}(k,k-1)\hat{\boldsymbol{X}}(k-1\mid k-1)+\boldsymbol{V}(k)\\&=\boldsymbol{C}(k)(\boldsymbol{X}(k)-\boldsymbol{\Phi}(k,k-1)\hat{\boldsymbol{X}}(k-1\mid k-1))+\boldsymbol{V}(k)\end{aligned} \tag{10.6.26}$$

由式(10.6.19) 可知

$$\hat{\boldsymbol{X}}(k\mid k-1)=\boldsymbol{\Phi}(k,k-1)\hat{\boldsymbol{X}}(k-1\mid k-1)$$

式(10.6.26) 变成

$$\tilde{\boldsymbol{Y}}(k\mid k-1)=\boldsymbol{C}(k)(\boldsymbol{X}(k)-\hat{\boldsymbol{X}}(k\mid k-1))+\boldsymbol{V}(k)$$

$$\tilde{\boldsymbol{Y}}(k \mid k-1)=\boldsymbol{C}(k)\tilde{\boldsymbol{X}}(k \mid k-1)+\boldsymbol{V}(k) \tag{10.6.27}$$

将式(10.6.27)代入式(10.6.25)

$$\begin{aligned}
&E(\tilde{\boldsymbol{Y}}(k \mid k-1)\tilde{\boldsymbol{Y}}^{\mathrm{T}}(k \mid k-1)) \\
&=E((\boldsymbol{C}(k)\tilde{\boldsymbol{X}}(k \mid k-1)+\boldsymbol{V}(k))(\boldsymbol{C}(k)\tilde{\boldsymbol{X}}(k \mid k-1)+\boldsymbol{V}(k))^{\mathrm{T}}) \\
&=E((\boldsymbol{C}(k)\tilde{\boldsymbol{X}}(k \mid k-1)+\boldsymbol{V}(k))(\tilde{\boldsymbol{X}}^{\mathrm{T}}(k \mid k-1)\boldsymbol{C}^{\mathrm{T}}(k)+\boldsymbol{V}^{\mathrm{T}}(k))) \\
&=E(\boldsymbol{C}(k)\tilde{\boldsymbol{X}}(k \mid k-1)\tilde{\boldsymbol{X}}^{\mathrm{T}}(k \mid k-1)\boldsymbol{C}^{\mathrm{T}}(k)+\boldsymbol{V}(k)\tilde{\boldsymbol{X}}^{\mathrm{T}}(k \mid k-1)\boldsymbol{C}^{\mathrm{T}}(k) \\
&+\boldsymbol{C}(k)\tilde{\boldsymbol{X}}(k \mid k-1)\boldsymbol{V}^{\mathrm{T}}(k)+\boldsymbol{V}(k)V^{\mathrm{T}}(k))
\end{aligned} \tag{10.6.28}$$

式(10.6.28)第1项的数学期望为

$$\begin{aligned}
&=E(\boldsymbol{C}(k)\tilde{\boldsymbol{X}}(k \mid k-1)\tilde{\boldsymbol{X}}^{\mathrm{T}}(k \mid k-1)\boldsymbol{C}^{\mathrm{T}}(k)) \\
&=\boldsymbol{C}(k)\cdot E(\tilde{\boldsymbol{X}}(k \mid k-1)\tilde{\boldsymbol{X}}^{\mathrm{T}}(k \mid k-1))\cdot \boldsymbol{C}^{\mathrm{T}}(k)
\end{aligned}$$

令

$$\boldsymbol{P}(k \mid k-1)=E(\tilde{\boldsymbol{X}}(k \mid k-1)\tilde{\boldsymbol{X}}^{\mathrm{T}}(k \mid k-1)) \tag{10.6.29}$$

则式(10.6.28)第1项的数学期望变成

$$=E(\boldsymbol{C}(k)\tilde{\boldsymbol{X}}(k \mid k-1)\tilde{\boldsymbol{X}}^{\mathrm{T}}(k \mid k-1)\boldsymbol{C}^{\mathrm{T}}(k))=\boldsymbol{C}(k)\boldsymbol{P}(k \mid k+1)\boldsymbol{C}^{\mathrm{T}}(k)) \tag{10.6.30}$$

(10.6.28)第4项的数学期望为

$$E(\boldsymbol{V}(k)\boldsymbol{V}^{\mathrm{T}}(k))=\boldsymbol{R}(k)$$

这是因为假设(1)中 $E(\boldsymbol{V}(k))=0$, $\mathrm{Cov}(\boldsymbol{V}(k), \boldsymbol{V}(j))=\boldsymbol{R}(k)\delta_{k,j}$当 $j=k$, $\delta_{j,k}=1$ 这时

$$\begin{aligned}
\mathrm{Cov}(\boldsymbol{V}(k), \boldsymbol{V}(j))&=E((\boldsymbol{V}(k)-E(\boldsymbol{V}(k)))(\boldsymbol{V}(k)-E(\boldsymbol{V}(k)))^{\mathrm{T}}) \\
&=E(\boldsymbol{V}(k)\boldsymbol{V}^{\mathrm{T}}(k))=\boldsymbol{R}(k)
\end{aligned}$$

展开括号选项和数学期望，式(10.6.28)第3项的数学期望

$$\begin{aligned}
&E(\boldsymbol{C}(k)\tilde{\boldsymbol{X}}(k \mid k-1)\boldsymbol{V}^{\mathrm{T}}(k)) \\
&=\boldsymbol{C}(k)\cdot E(\tilde{\boldsymbol{X}}(k \mid k-1)\boldsymbol{V}^{\mathrm{T}}(k)) \\
&=\boldsymbol{C}(k)\cdot E(\boldsymbol{X}(k)-\hat{\boldsymbol{X}}(k \mid k-1))\boldsymbol{V}^{\mathrm{T}}(k)) \\
&=\boldsymbol{C}(k)\cdot(E(\boldsymbol{X}(k)\boldsymbol{V}^{\mathrm{T}}(k))-E(\hat{\boldsymbol{X}}(k \mid k-1)\boldsymbol{V}^{\mathrm{T}}(k)))
\end{aligned} \tag{10.6.31}$$

由式(10.5.34)知，当$j \geqslant k$

$$E(\boldsymbol{X}(k)\boldsymbol{V}^{\mathrm{T}}(j))=0 \tag{10.6.32}$$

根据正交投影性质3，式(9.1.25)有

$$\hat{\boldsymbol{X}}_{\mathrm{LMV}}(\boldsymbol{Y})=E(\boldsymbol{X})+\mathrm{Cov}(\boldsymbol{X}, \boldsymbol{Y})\mathrm{Var}^{-1}(\boldsymbol{Y})(\boldsymbol{Y}-E(\boldsymbol{Y}))$$

若用简化记法，且 $\boldsymbol{Y}$ 用$\boldsymbol{Y}^{k-1}$ 代之，则有

$$\hat{\boldsymbol{X}}_{\mathrm{LMV}}(\boldsymbol{Y})=\hat{\boldsymbol{X}}(k \mid \boldsymbol{Y}^{k-1})=E(\boldsymbol{X})+\mathrm{Cov}(\boldsymbol{X}, \boldsymbol{Y}^{k-1})\mathrm{Var}^{-1}(\boldsymbol{Y}^{k-1})(\boldsymbol{Y}^{k-1}-E(\boldsymbol{Y}^{k-1}))$$

式(10.6.31)中的

$$\begin{aligned}
&E(\hat{\boldsymbol{X}}(k \mid k-1)\boldsymbol{V}^{\mathrm{T}}(k))) \\
&=E((E(\boldsymbol{X})+\mathrm{Cov}(\boldsymbol{X}, \boldsymbol{Y}^{k-1})\mathrm{Var}^{-1}(\boldsymbol{Y}^{k-1})(\boldsymbol{Y}^{k-1}-E(\boldsymbol{Y}^{k-1})))\cdot \boldsymbol{V}^{\mathrm{T}}(k)) \\
&=E(E(\boldsymbol{X})\boldsymbol{V}^{\mathrm{T}}(k))+E(\mathrm{Cov}(\boldsymbol{X}, \boldsymbol{Y}^{k-1})\mathrm{Var}^{-1}(\boldsymbol{Y}^{k-1})(\boldsymbol{Y}^{k-1}-E(\boldsymbol{Y}^{k-1}))\cdot V^{\mathrm{T}}(k))
\end{aligned} \tag{10.6.33}$$

第1项

$$E(E(\boldsymbol{X})\boldsymbol{V}^{\mathrm{T}}(k))=E(\boldsymbol{X})E(\boldsymbol{V}^{\mathrm{T}}(k))=0$$

因为$E(\boldsymbol{V}(k))=0$。

第2项

$$E(\mathrm{Cov}(\boldsymbol{X},\boldsymbol{Y}^{k-1})\mathrm{Var}^{-1}(\boldsymbol{Y}^{k-1})(\boldsymbol{Y}^{k-1}-E(\boldsymbol{Y}^{k-1}))\cdot\boldsymbol{V}^{\mathrm{T}}(k))$$
$$=\mathrm{Cov}(\boldsymbol{X},\boldsymbol{Y}^{k-1})\mathrm{Var}^{-1}(\boldsymbol{Y}^{k-1})E((\boldsymbol{Y}^{k-1}-E(\boldsymbol{Y}^{k-1}))\cdot\boldsymbol{V}^{\mathrm{T}}(k))$$

其中

$$E((\boldsymbol{Y}^{k-1}-E(\boldsymbol{Y}^{k-1}))\boldsymbol{V}^{\mathrm{T}}(k))$$
$$=E(\boldsymbol{Y}^{k-1}\boldsymbol{V}^{\mathrm{T}}(k))-E(E(\boldsymbol{Y}^{k-1})\boldsymbol{V}^{\mathrm{T}}(k)) \tag{10.6.34}$$

式(10.6.34)的第 2 项为

$$E(E(\boldsymbol{Y}^{k-1})\boldsymbol{V}^{\mathrm{T}}(k))=E(\boldsymbol{Y}^{k-1})E(V^{\mathrm{T}}(k))=0$$

式(10.6.34)的第 1 项为

$$E(\boldsymbol{Y}^{k-1}\boldsymbol{V}^{\mathrm{T}}(k))=0$$

这是因为

$$\boldsymbol{Y}^{k-1}=\begin{pmatrix}Y(1)\\ \vdots\\ Y(k-1)\end{pmatrix}$$

$$\boldsymbol{Y}^{k-1}\boldsymbol{V}^{\mathrm{T}}(k)=\begin{pmatrix}Y(1)\\ \vdots\\ Y(k-1)\end{pmatrix}\boldsymbol{V}^{\mathrm{T}}(k)=\begin{pmatrix}Y(1)\boldsymbol{V}^{\mathrm{T}}(k)\\ \vdots\\ Y(k-1)\boldsymbol{V}^{\mathrm{T}}(k)\end{pmatrix}$$

$$E(\boldsymbol{Y}^{k-1}\boldsymbol{V}^{\mathrm{T}}(k))=E\begin{pmatrix}Y(1)\boldsymbol{V}^{\mathrm{T}}(k)\\ \vdots\\ Y(k-1)\boldsymbol{V}^{\mathrm{T}}(k)\end{pmatrix}=\begin{pmatrix}E(Y(1)\boldsymbol{V}^{\mathrm{T}}(k))\\ \vdots\\ E(Y(k-1)\boldsymbol{V}^{\mathrm{T}}(k))\end{pmatrix}$$

根据式(10.5.35)知，当 $j\geqslant k$，有

$$E(\boldsymbol{Y}(k)\boldsymbol{V}^{\mathrm{T}}(k))=0$$

所以

$$E(\boldsymbol{Y}^{k-1}\boldsymbol{V}^{\mathrm{T}}(k))=\begin{pmatrix}E(Y(1)\boldsymbol{V}^{\mathrm{T}}(k))\\ \vdots\\ E(Y(k-1)\boldsymbol{V}^{\mathrm{T}}(k))\end{pmatrix}=\begin{pmatrix}0\\ \vdots\\ 0\end{pmatrix}=0$$

这样一来，式(10.6.34)等式右边的 1、2 项均为 0，故

$$E[(\boldsymbol{Y}^{k-1}-E(\boldsymbol{Y}^{k-1}))\boldsymbol{V}^{\mathrm{T}}(k)]=0$$

使得式(10.6.33)中的第 2 项

$$E(\mathrm{Cov}(\boldsymbol{X},\boldsymbol{Y}^{k-1})\mathrm{Var}^{-1}(\boldsymbol{Y}^{k-1})(\boldsymbol{Y}^{k-1}-E(\boldsymbol{Y}^{k-1}))\cdot\boldsymbol{V}^{\mathrm{T}}(k))$$
$$=\mathrm{Cov}(\boldsymbol{X},\boldsymbol{Y}^{k-1})\mathrm{Var}^{-1}(\boldsymbol{Y}^{k-1})E((\boldsymbol{Y}^{k-1}-E(\boldsymbol{Y}^{k-1}))\cdot\boldsymbol{V}^{\mathrm{T}}(k))=0$$

式(10.6.31)等号右边括号中的 1、2 项为 0，所以

$$E(\boldsymbol{C}(k)\tilde{\boldsymbol{X}}(k\mid k-1)\boldsymbol{V}^{\mathrm{T}}(k))=0$$

即式(10.6.28)第 3 项的数学期望为 0，且得 $E(\tilde{\boldsymbol{X}}(k\mid k-1)\boldsymbol{V}^{\mathrm{T}}(k))=0$

式(10.6.28)的第 2 项为第 3 项的转置，即

$$(\boldsymbol{C}(k)\tilde{\boldsymbol{X}}(k\mid k-1)V^{\mathrm{T}}(k))^{\mathrm{T}}=\boldsymbol{V}(k)\tilde{\boldsymbol{X}}^{\mathrm{T}}(k\mid k-1)\boldsymbol{C}^{\mathrm{T}}(k)$$

故式(10.6.28)的第 2 项数学期望为 0。这样式(10.6.28)右边只剩第 1 项，其值为

$$\boldsymbol{C}(k)\boldsymbol{P}(k\mid k+1)\boldsymbol{C}^{\mathrm{T}}(k))$$

还有第 4 项，其值为 $\boldsymbol{R}(k)$。

式(10.6.28)写成

$$E(\tilde{\boldsymbol{Y}}(k|k-1)\tilde{\boldsymbol{Y}}^{\mathrm{T}}(k|k-1))$$
$$=\boldsymbol{C}(k)\boldsymbol{P}(k,k-1)\boldsymbol{C}^{\mathrm{T}}(k)+\boldsymbol{R}(k)$$

【证毕】

【第4方程】

$$E(\tilde{\boldsymbol{X}}(k|k-1)\tilde{\boldsymbol{Y}}^{\mathrm{T}}(k|k-1))=\boldsymbol{P}(k|k-1))\boldsymbol{C}^{\mathrm{T}}(k) \tag{10.6.35}$$

根据观测方程，当k时刻

$$\boldsymbol{Y}(k)=\boldsymbol{C}(k)\boldsymbol{X}(k)+\boldsymbol{V}(k) \tag{10.6.36}$$

根据式(10.6.22)有

$$\hat{\boldsymbol{Y}}(k|k-1)=\boldsymbol{C}(k)\hat{\boldsymbol{X}}(k|k-1) \tag{10.6.37}$$

由式(10.6.36)或式(10.6.37)得

$$\begin{aligned}\boldsymbol{Y}(k)-\hat{\boldsymbol{Y}}(k|k-1)&=\boldsymbol{C}(k)\boldsymbol{X}(k)+\boldsymbol{V}(k)-\boldsymbol{C}(k)\hat{\boldsymbol{X}}(k|k-1)\\&=\boldsymbol{C}(k)(\boldsymbol{X}(k)-\hat{\boldsymbol{X}}(k|k-1))+\boldsymbol{V}(k)\end{aligned} \tag{10.6.38}$$

由于

$$\tilde{\boldsymbol{X}}(k|k-1)=\boldsymbol{X}(k)-\hat{\boldsymbol{X}}(k|k-1))$$
$$\tilde{\boldsymbol{Y}}(k|k-1)=\boldsymbol{Y}(k)-\hat{\boldsymbol{Y}}(k|k-1))$$

式(10.6.38)变成

$$\tilde{\boldsymbol{Y}}(k|k-1)=\boldsymbol{C}(k)\tilde{\boldsymbol{X}}(k|k-1)+\boldsymbol{V}(k)$$

这样有

$$\begin{aligned}&E(\tilde{\boldsymbol{X}}(k|k-1)\tilde{\boldsymbol{Y}}^{\mathrm{T}}(k|k-1))\\&=E(\tilde{\boldsymbol{X}}(k|k-1)(\boldsymbol{C}(k)\tilde{\boldsymbol{X}}(k|k-1)+\boldsymbol{V}(k))^{\mathrm{T}})\\&=E(\tilde{\boldsymbol{X}}(k|k-1)(\tilde{\boldsymbol{X}}^{\mathrm{T}}(k|k-1)\boldsymbol{C}^{\mathrm{T}}(k)+\boldsymbol{V}^{\mathrm{T}}(k)))\\&=E(\tilde{\boldsymbol{X}}(k|k-1)\tilde{\boldsymbol{X}}^{\mathrm{T}}(k|k-1)\boldsymbol{C}^{\mathrm{T}}(k)+\tilde{\boldsymbol{X}}(k|k-1)\boldsymbol{V}^{\mathrm{T}}(k))\\&=E(\tilde{\boldsymbol{X}}(k|k-1)\tilde{\boldsymbol{X}}^{\mathrm{T}}(k|k-1)\boldsymbol{C}^{\mathrm{T}}(k))+E(\tilde{\boldsymbol{X}}(k|k-1)\boldsymbol{V}^{\mathrm{T}}(k))\end{aligned} \tag{10.6.39}$$

式(10.6.39)的第1项

$$\begin{aligned}&E(\tilde{\boldsymbol{X}}(k|k-1)\tilde{\boldsymbol{X}}^{\mathrm{T}}(k|k-1)\boldsymbol{C}^{\mathrm{T}}(k))\\&=E(\tilde{\boldsymbol{X}}(k|k-1)\tilde{\boldsymbol{X}}^{\mathrm{T}}(k|k-1))\cdot\boldsymbol{C}^{\mathrm{T}}(k)\\&=\boldsymbol{P}(k|k-1))\cdot C^{\mathrm{T}}(k)\end{aligned} \tag{10.6.40}$$

式(10.6.39)的第2项

$$\begin{aligned}&E(\tilde{\boldsymbol{X}}(k|k-1)\boldsymbol{V}^{\mathrm{T}}(k))\\&=E((\boldsymbol{X}(k)-\hat{E}(\boldsymbol{X}(k)|\boldsymbol{Y}^{k-1}))\boldsymbol{V}^{\mathrm{T}}(k))\\&=E(\boldsymbol{X}(k)\boldsymbol{V}^{\mathrm{T}}(k)-\hat{E}(\boldsymbol{X}(k)|\boldsymbol{Y}^{k-1})\boldsymbol{V}^{\mathrm{T}}(k))\\&=E(\boldsymbol{X}(k)\boldsymbol{V}^{\mathrm{T}}(k))-E(\hat{E}(\boldsymbol{X}(k)|\boldsymbol{Y}^{k-1})\boldsymbol{V}^{\mathrm{T}}(k)))\end{aligned} \tag{10.6.41}$$

由式(10.5.34)，对于$j\geqslant k$，则有

$$\mathrm{Cov}(\boldsymbol{X}(k),\boldsymbol{V}(j))=E(\boldsymbol{X}(k)\boldsymbol{V}^{\mathrm{T}}(j))=0$$

式(10.6.41)的第1项

$$E(\boldsymbol{X}(k)\boldsymbol{V}^{\mathrm{T}}(k))=0$$

式(10.6.41)的第2项

$$E(\hat{E}(\boldsymbol{X}(k)|\boldsymbol{Y}^{k-1})\boldsymbol{V}^{\mathrm{T}}(k))=0$$

$$= \hat{E}(\boldsymbol{X}(k) \mid \boldsymbol{Y}^{k-1}) \cdot E(V^{\mathrm{T}}(k)) = 0 \tag{10.6.42}$$

式(10.6.41)的第1、2项均为0，故

$$E(\tilde{\boldsymbol{X}}(k \mid k-1)\boldsymbol{V}^{\mathrm{T}}(k)) = 0 \tag{10.6.43}$$

式(10.6.39)右边只有第1项，其值为 $= \boldsymbol{P}(k \mid k-1)) \cdot \boldsymbol{C}^{\mathrm{T}}(k)$，故

$$E(\tilde{\boldsymbol{X}}(k \mid k-1)\tilde{\boldsymbol{Y}}^{\mathrm{T}}(k \mid k-1)) = \boldsymbol{P}(k \mid k-1))\boldsymbol{C}^{\mathrm{T}}(k)$$

【证毕】

10.7 卡尔曼滤波递推公式

重写正交投影性质3，即式(10.1.23)

$$\hat{\boldsymbol{X}}(\boldsymbol{Y}) = \hat{E}(\boldsymbol{X} \mid \boldsymbol{Y})$$
$$= \hat{E}(\boldsymbol{X} \mid \boldsymbol{Y}^{k-1}) + \hat{E}(\tilde{\boldsymbol{X}} \cdot \tilde{\boldsymbol{Y}}^{\mathrm{T}}(k))(\hat{E}(\tilde{\boldsymbol{Y}}(k) \cdot \tilde{\boldsymbol{Y}}^{\mathrm{T}}(k)))^{-1}\tilde{\boldsymbol{Y}}(k)$$

上式中的 $\boldsymbol{X}$ 就是被估计量，即第 k 时刻的状态 $\boldsymbol{X}(k)$，故 $\boldsymbol{X}$ 用 $\boldsymbol{X}(k)$ 代之。而 $\boldsymbol{Y}$ 是观测量，是由 $k-1$ 次观测之后形成的列阵 $\boldsymbol{Y}^{k-1}$，即 $\boldsymbol{Y}^{k-1} = \begin{pmatrix} \boldsymbol{Y}(1) \\ \vdots \\ \boldsymbol{Y}(k-1) \end{pmatrix}$ 是估计的基础。故上式的 $\boldsymbol{Y}$ 用 $\boldsymbol{Y}^{k-1}$ 代之，考虑上述两点，上式写成

$$\hat{\boldsymbol{X}}(k \mid k) = \hat{\boldsymbol{X}}(k \mid k-1)$$
$$+ \hat{E}(\tilde{\boldsymbol{X}}(k \mid k-1)\tilde{\boldsymbol{Y}}^{\mathrm{T}}(k \mid k-1)) \cdot (\hat{E}(\tilde{\boldsymbol{Y}}(k \mid k-1)\tilde{\boldsymbol{Y}}^{\mathrm{T}}(k \mid k-1)))^{-1}\tilde{\boldsymbol{Y}}(k \mid k-1) \tag{10.7.1}$$

用卡尔曼滤波方程：

$$\hat{\boldsymbol{X}}(k \mid k-1) = \boldsymbol{\Phi}(k, k-1)\hat{\boldsymbol{X}}(k-1 \mid k-1)$$
$$\tilde{\boldsymbol{Y}}(k \mid k-1) = \boldsymbol{Y}(k) - \boldsymbol{C}(k)\boldsymbol{\Phi}(k, k-1)\hat{\boldsymbol{X}}(k-1 \mid k-1)$$
$$E(\tilde{\boldsymbol{Y}}(k \mid k-1)\tilde{\boldsymbol{Y}}^{\mathrm{T}}(k \mid k-1) = \boldsymbol{C}(k)\boldsymbol{P}(k \mid k-1)\boldsymbol{C}^{\mathrm{T}}(k) + \boldsymbol{R}(k)$$
$$E(\hat{\boldsymbol{X}}(k \mid k-1)\tilde{\boldsymbol{Y}}^{\mathrm{T}}(k \mid k-1)) = \boldsymbol{P}(k \mid k-1)\boldsymbol{C}^{\mathrm{T}}(k)$$

代入式(10.7.1)，由式(9.5.55)知

$$\hat{\boldsymbol{X}}(k \mid k) = \boldsymbol{\Phi}(k, k-1)\hat{\boldsymbol{X}}(k-1 \mid k-1)$$
$$+ \boldsymbol{P}(k \mid k-1)\boldsymbol{C}^{\mathrm{T}}(k) \cdot (\boldsymbol{C}(k)\boldsymbol{P}(k \mid k-1)\boldsymbol{C}^{\mathrm{T}}(k) + \boldsymbol{R}(k))^{-1}$$
$$\cdot (\boldsymbol{Y}(k) - \boldsymbol{C}(k)\boldsymbol{\Phi}(k, k-1)\hat{\boldsymbol{X}}(k-1 \mid k-1))$$

令

$$\boldsymbol{K}(k) = \boldsymbol{P}(k \mid k-1)\boldsymbol{C}^{\mathrm{T}}(k)(\boldsymbol{C}(k)\boldsymbol{P}(k \mid k-1)\boldsymbol{C}^{\mathrm{T}}(k) + \boldsymbol{R}(k))^{-1} \tag{10.7.2}$$

式(10.7.2)为【**递推公式 Ⅰ**】。

则

$$\hat{\boldsymbol{X}}(k \mid k) = \boldsymbol{\Phi}(k, k-1)\hat{\boldsymbol{X}}(k-1 \mid k-1)$$
$$+ \boldsymbol{K}(k) \cdot (\boldsymbol{Y}(k) - \boldsymbol{C}(k)\boldsymbol{\Phi}(k, k-1)\hat{\boldsymbol{X}}(k-1 \mid k-1)) \tag{10.7.3}$$

式(10.7.3)为【**递推公式 Ⅱ**】。

由于

$$\boldsymbol{P}(k \mid k-1) = E(\tilde{\boldsymbol{X}}(k \mid k-1)\tilde{\boldsymbol{X}}^{\mathrm{T}}(k \mid k-1))$$

$$= E((\boldsymbol{X}(k) - \hat{\boldsymbol{X}}(k|k-1))(\boldsymbol{X}(k) - \hat{\boldsymbol{X}}(k|k-1))^{\mathrm{T}}) \tag{10.7.4}$$

又由式(10.5.1)有

$$\boldsymbol{X}(k+1) = \boldsymbol{\Phi}(k+1, k)\boldsymbol{X}(k) + \boldsymbol{\Gamma}(k+1, k)\boldsymbol{W}(k)$$

推断当 k 时刻

$$\boldsymbol{X}(k) = \boldsymbol{\Phi}(k, k-1)\boldsymbol{X}(k-1) + \boldsymbol{\Gamma}(k, k-1)\boldsymbol{W}(k-1)$$

由式(10.6.19)知

$$\hat{\boldsymbol{X}}(k|k-1) = \boldsymbol{\Phi}(k, k-1)\hat{\boldsymbol{X}}(k-1|k-1)$$

两式相减

$$\begin{aligned}\boldsymbol{X}(k) - \hat{\boldsymbol{X}}(k|k-1) &= \boldsymbol{\Phi}(k, k-1)\boldsymbol{X}(k-1) \\ &+ \boldsymbol{\Gamma}(k, k-1)\boldsymbol{W}(k-1) - \boldsymbol{\Phi}(k, k-1)\hat{\boldsymbol{X}}(k-1|k-1) \\ &= \boldsymbol{\Phi}(k, k-1)(\boldsymbol{X}(k-1) - \hat{\boldsymbol{X}}(k-1|k-1)) + \boldsymbol{\Gamma}(k, k-1)\boldsymbol{W}(k-1)\end{aligned} \tag{10.7.5}$$

由式(10.6.1)有

$$\tilde{\boldsymbol{X}}(k) = \boldsymbol{X}(k) - \hat{E}(k|k-1)$$

确切地说，估计误差 $\tilde{\boldsymbol{X}}(k)$ 是在$\boldsymbol{Y}^{k-1}$ 的基础上获得的

$$\tilde{\boldsymbol{X}}(k) = \tilde{\boldsymbol{X}}(k|k-1) = \boldsymbol{X}(k) - \hat{E}(\boldsymbol{X}(k)|\boldsymbol{Y}^{k-1}) = \boldsymbol{X}(k) - \hat{\boldsymbol{X}}(k|k-1)$$

式中，$\hat{\boldsymbol{X}}(k|k-1) = \hat{E}(\boldsymbol{X}(k)|\boldsymbol{Y}^{k-1})$ 是正交投影的简化记法。这样有

$$\boldsymbol{X}(k) - \hat{\boldsymbol{X}}(k|k-1) = \tilde{\boldsymbol{X}}(k|k-1)$$

$k-1$ 时刻会有

$$\boldsymbol{X}(k-1) - \hat{\boldsymbol{X}}(k-1|k-1) = \tilde{\boldsymbol{X}}(k-1|k-1) \tag{10.7.6}$$

将式(10.7.6)代入式(10.7.5)得

$$\begin{aligned}&\boldsymbol{X}(k) - \hat{\boldsymbol{X}}(k|k-1) \\ &= \boldsymbol{\Phi}(k, k-1)\tilde{\boldsymbol{X}}(k-1|k-1)) + \boldsymbol{\Gamma}(k, k-1)\boldsymbol{W}(k-1)\end{aligned} \tag{10.7.7}$$

且

$$\begin{aligned}&(\boldsymbol{X}(k) - \hat{\boldsymbol{X}}(k|k-1))^{\mathrm{T}} \\ &= (\boldsymbol{\Phi}(k, k-1)\tilde{\boldsymbol{X}}(k-1|k-1)) + \boldsymbol{\Gamma}(k, k-1)\boldsymbol{W}(k-1))^{\mathrm{T}} \\ &= \tilde{\boldsymbol{X}}^{\mathrm{T}}(k-1|k-1)\boldsymbol{\Phi}^{\mathrm{T}}(k, k-1) + \boldsymbol{W}^{\mathrm{T}}(k-1)\boldsymbol{\Gamma}^{\mathrm{T}}(k, k-1)\end{aligned} \tag{10.7.8}$$

将式(10.7.7)、式(10.7.8)代入式(10.7.4)有

$$\begin{aligned}&\boldsymbol{P}(k|k-1) \\ &= E(\boldsymbol{\Phi}(k, k-1)\tilde{\boldsymbol{X}}(k-1|k-1)) + \boldsymbol{\Gamma}(k, k-1)\boldsymbol{W}(k-1)) \\ &\cdot(\tilde{\boldsymbol{X}}^{\mathrm{T}}(k-1|k-1)\boldsymbol{\Phi}^{\mathrm{T}}(k, k-1) + \boldsymbol{W}^{\mathrm{T}}(k-1)\boldsymbol{\Gamma}^{\mathrm{T}}(k, k-1))) \\ &= E(\boldsymbol{\Phi}(k, k-1)\tilde{\boldsymbol{X}}(k-1|k-1)\tilde{\boldsymbol{X}}^{\mathrm{T}}(k-1|k-1)\boldsymbol{\Phi}^{\mathrm{T}}(k, k-1) \\ &+ \boldsymbol{\Gamma}(k, k-1)\boldsymbol{W}(k-1)\tilde{\boldsymbol{X}}^{\mathrm{T}}(k-1|k-1)\boldsymbol{\Phi}^{\mathrm{T}}(k, k-1) \\ &+ \boldsymbol{\Phi}(k, k-1)\tilde{\boldsymbol{X}}(k-1|k-1)\boldsymbol{W}^{\mathrm{T}}(k-1)\boldsymbol{\Gamma}^{\mathrm{T}}(k, k-1) \\ &+ \boldsymbol{\Gamma}(k, k-1)\boldsymbol{W}(k-1)\boldsymbol{W}^{\mathrm{T}}(k-1)\boldsymbol{\Gamma}^{\mathrm{T}}(k, k-1))\end{aligned} \tag{10.7.9}$$

式(10.7.9)第2项的数学期望

$$\begin{aligned}&E(\boldsymbol{\Gamma}(k, k-1)\boldsymbol{W}(k-1)\tilde{\boldsymbol{X}}^{\mathrm{T}}(k-1|k-1)\boldsymbol{\Phi}^{\mathrm{T}}(k, k-1)) \\ &= \boldsymbol{\Gamma}(k, k-1)E(\boldsymbol{W}(k-1)\tilde{\boldsymbol{X}}^{\mathrm{T}}(k-1|k-1))\cdot\boldsymbol{\Phi}^{\mathrm{T}}(k, k-1)\end{aligned} \tag{10.7.10}$$

由式(10.7.6)知

$$\tilde{\boldsymbol{X}}(k-1|k-1) = \boldsymbol{X}(k-1) - \hat{\boldsymbol{X}}(k-1|k-1)$$

式(10.7.10)中的右边第二因子

$$
\begin{aligned}
&E(\boldsymbol{W}(k-1)\tilde{\boldsymbol{X}}^{\mathrm{T}}(k-1\mid k-1))\\
&=E(\boldsymbol{W}(k-1)(\boldsymbol{X}(k-1)-\hat{\boldsymbol{X}}(k-1\mid k-1))^{\mathrm{T}})\\
&=E(\boldsymbol{W}(k-1)(\boldsymbol{X}^{\mathrm{T}}(k-1)-\hat{\boldsymbol{X}}^{\mathrm{T}}(k-1\mid k-1)))\\
&=E(\boldsymbol{W}(k-1)\boldsymbol{X}^{\mathrm{T}}(k-1)-\boldsymbol{W}(k-1)\hat{\boldsymbol{X}}^{\mathrm{T}}(k-1\mid k-1)))\\
&=E(\boldsymbol{W}(k-1)\boldsymbol{X}^{\mathrm{T}}(k-1))-E(\boldsymbol{W}(k-1)\hat{\boldsymbol{X}}^{\mathrm{T}}(k-1\mid k-1))
\end{aligned}
\tag{10.7.11}
$$

因为

$$
\begin{aligned}
(E(\boldsymbol{W}(k-1)\boldsymbol{X}^{\mathrm{T}}(k-1)))^{\mathrm{T}}&=E((\boldsymbol{W}(k-1)\boldsymbol{X}^{\mathrm{T}}(k-1))^{\mathrm{T}})\\
&=E(\boldsymbol{X}(k-1)\boldsymbol{W}^{\mathrm{T}}(k-1))
\end{aligned}
\tag{10.7.12}
$$

根据式(10.5.11)，对于$j\geqslant k$

$$E(\boldsymbol{X}(k)\boldsymbol{W}^{\mathrm{T}}(j))=0$$

故

$$E(\boldsymbol{X}(k-1)\boldsymbol{W}^{\mathrm{T}}(k-1))=0$$

式(10.7.11)的第1项

$$E(\boldsymbol{W}(k-1)\boldsymbol{X}^{\mathrm{T}}(k-1))=0$$

式(10.7.11)的第2项

$$
\begin{aligned}
&E(\boldsymbol{W}(k-1)\hat{\boldsymbol{X}}^{\mathrm{T}}(k-1\mid k-1))\\
&=E(\boldsymbol{W}(k-1))\cdot\hat{\boldsymbol{X}}^{\mathrm{T}}(k-1\mid k-1)=0\cdot\hat{\boldsymbol{X}}^{\mathrm{T}}(k-1\mid k-1)=0
\end{aligned}
$$

式(10.7.11)的第1、2项均为0，故

$$E(\boldsymbol{W}(k-1)\tilde{\boldsymbol{X}}^{\mathrm{T}}(k-1\mid k-1))=0 \tag{10.7.13}$$

式(10.7.9)第2项的数学期望为0。有了式(10.7.13)，则

$$
\begin{aligned}
&(E(\boldsymbol{W}(k-1)\tilde{\boldsymbol{X}}^{\mathrm{T}}(k-1\mid k-1)))^{\mathrm{T}}=0\\
&=E((\boldsymbol{W}(k-1)\tilde{\boldsymbol{X}}^{\mathrm{T}}(k-1\mid k-1))^{\mathrm{T}})\\
&=E(\tilde{\boldsymbol{X}}(k-1\mid k-1)\boldsymbol{W}^{\mathrm{T}}(k-1))=0
\end{aligned}
$$

式(10.7.9)第3项的数学期望

$$
\begin{aligned}
&E(\boldsymbol{\Phi}(k,k-1)\tilde{\boldsymbol{X}}(k-1\mid k-1)\boldsymbol{W}^{\mathrm{T}}(k-1)\boldsymbol{\Gamma}^{\mathrm{T}}(k,k-1))\\
&=\boldsymbol{\Phi}(k,k-1)E(\tilde{\boldsymbol{X}}(k-1\mid k-1)\boldsymbol{W}^{\mathrm{T}}(k-1))\boldsymbol{\Gamma}^{\mathrm{T}}(k,k-1)=0
\end{aligned}
$$

这样一来，式(10.7.9)变成

$$
\begin{aligned}
&\boldsymbol{P}(k\mid k-1)\\
&=E(\boldsymbol{\Phi}(k,k-1)\tilde{\boldsymbol{X}}(k-1\mid k-1)\tilde{\boldsymbol{X}}^{\mathrm{T}}(k-1\mid k-1)\boldsymbol{\Phi}^{\mathrm{T}}(k,k-1))\\
&\quad+E(\boldsymbol{\Gamma}(k,k-1)\boldsymbol{W}(k-1)\boldsymbol{W}^{\mathrm{T}}(k-1)\boldsymbol{\Gamma}^{\mathrm{T}}(k,k-1))\\
&=\boldsymbol{\Phi}(k,k-1)E(\tilde{\boldsymbol{X}}(k-1\mid k-1)\tilde{\boldsymbol{X}}^{\mathrm{T}}(k-1\mid k-1))\cdot\boldsymbol{\Phi}^{\mathrm{T}}(k,k-1)\\
&\quad+\boldsymbol{\Gamma}(k,k-1)E(\boldsymbol{W}(k-1)\boldsymbol{W}^{\mathrm{T}}(k-1))\cdot\boldsymbol{\Gamma}^{\mathrm{T}}(k,k-1))
\end{aligned}
$$

于是

$$
\begin{aligned}
\boldsymbol{P}(k\mid k-1)&=\boldsymbol{\Phi}(k,k-1)\boldsymbol{P}(k-1\mid k-1)\boldsymbol{\Phi}^{\mathrm{T}}(k,k-1)\\
&\quad+\boldsymbol{\Gamma}(k,k-1)\boldsymbol{Q}(k-1)\boldsymbol{\Gamma}^{\mathrm{T}}(k,k-1))
\end{aligned}
\tag{10.7.14}
$$

式中，$\boldsymbol{P}(k-1\mid k-1)=E(\tilde{\boldsymbol{X}}(k-1\mid k-1)\tilde{\boldsymbol{X}}^{\mathrm{T}}(k-1\mid k-1))$。

由式(10.5.3)有

$$\boldsymbol{Q}(k-1)=E(\boldsymbol{W}(k-1)\boldsymbol{W}^{\mathrm{T}}(k-1))$$

式(10.7.14)是**【递推公式 Ⅲ】**。

式(10.7.3)代入基于$\boldsymbol{Y}^k$上的$\boldsymbol{X}(k)$的估计误差$\tilde{\boldsymbol{X}}(k|k)$，则

$$\begin{aligned}\tilde{\boldsymbol{X}}(k|k) &= \boldsymbol{X}(k) - \hat{\boldsymbol{X}}(k|k) = \boldsymbol{X}(k) - (\boldsymbol{\Phi}(k,k-1)\hat{\boldsymbol{X}}(k-1|k-1) \\ &\quad + \boldsymbol{K}(k)\cdot(\boldsymbol{Y}(k) - \boldsymbol{C}(k)\boldsymbol{\Phi}(k,k-1)\hat{\boldsymbol{X}}(k-1|k-1)))\end{aligned} \tag{10.7.15}$$

根据式(10.6.19)

$$\hat{\boldsymbol{X}}(k|k-1) = \boldsymbol{\Phi}(k,k-1)\hat{\boldsymbol{X}}(k-1|k-1)$$

$$\begin{aligned}\tilde{\boldsymbol{X}}(k|k) &= \boldsymbol{X}(k) - \hat{\boldsymbol{X}}(k|k-1) - \boldsymbol{K}(k)\cdot(\boldsymbol{Y}(k) - \boldsymbol{C}(k)\hat{\boldsymbol{X}}(k|k-1)) \\ &= \boldsymbol{X}(k) - \hat{\boldsymbol{X}}(k|k-1) - \boldsymbol{K}(k)\boldsymbol{Y}(k) - K(k)\boldsymbol{C}(k)\hat{\boldsymbol{X}}(k|k-1)\end{aligned} \tag{10.7.16}$$

由于k时刻的输出程

$$\boldsymbol{Y}(k) = \boldsymbol{C}(k)\boldsymbol{X}(k) + \boldsymbol{V}(k)$$

两边同乘$\boldsymbol{K}(k)$

$$\boldsymbol{K}(k)\boldsymbol{Y}(k) = \boldsymbol{K}(k)\boldsymbol{C}(k)\boldsymbol{X}(k) + \boldsymbol{K}(k)\boldsymbol{V}(k) \tag{10.7.17}$$

将式(10.7.17)代入式(10.7.16)

$$\begin{aligned}\tilde{\boldsymbol{X}}(k|k) &= \boldsymbol{X}(k) - \hat{\boldsymbol{X}}(k|k-1) \\ &\quad - \boldsymbol{K}(k)\boldsymbol{C}(k)\boldsymbol{X}(k) - \boldsymbol{K}(k)\boldsymbol{V}(k) + \boldsymbol{K}(k)\boldsymbol{C}(k)\hat{\boldsymbol{X}}(k|k-1)\end{aligned} \tag{10.7.18}$$

因为

$$\tilde{\boldsymbol{X}}(k|k-1) = \boldsymbol{X}(k) - \hat{\boldsymbol{X}}(k|k-1)$$

式(10.7.18)中的

$$\begin{aligned}&-\boldsymbol{K}(k)\boldsymbol{C}(k)\boldsymbol{X}(k) + \boldsymbol{K}(k)\boldsymbol{C}(k)\hat{\boldsymbol{X}}(k|k-1) \\ &= -\boldsymbol{K}(k)\boldsymbol{C}(k)(\boldsymbol{X}(k) - \hat{\boldsymbol{X}}(k|k-1)) = -\boldsymbol{K}(k)\boldsymbol{C}(k)\tilde{\boldsymbol{X}}(k|k-1)\end{aligned}$$

式(10.7.18)变成

$$\begin{aligned}\tilde{\boldsymbol{X}}(k|k) &= \tilde{\boldsymbol{X}}(k|k-1) - \boldsymbol{K}(k)\boldsymbol{C}(k)\tilde{\boldsymbol{X}}(k|k-1) - \boldsymbol{K}(k)\boldsymbol{V}(k) \\ &= (\boldsymbol{I} - \boldsymbol{K}(k)\boldsymbol{C}(k))\tilde{\boldsymbol{X}}(k|k-1) - \boldsymbol{K}(k)\boldsymbol{V}(k)\end{aligned} \tag{10.7.19}$$

根据$\boldsymbol{P}(k|k-1)$的定义，即式(10.6.29)

$$\boldsymbol{P}(k|k-1) = E(\tilde{\boldsymbol{X}}(k|k-1)\tilde{\boldsymbol{X}}^{\mathrm{T}}(k|k-1))$$

式中，估计误差$\tilde{\boldsymbol{X}}(k|k-1)$是基于$\boldsymbol{Y}^{k-1}$观测量基础上的，如果观测量为$\boldsymbol{Y}^{k-1}$，应写成

$$\boldsymbol{P}(k|k) = E(\tilde{\boldsymbol{X}}(k|k)\tilde{\boldsymbol{X}}^{\mathrm{T}}(k|k))$$

将式(10.7.19)代入上式，有

$$\begin{aligned}\boldsymbol{P}(k|k) &= E((\boldsymbol{I} - \boldsymbol{K}(k)\boldsymbol{C}(k))\tilde{\boldsymbol{X}}(k|k-1) - \boldsymbol{K}(k)\boldsymbol{V}(k)) \\ &\quad \cdot((\boldsymbol{I} - \boldsymbol{K}(k)\boldsymbol{C}(k))\tilde{\boldsymbol{X}}(k|k-1) - \boldsymbol{K}(k)\boldsymbol{V}(k))^{\mathrm{T}}) \\ &= E((\boldsymbol{I} - \boldsymbol{K}(k)\boldsymbol{C}(k))\tilde{\boldsymbol{X}}(k|k-1) - \boldsymbol{K}(k)\boldsymbol{V}(k)) \\ &\quad \cdot(\tilde{\boldsymbol{X}}^{\mathrm{T}}(k|k-1)(\boldsymbol{I} - \boldsymbol{K}(k)\boldsymbol{C}(k))^{\mathrm{T}} - \boldsymbol{V}^{\mathrm{T}}(k)\boldsymbol{K}^{\mathrm{T}}(k))) \\ &= E((\boldsymbol{I} - \boldsymbol{K}(k)\boldsymbol{C}(k))\tilde{\boldsymbol{X}}(k|k-1)\tilde{\boldsymbol{X}}^{\mathrm{T}}(k|k-1)(\boldsymbol{I} - \boldsymbol{K}(k)\boldsymbol{C}(k))^{\mathrm{T}} \\ &\quad - \boldsymbol{K}(k)\boldsymbol{V}(k))\tilde{\boldsymbol{X}}^{\mathrm{T}}(k|k-1)(\boldsymbol{I} - \boldsymbol{K}(k)\boldsymbol{C}(k))^{\mathrm{T}} \\ &\quad - (\boldsymbol{I} - \boldsymbol{K}(k)\boldsymbol{C}(k))\tilde{\boldsymbol{X}}(k|k-1)\boldsymbol{V}^{\mathrm{T}}(k)\boldsymbol{K}^{\mathrm{T}}(k)) \\ &\quad + \boldsymbol{K}(k)\boldsymbol{V}(k)\boldsymbol{V}^{\mathrm{T}}(k)\boldsymbol{K}^{\mathrm{T}}(k)) \\ &= E(\boldsymbol{I} - \boldsymbol{K}(k)\boldsymbol{C}(k))\tilde{\boldsymbol{X}}(k|k-1)\tilde{\boldsymbol{X}}^{\mathrm{T}}(k|k-1)(\boldsymbol{I} - \boldsymbol{K}(k)\boldsymbol{C}(k))^{\mathrm{T}}) \\ &\quad - E(\boldsymbol{K}(k)\boldsymbol{V}(k))\tilde{\boldsymbol{X}}^{\mathrm{T}}(k|k-1)(\boldsymbol{I} - \boldsymbol{K}(k)\boldsymbol{C}(k))^{\mathrm{T}}) \\ &\quad - E((\boldsymbol{I} - \boldsymbol{K}(k)\boldsymbol{C}(k))\tilde{\boldsymbol{X}}(k|k-1)\boldsymbol{V}^{\mathrm{T}}(k)\boldsymbol{K}^{\mathrm{T}}(k))\end{aligned}$$

$$+E(\boldsymbol{K}(k)\boldsymbol{V}(k)\boldsymbol{V}^{\mathrm{T}}(k)\boldsymbol{K}^{\mathrm{T}}(k)) \tag{10.7.20}$$

式(10.7.20)的第3项

$$\begin{aligned}&E((\boldsymbol{I}-\boldsymbol{K}(k)\boldsymbol{C}(k))\tilde{\boldsymbol{X}}(k\mid k-1)\boldsymbol{V}^{\mathrm{T}}(k)\boldsymbol{K}^{\mathrm{T}}(k))\\&=(\boldsymbol{I}-\boldsymbol{K}(k)\boldsymbol{C}(k))E(\tilde{\boldsymbol{X}}(k\mid k-1)\boldsymbol{V}^{\mathrm{T}}(k))\cdot\boldsymbol{K}^{\mathrm{T}}(k)\end{aligned} \tag{10.7.21}$$

由式(10.6.43)知

$$E(\tilde{\boldsymbol{X}}(k\mid k-1)\boldsymbol{V}^{\mathrm{T}}(k))=0 \tag{10.7.22}$$

式(10.7.20)的第3项

$$\begin{aligned}&E((\boldsymbol{I}-\boldsymbol{K}(k)\boldsymbol{C}(k))\tilde{\boldsymbol{X}}(k\mid k-1)\boldsymbol{V}^{\mathrm{T}}(k)\boldsymbol{K}^{\mathrm{T}}(k))\\&=(\boldsymbol{I}-\boldsymbol{K}(k)\boldsymbol{C}(k))E(\tilde{\boldsymbol{X}}(k\mid k-1)\boldsymbol{V}^{\mathrm{T}}(k))\cdot\boldsymbol{K}^{\mathrm{T}}(k)=0\end{aligned} \tag{10.7.22}$$

式(10.7.22)成立，$(E(\tilde{\boldsymbol{X}}(k\mid k-1)\boldsymbol{V}^{\mathrm{T}}(k)))^{\mathrm{T}}=0$ 也应成立，故

$$\begin{aligned}(E(\tilde{\boldsymbol{X}}(k\mid k-1)\boldsymbol{V}^{\mathrm{T}}(k)))^{\mathrm{T}}&=E((\tilde{\boldsymbol{X}}(k\mid k-1)\boldsymbol{V}^{\mathrm{T}}(k))^{\mathrm{T}})\\&=E(\boldsymbol{V}(k)\tilde{\boldsymbol{X}}^{\mathrm{T}}(k\mid k-1))=0\end{aligned}$$

式(10.7.20)的第2项

$$\begin{aligned}&E(\boldsymbol{K}(k)\boldsymbol{V}(k))\tilde{\boldsymbol{X}}^{\mathrm{T}}(k\mid k-1)(\boldsymbol{I}-\boldsymbol{K}(k)\boldsymbol{C}(k))^{\mathrm{T}})\\&=\boldsymbol{K}(k)E(\boldsymbol{V}(k))\tilde{\boldsymbol{X}}^{\mathrm{T}}(k\mid k-1))(\boldsymbol{I}-\boldsymbol{K}(k)\boldsymbol{C}(k))^{\mathrm{T}})=0\end{aligned} \tag{10.7.23}$$

所以式(10.7.20)变成

$$\begin{aligned}\boldsymbol{P}(k\mid k)&=E(\boldsymbol{I}-\boldsymbol{K}(k)\boldsymbol{C}(k))\tilde{\boldsymbol{X}}(k\mid k-1)\tilde{\boldsymbol{X}}^{\mathrm{T}}(k\mid k-1)(\boldsymbol{I}-\boldsymbol{K}(k)\boldsymbol{C}(k))^{\mathrm{T}})\\&\quad+E(\boldsymbol{K}(k)\boldsymbol{V}(k)\boldsymbol{V}^{\mathrm{T}}(k)\boldsymbol{K}^{\mathrm{T}}(k))\\&=(\boldsymbol{I}-\boldsymbol{K}(k)\boldsymbol{C}(k))E(\tilde{\boldsymbol{X}}(k\mid k-1)\tilde{\boldsymbol{X}}^{\mathrm{T}}(k\mid k-1))\cdot(\boldsymbol{I}-\boldsymbol{K}(k)\boldsymbol{C}(k))^{\mathrm{T}})\\&\quad+\boldsymbol{K}(k)E(\boldsymbol{V}(k)\boldsymbol{V}^{\mathrm{T}}(k))\cdot\boldsymbol{K}^{\mathrm{T}}(k))\end{aligned} \tag{10.7.24}$$

根据 $\boldsymbol{P}(k\mid k-1)$ 的定义，即式(10.6.29)

$$\boldsymbol{P}(k\mid k-1)=E(\tilde{\boldsymbol{X}}(k\mid k-1)\tilde{\boldsymbol{X}}^{\mathrm{T}}(k\mid k-1))$$

且由式(10.5.5)知，当 $j=k$ 时

$$\begin{aligned}\mathrm{Cov}(\boldsymbol{V}(k),\boldsymbol{V}(k))&=E(\boldsymbol{V}(k)-E(\boldsymbol{V}(k))\cdot(\boldsymbol{V}(k)-E(\boldsymbol{V}(k))^{\mathrm{T}})\\E(\boldsymbol{V}(k)\boldsymbol{V}^{\mathrm{T}}(k))&=\boldsymbol{R}(k)\delta_{k,k}=\boldsymbol{R}(k)\end{aligned}$$

于是

$$\begin{aligned}\boldsymbol{P}(k\mid k)&=(\boldsymbol{I}-\boldsymbol{K}(k)\boldsymbol{C}(k))\boldsymbol{P}(k\mid k-1)(\boldsymbol{I}-\boldsymbol{K}(k)\boldsymbol{C}(k))^{\mathrm{T}}\\&\quad+\boldsymbol{K}(k)\boldsymbol{R}(k)\boldsymbol{K}^{\mathrm{T}}(k))\\&=(\boldsymbol{I}-\boldsymbol{K}(k)\boldsymbol{C}(k))\boldsymbol{P}(k\mid k-1)(\boldsymbol{I}-\boldsymbol{C}^{\mathrm{T}}(k)\boldsymbol{K}^{\mathrm{T}}(k))+\boldsymbol{K}(k)\boldsymbol{R}(k)\boldsymbol{K}^{\mathrm{T}}(k)\\&=(\boldsymbol{P}(k\mid k-1)-\boldsymbol{K}(k)\boldsymbol{C}(k)\boldsymbol{P}(k\mid k-1))(\boldsymbol{I}-\boldsymbol{C}^{\mathrm{T}}(k)\boldsymbol{K}^{\mathrm{T}}(k))+\boldsymbol{K}(k)\boldsymbol{R}(k)\boldsymbol{K}^{\mathrm{T}}(k)\\&=\boldsymbol{P}(k\mid k-1)-\boldsymbol{K}(k)\boldsymbol{C}(k)\boldsymbol{P}(k\mid k-1)-\boldsymbol{P}(k\mid k-1)\boldsymbol{C}^{\mathrm{T}}(k)\boldsymbol{K}^{\mathrm{T}}(k)\\&\quad+\boldsymbol{K}(k)\boldsymbol{C}(k)\boldsymbol{P}(k\mid k-1)\boldsymbol{C}^{\mathrm{T}}(k)\boldsymbol{K}^{\mathrm{T}}(k)+\boldsymbol{K}(k)\boldsymbol{R}(k)\boldsymbol{K}^{\mathrm{T}}(k)\\&=\boldsymbol{P}(k\mid k-1)-\boldsymbol{K}(k)\boldsymbol{C}(k)\boldsymbol{P}(k\mid k-1)-\boldsymbol{P}(k\mid k-1)\boldsymbol{C}^{\mathrm{T}}(k)\boldsymbol{K}^{\mathrm{T}}(k)\\&\quad+\boldsymbol{K}(k)(\boldsymbol{C}(k)\boldsymbol{P}(k\mid k-1)\boldsymbol{C}^{\mathrm{T}}(k)+\boldsymbol{R}(k))\boldsymbol{K}^{\mathrm{T}}(k)\end{aligned} \tag{10.7.25}$$

根据式(10.7.2)有

$$\boldsymbol{K}(k)=\boldsymbol{P}(k\mid k-1)\boldsymbol{C}^{\mathrm{T}}(k)(\boldsymbol{C}(k)\boldsymbol{P}(k\mid k-1)\boldsymbol{C}^{\mathrm{T}}(k)+\boldsymbol{R}(k))^{-1}$$

将式(10.7.2)代入式(10.7.25)

$$\begin{aligned}\boldsymbol{P}(k\mid k)&=\boldsymbol{P}(k\mid k-1)-\boldsymbol{K}(k)\boldsymbol{C}(k)\boldsymbol{P}(k\mid k-1)-\boldsymbol{P}(k\mid k-1)\boldsymbol{C}^{\mathrm{T}}(k)\boldsymbol{K}^{\mathrm{T}}(k)\\&\quad+\boldsymbol{P}(k\mid k-1)\boldsymbol{C}^{\mathrm{T}}(k)(\boldsymbol{C}(k)\boldsymbol{P}(k\mid k-1)\boldsymbol{C}^{\mathrm{T}}(k)+\boldsymbol{R}(k))^{-1}\end{aligned}$$

$$\cdot(\boldsymbol{C}(k)\boldsymbol{P}(k\mid k-1)\boldsymbol{C}^{\mathrm{T}}(k)+\boldsymbol{R}(k))\boldsymbol{K}^{\mathrm{T}}(k) \tag{10.7.26}$$

上式第 4 项中

$$(\boldsymbol{C}(k)\boldsymbol{P}(k\mid k-1)\boldsymbol{C}^{\mathrm{T}}(k)+\boldsymbol{R}(k))^{-1}\cdot(\boldsymbol{C}(k)\boldsymbol{P}(k\mid k-1)\boldsymbol{C}^{\mathrm{T}}(k)+\boldsymbol{R}(k))=\boldsymbol{I}$$

式(10.7.26)变成

$$\begin{aligned}\boldsymbol{P}(k\mid k)&=\boldsymbol{P}(k\mid k-1)-\boldsymbol{K}(k)\boldsymbol{C}(k)\boldsymbol{P}(k\mid k-1)\\&-\boldsymbol{P}(k\mid k-1)\boldsymbol{C}^{\mathrm{T}}(k)\boldsymbol{K}^{\mathrm{T}}(k)+\boldsymbol{P}(k\mid k-1)\boldsymbol{C}^{\mathrm{T}}(k)\boldsymbol{K}^{\mathrm{T}}(k)\end{aligned}$$

最后得

$$\begin{aligned}\boldsymbol{P}(k\mid k)&=\boldsymbol{P}(k\mid k-1)-\boldsymbol{K}(k)\boldsymbol{C}(k)\boldsymbol{P}(k\mid k-1)\\&=(\boldsymbol{I}-\boldsymbol{K}(k)\boldsymbol{C}(k))\boldsymbol{P}(k\mid k-1)\end{aligned} \tag{10.7.27}$$

式(10.7.27)为**【递推公式 Ⅳ】**。

联立式(10.7.3)、式(10.7.2)、式(10.7.14)、式(10.7.27)，得到递推公式如下

$$\begin{cases}\boldsymbol{K}(k)=\boldsymbol{P}(k\mid k-1)\boldsymbol{C}^{\mathrm{T}}(k)(\boldsymbol{C}(k)\boldsymbol{P}(k\mid k-1)\boldsymbol{C}^{\mathrm{T}}(k)+\boldsymbol{R}(k))^{-1}\\ \hat{\boldsymbol{X}}(k\mid k)=\boldsymbol{\Phi}(k\mid k-1)\hat{\boldsymbol{X}}(k-1\mid k-1)+\boldsymbol{K}(k)(\boldsymbol{Y}(k)-\boldsymbol{C}(k)\boldsymbol{\Phi}(k,k-1)\hat{\boldsymbol{X}}(k-1\mid k-1)\\ \boldsymbol{P}(k\mid k-1)=\boldsymbol{\Phi}(k,k-1)\boldsymbol{P}(k-1\mid k-1)\boldsymbol{\Phi}^{\mathrm{T}}(k,k-1)\\ +\boldsymbol{\Gamma}(k,k-1)\boldsymbol{Q}(k-1\mid k-1)\boldsymbol{\Gamma}^{\mathrm{T}}(k,k-1)\\ \boldsymbol{P}(k\mid k)=(\boldsymbol{I}-\boldsymbol{K}(k)\boldsymbol{C}(k))\boldsymbol{P}(k\mid k-1)\end{cases}$$

已知条件

$$\begin{cases}\mathrm{Cov}(\boldsymbol{W}(k),\boldsymbol{W}(j))=\boldsymbol{Q}(k)\delta_{k,j}\\ \mathrm{Cov}(\boldsymbol{V}(k),\boldsymbol{V}(j))=\boldsymbol{R}(k)\delta_{k,j}\end{cases}$$

上式称为卡尔曼滤波递推公式。

式中 $\boldsymbol{\Phi}(k,k-1)$ 为状态从 $k-1$ 时刻转移至 k 时刻的状态转移矩阵。$\hat{\boldsymbol{X}}(k-1\mid k-1)=\hat{E}(\boldsymbol{X}(k-1)\mid \boldsymbol{Y}^{k-1})$ 为在 $\boldsymbol{Y}^{k-1}$ 观测向量的基础上对 $k-1$ 时刻状态的估计。$\hat{\boldsymbol{X}}(k\mid k)=\hat{E}(\boldsymbol{X}(k)\mid \boldsymbol{Y}^{k})$ 为在 $\boldsymbol{Y}^{k}$ 观测向量的基础上，对 k 时刻状态的估计。$\boldsymbol{P}(k\mid k-1)=\hat{E}(\tilde{\boldsymbol{X}}(k\mid k-1)\tilde{\boldsymbol{X}}^{\mathrm{T}}(k\mid k-1))$，为在 $\boldsymbol{Y}^{k-1}$ 基础上 k 时刻状态的方差阵。$\boldsymbol{P}(k\mid k)=\hat{E}(\tilde{\boldsymbol{X}}(k\mid k)\tilde{\boldsymbol{X}}^{\mathrm{T}}(k\mid k))$ 为在 $\boldsymbol{Y}^{k}$ 的基础上 k 时刻状态的方差阵。同样，$\boldsymbol{P}(k-1\mid k-1)=\hat{E}(\tilde{\boldsymbol{X}}(k-1\mid k-1)\tilde{\boldsymbol{X}}^{\mathrm{T}}(k-1\mid k-1))$ 为在 $\boldsymbol{Y}^{k-1}$ 的基础上 $k-1$ 时刻状态的方差阵。

10.8 卡尔曼递推算法

(1) 由**【递推公式 Ⅲ】**，只要知道状态方程的状态转移矩阵 $\boldsymbol{\Phi}(k,k-1)$，与扰动的转移矩阵 $\boldsymbol{\Gamma}(k,k-1)$，在 $\boldsymbol{P}(k-1\mid k-1)$ 的基础上，便可将 $\boldsymbol{P}(k\mid k-1)$ 计算出来。

(2) 由**【递推公式 Ⅰ】**，只要知道输出方程中状态 $\boldsymbol{X}(k)$ 的系数矩阵 $\boldsymbol{C}(k)$ 和观测噪声 $\boldsymbol{V}(k)$ 的自相关函数的脉冲冲量 $\boldsymbol{R}(k)$，在 $\boldsymbol{P}(k\mid k-1)$ 的基础上可将 $\boldsymbol{K}(k)$ 计算出来。

(3) 由**【递推公式 Ⅱ】**，输出方程 $\boldsymbol{Y}(k)$、$\boldsymbol{C}(k)$ 和 $\boldsymbol{\Phi}(k,k-1)$ 已知，在 $\boldsymbol{K}(k)$ 已经算得的前提下，根据在 $\boldsymbol{Y}^{k-1}$ 的基础上和前一时刻(时 k 时刻)状态的估计 $\hat{\boldsymbol{X}}(k-1\mid k-1)$，求得在 $\boldsymbol{Y}^{k}$ 的基础上在这一时刻(即 k 时刻)的状态估计 $\hat{\boldsymbol{X}}(k\mid k)$。

在 $\hat{\boldsymbol{X}}(k-1\mid k-1)$ 的基础上估计出 $\hat{\boldsymbol{X}}(k\mid k)$ 来，即从前一时刻的状态，根据新获得的

$\boldsymbol{Y}(k)$，形成$\boldsymbol{Y}^k$，从而估计出这一时刻的状态估计，或由这一时刻的状态估计出下一时刻的状态，称之为一步预测，因此卡尔曼递推算法又称之为一步预测算法。

由于状态方程中含有扰动 $\boldsymbol{W}(k)$，输出方程中含有观测噪声 $\boldsymbol{V}(k)$，两者均为随机变量，但在递推算法没有出现，而出现的是两者自相关函数的脉冲冲量 $\boldsymbol{R}(k)$ 和 $\boldsymbol{Q}(k)$，这样，随机扰动和观测噪声被滤除，故称递推算法为滤波算法。因卡尔曼首先提出，故称卡尔曼滤波。

上一次的计算结果作为这一次的已知条件，重复使用上述四个公式，求得这一次的估计，然后利用递推公式 Ⅳ 求 $\boldsymbol{P}(k|k)$，为下一次计算做准备，再次使用上述四个公式求出下一次估计。把计算结果作已知条件回代计算，这种迭代算法称为递推算法。

第四篇

最优控制

第11章

庞特里亚金极值原理

11.1　引言

在系统的输入端加上信号 $u(t)$，系统的输出 $y(t)$ 将按某种确定性的规律变化，称系统受到输入的控制。

若系统的数学模型为 n 阶微分方程

$$y^{(n)}(t)+a_1y^{(n-1)}(t)+a_2y^{(n-2)}(t)+\cdots+a_ny(t)=b_1u^{(n-1)}(t)+b_2u^{(n-2)}(t)+\cdots+b_nu(t) \tag{11.1.1}$$

将已知的 $u(t)$ 函数代入上式，则(11.1.1)式便是一个以 $y(t)$ 为未知函数的微分方程，解之可得 $y(t)$，习惯称它是输入函数 $u(t)$ 的响应，这是控制的第一类问题。

反过来，若希望系统的输出按人们事先规定的规律变化，应如何控制，才能达到目的?这是又一类已知输出 $y(t)$，求 $u(t)$ 输入函数的问题。同样将已知函数代入式(11.1.1)，得到以 $u(t)$ 为未知函数的微分方程，解之可得 $u(t)$，最优控制属于这一类。

11.2　动态性能指标与目标函数

系统在控制的作用下，从一种状态转移到另一种状态有多种途径。如一高空物体落入地面有多种方式：不加控制($u(t)=0$)的自由落体，这是一种。搭乘降落伞，这是第二种。还可以像返回式飞船，在离地面十多米高度时利用反推力火箭让其平稳着陆。哪一种方式最好?这取决于人们事先设定的标准。要求快，这是第一种，但代价大，机毁人亡，导弹除外。第二种，控制简单、安全稳定，但滞空时间长，容易成为目标被击落。第三种控制相对复杂，也安全稳定，但付出的努力最大。如果不惜工本，只求安全，第三种在考虑之列，如返回式太空“神舟号”飞船。这就是说，控制有多种多样，对于设定的标准其中必定有一种是最优的。

如何评价控制系统的动态性能品质，在经典控制理论中，是这样进行的，在系统的输入端加上一个阶跃信号 $u(t) = \begin{cases} 1 & t \geqslant 0 \\ 0 & t < 0 \end{cases}$，这时系统的输出为飞升曲线，如图 11.2.1 所示。

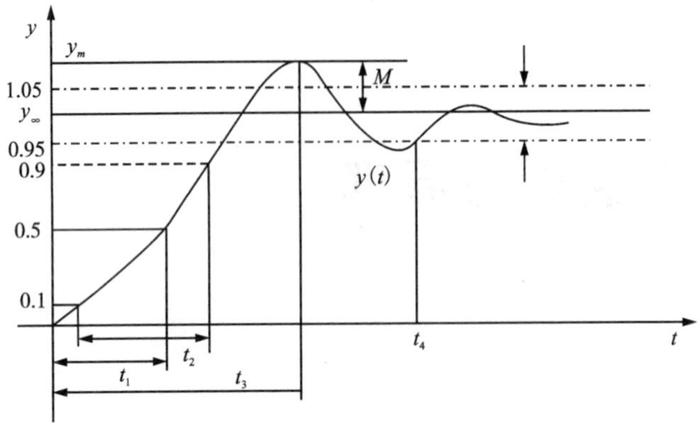

图 11.2.1　飞升曲线

假定系统的输入端是从 0 时刻加上输入信号 $u(t)$ 的，自然 0 时刻之前（包括 0 时刻）的输入为 0，同理输出在 0 时刻之前也为 0。飞升曲线有如下 6 个指标：

（1）延迟时间 t_1，输出从 0 时刻开始增至稳态值一半所需的时间。

（2）上升时间 t_2，输出从稳态值的 10% 上升到 90% 所需的时间。

（3）峰值时间 t_3，输出从 0 到第 1 个峰值所需的时间。

（4）超调量 $M = (y_m - y_\infty)$，式中 y_m 为 $y(t)$ 的最大值；y_∞ 为 $y(t)$ 稳态值。输出峰值超出稳态值部分的百分比称为相对超调量。

（5）过渡过程时间 t_4，输出从 0 到最后一次进入稳态值 ±5% 区域而不再离开这个区域所需的时间。

（6）振荡次数 N，过渡过程时间内的振荡周期数，上例中 $N = 1$。

凭上述 6 个指标，难以对系统做出评价。例如超调量过大，系统振荡次数多，固然不好，但没有一点超调也是不好的，因为没有超调，过渡时间过长，系统显得迟钝。从快速性出发，希望延迟时间、上升时间等越小越好。但太小时，系统的超调量势必增大。可见，片面追求 6 个指标，会以牺牲另一个指标为代价。因此综合上述指标，才能全面对系统做出评价。不难发现，$y(t)$ 曲线与稳态值 y_∞ 之间所包围的面积的绝对值 $|y(t) - y_\infty|$ 越小，系统的动态性能越好，如图 11.2.2 所示。

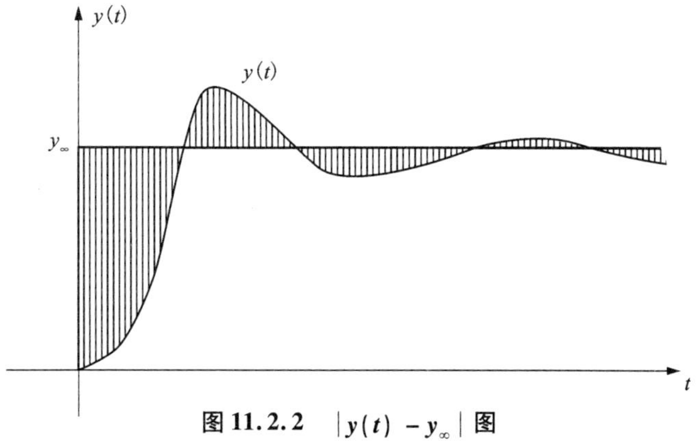

图 11.2.2　$|y(t)-y_\infty|$ 图

在理想的情况下，如果飞升曲线如粗线所示，表示 $y(t)$ 在 $t=0$ 瞬间，飞升达到稳态值，则 $t_1=t_2=t_3=t_4=0$，且无超调量，也无振荡，这时

$$\int_{t_0}^{t_f}|y(t)-y_\infty|\mathrm{d}t=0 \tag{11.2.1}$$

因此，用 $\int_{t_0}^{t_f}|y(t)-y_\infty|\mathrm{d}t$ 为最小，作为综合评价指标是最为合理的。求函数绝对值为最小，在数学上不好处理，如果令 $x(t)=y(t)-y_\infty$，用 $x^2(t)$ 来代替 $|y(t)-y_\infty|$，即用 $\int_{t_0}^{t_f}x^2(t)\mathrm{d}t$ 来代替 $\int_{t_0}^{t_5}|y(t)-y_\infty|\mathrm{d}t$ 是合理且方便的。因为式(11.2.1)为最小，与 $\int_{t_0}^{t_f}x^2(t)\mathrm{d}t$ 为最小是等价的，同样都表征了 $y(t)$ 与稳态值 y_∞ 所包围面积的相对大小，且二次曲线求极值，在数学上易于处理。设 $J=\int_{t_0}^{t_f}x^2(t)\mathrm{d}t$ 最小为追求的目标，称目标函数。它是 $x(t)$ 的函数，记为 $J(x(t))=\int_{t_0}^{t_f}x^2(t)\mathrm{d}t$，如果系统是 n 维的，则

$$\boldsymbol{X}(t)=\begin{pmatrix}x_1(t)\\x_2(t)\\\vdots\\x_n(t)\end{pmatrix}$$

$$\begin{aligned}J&=J_1(x_1(t))+J_2(x_2(t))+\cdots+J_n(x_n(t))\\&=\int_{t_0}^{t_f}x_1^{\ 2}(t)\mathrm{d}t+\int_{t_0}^{t_f}x_2^{\ 2}(t)\mathrm{d}t+\cdots+\int_{t_0}^{t_f}x_n^{\ 2}(t)\mathrm{d}t\\&=\int_{t_0}^{t_f}(x_1^{\ 2}(t)+x_2^{\ 2}(t)+\cdots+x_n^{\ 2}(t))\mathrm{d}t=\int_{t_0}^{t_f}X^{\mathrm{T}}(t)X(t)\mathrm{d}t\end{aligned}$$

如果对 $\boldsymbol{X}$ 的 n 个分量之间，不能等量齐观，相对偏重某些分量而轻视某些分量时，可引入加权因子 $q_1,\cdots,q_n$，则

$$\begin{aligned}J(\boldsymbol{X}(t))&=\int_{t_0}^{t_f}[q_1x_1^{\ 2}(t)+q_2x_2^{\ 2}(t)+\cdots+q_nx_n^{\ 2}(t)]\mathrm{d}t\\&=\int_{t_0}^{t_f}[x_1(t)+x_2(t)+\cdots+x_n(t)]\begin{pmatrix}q_1&\cdots&0\\\vdots&\ddots&\vdots\\0&\cdots&q_n\end{pmatrix}\begin{pmatrix}x_1(t)\\x_2(t)\\\vdots\\x_n(t)\end{pmatrix}\mathrm{d}t\end{aligned}$$

$$= \int_{t_0}^{t_f} \boldsymbol{X}^{\mathrm{T}}(t)\boldsymbol{Q}\boldsymbol{X}(t)\,\mathrm{d}t$$

如果所追求的目标中，还包含控制量，则

$$J(\boldsymbol{X}(t),\ \boldsymbol{U}(t)) = \int_{t_0}^{t_f} (\boldsymbol{X}^{\mathrm{T}}(t)\boldsymbol{Q}\boldsymbol{X}(t) + \boldsymbol{U}^{\mathrm{T}}(t)\boldsymbol{R}\boldsymbol{U}(t))\,\mathrm{d}t$$

称为二次型性能指标函数，或称二次型性能指标。

式中

$$\boldsymbol{Q} = \begin{pmatrix} q_1 & \cdots & 0 \\ \vdots & \ddots & \vdots \\ 0 & \cdots & q_n \end{pmatrix};\qquad \boldsymbol{R} = \begin{pmatrix} r_1 & \cdots & 0 \\ \vdots & \ddots & \vdots \\ 0 & \cdots & r_n \end{pmatrix}$$

分别称为状态加权阵与控制加权阵，它是函数的函数。$J(\boldsymbol{X}(t),\ \boldsymbol{U}(t))$ 又称目标泛函，它的一般形式为

$$J(\boldsymbol{X}(t),\ \boldsymbol{U}(t)) = \int_{t_0}^{t_f} L(\boldsymbol{X}(t),\ \boldsymbol{U}(t))\,\mathrm{d}t$$

目标函数也写成 $J(\boldsymbol{U}(t))$。

11.3 最优控制充分必要条件

【定义】 设系统的状态方程为

$$\begin{cases} \dot{\boldsymbol{X}} = \boldsymbol{A}\boldsymbol{X} + \boldsymbol{B}\boldsymbol{U} \\ \boldsymbol{X}(t_0) = \boldsymbol{X}_0 \\ \boldsymbol{X}(t_1) = \boldsymbol{X}_1 \end{cases} \tag{11.3.1}$$

目标函数为

$$J(\boldsymbol{U}) = \int_{t_0}^{t_f} L(\boldsymbol{X}(t),\ \boldsymbol{U}(t))\,\mathrm{d}t$$

式中，t_0 为初始时间，t_f 为末端时间，$\boldsymbol{X}_0$ 为初始状态，$\boldsymbol{X}_1$ 为末端状态，选取最优控制$\boldsymbol{U}^*(t) \in \boldsymbol{U}$，$\boldsymbol{U}$ 为容许控制，使系统从一个稳态$\boldsymbol{X}_0$ 过渡到另一稳态$\boldsymbol{X}_1$ 的运动过程中，目标函数为最小(极值)。

11.3.1 偏差微分方程

设最优控制为$\boldsymbol{U}^*(t)$，可认为一般控制 $\boldsymbol{U}(t)$ 等于最优控制$\boldsymbol{U}^*(t)$ 与一个小的扰动 $\varepsilon\boldsymbol{\eta}(t)$ 的叠加，即 $\boldsymbol{U}(t) = \boldsymbol{U}^*(t) + \varepsilon\boldsymbol{\eta}(t)$，如图 11.3.1 所示，$\boldsymbol{\eta}(t)$ 为扰动函数，ε 为一个小的数。

又设在最优控制下，状态的轨线为$\boldsymbol{X}^*(t)$，称最优轨线，则一般轨迹线 $\boldsymbol{X}(t)$ 等于最优轨线$\boldsymbol{X}^*(t)$ 与一个小的偏差函数 $\varepsilon\boldsymbol{\varphi}(t)$ 叠加，状态轨线的图形与图 11.3.1 类似。

$$\dot{\boldsymbol{X}}(t) = \dot{\boldsymbol{X}}^*(t) + \varepsilon\dot{\boldsymbol{\varphi}}(t)$$

将$\boldsymbol{X}^*(t)$、$\boldsymbol{X}(t)$ 和 $\boldsymbol{U}^*(t)$、$\boldsymbol{U}(t)$ 代入式(11.3.1) 有

$$\dot{\boldsymbol{X}}(t) = \dot{\boldsymbol{X}}^*(t) + \varepsilon\dot{\boldsymbol{\varphi}}(t) = \boldsymbol{A}(\boldsymbol{X}^*(t) + \varepsilon\boldsymbol{\varphi}(t)) + \boldsymbol{B}(\boldsymbol{U}^*(t) + \varepsilon\boldsymbol{\eta}(t)) \tag{11.3.2}$$

在最优控制下，状态方程应为

$$\dot{\boldsymbol{X}}^*(t) = \boldsymbol{A}\boldsymbol{X}^*(t) + \boldsymbol{B}\boldsymbol{U}^*(t) \tag{11.3.3}$$

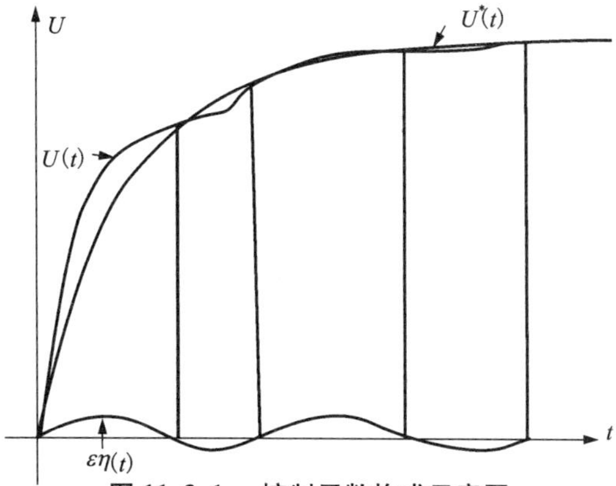

图 11.3.1　控制函数构成示意图

式(11.3.2)减去式(11.3.3)后，两边同除以 ε，并认为初态无偏差，于是有

$$\begin{cases}\dot{\boldsymbol{\varphi}}(t) = \boldsymbol{A}\boldsymbol{\varphi}(t) + \boldsymbol{B}\boldsymbol{\eta}(t)\\ \boldsymbol{X}(t_0) = \boldsymbol{X}_0\\ \boldsymbol{\varphi}(t_0) = 0\end{cases} \tag{11.3.4}$$

式(11.3.4)称为偏差微分方程。

11.3.2　协状态向量与哈密顿函数

在最优控制下，系统目标函数为

$$J(\boldsymbol{U}^*(t)) = \int_{t_0}^{t_f} L(\boldsymbol{X}^*(t), \boldsymbol{U}^*(t))\mathrm{d}t \tag{11.3.5}$$

一般控制下的目标函数为

$$J(\boldsymbol{U}(t)) = \int_{t_0}^{t_f} L(\boldsymbol{X}(t), \boldsymbol{U}(t))\mathrm{d}t \tag{11.3.5}$$

由于 $\dot{\boldsymbol{X}}(t) = \boldsymbol{A}\boldsymbol{X}(t) + \boldsymbol{B}\boldsymbol{U}(t)$，则

$$\dot{\boldsymbol{X}}^*(t) = \boldsymbol{A}\,\boldsymbol{X}^*(t) + \boldsymbol{B}\,\boldsymbol{U}_{(}^{*}t)$$

移项得

$$-\dot{\boldsymbol{X}}(t) + \boldsymbol{A}\boldsymbol{X}(t) + \boldsymbol{B}\boldsymbol{U}(t) = 0$$

$$-\dot{\boldsymbol{X}}^*(t) + \boldsymbol{A}\,\boldsymbol{X}^*(t) + \boldsymbol{B}\,\boldsymbol{U}_{(}^{*}t) = 0$$

引入协状态向量 $\boldsymbol{\lambda}(t)$

$$\boldsymbol{\lambda}^{\mathrm{T}}(t)(-\dot{\boldsymbol{X}}(t) + \boldsymbol{A}\boldsymbol{X}(t) + \boldsymbol{B}\boldsymbol{U}(t)) = 0 \tag{11.3.6}$$

$$\boldsymbol{\lambda}^{\mathrm{T}}(t)(-\dot{\boldsymbol{X}}^*(t) + \boldsymbol{A}\,\boldsymbol{X}^*(t) + \boldsymbol{B}\,\boldsymbol{U}_{(}^{*}t)) = 0 \tag{11.3.7}$$

展开上两式括号

$$\boldsymbol{\lambda}^{\mathrm{T}}(t)(\boldsymbol{A}\boldsymbol{X}(t) + \boldsymbol{B}\boldsymbol{U}(t)) - \boldsymbol{\lambda}^{\mathrm{T}}(t)\dot{\boldsymbol{X}}(t) = 0 \tag{11.3.8}$$

$$\boldsymbol{\lambda}^{\mathrm{T}}(t)(\boldsymbol{A}\,\boldsymbol{X}^*(t) + \boldsymbol{B}\,\boldsymbol{U}_{(}^{*}t)) - \boldsymbol{\lambda}^{\mathrm{T}}(t)\,\dot{\boldsymbol{X}}^*(t) = 0$$

既然式(11.3.8)等于0，加在式(11.3.5)中的目标函数的被积函数内。目标函数不会有任何变化，则

$$J(\boldsymbol{U}(t)) = \int_{t_0}^{t_f}(L(\boldsymbol{X}(t), \boldsymbol{U}(t)) + \boldsymbol{\lambda}^{\mathrm{T}}(t)(\boldsymbol{A}\boldsymbol{X}(t) + \boldsymbol{B}\boldsymbol{U}(t)) - \boldsymbol{\lambda}^{\mathrm{T}}(t)\dot{\boldsymbol{X}}(t))\mathrm{d}t$$

同样

$$J(\boldsymbol{U}^*(t))=\int_{t_0}^{t_f}(L(\boldsymbol{X}^*(t),\boldsymbol{U}^*(t))+\boldsymbol{\lambda}^{\mathrm{T}}(t)(\boldsymbol{A}\boldsymbol{X}^*(t)+\boldsymbol{B}\boldsymbol{U}^*(t))-\boldsymbol{\lambda}^{\mathrm{T}}(t)\dot{\boldsymbol{X}}^*(t))\mathrm{d}t$$

引入一般控制下的哈密顿函数

$$\boldsymbol{H}(\boldsymbol{X}(t),\boldsymbol{\lambda}(t),\boldsymbol{U}(t))=\boldsymbol{L}(\boldsymbol{X}(t),\boldsymbol{U}(t))+\boldsymbol{\lambda}^{\mathrm{T}}(t)(\boldsymbol{A}\boldsymbol{X}(t)+\boldsymbol{B}\boldsymbol{U}(t))$$

最优控制下的哈密顿函数

$$\boldsymbol{H}(\boldsymbol{X}^*(t),\boldsymbol{\lambda}(t),\boldsymbol{U}^*(t))=\boldsymbol{L}(\boldsymbol{X}^*(t),\boldsymbol{U}^*(t))+\boldsymbol{\lambda}^{\mathrm{T}}(t)(\boldsymbol{A}\boldsymbol{X}^*(t)+\boldsymbol{B}\boldsymbol{U}^*(t)) \tag{11.3.9}$$

一般控制下的目标函数

$$J(\boldsymbol{U}(t))=\int_{t_0}^{t_f}(\boldsymbol{H}(\boldsymbol{X}(t),\boldsymbol{\lambda}(t),\boldsymbol{U}(t))-\boldsymbol{\lambda}^{\mathrm{T}}(t)\dot{\boldsymbol{X}}(t))\mathrm{d}t$$

最优控制下的目标函数

$$J(\boldsymbol{U}^*(t))=\int_{t_0}^{t_f}(\boldsymbol{H}(\boldsymbol{X}^*(t),\boldsymbol{\lambda}(t),\boldsymbol{U}^*(t))-\boldsymbol{\lambda}^{\mathrm{T}}(t)\dot{\boldsymbol{X}}^*(t))\mathrm{d}t$$

上两式相减，有

$$J(\boldsymbol{U}(t))-J(\boldsymbol{U}^*(t))=\int_{t_0}^{t_f}(\boldsymbol{H}(\boldsymbol{X}(t),\boldsymbol{\lambda}(t),\boldsymbol{U}(t))-\boldsymbol{H}(\boldsymbol{X}^*(t),\boldsymbol{\lambda}(t),\boldsymbol{U}^*(t)))\mathrm{d}t-\int_{t_0}^{t_f}\boldsymbol{\lambda}^{\mathrm{T}}(t)(\dot{\boldsymbol{X}}(t)-\dot{\boldsymbol{X}}^*(t))\mathrm{d}t \tag{11.3.10}$$

11.3.3 庞特里亚金极值定理

【定理1】 最优控制$\boldsymbol{U}^*(t)$的充分必要条件是

$$\frac{\partial\boldsymbol{H}(\boldsymbol{X}^*(t),\boldsymbol{\lambda}(t),\boldsymbol{U}^*(t))}{\partial\boldsymbol{U}(t)}=0$$

【证明】 根据泰勒展开公式

$$f(x+\Delta x,y+\Delta y)=f(x,y)+\frac{\partial f(x,y)}{\partial x}\Delta x+\frac{\partial f(x,y)}{\partial y}\Delta y+0(\varepsilon)$$

将哈密顿函数展开成泰勒级数

$$\begin{aligned}\boldsymbol{H}(\boldsymbol{X}(t),\boldsymbol{\lambda}(t),\boldsymbol{U}(t))&=\boldsymbol{H}((\boldsymbol{X}^*(t)+\varepsilon\boldsymbol{\varphi}(t)),\boldsymbol{\lambda}(t),(\boldsymbol{U}^*(t)+\varepsilon\boldsymbol{\eta}(t)))\\&=\boldsymbol{H}(\boldsymbol{X}^*(t),\boldsymbol{\lambda}(t),\boldsymbol{U}^*(t))+\frac{\partial\boldsymbol{H}(\boldsymbol{X}^*(t),\boldsymbol{\lambda}(t),\boldsymbol{U}^*(t))}{\partial\boldsymbol{X}(t)}\varepsilon\boldsymbol{\varphi}(t)\\&\quad+\frac{\partial\boldsymbol{H}(\boldsymbol{X}^*(t),\boldsymbol{\lambda}(t),\boldsymbol{U}^*(t))}{\partial\boldsymbol{U}(t)}\varepsilon\boldsymbol{\eta}(t)+0(\varepsilon)\end{aligned}$$

式中，$0(\varepsilon)$为ε的高阶无穷小，将右边第1项移至左边得

$$\begin{aligned}&\boldsymbol{H}(\boldsymbol{X}(t),\boldsymbol{\lambda}(t),\boldsymbol{U}(t))-\boldsymbol{H}(\boldsymbol{X}^*(t),\boldsymbol{\lambda}(t),\boldsymbol{U}^*(t))\\&=\frac{\partial\boldsymbol{H}(\boldsymbol{X}^*(t),\boldsymbol{\lambda}(t),\boldsymbol{U}^*(t))}{\partial\boldsymbol{X}(t)}\varepsilon\boldsymbol{\varphi}(t)+\frac{\partial\boldsymbol{H}(\boldsymbol{X}^*(t),\boldsymbol{\lambda}(t),\boldsymbol{U}^*(t))}{\partial\boldsymbol{U}(t)}\varepsilon\boldsymbol{\eta}(t)+0(\varepsilon)\end{aligned}$$

这就是式(11.3.10)右边第1项的结果。

由于$\dot{\boldsymbol{X}}(t)=\boldsymbol{X}^*(t)+\varepsilon\boldsymbol{\varphi}(t)$，则

$$\dot{\boldsymbol{X}}(t)-\dot{\boldsymbol{X}}^*(t)=\varepsilon\dot{\boldsymbol{\varphi}}(t)$$

式(11.3.10)右边第2项

$$\int_{t_0}^{t_f}\boldsymbol{\lambda}^{\mathrm{T}}(t)(\dot{\boldsymbol{X}}(t)-\dot{\boldsymbol{X}}^*(t))\mathrm{d}t=\int_{t_0}^{t_f}\boldsymbol{\lambda}^{\mathrm{T}}(t)\varepsilon\dot{\boldsymbol{\varphi}}(t)\mathrm{d}t=\varepsilon\int_{t_0}^{t_f}\boldsymbol{\lambda}^{\mathrm{T}}(t)\dot{\boldsymbol{\varphi}}(t)\mathrm{d}t$$

$$=\varepsilon\int_{t}^{t_f}\boldsymbol{\lambda}^{\mathrm{T}}(t)\frac{d\boldsymbol{\varphi}(t)}{\mathrm{d}t}\mathrm{d}t=\varepsilon\int_{t_0}^{t_f}\boldsymbol{\lambda}^{\mathrm{T}}(t)d\boldsymbol{\varphi}(t)$$

$$=\varepsilon(\boldsymbol{\lambda}^{\mathrm{T}}(t)\boldsymbol{\varphi}(t)\mid_{t_0}^{t_f}-\varepsilon\int_{t_0}^{t_f}\frac{d\boldsymbol{\lambda}^{\mathrm{T}}(t)}{\mathrm{d}t}\boldsymbol{\varphi}(t)\mathrm{d}t$$

$$=\varepsilon(\boldsymbol{\lambda}^{\mathrm{T}}(t_f)\boldsymbol{\varphi}(t_f)-\boldsymbol{\lambda}^{\mathrm{T}}(t_0)\boldsymbol{\varphi}(t_0))-\varepsilon\int_{t_0}^{t_f}\dot{\boldsymbol{\lambda}}^{\mathrm{T}}(t)\boldsymbol{\varphi}(t)\mathrm{d}t$$

（利用分部积分公式）

这样式(11.3.10) 变成

$$J(\boldsymbol{U}(t))-J(\boldsymbol{U}^*(t))=\int_{t_0}^{t_f}\frac{\partial\boldsymbol{H}(\boldsymbol{X}^*(t),\boldsymbol{\lambda}(t),\boldsymbol{U}^*(t))}{\partial\boldsymbol{X}(t)}\varepsilon\boldsymbol{\varphi}(t)\mathrm{d}t$$

$$+\int_{t_0}^{t_f}\frac{\partial\boldsymbol{H}(\boldsymbol{X}^*(t),\boldsymbol{\lambda}(t),\boldsymbol{U}^*(t))}{\partial\boldsymbol{U}(t)}\varepsilon\boldsymbol{\eta}(t)+0(\varepsilon)$$

$$+\varepsilon(\boldsymbol{\lambda}^{\mathrm{T}}(t_f)\boldsymbol{\varphi}(t_f)-\boldsymbol{\lambda}^{\mathrm{T}}(t_0)\boldsymbol{\varphi}(t_0))-\varepsilon\int_{t_0}^{t_f}\dot{\boldsymbol{\lambda}}^{\mathrm{T}}(t)\boldsymbol{\varphi}(t)\mathrm{d}t$$

上式的第 1、6 项合并成一个积分，则

$$J(\boldsymbol{U}(t))-J(\boldsymbol{U}^*(t))=\int_{t_0}^{t_f}(\frac{\partial\boldsymbol{H}(\boldsymbol{X}^*(t),\boldsymbol{\lambda}(t),\boldsymbol{U}^*(t))}{\partial\boldsymbol{X}(t)}\varepsilon\boldsymbol{\varphi}(t)+\dot{\boldsymbol{\lambda}}^{\mathrm{T}}(t)\varepsilon\boldsymbol{\varphi}(t))\mathrm{d}t$$

$$+\int_{t_0}^{t_f}(\frac{\partial\boldsymbol{H}(\boldsymbol{X}^*(t),\boldsymbol{\lambda}(t),\boldsymbol{U}^*(t))}{\partial\boldsymbol{U}(t)}\cdot\varepsilon\boldsymbol{\eta}(t))\mathrm{d}t+0(\varepsilon)-\varepsilon\boldsymbol{\lambda}^{\mathrm{T}}(t_f)\boldsymbol{\varphi}(t_f)+\varepsilon\boldsymbol{\lambda}^{\mathrm{T}}(t_0)\boldsymbol{\varphi}(t_0)$$

（11.3.11）

这样选取 $\boldsymbol{\lambda}(t)$，满足以下微分方程

$$\begin{cases}\dot{\boldsymbol{\lambda}}^{\mathrm{T}}(t)=-\dfrac{\partial\boldsymbol{H}(\boldsymbol{X}^*(t),\boldsymbol{\lambda}(t),\boldsymbol{U}^*(t))}{\partial\boldsymbol{X}(t)}\\ \boldsymbol{\lambda}^{\mathrm{T}}(t_f)=0\end{cases}$$

则式(11.3.11) 的第 1 个积分为 0，而 $\boldsymbol{\lambda}^{\mathrm{T}}(t_f)=0$，使得第 4 项为 0。而且，由式(11.3.4) 知 $\boldsymbol{\varphi}(t_0)=0$，使第 5 项为 0，则

$$J(\boldsymbol{U}(t))-J(\boldsymbol{U}^*(t))=\varepsilon\int_{t_0}^{t_f}\frac{\partial\boldsymbol{H}(\boldsymbol{X}^*(t),\boldsymbol{\lambda}(t),\boldsymbol{U}^*(t))}{\partial\boldsymbol{U}(t)}\cdot\boldsymbol{\eta}(t)\mathrm{d}t+0(\varepsilon)$$

式中，ε 是一个很小的数，可正可负，$0(\varepsilon)$ 为 ε 更高阶的无穷小。$\boldsymbol{\eta}(t)$ 为扰动。

上式要在一切 ε、$\boldsymbol{\eta}(t)$ 情况下都大于等于 0，只有当 $\dfrac{\partial\boldsymbol{H}(\boldsymbol{X}^*(t),\boldsymbol{\lambda}(t),\boldsymbol{U}^*(t))}{\partial\boldsymbol{U}(t)}=0$ 才有可能。这时 $J(\boldsymbol{U}(t)-J(\boldsymbol{U}^*(t))=0(\varepsilon)$，无限接近于 0，$0(\varepsilon)\rightarrow 0$，$J(\boldsymbol{U}(t))-J(\boldsymbol{U}^*(t))\geqslant 0$，故 $J(\boldsymbol{U}(t)\geqslant J(\boldsymbol{U}^*(t))$，得最优控制的充分必要条件为

$$\frac{\partial\boldsymbol{H}(\boldsymbol{X}^*(t),\boldsymbol{\lambda}(t),\boldsymbol{U}^*(t))}{\partial\boldsymbol{U}(t)}=0$$

【证毕】

最优控制充分必要条件称庞特里亚金极值原理。上述是庞特里亚金极值原理的浅近证明（古典变分法）。严格的数学证明详见“庞特里亚金极著，陈祖浩等译《最佳过程的数学理

论》”。由于涉及“泛函分析”中的勒贝格积分，凸集理论等内容，篇幅较长，因此未编入其中。

【定理 2】 最优控制下，哈密顿函数对协状态向量的偏导数为

$$\frac{\partial H(\boldsymbol{X}^*(t),\boldsymbol{\lambda}(t),\boldsymbol{U}^*(t)}{\partial\boldsymbol{\lambda}(t)}=\dot{X}^*(t)$$

【证明】 由哈密顿函数的定义式(11.3.9)知

$$\boldsymbol{H}(\boldsymbol{X}^*(t),\boldsymbol{\lambda}(t),\boldsymbol{U}^*(t))=\boldsymbol{L}(\boldsymbol{X}^*(t),\boldsymbol{U}^*(t))+\boldsymbol{\lambda}^T(t)(\boldsymbol{A}\boldsymbol{X}^*(t)+\boldsymbol{B}\boldsymbol{U}^*(t))$$

上式两边对 $\boldsymbol{\lambda}(t)$ 求导

$$\frac{\partial\boldsymbol{H}(\boldsymbol{X}^*(t),\boldsymbol{\lambda}(t),\boldsymbol{U}^*(t))}{\partial\boldsymbol{\lambda}(t)}=\frac{\partial\boldsymbol{L}(\boldsymbol{X}^*(t),\boldsymbol{U}^*(t))}{\partial\boldsymbol{\lambda}(t)}+\frac{\partial(\boldsymbol{\lambda}^{\mathrm{T}}(t)(\boldsymbol{A}\boldsymbol{X}^*(t)+\boldsymbol{B}\boldsymbol{U}^*(t)))}{\partial\boldsymbol{\lambda}(t)}$$

由于 $\boldsymbol{L}(\boldsymbol{X}^*(t),\boldsymbol{U}^*(t))$ 不含 $\boldsymbol{\lambda}(t)$，对 $\boldsymbol{\lambda}(t)$ 而言为常数。故 $\frac{\partial\boldsymbol{L}(\boldsymbol{X}^*(t),\boldsymbol{U}^*(t))}{\partial\boldsymbol{\lambda}(t)}=0$，$\boldsymbol{A}\boldsymbol{X}^*(t)+\boldsymbol{B}\boldsymbol{U}^*(t)$ 对 $\boldsymbol{\lambda}$ 而言，也为常数。

$$\frac{\partial(\boldsymbol{\lambda}^{\mathrm{T}}(t)(\boldsymbol{A}\boldsymbol{X}^*(t)+\boldsymbol{B}\boldsymbol{U}^*(t)))}{\partial\boldsymbol{\lambda}(t)}=\frac{\partial\boldsymbol{\lambda}^{\mathrm{T}}(t)}{\partial\boldsymbol{\lambda}(t)}(\boldsymbol{A}\boldsymbol{X}^*(t)+\boldsymbol{B}\boldsymbol{U}^*(t))=\boldsymbol{I}_n\dot{\boldsymbol{X}}^*(t)=\dot{\boldsymbol{X}}^*(t)$$

【证毕】

11.3.4 最优控制的一般提法

由定理 1、定理 2，对于系统状态方程

$$\begin{cases}\dot{\boldsymbol{X}}(t)=\boldsymbol{A}\boldsymbol{X}(t)+\boldsymbol{B}\boldsymbol{U}(t)\\ \boldsymbol{X}(t_0)=\boldsymbol{X}_0\\ \boldsymbol{X}(t_f)=\boldsymbol{X}_1\end{cases}$$

目标函数为

$$J(\boldsymbol{U}(t))=\int_t^{t_f}\boldsymbol{L}(\boldsymbol{X}(t),\boldsymbol{U}(t))\,\mathrm{d}t$$

构造哈密顿函数

$$\boldsymbol{H}(\boldsymbol{X}(t),\boldsymbol{\lambda}(t),\boldsymbol{U}(t))=\boldsymbol{L}(\boldsymbol{X}(t),\boldsymbol{U}(t))+\boldsymbol{\lambda}^{\mathrm{T}}(t)(\boldsymbol{A}\boldsymbol{X}(t)+\boldsymbol{B}\boldsymbol{U}(t))$$

必存在协状态向量 $\boldsymbol{\lambda}^*(t)$，满足正则方程

$$\begin{cases}\dot{\boldsymbol{X}}^*(t)=\dfrac{\partial\boldsymbol{H}(\boldsymbol{X}^*(t),\boldsymbol{\lambda}^*(t),\boldsymbol{U}^*(t))}{\partial\boldsymbol{\lambda}(t)};\ \boldsymbol{X}(t_0)=\boldsymbol{X}_0,\ \boldsymbol{X}(t_f)=\boldsymbol{X}_1\\ \dot{\boldsymbol{\lambda}}^{\mathrm{T}}(t)=-\dfrac{\partial\boldsymbol{H}(\boldsymbol{X}^*(t),\boldsymbol{\lambda}^*(t),\boldsymbol{U}^*(t))}{\partial\boldsymbol{X}(t)};\ \boldsymbol{\lambda}(t_f)=0\end{cases}$$

则：(1) 最优控制 $\boldsymbol{U}^*(t)$ 对于 $\boldsymbol{H}(\boldsymbol{X}^*(t),\boldsymbol{\lambda}^*(t),\boldsymbol{U}^*(t))$ 在 $[t_0,t_f]$ 内连续，必满足

$$\frac{\partial\boldsymbol{H}(\boldsymbol{X}^*(t),\boldsymbol{\lambda}^*(t),\boldsymbol{U}^*(t))}{\partial\boldsymbol{U}(t)}\Big|_{U(t)=U^*(t)}=0$$

(2) 最优控制 $\boldsymbol{U}^*(t)$ 对于 $\partial\boldsymbol{H}(\boldsymbol{X}^*(t),\boldsymbol{\lambda}^*(t),\boldsymbol{U}^*(t))$ 在 $[t_0,t_f]$ 内不连续，则最优控制的充要条件可描述为

$$\min_{U(t)=U^*(t)}\boldsymbol{H}(\boldsymbol{X}^*(t),\boldsymbol{\lambda}^*(t),\boldsymbol{U}(t))\leqslant\boldsymbol{H}(\boldsymbol{X}^*(t),\boldsymbol{\lambda}^*(t),\boldsymbol{U}(t))$$

表示只有当 $\boldsymbol{U}(t)$ 为最优控制 $\boldsymbol{U}^*(t)$ 时，哈密顿函数为最小。

11.3.5 算例

设状态方程为

$$\begin{cases}\dot{x}(t)=-x(t)+u(t)\\ x(0)=x_0,\ \lambda(1)=0\end{cases}$$

目标函数 $J(u(t))=\frac{1}{2}\int_0^1(x^2(t)+u^2(t))\mathrm{d}t$，求 $u^*(t)$ 使 $J(u^*(t))$ 为最小。

【解】（1）哈密顿函数为

$$\begin{aligned}\boldsymbol{H}(\boldsymbol{X}(t),\boldsymbol{\lambda}(t),\boldsymbol{U}(t))&=\boldsymbol{L}(\boldsymbol{X}(t),\boldsymbol{U}(t))+\boldsymbol{\lambda}(t)(\boldsymbol{A}\boldsymbol{X}(t)+\boldsymbol{B}\boldsymbol{U}(t))\\&=\frac{1}{2}(x^2(t)+u^2(t))+\lambda(t)(-x(t)+u(t))\end{aligned}$$

正则方程①

$$\dot{\boldsymbol{X}}(t)=\frac{\partial\boldsymbol{H}(\boldsymbol{X}^*(t),\boldsymbol{\lambda}(t),\boldsymbol{U}^*(t))}{\partial\boldsymbol{\lambda}(t)}$$

则

$$\dot{x}(t)=\frac{\partial(\frac{1}{2}(x^2(t)+u^2(t))+\lambda(t)(-x(t)+u(t)))}{\partial\lambda(t)}$$

因为 $\frac{1}{2}(x^2(t)+u^2(t))$ 不含 $\lambda(t)$，对 $\lambda(t)$ 求导为 0，故 $\dot{x}(t)=-x(t)+u(t)$。

正则方程②

$$\dot{\boldsymbol{\lambda}}^{\mathrm{T}}(t)=\frac{-\partial\boldsymbol{H}(\boldsymbol{X}(t),\boldsymbol{\lambda}(t),\boldsymbol{U}(t))}{\partial\boldsymbol{X}(t)}$$

则

$$\begin{aligned}\dot{\lambda}(t)&=\frac{-\partial(\frac{1}{2}(x^2(t)+u^2(t))+\lambda(t)(-x(t)+u(t)))}{\partial x(t)}\\&=-x(t)+\lambda(t)\end{aligned}$$

题给的边界条件：$x(0)=x_0$，且 $\lambda(1)=0$。

（2）求 $\boldsymbol{U}^*(t)$

根据庞特里亚金极值原理，最优控制的充分要求条件为

$$\frac{\partial\boldsymbol{H}(\boldsymbol{X}^*(t),\boldsymbol{\lambda}^*(t),\boldsymbol{U}^*(t))}{\partial\boldsymbol{U}(t)}\Big|_{U(t)=U^*(t)}=0$$

则

$$\frac{\partial\boldsymbol{H}(\boldsymbol{X}^*(t),\boldsymbol{\lambda}^*(t),\boldsymbol{U}^*(t))}{\partial\boldsymbol{U}(t)}=\frac{\partial(\frac{1}{2}(x^2(t)+u^2(t))+\lambda(t)(-x(t)+u(t)))}{\partial u(t)}=u(t)+\lambda(t)=0$$

解得 $u(t)=-\lambda(t)$。而二阶偏导为

$$\frac{\partial^2\boldsymbol{H}(\boldsymbol{X}^*(t),\boldsymbol{\lambda}^*(t),\boldsymbol{U}^*(t))}{\partial\,\boldsymbol{U}^2(t)}=\frac{\partial(\frac{\partial\boldsymbol{H}(\boldsymbol{X}(t),\boldsymbol{\lambda}(t),\boldsymbol{U}(t))}{\partial\boldsymbol{U}(t)})}{\partial\boldsymbol{U}(t)}=\frac{\partial(u(t)+\lambda(t))}{\partial u(t)}=1>0$$

说明哈密顿函数这个 2 次函数的图形是开口向上，**H** 函数的极值是最小值。

将 $u(t)=-\lambda(t)$ 代入正则方程 ①② 得

$$\begin{cases}\dot{x}(t)=-x(t)-\lambda(t) & (11.3.12)\\ \dot{\lambda}(t)=-x(t)+\lambda(t) & (11.3.13)\end{cases}$$

式(11.3.12)两边求偏导得 $\ddot{x}(t)=-\dot{x}(t)-\dot{\lambda}(t)$，将式(11.3.12)、式(11.3.13)代入得

$$\ddot{x}(t)=-(-x(t)-\lambda(t))-(-x(t)+\lambda(t))=2x(t)$$

联立边界条件得微分方程

$$\ddot{x}(t)-2\dot{x}(t)=0$$

$$x(0)=x_0$$

进行拉式变换得特征方程

$$s^2-2=0,\ s_{1,2}=\pm\sqrt{2}$$

微分方程的通解为

$$x(t)=c_1e^{\sqrt{2}t}+c_2e^{-\sqrt{2}t} \tag{11.3.14}$$

对式(11.3.14)求导

$$\dot{x}(t)=\sqrt{2}c_1e^{\sqrt{2}t}-\sqrt{2}c_2e^{-\sqrt{2}t} \tag{11.3.15}$$

由式(11.3.12)知，$\lambda(t)=-\dot{x}(t)-x(t)$，将式(11.3.14)和式(11.3.15)代入其中得

$$\lambda(t)=-(\sqrt{2}+1)c_1e^{\sqrt{2}t}+(\sqrt{2}-1)c_2e^{-\sqrt{2}t} \tag{11.3.16}$$

代入边界条件 $x(0)=x_0$，$\lambda(1)=0$。

由式(11.3.14)知，当 $t=0$ 时得

$$c_1+c_2=x_0=x_0 \tag{11.3.17}$$

由式(11.3.16)，当 $t=1$

$$0=-(\sqrt{2}+1)c_1e^{\sqrt{2}}+(\sqrt{2}-1)c_2e^{-\sqrt{2}} \tag{11.3.18}$$

用 $(\sqrt{2}+1)e^{\sqrt{2}}$ 乘(11.3.17)得

$$-(\sqrt{2}+1)e^{\sqrt{2}}c_1+(\sqrt{2}+1)e^{\sqrt{2}}c_2=x_0(\sqrt{2}+1)e^{\sqrt{2}} \tag{11.3.19}$$

将式(11.3.18)与式(11.3.19)相加有

$$(\sqrt{2}+1)e^{\sqrt{2}}c_1+(\sqrt{2}-1)e^{\sqrt{2}}c_2=x_0(\sqrt{2}+1)e^{\sqrt{2}}$$

解得，$c_2=\dfrac{x_0(\sqrt{2}+1)e^{\sqrt{2}}}{(\sqrt{2}+1)e^{\sqrt{2}}+(\sqrt{2}-1)e^{-\sqrt{2}}}$。

上式分子分母同除以 $(\sqrt{2}+1)e^{\sqrt{2}}$ 有

$$c_2=\frac{x_0}{1+\dfrac{(\sqrt{2}-1)}{(\sqrt{2}+1)}e^{-2\sqrt{2}}}:$$

用同样方法可求得

$$c_1=\frac{x_0}{1+\dfrac{(\sqrt{2}+1)}{(\sqrt{2}-1)}e^{2\sqrt{2}}}。$$

将 c_1 和 c_2 代入式(11.3.14)，得最优轨线

$$x^*(t) = \frac{x_0 e^{\sqrt{2}t}}{1 + \frac{(\sqrt{2}+1)}{(\sqrt{2}-1)}e^{2\sqrt{2}}} + \frac{x_0 e^{-\sqrt{2}t}}{1 + \frac{(\sqrt{2}-1)}{(\sqrt{2}+1)}e^{-2\sqrt{2}}}$$

代入式(11.3.16)得协状态向量轨线

$$\lambda^*(t) = \frac{-(\sqrt{2}+1)x_0 e^{\sqrt{2}t}}{1 + \frac{(\sqrt{2}+1)}{(\sqrt{2}-1)}e^{2\sqrt{2}}} + \frac{(\sqrt{2}-1)x_0 e^{-\sqrt{2}t}}{1 + \frac{(\sqrt{2}-1)}{(\sqrt{2}+1)}e^{-2\sqrt{2}}}$$

由 $u(t) = -\lambda(t)$ 知最优控制

$$u^*(t) = \frac{(\sqrt{2}+1)x_0 e^{\sqrt{2}t}}{1 + \frac{(\sqrt{2}+1)}{(\sqrt{2}-1)}e^{2\sqrt{2}}} - \frac{(\sqrt{2}-1)x_0 e^{-\sqrt{2}t}}{1 + \frac{(\sqrt{2}-1)}{(\sqrt{2}+1)}e^{-2\sqrt{2}}}$$

11.4　最优控制问题的分类

11.4.1　固定终点问题

系统的状态方程为

$$\dot{\boldsymbol{X}}(t) = f(\boldsymbol{X}(t), \boldsymbol{U}(t))$$

目标函数为

$$J(\boldsymbol{U}(t)) = \int_{t_0}^{t_f} L(\boldsymbol{X}(t), \boldsymbol{U}(t))\mathrm{d}t$$

若$\boldsymbol{U}^*(t)$为最优控制，要使$\boldsymbol{X}^*(t)$从$(\boldsymbol{X}_0, t_0)$过渡到$(\boldsymbol{X}_1, t_f)$的轨线$\boldsymbol{X}^*(t)$为最优，且能使目标函数为最小，要达到这个目标的条件是由它和$\boldsymbol{X}^*(t)$共同组成的哈密顿函数$\boldsymbol{H}(\boldsymbol{X}(t), \boldsymbol{\lambda}(t), \boldsymbol{U}(t)) = \boldsymbol{L}(\boldsymbol{X}(t), \boldsymbol{U}(t)) + \boldsymbol{\lambda}^{\mathrm{T}}(t)f(\boldsymbol{X}(t), \boldsymbol{U}(t))$以及协状态向量$\boldsymbol{\lambda}(t)$，满足正则方程

(1) $\begin{cases} \dot{\boldsymbol{X}}(t) = \dfrac{\partial \boldsymbol{H}(\boldsymbol{X}^*(t), \boldsymbol{\lambda}(t), \boldsymbol{U}^*(t))}{\partial \boldsymbol{\lambda}(t)} \\ \dot{\boldsymbol{\lambda}}(t) = \dfrac{-\partial \boldsymbol{H}(\boldsymbol{X}(t), \boldsymbol{\lambda}^*(t), \boldsymbol{U}^*(t))}{\partial \boldsymbol{X}(t)} \end{cases}$，边界条件是$\boldsymbol{X}(t_0) = \boldsymbol{X}_0$，$\boldsymbol{X}(t_f) = \boldsymbol{X}_1$；

(2) 若函数$\boldsymbol{H}(\boldsymbol{X}^*(t), \boldsymbol{\lambda}^*(t), \boldsymbol{U}^*(t))$在$[t_0, t_f]$内连续且对$\boldsymbol{U}(t)$求导数。

$$\frac{\partial \boldsymbol{H}(\boldsymbol{X}^*(t), \boldsymbol{\lambda}^*(t), \boldsymbol{U}^*(t))}{\partial \boldsymbol{U}(t)} = 0$$

即 $\boldsymbol{H}(\boldsymbol{X}^*(t), \boldsymbol{\lambda}(t), \boldsymbol{U}^*(t)) = \min\limits_{U^*(t)} \boldsymbol{H}(\boldsymbol{X}^*(t), \boldsymbol{\lambda}^*(t), \boldsymbol{U}(t))$，则称$\boldsymbol{U}^*(t)$为系统的最优控制。

由于这一类问题，$\boldsymbol{X}(t_0) = \boldsymbol{X}_0$，$\boldsymbol{X}(t_f) = \boldsymbol{X}_1$，这两个端点是固定的，故称这类问题为两点边值问题，如军事上的地对地导弹。

11.4.2 自由端点问题

状态方程为

$$\dot{\boldsymbol{X}}(t)=f(\boldsymbol{X}(t),\boldsymbol{U}(t))$$

目标函数为

$$J(\boldsymbol{U}(t))=F(\boldsymbol{X}(t))+\int_{t_0}^{t_f}L(\boldsymbol{X}(t),\boldsymbol{U}(t))\mathrm{d}t$$

上式右边的 $F(\boldsymbol{X}(t))$ 称为终端代价，是轨线 $\boldsymbol{X}(t)$ 的函数，在目标函数中举足轻重，如地空导弹飞行轨迹的函数。导弹飞行轨线 $\boldsymbol{X}(t)$ 末端不固定，则称自由端点问题。拦截导弹是以摧毁飞行器为追求目标，至于在飞行中，在控制方面付出多大代价，不予过多考虑。初始边界条件不变，仍是 $\boldsymbol{X}(t_0)=\boldsymbol{X}_0$，但协状态向量的末端状态 $\boldsymbol{\lambda}(t_f)=\frac{\partial F}{\partial \boldsymbol{X}}\Big|_{X^*(t)}$ 式中 $\frac{\partial F}{\partial \boldsymbol{X}}\Big|_{X^*(t)}$ 表示终端代价对轨线的变化率当轨线为最优轨线时的值，作为最优协状态向量的末端状态。这样考虑是以最小的代价击落飞行器，给敌方造成的最大杀伤。这个条件称横截条件。要达到目的的条件是，由 $\boldsymbol{U}(t)$ 和 $\boldsymbol{X}(t)$ 共同组成的哈密顿函数 $H(\boldsymbol{X}(t),\boldsymbol{\lambda}(t),\boldsymbol{U}(t))=L(\boldsymbol{X}(t),\boldsymbol{U}(t))+\lambda^{\mathrm{T}}(t)f(\boldsymbol{X}(t),\boldsymbol{U}(t))$ 以及协状态向量 $\boldsymbol{\lambda}^*(t)$，满足正则方程

(1) $\dot{\boldsymbol{X}}(t)=\frac{\partial \boldsymbol{H}(\boldsymbol{X}^*(t),\lambda(t),\boldsymbol{U}^*(t))}{\partial \boldsymbol{\lambda}(t)}$，$\dot{\boldsymbol{\lambda}}(t)=\frac{-\partial \boldsymbol{H}(\boldsymbol{X}(t),\boldsymbol{\lambda}^*(t),\boldsymbol{U}^*(t))}{\partial \boldsymbol{X}(t)}$，边界条件 $\boldsymbol{X}(t_0)=\boldsymbol{X}_0$，$\boldsymbol{\lambda}^*(t)=\frac{\partial F(\boldsymbol{X}(t))}{\partial \boldsymbol{X}(t)}\Big|_{X^*(t)}$。

(2) 若函数 $\boldsymbol{H}(\boldsymbol{X}^*(t),\boldsymbol{\lambda}^*(t),\boldsymbol{U}^*(t))$ 函数 在 $[t_0,t_f]$ 内连续且对 $\boldsymbol{U}(t)$ 导数

$$\frac{\partial \boldsymbol{H}(\boldsymbol{X}^*(t),\boldsymbol{\lambda}^*(t),\boldsymbol{U}^*(t))}{\partial \boldsymbol{U}(t)}=0$$

则函数 $\boldsymbol{H}(\boldsymbol{X}^*(t),\boldsymbol{\lambda}^*(t),\boldsymbol{U}^*(t))$ 在 $[t_0,t_f]$ 闭区间内有极小值，即

$$\boldsymbol{H}(\boldsymbol{X}^*(t),\boldsymbol{\lambda}^*(t),\boldsymbol{U}(t))\geqslant \min_{U(t)=U^*(t)}\boldsymbol{H}(\boldsymbol{X}^*(t),\boldsymbol{\lambda}^*(t),\boldsymbol{U}(t))$$

目标函数不同，最优控制还可以分为快速最优控制与二交型最优控制等。

快速最优控制的目标函数

$$J(\boldsymbol{U}(t))=\int_{t_0}^{t_f}\mathrm{d}t=T$$

这种控制对状态轨线和控制没有特别的要求，只要求状态从 $\boldsymbol{X}_0$ 到 $\boldsymbol{X}_1$ 的时间为最短，故称为快速最优控制。此外常用的还有线性二次型最优控制，在下一章专题讨论。

11.5 线性二次型最优控制

线性二次型最优控制目标函数为。

$$J(\boldsymbol{X}(t),\boldsymbol{U}(t))=\int_{t_0}^{t_5}(\boldsymbol{X}^{\mathrm{T}}(t)\boldsymbol{Q}\boldsymbol{X}(t)+\boldsymbol{U}^{\mathrm{T}}(t)\boldsymbol{R}\boldsymbol{U}(t))\mathrm{d}t$$

这是一类较为普遍的最优控制问题，$\boldsymbol{X}^{\mathrm{T}}(t)\boldsymbol{Q}\boldsymbol{X}(t)$ 是状态轨线误差平方加权和以及

$\boldsymbol{U}^{\mathrm{T}}(t)\boldsymbol{RU}(t)$ 是控制轨线误差平方加权和。$\boldsymbol{X}^{\mathrm{T}}(t)\boldsymbol{QX}(t)$ 最小表示对系统的轨线有很高的品质要求，$\boldsymbol{U}^{\mathrm{T}}(t)\boldsymbol{RU}(t)$ 最小表示要求控制消耗的能量最小，如果

$$J(\boldsymbol{X}(t),\ \boldsymbol{U}(t)) = \int_{t_0}^{t_f} \boldsymbol{U}^{\mathrm{T}}(t)\boldsymbol{RU}(t)\,\mathrm{d}t$$

被积函数量纲为平方，显然是能量，希望能耗最小，故称最小能耗控制。

11.5.1　二次型最优控制的必要条件

状态方程为

$$\begin{aligned}\dot{\boldsymbol{X}}(t) &= \boldsymbol{AX}(t) + \boldsymbol{BU}(t)\\ \boldsymbol{X}(t_0) &= \boldsymbol{X}_0\end{aligned} \tag{11.5.1}$$

二次型目标函数为

$$J(\boldsymbol{X}(t),\ \boldsymbol{U}(t)) = \frac{1}{2}\int_{t_0}^{t_5}(\boldsymbol{X}^{\mathrm{T}}(t)\boldsymbol{QX}(t) + \boldsymbol{U}^{\mathrm{T}}(t)\boldsymbol{RU}(t))\,\mathrm{d}t$$

求解最优控制步骤如下。

(1) 构成哈密顿函数

$$\boldsymbol{H}(\boldsymbol{X}(t),\ \boldsymbol{\lambda}(t),\ \boldsymbol{U}(t)) = \frac{1}{2}\boldsymbol{X}^{\mathrm{T}}(t)\boldsymbol{QX}(t) + \frac{1}{2}\boldsymbol{U}^{\mathrm{T}}(t)\boldsymbol{RU}(t) + \boldsymbol{\lambda}^{\mathrm{T}}(t)(\boldsymbol{AX}(t) + \boldsymbol{BU}(t))$$

$$= \frac{1}{2}\boldsymbol{X}^{\mathrm{T}}(t)\boldsymbol{QX}(t) + \frac{1}{2}\boldsymbol{U}^{\mathrm{T}}(t)\boldsymbol{RU}(t) + \boldsymbol{\lambda}^{\mathrm{T}}(t)\boldsymbol{AX}(t) + \boldsymbol{\lambda}^{\mathrm{T}}(t)\boldsymbol{BU}(t)) \tag{11.5.2}$$

(2) 建立正则方程

$$\dot{\boldsymbol{\lambda}}(t) = -\frac{\partial \boldsymbol{H}(\boldsymbol{X}(t),\ \boldsymbol{\lambda}(t),\ \boldsymbol{U}(t))}{\partial \boldsymbol{X}(t)}$$

为了简便，以下书写时将时间 t 隐去

$$= \frac{-\partial(\frac{1}{2}\boldsymbol{X}^{\mathrm{T}}\boldsymbol{Q}X + \frac{1}{2}\boldsymbol{U}^{\mathrm{T}}\boldsymbol{RU} + \boldsymbol{\lambda}^{\mathrm{T}}(\boldsymbol{AX} + \boldsymbol{BU}))}{\partial \boldsymbol{X}}$$

用分部微分法，式(11.5.2) 第一项的偏微分

$$\frac{\partial(\boldsymbol{X}^{\mathrm{T}}\boldsymbol{QX})}{\partial \boldsymbol{X}} = \frac{\partial(\boldsymbol{X}^{\mathrm{T}})(\boldsymbol{QX})}{\partial \boldsymbol{X}} = \frac{\partial \boldsymbol{X}^{\mathrm{T}}}{\partial \boldsymbol{X}}\boldsymbol{QX} + \boldsymbol{X}^{\mathrm{T}}\frac{\partial \boldsymbol{QX}}{\partial \boldsymbol{X}}$$

由矩阵微分法则 1 、2，且 $\frac{\partial \boldsymbol{Q}}{\partial \boldsymbol{X}} = 0$，故

$$\frac{\partial(\boldsymbol{X}^{\mathrm{T}}\boldsymbol{QX})}{\partial \boldsymbol{X}} = \boldsymbol{QX} + \boldsymbol{X}^{\mathrm{T}}(\frac{\partial \boldsymbol{Q}}{\partial \boldsymbol{X}}\boldsymbol{X} + \boldsymbol{Q}\frac{\partial \boldsymbol{X}}{\partial \boldsymbol{X}})$$

$$= \boldsymbol{QX} + \boldsymbol{X}^{\mathrm{T}}\boldsymbol{Q}\frac{\partial \boldsymbol{X}}{\partial \boldsymbol{X}} = \boldsymbol{QX} + \boldsymbol{X}^{\mathrm{T}}\boldsymbol{Q}\mathrm{cs}\,\boldsymbol{I}_n = \boldsymbol{QX} + (\boldsymbol{X}^{\mathrm{T}}\boldsymbol{Q})^{\mathrm{T}} = \boldsymbol{QX} + \boldsymbol{Q}^{\mathrm{T}}(\boldsymbol{X}^{\mathrm{T}})^{\mathrm{T}} = \boldsymbol{QX} + \boldsymbol{Q}^{\mathrm{T}}\boldsymbol{X}$$

式中，$\boldsymbol{Q} = \begin{pmatrix} q_1 & & & 0\\ & q_2 & & \\ & & \ddots & \\ 0 & & & q_n\end{pmatrix}$，是对称矩阵，$\boldsymbol{Q}^{\mathrm{T}} = \boldsymbol{Q}$。所以

$$\frac{1}{2}(\frac{\partial(\boldsymbol{X}^{\mathrm{T}}\boldsymbol{QX})}{\partial \boldsymbol{X}}) = \frac{1}{2}(\boldsymbol{QX} + \boldsymbol{QX}) = \boldsymbol{QX}$$

式(11.5.2)第二项和第四项对 $\boldsymbol{X}$ 求微分为0，第三项对 $\boldsymbol{X}$ 求偏微分。

$$\frac{\partial(\lambda^{\mathrm{T}}\boldsymbol{AX})}{\partial \boldsymbol{X}}=\boldsymbol{\lambda}^{\mathrm{T}}\boldsymbol{A}\frac{\partial \boldsymbol{X}}{\partial \boldsymbol{X}}=\boldsymbol{\lambda}^{\mathrm{T}}\boldsymbol{A}\mathrm{cs}\,\boldsymbol{I}_n=\boldsymbol{A}^{\mathrm{T}}\boldsymbol{\lambda}$$

得

$$\dot{\boldsymbol{\lambda}}=\frac{-\partial H(\boldsymbol{X}(t),\boldsymbol{\lambda}(t),\boldsymbol{U}(t))}{\partial \boldsymbol{X}}=-\boldsymbol{Q}X-\boldsymbol{A}^{\mathrm{T}}\boldsymbol{\lambda} \tag{11.5.3}$$

(3) 求最优控制

由庞特里亚金极值定理

$$\frac{\partial \boldsymbol{H}(\boldsymbol{X}(t),\boldsymbol{\lambda}(t),\boldsymbol{U}(t)}{\partial \boldsymbol{U}(t)}=\frac{\partial(\frac{1}{2}\boldsymbol{X}^{\mathrm{T}}\boldsymbol{AX}+\frac{1}{2}\boldsymbol{U}^{\mathrm{T}}\boldsymbol{RU}+\lambda^{\mathrm{T}}(\boldsymbol{AX}+\boldsymbol{BU}))}{\partial \boldsymbol{U}}$$

$$=\frac{\partial(\frac{1}{2}\boldsymbol{X}^{\mathrm{T}}\boldsymbol{AX}+\frac{1}{2}\boldsymbol{U}^{\mathrm{T}}\boldsymbol{RU}+\lambda^{\mathrm{T}}\boldsymbol{AX}+\boldsymbol{\lambda}^{\mathrm{T}}\boldsymbol{BU})}{\partial \boldsymbol{U}}$$

第1、3项无 $\boldsymbol{U}$，对 $\boldsymbol{U}$ 的偏微分为0；仿照 $\frac{1}{2}(\frac{\partial \boldsymbol{X}^{\mathrm{T}}\boldsymbol{QX}}{\partial \boldsymbol{X}})=\boldsymbol{QX}$ 做法可得

$$\frac{1}{2}\frac{\partial}{\partial \boldsymbol{U}}(\boldsymbol{U}^{\mathrm{T}}\boldsymbol{RU})=\boldsymbol{RU}$$

第4项的偏微分为

$$\frac{\partial(\boldsymbol{\lambda}^{\mathrm{T}}\boldsymbol{BU})}{\partial \boldsymbol{U}}=\boldsymbol{\lambda}^{\mathrm{T}}\boldsymbol{B}\frac{\partial \boldsymbol{U}}{\partial \boldsymbol{U}}=(\boldsymbol{\lambda}^{\mathrm{T}}\boldsymbol{B})^{\mathrm{T}}=\boldsymbol{B}^{\mathrm{T}}\boldsymbol{\lambda}$$

故

$$\frac{\partial \boldsymbol{H}(\boldsymbol{X}(t),\boldsymbol{\lambda}(t),\boldsymbol{U}(t))}{\partial \boldsymbol{U}(t)}=\boldsymbol{RU}+\boldsymbol{B}^{\mathrm{T}}\boldsymbol{\lambda}=0$$

$$\boldsymbol{RU}=-\boldsymbol{B}^{\mathrm{T}}\boldsymbol{\lambda} \tag{11.5.4}$$

由于 R 为方阵，必有逆，式(11.5.2)两边左乘 R 的逆得

$$\boldsymbol{R}^{-1}\boldsymbol{RU}=-\boldsymbol{R}^{-1}\boldsymbol{B}^{\mathrm{T}}\boldsymbol{\lambda}$$

$$\boldsymbol{U}=-\boldsymbol{R}^{-1}\boldsymbol{B}^{\mathrm{T}}\boldsymbol{\lambda} \tag{11.5.5}$$

将式(11.5.5)代入式(11.5.1)，联立式(11.5.3)得正则方程如下

$$\begin{cases}\dot{\boldsymbol{X}}=\boldsymbol{AX}-\boldsymbol{BR}^{-1}\boldsymbol{B}^{\mathrm{T}}\boldsymbol{\lambda}\\ \dot{\boldsymbol{\lambda}}=-\boldsymbol{QX}-\boldsymbol{A}^{\mathrm{T}}\boldsymbol{\lambda}\end{cases} \tag{11.5.6}$$

而 $\boldsymbol{H}$ 对 $\boldsymbol{U}$ 的二阶导数，即对(11.5.4)再次求导，且因 $\boldsymbol{R}$ 为对称阵 $\boldsymbol{R}^{\mathrm{T}}=\boldsymbol{R}$，则

$$\frac{\partial^2 \boldsymbol{H}}{\partial \boldsymbol{U}^2}=\frac{\partial(\frac{\partial \boldsymbol{H}}{\partial \boldsymbol{U}})}{\partial \boldsymbol{U}}=\frac{\partial(\boldsymbol{RU}+\boldsymbol{B}^{\mathrm{T}}\boldsymbol{\lambda})}{\partial \boldsymbol{U}}=\boldsymbol{R}\frac{\partial \boldsymbol{U}}{\partial \boldsymbol{U}}=\boldsymbol{R}\cdot cs=\boldsymbol{R}^{\mathrm{T}}=\boldsymbol{R}$$

由于 $\boldsymbol{R}$ 为正定阵(参见本书P54)，H 可理解为平面的二次函数，二阶导数大于0，曲线开口向上，$\boldsymbol{H}$ 函数有极小值。

而极小值原理的边界条件为 $\boldsymbol{X}(t_0)=\boldsymbol{X}_0$，$\boldsymbol{\lambda}(t_f)=\boldsymbol{\lambda}(T)=0$，将式(11.5.6)写成矩阵形式，且引入状态转移矩阵 $\boldsymbol{\Phi}(t,0)$，它的解为

$$\begin{pmatrix}\boldsymbol{X}(t)\\ \boldsymbol{\lambda}(t)\end{pmatrix}=\boldsymbol{\Phi}(t,0)\begin{pmatrix}\boldsymbol{X}(0)\\ \boldsymbol{\lambda}(0)\end{pmatrix}$$

对于始端时间 t，末端时间 T，为 $\begin{pmatrix} \boldsymbol{X}(T) \\ \boldsymbol{\lambda}(T) \end{pmatrix} = \boldsymbol{\Phi}(T,t)\begin{pmatrix} \boldsymbol{X}(t) \\ \boldsymbol{\lambda}(t) \end{pmatrix}$，为了能解出结果，将 $\boldsymbol{\Phi}(T, t)$ 分成 4 块，则

$$\begin{pmatrix} \boldsymbol{X}(T) \\ \boldsymbol{\lambda}(T) \end{pmatrix} = \boldsymbol{\Phi}(T,t)\begin{pmatrix} \boldsymbol{X}(t) \\ \boldsymbol{\lambda}(t) \end{pmatrix} = \begin{pmatrix} \boldsymbol{\Phi}_{11}(T,t) & \boldsymbol{\Phi}_{12}(T,t) \\ \boldsymbol{\Phi}_{21}(T,t) & \boldsymbol{\Phi}_{22}(T,t) \end{pmatrix}\begin{pmatrix} \boldsymbol{X}(t) \\ \boldsymbol{\lambda}(t) \end{pmatrix}$$

4 块的维数应满足与 $\boldsymbol{X}(t)$ 和 $\boldsymbol{\lambda}(t)$ 能乘的规则，展开得

$$\boldsymbol{X}(T) = \boldsymbol{\Phi}_{11}(T,t)\cdot\boldsymbol{X}(t) + \boldsymbol{\Phi}_{12}(T,t)\boldsymbol{\lambda}(t)$$

$$\boldsymbol{\lambda}(T) = \boldsymbol{\Phi}_{21}(T,t)\cdot\boldsymbol{X}(t) + \boldsymbol{\Phi}_{22}(T,t)\boldsymbol{\lambda}(t)$$

根据最小值原理的边界条件 $\boldsymbol{\lambda}(T) = 0$，故

$$\boldsymbol{\Phi}_{21}(T,t)\boldsymbol{X}(t) + \boldsymbol{\Phi}_{22}(T,t)\boldsymbol{\lambda}(t) = 0$$

因此

$$\boldsymbol{\Phi}_{22}(T,t)\boldsymbol{\lambda}(t) = -\boldsymbol{\Phi}_{21}(T,t)\cdot\boldsymbol{X}(t)$$

$\boldsymbol{\Phi}_{22}$ 为方阵，两边同左乘 $\boldsymbol{\Phi}_{22}^{-1}(T,t)$ 解得，$\boldsymbol{\lambda}(t) = -\boldsymbol{\Phi}_{22}^{-1}(T,t)\boldsymbol{\Phi}_{21}(T,t)\cdot\boldsymbol{X}(t)$。
所以

$$\boldsymbol{\lambda}(t) = \boldsymbol{P}(t)\boldsymbol{X}(t) \tag{11.5.7}$$

式中

$$\boldsymbol{P}(t) = -\boldsymbol{\Phi}_{22}^{-1}(T,t)\boldsymbol{\Phi}_{21}(T,t) \tag{11.5.8}$$

于是，在 T 时刻，$\boldsymbol{\lambda}(T) = \boldsymbol{P}(T)\boldsymbol{X}(T)$，由边界条件知，此时 $\boldsymbol{\lambda}(T) = 0$，而 $\boldsymbol{X}(T)$ 不为 0，故 $\boldsymbol{P}(T) = 0$。将式(11.5.7) 代入式(11.5.5) 得最优控制：

$$\boldsymbol{U}^*(t) = -\boldsymbol{R}^{-1}\boldsymbol{B}^{\mathrm{T}}\boldsymbol{P}(t)\boldsymbol{X}(t)$$

令 $\boldsymbol{K}(t) = -\boldsymbol{R}^{-1}\boldsymbol{B}^{\mathrm{T}}\boldsymbol{P}(t)$，最后得最优控制：

$$\boldsymbol{U}^*(t) = -\boldsymbol{K}(t)\boldsymbol{X}(t) \tag{11.5.9}$$

将这个结果绘成框图，如图 11.5.1 所示，可见线性二次型的最优控制与经典控制系统的反馈调节器相同，它也是将系统的输出乘上系数 $\boldsymbol{K}(t)$ 后，负反馈到系统的输入端，作为控制信号，故这种类型的调节控制有最优调节器之称。

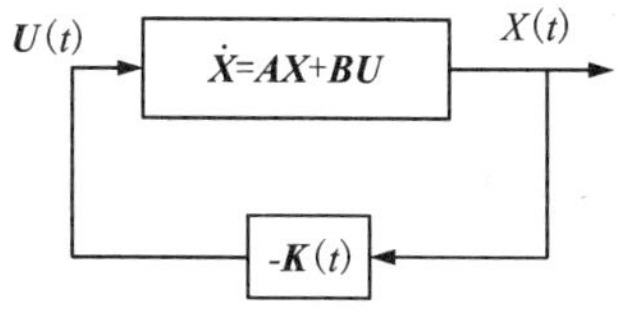

图 11.5.1　最优控制框图

(4) 求最优轨线 $\boldsymbol{X}^*(t)$

将式(11.5.9) 所得的最优控制 $\boldsymbol{U}^*(t)$，回代系统状态微分方程(11.5.1)，得

$$\begin{cases} \dot{\boldsymbol{X}} = \boldsymbol{A}\boldsymbol{X} - \boldsymbol{B}\boldsymbol{R}^{-1}\boldsymbol{B}^{\mathrm{T}}\boldsymbol{P}(t)\boldsymbol{X} = (\boldsymbol{A} - \boldsymbol{B}\boldsymbol{R}^{-1}\boldsymbol{B}^{\mathrm{T}}\boldsymbol{P}(t))\boldsymbol{X} \\ \boldsymbol{X}(t_0) = \boldsymbol{X}_0 \end{cases} \tag{11.5.10}$$

这是正则方程状态变量的微分方程，而正则方程中协状态变量的微分方程，可从式(11.5.8) 入手建立，因为 $\boldsymbol{\lambda}(t) = \boldsymbol{P}(t)\boldsymbol{X}(t)$。对此式两边求导得，$\dot{\boldsymbol{\lambda}}(t) = (\boldsymbol{P}(t)\boldsymbol{X}(t))'$，所以

$$\dot{\boldsymbol{\lambda}}(t)=\dot{\boldsymbol{P}}(t)\boldsymbol{X}(t)+\boldsymbol{P}(t)\dot{\boldsymbol{X}}(t) \tag{11.5.11}$$

将式(11.5.7)代入式(11.5.6)的第二式得

$$\begin{aligned}\dot{\boldsymbol{\lambda}}(t)&=-\boldsymbol{Q}\boldsymbol{X}(t)-\boldsymbol{A}^{\mathrm{T}}\cdot\boldsymbol{P}(t)\boldsymbol{X}(t)\\&=(-\boldsymbol{Q}-\boldsymbol{A}^{\mathrm{T}}\boldsymbol{P}(t))\boldsymbol{X}(t)\end{aligned} \tag{11.5.12}$$

将(11.5.12)与式(11.5.10)代入式(11.5.11)得

$$(-\boldsymbol{Q}-\boldsymbol{A}^{\mathrm{T}}\boldsymbol{P}(t))\boldsymbol{X}(t)=\dot{\boldsymbol{P}}(t)\boldsymbol{X}(t)+\boldsymbol{P}(t)(\boldsymbol{A}-\boldsymbol{B}\boldsymbol{R}^{-1}\boldsymbol{B}^{\mathrm{T}}\boldsymbol{P}(t))\boldsymbol{X}(t)$$

上式约去 $\boldsymbol{X}(t)$ 公因子得

$$(-\boldsymbol{Q}-\boldsymbol{A}^{\mathrm{T}}\boldsymbol{P}(t))=\dot{\boldsymbol{P}}(t)+\boldsymbol{P}(t)(\boldsymbol{A}-\boldsymbol{B}\boldsymbol{R}^{-1}\boldsymbol{B}^{\mathrm{T}}\boldsymbol{P}(t))$$

加上边界条件

$$\begin{cases}\dot{\boldsymbol{P}}(t)=-\boldsymbol{P}(t)\boldsymbol{A}-\boldsymbol{A}^{\mathrm{T}}\boldsymbol{P}(t)+\boldsymbol{P}(t)\boldsymbol{B}\boldsymbol{R}^{-1}\boldsymbol{B}^{\mathrm{T}}\boldsymbol{P}(t)-\boldsymbol{Q}\\\boldsymbol{P}(T)=0\end{cases} \tag{11.5.13}$$

即是黎卡提方程。上述工作可见：

(1) 若能求出 $\boldsymbol{P}(t)$，最优控制 $\boldsymbol{U}^*(t)$ 与最优轴线 $\boldsymbol{X}^*(t)$ 便很容易得到。

(2) 求 $\boldsymbol{P}(t)$ 有两种方法：一种是从它的定义式(11.5.8)来求。它指出 $\boldsymbol{P}(t)$ 是由状态转移矩阵 $\boldsymbol{\Phi}(T,t)$ 的两个子块乘积而成，而 $\boldsymbol{\Phi}(T,t)$ 得按有限项定理来求。黎卡提方程的出现给出了一种求 $\boldsymbol{P}(t)$ 阵的方法，式(11.5.13)的右边除 $\boldsymbol{P}(t)$ 这个未知函数，其余 $\boldsymbol{A}$、$\boldsymbol{B}$、$\boldsymbol{R}$、$\boldsymbol{Q}$ 阵均为已知，且有边界条件，黎卡提方程可解，后利用式(11.5.9)可求最优控制 $\boldsymbol{U}^*(t)$。利用式(11.5.10)微分方程可求最优轨线 $\boldsymbol{X}^*(t)$，二次型最优问题便可以解决了。所以黎卡提方程可解就是这类最优问题求解的必要条件。

11.5.2 二次型最优控制的充分条件

以下证明 $\boldsymbol{U}^*(t)=-\boldsymbol{R}^{-1}\boldsymbol{B}^{T}\boldsymbol{P}(t)\boldsymbol{X}(t)$ 是这类调节控制器最优控制的充分条件，要证明的命题是在 $\boldsymbol{U}^*(t)$ 控制下的目标函数为最小。

利用分布微分法

$$\frac{\mathrm{d}(\boldsymbol{X}^{\mathrm{T}}(t)\boldsymbol{P}(t,T)\boldsymbol{X}(t))}{\mathrm{d}x}=\dot{\boldsymbol{X}}^{\mathrm{T}}(t)\boldsymbol{P}(t,T)\boldsymbol{X}(t)+\boldsymbol{X}^{\mathrm{T}}\dot{\boldsymbol{P}}(t,T)\boldsymbol{X}(t)+\boldsymbol{X}^{\mathrm{T}}(t)\boldsymbol{P}(t,T)\dot{\boldsymbol{X}}(t) \tag{11.5.14}$$

因为

$$\dot{\boldsymbol{X}}(t)=\boldsymbol{A}\boldsymbol{X}(t)+\boldsymbol{B}\boldsymbol{U}(t) \tag{11.5.15}$$

$$\begin{aligned}\dot{\boldsymbol{X}}^{\mathrm{T}}(t)&=(\boldsymbol{A}\boldsymbol{X}(t)+\boldsymbol{B}\boldsymbol{U}(t))^{\mathrm{T}}=(\boldsymbol{A}\boldsymbol{X}(t))^{\mathrm{T}}+(\boldsymbol{B}\boldsymbol{U}(t))^{\mathrm{T}}\\&=(\boldsymbol{X}^{\mathrm{T}}(t)\boldsymbol{A}^{\mathrm{T}}+\boldsymbol{U}^{\mathrm{T}}(t)\boldsymbol{B}^{\mathrm{T}})\end{aligned} \tag{11.5.16}$$

将式(11.5.16)、式(11.5.13)和式(11.5.15)代入式(11.5.14)得

$$\begin{aligned}\frac{\mathrm{d}}{\mathrm{d}t}(\boldsymbol{X}^{\mathrm{T}}(t)\boldsymbol{P}(t,T)\boldsymbol{X}(t))&=(\boldsymbol{X}^{\mathrm{T}}(t)\boldsymbol{A}^{\mathrm{T}}+\boldsymbol{U}^{\mathrm{T}}(t)\boldsymbol{B}^{T})\boldsymbol{P}(t,T)\boldsymbol{X}(t)\\&+\boldsymbol{X}^{\mathrm{T}}(t)(-\boldsymbol{P}(t,T)\boldsymbol{A}-\boldsymbol{A}^{\mathrm{T}}\boldsymbol{P}(t,T)+\boldsymbol{P}(t,T)\boldsymbol{B}\boldsymbol{R}^{-1}\boldsymbol{B}^{\mathrm{T}}\boldsymbol{P}(t,T)-\boldsymbol{Q})\boldsymbol{X}(t)\\&+\boldsymbol{X}^{\mathrm{T}}(t)\boldsymbol{P}(t,T)(\boldsymbol{A}\boldsymbol{X}(t)+\boldsymbol{B}\boldsymbol{U}(t))\end{aligned}$$

展开括号

$$=\boldsymbol{X}^{\mathrm{T}}(t)\boldsymbol{A}^{\mathrm{T}}\boldsymbol{P}(t,T)\boldsymbol{X}(t)+\boldsymbol{U}^{\mathrm{T}}(t)\boldsymbol{B}^{\mathrm{T}}\boldsymbol{P}(t,T)\boldsymbol{X}(t)$$
$$-\boldsymbol{X}^{\mathrm{T}}(t)\boldsymbol{P}(t,T)\boldsymbol{A}\boldsymbol{X}(t)-\boldsymbol{X}^{\mathrm{T}}(t)\boldsymbol{A}^{\mathrm{T}}\boldsymbol{P}(t,T)\boldsymbol{X}(t)$$
$$+\boldsymbol{X}^{\mathrm{T}}(t)\boldsymbol{P}(t,T)\boldsymbol{B}\boldsymbol{R}^{-1}\boldsymbol{B}^{\mathrm{T}}\boldsymbol{P}(t,T)\boldsymbol{X}(t)-\boldsymbol{X}^{\mathrm{T}}(t)\boldsymbol{Q}\boldsymbol{X}(t)$$
$$+\boldsymbol{X}^{\mathrm{T}}(t)\boldsymbol{P}(t,T)\boldsymbol{A}\boldsymbol{X}(t)+\boldsymbol{X}^{\mathrm{T}}(t)P(t,T)\boldsymbol{B}\boldsymbol{U}(t)$$

消去以上4项，插入两项 $-\boldsymbol{U}^{\mathrm{T}}(t)\boldsymbol{R}\boldsymbol{U}(t)+\boldsymbol{U}^{\mathrm{T}}(t)\boldsymbol{R}\boldsymbol{U}(t)$，最后一项 $\boldsymbol{X}^{\mathrm{T}}(t)P(t,T)\boldsymbol{B}\boldsymbol{U}(t)$ 插入两因子 $\boldsymbol{R}^{-1}\boldsymbol{R}$ 成 $\boldsymbol{X}^{\mathrm{T}}(t)P(t,T)\boldsymbol{B}\boldsymbol{R}^{-1}\boldsymbol{R}\boldsymbol{U}(t)$ 后得

$$=-\boldsymbol{X}^{\mathrm{T}}(t)\boldsymbol{Q}\boldsymbol{X}(t)-\boldsymbol{U}^{\mathrm{T}}(t)\boldsymbol{R}\boldsymbol{U}(t)+\boldsymbol{U}^{\mathrm{T}}(t)\boldsymbol{R}\boldsymbol{U}(t)+\boldsymbol{U}^{\mathrm{T}}(t)\boldsymbol{B}^{\mathrm{T}}\boldsymbol{P}(t,T)\boldsymbol{X}(t)$$
$$+\boldsymbol{X}^{\mathrm{T}}(t)\boldsymbol{P}(t,T)\boldsymbol{B}\boldsymbol{R}^{-1}\boldsymbol{B}^{T}\boldsymbol{P}(t,T)\boldsymbol{X}(t)+\boldsymbol{X}^{\mathrm{T}}(t)\boldsymbol{P}(t,T)\boldsymbol{B}\boldsymbol{R}^{-1}\boldsymbol{R}\boldsymbol{U}(t)$$

将第1、2项括起来，3、4项，5、6项也括起来

$$=(-\boldsymbol{X}^{\mathrm{T}}(t)\boldsymbol{Q}\boldsymbol{X}(t)-\boldsymbol{U}^{\mathrm{T}}(t)\boldsymbol{R}\boldsymbol{U}(t))+(\boldsymbol{U}^{\mathrm{T}}(t)\boldsymbol{R}\boldsymbol{U}(t)+\boldsymbol{U}^{\mathrm{T}}(t)\boldsymbol{B}^{\mathrm{T}}\boldsymbol{P}(t,T)\boldsymbol{X}^{\mathrm{T}}(t))$$
$$+(\boldsymbol{X}^{\mathrm{T}}(t)\boldsymbol{P}(t,T)\boldsymbol{B}\boldsymbol{R}^{-1}\boldsymbol{B}^{\mathrm{T}}\boldsymbol{P}(t,T)\boldsymbol{X}(t)+\boldsymbol{X}^{\mathrm{T}}(t)\boldsymbol{P}(t,T)\boldsymbol{B}\boldsymbol{R}^{-1}\boldsymbol{R}\boldsymbol{U}(t))\quad(11.5.17)$$
$$=-(\boldsymbol{X}^{\mathrm{T}}(t)\boldsymbol{Q}\boldsymbol{X}(t)+\boldsymbol{U}^{\mathrm{T}}(t)\boldsymbol{R}\boldsymbol{U}(t))+\boldsymbol{U}^{\mathrm{T}}(t)(\boldsymbol{R}\boldsymbol{U}(t)+\boldsymbol{B}^{\mathrm{T}}\boldsymbol{P}(t,T)\boldsymbol{X}(t))$$
$$+\boldsymbol{X}^{\mathrm{T}}(t)\boldsymbol{P}(t,T)\boldsymbol{B}\boldsymbol{R}^{-1}(\boldsymbol{R}\boldsymbol{U}(t)+\boldsymbol{B}^{\mathrm{T}}\boldsymbol{P}(t,T)\boldsymbol{X}(t))\quad(11.5.18)$$

上式第2、3项又有公因子$(\boldsymbol{R}\boldsymbol{U}(t)+\boldsymbol{B}^{\mathrm{T}}\boldsymbol{P}(t,T)\boldsymbol{X}(t))$可抽，抽出后，式(11.5.18)写成

$$=-(\boldsymbol{X}^{\mathrm{T}}(t)\boldsymbol{Q}\boldsymbol{X}(t)+\boldsymbol{U}^{\mathrm{T}}(t)\boldsymbol{R}\boldsymbol{U}(t))$$
$$+(\boldsymbol{U}^{\mathrm{T}}(t)+\boldsymbol{X}^{\mathrm{T}}(t)\boldsymbol{P}(t,\boldsymbol{T})\boldsymbol{B}\boldsymbol{R}^{-1})(\boldsymbol{R}\boldsymbol{U}(t)+\boldsymbol{B}^{\mathrm{T}}\boldsymbol{P}(t,\boldsymbol{T})\boldsymbol{X}(t))$$

上式第2项后因子$(\boldsymbol{R}\boldsymbol{U}(t)+\boldsymbol{B}^{\mathrm{T}}\boldsymbol{P}(t,\boldsymbol{T})\boldsymbol{X}(t))$左抽 $\boldsymbol{R}$ 后，变成

$$\boldsymbol{R}(\boldsymbol{U}(t)+\boldsymbol{R}^{-1}\boldsymbol{B}^{\mathrm{T}}\boldsymbol{P}(t,\boldsymbol{T})\boldsymbol{X}(t))$$

式(11.5.18)进一步写成

$$=-(\boldsymbol{X}^{\mathrm{T}}(t)\boldsymbol{Q}\boldsymbol{X}(t)+\boldsymbol{U}^{\mathrm{T}}(t)\boldsymbol{R}\boldsymbol{U}(t))$$
$$+(\boldsymbol{U}^{\mathrm{T}}(t)+\boldsymbol{X}^{\mathrm{T}}(t)\boldsymbol{P}(t,\boldsymbol{T})\boldsymbol{B}\boldsymbol{R}^{-1})\boldsymbol{R}(\boldsymbol{U}(t)+\boldsymbol{R}^{-1}\boldsymbol{B}^{\mathrm{T}}\boldsymbol{P}(t,\boldsymbol{T})\boldsymbol{X}(t))\quad(11.5.19)$$

以后会证明 $\boldsymbol{P}(t,\boldsymbol{T})$ 为对称阵，即 $\boldsymbol{P}^{\mathrm{T}}(t,\boldsymbol{T})=\boldsymbol{P}(t,\boldsymbol{T})$ 且$(\boldsymbol{R}^{-1})^{\mathrm{T}}=(\boldsymbol{R}^{\mathrm{T}-1})=\boldsymbol{R}^{-1}$。因为求逆与转置是两种独立的运算，可以交换运算顺序，$\boldsymbol{R}$ 为对称阵 $\boldsymbol{R}^{\mathrm{T}}=\boldsymbol{R}$，显然式(11.5.19)第2项的前因子是后因子的转置。进而式(11.5.18)最终可写成

$$\frac{\mathrm{d}}{\mathrm{d}t}(\boldsymbol{X}^{\mathrm{T}}(t)\boldsymbol{P}(t,\boldsymbol{T})\boldsymbol{X}(t))=-(\boldsymbol{X}^{\mathrm{T}}(t)\boldsymbol{Q}\boldsymbol{X}(t)+\boldsymbol{U}^{\mathrm{T}}(t)\boldsymbol{R}\boldsymbol{U}(t))$$
$$+(\boldsymbol{U}(t)+\boldsymbol{R}^{-1}\boldsymbol{B}^{\mathrm{T}}\boldsymbol{P}(t,\boldsymbol{T})\boldsymbol{X}(t))^{\mathrm{T}}\boldsymbol{R}(\boldsymbol{U}(t)+\boldsymbol{R}^{-1}\boldsymbol{B}^{\mathrm{T}}\boldsymbol{P}(t,T)\boldsymbol{X}(t))\quad(11.5.20)$$

式(11.5.20)两边求积分

$$\text{左边}=\int_{t_0}^{\mathrm{T}}\frac{\mathrm{d}}{\mathrm{d}t}(\boldsymbol{X}^{\mathrm{T}}(t)\boldsymbol{P}(t,\boldsymbol{T})\boldsymbol{X}(t))\mathrm{d}t=\boldsymbol{X}^{\mathrm{T}}(t)\boldsymbol{P}(t,\boldsymbol{T})\boldsymbol{X}(t)\Big|_{t_0}^{\mathrm{T}}$$
$$=\boldsymbol{X}^{\mathrm{T}}(T)\boldsymbol{P}(T,T)\boldsymbol{X}(T)-\boldsymbol{X}^{\mathrm{T}}(t_0)\boldsymbol{P}(t_0,T)\boldsymbol{X}(t_0)$$
$$=-\boldsymbol{X}^{\mathrm{T}}(t_0)\boldsymbol{P}(t_0,T)\boldsymbol{X}(t_0)$$

这是因为黎卡提方程边界条件 $\boldsymbol{P}(T,T)=\boldsymbol{P}(T)=0$。

$$\text{右边}=-\int_{t_0}^{\mathrm{T}}(\boldsymbol{X}^{\mathrm{T}}(t)\boldsymbol{Q}\boldsymbol{X}(t)+\boldsymbol{U}^{\mathrm{T}}(t)\boldsymbol{R}\boldsymbol{U}(t))\mathrm{d}t$$
$$+\int_{t_0}^{\mathrm{T}}(\boldsymbol{U}(t)+\boldsymbol{R}^{-1}\boldsymbol{B}^{\mathrm{T}}\boldsymbol{P}(t,T)\boldsymbol{X}(t)\boldsymbol{R}(\boldsymbol{U}(t)+\boldsymbol{R}^{-1}\boldsymbol{B}^{\mathrm{T}}\boldsymbol{P}(t,T)\boldsymbol{X}(t))\mathrm{d}t$$

左边等于右边，于是

$$-X^{\mathrm{T}}(t_0)P(t_0,T)X(t_0)=\int_{t_0}^{\mathrm{T}}(X^{\mathrm{T}}(t)QX(t)+U^{\mathrm{T}}(t)RU(t))\mathrm{d}t$$
$$+\int_{t_0}^{\mathrm{T}}(U(t)+R^{-1}B^{\mathrm{T}}P(t,T)X(t))^{\mathrm{T}}R(U(t)+R^{-1}B^{\mathrm{T}}P(t,T)X(t))\mathrm{d}t$$

将上式右边第一项移到左边，左边项移到右边后，两边乘1/2，则左边正好是目标函数，故

$$J(U(t))=\frac{1}{2}\int_{t_0}^{\mathrm{T}}(X^{\mathrm{T}}(t)QX(t)+U^{\mathrm{T}}(t)RU(t))\mathrm{d}t=\frac{1}{2}X^{\mathrm{T}}(t_0)P(t_0,T)X(t_0)$$
$$+\frac{1}{2}\int_{t_0}^{\mathrm{T}}(U(t)+R^{-1}B^{\mathrm{T}}P(t,T)X(t))^{\mathrm{T}}R(U(t)+R^{-1}B^{\mathrm{T}}P(t,T))X(t))\mathrm{d}t \tag{11.5.21}$$

由于R为正定阵，式(11.5.21)的第二项一定大于0，要使目标函数为最小，这一项要等于0，解得

$$U^*(t)=-R^{-1}B^{\mathrm{T}}P(t,T)X(t)$$

到此证明了$U^*(t)$能使目标函数为最小，且最小值为

$$J(U^*(t))=\frac{1}{2}X^{\mathrm{T}}(t_0)P(t_0,T)X(t_0)$$

【证毕】

黎卡提方程的解$P(t)$，有时又写成$P(t,T)$。更明确，因为$P(t)$是简写。由式(11.5.8)可看出它与t，T有关。补述$P(t)$的两个性质如下。

【性质1】 $P(t)$是对称阵。

将式(11.5.13)两边转置

$$\begin{aligned}\dot{P}^{\mathrm{T}}&=-A^{\mathrm{T}}P^{\mathrm{T}}(t)-P^{\mathrm{T}}(t)(A^{\mathrm{T}})^{\mathrm{T}}+P^{\mathrm{T}}(t)(B^{\mathrm{T}})^{\mathrm{T}}(R^{-1})^{\mathrm{T}}B^{\mathrm{T}}P^{\mathrm{T}}(t)-Q^{\mathrm{T}}\\&=-A^{\mathrm{T}}P^{\mathrm{T}}(t)-P^{\mathrm{T}}(t)A+P^{\mathrm{T}}(t)BR^{-1}B^{\mathrm{T}}P^{\mathrm{T}}(t)-Q^{\mathrm{T}}\\&=-P^{\mathrm{T}}(t)A-A^{\mathrm{T}}P^{\mathrm{T}}(t)+P^{\mathrm{T}}(t)BR^{-1}B^{\mathrm{T}}P^{\mathrm{T}}(t)-Q\end{aligned} \tag{11.5.22}$$

比较式(11.5.22)与式(11.5.13)两个微分方程，式(11.5.22)是以$P^{\mathrm{T}}(t)$为未知函数，式(11.5.13)的未知函数是$P(t)$，两者的系数是完全相同的，根据微分方程解得唯一性定理，解相等。故$P^{\mathrm{T}}(t)=P(t)$为对称阵。

【性质2】 $P(t)$是正定阵，即在$t_0\leqslant t\leqslant T$时$P(t)>0$。

设时间不是从t_0开始，而是在t_0与T之间的任意时刻开始。(以下带 * 的量为最优)。在最优控制下，目标函数最小，其值为

$$J^*(X^*(t),U^*(t),t)=\frac{1}{2}X^{\mathrm{T}*}(t)P(t,T)X^*(t) \tag{11.5.23}$$

根据目标函数的定义，且在最优控制下

$$J^*(X^*(t),U^*(t),t)=\frac{1}{2}\int_t^{\mathrm{T}}(X^{T*}QX^*(t)+U^{T*}(t)RU^*(t))\mathrm{d}t \tag{11.5.24}$$

就算Q为半正定阵，R为正定，(11.5.24)式大于等于0，(11.5.23)与(11.5.24)的左边相等则

$$\frac{1}{2}X^{*T}(t)P(t,T)X^*(t)\geqslant 0$$

所以，只要$X^*=X(t)\neq 0$则$P(t,T)>0$，为正定阵。

综上所述，可得二次型最优控制定理如下。

【定理】　设系统状态方程为

$$\begin{cases}\dot{\boldsymbol{X}}(t)=\boldsymbol{A}\boldsymbol{X}(t)+\boldsymbol{B}\boldsymbol{U}(t)\\ \boldsymbol{X}(t_0)=\boldsymbol{X}_0\end{cases}$$

目标函数为

$$\boldsymbol{J}(\boldsymbol{U}(t))=\frac{1}{2}\int_{t_0}^{\mathrm{T}}(\boldsymbol{X}^{\mathrm{T}}(t)\boldsymbol{Q}\boldsymbol{X}(t)+\boldsymbol{U}^{\mathrm{T}}(t)\boldsymbol{R}\boldsymbol{U}(t))\mathrm{d}t$$

则最优控制的充分必要条件为

$$\boldsymbol{U}^*(t)=-\boldsymbol{R}^{-1}\boldsymbol{B}^{\mathrm{T}}\boldsymbol{P}(t,T)\boldsymbol{X}(t)$$

其中，$\boldsymbol{P}(t,T)$ 对称且正定，为黎卡提微分方程 $\begin{cases}\dot{\boldsymbol{P}}(t)=-\boldsymbol{P}(t)\boldsymbol{A}-\boldsymbol{A}^{\mathrm{T}}\boldsymbol{P}(t)+\boldsymbol{P}(t)\boldsymbol{R}\boldsymbol{B}^{-1}\boldsymbol{B}^{\mathrm{T}}\boldsymbol{P}(t)\\ -\boldsymbol{Q}\\ \boldsymbol{P}(T)=0\end{cases}$ 的解，在 $\boldsymbol{U}(t)$ 的控制下，目标函数达到最小值，为

$$J^*(\boldsymbol{X}(t_0),t_0)=\frac{1}{2}\boldsymbol{X}^{\mathrm{T}}(t_0)\boldsymbol{P}(t,T)\boldsymbol{X}(t_0)$$

而最优轨线 $X^*(t)$ 为以下微分方程的解

$$\begin{cases}\dot{\boldsymbol{X}}(t)=(\boldsymbol{A}-\boldsymbol{B}\boldsymbol{R}^{-1}\boldsymbol{B}^{\mathrm{T}}\boldsymbol{P}(t))\boldsymbol{X}(t)\\ \boldsymbol{X}(t_0)\end{cases}$$

11.5.3　算例

设系统的状态方程为

$$\begin{cases}\dot{x}=ax+u\\ x(0)=x_0\end{cases}$$

目标函数 $J(u(t))=\frac{1}{2}\int_0^{\mathrm{T}}(qx^2(t)+ru^2(t))\mathrm{d}t$，其中 q，r 均大于零，求最优控制和最优轨线。

【解】　根据二次型最优控制定理

$$\boldsymbol{U}^*(t)=-\boldsymbol{R}^{-1}\boldsymbol{B}\boldsymbol{P}(t)\boldsymbol{X}(t)$$

由已知系统知 $\boldsymbol{R}=r$，$\boldsymbol{R}^{-1}=\frac{1}{r}$，$\boldsymbol{B}=1$，$\boldsymbol{B}^{\mathrm{T}}=1$，$u^*(t)=-\frac{1}{r}P(t)x(t)$。

根据黎卡提方程

$$\begin{cases}\dot{\boldsymbol{P}}(t)=-\boldsymbol{P}(t)\boldsymbol{A}-\boldsymbol{A}^{\mathrm{T}}\boldsymbol{P}(t)+\boldsymbol{P}(t)+\boldsymbol{R}^{-1}\boldsymbol{P}(t)-\boldsymbol{Q}\\ \boldsymbol{P}(T)=0\end{cases}$$

对于题给系统，$\boldsymbol{A}=a$，$\boldsymbol{A}^{\mathrm{T}}=a$，$\boldsymbol{Q}=q$ 得黎卡提方程如下

$$\begin{cases}\dot{P}(t)=-P(t)a-aP(t)+P(t)\frac{1}{r}P(t)-q\\ P(T)=0\end{cases}$$

$$\begin{cases}\dot{P}(t)=-2aP(t)+\frac{1}{r}P^2(t)-q\\ P(T)=0\end{cases}$$

$$\frac{\mathrm{d}P(t)}{\mathrm{d}t}=-2aP(t)+\frac{1}{r}p^2(t)-q$$

$$\frac{\mathrm{d}P(t)}{\frac{1}{r}P^2(t)-2aP(t)-q}=\mathrm{d}t$$

两边求积分得

$$\int_{P(t)}^{P(T)}\frac{\mathrm{d}P(t)}{\frac{1}{r}P^2(t)-2aP(t)-q}=\int_t^{\mathrm{T}}\mathrm{d}t=T-t$$

利用积分公式

$$\int\frac{\mathrm{d}u}{a+bu+cu^2}=\frac{1}{\sqrt{b^2-4ac}}\ln\left(\frac{2cu-b-\sqrt{b^2-4ac}}{2cu+b+\sqrt{b^2-4ac}}\right)+c$$

解得

$$P(t)=\frac{r(a-\beta)(1-\mathrm{e}^{2\beta(T-t)})}{1-\frac{a-\beta}{a+\beta}\mathrm{e}^{2\beta(T-t)}}$$

其中，$\beta=\sqrt{a^2+\frac{q}{r}}$。

最优控制

$$u^*(t)=-\frac{1}{r}P(t)x(t)=-\frac{(a-\beta)(1-\mathrm{e}^{2\beta(T-t)})}{1-\frac{a-\beta}{a+\beta}\mathrm{e}^{2\beta(T-t)}}$$

而状态最优轨线满足

$$\dot{\boldsymbol{x}}(t)=(a-\frac{1}{r}P(t))x(t)\quad x(0)=x_0$$

即

$$\frac{\mathrm{d}x(t)}{\mathrm{d}t}=(a-\frac{1}{r}P(t))x(t)$$

于是

$$\frac{\mathrm{d}x(t)}{x(t)}=(a-\frac{1}{r}P(t))\mathrm{d}t$$

两边积分

$$\int_{x(0)}^{x(t)}\frac{\mathrm{d}x(t)}{x(t)}=\int_0^t(a-\frac{1}{r}P(t))\mathrm{d}t$$

$$\ln x\Big|_{x(0)}^{x(t)}=\ln x(t)-\ln x(0)=\int_0^t(a-\frac{1}{r}P(t))\mathrm{d}t$$

最后解得 $x^*(t)=x_0\mathrm{e}\int_0^t\left(a-\frac{1}{r}P(t)\right)\mathrm{d}t$。

第12章

离散系统最优控制 —— 动态规划

为了适应计算机计算，将一个连续的系统按时间离散化，形成的系统，称为离散系统。此外，在实际工业控制中，也有将一个完整的过程，化为若干个阶段来实施，这样的系统叫离散系统。就理论而言，两者没有区别。

12.1　引例与定义

N 级提取过程如图 12.1.1 所示。

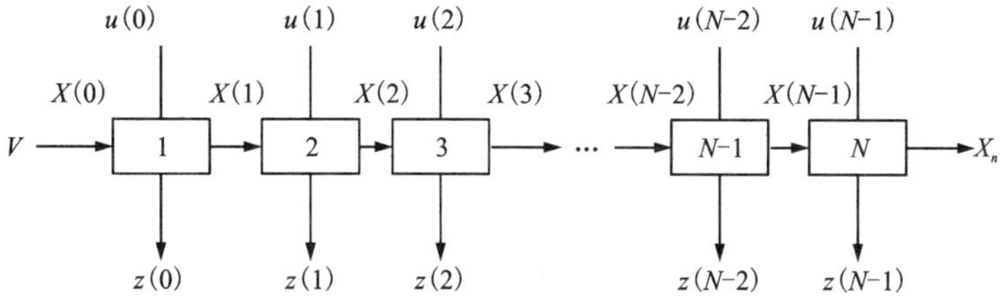

图 12.1.1　N 级提取过程示意图

为了提高提取效率，往往将一个过程分为若干小段，以图 12.1.1 为例，$x(0)$ 浓度的混合溶液以 v 的流速流入第 1 级提取装置，加入流速为 $u(0)$ 的溶剂后，其中有 $z(0)$ 的有用物质被提出，混合溶液的浓度下降为 $x(1)$ 进入第 2 级提取装置，…，一直进行到第 N 级为止。

(1) 显然第 i 级装置，具有如下关系

$$v(x(i) - x(i+1)) = u(i)z(i) \tag{12.1.1}$$

上式左边为混合溶液进入第 i 级后，浓度下降了 $x(i) - x(i+1)$，乘以流速 v 之后，即被提取物单位时间减少的量。右边为单位时间提取物被溶液带走的量，两者理应相等。考虑到，提取量与混合溶液浓度成正比，为 $z(i) = mx(i+1)$。

式中，m 为比例系数。则式(11.6.1) 改为

$$v(x(i)-x(i+1))=u(i)mx(i+1)$$

解得

$$x(i+1)=\frac{x(i)}{1+\frac{m}{v}u(i)} \tag{12.1.2}$$

可见第 i 级提取装置出口浓度 $x(i+1)$ 是进口浓度 $x(i)$ 和提取溶液流速 $u(i)$ 的函数，一般地可写成

$$\boldsymbol{X}(i+1)=\boldsymbol{F}(\boldsymbol{X}(i),\ \boldsymbol{U}(i)) \tag{12.1.3}$$

若把混合溶液的浓度看作状态变量，溶剂流速为控制变量，则式(12.1.2)就是提取过程的状态方程，式(12.1.3)为这类系统状态方程的一般形式。

(2) 目标函数。

提取过程追求的目标可以是多种多样的，若希望收益最大，则目标函数可以写成

$$J=\alpha\nu(x(0)-x(N))-\beta\sum_{i=0}^{N-1}u(i)$$

入口浓度减去出口浓度 $x(0)-x(N)$ 乘以流速就是整个提取过程的提取量，再乘以提取物的价格 α，即上式第 1 项也就是总的收益。$\sum_{i=0}^{N-1}u(i)$ 是整个过程消耗了多少溶剂，乘以溶剂的单价 β，就是过程的成本，J 就是利润。确定目标函数要具体问题具体分析，若提取物十分昂贵，如稀土，而溶剂价格又十分低廉，如水，可省第二项，追求提取物的量为最大，这就是极大值最优控制；反之，若提取物为废物，如净化水，而溶剂价格不菲，可去掉第 1 项。转而追求溶剂量最小，这就是极小值最优控制。对于一般问题，目标函数可写成标准形式

$$J=\boldsymbol{H}(\boldsymbol{X}(N)+\sum_{i=0}^{N-1}\boldsymbol{L}(\boldsymbol{X}(i),\ \boldsymbol{U}(i)) \tag{12.1.4}$$

而极小值最优控制的目标函数为

$$J=\sum_{i=0}^{N-1}\boldsymbol{L}(\boldsymbol{X}(i),\ \boldsymbol{U}(i)) \tag{12.1.5}$$

【定义 12.1.5】 离散系统状态方程为(11.6.3)，$\boldsymbol{X}(i+1)=\boldsymbol{F}(\boldsymbol{X}(i),\ \boldsymbol{U}(i))$，目标函数为式(12.1.5)，$J\sum_{i=0}^{N-1}\boldsymbol{L}(\boldsymbol{X}(i),\ \boldsymbol{U}(i))$ 的最优控制问题就是，求最优控制序列

$$\boldsymbol{U}^*(1),\ \boldsymbol{U}^*(2),\ \cdots,\ \boldsymbol{U}^*(N-1)$$

使目标函数为最小，并求出最优轨线 $\boldsymbol{X}^*(1)$，$\boldsymbol{X}^*(2)$，…，$\boldsymbol{X}^*(N-1)$。

12.2 动态规划

求解离散系统的最优控制问题，明显与连续系统不同，它要获得的是一个序列，不是一个连续函数。而求解一个序列 $\boldsymbol{U}^*(1)$，$\boldsymbol{U}^*(2)$，…，$\boldsymbol{X}^*(N-1)$ 显然有个解题的先后顺序问题，一般以为是先求 $\boldsymbol{U}^*(0)$，后求 $\boldsymbol{U}^*(1)$，一直到 $\boldsymbol{U}^*(N-1)$，这个思路实际上行不通，应该倒过来，先求 $\boldsymbol{U}^*(N-1)$，然后求 $\boldsymbol{U}^*(N-2)$，倒推过去，最后求 $\boldsymbol{U}^*(0)$。这种方法称为规划法，以下以多阶判决过程为例加以说明。

如图 12.2.1 所示，从 S 地到 F 地有多种道路选择，图中数字是相邻两端点汽车要行驶的时间，问从 S 地到 F 地走什么路径用时最少，具体是多少？

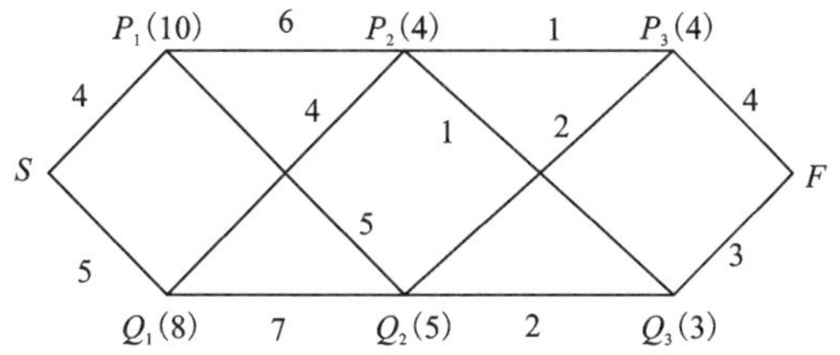

图 12.2.1　多阶判决过程

如果用穷举法，过于复杂，贝尔曼提出一个方法，倒过来做。从 P_3 出发到 F 别无选择，只有一条路可走，汽车要走 4 小时。将"4"标在 P_3 旁，写成"$P_3(4)$"，同理在 Q_3 之后标记为"$Q_3(3)$"表示从 Q 到 F 要走 3 小时。从 P_2 出发到 F，有两条路可走，一条路是经 P_3 到 F，耗时 5 小时，一条路经 Q_3，耗时 4 小时，显然 P_2-Q_3-F 较短，故在 P_2 处标记 4，"$P_2(4)$"。从 Q_2 出发到 F 也有两条路，经 P_3 耗时为 6，经 Q_3 耗时为 5，在 Q_2 后标记较小值，写成"$Q_2(5)$"。按照这一规则 P_1 写成"$P_1(10)$"；Q_1 写成"$Q_1(8)$"。从 S 出发只有两条路径供选择，一条是 $\overline{SP_1Q_2Q_3F}$，耗时 14 小时，一条 $\overline{SQ_1P_2Q_3F}$，耗时 13 小时，这样就很容易找出最佳路径，那就是 $\overline{SQ_1P_2Q_3F}$ 最小值为 13 小时。这种方法特别适用于自由端点离散系统的规划问题，由于终点是变动的，所以称为动态规划，现在汽车上用的 GPS 导航系统就是用这种动态规划出来的。

动态规划有以下特点：

(1) 把一个多级决策或者称多阶判决分成若干个一级决策或一级判决。

(2) 多级决策总是从末端开始。

(3) 最优策略中的一部分也一定是最优策略。

上例最优路径 $\overline{SQ_1P_2Q_3F}$ 中的一部分 $\overline{Q_1P_2Q_3F}$ 比任何一条从 Q_1 出发到 F 的所有可能的路径都要短，第 3 点称为最佳性原理。

12.3　离散最优控制的一般描述

设离散系统的状态方程为

$$\begin{cases}\boldsymbol{X}(i+1)=\boldsymbol{F}(\boldsymbol{X}(i),\boldsymbol{U}(i)) & i=0,1,\cdots,N-1\\ \boldsymbol{X}(0)=\boldsymbol{X}_0\end{cases}\tag{12.3.1}$$

目标函数为

$$J_N=\sum_{i=0}^{N-1}L(\boldsymbol{X}(i),\boldsymbol{U}(i))\tag{12.3.2}$$

J 的下标是这样标注的；J_1 表示第一次决策时用的目标函数，由于决策是从末端开始的，所以 J_1 是最末端决策时的目标函数；J_2 是末两级加在一起的目标函数；J_N 就是最始端开始整体的目标函数。故式(12.3.2)应写成

$$J_N=\sum_{i=0}^{N-1}\boldsymbol{L}(\boldsymbol{X}(i),\boldsymbol{U}(i))$$

展开后 $= \boldsymbol{L}(\boldsymbol{X}(0), \boldsymbol{U}(0)) + \boldsymbol{L}(\boldsymbol{X}(1), \boldsymbol{U}(1)) + \cdots + \boldsymbol{L}(\boldsymbol{X}(N-1), \boldsymbol{U}(N-1))$ (12.3.3)

由于式(12.3.1) $\boldsymbol{X}(i+1) = \boldsymbol{F}(\boldsymbol{X}(i), \boldsymbol{U}(i))$,

则当 $i = 0$ $\boldsymbol{X}(1) = \boldsymbol{F}(\boldsymbol{X}(0), \boldsymbol{U}(0))$

$$\boldsymbol{X}(2) = \boldsymbol{F}(\boldsymbol{X}(1), \boldsymbol{U}(1)) = \boldsymbol{F}(\boldsymbol{F}(\boldsymbol{X}(0), \boldsymbol{U}(0)), \boldsymbol{U}(1))$$

可见除 $\boldsymbol{X}(0)$ 之外, $\boldsymbol{X}(1), \cdots, \boldsymbol{X}(N-1)$ 均可化为 $\boldsymbol{X}(0)$ 以及 $\boldsymbol{U}(0), \cdots, \boldsymbol{U}(N-1)$ 的函数, J_N 不再包含 $\boldsymbol{X}(0), \boldsymbol{X}(1), \cdots, \boldsymbol{X}(N-1)$ 这些状态变量, 最终目标函数写成

$$J_N = J_N(\boldsymbol{X}(0), \boldsymbol{U}(0), \boldsymbol{U}(1), \cdots, \boldsymbol{U}(N-1)) \tag{12.3.4}$$

于是离散系统最优控制可表述为最优控制序列 $\boldsymbol{U}^*(0), \boldsymbol{U}^*(1), \cdots, \boldsymbol{U}^*(N-1)$ 能使目标函数最小, 即

$$J_N^*(\boldsymbol{X}(0), \boldsymbol{U}^*(0), \boldsymbol{U}^*(1), \cdots, \boldsymbol{U}^*(N-1))$$
$$= \min_{U^*(0), U^*(1), \cdots, U^*(N-1)} J_N(\boldsymbol{X}(0), \boldsymbol{U}(0), \boldsymbol{U}(0), \cdots, \boldsymbol{U}(N-1)) = J_N^*(\boldsymbol{X}(0))$$

这就是说, 当最优控制序列确定之后, 目标函数的最小值或称最优目标函数仅是初值 $\boldsymbol{X}(0)$ 函数。

12.4 最佳性原理

【定理】 如果 $\boldsymbol{U}^*(0), \boldsymbol{U}^*(1), \cdots, \boldsymbol{U}^*(N-1)$ 是最优控制序列, 则它的任何一部分, 如 $\boldsymbol{U}^*(1), \boldsymbol{U}^*(2), \cdots, \boldsymbol{U}^*(N-1)$ 也一定是以 $\boldsymbol{X}(1) = \boldsymbol{F}(\boldsymbol{X}(0), \boldsymbol{U}^*(0))$ 为初值的最优控制序列。

【证明】 用反证法。设 $\boldsymbol{U}^*(1), \boldsymbol{U}^*(2), \cdots \boldsymbol{U}^*(N-1)$ 不是最优控制序列, 最优控制序列为

$$\boldsymbol{V}^*(1), \boldsymbol{V}^*(2), \cdots, \boldsymbol{V}^*(N-1)$$

则

$$J_{N-1}(\boldsymbol{X}(1), \boldsymbol{U}^*(1), \boldsymbol{U}^*(2), \cdots, \boldsymbol{U}^*(N-1)) > J_{N-1}(\boldsymbol{X}(1), \boldsymbol{V}^*(1), \boldsymbol{V}^*(2), \cdots, \boldsymbol{V}^*(N-1))$$

不等式的两边同加上 $L(\boldsymbol{X}(0), \boldsymbol{U}(0))$, 不等式仍然成立。则

$$L(\boldsymbol{X}(0), \boldsymbol{U}(0)) + J_{N-1}(\boldsymbol{X}(1), \boldsymbol{U}^*(1), \boldsymbol{U}^*(2), \cdots, U^*(N-1))$$
$$> L(\boldsymbol{X}(0), \boldsymbol{U}(0)) + J_{N-1}(\boldsymbol{X}(1), \boldsymbol{V}^*(1), \boldsymbol{V}^*(2), \cdots, \boldsymbol{V}^*(N-1))$$

不等式左边便是以 $\boldsymbol{U}^*(0), \boldsymbol{U}^*(1), \boldsymbol{U}^*(2), \cdots, \boldsymbol{U}^*(N-1)$ 为控制序列的目标函数, 即

$$J_N((\boldsymbol{X}(0), \boldsymbol{U}^*(0), \boldsymbol{U}^*(1), \boldsymbol{U}^*(2), \cdots, \boldsymbol{U}^*(N-1))$$

右边以 $\boldsymbol{U}^*(0), \boldsymbol{V}^*(1)\boldsymbol{V}^*(2), \boldsymbol{V}^*(N-1)$ 为控制序列的目标函数, 即

$$J_N(\boldsymbol{X}(0), \boldsymbol{U}^*(0), \boldsymbol{V}^*(1), \boldsymbol{V}^*(2), \cdots, \boldsymbol{V}^*(N-1))$$

这样一来

$$J_N(\boldsymbol{X}(0), \boldsymbol{U}^*(0), \boldsymbol{U}^*(1), \boldsymbol{U}^*(2), \cdots, \boldsymbol{V}^*(N-1))$$
$$> J_N(\boldsymbol{X}(0), \boldsymbol{U}^*(0), \boldsymbol{V}^*(1), \boldsymbol{V}^*(2), \cdots, \boldsymbol{V}^*(N-1))$$

显然 $\boldsymbol{U}^*(0), \boldsymbol{U}^*(1), \cdots, \boldsymbol{U}^*(N-1)$ 不是最优控制序列。这就说明, 最优控制序列中若

有部分不是最优序列的话，则整个序列也不是最优的。这也证明了最优序列中任何部分也是最优的。

12.5　求解最优序列的步骤

根据最佳性原理，又受多级决策问题的启发，先求末端一级的最优控制。最末一级的目标函数为

$$J_1 = L(\boldsymbol{X}(N-1), \boldsymbol{U}(N-1))$$

若以 $\boldsymbol{X}(N-1)$ 为初始条件，则 J_1 只是 $\boldsymbol{U}(N-1)$ 的函数，令

$$\frac{\partial \boldsymbol{J}_1}{\partial \boldsymbol{U}(N-1)} = \frac{\partial \boldsymbol{L}(\boldsymbol{X}(N-1), \boldsymbol{U}(N-1))}{\partial \boldsymbol{U}(N-1)} = 0$$

可求$\boldsymbol{U}^*(N-1)$，同时求得 $J_1^*(\boldsymbol{U}^*(N-1))$ 之后，$\boldsymbol{U}^*(N-2)$ 成为最末一级，将$\boldsymbol{U}^*(N-2)$ 与 $J_1^*(\boldsymbol{U}^*(N-1))$ 回代

$$J_2 = \boldsymbol{L}(\boldsymbol{X}(N-2), \boldsymbol{U}(N-2)) + J_1^*(\boldsymbol{U}^*(N-1))$$

以 $\boldsymbol{X}(N-2)$ 为初始条件，J_2 就只是 $\boldsymbol{U}(N-2)$ 的函数。

令$\dfrac{\partial J_2}{\partial \boldsymbol{U}(N-2)} = 0$，可求$\boldsymbol{U}^*(N-2)$ 与 $J_2^*(\boldsymbol{U}^*(N-2), \boldsymbol{U}(N-1))$，…，直至求得 $\boldsymbol{U}^*(0)$，从而获得$\boldsymbol{U}^*(0)$，$\boldsymbol{U}^*(1)$，…，$\boldsymbol{U}^*(N-1)$ 整个序列。由此可得贝尔曼动态规划的基本方程为 $J_N^*(\boldsymbol{X}(0) = \min\limits_{U^*(0),\, U^*(1),\, \cdots,\, U^*(N-1)} J_N(\boldsymbol{X}(0), \boldsymbol{U}(0), \boldsymbol{U}(1), \cdots \boldsymbol{U}(N-1))$。

若从最末端开始，经过 $N-1$ 次决策，到最始端决策时，得最优序列为

$$\boldsymbol{U}^*(1), \boldsymbol{U}^*(2), \cdots \boldsymbol{U}^*(N-1), J_{N-1}^*(\boldsymbol{X}(1), \boldsymbol{U}^*(1), \cdots, \boldsymbol{U}^*(N-1))$$

一般地，可写成

$$J_{N-1}^*(\boldsymbol{X}(i)) = \min_{\boldsymbol{U}^*(i)}(L(\boldsymbol{X}(i), \boldsymbol{U}(i) + J_{N-i-1}^*(\boldsymbol{X}(i+1))) \qquad (12.5.1)$$

式(12.5.1) 称为动态规划的基本方程。式中 i 为当前决策次数，当 $i=0$，式(12.5.1) 变成

$$J_N^*(\boldsymbol{X}(0)) = \min_{\boldsymbol{U}^*(N-1)}(L(\boldsymbol{X}(0), \boldsymbol{U}(0)) + J_{N-1}^*(\boldsymbol{X}(1)))$$

显然是决策到最始端一级，当 $i = N-1$(12.5.1) 变成

$$J_1^*(\boldsymbol{X}(N-1)) = \min_{\boldsymbol{U}^*(N-1)}(L(\boldsymbol{X}(N-1), \boldsymbol{U}(N-1)) + J_0^*(\boldsymbol{X}(N)))$$

$\boldsymbol{X}(N)$ 是决策过程的最末端输出，就是整个决策过程的最后，之后没有决策段，故 $\boldsymbol{J}_N^*(\boldsymbol{X}(0)) = 0$，这时有

$$J_1^*(\boldsymbol{X}(N-1)) = \min_{U^*(N-1)}(\boldsymbol{L}(\boldsymbol{X}(N-1), \boldsymbol{U}(N-1)))$$

12.6　算例

设系统的状态方程为

$$x(i+1) = ax(i) + bu(i)$$

式中，a，b 为常数；$x(i)$，$u(i)$ 为一维。

目标函数为

$$J_3 = \sum_{i=0}^{2} (x^2(i) + qu^2(i))$$

$q > 0$, $N = 3$, $N - 1 = 2$, 这是三级离散系统，要求 $u^*(0)$, $u^*(1)$, $u^*(2)$。

【解】 从末级开始。

(1) 求末级 $J_1 = \boldsymbol{L}(\boldsymbol{X}(N-1), \boldsymbol{U}(N-1)) = x^2(2) + qu^2(2)$。
若以 $x(2)$ 为初始条件。

$$J_1^*(x(2)) = \min_{u(2)}(x^2(2) + qu^2(2))。$$

即把 $x(2)$ 视为常数，对 J_1 求导

$$\frac{\mathrm{d}J_1}{\mathrm{d}u(2)} = \frac{\mathrm{d}(x^2(2) + qu^2(2))}{\mathrm{d}u(2)} = 2qu(2) = 0$$

解得 $u^*(2) = 0$, 而 $J_1^* = x^2(2) + qu^2(2) = x^2(2)$

(2) 求末两级 $J_2 = \boldsymbol{L}(\boldsymbol{X}(1), \boldsymbol{U}(1)) + \boldsymbol{L}(\boldsymbol{X}(2), \boldsymbol{U}(2))$

$$= x^2(1) + qu^2(1) + x^2(2) + qu^2(2)$$

由于

$$u^*(2) = 0J_2 = x^2(1) + qu^2(1) + x^2(2) \tag{12.6.1}$$

由状态方程知

$$x(2) = ax(1) + bu(1) \tag{12.6.2}$$

所以

$$J_2 = x^2(1) + qu^2(1) + (ax(1) + bu(1))^2$$

以 $x(1)$ 为初始条件，求

$$\frac{\mathrm{d}J_2}{\mathrm{d}u(1)} = 2qu(1) + 2(ax(1) + bu(1))(ax(1) + bu(1))'$$

$$= 2qu(1) + 2b(ax(1) + bu(1)) = 0$$

解得 $u^*(1) = \frac{-ab}{q + b^2}x(1)$, 同时求两级的最优目标函数，由式(12.6.1)和式(12.6.2)知

$$J_2^*(x(1)) = x^2(1) + qu^2(1) + x^2(2)$$

$$= x^2(1) + q(\frac{-ab}{q + b^2}x(1))^2 + (ax(1) + b(\frac{-ab}{q + b^2}x(1)))^2$$

经化简有

$$J_2^*(x(1)) = (1 + \frac{qa^2}{q + b^2})x^2(1)$$

(3) 求三级 $\boldsymbol{J}_3^*$, 即求

$$J_3^*(x(0)) = \min_{u(0)}(x^2(0) + qu^2(0) + J_2^*(x(1)))$$

$$\min_{u(0)}(x^2(0) + qu^2(0) + (1 + \frac{qa^2}{q + b^2})(ax^2(0) + bu^2(0))^2)$$

$$\frac{\mathrm{d}J_3}{\mathrm{d}u(0)} = 2qu(0) + 2b(1 + \frac{qa^2}{q + b^2})(ax(0) + bu(0)) = 0$$

解得 $u^*(0) = -\frac{ab(q + b^2 + qa^2)}{(q + b^2)^2 + qa^2b^2}x(0)$。

最后得最优序列为

$$u^*(0)=-\frac{ab(q+b^2+qa^2)}{(q+b^2)^2+qa^2b^2}x(0)$$

$$u^*(1)=-\frac{ab}{q+b^2}x(1)$$

$$u^*(2)=0$$

12.7　多阶判决的通用分式

系统的状态方程为

$$\boldsymbol{X}(i+1)=\boldsymbol{AX}(i)+\boldsymbol{BU}(i) \tag{12.7.1}$$

目标函数为

$$J_N=\boldsymbol{X}^{\mathrm{T}}(N)\boldsymbol{FX}(N)+\sum_{i=0}^{N-1}\boldsymbol{X}^{\mathrm{T}}(i)\boldsymbol{QX}(i)+\boldsymbol{U}^{\mathrm{T}}(i)\boldsymbol{RU}(i) \tag{12.7.2}$$

式中，$\boldsymbol{A}$，$\boldsymbol{B}$ 为常数矩阵，不随 i 变化，$\boldsymbol{F}$，$\boldsymbol{Q}$，$\boldsymbol{R}$ 为半正定对角线阵。问题是求最优控制序列 $\boldsymbol{U}^*(0)$，$\boldsymbol{U}^*(1)$，……，$\boldsymbol{U}^*(N-1)$，使 J_N 为最小。

根据动态规划的基本方法，从最后一级开始决策，先求$\boldsymbol{U}^*(N-1)$，这时，目标函数为

$$\begin{aligned}\boldsymbol{J}_1&=\boldsymbol{X}^{\mathrm{T}}(N)\boldsymbol{FX}(N)+\sum_{i=N-1}^{N-1}(\boldsymbol{X}^{\mathrm{T}}(i)\boldsymbol{QX}(i)+\boldsymbol{U}^{\mathrm{T}}(i)\boldsymbol{RU}(i))\\&=\boldsymbol{X}^{\mathrm{T}}(N)\boldsymbol{FX}(N)+\boldsymbol{X}^{\mathrm{T}}(N-1)\boldsymbol{QX}(N-1)+\boldsymbol{U}^{\mathrm{T}}(N-1)\boldsymbol{RU}(N-1)\end{aligned}$$

根据式(12.7.1)知 $\boldsymbol{X}(N)=\boldsymbol{AX}(N-1)+\boldsymbol{BU}(N-1)$，得

$$\begin{aligned}\boldsymbol{J}_1=&(\boldsymbol{AX}(N-1)+\boldsymbol{BU}(N-1))^{\mathrm{T}}\boldsymbol{F}(\boldsymbol{AX}(N-1)+\boldsymbol{BU}(N-1))\\&+\boldsymbol{X}^{\mathrm{T}}(N-1)\boldsymbol{QX}(N-1)+\boldsymbol{U}^{\mathrm{T}}(N-1)\boldsymbol{RU}(N-1)\end{aligned} \tag{12.7.3}$$

令$\dfrac{\partial J_1}{\partial \boldsymbol{U}(N-1)}=0$，对式(12.7.3)右边用分部微分法，第 1 项求对 $\boldsymbol{U}(N-1)$ 的微分，即

$$\begin{aligned}&\frac{\partial(\boldsymbol{AX}(N-1)+\boldsymbol{BU}(N-1))^{\mathrm{T}}\boldsymbol{FA}(\boldsymbol{X}(N-1)+\boldsymbol{BU}(N-1))}{\partial\boldsymbol{U}(N-1)}\\&=\frac{\partial((\boldsymbol{AX}(N-1)+\boldsymbol{BU}(N-1))^{\mathrm{T}}}{\partial\boldsymbol{U}(N-1)}\boldsymbol{F}(\boldsymbol{AX}(N-1)+\boldsymbol{BU}(N-1))\\&\quad+(\boldsymbol{AX}(N-1)+\boldsymbol{BU}(N-1))^{\mathrm{T}}\frac{\partial\boldsymbol{F}(\boldsymbol{AX}(N-1)+\boldsymbol{BU}(N-1))}{\partial\boldsymbol{U}(N-1)}\end{aligned} \tag{12.7.4}$$

上式第 1 项

$$\begin{aligned}&\frac{\partial(\boldsymbol{AX}(N-1)+\boldsymbol{BU}(N-1))^{\mathrm{T}}}{\partial\boldsymbol{U}(N-1)}\boldsymbol{F}(\boldsymbol{AX}(N-1)+\boldsymbol{BU}(N-1))\\&=\frac{\partial(\boldsymbol{X}^{\mathrm{T}}(N-1)\boldsymbol{A}^{\mathrm{T}}+\boldsymbol{U}^{\mathrm{T}}(N-1)\boldsymbol{B}^{\mathrm{T}})}{\partial\boldsymbol{U}(N-1)}\boldsymbol{F}(\boldsymbol{AX}(N-1)+\boldsymbol{BU}(N-1))\\&=\boldsymbol{B}^{\mathrm{T}}F(\boldsymbol{AX}(N-1)+\boldsymbol{BU}(N-1))\end{aligned}$$

第 2 项

$$(\boldsymbol{AX}(N-1)+\boldsymbol{BU}(N-1))^{\mathrm{T}}\frac{\partial \boldsymbol{F}(\boldsymbol{AX}(N-1)+\boldsymbol{BU}(N-1))}{\partial \boldsymbol{U}(N-1)}$$
$$=(\boldsymbol{AX}(N-1)+\boldsymbol{BU}(N-1))^{\mathrm{T}}\boldsymbol{FB}\mathrm{cs}\,\boldsymbol{I}_n$$
$$=\boldsymbol{B}^{\mathrm{T}}\boldsymbol{F}^{\mathrm{T}}(\boldsymbol{AX}(N-1)+\boldsymbol{BU}(N-1))$$

因 $\boldsymbol{F}$ 为对角线阵，$\boldsymbol{F}^{\mathrm{T}}=\boldsymbol{F}$，令$\boldsymbol{V}_0=\boldsymbol{F}$，则式(12.7.4)

$$=2\boldsymbol{B}^{\mathrm{T}}\boldsymbol{V}_0(\boldsymbol{AX}(N-1)+\boldsymbol{BU}(N-1))$$

而式(12.7.3)的右边第二项对 $\boldsymbol{U}(N-1)$ 求导，因为常数的导数为0，即

$$\frac{\partial(\boldsymbol{X}^{\mathrm{T}}(N-1)\boldsymbol{QX}(N-1))}{\partial \boldsymbol{U}(N-1)}=0$$

式(11.7.3)的第3项对 $\boldsymbol{U}(N-1)$ 求导

$$\frac{\partial(\boldsymbol{U}^{\mathrm{T}}(N-1)\boldsymbol{RU}(N-1))}{\partial \boldsymbol{U}(N-1)}=2\boldsymbol{RU}(N-1)$$

故

$$\frac{\partial J_1}{\partial \boldsymbol{U}(N-1)}=2\boldsymbol{B}^{\mathrm{T}}\boldsymbol{V}_0(\boldsymbol{AX}(N-1)+\boldsymbol{BU}(N-1))+2\boldsymbol{RU}(N-1)=0$$
$$2\boldsymbol{B}^{\mathrm{T}}\boldsymbol{V}_0\boldsymbol{BU}(N-1))+2\boldsymbol{RU}(N-1)+2\boldsymbol{B}^{\mathrm{T}}\boldsymbol{V}_0\boldsymbol{AX}(N-1)=0$$
$$(\boldsymbol{R}+\boldsymbol{B}^{\mathrm{T}}\boldsymbol{V}_0\boldsymbol{B})\boldsymbol{U}(N-1))=-\boldsymbol{B}^{\mathrm{T}}\boldsymbol{V}_0\boldsymbol{AX}(N-1)$$

两边同左乘$(\boldsymbol{R}+\boldsymbol{B}^{\mathrm{T}}\boldsymbol{V}_0\boldsymbol{B})^{-1}$解得

$$\boldsymbol{U}^*(N-1))=-(\boldsymbol{R}+\boldsymbol{B}^{\mathrm{T}}\boldsymbol{V}_0\boldsymbol{B})^{-1}\boldsymbol{B}^{\mathrm{T}}\boldsymbol{V}_0\boldsymbol{AX}(N-1)$$
$$=-\boldsymbol{K}_1\boldsymbol{AX}(N-1)\tag{12.7.5}$$

式中，$\boldsymbol{K}_1=(\boldsymbol{R}+\boldsymbol{B}^{\mathrm{T}}\boldsymbol{V}_0\boldsymbol{B})^{-1}\boldsymbol{B}^{\mathrm{T}}\boldsymbol{V}_0$。

用$\boldsymbol{U}^*(N-1)$即式(12.7.5)回代入式(12.7.3)得末级最优目标函数

$$\begin{aligned}J^*(\boldsymbol{U}^*(N-1))&=(\boldsymbol{AX}(N-1)+\boldsymbol{B}(-\boldsymbol{K}_1\boldsymbol{AX}(N-1)))^{\mathrm{T}}\boldsymbol{V}_0(\boldsymbol{AX}(N-1)\\&\quad+\boldsymbol{B}(-\boldsymbol{K}_1\boldsymbol{AX}(N-1))+\boldsymbol{X}^{\mathrm{T}}(N-1)\boldsymbol{QX}(N-1)\\&\quad+(-\boldsymbol{K}_1\boldsymbol{AX}(N-1))^{\mathrm{T}}\boldsymbol{R}(-K_1\boldsymbol{AX}(N-1))\\&=((\boldsymbol{A}-\boldsymbol{BK}_1A)\boldsymbol{X}(N-1))^{\mathrm{T}}\boldsymbol{V}_0((\boldsymbol{A}-\boldsymbol{BK}_1\boldsymbol{A})\boldsymbol{X}(N-1))\\&\quad+\boldsymbol{X}^{\mathrm{T}}(N-1)\boldsymbol{QX}(N-1)+\boldsymbol{X}^{\mathrm{T}}(N-1))\boldsymbol{A}^{\mathrm{T}}\boldsymbol{K}^{\mathrm{T}}\boldsymbol{R}\boldsymbol{K}_1\boldsymbol{AX}(N-1)\\&=\boldsymbol{X}^{\mathrm{T}}(N-1)(\boldsymbol{A}-\boldsymbol{BK}_1A)^{\mathrm{T}}\boldsymbol{V}_0(\boldsymbol{A}-\boldsymbol{BK}_1A)\boldsymbol{X}(N-1)\\&\quad+\boldsymbol{X}^{\mathrm{T}}(N-1)\boldsymbol{QX}(N-1)+\boldsymbol{X}^{\mathrm{T}}(N-1))\boldsymbol{A}^{\mathrm{T}}\boldsymbol{K}_1^{\mathrm{T}}\boldsymbol{RK}_1\boldsymbol{AX}(N-1)\end{aligned}$$

式(12.7.6)每一项左抽$\boldsymbol{X}^{\mathrm{T}}(N-1)$，右抽 $\boldsymbol{X}(N-1)$

$$=\boldsymbol{X}^{\mathrm{T}}(N-1)((\boldsymbol{A}-\boldsymbol{BK}_1A)^{\mathrm{T}}\boldsymbol{V}_0(\boldsymbol{A}-\boldsymbol{B}\boldsymbol{K}_1\boldsymbol{A})+\boldsymbol{A}^{\mathrm{T}}\boldsymbol{K}_1^{\mathrm{T}}\boldsymbol{R}\boldsymbol{K}_1\boldsymbol{A}+\boldsymbol{Q})\boldsymbol{X}(N-1)\text{ 令}$$
$$\boldsymbol{V}_1=(\boldsymbol{A}-\boldsymbol{B}\boldsymbol{K}_1\boldsymbol{A})^{\mathrm{T}}\boldsymbol{V}_0(\boldsymbol{A}-\boldsymbol{B}\boldsymbol{K}_1\boldsymbol{A})+\boldsymbol{A}^{\mathrm{T}}\boldsymbol{K}_1^{\mathrm{T}}\boldsymbol{R}\boldsymbol{K}_1\boldsymbol{A}+\boldsymbol{Q}$$

则

$$J_1^*(\boldsymbol{X}(N-1))=\boldsymbol{X}^{\mathrm{T}}(N-1)\boldsymbol{V}_1\boldsymbol{X}(N-1)\tag{12.7.7}$$

小结一下上述最末级决策状态方程为

$$\boldsymbol{X}(N)=\boldsymbol{AX}(N-1)+\boldsymbol{BU}(N-1)\tag{12.7.8}$$

目标方程是

$$J_N=\boldsymbol{X}^{\mathrm{T}}(N)\boldsymbol{V}_0\boldsymbol{X}(N)+\boldsymbol{X}^{\mathrm{T}}(N-1)\boldsymbol{QX}(N-1)+\boldsymbol{U}^{\mathrm{T}}(N-1)\boldsymbol{RU}(N-1)\tag{12.7.9}$$

决策过程，令

$$\frac{\partial J_1}{\partial \boldsymbol{U}(N-1)} = 0$$

决策结果式(12.7.5)

$$\boldsymbol{U}^*(N-1)) = -\boldsymbol{K}_1\boldsymbol{A}\boldsymbol{X}(N-1)$$
$$\boldsymbol{K}_1 = (\boldsymbol{R} + \boldsymbol{B}^{\mathrm{T}}\boldsymbol{V}_0\boldsymbol{B})^{-1}\boldsymbol{B}^{\mathrm{T}}\boldsymbol{V}_0$$
$$J_1^*(\boldsymbol{X}(N-1)) = \boldsymbol{X}^{\mathrm{T}}(N-1)\boldsymbol{V}_1\boldsymbol{X}(N-1)$$
$$\boldsymbol{V}_1 = \boldsymbol{Q} + \boldsymbol{A}^{\mathrm{T}}\boldsymbol{K}_1^{\mathrm{T}}\boldsymbol{R}\boldsymbol{K}_1\boldsymbol{A} + (\boldsymbol{A} - \boldsymbol{B}\boldsymbol{K}_1\boldsymbol{A})^{\mathrm{T}}\boldsymbol{V}_0(\boldsymbol{A} - \boldsymbol{B}\boldsymbol{K}_1\boldsymbol{A})$$

次末级决策状态方程为

$$\boldsymbol{X}(N-1) = \boldsymbol{A}\boldsymbol{X}(N-2) + \boldsymbol{B}\boldsymbol{U}(N-2) \tag{12.7.10}$$

目标函数

$$\begin{aligned} J_2 &= \boldsymbol{X}^{\mathrm{T}}(N)\boldsymbol{F}\boldsymbol{X}(N) + \sum_{i=N-2}^{N-1}(\boldsymbol{X}^{\mathrm{T}}(i)\boldsymbol{Q}\boldsymbol{X}(i) + \boldsymbol{U}^{\mathrm{T}}(i)\boldsymbol{R}\boldsymbol{U}(i)) \\ &= \boldsymbol{X}^{\mathrm{T}}(N)\boldsymbol{V}_0\boldsymbol{X}(N) + \boldsymbol{X}^{\mathrm{T}}(N-1)\boldsymbol{Q}\boldsymbol{X}(N-1) + \boldsymbol{U}^{\mathrm{T}}(N-1)\boldsymbol{R}\boldsymbol{U}(N-1) \\ &\quad + \boldsymbol{X}^{\mathrm{T}}(N-2)\boldsymbol{Q}\boldsymbol{X}(N-2) + \boldsymbol{U}^{\mathrm{T}}(N-2)\boldsymbol{R}\boldsymbol{U}(N-2) \\ &= J_1 + \boldsymbol{X}^{\mathrm{T}}(N-2)\boldsymbol{Q}\boldsymbol{X}(N-2) + \boldsymbol{U}^{\mathrm{T}}(N-2)\boldsymbol{R}\boldsymbol{U}(N-2) \end{aligned}$$

这一级的决策是在最末级已经作出最优决策之后进行的，故这一级决策的目标函数应修改为

$$\begin{aligned} J_2 &= J_1^* + \boldsymbol{X}^{\mathrm{T}}(N-2)\boldsymbol{Q}\boldsymbol{X}(N-2) + \boldsymbol{U}^{\mathrm{T}}(N-2)\boldsymbol{R}\boldsymbol{U}(N-2) \\ &= \boldsymbol{X}^{\mathrm{T}}(N-1)\boldsymbol{V}_1\boldsymbol{X}(N-1) + \boldsymbol{X}^{\mathrm{T}}(N-2)\boldsymbol{Q}\boldsymbol{X}(N-2) + \boldsymbol{U}^{\mathrm{T}}(N-2)\boldsymbol{R}\boldsymbol{U}(N-2) \end{aligned} \tag{12.7.11}$$

对比式(12.7.7)与式(12.7.10)以及式(12.7.9)与式(12.7.10)，除了序号 $N-1$ 改为 $N-2$ 以及 $\boldsymbol{V}_0$ 改为 $\boldsymbol{V}_1$ 之外，完全相同。决策过程，令

$$\frac{\partial J_2}{\partial \boldsymbol{U}(N-2)} = 0$$

按上述的方法与步骤，解得的最优解与最优决策下的目标函数，在形式上与最末级完全相同。

$$\begin{cases} \boldsymbol{U}^*(N-2) = -\boldsymbol{K}_2\boldsymbol{A}\boldsymbol{X}(N-2) \\ \boldsymbol{K}_2 = (\boldsymbol{R} + \boldsymbol{B}^{\mathrm{T}}\boldsymbol{V}_1\boldsymbol{B})^{-1}\boldsymbol{B}^{\mathrm{T}}\boldsymbol{V}_1 \end{cases}$$

$$\begin{cases} \boldsymbol{J}_2^*(\boldsymbol{X}(\boldsymbol{N}-1)) = \boldsymbol{X}^{\mathrm{T}}(N-2)\boldsymbol{V}_2\boldsymbol{X}(N-2) \\ \boldsymbol{V}_2 = \boldsymbol{Q} + \boldsymbol{A}^{\mathrm{T}}\boldsymbol{K}_2{}^{\mathrm{T}}\boldsymbol{R}\boldsymbol{K}_2\boldsymbol{A} + (\boldsymbol{A} - \boldsymbol{B}\boldsymbol{K}_2\boldsymbol{A})^{\mathrm{T}}\boldsymbol{V}_1(\boldsymbol{A} - \boldsymbol{B}\boldsymbol{K}_2\boldsymbol{A}) \end{cases}$$

… 如此递推下去，到第 j 步，这时

$$J_j = \boldsymbol{X}^{\mathrm{T}}(N-j)\boldsymbol{Q}\boldsymbol{X}(N-j) + \boldsymbol{U}^{\mathrm{T}}(N-j)\boldsymbol{R}\boldsymbol{U}(N-j) + J_{j-1}^*$$

令

$$\frac{\partial \boldsymbol{J}_j}{\partial \boldsymbol{U}(N-j)} = 0$$

解得 j 步的最优决策为

$$\begin{cases} \boldsymbol{U}^*(N-j) = -\boldsymbol{K}_j\boldsymbol{A}\boldsymbol{X}(N-j) \\ \boldsymbol{K}_j = (\boldsymbol{R} + \boldsymbol{B}^{\mathrm{T}}\boldsymbol{V}_{j-1}\boldsymbol{B})^{-1}\boldsymbol{B}^{\mathrm{T}}\boldsymbol{V}_{j-1} \end{cases}$$

$$\begin{cases} J_j^* = X^{\mathrm{T}}(N-j)\, V_j X(N-j) \\ V_j = Q + A^{\mathrm{T}} K_j^{\mathrm{T}} R K_j A + (A - B K_j A)^{\mathrm{T}} V_{j-1}(A - B K_j A) \end{cases}$$

… 直到 $N-1$ 级决策为

$$\begin{cases} U^*(1) = -K_{N-1} A X(1) \\ K_{N-1} = (R + B^{\mathrm{T}} V_{N-2} B)^{-1} B^{\mathrm{T}} V_{N-2} \end{cases}$$

$$\begin{cases} J_{N-1}^* = X^{\mathrm{T}}(1)\, V_{N-1} X(1) \\ V_{N-1} = Q + A^{\mathrm{T}} K_{N-1}^{\mathrm{T}} R K_{N-1} A + (A - B K_{N-1} A)^{\mathrm{T}} V_{N-2}(A - B K_{N-1} A) \end{cases}$$

第五篇

自适应控制

第13章 自校正控制

第 5 章在推导最小二乘递推公式之后，曾谈到，根据新采得的一组输入输出数据，代入递推公式，就能在原估计参数基础上，经少量计算，对估计值进行修正，使之更加逼近真参数。这样，递推一次，相当于“学习”了一次，不断地递推，不断地学习，一定可以做到对系统了然于胸，这就是递推算法的“自学习”功能。

对于一个参数或结构随时而变的系统，即时变系统，递推算法通过这种一次次的学习，就能不断跟踪参数或结构的变化，这种情况下递推算法便有了实时跟踪参数变化的功能。

在不断学习和参数跟踪的基础上，采用适当的控制算法或最优控制算法，无论对系统如何陌生，系统参数如何随时间而变，均能对其实施适应性控制以达到预先设定的目标，这种将参数递推与控制算法适当融合在一起的控制方法，称为自适应控制。

自适应控制大体上分为两大类型，一类是随机自适应控制系统，又称为自校正控制器；另一类是模型参考自适应控制。

13.1　最优预估器和最小方差控制器

设系统的差分方程为

$$\begin{aligned} & y(k)+a_1y(k-1)+\cdots+a_ny(k-n) \\ =\ & b_0u(k-d)+b_1u(k-d-1)+\cdots+b_nu(k-d-n) \\ & +\lambda(\varepsilon(k)+c_1\varepsilon(k-1)+\cdots+c_n\varepsilon(k-n)) \end{aligned} \tag{13.1.1}$$

式中，d 为纯滞后，指系统输入后要经过多少个采样周期（或简称多少拍），系统的输出才会作出响应，也就是说输出落后于输入多少拍；d 是正整数，不含小数，故称纯滞后。与系统的阶一样，属系统的结构参数。

由于系统会受到来自内部，例如参数的变化，量化误差以及来自外部环境的干扰，如输入输出回路受到的干扰。因此把所有的干扰归并为干扰量 ε，其中 $\varepsilon(k)$，…，$\varepsilon(k-n)$ 分别为干扰在 k，…，$k-n$ 时刻的值。其不失一般性，设每一个时刻的 ε 都是随机变量，而这些随机变量的全体就是一个随机过程，并设这个随机过程为白噪声过程，即总体均值为 0，方差为 1，服从高斯正态分布，表示为 $N[0.1]$。λ 为表征噪声强度的系数称为强度系数。

若去掉 d 和 ε，可见式(13.1.1) 与式(1.3.2) 完全相同。其中 y 为输出，u 为输入，n 为阶，a_1，…，a_n 和 b_0，…，b_n 为系数，式中 $y(k)$ 与 $\varepsilon(k)$ 序列的长度是相同的。

13.1.1　移位算子差分方程

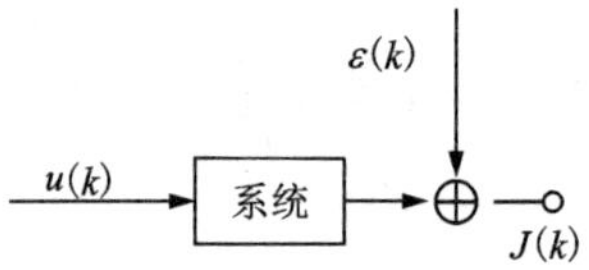

图 13.1.1　系统图

【**定义**】　设 $z^{-i}y(k) = y(k-i)$ 则称 z^{-i} 为移位算子。

当 $i=1$ 时，$z^{-1}y(k) = y(k-1)$；当 $i=2$ 时，$z^{-2}y(k) = y(k-2)$，…，当 $i=n$ 时，$z^{-n}y(k) = y(k-n)$。

于是

$$\begin{aligned} & y(k) + a_1 y(k-1) + \ldots + a_n y(k-n) \\ &= y(k) + a_1 z^{-1} y(k) + \ldots + a_n z^{-n} y(k) \\ &= (1 + a_1 z^{-1} + \ldots + a_n z^{-n}) y(k) = A(z^{-1}) y(k) \end{aligned} \tag{13.1.2}$$

式中，$A(z^{-1}) = (1 + a_1 z^{-1} + \ldots + a_n z^{-n})$，称为 A 参数后向移位算子多项式。

同理

$$\begin{aligned} & b_0 u(k-d) + b_1(k-d-1) + \cdots + b_n u(k-d-n) \\ &= b_0 z^{-d} u(k) + b_1 z^{-d} z^{-1} u(k) + \cdots + b_n z^{-d} z^{-n} u(k) \\ &= z^{-d}(b_0 + b_1 z^{-1} + \cdots + b_n z^{-n}) u(k) = z^{-d} B(z^{-1}) u(k) \end{aligned} \tag{13.1.3}$$

式中，$B(z^{-1}) = (b_0 + b_1 z^{-1} + \cdots + b_n z^{-n}) u(k)$，称为 B 参数后向移位算子多项式。

$$\varepsilon(k) + c_1 \varepsilon(k-1) + \cdots + c_n \varepsilon(k-n) = C(z^{-1}) \varepsilon(k) \tag{13.1.4}$$

式中，$C(z^{-1}) = (1 + c_1 z^{-1} + \ldots + c_n z^{-n})$ 称为 C 参数后向移位算子多项式。

将式(13.1.2)、式(13.1.3)、式(13.1.4) 代入式(13.1.1) 得

$$A(z^{-1}) y(k) = z^{-d} B(z^{-1}) u(k) + \lambda C(z^{-1}) \varepsilon(k) \tag{13.1.5}$$

式(13.1.5) 称为用后向移位算子描述的差分方程，简称为移位差分方程。

13.1.2　状态最优预测和最优控制

式(13.1.5) 两边同除以 $A(z^{-1})$ 得

$$y(k) = \frac{z^{-d} B(z^{-1}) u(k)}{A(z^{-1})} + \frac{\lambda C(z^{-1})}{A(z^{-1})} \varepsilon(k) \tag{13.1.6}$$

式(13.1.6) 等号右边第 2 项中的因子 $\dfrac{C(z^{-1})}{A(z^{-1})}$ 为两个多项式相除，可表示为

$$\frac{C(z^{-1})}{A(z^{-1})} = F(z^{-1}) + z^{-d} \frac{G(z^{-1})}{A(z^{-1})}$$

式中，$F(z^{-1})$ 为商多项式；$G(z^{-1})$ 为余数多项式。上式亦可写成

$$C(z^{-1}) = F(z^{-1}) A(z^{-1}) + z^{-d} G(z) \tag{13.1.7}$$

式中，$F(z^{-1}) = 1 + f_1 z^{-1} + \cdots + f_{d-1} z^{-d+1}$；$G(z^{-1}) = g_0 + g_1 z^{-1} + \cdots + g_{n-1} z^{-n+1}$。

将式(13.1.7) 代入式(13.1.6) 得

$$y(k) = \frac{z^{-d} B(z^{-1}) u(k)}{A(z^{-1})} + \lambda \left(F(z^{-1}) + z^{-d} \frac{G(z^{-1})}{A(z^{-1})} \right) \varepsilon(k)$$

两边同乘 z^d 得

$$z^d y(k) = \frac{B(z^{-1})u(k)}{A(z^{-1})} + \lambda z^d F(z^{-1})\varepsilon(k) + \lambda \frac{G(z^{-1})}{A(z^{-1})}\varepsilon(k)$$

由移位算子定义 $z^{-i}y(k) = y(k-i)$。

进而得

$$y(k+d) = \frac{B(z^{-1})u(k)}{A(z^{-1})} + \lambda F(z^{-1})\varepsilon(k+d) + \lambda \frac{G(z^{-1})}{A(z^{-1})}\varepsilon(k) \tag{13.1.8}$$

式(13.1.5)改写成

$$\lambda C(z^{-1})\varepsilon(k) = A(z^{-1})y(k) - z^{-d}B(z^{-1})u(k)$$

用 $C(z^{-1})$ 除以上式两边得

$$\lambda\varepsilon(k) = \frac{A(z^{-1})}{C(z^{-1})}y(k) - \frac{z^{-d}B(z^{-1})}{C(z^{-1})}u(k) \tag{13.1.9}$$

将式(13.1.9)代入式(13.1.8)得

$$\begin{aligned} y(k+d) = {} & \frac{B(z^{-1})}{A(z^{-1})}u(k) + \lambda F(z^{-1})\varepsilon(k+d) \\ & + \frac{G(z^{-1})}{A(z^{-1})}\left(\frac{A(z^{-1})}{C(z^{-1})}y(k) - z^{-d}\frac{B(z^{-1})}{C(z^{-1})}u(k)\right) \end{aligned}$$

去括号，整理后得

$$y(k+d) = \frac{G(z^{-1})}{C(z^{-1})}y(k) + \left(\frac{B(z^{-1})}{A(z^{-1})} - \frac{z^{-d}B(z^{-1})G(z^{-1})}{A(z^{-1})C(z^{-1})}\right)u(k) + \lambda F(z^{-1})\varepsilon(k+d) \tag{13.1.10}$$

式(13.1.7)两边同乘 z^d 得

$$z^d C(z^{-1}) = z^d A(z^{-1})F(z^{-1}) + G(z^{-1})$$

于是解得

$$\begin{aligned} G(z^{-1}) &= z^d C(z^{-1}) - z^d A(z^{-1})F(z^{-1}) \\ &= z^d\left(C(z^{-1}) - A(z^{-1})F(z^{-1})\right) \end{aligned} \tag{13.1.11}$$

将式(13.1.11)代入式(13.1.10)右边括号中的第2项分子得

$$\begin{aligned} & -z^{-d}B(z^{-1})\frac{\left(z^d\left(C(z^{-1}) - A(z^{-1})F(z^{-1})\right)\right)}{A(z^{-1})C(z^{-1})} \\ & = -\frac{B(z^{-1})}{A(z^{-1})} + \frac{B(z^{-1})F(z^{-1})}{C(z^{-1})} \end{aligned}$$

这样式(13.1.10)最终成为

$$y(k+d) = \frac{G(z^{-1})}{C(z^{-1})}y(k) + \frac{B(z^{-1})F(z^{-1})}{C(z^{-1})}u(k) + \lambda F(z^{-1})\varepsilon(k-d) \tag{13.1.12}$$

式中，$y(k+d)$ 为系统输出在 $y(k+d)$ 时刻的值。

式(13.1.12)的意义在于，如果系统的 $A(z^{-1})$，$B(z^{-1})$，$C(z^{-1})$ 以及由它们分解出来的 $F(z^{-1})$，$G(z^{-1})$ 为已知的话，系统输出在第 $k+d$ 时刻的值，可用系统 k 时刻的输入输出以及噪声一次物理实现 ε 在 $k+d$ 时刻及以前的值计算出来。k 时刻被认为已经发生，而 $k+d$ 时刻尚未发生。用 k 时刻来计算未来的值，实际上是一种预先的估计，简称预测，记为 $\hat{y}(k+d|k)$，表示用 k 时刻来预测 $k+d$，称 $\hat{y}(k+d|k)$ 为 d 步预测值。

既然是预报，就有一个精确度问题，设$\hat{y}^*(k+d|k)$为最优预报，它应该比其他预报$\hat{y}(k+d|k)$更加接近于实际值，即将要发生的输出值$y(k+d)$，则有以下不等式成立

$$E((y(k+d)-\hat{y}^*(k+d|k))^2)\leqslant E((y(k+d)-\hat{y}(k+d|k))^2) \quad (13.1.13)$$

简言之满足式(13.1.13)的状态预测值，称为最优预测，记为$\hat{y}^*(k+d|k)$。则有如下定理：

【定理】 最优预测与实际值之差平方的数学期望，即最优预测的方差为最小，即

$$E((y(k+d)-\hat{y}^*(k+d|k))^2)\leqslant E((y(k+d)-\hat{y}(k+d|k))^2)$$

对于式(13.1.5)系统，最优预测为

$$\hat{y}^*(k+d|k)=\frac{G(z^{-1})}{C(z^{-1})}y(k)+\frac{B(z^{-1})F(z^{-1})}{C(z^{-1})}u(k)$$

相应地最优控制为

$$u^*(k)=\frac{C(z^{-1})y_r-G(z^{-1})y(k)}{B(z^{-1})F(z^{-1})}$$

【证明】 将式(13.1.12)代入式(13.1.13)的右边，有

$$\begin{aligned}&E(y(k+d)-\hat{y}(k+d|k))^2\\=&E\left(\left(\frac{G(z^{-1})}{C(z^{-1})}y(k)+\frac{B(z^{-1})F(z^{-1})}{C(z^{-1})}u(k)+\lambda F(z^{-1})\varepsilon(k+d)-\hat{y}(k+d|k)\right)^2\right)\end{aligned} \quad (13.1.14)$$

上式右边的第1项$\frac{G(z^{-1})}{C(z^{-1})}y(k)$中的

$$\begin{aligned}G(z^{-1})y(k)&=(g_0+g_1z^{-1}+\cdots+g_{n-1}z^{-n+1})y(k)\\&=g_0y(k)+g_1z^{-1}y(k)+\cdots+g_{n-1}z^{-n+1}y(k)\\&=g_0y(k)+g_1y(k-1)+\cdots+g_{n-1}y(k-n+1)\end{aligned}$$

由式(13.1.1)知，$y(k)$只与$\varepsilon(k)$、$\varepsilon(k-1)\cdots\varepsilon(k-n)$有关，$y(k-1)$与$\varepsilon(k-1)$、$\varepsilon(k-2)\cdots\varepsilon(k-n-1)$有关，…，$y(k-n+1)$与$\varepsilon(k-n+1)$、$\varepsilon(k-n)\cdots\varepsilon(k-2n+1)$有关，可见式(13.1.14)第1项只与$\varepsilon(k)$及之前的值有关，与$k$之后的值无关。

第2项$\frac{B(z^{-1})F(z^{-1})}{C(z^{-1})}u(k)$中的$B(z^{-1})F(z^{-1})u(k)=(b_0+b_1z^{-1}+\cdots+b_nz^{-n})(1+f_1z^{-1}+\cdots+f_{d-1}z^{-d+1})u(k)$乘出来的$z$的最高次幂为$z^0$，最低次幂为$z^{-n}z^{-d+1}=z^{-n-d+1}$，上式展开后得

$$\begin{aligned}B(z^{-1})F(z^{-1})u(k)&=(\beta_0+\beta_1z^{-1}+\cdots+\beta_{-n-d+1}z^{-n-d+1})u(k)\\&=(\beta_0u(k)+\beta_1u(k-1)+\cdots+\beta_{-n-d+1}u(k-n-d+1)\end{aligned}$$

同样由式(13.1.1)知，$u(k-d)$与$\varepsilon(k)$及之前的值有关，…，$u(k-d-n+1)$与$\varepsilon(k-n+1)$及之前的值有关。可见式(13.1.14)第2项也只与$\varepsilon(k)$及之前的值有关，与k之后的值无关。

第4项是在k时刻，对之后的$k+d$的输出的预报，自然只与$\varepsilon(k)$及之前的值有关，与k之后的值无关。第3项$\lambda F(z^{-1})\varepsilon(k+d)$与$k$之后的$\varepsilon$有关。由于$\varepsilon$是白噪声过程，它的自相关函数为$\delta$函数，在同一时刻才相关，不在同一时刻不相关。因此式(13.1.14)的第1、2、4项与第3项是两个相互独立的随机变量。

设

$$\boldsymbol{X} = \frac{G(z^{-1})}{C(z^{-1})}y(k) + \frac{B(z^{-1})F(z^{-1})}{C(z^{-1})}u(k) - \hat{y}(k+d \mid k)$$

$$\boldsymbol{Y} = \lambda F(z^{-1})\varepsilon(k+d)$$

式(13.1.14)变成

$$E(\boldsymbol{X}+\boldsymbol{Y})^2 = E(\boldsymbol{X}^2 + 2\boldsymbol{XY} + \boldsymbol{Y}^2)$$

根据随机变量数学期望运算法则，对于相互独立的随机变量和的数学期望等于数学期望之和

$$E(\boldsymbol{X}+\boldsymbol{Y})^2 = E(\boldsymbol{X}^2) + 2E(\boldsymbol{XY}) + E(\boldsymbol{Y}^2)$$

同样因为 $\boldsymbol{X}$，$\boldsymbol{Y}$ 相互独立，积的数学期望等于数学期望之积

$$E(\boldsymbol{XY}) = E(\boldsymbol{X})E(\boldsymbol{Y})$$

其中，$E(\boldsymbol{Y}) = E(\lambda F(z^{-1})\varepsilon(k+d)) = \lambda F(z^{-1})E(\varepsilon(k+d))$。

由于白噪声的任何状态，它的状态均值为0，即 $E(\varepsilon(k+d)) = 0$，所以 $E(Y) = 0$

$$E(\boldsymbol{X}+\boldsymbol{Y})^2 = E(\boldsymbol{X}^2) + E(\boldsymbol{Y}^2)$$

式(13.1.14)

$$E(y(k+d) - \hat{y}(k+d \mid k))^2$$

$$= E\left(\frac{G(z^{-1})}{C(z^{-1})}y(k) + \frac{B(z^{-1})F(z^{-1})}{C(z^{-1})}u(k) - \hat{y}(k+d \mid k)\right) + E(\lambda F(z^{-1})\varepsilon(k+d))^2$$

若选择 $\hat{y}^*(k+d \mid k) = \dfrac{G(z^{-1})}{C(z^{-1})}y(k) + \dfrac{B(z^{-1})F(z^{-1})}{C(z^{-1})}u(k)$ 时，$\boldsymbol{X} = 0$，则

$$E(y(k+d) - \hat{y}^*(k+d \mid k))^2 = E(0^2) + E(\lambda F(z^{-1})\varepsilon(k+d))^2$$

$$= E(\lambda F(z^{-1})\varepsilon(k+d))^2$$

显然这时方差 $E(y(k+d) - \hat{y}^*(k+d \mid k))^2$ 是最小的。这时的预测值

$$\hat{y}^*(k+d \mid k) = \frac{G(z^{-1})}{C(z^{-1})}y(k) + \frac{B(z^{-1})F(z^{-1})}{C(z^{-1})}u(k) \tag{13.1.15}$$

式中，$u(k)$、$y(k)$ 为 k 时刻的输入与输出，若系统已知，即 $B(z^{-1})$，$C(z^{-1})$，$G(z^{-1})$，$F(z^{-1})$ 已知的情况下，最优预测 $\hat{y}^*(k+d \mid k)$ 可以由上式计算出来。最优预报简记为 y_r，即

$$y_r = \hat{y}^*(k+d \mid k)$$

代入式(13.1.15)，可解

$$u(k) = \frac{C(z^{-1})y_r - G(z^{-1})y(k)}{B(z^{-1})F(z^{-1})} \tag{13.1.16}$$

在这样的 $u(k)$ 的控制下，系统的输出可使 $k+d$ 时刻的预测值(即最优预测)与实际值之差的平方为最小，也就是最接近于实际值，故称式(13.1.16)为最小方差控制，记为 $u^*(k)$。于是最小方差控制

$$u^*(k) = \frac{C(z^{-1})y_r - G(z^{-1})y(k)}{B(z^{-1})F(z^{-1})} \tag{13.1.17}$$

【证毕】

若 $y(k)$ 为控制所要达到的目标，$u^*(k)$ 就是要达到目标的手段，既然如此，如果令 $y_r = 0$，也就是要求系统在 $k+d$ 时刻输出为0，这时

$$u^*(k) = -\frac{G(z^{-1})y(k)}{B(z^{-1})F(z^{-1})} \tag{13.1.18}$$

将式(13.1.18)绘成框图，如图13.1.2所示，这是典型的负反馈调节器，反馈系数

$$k = \frac{G(z^{-1})}{B(z^{-1})F(z^{-1})}$$

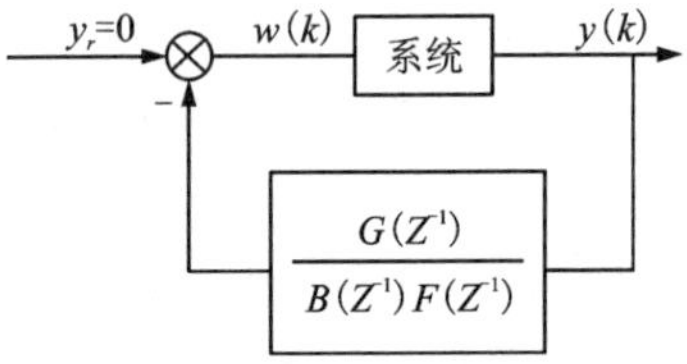

图 13.1.2　$y_r = 0$ 时系统框图

13.1.3　最优预测误差与方差

【定义】　设系统输出实际值 $y(k+d)$ 与最优预报 y_r 之差 $y(k+d)-y_r$ 为预测误差，记为 $\tilde{y}(k+d)$，则 $\tilde{y}(k+d) = y(k+d) - y_r$。

由式(13.1.12)、式(13.1.15)，当其中 $u(k)$ 为 $u^*(k)$ 时

$$\begin{aligned}\tilde{y}(k+d) &= y(k+d) - y_r \\ &= \lambda F(z^{-1})\varepsilon(K+d) = \lambda(1+f_1 z^{-1} + \cdots + f_{d-1}z^{-d+1})\varepsilon(k+d) \\ &= \lambda(\varepsilon(k+d) + f_1\varepsilon(k+d-1) + \cdots + f_{d-1}\varepsilon(k+1))\end{aligned} \tag{13.1.19}$$

令 $d=0$，则调节误差为 $\tilde{y}(k) = y(k) - y_r = \lambda F(z^{-1})\varepsilon(k)$，有如下定理。

【定理】　预测误差的方差为

$$\begin{aligned}E(\tilde{y}^2(k)) &= E(\lambda F(z^{-1})\varepsilon(k))^2 = E(\lambda^2(F(z^{-1})\varepsilon(k))^2) \\ &= \lambda^2(1+f_1^2+\cdots+f_{d-1}^2)\end{aligned}$$

【证明】　因为

$$\begin{aligned}E(\tilde{y}^2(k)) &= E(\lambda F(z^{-1})\varepsilon(k))^2 = E(\lambda^2(F(z^{-1})\varepsilon(k))^2) \\ &= E(\lambda^2((1+f_1z^{-1}+\cdots+f_{d-1}z^{-d+1})\varepsilon(k))^2) \\ &= \lambda^2 E(\varepsilon(k)+f_1\varepsilon(k-1)+\cdots+f_{d-1}\varepsilon(k-d+1))^2 \\ &= \lambda^2(1+f_1^2+\cdots+f_{d-1}^2)\end{aligned} \tag{13.1.20}$$

为了证明式(13.1.20)是正确的，先取两项之和平方的数学期望。

$$E(\varepsilon(k)+f_1\varepsilon(k-1))^2 = E((\varepsilon(k))^2 + 2f_1\varepsilon(k)\varepsilon(k-1) + f_1^2(\varepsilon(k-1)^2))$$

因为 ε 为白噪声，每个状态的数学期望均为0，$E(\varepsilon(k))=0$，$E(\varepsilon(k-1))=0$，且方差为1，即 $E(\varepsilon(k)-E(\varepsilon(k)))^2 = E(\varepsilon(k))^2 = 1$，同样 $E(\varepsilon(k-1))^2 = 1$。其中第2项的数学期望 $2f_1E(\varepsilon(k)\varepsilon(k-1))$ 中的 $\varepsilon(k)$，$\varepsilon(k-1)$ 相互独立，乘积的数学期望等于数学期望乘积

$$2f_1E(\varepsilon(k)\varepsilon(k-1)) = 2f_1E(\varepsilon(k))E(\varepsilon(k-1)) = 0$$

所以

$$E(\varepsilon(k)+f_1\varepsilon(k-1))^2 = 1 + f_1^2$$

用归纳法可证

$$E(\varepsilon(k)+f_1\varepsilon(k-1)+\cdots+f_{d-1}\varepsilon(k-d+1))^2 = 1+f_1^2+\cdots+f_{d-1}^2$$

这样一来

$$E(\tilde{y}^2(k)) = \lambda^2(1+f_1^2+\cdots+f_{n-1}^2)$$

【证毕】

式(13.1.19)表明，调节误差 $\tilde{y}(k+d)$ 只与 $\varepsilon(k+d)\cdots\varepsilon(k+1)$ 这些白噪声过程在 k 时刻之后的状态有关，与 k 之前的状态无关，哪怕这些状态是真实存在的。由推导过程可以发现，白噪声在 k 及之前对系统的影响已经被最小方差控制 $u^*(k)$ 吸收，或者说被 $u^*(k)$ 补偿。但补偿不了 k 之后白噪声的影响，因为 k 之后的白噪声尚未发生。

(13.1.19)与式(13.1.20)均表明，调节误差或是它的方差都会随着 d 的增加而增大。

【例】　重写式(13.1.6)

$$y(k) = \frac{B(z^{-1})}{A(z^{-1})}u(k-d) + \lambda\frac{C(z^{-1})}{A(z^{-1})}\varepsilon(k)$$

设系统

$$A(z^{-1})y(k) = z^{-d}B(z^{-1})u(k) + \lambda C(z^{-1})\varepsilon(k)$$

式中，$A(z^{-1}) = 1-1.7z^{-1}+0.7z^{-2}$；$B(z^{-1}) = 1+0.5z^{-1}$；$C(z^{-1}) = 1+1.5z^{-1}+0.9z^{-2}$。且 $n=2$，$d=2$，设定值 $y_r=0$，求最小方差控制。

【解】　由式(13.1.17)知，求最小方差控制率必先求出 $G(z^{-1})$ 和 $F(z^{-1})$，将已知条件 $A(z^{-1})$、$B(z^{-1})$、$C(z^{-1})$ 代入式(13.1.7)得到以下方程式

$$1+1.5z^{-1}+0.9z^{-2} = (1-1.7z^{-1}+0.7z^{-1})(1+f_1z^{-2}) + z^{-2}(g_0+g_1z^{-1})$$

将右边的括号展开，根据两个 z 多项式相等，则相应系数相等，得以下方程式

$$\begin{cases}1.5 = -1.7+f_1\\0.9 = 0.7-1.7f_1-g_0\\0 = 0.7f_1+g_1\end{cases}$$

解得，$f_1=3.2$，$g_0=5.64$，$g_1=-2.24$

代入式(13.1.18)得

$$u^*(k) = -\frac{G(z^{-1})y(k)}{B(z^{-1})F(z^{-1})} = -\frac{(q_0+q_1z^{-1})y(k)}{(1+0.5z^{-1})(1+f_1z^{-1})} = -\frac{5.64-2.2.4z^{-1}}{1+3.7z^{-1}+1.6z^{-2}}y(k)$$

亦可改写成

$$(1+3.7z^{-1}+1.6z^{-2})u^*(k) = -(5.64-2.24z^{-1})y(k)$$

展开括号整理得

$$u^*(k) = -5.64y(k)+2.24y(k-1)-3.72u(k-1)-1.6u(k-2)$$

u 序列只有在 k 时刻才是最小方差控制，在 $k-1$，$k-2$ 两时刻的控制不是最小方差的。所以不带“*”。

调节误差为

$$\tilde{y}(k) = \lambda(\varepsilon(k)+3.2\varepsilon(k-1))$$

调节误差的方差为

$$E(\tilde{y}^2(k)) = \lambda^2(1+3.2^2) = 11.24\lambda^2$$

如果 $y_r \neq 0$，则最小方差控制

$$u^*(k) = \frac{(1+1.5z^{-1}+0.9z^{-2})y_r-(5.64-2.24z^{-1})y(k)}{1+3.7z^{-1}+1.6z^{-2}}$$

$$= \frac{y_r + 1.5z^{-1}y_r + 0.9z^{-2}y_r - 5.64y(k) + 2.24y(k-1)}{1 + 3.7z^{-1} + 1.6z^{-2}}$$

若为 y_r 为常数，即 $y_r = z^{-1}y_r = z^{-2}y_r$，$y_r + 1.5z^{-1}y_r + 0.9z^{-2}y_r = 3.4y_r$，进而写成

$$u^*(k)(1 + 3.7z^{-1} + 1.6z^{-2}) = 3.4y_r - 5.64y(k) + 2.24y(k-1)$$

最后得

$$u^*(k) = 3.4yr - 5.64y(k) + 2.24y(k-1) - 3.7u(k-1) - 1.6u(k-2)$$

上例说明，当 $A(z^{-1})$，$B(z^{-1})$，$C(z^{-1})$ 已知时，最小方差控制可求。

13.2 基本自校正调节器

最优预估器与最小方差控制器讨论的系统，它的数学模型如式(13.1.5)所示，式中的 $A(z^{-1})$，$B(z^{-1})$，$C(z^{-1})$ 是不随时间变化的，称为定常系统或时不变系统。绝对地说，系统都是时变的，时不变只是暂时的或相对的。因此，研究 $A(z^{-1})$，$B(z^{-1})$，$C(z^{-1})$ 为时间 t 的函数的系统如何实现最优预估和最小方差控制，具有普遍意义。

式(13.1.5)两边同乘以 z^d，即

$$A(z^{-1})z^d y(k) = z^d z^{-d} B(z^{-1})u(k) + \lambda C(z^{-1})z^d \varepsilon(k)$$

则

$$A(z^{-1})y(k+d) = B(z^{-1})u(k) + \lambda C(z^{-1})\varepsilon(k+d) \tag{13.2.1}$$

其中

$$A(z^{-1})y(k+d) = (1 + a_1 z^{-1} + \cdots + a_n z^{-n})y(k+d)$$
$$= y(k+d) + a_1 y(k+d-1) + \cdots + a_{d-1}y(k+1) + a_d y(k) + \cdots + a_n y(k+d-n)$$
$$B(z^{-1})u(k) = (b_0 + b_1 z^{-1} + \cdots + b_n z^{-n})u(k)$$
$$= b_0 u(k) + b_1 u(k-1) + \cdots + b_n u(k-n)$$
$$\lambda C(z^{-1})\varepsilon(k+d) = \lambda(1 + c_1 z^{-1} + \cdots + c_n z^{-n})\varepsilon(k+d)$$
$$= \lambda(\varepsilon(k+d) + c_1\varepsilon(k+d-1) + \cdots + c_n\varepsilon(k+d-n))$$

将上面三个式子代入式(13.2.1)后，左边除 $y(k+d)$ 项外，其余各项均移到等号右边，并把负号放进 a_1，…，a_{d-1} 这些系数里。

$$\begin{aligned} y(k+d) = {} & a_1 y(k+d-1) + \cdots + a_{d-1}y(k+1) + a_d y(k) + \cdots + a_n y(k+d-n) \\ & + b_0 u(k) + b_1 u(k-1) + \cdots + b_n u(k-n) \\ & + \lambda(\varepsilon(k+d) + c_1\varepsilon(k+d-1) + \cdots + c_n\varepsilon(k+d-n)) \end{aligned} \tag{13.2.2}$$

直接用式(13.2.2)，用 $y(k)$ 来预报 $y(k+d)$ 有困难，在 k 时刻，$y(k)$ 虽已知，但之后 $y(k+1)$ 到 $y(k+d-1)$ 这个序列尚未发生，为未知，故式(13.2.2)不能使用。令 $d=1$，由式(13.2.2)

$$\begin{aligned} y(k+1) = {} & a_1 y(k) + a_2 y(k-1) + a_3 y(k-2) + \cdots + a_n y(k+1-n) \\ & + b_0 u(k) + b_1 u(k-1) + \cdots + b_n u(k-n) \\ & + \lambda(\varepsilon(k+1) + c_1\varepsilon(k) + \cdots + c_n\varepsilon(k+1-n)) \end{aligned} \tag{13.2.3}$$

根据式(13.2.3)，$y(k+1)$ 可求。同理，令 $d=2$

$$y(k+2) = a_1 y(k+1) + \cdots + a_n y(k+2-n)$$

$$+b_0u(k)+b_1u(k-1)+\cdots+b_nu(k-n)$$
$$+\lambda(\varepsilon(k+2)+c_1\varepsilon(k+1)+\cdots+c_n\varepsilon(k+2-n)) \qquad (13.2.4)$$

$y(k+2)$ 在式(13.2.3)的基础上可求。可见 $y(k+1)$、$y(k+2)$ 是 $y(k)$，$y(k-1)$ 的线性函数，又称 $y(k+1)$、$y(k+2)$ 可用 $y(k)$，$y(k-1)$ 来线性表示。同理，这一工作可以一直进行，$y(k+d-1)$ 也可用 $y(k)$，$y(k-1)$ 来线性表示，将这些线性表达式分别代入式(13.2.2)经整理得

$$y(k+d)=\alpha_1y(k)+\alpha_2y(k-1)+\cdots+\alpha_ny(k-n+1)$$
$$+\beta_0u(k)+\beta_1u(k-1)+\cdots+\beta_{n+d-1}u(k-n-d+1)$$
$$+\mu_0\varepsilon(k+d)+\cdots+\mu_{n+d-1}\varepsilon(k-n-d+1) \qquad (13.2.5)$$

式(13.2.5)的输出序列共有 n 项，系数从 α_1 到 α_n 输入序列共有 $n+d$ 项，系数从 β_0 到 β_{n+d-1}，因为输入序列的项数与输出序列项数相同，加之系统滞后 d 拍。故输入项数在 n 的基础上，又多了 $d-1$ 项，项数为 $n+d$，同样白噪声序列项数为 $n+d$，μ_0 到 μ_{n+d-1} 项。令 $p=n$；$q=n+d-1$，则

$$e(k+d)=\mu_0\varepsilon(k+d)+\cdots+\mu_{d-1}\varepsilon(k+1)+\mu_d\varepsilon(k)+\cdots+\mu_q\varepsilon(k-p+1)$$

将 $e(k+d)$ 分为两段，其中前段 $\mu_0\varepsilon(k+d)+\cdots+\mu_{d-1}\varepsilon(k+1)=\sum_{i=0}^{d-1}\mu_i\varepsilon(k+d-i)$ 后段 $\mu_0\varepsilon(k)+\cdots+\mu_q\varepsilon(k-p+1)$ 连同 y，μ 各项构成矩阵。

将式(13.2.5)改写成

$$y(k+d)=\alpha_1y(k)+\alpha_2y(k-1)+\cdots+\alpha_py(k-p+1)$$
$$+\beta_0u(k)+\beta_1u(k-1)+\cdots+\beta_qu(k-q)$$
$$+\mu_0\varepsilon(k+d)+\cdots+\mu_q\varepsilon(k-p+1) \qquad (13.2.6)$$

将式(13.2.6)等号右边 $\beta_0u(k)$ 独立出来，其余写成矩阵形式

$$y(k+d)=\beta_0u(k)+\boldsymbol{\varphi}^{\mathrm{T}}(k)\boldsymbol{\theta}+\sum_{i=0}^{d-1}\mu_i\varepsilon(k+d-i) \qquad (13.2.7)$$

式中，$\boldsymbol{\theta}^{\mathrm{T}}=(\alpha_1\cdots\alpha_p\quad\beta_1\cdots\beta_q\quad\mu_d\cdots\mu_q)$；$\boldsymbol{\varphi}^{\mathrm{T}}(k)=(y(k)\cdots y(k-p+1)u(k-1)\cdots u(k-q)\varepsilon(k)\cdots\varepsilon(k-p+1))$

式(13.2.7)两边同减 y_r 得调节误差为

$$y(k+d)-y_r=\beta_0u(k)+\boldsymbol{\varphi}^{\mathrm{T}}(k)\boldsymbol{\theta}-y_r+\left(\sum_{i=0}^{d-1}\mu_i\varepsilon(k+d-i)\right) \qquad (13.2.8)$$

对式(13.2.8)求调节方差得

$$E\,(y(k+d)-y_r)^2=E\left(\beta_0u(k)+\boldsymbol{\varphi}^{\mathrm{T}}(k)\boldsymbol{\theta}-y_r+\sum_{i=0}^{d-1}\mu_i\varepsilon(k+d-i)\right)^2$$
$$=E\left((\beta_0u(k)+\boldsymbol{\varphi}^{\mathrm{T}}(k)\boldsymbol{\theta}-y_r)+\left(\sum_{i=0}^{d-1}\mu_i\varepsilon(k+d-i)\right)\right)^2$$
$$=E\,(\beta_0u(k)+\varphi^{\mathrm{T}}(k)\theta-y_r)^2+E\left(2(\beta_0u(k)+\boldsymbol{\varphi}^{\mathrm{T}}(k)\boldsymbol{\theta}-y_r)\left(\sum_{i=0}^{d-1}\mu_i\varepsilon(k+d-i)\right)\right)$$
$$+E\left(\sum_{i=0}^{d-1}\mu_i\varepsilon(k+d-i)\right)^2 \qquad (13.2.9)$$

第 2 项

$$E(2(\beta_0 u(k)+\boldsymbol{\varphi}^{\mathrm{T}}(k)\boldsymbol{\theta}-y_r)(\sum_{i=0}^{d-1}\mu_i\varepsilon(k+d-i)))$$
$$=2(\beta_0 u(k)+\boldsymbol{\varphi}^{\mathrm{T}}(k)\boldsymbol{\theta}-y_r)E(\sum_{i=0}^{d-1}\mu_i\varepsilon(k+d-i))$$

这是因为系数为确定性量，可移到求均值号外，又由于和的数学期望等于数学期望之和。则

$$E(\sum_{i=0}^{d-1}\mu_i\varepsilon(k+d-i))=E(\mu_0\varepsilon(k+d))+\cdots+E(\mu_{d-1}\varepsilon(k+1))$$

由于 e 为白噪声过程，状态 $\varepsilon(k+d)\cdots\varepsilon(k+1)$ 的均值为0，故式(13.2.9)的第2项为0，所以

$$E(y(k+d)-y_r)^2=E(\beta_0 u(k)+\boldsymbol{\varphi}^{\mathrm{T}}(k)\boldsymbol{\theta}-y_r)^2+E(\sum_{i=0}^{d-1}\mu_i\varepsilon(k+d-i))^2$$

上式右边的第2项

$$E(\sum_{i=0}^{d-1}\mu_i\varepsilon(k+d-i))^2=E(\mu_0\varepsilon(k+d)+\mu_1\varepsilon(k+d-1)+\cdots+\mu_{d-1}\varepsilon(k+1))^2 \tag{13.2.10}$$

应用13.1.3节中的定理2证明中采用的方法知(13.2.9)的第三项为

$$E(\sum_{i=0}^{d-1}\mu_i\varepsilon(k+d-i))^2=\mu_0^2+\mu_1^2+\cdots+\mu_{d-1}^2=\sum_{i=0}^{d-1}\mu_i^2$$

式(13.2.9)成为

$$E(y(k+d)-y_r)^2=E((\beta_0 u(k)+\varphi^{\mathrm{T}}(k)\theta-y_r)+\sum_{i=0}^{d-1}\mu_i^2 \tag{13.2.11}$$

令

$$(\beta_0 u(k)+\varphi^{\mathrm{T}}(k)\theta-y_r)=0, \tag{13.2.12}$$

则

$$E(y(k+d)-y_r)^2=\sum_{i=0}^{d-1}\mu_i^2$$

在最简单的情况下，$\mu_0=\mu_1=\mu_2=\cdots=\mu_{d-1}$，$E(y(k+d)-y_r)^2=\mu_0^2+\cdots+\mu_{d-1}^2=d\mu_0^2$ 为最小。

从式(13.2.12)中解出

$$u(k)=\frac{1}{\hat{\beta}_0}(y_r-\varphi^{\mathrm{T}}(k)\theta) \tag{13.2.13}$$

式中，$\hat{\beta}_0$ 为 β_0 的估计值。也就是说，当用 $u(k)$ 来控制系统时，则调节方差为最小，这时的控制作用称为最小方差控制，记为 $u^*(k)$，则 $u^*(k)=\frac{1}{\hat{\beta}_0}(y_r-\boldsymbol{\varphi}^{\mathrm{T}}(k)\boldsymbol{\theta})$。

这个方法称基本自校正控制器。其算法要点如下：

(1) 用 $u(k)$ 与 $y(k)$ 的实时数据，经辨识器用递推最小二乘算法，辨识出参数 $\boldsymbol{\theta}$ 列阵，得 $B(z^{-1})$，$C(z^{-1})$，$G(z^{-1})$，$H(z^{-1})$。

(2) 由输入，输出数据构成 $\boldsymbol{\varphi}(k)$ 行阵和 $\boldsymbol{\theta}$ 列阵，计算 $\boldsymbol{\varphi}^{\mathrm{T}}(k)\boldsymbol{\theta}$。

(3) 利用(13.1.15)计算第 $k+d$ 时刻的最优预极值 $y_r=y^*(k+d\mid k)$。

(4) 计算控制 $u^*(k)=\frac{1}{\hat{\beta}_0}(y_r-\boldsymbol{\varphi}^{\mathrm{T}}(k)\boldsymbol{\theta})$

算法框图见图 13.2.1。

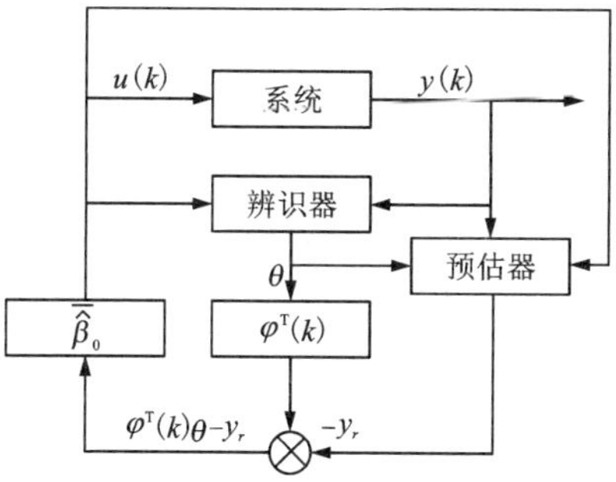

图 13.2.1　基本自校正控制器的算法框图

13.3　自校正控制器

13.3.1　差分方程的最优控制

在最优控制一章里，讨论过系统状态方程为

$$\begin{cases} \dot{\boldsymbol{X}} = \boldsymbol{AX} + \boldsymbol{BU} \\ \boldsymbol{X}_0 = \boldsymbol{X}(t_0) \\ \boldsymbol{X}_f = \boldsymbol{X}(t_f) \end{cases}$$

目标函数为$\boldsymbol{J}(\boldsymbol{X}(t), \boldsymbol{U}(t)) = \int_{t_0}^{t_f} L(\boldsymbol{X}(t), \boldsymbol{U}(t))\mathrm{d}t + \boldsymbol{F}(\boldsymbol{X}(t))$的最优控制问题，在第一章里讨论过，$n$ 阶状态方程是由 n 阶差分方程转化而来。这一章，直接用差分方程来描述系统动态，并引入移位因子。因此系统的动态数学模型为一种熟知的形式，现重写如后

$$A(z^{-1})y(k) = B(z^{-1})U(k-d) + \lambda C(z^{-1})\varepsilon(k) \tag{13.3.1}$$

式中，$A(z^{-1}) = (1 + a_1 z^{-1} + \cdots + a_n z^{-n})$；$B(z^{-1}) = b_0 + b_1 z^{-1} + \cdots + b_n z^{-n}$；$C(z^{-1}) = 1 + c_1 z^{-1} + \cdots + c_n z^{-n}$。

其中，$b_0 \neq 0$ 相应目标函数为

$$J = E((P(z^{-1})y(k+d) - R(z^{-1})y_r(k+d))^2 + (Q'(z^{-1})u(k))^2) \tag{13.3.2}$$

式中，$P(z^{-1}) = (1 + p_1 z^{-1} + \cdots + p_{d-1} z^{-d-1})$；$R(z^{-1}) = (1 + r_1 z^{-1} + \cdots + r_n z^{-n})$；$Q'(z^{-1}) = (q'_0 + q'_1 z^{-1} + \cdots + q'_n z^{-n})$。

从差分方程转化为状态方程的过程知，状态变量 $\boldsymbol{X}$ 与 $A(z^{-1})y(k)$ 相对应，前者为一向量，后者为一多项式。上式的 $P(z^{-1})y_r(k+d)$ 如写成矩阵，便是一个与状态变量 $\boldsymbol{X}$ 有关的矩阵。同样 $Q'(z^{-1})u(k)$ 便是与控制变量 $\boldsymbol{U}$ 有关的矩阵。$y_r(k+d)$ 是第 $k+d$ 时刻输出的设定值，$P(z^{-1})y(k+d)$ 是预测系统输出会达到的状态。$R(z^{-1})y_r(k+d)$ 便是要求系统状态在第 $k+d$ 时刻要达到的目标。$(P(z^{-1})y(k+d) - R(z^{-1})y_r(k+d))^2$ 表示预测系统第 $k+d$ 状态与希望达到的状态之差，平方是只关注差距的大小，不关心正差还是负差。平方后为二次型函

数，以便于求极值。将（$Q'(z^{-1})u(k)$ 纳入目标函数之中，是为了对控制量的约束。有些系统如不对控制量加以限制，为达到目标将会出现无限大的情况，这是物理不可实现的。取平方也是和状态输出那样，为了类似的目的，不考虑正负，便于数学运算。单就比较大小而言，差的绝对值与差的平方是等价的。式(13.3.1) 的第1项与第2项，对于每一个 k 都有一个相应的数值，对系统的考察不是一时一地，而是要全程累积起来，加以判断。在状态空间里表现为对时间的积分，在差分方程则表现为，求每时每刻随机变量的数学期望。这样式(13.3.1)、式(13.3.2) 构成了用差分方程描述系统的最优控制问题，与用状态方程描述系统的最优控制问题是完全等价的。

以下将讨论一个重要的理论，寻求由式(13.3.1) 和式(13.3.2) 的最优控制问题，可以转化为一个等价的系统的基本自校正调节器问题。这样得到的控制律称为自校正控制。推导如下

重写式(13.1.12)

$$y(k+d) = \frac{G(z^{-1})}{C(z^{-1})}y(k) + \frac{B(z^{-1})F(z^{-1})}{C(z^{-1})}u(k) + \lambda F(z^{-1})\varepsilon(k+d) \tag{13.3.3}$$

重抄写式(13.1.15) 第 $k+d$ 时刻的最优预极为

$$\hat{y}^*(k+d \mid k) = \frac{G(z^{-1})}{C(z^{-1})}y(k) + \frac{B(z^{-1})F(z^{-1})}{C(z^{-1})}u(k) \tag{13.3.4}$$

并令

$$e(k+d) = \lambda F(z^{-1})\varepsilon(k+d) \tag{13.3.5}$$

则式(13.3.3) 变成

$$y(k+d) = \hat{y}^*(k+d \mid k) + e(k+d) \tag{13.3.6}$$

或者

$$\hat{y}^*(k+d \mid k) = y(k+d) - e(k+d) \tag{13.3.7}$$

式(13.3.4) 两边同乘 $C(z^{-1})$，令 $E(z^{-1}) = B(z^{-1})F(z^{-1})$

$$C(z^{-1})\hat{y}^*(k+d \mid k) = G(z^{-1})y(k) + B(z^{-1})F(z^{-1})u(k)$$

$$C(z^{-1})\hat{y}^*(k+d \mid k) = G(z^{-1})y(k) + E(z^{-1})u(k) \tag{13.3.8}$$

式中，$E(z^{-1}) = B(z^{-1})F(z^{-1})u(k)$。将式(13.3.5) 代入式(13.3.2)，则目标函数为

$$J = E((P(z^{-1})(\hat{y}^*(k+d \mid k) + e(k+d)) - R(z^{-1})y_r(k+d))^2 + (Q'(z^{-1})u(k))^2)$$

可见 J 是一个二次函数，必有极值存在。为此先求它对 $u(k)$ 的偏导数

$$\frac{\partial J}{\partial u(k)} = \frac{\partial}{\partial u(k)}E((P(z^{-1})(\hat{y}^*(k+d \mid k) + e(k+d)) - R(z^{-1})y_r(k+d))^2 + (Q'(z^{-1})u(k))^2)$$

因为

$$E((P(z^{-1})\hat{y}^*(k+d \mid k) + P(z^{-1})e(k+d) - R(z^{-1})y_r(k+d))^2 + (Q'(z^{-1})u(k))^2)$$

$$= E(((P(z^{-1})\hat{y}^*(k+d \mid k) - R(z^{-1})y_r(k+d)) + P(z^{-1})e(k+d))^2 + (Q'(z^{-1})u(k))^2)$$

展开第一个平方项

$$\begin{aligned} &= E((P(z^{-1})\hat{y}^*(k+d \mid k) - R(z^{-1})y_r(k+d))^2 \\ &\quad + 2(P(z^{-1})\hat{y}^*(k+d \mid k) - R(z^{-1})y_r(k+d))P(z^{-1})e(k+d)) \\ &\quad + (P(z^{-1})e(k+d))^2 + (Q'(z^{-1})u(k))^2) \end{aligned} \tag{13.3.9}$$

和的数学期望等于数学期望的和，且 $e(k+d)$ 与 $\hat{y}(k+d-i)$、$u(k-i)$ 相互独立，于是

式(13.3.9)第2项的数学期望

$$E(2(P(z^{-1})\hat{y}^*(k+d\mid k)-R(z^{-1})y_r(k+d))P(z^{-1})e(k+d))$$
$$=2E(P(z^{-1})\hat{y}^*(k+d\mid k)-R(z^{-1})y_r(k+d))\cdot E(P(z^{-1})e(k+d))$$

而

$$E(P(z^{-1})e(k+d))=E((1+p_1z^{-1}+\cdots+p_nz^{-n})e(k+d))$$
$$=E(e(k+d)+p_1z^{-1}e(k+d)+\cdots+p_nz^{-n}e(k+d))$$
$$=E(e(k+d)+p_1e(k+d-1)+\cdots+p_ne(k+d-n))$$
$$=E(e(k+d))+p_1E(e(k+d-1))+\cdots+p_nE(e(k+d-n))=0$$

式(13.3.9)第二项的数学期望为0。令 $E(P(z^{-1})e(k+d))^2=\sigma^2$，则式(13.3.9)变成

$$J=E((P(z^{-1})\hat{y}^*(k+d\mid k)-R(z^{-1})y_r(k+d))^2$$
$$+E(Q'(z^{-1})u(k))^2)+E(P(z^{-1})e(k+d))^2)$$
$$=E((P(z^{-1})\hat{y}^*(k+d\mid k)-R(z^{-1})y_r(k+d))^2+E(Q'(z^{-1})u(k))^2)+\sigma^2 \tag{13.3.10}$$

令 $\frac{\partial J}{\partial u(k)}=0$，解之可得 $u(k)$，便是最优控制，推导如下

$$\frac{\partial J}{\partial u(k)}=\frac{\partial}{\partial u(k)}(E((P(z^{-1})\hat{y}^*(k+d\mid k)-R(z^{-1})y_r(k+d))^2$$
$$+E(Q'(z^{-1})u(k))^2+\sigma^2) \tag{13.3.11}$$

求偏导数和求数学期望是两种独立的运算，可交换运算，先求偏导，再求数学期望，将式(13.3.11)写成

$$=E(\frac{\partial}{\partial u(k)}(P(z^{-1})\hat{y}^*(k+d\mid k)-R(z^{-1})y_r(k+d))^2+\frac{\partial}{\partial u(k)}(Q'(z^{-1})u(k))^2+\frac{\partial}{\partial u(k)}\sigma^2)$$

上式第1项

$$\frac{\partial}{\partial u(k)}(P(z^{-1})\hat{y}^*(k+d\mid k)-R(z^{-1})y_r(k+d))^2=2(P(z^{-1})\hat{y}^*(k+d\mid k)$$
$$-R(z^{-1})y_r(k+d))\frac{\partial}{\partial u(k)}(P(z^{-1})\hat{y}^*(k+d\mid k)-R(z^{-1})y_r(k+d)) \tag{13.3.12}$$

其中

$$\frac{\partial}{\partial u(k)}(P(z^{-1})\hat{y}^*(k+d\mid k)-R(z^{-1})y_r(k+d))$$
$$=\frac{\partial}{\partial u(k)}P(z^{-1})\hat{y}^*(k+d\mid k)-\frac{\partial}{\partial u(k)}R(z^{-1})y_r(k+d)=\frac{\partial}{\partial u(k)}P(z^{-1})\hat{y}^*(k+d\mid k)$$

这是因为 $y_r(k+d-i)$ 是系统要达到的目标，与 $u(k)$ 无关，故 $\frac{\partial}{\partial u(k)}R(z^{-1})y_r(k+d)=0$

将式(13.1.15)代入 $\hat{y}^*(k+d)$，则

$$\frac{\partial}{\partial u(k)}P(z^{-1})\hat{y}^*(k+d\mid k)$$
$$=\frac{\partial}{\partial u(k)}(P(z^{-1})(\frac{G(z^{-1})}{C(z^{-1})}y(k+d)+\frac{B(z^{-1})F(z^{-1})}{C(z^{-1})}u(k)))$$
$$=\frac{\partial}{\partial u(k)}(\frac{P(z^{-1})G(z^{-1})}{C(z^{-1})}y(k))+\frac{\partial}{\partial u(k)}(\frac{P(z^{-1})B(z^{-1})F(z^{-1})}{C(z^{-1})}u(k)) \tag{13.3.13}$$

由于以后的 $u(k)$ 影响不到以前的输出包括 k 时刻，故 $y(k-d-i)\cdots y(k-i)$ 与 $u(k)$ 无关，式(13.3.13)的第1项

$$\begin{aligned}&\frac{\partial}{\partial u(k)}\left(\frac{P(z^{-1})G(z^{-1})}{C(z^{-1})}y(k)\right)\\&=\frac{\partial}{\partial u(k)}\left(\frac{(1+p_1z^{-1}+\cdots)(1+g_1z^{-1}+\cdots)}{(1+c_1z^{-1}+\cdots)}y(k)\right)\\&=\frac{\partial}{\partial u(k)}((1+m_1z^{-1}+\cdots)y(k))=\frac{\partial}{\partial u(k)}(y(k)+m_1y(k-1)+\cdots)=0\end{aligned}$$

同样 $u(k)$ 与之前的值 $u(k-i)$ 无关，于是第2项

$$\begin{aligned}&\frac{\partial}{\partial u(k)}\frac{P(z^{-1})B(z^{-1})F(z^{-1})}{C(z^{-1})}u(k)\\&=\frac{\partial}{\partial u(k)}\left(\frac{(1+p_1z^{-1}+\cdots)(b_0+b_1z^{-1}+\cdots)(1+f_1z^{-1}+\cdots)}{(1+c_1z^{-1}+\cdots)}u(k)\right)\\&=\frac{\partial}{\partial u(k)}((b_0+n_1z^{-1}+\cdots)u(k))=\frac{\partial}{\partial u(k)}(b_0u(k)+n_1u(k-1)+\cdots)=b_0\end{aligned}\tag{13.3.14}$$

故式(13.3.12) $=2(P(z^{-1})y^*(k+d/k)-R(z^{-1})y_r(k+d))b_0$。

式(13.3.11)第2项求对 $u(k)$ 偏导

$$\begin{aligned}\frac{\partial}{\partial u(k)}(Q'(z^{-1})u(k))^2&=2(Q'(z^{-1})u(k))\frac{\partial}{\partial u(k)}(Q'(z^{-1})u(k))\\&=2(Q'(z^{-1})u(k))\frac{\partial}{\partial u(k)}(q'_0+q'_1z^{-1}+\cdots)u(k)\\&=2(Q'(z^{-1})u(k))\frac{\partial}{\partial u(k)}(q'_0u(k)+q'_1z^{-1}u(k)+\cdots)\\&=2(Q'(z^{-1})u(k))\frac{\partial}{\partial u(k)}(q'_0u(k)+q'_1u(k-1)+\cdots)\end{aligned}\tag{13.3.15}$$

由于 $u(k)$ 影响不了以前的 $u(k-i)$，故 $\frac{\partial u(k-i)}{\partial u(k)}=0$。

式(13.3.15)变成

$$\begin{aligned}\frac{\partial}{\partial u(k)}(Q'(z^{-1})u(k))^2&=2(Q'(z^{-1})u(k))\frac{\partial}{\partial u(k)}(Q'(z^{-1})u(k))\\&=2(Q'(z^{-1})u(k))\frac{\partial}{\partial u(k)}(q'_0u(k))=2Q'(z^{-1})u(k)q'_0\end{aligned}\tag{13.3.16}$$

式(13.3.11)的第3项，σ^2 是常数，$\frac{\partial\sigma^2}{\partial u(k)}=0$。

将式(13.3.14)、式(13.3.16)代入式(13.3.11)得

$$\frac{\partial J}{\partial u(k)}=E(2(P(z^{-1})y^*(k+d\mid k)-R(z^{-1})y_r(k+d))b_0+2q'_0Q'(z^{-1})u(k))$$

上式等号右边的所有项均为确定性量，它们的数学期望就是该量的本身，于是上式

$$\frac{\partial J}{\partial u(k)}=2(P(z^{-1})y^*(k+d\mid k)-R(z^{-1})y_r(k+d))b_0+2q'_0Q'(z^{-1})u(k)$$

令$\frac{\partial J}{\partial u(k)}=0$得

$$2(P(z^{-1})y^*(k+d\mid k)-R(z^{-1})y_r(k+d))b_0+2q'_0Q'(z^{-1})u(k)=0$$

上式两边同除以 $2b_0$，令

$$Q(z^{-1})=\frac{q'_0}{b_0}Q'(z^{-1})$$

得

$$P(z^{-1})y^*(k+d\mid k)+Q(z^{-1})u(k)-R(z^{-1})y_r(k+d)=0 \tag{13.3.17}$$

式中，$y^*(k+d\mid k)$ 是系统第 $k+d$ 步的最优预极，$y_r(k+d)$ 为 $k+d$ 时刻的实测值或要求达到的该时刻的目标设定值；$P(z^{-1})$，$Q(z^{-1})$，$R(z^{-1})$ 是目标函数中的已知多项式，从式(13.3.17)可解出 $u^*(k)$。它就是对于用式(13.3.1)描述的系统，其目标函数为式(13.3.2)时，求解得的一般意义上的最优控制 $u(k)=\frac{R(z^{-1})y_r(k+d)-P(z^{-1})y^*(k+d\mid k)}{Q(z^{-1})}$。为了获得更清晰的概念，引入辅助系统如下。

13.3.2　辅助系统的自校正控制

设

$$\varphi^*(k+d\mid k)=P(z^{-1})y^*(k+d\mid k)+Q(z^{-1})u(k)-R(z^{-1})y_r(k+d) \tag{13.3.18}$$

为一个辅助系统第 $k+d$ 时刻输出的最优预测，相应地这个辅助系统的第 $k+d$ 时刻输出的实测值为

$$\varphi(k+d)=P(z^{-1})y(k+d)+Q(z^{-1})u(k)-R(z^{-1})y_r(k+d) \tag{13.3.19}$$

以前曾论证过 $y(k+i)=\hat{y}^*(k+i\mid k)+e(k+i)$ 中的模型残差 $e(k+i)$ 与 $\hat{y}^*(k+i\mid k)$ 无关。

则

$$\begin{aligned}\varphi(k+d)-\varphi^*(k+d\mid k)&=P(z^{-1})y(k+d)+Q(z^{-1})u(k)-R(z^{-1})y_r(k+d)\\&\quad-(P(z^{-1})\hat{y}^*(k+d\mid k)+Q(z^{-1})u(k)-R(z^{-1})y_r(k+d))\\&=P(z^{-1})y(k+d)-P(z^{-1})\hat{y}^*(k+d\mid k)\\&=P(z^{-1})(y(k+d)-\hat{y}^*(k+d\mid k))\\&=P(z^{-1})e(k+d)=(p_0+p_1z^{-1}+\cdots+p_{d-1}z^{-(d-1)})e(k+d)\\&=p_0e(k+d)+p_1e(k+d-1)+\cdots+p_{d-1}e(k+1)\\&=\sum_{i=0}^{d-1}p_ie(k+d-i)\end{aligned}$$

令

$$\xi(k+d)=\sum_{i=0}^{d-1}p_ie(k+d-i) \tag{13.3.20}$$

则

$$\varphi(k+d)=\varphi^*(k+d\mid k)+\xi(k+d) \tag{13.3.21}$$

式中，$\varphi^*(k+d\mid k)$ 是用 k 及之前的输入输出进行的辅助系统的最优预测；$\xi(k+d)$ 是在 k 之

后才出现的模型残差，两者并无关系，这与 $y(k+d) = y^*(k+d|k) + e(k+d)$ 的情况相类似，满足最优预测的条件。令辅助系统输出方差最小为目标函数

$$J = E(\varphi^2(k+d)) \tag{13.3.22}$$

这与真实系统输出方差最小的目标函数相一致，见式(13.1.13)。这样就把最优控制问题转化为辅助系统最小方差控制问题，就可以用最优预测器与最小方差控制器的方法求辅助系统的控制，所得结果一定是真实系统的最优控制了。

将式(13.3.21)代入式(13.3.22)得

$$\begin{aligned} J &= E(\varphi^*(k+d|k) + \xi(k+d))^2 \\ &= E((\varphi^*(k+d|k))^2 + 2\xi(k+d)\varphi^*(k+d|k) + \xi^2(k+d)) \\ &= E(\varphi^*(k+d|k))^2 + E(2\xi(k+d)\varphi^*(k+d|k)) + E(\xi^2(k+d)) \end{aligned} \tag{13.3.23}$$

由于 $\xi(k+d)$ 与 $\varphi^*(k+d|k)$ 不相关。故式(13.3.23)第2项

$$E(2\xi(k+d)\varphi^*(k+d|k)) = 2E(\xi(k+d))E(\varphi^*(k+d|k))$$

由式(13.3.20)知，其中

$$\begin{aligned} E(\xi(k+d)) &= E(P(z^{-1})e(k+d)) \\ &= E(p_0e(k+d) + p_1e(k+d-1) + \cdots + p_{d-1}e(k+1)) \\ &= E(p_0e(k+d)) + E(p_1e(k+d-1)) + \cdots + E(p_{d-1}e(k+1)) = 0 \end{aligned}$$

这是因为白噪声的每一个状态的均值为0。

式(13.3.23)的第3项为 $E(\xi^2(k+d)) = \sigma^2$，故式(13.3.23)为

$$J = E(\varphi^*(k+d|k) + \xi(k+d))^2 = E(\varphi^*(k+d|k))^2 + \sigma^2$$

由于 $\varphi^*(k+d/k)$ 为确定性量，不是随机变量，所以最终得

$$J = \varphi^{*2}(k+d|k) + \sigma^2$$

为求辅助系统最小方差控制，用式(13.3.4)代入式(13.3.18)得

$$\begin{aligned} \varphi^*(k+d|k) &= P(z^{-1})y^*(k+d|k) + Q(z^{-1})u(k) - R(z^{-1})y_r(k+d) \\ &= P(z^{-1})\left(\frac{G(z^{-1})}{C(z^{-1})}y(k) + \frac{E(z^{-1})}{C(z^{-1})}u(k)\right) + Q(z^{-1})u(k) - R(z^{-1})y_r(k+d) \end{aligned}$$

上式两边同乘 $C(z^{-1})$，令

$$\begin{aligned} M(z^{-1}) &= P(z^{-1})G(z^{-1}) \\ N(z^{-1}) &= P(z^{-1})E(z^{-1}) + C(z^{-1})Q(z^{-1}) \\ H(z^{-1}) &= -C(z^{-1})R(z^{-1}) \end{aligned}$$

则有

$$C(z^{-1})\varphi^*(k+d|k) = M(z^{-1})y(k) + N(z^{-1})u(k) + H(z^{-1})y_r(k+d) \tag{13.3.24}$$

式(13.3.24)称为辅助系统的预测方程，它提供一个求辅助系统最小方差控制的方法，即如何选择 $u(k)$，使得辅助系统输出第 $k+d$ 的预测为0，即使得 $\varphi^*(k+d|k) = 0$。

于是令

$$M(z^{-1})y(k) + N(z^{-1})u(k) + H(z^{-1})y_r(k+d) = 0$$

解得

$$u(k) = \frac{-1}{N(z^{-1})}(M(z^{-1})y(k) + H(z^{-1})y_r(k+d)) \tag{13.3.25}$$

由式(13.1.5)知

$$A(z^{-1})y(k) = z^{-d}B(z^{-1})u(k) + \lambda C(z^{-1})\varepsilon(k)$$

于是

$$y(k) = \frac{z^{-d}B(z^{-1})u(k) + \lambda C(z^{-1})\varepsilon(k)}{A(z^{-1})} \qquad (13.3.26)$$

由式(13.3.25)和式(13.3.26)得控制系统框图，如图 13.3.1 所示。

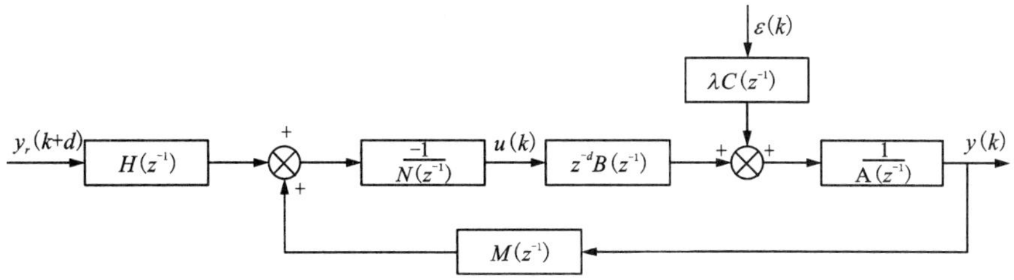

图 13.3.1 式(13.3.25)、式(13.3.26)系统框图

13.3.3 自校正控制器

上述虽然在形式上求得预测方程(13.3.24)，但由于 $M(z^{-1})$，$N(z^{-1})$，$H(z^{-1})$ 未知，由式(7.3.25)求得的控制值也未知，因此控制问题仍未解决。

13.3.3.1 自校正控制的递推公式

不失一般性，令 $C(z^{-1}) = 1$

$$C(z^{-1})\varphi^*(k+d \mid k) = M(z^{-1})y(k) + N(z^{-1})u(k) + H(z^{-1})y_r(k+d)$$

变成

$$\varphi^*(k+d \mid k) = M(z^{-1})y(k) + N(z^{-1})u(k) + H(z^{-1})y_r(k+d) \qquad (13.3.27)$$

相应地

$$M(z^{-1}) = P(z^{-1})G(z^{-1}) = (m_0 + m_1 z^{-1} + \cdots)$$

而

$$N(z^{-1}) = P(z^{-1})E(z^{-1}) + Q(z^{-1}) = (n_0 + n_1 z^{-1} + \cdots)$$

$$H(z^{-1}) = -R(z^{-1}) = (h_0 + h_1 z^{-1} + \cdots)$$

将式(13.3.27)代入式(13.3.21)有

$$\varphi(k+d) = \varphi^*(k+d \mid k) + \xi(k+d)$$

$$\varphi(k+d) = M(z^{-1})y(k) + N(z^{-1})u(k) + H(z^{-1})y_r(k+d) + \xi(k+d)$$

$$= (m_0 + m_1 z^{-1} + \cdots)y(k) + (n_0 + n_1 z^{-1} + \cdots)u(k) + (h_0 + h_1 z^{-1} + \cdots)y_r(k+d) + \xi(k+d)$$

$$= m_0 y(k) + m_1 y(k-1) + \cdots + n_0 u(k) + n_1 u(k-1) + \cdots + h_0 y_r(k+d) + h_1 y_r(k+d-1) + \cdots$$

$$= (m_0 \quad m_1 \quad \cdots \quad n_0 \quad n_1 \quad \cdots \quad h_0 \quad h_1 \quad \cdots)$$

$$\cdot (y(k) \quad y(k-1) \quad \cdots \quad u(k) \quad u(k-1) \quad \cdots \quad y_r(k) \quad y_r(k-1) \quad \cdots)^{\mathrm{T}} + \xi(k+d)$$

$$= \boldsymbol{\varphi}^{\mathrm{T}}(k)\boldsymbol{\theta} + \xi(k+d)$$

式中，$\boldsymbol{\theta}^{\mathrm{T}}=(m_0 \quad m_1 \quad \cdots \quad n_0 \quad n_1 \quad \cdots \quad h_0 \quad h_1 \quad \cdots)$；$\boldsymbol{\varphi}^{\mathrm{T}}(k)=(y(k) \quad y(k-1) \quad \cdots \quad u(k) \quad u(k-1) \quad \cdots \quad y_r(k) \quad y_r(k-1) \quad \cdots)$。

最终获得

$$\varphi(k+d)=\boldsymbol{\varphi}^{\mathrm{T}}(k)\boldsymbol{\theta}+\xi(k+d) \tag{13.3.28}$$

$\boldsymbol{\varphi}(k)$ 中的元素是由系统实测数据构成的列阵，与模型残差 ξ 无关。模型参数 $\boldsymbol{\theta}$ 运用第 5 章最小二乘递推公式，根据新采得的一组输入输出递推出来。重写递推公式如下

$$\begin{cases}\boldsymbol{P}_{N+1}=\boldsymbol{P}_N-\boldsymbol{P}_N\boldsymbol{X}_{N+1}(\boldsymbol{I}+\boldsymbol{X}_{N+1}^{\mathrm{T}}\boldsymbol{P}_N\boldsymbol{X}_{N+1})^{-1}\boldsymbol{X}_{N+1}^{\mathrm{T}}\boldsymbol{P}_N\\ \hat{\boldsymbol{\beta}}_{N+1}=\hat{\boldsymbol{\beta}}_N-\boldsymbol{P}_N\boldsymbol{X}_{N+1}(\boldsymbol{I}+\boldsymbol{X}_{N+1}^{\mathrm{T}}\boldsymbol{P}_N\boldsymbol{X}_{N+1})^{-1}(\boldsymbol{X}_{N+1}^{\mathrm{T}}\hat{\boldsymbol{\beta}}_N-y_{(N+1)})\end{cases} \tag{13.3.29}$$

用 $P(k+1)$ 代替$\boldsymbol{P}_{N+1}$，$\hat{\boldsymbol{\theta}}(k)$ 代替$\hat{\boldsymbol{\beta}}_N$，用 $P(k)$ 代替$\boldsymbol{P}_N$，$\hat{\boldsymbol{\theta}}(k+1)$ 代替$\hat{\boldsymbol{\beta}}_{N+1}$，又用$\boldsymbol{\varphi}^{\mathrm{T}}(k-d+1)$ 代替$\boldsymbol{X}_{N+1}^{\mathrm{T}}$，$\boldsymbol{\varphi}(k)$ 来代替 $y(N+1)$。$\varphi(k)$ 与 $\boldsymbol{\varphi}(k)$ 意义不同，前者是一个值，后者是一个列阵。式(13.3.29) 变成

$$\begin{aligned}P(k+1)&=P(k)-P(k)\boldsymbol{\varphi}(k-d+1)\,(1+\boldsymbol{\varphi}^{\mathrm{T}}(k-d+1)P(k)\boldsymbol{\varphi}(k-d+1))^{-1}\\&\qquad\boldsymbol{\varphi}^{\mathrm{T}}(k-d+1)P(k)\\&=P(k)-K(k)\,\boldsymbol{\varphi}^{\mathrm{T}}(k-d+1)P(k)\\&=(1-K(k)\,\boldsymbol{\varphi}^{\mathrm{T}}(k-d+1))P(k)\end{aligned} \tag{13.3.30}$$

$$K(k)=P(k)\boldsymbol{\varphi}(k-d+1)\,(1+\boldsymbol{\varphi}^{\mathrm{T}}(k-d+1)P(k)\boldsymbol{\varphi}(k-d+1))^{-1} \tag{13.3.31}$$

式(13.3.29) 第 2 式变成

$$\hat{\boldsymbol{\theta}}(k+1)=\hat{\boldsymbol{\theta}}(k)+K(k)(\boldsymbol{\varphi}^{\mathrm{T}}(k-d+1)\hat{\boldsymbol{\theta}}(k)-\boldsymbol{\varphi}(k+1)) \tag{13.3.32}$$

这样，由式(13.3.30) 至式(13.3.32)，构成了新的递推公式

$$\begin{cases}K(k)=P(k)\boldsymbol{\varphi}(k-d+1)\,(1+\boldsymbol{\varphi}^{\mathrm{T}}(k-d+1)P(k)\boldsymbol{\varphi}(k-d+1))^{-1}\\ P(k+1)=(1+K(k)\,\boldsymbol{\varphi}^{\mathrm{T}}(k-d+1)P(k)\\ \hat{\boldsymbol{\theta}}(k+1)=\hat{\boldsymbol{\theta}}(k)+K(k)(\boldsymbol{\varphi}^{\mathrm{T}}(k-d+1)\hat{\boldsymbol{\theta}}(k)-\boldsymbol{\varphi}(k+1))\end{cases} \tag{13.3.33}$$

显然与第 5 章的递推公式等价。递推的结果得

$$\hat{\boldsymbol{\theta}}^{\mathrm{T}}=(\hat{m}_0 \quad \hat{m}_1 \quad \cdots \quad \hat{n}_0 \quad \hat{n}_1 \quad \cdots \quad \hat{h}_0 \quad \hat{h}_1 \quad \cdots)$$

这就意味着估计出了 $\hat{M}(z^{-1})$，$\hat{N}(z^{-1})$，$\hat{H}(z^{-1})$，求得辅助系统输出的估计值

$$\hat{\varphi}^*(k+d\mid k)=\hat{M}(z^{-1})y(k)+\hat{N}(z^{-1})u(k)+\hat{H}(z^{-1})y_r(k+d) \tag{13.3.34}$$

13.3.3.2 递推算法的无偏性

由式(13.3.28) 知

$$\varphi(k+d)=\boldsymbol{\varphi}^{\mathrm{T}}(k)\theta+\xi(k+d)$$

又由式(13.3.20) 知

$$\begin{aligned}\xi(k+d)&=\sum_{i=0}^{d-1}p_ie(k+d-i)\\&=p_0e(k+d)+p_1e(k+d-1)+\cdots+p_{d-1}e(k+1)\end{aligned}$$

而

$$\xi(k+d-1)=p_0e(k+d-1)+p_1e(k+d-2)+\ldots$$

可见 $\xi(k+d)$ 与 $\xi(k+d-1)$ 彼此不独立，是相关的模型残差。第 5 章已经讨论过，独立残差的估计是无偏估计，相关的残差的估计是有偏的。

由式(13.3.21)知

$$\varphi(k+d)=\varphi^*(k+d|k)+\xi(k+d)$$

结合式(13.3.28)与式(13.3.21)，得

$$\varphi^*(k+d|k)+\xi(k+d)=\boldsymbol{\varphi}^{\mathrm{T}}(k)\boldsymbol{\theta}+\xi(k+d)$$

上式两边约去 $\xi(k+d)$ 则有

$$\varphi^*(k+d|k)=\varphi^{\mathrm{T}}(k)\theta \tag{13.3.35}$$

式(13.3.35)中已经消去了模型残差随机变量 $\xi(k+d)$，当选取 $u(k)$，使之辅助系统第 $k+d$ 时刻的输出 $\varphi^*(k+d|k)=0$，这时参数估计 $\hat{\boldsymbol{\theta}}$ 将无限趋近于真参数 $\boldsymbol{\theta}_0$ 了，即 $\hat{\boldsymbol{\theta}}\to\boldsymbol{\theta}_0$。由于没有了模型残差，所以参数估计 $\hat{\boldsymbol{\theta}}$ 是无偏估计。

13.3.3.3 自校正控制器算法

若式(13.1.5)已知，即

$$A(z^{-1})y(k)=z^{-d}B(z^{-1})u(k)+\lambda C(z^{-1})\varepsilon(k)$$

意味着 $A(z^{-1})$，$B(z^{-1})$，$C(z^{-1})$，d，λ 已知。并由式(13.1.7)计算出 $F(z^{-1})$，$G(z^{-1})$，最优控制目标函数(13.3.2)已知

$$J=E((P(z^{-1})y(k+d)-R(z^{-1})y_r(k+d))^2+(Q'(z^{-1})u(k))^2)$$

意味着 $P(z^{-1})$，$Q(z^{-1})=\dfrac{q_0'}{b_0}Q'(z^{-1})$，$R(z^{-1})$ 为已知，由(13.3.19)有

$$\varphi(k+d)=P(z^{-1})y^*(k+d|k)+Q(z^{-1})u(k)-R(z^{-1})y_r(k+d)$$

对任意 k 时刻均应成立，自然对 $k-d$ 时刻成立，用 $k-d$ 代替上式中的 k，得

$$\varphi(k-d+d)=P(z^{-1})y^*(k-d+d|k-d)+Q(z^{-1})u(k-d)-R(z^{-1})y_r(k-d+d)$$

故

$$\varphi(k)=P(z^{-1})y^*(k|k-d)+Q(z^{-1})u(k-d)-R(z^{-1})y_r(k) \tag{13.3.36}$$

步骤如下：

步骤1：在新采得一组 $u(k)$，$y(k)$ 之后，用式(13.3.36)计算出辅助系统 k 时刻得输出 $\varphi(k)$；

步骤2：利用式(13.3.32)、式(13.3.31)，经由 k 时刻的参数估计值 $\hat{\boldsymbol{\theta}}(k)$ 递推出 $k+1$ 时刻参数估计值 $\hat{\boldsymbol{\theta}}(k+1)$。

步骤3：令(13.3.34)为0，即

$$\hat{\varphi}^*(k+d|k)=\hat{M}(z^{-1})y(k)+\hat{N}(z^{-1})u(k)+\hat{H}(z^{-1})y_r(k+d)=0$$

解得

$$u(k)=\frac{-1}{\hat{N}(z^{-1})}(\hat{M}(z^{-1})y(k)+\hat{H}(z^{-1})y_r(k+d)) \tag{13.3.37}$$

用递推出来的 $\hat{\boldsymbol{\theta}}(k+1)$ 中 $\hat{M}(z^{-1})$，$\hat{N}(z^{-1})$，$\hat{H}(z^{-1})$ 代入(13.3.37)式，最终求得自校正控制规律 $u(k)$。

【算例】设系统

$$y(k)=1.5y(k-1)-0.7y(k-2)+u(k-1)+0.5u(k-2)+\varepsilon(k)-0.5\varepsilon(k-1)$$

目标函数为

$$J=E((y(k+1)-y_r(k+1))^2+0.5u^2(k))$$

而辅助系统输出为

$$\varphi(k) = y(k) - y_r(k) + 0.5u(k-1)$$

可见 $d = 1$ 时

$$A(z^{-1}) = 1 - 1.5z^{-1} + 0.7z^{-2}$$
$$B(z^{-1}) = 1 + 0.5z^{-1}$$
$$C(z^{-1}) = 1 - 0.5z^{-1}$$

这是因为系统方程中

$$y(k) - 1.5y(k-1) + 0.7y(k-2) = (1 - 1.5z^{-1} + 0.7z^{-2})y(k) = A(z^{-1})y(k)$$
$$u(k-1) + 0.5u(k-2) = z^{-1}(1 + 0.5z^{-1})u(k) = z^{-1}B(z^{-1})u(k)$$
$$\varepsilon(k) - 0.5\varepsilon(k-1) = (1 - 0.5z^{-1})\varepsilon(k) = C(z^{-1})\varepsilon(k)$$

由式(13.1.7)有

$$\frac{C(z^{-1})}{A(z^{-1})} = F(z^{-1}) + \frac{z^{-d}G(z^{-1})}{A(z^{-1})}$$

两边同乘 $A(z^{-1})$ 得

$$C(z^{-1}) = A(z^{-1})F(z^{-1}) + z^{-d}G(z^{-1}) \tag{13.3.38}$$

式中，$F(z^{-1})$ 是 $C(z^{-1})/A(z^{-1})$ 的商多项式。由于

$$C(z^{-1}) = 1 - 0.5z^{-1}$$
$$A(z^{-1}) = 1 - 1.5z^{-1} + 0.7z^{-2}$$

用长除法得，其商多项式为1，故 $F(z^{-1}) = 1$；当 $d = 1$ 时，式(13.3.38)成为

$$C(z^{-1}) = A(z^{-1}) \cdot 1 + z^{-1}G(z^{-1}) \tag{13.3.39}$$

设

$$G(z^{-1}) = g_0 + g_1z^{-1}$$
$$z^{-1}(g_0 + g_1z^{-1}) = g_0z^{-1} + g_1z^{-2}$$

将 $C(z^{-1})$，$A(z^{-1})$ 代入式(13.3.39)，得

$$1 - 0.5z^{-1} = (1 - 1.5z^{-1} + 0.7z^{-2}) \cdot 1 + g_0z^{-1} + g_1Z^{-2} = 1 + (g_0 - 1.5)z^{-1} + (0.7 + g_1)^{-2}$$

有

$$\begin{cases} g_0 - 1.5 = -0.5 \\ 0.7 + g_1 = 0 \end{cases}$$

解得

$$\begin{cases} g_0 = 1 \\ g_1 = -0.7 \end{cases}$$ 。故 $G(z^{-1}) = 1 - 0.7z^{-1}$。

从目标函数知，$Q'(z^{-1}) = 0.5$，$Q(z^{-1}) = \dfrac{q'_0}{b_0}Q'(z^{-1})$，$b_0 = 1$，一般 $q'_0 = 1$。故 $Q(z^{-1}) = \dfrac{1}{1} \times 0.5 = 0.5$。

由于

$$E(z^{-1}) = B(z^{-1})F(z^{-1}) = (1 + 0.5z^{-1}) \cdot 1 = 1 + 0.5z^{-1}$$

由目标函数知

$$R(z^{-1}) = 1,\ P(z^{-1}) = 1$$

这样获得组式

$$H(z^{-1})=-C(z^{-1})\cdot R(z^{-1})=-(1-0.5z^{-1})\cdot 1=-1+0.5z^{-1}$$

$$M(z^{-1})=P(z^{-1})G(z^{-1})=1\cdot(1-0.7z^{-1})=1-0.7z^{-1}$$

$$\begin{aligned}N(z^{-1})&=P(z^{-1})E(z^{-1})+C(z^{-1})Q(z^{-1})\\&=1\cdot(1+0.5z^{-1})+(1-0.5z^{-1})\cdot 0.5\\&=1.5+0.25z^{-1}\end{aligned}$$

将组式代入式(13.3.37)并令其为0

$$\hat{M}(z^{-1})y(k)+\hat{N}(z^{-1})u(k)+\hat{H}(z^{-1})y_r(k+1)$$

$$=(1-0.7z^{-1})y(k)+(1.5+0.25z^{-1})u(k)+(-1+0.5z^{-1})y_r(k+1)=0$$

$$y(k)-0.7y(k-1)+1.5u(k)+0.25u(k-1)-y_r(k+1)+0.5y_r(k)=0$$

最终求得自校正控制为

$$u(k)=-(y(k)-0.7y(k-1)+0.25u(k-1)-y_r(k+1)+0.5y_r(k))/1.5$$

第 14 章

模型参考自适应

与自校正控制器为代表的随机自适应不同的是，模型参考自适应是通过一个参考模型来体现对控制系统的要求。将它的输出与被控对象的输出相比较，所得的差称为广义误差，以此为根据，经特定的自适应算法，产生适当的控制输入，调整被控系统的输出，使得广义误差趋于零。由于它是通过一个模型来实现的自适应控制，明显与通过系统辨识算法与控制算法相互融合的自校正控制不同，故称为模型参考自适应控制。

模型参考自适应的结构如图 14.1.1 所示。设参考模型的状态方程为

$$\begin{cases}\dot{\boldsymbol{X}}_m = \boldsymbol{A}_m(t)\boldsymbol{X}_m(t) + \boldsymbol{B}_m(t)\boldsymbol{U}(t)\\ \boldsymbol{Y}_m(t) = \boldsymbol{C}_m(t)\boldsymbol{X}_m(t)\end{cases} \tag{14.1.1}$$

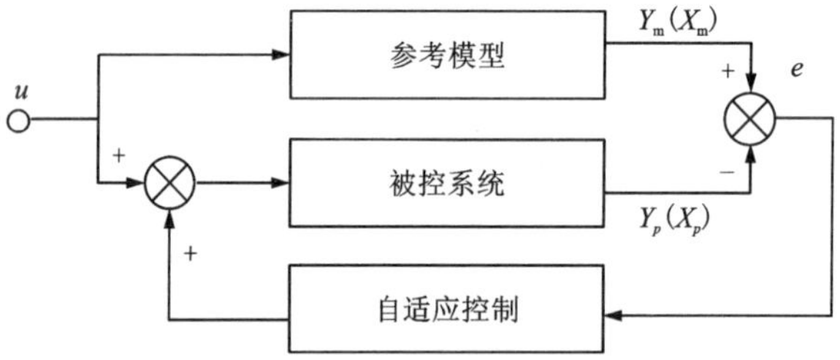

图 14.1.1　模型参考自控制结构框图

被控过程的状态方程为

$$\begin{cases}\dot{\boldsymbol{X}}_p = \boldsymbol{A}_p(t)\boldsymbol{X}_p(t) + \boldsymbol{B}_p(t)\boldsymbol{U}(t)\\ \boldsymbol{Y}_p(t) = \boldsymbol{C}_p(t)\boldsymbol{X}_p(t)\end{cases} \tag{14.1.2}$$

式(14.1.1) 与式(14.1.2) 中变量的符号与维数与第 1 章状态方程的一般描述相同，只不过参数阵 $\boldsymbol{A}(t)$，$\boldsymbol{B}(t)$，$\boldsymbol{C}(t)$ 是时变的。下标 m 表示参考模型(model)，p 表示被控过程(process)。

引入输出广义误差

$$e_Y(t) = \boldsymbol{Y}_m(t) - \boldsymbol{Y}_p(t) \tag{14.1.3}$$

状态广义误差

$$e_X(t) = \boldsymbol{X}_m(t) - \boldsymbol{X}_p(t) \tag{14.1.4}$$

e 为 n 维空间向量。控制性能指标（或称目标函数）

$$J = \int_0^T e^T(t)e(t)\mathrm{d}t \tag{14.1.5}$$

模型参考自适应的基本问题归结为，如何寻求自适应控制使得广义误差随时间逐渐趋向于零。

$$\lim_{t\to\infty} e(t) = 0 \tag{14.1.6}$$

14.1　数学基础

14.1.1　微分算子 D 多项式与传递函数多项式的等价性

（1）设 $Dy(t) = \dfrac{\mathrm{d}y(t)}{\mathrm{d}t}$，表示对 $y(t)$ 函数求 1 阶导数，称 D 为微分算子，单个的“D”没有意义，只有当它与后面的函数连在一起，在数学上才有独立的意义，但在数学运算上等同于 D 乘 $y(t)$，不至于造成逻辑上的混乱，使微分运算得以简化。

相应地

$$\frac{\mathrm{d}^2y(t)}{\mathrm{d}t^2} = D^2y(t)$$

$$\cdots$$

$$\frac{\mathrm{d}^{(n)}y(t)}{\mathrm{d}t^n} = D^ny(t) \tag{14.1.7}$$

（2）微分算子多项式。

n 阶微分方程

$$\frac{\mathrm{d}^{(n)}y(t)}{\mathrm{d}t^n} + a_1\frac{\mathrm{d}^{(n-1)}y(t)}{\mathrm{d}t^{n-1}} + a_2\frac{\mathrm{d}^{(n-2)}y(t)}{\mathrm{d}t^{n-2}} +\ldots + a_ny(t)$$
$$= b_0\frac{\mathrm{d}^{(n)}u(t)}{\mathrm{d}t^n} + b_1\frac{\mathrm{d}^{(n-1)}u(t)}{\mathrm{d}t^{n-1}} + b_2\frac{\mathrm{d}^{(n-2)}u(t)}{\mathrm{d}t^{n-2}} +\ldots + b_nu(t) \tag{14.1.8}$$

引入微分算子 D，式（14.1.8）可写成

$$D^ny(t) + a_1D^{n-1}y(t) + a_2D^{n-2}y(t) +\ldots + a_ny(t)$$
$$= b_0D^nu(t) + b_1D^{n-1}u(t) + b_2D^{n-2}u(t) +\ldots + b_nu(t)$$

提公因子有

$$(D^n + a_1D^{n-1} + a_2D^{n-2} +\ldots + a_n)y(t)$$
$$= (b_0D^n + b_1D^{n-1} + b_2D^{n-2} +\ldots + b_n)u(t)$$

进而写成

$$p(D)\cdot y(t) = q(D)\cdot u(t) \tag{14.1.9}$$

式中

$$p(D) = D^n + a_1D^{n-1} + a_2D^{n-2} + \cdots + a_n \tag{14.1.10}$$

$$q(D) = b_0D^n + b_1D^{n-1} + b_2D^{n-2} + \cdots + b_n \tag{14.1.11}$$

上式称为微分算子多项式，简称 D 多项式，前者称为 p 的 D 多项式，后者称为 q 的 D 多项式。若用 s 替代 D 代入式(14.1.10)、式(14.1.11) 变成

$$p(s) = s^n + a_1s^{n-1} + a_2s^{n-2} + \cdots + a_n$$

$$q(s) = b_0s^n + b_1s^{n-1} + b_2s^{n-2} + \cdots + b_n$$

可见式(14.1.10))、式(14.1.11)与2.1.3.1节讨论的高阶微分方程的特征多项式是等价的。尽管 $s = \sigma + j\omega$，而 $D = \dfrac{d}{dt}$，对式(14.1.8) 求拉氏变换

$$(s^n + a_1s^{n-1} + a_2s^{n-2} +... + a_n)Y(s)$$

$$= (b_0s^n + b_1s^{n-1} + b_2s^{n-2} +... + b_n)U(s)$$

$$p(s)Y(s) = q(s)U(s)$$

式(14.1.12) 改写得

$$G(s) = \frac{Y(s)}{U(s)} = \frac{q(s)}{p(s)} \tag{14.1.12}$$

式中，$G(s)$ 为系统的传递函数。系统框图如图 14.1.2 所示，图中输出 $Y(s) = G(s)U(s)$。相仿地，式(14.1.9) 也可写成 $y(t) = \dfrac{q(D)}{p(D)} \cdot u(t)$ 或 $p(D)y(t) = q(D)u(t)$，如图14.1.3所示。

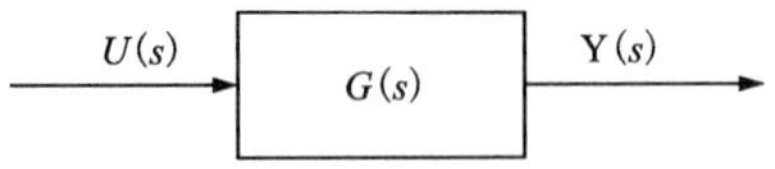

图 14.1.2　传递函数方框图

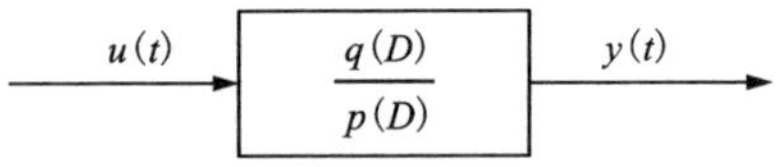

图 14.1.3　算子方框图

14.1.2　方向梯度与梯度法

设 $\boldsymbol{e} = \boldsymbol{e}(k)$；$\boldsymbol{e}$ 为 n 阶列向量，且为 K，t 的函数

令

$$J = \int_0^t \boldsymbol{e}^{\mathrm{T}}(K)\boldsymbol{e}(K)\,dt$$

当 $\dfrac{\partial J}{\partial K}$ 为最大值时，称 J 为沿 K 的方向梯度，定义增加的方向为梯度的正方向，最快下降的方向为梯度的负方向，且有以下等式成立

$$\frac{\partial J}{\partial K} = \int_0^t 2\,\boldsymbol{e}^{\mathrm{T}}(K)\,\frac{\partial}{\partial K}\boldsymbol{e}(K)\,dt \tag{14.1.13}$$

例如，三维空间的地形图高度增加最大之处便是高度函数在该处的梯度。可见要使高度最快降落，就必须寻找函数的梯度，沿梯度的负方向降落，便能尽快降到谷底，这就是梯度法寻优的基本思想。

由于 $\boldsymbol{e}^{\mathrm{T}} = (e_1 \quad e_2 \quad \cdots \quad e_n)$ 则

$$J=\int_{t_0}^{t}\boldsymbol{e}^{\mathrm{T}}\boldsymbol{e}\mathrm{d}t=\int_{t_0}^{t}(e_1,\ e_2\cdots e_n)\begin{pmatrix}e_1\\e_2\\\vdots\\e_n\end{pmatrix}\mathrm{d}t=\int_{t_0}^{t}(\mathrm{e}_1^2+\mathrm{e}_2^2+\cdots+\mathrm{e}_n^2)\mathrm{d}t$$

$$=\int_{t_0}^{t}\mathrm{e}_1^2\mathrm{d}t+\int_{t_0}^{t}\mathrm{e}_2^2\mathrm{d}t+\cdots+\int_{t_0}^{t}\mathrm{e}_n^2\mathrm{d}t$$

则

$$\frac{\partial J}{\partial K}=\int_{t_0}^{t}\frac{\partial\mathrm{e}_1^2}{\partial K}\mathrm{d}t+\int_{t_0}^{t}\frac{\partial\mathrm{e}_2^2}{\partial K}\mathrm{d}t+\cdots+\int_{t_0}^{t}\frac{\partial\mathrm{e}_n^2}{\partial K}\mathrm{d}t$$

$$=2\left(\int_{t_0}^{t}e_1\frac{\partial e_1}{\partial K}\mathrm{d}t+\int_{t_0}^{t}e_2\frac{\partial e_2}{\partial K}\mathrm{d}t+\cdots+\int_{t_0}^{t}e_n\frac{\partial e_n}{\partial K}\mathrm{d}t\right)$$

$$=2\int_{t_0}^{t}\left(e_1\frac{\partial e_1}{\partial K}+e_2\frac{\partial e_2}{\partial K}+\cdots+e_n\frac{\partial e_n}{\partial K}\right)\mathrm{d}t$$

$$=\int_{t_0}^{t}(e_1,\ e_2\cdots e_n)\begin{pmatrix}\dfrac{\partial e_1}{\partial K}\\\dfrac{\partial e_2}{\partial K}\\\cdots\cdots\\\dfrac{\partial e_n}{\partial K}\end{pmatrix}\mathrm{d}t$$

故

$$\frac{\partial J}{\partial K}=2\int_{0}^{t}\boldsymbol{e}^{\mathrm{T}}\frac{\partial\boldsymbol{e}}{\partial K}\mathrm{d}t \tag{14.1.14}$$

14.1.3　函数、矩阵的正实性

(1) 正实函数

【定义 1】 设 $G(s)=\dfrac{q(s)}{p(s)}$ 是复变量 $s=\sigma+\mathrm{j}\omega$ 的有理函数，其中 $q(s)$、$p(s)$ 是 s 的多项式，称 $G(s)$ 为正实函数，若：

① 当 s 为实数时，$G(s)$ 为实数。

②$G(s)$ 在开的右半平面 $Res>0$ 上没有极点，即在虚轴上没有极点。

③ 如果在虚轴上有极点，若两两相异，留数为实且非负，即在虚轴上有条件地存在极点。

④ 对任意的 ω，当 $s=\mathrm{j}\omega$ 不是 $G(s)$ 的极点，但 $ReG(\mathrm{j}\omega)\geqslant 0$。即用 $\mathrm{j}\omega$ 代入 $G(s)$ 中的 s，所得复数 $G(\mathrm{j}\omega)$ 的实部非负。

条件 ①、② 易于理解，条件 ③ 指的这种情况，在 $p(s)$ 多项式分解出来的因式中包括 $(s^2+\omega^2)$ 这类因子。这时它可进一步分解为 $(s+\mathrm{j}\omega)(s-\mathrm{j}\omega)$，可见在虚轴存在 $+\omega$ 与 $-\omega$ 两个相异的极点，这种情况 $G(s)$ 也为正实函数。条件 ④ 指的是如下这类系统：

$$G(s)=\frac{b_1s+b_0}{s^2+a_1s+a_0}$$

当 $s=\mathrm{j}\omega$ 时

$$G(\mathrm{j}\omega)=\frac{a_0b_0+(a_1b_1-a_0b_0)\omega^2+\mathrm{j}\omega(b_1(a_0-\omega^2)-a_1b_0)}{(a_0-\omega^2)+(a_1\omega)^2}$$

$$ReG(j\omega)=\frac{a_0b_0+(a_1b_1-a_0b_0)\omega^2}{(a_0-\omega^2)^2+(a_1\omega)^2}$$

当 $a_1b_1\geqslant a_0b_0$ 时，$ReG(j\omega)\geqslant 0$。可见条件与 ω 无关，对任意 ω，显然 $s=j\omega$ 不是 $G(s)$ 的极点，但对于一切 ω，$ReG(j\omega)\geqslant 0$，故 $G(s)$ 正实。

（2）埃尔米特矩阵

对角线元素均为实数，非对角线元素第 i 行第 j 列元素与第 j 行第 i 列的元素共轭的方阵，称为埃尔米特矩阵。其定义如下。

【定义 2】 设 $\boldsymbol{\varphi}(s)$ 为复变量 $s=\sigma+j\omega$ 的函数矩阵，若 $\boldsymbol{\varphi}(s)=\boldsymbol{\varphi}^{T}(\bar{s})$，则称 $\boldsymbol{\varphi}(s)$ 为埃尔米特矩阵。式中 $\bar{s}=\sigma-j\omega$。

埃尔米特矩阵有如下性质：

① 它是对角线元素为实数的方阵；

② 它的特征值恒为实数；

③ 若 $\boldsymbol{X}$ 为复向量，$\bar{\boldsymbol{X}}$ 为 $\boldsymbol{X}$ 的共轭复向量，则恒有 $\boldsymbol{X}^{T}\boldsymbol{\varphi}(s)\bar{\boldsymbol{X}}$ 为实数。

（3）正实矩阵

【定义 3】 设 $\boldsymbol{G}(s)$ 为一方阵，若

① $\boldsymbol{G}(s)$ 的所有元素，当 $Res>0$，$\boldsymbol{G}(s)$ 没有极点；

② 若 $\boldsymbol{G}(s)$ 中的任何元素，在虚轴如有极点，则必须是两两相异的，且留数矩阵为非负的埃尔米特矩阵；

③ 对于不是 $\boldsymbol{G}(s)$ 的所有元素的极点，矩阵 $\boldsymbol{G}(j\omega)+\boldsymbol{G}^{T}(j\omega)$ 为非负的埃尔米特矩阵，则称 $\boldsymbol{G}(s)$ 为正实数矩阵。

14.1.4 卡尔曼－雅库波维奇定理（K－Y 定理）

若 $\boldsymbol{A}$，$\boldsymbol{B}$，$\boldsymbol{C}$，$\boldsymbol{J}$ 为系统状态方程

$$\begin{cases}\dot{\boldsymbol{X}}=\boldsymbol{AX}+\boldsymbol{BU}\\ \boldsymbol{Y}=\boldsymbol{CX}+\boldsymbol{JU}\end{cases}\tag{14.1.15}$$

的参数矩阵，$\boldsymbol{A}$，$\boldsymbol{B}$ 为可控，$\boldsymbol{A}$、$\boldsymbol{C}$ 为可观。对式（14.1.15）两边求拉氏变换

$$\mathscr{L}(\dot{\boldsymbol{X}}(t)=\mathscr{L}(\boldsymbol{AX}(t)+\boldsymbol{BU}(t))$$

式中，$\mathscr{L}$ 为拉氏变换符。

由拉氏变换的微分定理和线性定理

$$s\dot{\boldsymbol{X}}(s)=\boldsymbol{AX}(s)+\boldsymbol{BU}(s)$$

$$s\dot{\boldsymbol{X}}(s)-\boldsymbol{AX}(s)=\boldsymbol{BU}(s)$$

$$(s\boldsymbol{I}-\boldsymbol{A})\boldsymbol{X}(s)=\boldsymbol{BU}(s)$$

$$\boldsymbol{X}(s)=(s\boldsymbol{I}-\boldsymbol{A})^{-1}\boldsymbol{BU}(s)$$

同样对式（14.1.15）的输出方程两边求拉氏变换得

$$\boldsymbol{Y}(s)=\boldsymbol{CX}(s)+\boldsymbol{JU}(s)$$

$$\boldsymbol{Y}(s)=\boldsymbol{C}(s\boldsymbol{I}-\boldsymbol{A})^{-1}\boldsymbol{BU}(s)+\boldsymbol{JU}(s)$$

得到系统的传函

$$\boldsymbol{G}(s)=\frac{\boldsymbol{Y}(s)}{\boldsymbol{U}(s)}=(\boldsymbol{J}+\boldsymbol{C}(s\boldsymbol{I}-\boldsymbol{A})^{-1}\boldsymbol{B})\tag{14.1.16}$$

则 K－Y 定理可表述如下。

【定理2】 若 $\boldsymbol{G}(s)=(\boldsymbol{J}+\boldsymbol{C}(s\boldsymbol{I}-\boldsymbol{A})^{-1}\boldsymbol{B})$ 为复变量 s 的 $m\times m$ 阶有理函数阵，且 $\boldsymbol{G}(\infty)<\infty$，若存在实矩阵 $\boldsymbol{K}$，$\boldsymbol{L}$ 和实正定对称阵 $\boldsymbol{P}$ 使得下列方程成立

$$\boldsymbol{PA}+\boldsymbol{A}^{\mathrm{T}}\boldsymbol{P}=-\boldsymbol{L}\boldsymbol{L}^{\mathrm{T}} \tag{14.1.17}$$

则 $\boldsymbol{G}(s)$ 为正实函数矩阵，式中 $\boldsymbol{K}$，$\boldsymbol{L}$，$\boldsymbol{P}$ 满足等式

$$\boldsymbol{B}^{\mathrm{T}}\boldsymbol{P}+\boldsymbol{K}^{\mathrm{T}}\boldsymbol{L}^{\mathrm{T}}=\boldsymbol{C} \tag{14.1.18}$$

$$\boldsymbol{K}^{\mathrm{T}}\boldsymbol{K}=\boldsymbol{J}+\boldsymbol{J}^{\mathrm{T}} \tag{14.1.19}$$

【证明】 根据正实函数矩阵的定义，$\boldsymbol{G}(s)+\boldsymbol{G}^{\mathrm{T}}(\bar{s})$ 为非负埃尔米特矩阵，则 $\boldsymbol{G}(s)$ 就为正实函数矩阵。证明从这里入手。

因为

$$\boldsymbol{G}(s)=(\boldsymbol{J}+\boldsymbol{C}(s\boldsymbol{I}-\boldsymbol{A})^{-1}\boldsymbol{B})$$

则

$$\begin{aligned}\boldsymbol{G}^{\mathrm{T}}(\bar{s})&=(\boldsymbol{J}+\boldsymbol{C}(\bar{s}\boldsymbol{I}-\boldsymbol{A})^{-1}\boldsymbol{B})^{\mathrm{T}}\\&=\boldsymbol{J}^{\mathrm{T}}+(\boldsymbol{C}(\bar{s}\boldsymbol{I}-\boldsymbol{A})^{-1}\boldsymbol{B})^{\mathrm{T}}\\&=\boldsymbol{J}^{\mathrm{T}}+\boldsymbol{B}^{\mathrm{T}}((\bar{s}\boldsymbol{I}-\boldsymbol{A})^{-1})^{\mathrm{T}}\boldsymbol{C}^{\mathrm{T}}\\&=\boldsymbol{J}^{\mathrm{T}}+\boldsymbol{B}^{\mathrm{T}}((\bar{s}\boldsymbol{I}-\boldsymbol{A})^{\mathrm{T}})^{-1}\boldsymbol{C}^{\mathrm{T}}\\&=\boldsymbol{J}^{\mathrm{T}}+\boldsymbol{B}^{\mathrm{T}}((\bar{s}\boldsymbol{I})^{\mathrm{T}}-\boldsymbol{A}^{\mathrm{T}})^{-1}\boldsymbol{C}^{\mathrm{T}}\\&=\boldsymbol{J}^{\mathrm{T}}+\boldsymbol{B}^{\mathrm{T}}(\bar{s}\boldsymbol{I}-\boldsymbol{A}^{\mathrm{T}})^{-1}\boldsymbol{C}^{\mathrm{T}}\end{aligned}$$

故 $(\bar{s}\boldsymbol{I})^{\mathrm{T}}=(\bar{s}\boldsymbol{I})$，这样有

$$\boldsymbol{G}(s)+\boldsymbol{G}^{\mathrm{T}}(\bar{s})=\boldsymbol{J}+\boldsymbol{C}(\bar{s}\boldsymbol{I}-\boldsymbol{A})^{-1}\boldsymbol{B}+\boldsymbol{J}^{\mathrm{T}}+\boldsymbol{B}^{\mathrm{T}}(\bar{s}\boldsymbol{I}-\boldsymbol{A}^{\mathrm{T}})^{-1}\boldsymbol{C}^{\mathrm{T}} \tag{14.1.20}$$

由式(14.1.18)、式(14.1.19)，则有

$$\boldsymbol{C}^{\mathrm{T}}=(\boldsymbol{B}^{\mathrm{T}}\boldsymbol{P}+\boldsymbol{K}^{\mathrm{T}}\boldsymbol{L}^{\mathrm{T}})^{\mathrm{T}}=(\boldsymbol{P}^{\mathrm{T}}\boldsymbol{B}+\boldsymbol{LK})=\boldsymbol{PB}+\boldsymbol{LK}$$

这是因为 $\boldsymbol{P}^{\mathrm{T}}=\boldsymbol{P}$，将这些关系代入式(14.1.20)，得

$$\begin{aligned}\boldsymbol{G}(s)+\boldsymbol{G}^{\mathrm{T}}(\bar{s})&=\boldsymbol{J}+\boldsymbol{J}^{\mathrm{T}}+\boldsymbol{B}^{\mathrm{T}}(\bar{s}\boldsymbol{I}-\boldsymbol{A}^{\mathrm{T}})^{-1}\boldsymbol{C}^{\mathrm{T}}+\boldsymbol{C}(s\boldsymbol{I}-\boldsymbol{A})^{-1}\boldsymbol{B}\\&=\boldsymbol{K}^{\mathrm{T}}\boldsymbol{K}+\boldsymbol{B}^{\mathrm{T}}(\bar{s}\boldsymbol{I}-\boldsymbol{A}^{\mathrm{T}})^{-1}(\boldsymbol{PB}+\boldsymbol{LK})+(\boldsymbol{B}^{\mathrm{T}}\boldsymbol{P}+\boldsymbol{K}^{\mathrm{T}}\boldsymbol{L}^{\mathrm{T}})(s\boldsymbol{I}-\boldsymbol{A})^{-1}\boldsymbol{B}\\&=\boldsymbol{K}^{\mathrm{T}}\boldsymbol{K}+\boldsymbol{B}^{\mathrm{T}}(\bar{s}\boldsymbol{I}-\boldsymbol{A}^{\mathrm{T}})^{-1}\boldsymbol{PB}+\boldsymbol{B}^{\mathrm{T}}(\bar{s}\boldsymbol{I}-\boldsymbol{A}^{\mathrm{T}})^{-1}\boldsymbol{LK}\\&\quad+\boldsymbol{B}^{\mathrm{T}}\boldsymbol{P}(s\boldsymbol{I}-\boldsymbol{A})^{-1}\boldsymbol{B}+\boldsymbol{K}^{\mathrm{T}}\boldsymbol{L}^{\mathrm{T}}(s\boldsymbol{I}-\boldsymbol{A})^{-1}\boldsymbol{B}\end{aligned} \tag{14.1.21}$$

将上式的第2项与第4项取出单独求和，且第2项在 $\boldsymbol{P}$ 之后插入 $(s\boldsymbol{I}-\boldsymbol{A})(s\boldsymbol{I}-\boldsymbol{A})^{-1}$，第4项在 $\boldsymbol{P}$ 之前插入 $(s\boldsymbol{I}-\boldsymbol{A})^{-1}(s\boldsymbol{I}-\boldsymbol{A})$

得

$$\begin{aligned}&\boldsymbol{B}^{\mathrm{T}}(\bar{s}\boldsymbol{I}-\boldsymbol{A}^{\mathrm{T}})^{-1}\boldsymbol{P}(s\boldsymbol{I}-\boldsymbol{A})(s\boldsymbol{I}-\boldsymbol{A})^{-1}\boldsymbol{B}\\&\quad+\boldsymbol{B}^{\mathrm{T}}(\bar{s}\boldsymbol{I}-\boldsymbol{A})^{-1}(\bar{s}\boldsymbol{I}-\boldsymbol{A})\boldsymbol{P}(s\boldsymbol{I}-\boldsymbol{A})^{-1}\boldsymbol{B}\end{aligned} \tag{14.1.22}$$

前抽公因子 $\boldsymbol{B}^{\mathrm{T}}(\bar{s}\boldsymbol{I}-\boldsymbol{A})^{-1}$，后抽 $(s\boldsymbol{I}-\boldsymbol{A})^{-1}\boldsymbol{B}$，式(14.1.22)变成

$$=\boldsymbol{B}^{\mathrm{T}}(\bar{s}\boldsymbol{I}-\boldsymbol{A})^{-1}(\boldsymbol{P}(s\boldsymbol{I}-\boldsymbol{A})+(\bar{s}\boldsymbol{I}-\boldsymbol{A}^{\mathrm{T}})\boldsymbol{P})(s\boldsymbol{I}-\boldsymbol{A})^{-1}\boldsymbol{B} \tag{14.1.23}$$

中间因子

$$(\boldsymbol{P}(s\boldsymbol{I}-\boldsymbol{A})+(\bar{s}\boldsymbol{I}-\boldsymbol{A}^{\mathrm{T}})\boldsymbol{P})=\boldsymbol{P}s\boldsymbol{I}-\boldsymbol{PA}+\bar{s}\boldsymbol{IP}-\boldsymbol{A}^{\mathrm{T}}\boldsymbol{P}$$

式中，$\boldsymbol{P}s\boldsymbol{I}+\bar{s}\boldsymbol{IP}$，其中的 $\boldsymbol{I}$ 为单位矩阵，可以不写。由于 $s=\sigma+\mathrm{j}\omega$；$\bar{s}=\sigma-\mathrm{j}\omega$ 则

$$\begin{aligned}\boldsymbol{P}s\boldsymbol{I}+\bar{s}\boldsymbol{IP}&=\boldsymbol{P}s+\bar{s}\boldsymbol{P}=\boldsymbol{P}(\sigma+\mathrm{j}\omega)+(\sigma-\mathrm{j}\omega)\boldsymbol{P}\\&=\boldsymbol{P}\sigma+\mathrm{j}\boldsymbol{P}\omega+\sigma\boldsymbol{P}-\mathrm{j}\omega\boldsymbol{P}=\boldsymbol{P}\sigma+\sigma\boldsymbol{P}=2\boldsymbol{P}Re(s)\end{aligned}$$

$Re(s)$ 表示 s 的实部，$Re(s)=\sigma$ 且 ω，σ 不是矩阵，而是数。这样式(14.1.23)可写成

$$= \boldsymbol{B}^{\mathrm{T}}(\bar{s}\boldsymbol{I}-\boldsymbol{A})^{-1}(2\boldsymbol{P}Re(s)-\boldsymbol{P}\boldsymbol{A}-\boldsymbol{A}^{\mathrm{T}}\boldsymbol{P})(s\boldsymbol{I}-\boldsymbol{A})^{-1}\boldsymbol{B}$$

考虑到式(14.1.17)

$$\boldsymbol{P}\boldsymbol{A}+\boldsymbol{A}^{\mathrm{T}}\boldsymbol{P}=-\boldsymbol{L}\boldsymbol{L}^{\mathrm{T}}$$

式(14.1.23)进而写成

$$\begin{aligned}&= \boldsymbol{B}^{\mathrm{T}}(\bar{s}\boldsymbol{I}-\boldsymbol{A})^{-1}(2\boldsymbol{P}Re(s)+\boldsymbol{L}\boldsymbol{L}^{\mathrm{T}})(s\boldsymbol{I}-\boldsymbol{A})^{-1}\boldsymbol{B}\\ &= \boldsymbol{B}^{\mathrm{T}}(\bar{s}\boldsymbol{I}-\boldsymbol{A})^{-1}\boldsymbol{P}(s\boldsymbol{I}-\boldsymbol{A})^{-1}\boldsymbol{B}2\boldsymbol{Re}(s)+\boldsymbol{B}^{\mathrm{T}}(\bar{s}\boldsymbol{I}-\boldsymbol{A})^{-1}\boldsymbol{L}\boldsymbol{L}^{\mathrm{T}}(s\boldsymbol{I}-\boldsymbol{A})^{-1}\boldsymbol{B}\end{aligned} \tag{14.1.24}$$

将式(14.1.24)代入式(14.1.21)有

$$\begin{aligned}&\boldsymbol{G}(s)+\boldsymbol{G}^{\mathrm{T}}(\bar{s})\\ &= \boldsymbol{K}^{\mathrm{T}}\boldsymbol{K}+\boldsymbol{B}^{\mathrm{T}}(\bar{s}\boldsymbol{I}-\boldsymbol{A}^{\mathrm{T}})^{-1}\boldsymbol{P}(s\boldsymbol{I}-\boldsymbol{A})^{-1}\boldsymbol{B}2Re(s)+\boldsymbol{B}^{\mathrm{T}}(\bar{s}\boldsymbol{I}-\boldsymbol{A}^{\mathrm{T}})^{-1}\boldsymbol{L}\boldsymbol{L}^{\mathrm{T}}(s\boldsymbol{I}-\boldsymbol{A})^{-1}\boldsymbol{B}\\ &\quad+\boldsymbol{B}^{\mathrm{T}}(\bar{s}\boldsymbol{I}-\boldsymbol{A}^{\mathrm{T}})^{-1}\boldsymbol{L}\boldsymbol{K}+\boldsymbol{K}^{\mathrm{T}}\boldsymbol{L}^{\mathrm{T}}(s\boldsymbol{I}-\boldsymbol{A})^{-1}\boldsymbol{B}\end{aligned} \tag{14.1.25}$$

式(14.1.25)中的第1项与第5项之和

$$\boldsymbol{K}^{\mathrm{T}}\boldsymbol{K}+\boldsymbol{K}^{\mathrm{T}}\boldsymbol{L}^{\mathrm{T}}(s\boldsymbol{I}-\boldsymbol{A})^{-1}\boldsymbol{B}=\boldsymbol{K}^{\mathrm{T}}(\boldsymbol{K}+\boldsymbol{L}^{\mathrm{T}}(s\boldsymbol{I}-\boldsymbol{A})^{-1}\boldsymbol{B}) \tag{14.1.26}$$

式(14.1.25)第3项与第4项之和

$$\begin{aligned}&\boldsymbol{B}^{\mathrm{T}}(\bar{s}\boldsymbol{I}-\boldsymbol{A}^{\mathrm{T}})^{-1}\boldsymbol{L}\boldsymbol{L}^{\mathrm{T}}(s\boldsymbol{I}-\boldsymbol{A})^{-1}\boldsymbol{B}+\boldsymbol{B}^{\mathrm{T}}(\bar{s}\boldsymbol{I}-\boldsymbol{A}^{\mathrm{T}})^{-1}\boldsymbol{L}\boldsymbol{K}\\ &= \boldsymbol{B}^{\mathrm{T}}(\bar{s}\boldsymbol{I}-\boldsymbol{A}^{\mathrm{T}})^{-1}\boldsymbol{L}(\boldsymbol{K}+\boldsymbol{L}^{\mathrm{T}}(s\boldsymbol{I}-\boldsymbol{A})^{-1}\boldsymbol{B})\end{aligned} \tag{14.1.27}$$

将式(14.1.26)与式(14.1.27)相加，结果中有公因子 $(\boldsymbol{K}+\boldsymbol{L}^{\mathrm{T}}(s\boldsymbol{I}-\boldsymbol{A})^{-1}\boldsymbol{B})$，将其抽出有

$$(\boldsymbol{K}^{\mathrm{T}}+\boldsymbol{B}^{\mathrm{T}}(\bar{s}\boldsymbol{I}-\boldsymbol{A}^{\mathrm{T}})^{-1}\boldsymbol{L})(\boldsymbol{K}+\boldsymbol{L}^{\mathrm{T}}(s\boldsymbol{I}-\boldsymbol{A})^{-1}\boldsymbol{B}) \tag{14.1.28}$$

求式(14.1.28)后因子的转置

$$\begin{aligned}&(\boldsymbol{K}+\boldsymbol{L}^{\mathrm{T}}(s\boldsymbol{I}-\boldsymbol{A})^{-1}\boldsymbol{B})^{\mathrm{T}}=\boldsymbol{K}^{\mathrm{T}}+\boldsymbol{B}^{\mathrm{T}}((s\boldsymbol{I}-\boldsymbol{A})^{\mathrm{T}})^{-1}\boldsymbol{L}\\ &= \boldsymbol{K}^{\mathrm{T}}+\boldsymbol{B}^{\mathrm{T}}((s\boldsymbol{I})^{\mathrm{T}}-\boldsymbol{A}^{\mathrm{T}})^{-1}\boldsymbol{L}=\boldsymbol{K}^{\mathrm{T}}+\boldsymbol{B}^{\mathrm{T}}(s\boldsymbol{I}-\boldsymbol{A}^{\mathrm{T}})^{-1}\boldsymbol{L}\end{aligned} \tag{14.1.29}$$

因为 $(s\boldsymbol{I})^{\mathrm{T}}=s\boldsymbol{I}$ 由于

$$s\boldsymbol{I}=s\begin{pmatrix}1&\cdots&0\\ \vdots&\ddots&\vdots\\ 0&\cdots&1\end{pmatrix}=\begin{pmatrix}s&\cdots&0\\ \vdots&\ddots&\vdots\\ 0&\cdots&s\end{pmatrix}$$

若将对角线右下方的元素“0”写成 $0+j0$；右上方的“0”写成 $0-j0$，则 sI 的第 i 行 j 列的元素与第 j 行第 i 列元素共轭，可见 sI 为对称共轭方阵，即为埃尔米特矩阵。则满足 $\boldsymbol{\varphi}(s)=\boldsymbol{\varphi}^{\mathrm{T}}(s)$，若 $\boldsymbol{\varphi}(s)=s\boldsymbol{I}$，$\boldsymbol{\varphi}(\bar{s})=\bar{s}$，$\boldsymbol{\varphi}^{\mathrm{T}}(\bar{s})=\bar{s}\boldsymbol{I}$，于是便有 $s\boldsymbol{I}=\bar{s}\boldsymbol{I}$。

式(14.1.29)可写成

$$(\boldsymbol{K}+\boldsymbol{L}^{\mathrm{T}}(s\boldsymbol{I}-\boldsymbol{A})^{-1}\boldsymbol{B})^{\mathrm{T}}=\boldsymbol{K}^{\mathrm{T}}+\boldsymbol{B}^{\mathrm{T}}(\bar{s}\boldsymbol{I}-\boldsymbol{A}^{\mathrm{T}})^{-1}\boldsymbol{L}$$

式(14.1.28)变成

$$\begin{aligned}&(\boldsymbol{K}^{\mathrm{T}}+\boldsymbol{B}^{\mathrm{T}}(\bar{s}\boldsymbol{I}-\boldsymbol{A}^{\mathrm{T}})^{-1}\boldsymbol{L})(\boldsymbol{K}+\boldsymbol{L}^{\mathrm{T}}(s\boldsymbol{I}-\boldsymbol{A})^{-1}\boldsymbol{B})\\ &= (\boldsymbol{K}+\boldsymbol{L}^{\mathrm{T}}(s\boldsymbol{I}-\boldsymbol{A})^{-1}\boldsymbol{B})^{\mathrm{T}}(\boldsymbol{K}+\boldsymbol{L}^{\mathrm{T}}(s\boldsymbol{I}-\boldsymbol{A})^{-1}\boldsymbol{B})\end{aligned} \tag{14.1.30}$$

将式(14.1.30)代入式(14.1.25)得

$$\begin{aligned}\boldsymbol{G}(s)+\boldsymbol{G}^{\mathrm{T}}(s)&=(\boldsymbol{K}+\boldsymbol{L}^{\mathrm{T}}(s\boldsymbol{I}-\boldsymbol{A})^{-1}\boldsymbol{B})^{\mathrm{T}}(\boldsymbol{K}+\boldsymbol{L}^{\mathrm{T}}(s\boldsymbol{I}-\boldsymbol{A})^{-1}\boldsymbol{B})\\ &\quad+\boldsymbol{B}^{\mathrm{T}}(\bar{s}\boldsymbol{I}-\boldsymbol{A}^{\mathrm{T}})^{-1}\boldsymbol{P}(s\boldsymbol{I}-\boldsymbol{A})^{-1}\boldsymbol{B}2Re(s)\end{aligned} \tag{14.1.31}$$

式(14.1.31)的第一项为二次型，非负定，同样由于

$$((s\boldsymbol{I}-\boldsymbol{A})^{-1}\boldsymbol{B})^{\mathrm{T}}=\boldsymbol{B}^{\mathrm{T}}((s\boldsymbol{I}-\boldsymbol{A})^{-1})^{\mathrm{T}}=\boldsymbol{B}^{\mathrm{T}}((s\boldsymbol{I}-\boldsymbol{A})^{\mathrm{T}})^{-1}=\boldsymbol{B}^{\mathrm{T}}((s\boldsymbol{I})^{\mathrm{T}}-\boldsymbol{A}^{\mathrm{T}})^{-1}$$

如前述 $s\boldsymbol{I}$ 是埃米尔特的，有 $s\boldsymbol{I}=\bar{s}\boldsymbol{I}$，故

$$((s\boldsymbol{I}-\boldsymbol{A})^{-1}\boldsymbol{B})^{\mathrm{T}}=\boldsymbol{B}^{\mathrm{T}}(\bar{s}\boldsymbol{I}^{\mathrm{T}}-\boldsymbol{A}^{\mathrm{T}})^{-1}$$

这样一来有

$$\boldsymbol{B}^{\mathrm{T}}(\bar{s}\boldsymbol{I}-A^{\mathrm{T}})^{-1}\boldsymbol{P}(s\boldsymbol{I}-\boldsymbol{A})^{-1}\boldsymbol{B}=((s\boldsymbol{I}-\boldsymbol{A})^{-1}\boldsymbol{B})^{\mathrm{T}}P((s\boldsymbol{I}-\boldsymbol{A})^{-1}\boldsymbol{B})$$

可见这是 $\boldsymbol{P}$ 的标准二次型，$\boldsymbol{P}$ 正定，且加之 $Re(s)\geqslant 0$，所以式(14.1.31)第2项的矩阵也为二次型，非负定，故式(14.1.31)

$$\boldsymbol{G}(s)+\boldsymbol{G}^{\mathrm{T}}(\bar{s})\geqslant 0$$

为非负定的埃尔米特矩阵，根据正实函数条件条件3，满足上述条件的 $G(s)$ 为正实函数矩阵。

14.2　局部参数最优化自适应控制

系统结构框图如图 14.2.1 所示，由麻省理工提出，称为“MIT”方案，图中虚线框为被控对象，传递函数为

$$K_P\cdot\frac{q(s)}{p(s)}$$

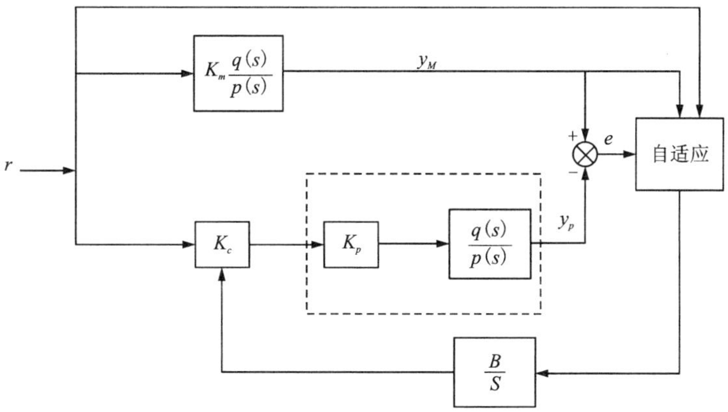

图 14.2.1　“MIT”自适应

由于环境的干扰，增益 K_P 会发生变化，控制策略由增设参考模型 $K_M\cdot\frac{q_{(s)}}{p_{(s)}}$ 来体现。它基本结构与对象同，只是增益 K_M 有所不同，系统输入为 r，参考模型的输出 Y_M 与对象输出 y_P 之差称为广义误差 e，即 $e=y_M-y_P$ 基本问题是如何根据 r，y_M 与 e，综合出自适应控制律，使它的输出作用于可调增益 K_C，使得目标函数最小。

$$J(K_C)=\int_{t_0}^{t}\mathrm{e}^{\mathrm{T}}(\tau)e(\tau)\mathrm{d}\tau$$

式中，t_0 为初始时间，$t>t_0$。显然 J 是 K_C 的函数，记为 $J(K_C)$，用梯度法寻优，按梯度的负方向下降。由式(14.1.14)有

$$K_C=-B\frac{\partial J(K_C)}{\partial K_C}=-B\frac{\partial}{\partial K_C}\int_{t_0}^{t}\mathrm{e}^{\mathrm{T}}(\tau)e(\tau)\mathrm{d}\tau=-B\int_{t_0}^{t}2\mathrm{e}^{\mathrm{T}}(\tau)\frac{\partial e(\tau)}{\partial K_C}\mathrm{d}\tau\quad(14.2.1)$$

式中，负号表示梯度的负方向，B 为寻优步长常数。

对式(14.2.1)两边求对时间的导数，偏导数是方向导数，两者是不同的。

$$\dot{K}_C = \frac{\mathrm{d}K_C}{\mathrm{d}t} = \frac{\mathrm{d}}{\mathrm{d}t}\int_{t_0}^{t} -2Be^{\mathrm{T}}\frac{\partial e}{\partial K_C}\mathrm{d}\tau = -2Be^{\mathrm{T}}\frac{\partial e}{\partial K_C} \tag{14.2.2}$$

由框图 14.2.1 知“MIT”方案的输出广义误差的拉氏变换为

$$E(s) = Y_M(s) - Y_P(s)$$

$$Y_M(s) = K_M\frac{q(s)}{p(s)}R(s)$$

$$Y_P(s) = K_cK_P\frac{q(s)}{p(s)}R(s)$$

则除自适应律外的传递函数(传函)为

$$G(s) = \frac{E(s)}{R(s)} = (K_M - K_CK_P)\frac{q(s)}{p(s)} \tag{14.2.3}$$

式中，$E(s) = \mathscr{L}(e(t))$；$R(s) = \mathscr{L}(r(t))$。

按照 D 多项式与传递函数多项式等价，对应的有

$$\frac{e(t)}{r(t)} = (K_M - K_CK_P)\frac{q(D)}{p(D)}$$

$$p(D)\cdot e(t) = (K_M - K_CK_P)q(D)\cdot r(t) \tag{14.2.4}$$

由于 $e(t)$ 显然是 K_C 的函数，调节 K_C 会对广义误差产生影响，欲综合出自适应律，将式(14.2.4)对 K_c 求偏导得

$$\frac{\partial}{\partial K_C}p(D)e(t) = p(D)\frac{\partial e}{\partial K_C} = \frac{\partial}{\partial K_C}(K_M - K_CK_P)q(D)r(t)$$

$$= \frac{\partial}{\partial K_C}K_Mq(D)\cdot r(t) - \frac{\partial}{\partial K_C}K_CK_Pq(D)\cdot r(t)$$

上式第 1 项对 K_C 而言为常数，求偏导为 0，故

$$p(D)\frac{\partial}{\partial K_C} = -K_Pq(D)\cdot r(t) \tag{14.2.5}$$

$$\frac{\partial e}{\partial K_C} = -\frac{K_Pq(D)\cdot r(t)}{p(D)}$$

由图 14.2.1 知

$$y_M = K_M\frac{q(D)}{p(D)}r$$

$$\frac{q(D)}{p(D)}r = \frac{y_M}{K_M}$$

故

$$\frac{\partial e}{\partial K_C} = -\frac{K_Pq(D)\cdot r(t)}{p(D)} = -\frac{K_P}{K_M}y_M \tag{14.2.6}$$

将式(14.2.6)代入式(14.2.2)得

$$\dot{K}_C = -2Be^{\mathrm{T}}\left(-\frac{K_P}{K_M}y_M\right) = B'e^{\mathrm{T}}y_M \tag{14.2.7}$$

式中，$B' = 2B\frac{K_C}{K_M}$ 如果系统是一维的，则自适应律应为

$$\dot{K}_C = B'e^{T}y_M$$

由此得到自适应框图如图 14.2.2 所示。

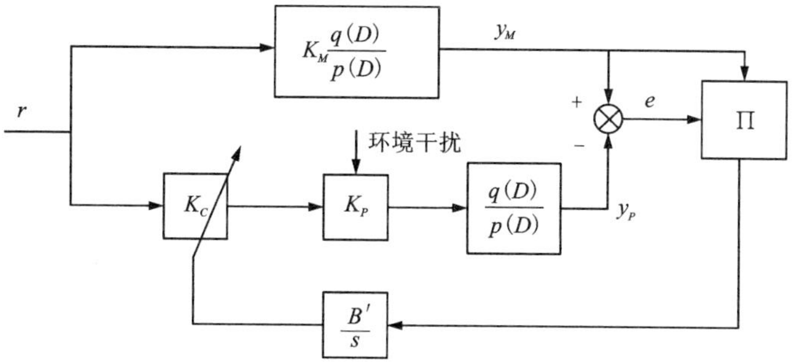

图 14.2.2　“MIT”自适应系统框图

自适应律由乘法算法获得，再经反馈的积分环节，用以调节增益 K_C 来实现自适应调节。“MIT”自适应调节的特点是，选用的参考模型结构与被控对象相同，但增益 K_M 相对固定，反馈通道用以调节可调增益 K_C，使之抵消环境对被控对象增益的影响，但这样的自适应系统往往会使系统振荡，因此诞生了用李雅普诺夫稳定性第二方法来综合自适应控制的方案。

14.3　可调增益一阶系统李雅普诺夫参考模型自适应

如何运用李雅普诺夫第二方法来设计稳定的自适应系统，得先从简单的情况入手。系统结构如图 14.3.1 所示。被控对象是一阶惯性环节，自然参考模型也选用一阶惯性环节。但是增益不同，对象的增益为 K_P，参考模型的增益为 K_M。由图 14.3.1 可知

$$\begin{cases} p(s) = 1 + Ts \\ q(s) = 1 \end{cases} \tag{14.3.1}$$

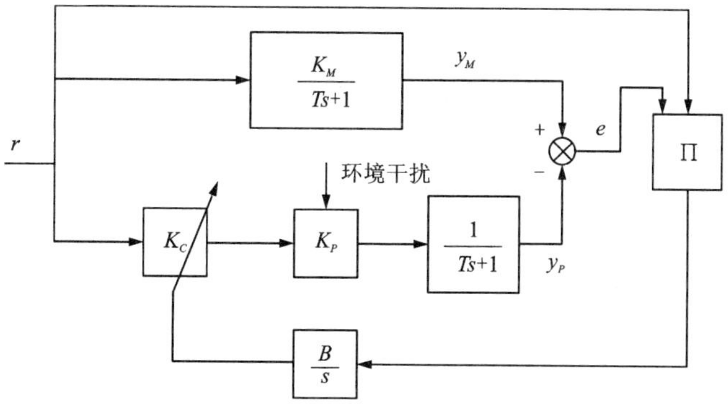

图 14.3.1　具有可调增益的一阶惯性系统的自适应系统

由式(14.2.3)有

$$G(s)=\frac{E(s)}{R(s)}=(K_M-K_CK_P)\frac{q(s)}{p(s)}=(K_M-K_CK_P)\cdot\frac{1}{Ts+1}$$

$$(Ts+1)E(s)=(K_M-K_CK_P)R(s)$$

两边求反拉氏变换，左边

$$\mathscr{L}^{-1}((Ts+1)E(s))=\mathscr{L}^{-1}(TsE(s))+\mathscr{L}^{-1}(E(s))=T\dot{e}(t)+e(t)$$

右边

$$\mathscr{L}^{-1}((K_M-K_CK_P)R(s))=(K_M-K_CK_P)\mathscr{L}^{-1}(R(s))=(K_M-K_CK_P)\cdot r(t)$$

于是得

$$T\dot{e}(t)+e(t)=(K_M-K_CK_P)r(t) \tag{14.3.2}$$

按照李雅普诺夫稳定性第二方法，若能找到李雅普诺夫函数正定，$V(e)>0$，而$\dot{V}(e)$负定，则系统就能渐近稳定。现在设$V(e)=\mathrm{e}^2+\lambda K^2$，当$\lambda>0$时，$\mathrm{e}^2>0$，$K^2>0$，则$V(e)$正定。

$$\dot{V}(e)=\frac{\mathrm{d}v(e)}{\mathrm{d}t}=\frac{\mathrm{d}}{\mathrm{d}t}(\mathrm{e}^2+\lambda\boldsymbol{k}^2)=\frac{\mathrm{d}\mathrm{e}^2}{\mathrm{d}t}+\frac{\mathrm{d}\lambda\boldsymbol{k}^2}{\mathrm{d}t}=ze\frac{\mathrm{d}e}{\mathrm{d}t}+2\lambda\boldsymbol{k}\frac{\mathrm{d}k}{\mathrm{d}t}=2e\dot{e}+2\lambda\boldsymbol{k}\dot{\boldsymbol{k}} \tag{14.3.3}$$

由式(13.3.2)改写成

$$\dot{e}=-\frac{e}{T}+\frac{Kr(t)}{T} \tag{14.3.4}$$

式中，$K=K_M-K_CK_P$。

将式(14.3.4)代入式(14.3.3)得

$$\frac{\mathrm{d}V(e)}{\mathrm{d}t}=2e\left(-\frac{e}{T}+\frac{Kr(t)}{T}\right)+2\lambda K\dot{K} \tag{14.3.5}$$

$$=-2\frac{\mathrm{e}^2}{T}+2e\frac{Kr(t)}{T}+2\lambda K\dot{K} \tag{14.3.6}$$

上式第一项恒为负，若后两项之和为0，即

$$2e\frac{Kr(t)}{T}+2\lambda K\dot{K}=0 \tag{14.3.7}$$

则$\frac{\mathrm{d}V(e)}{\mathrm{d}t}$为负，由李雅普诺夫第二方法知道系统渐近稳定。解式(14.3.7)，综合得出d自适应律，得到

$$\dot{K}=-\frac{er(t)}{\lambda T} \tag{14.3.8}$$

因为$K=K_M-K_CK_P$，$\frac{\mathrm{d}K}{\mathrm{d}K_C}=-K_P$，$\mathrm{d}K=-K_P\mathrm{d}K_C$，即

$$\dot{K}=-K_P\dot{K}_C \tag{14.3.9}$$

将式(14.3.9)代入式(14.3.8)得

$$-K_P\dot{K}_C=-\frac{er(t)}{\lambda T}$$

$$\dot{K}_C=\frac{1}{\lambda TK_P}er(t)=Ber(t) \tag{14.3.10}$$

式中，$B=\frac{1}{\lambda\tau K_P}$。

联立式(14.3.2)与式(14.3.10)有

$$\begin{cases} T\dot{e}(t) + e(t) = (K_M - K_C K_P) r(t) \\ \dot{K}_C = Ber(t) \end{cases} \tag{14.3.11}$$

成为具有可调增益的一阶自适应系统，这是应用李雅普诺夫第二方法综合出来的，故称为李雅普诺夫模型参考自适应系统，结构框图如图 14.3.2 所示。

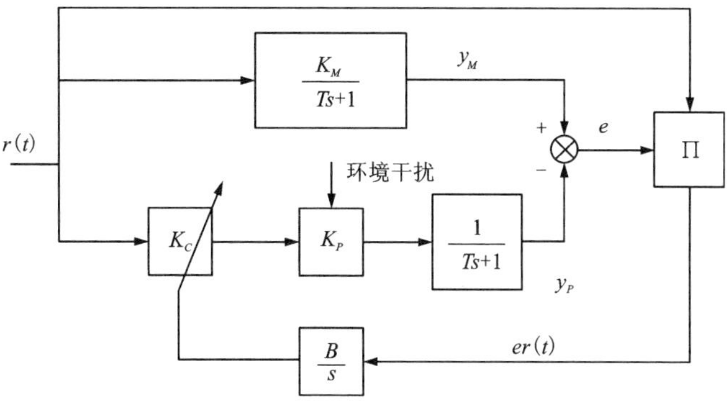

图 14.3.2　李雅普诺夫模型参考一阶系统

式(14.3.11)的第1式是由被控对象、参考模型组成的系统的输入输出微分方程，第2式是由综合出来的自适应控制律。将广义误差输出 e 乘以输入 $r(t)$ 经反馈环节 B，再积分，最终获得能令 J 为最小的增益 K_C，作用于对象。

可将上述结果推广到 n 阶线性系统，设被控对象的传函为 $G_P(s) = \frac{q(s)}{p(s)}$，相应的参考模型的传函为

$$G_M(s) = K_M \cdot \frac{q(s)}{p(s)}$$

式中，$\begin{cases} p(s) = s^n + a_1 s^{n-1} + a_2 s^{n-2} + \cdots + a_n \\ q(s) = b_1 s^{n-1} + b_2 s^{n-2} + \cdots + b_n \end{cases}$。

设 $p(s)$ 的根(即极点)均在左半复平面，系统是稳定的。广义误差 $e = y_M - y_P$，由式(14.2.3)知

$$G(s) = \frac{E(s)}{R(s)} = (K_M - K_C K_P)\frac{q(s)}{p(s)} = K\frac{q(s)}{p(s)}$$

式中，$K = K_M - K_C K_P$，则 $p(s)E(s) = Kq(s)R(s)$。

上式两边求反拉氏变换

$$\mathscr{L}^{-1}(p(s)E(s)) = \mathscr{L}^{-1}(Kq(s)R(s))$$

$$\mathscr{L}^{-1}(s^n + a_1 s^{n-1} + a_2 s^{n-2} + \cdots + a_n)E(s) = \mathscr{L}^{-1}(b_1 s^{n-1} + b_2 s^{n-2} + \cdots + b_n)E(s)K$$

$$\mathscr{L}^{-1}(s^n E(s)) + \mathscr{L}^{-1}(a_1 s^{n-1} E(s)) + \cdots + \mathscr{L}^{-1}(a_n E(s))$$
$$= (\mathscr{L}^{-1}(b_1 s^{n-1} R(s)) + \mathscr{L}^{-1}(b_2 s^{n-2} R(s)) + \cdots + \mathscr{L}^{-1}(b_n R(s)))K$$

于是有

$$\mathrm{e}^{(n)} + a_1 \mathrm{e}^{(n-1)} + a_2 \mathrm{e}^{(n-2)} + \cdots + a_n e = (b_1 r^{(n)} + b_2 r^{(n)} + \cdots + b_n r)K \tag{14.3.12}$$

设
$$\begin{cases} x_1 = e \\ x_2 = \dot{x}_1 - \beta_1 r \\ x_3 = \dot{x}_2 - \beta_2 r \\ \vdots \\ x_n = \dot{x}_{n-1} - \beta_{n-1} r \end{cases} \tag{14.3.13}$$

按本书 1.2.2 节所述方法将式(14.3.13) 转化为状态方程和输出方程

$$\begin{cases} \dot{\boldsymbol{X}} = \boldsymbol{AX} + K\boldsymbol{b}r \\ e = \boldsymbol{CX} \end{cases} \tag{14.3.14}$$

其中，$\boldsymbol{X} = \begin{pmatrix} x_1 \\ x_1 \\ \vdots \\ x_1 \end{pmatrix}$，$\boldsymbol{A} = \begin{pmatrix} 0 & 1 & 0 & \cdots & 0 \\ 0 & 0 & 1 & \vdots & 0 \\ \vdots & \vdots & \vdots & \ddots & 1 \\ -a_n & -a_{n-1} & \cdots & \cdots & -a_1 \end{pmatrix}$。

然后求得$\boldsymbol{b}^{\mathrm{T}} = (\beta_1 \quad \cdots \quad \beta_n)$，得

$$\begin{pmatrix} \beta_1 \\ \beta_2 \\ \vdots \\ \vdots \\ \beta_n \end{pmatrix} = \begin{pmatrix} 1 & & & & 0 \\ a_1 & \ddots & & & \\ a_2 & a_1 & \ddots & & \\ \vdots & & & \ddots & \\ a_{n-1} & a_{n-2} & \cdots & a_1 & 1 \end{pmatrix}^{-1} \begin{pmatrix} b_1 \\ b_2 \\ \vdots \\ \vdots \\ b_n \end{pmatrix}$$

$$\boldsymbol{C} = (1 \quad 0 \quad \cdots \quad 0)$$

$$K = K_M - K_C K_P$$

应用李雅普诺夫第二方法综合自适应律的步骤是如下。

(1) 设李雅普诺夫函数为

$$V(\boldsymbol{E}) = \boldsymbol{X}^{\mathrm{T}}\boldsymbol{PX} + \lambda K^2,$$

式中，$\lambda > 0$，$\boldsymbol{P}$ 正定，则 $V(E)$ 正定。

(2) 求

$$\dot{V} = \frac{\mathrm{d}}{\mathrm{d}t}V(\boldsymbol{E}) = \frac{\mathrm{d}}{\mathrm{d}t}(\boldsymbol{X}^{\mathrm{T}}\boldsymbol{PX}) + \frac{\mathrm{d}}{\mathrm{d}t}(\lambda K^2) \tag{14.3.15}$$

式(14.3.15) 第 1 项

$$\frac{\mathrm{d}}{\mathrm{d}t}(\boldsymbol{X}^{\mathrm{T}}\boldsymbol{PX}) = \dot{\boldsymbol{X}}^{\mathrm{T}}\boldsymbol{PX} + \boldsymbol{X}^{\mathrm{T}}\boldsymbol{P}\dot{\boldsymbol{X}} \tag{14.3.16}$$

将式(14.3.14) 第 1 式代入式(14.3.16)

$$\begin{aligned} \frac{\mathrm{d}}{\mathrm{d}t}(\boldsymbol{X}^{\mathrm{T}}\boldsymbol{PX}) &= [\boldsymbol{AX} + K\boldsymbol{b}r(t)]^{\mathrm{T}}\boldsymbol{PX} + \boldsymbol{X}^{\mathrm{T}}\boldsymbol{P}[\boldsymbol{AX} + K\boldsymbol{b}r(t)] \\ &= \boldsymbol{X}^{\mathrm{T}}\boldsymbol{A}^{\mathrm{T}}\boldsymbol{PX} + r^{\mathrm{T}}(t)\,\boldsymbol{b}^{\mathrm{T}}K^{\mathrm{T}}\boldsymbol{PX} + \boldsymbol{X}^{\mathrm{T}}\boldsymbol{PAX} + \boldsymbol{X}^{\mathrm{T}}\boldsymbol{P}K\boldsymbol{b}r(t) \end{aligned} \tag{14.3.17}$$

K 与 $r(t)$ 为标量，故

$$r^{\mathrm{T}}(t)\,\boldsymbol{b}^{\mathrm{T}}K^{\mathrm{T}}P\boldsymbol{X} = Kr(t)\,\boldsymbol{b}^{\mathrm{T}}\boldsymbol{PX}$$

同理

$$\boldsymbol{X}^{\mathrm{T}}\boldsymbol{P}K\boldsymbol{b}r(t) = Kr(t)\,\boldsymbol{X}^{\mathrm{T}}\boldsymbol{Pb}$$

而

$$\boldsymbol{b}^{\mathrm{T}}\boldsymbol{PX}=(\beta_1 \quad \cdots \quad \beta_n)_{1\times n}\begin{pmatrix} p_1 & & 0 \\ & \ddots & \\ 0 & & p_n \end{pmatrix}_{n\times n}\begin{pmatrix} x_1 \\ \vdots \\ x_n \end{pmatrix}_{n\times 1}$$

为标量，同理，$\boldsymbol{P}$ 为对称阵，$\boldsymbol{X}^{\mathrm{T}}\boldsymbol{Pb}$ 也为标量，故$(\boldsymbol{b}^{\mathrm{T}}\boldsymbol{PX})^{\mathrm{T}}=\boldsymbol{X}^{\mathrm{T}}\boldsymbol{Pb}$，而

$$\boldsymbol{X}^{\mathrm{T}}\boldsymbol{A}^{\mathrm{T}}\boldsymbol{PX}+\boldsymbol{X}^{\mathrm{T}}\boldsymbol{PAX}=\boldsymbol{X}^{\mathrm{T}}(\boldsymbol{A}^{\mathrm{T}}\boldsymbol{P}+\boldsymbol{PA})\boldsymbol{X}$$

这样一来，式(14.3.15) 右边第 1 项

$$\begin{aligned}\frac{d}{\mathrm{d}t}(\boldsymbol{X}^{\mathrm{T}}\boldsymbol{PX}) &= \dot{\boldsymbol{X}}^{\mathrm{T}}\boldsymbol{PX}+\boldsymbol{X}^{\mathrm{T}}\boldsymbol{P}\dot{\boldsymbol{X}} \\ &= \boldsymbol{X}^{\mathrm{T}}(\boldsymbol{A}^{\mathrm{T}}\boldsymbol{P}+\boldsymbol{PA})\boldsymbol{X}+2Kr(t)\boldsymbol{X}^{\mathrm{T}}\boldsymbol{Pb}\end{aligned}$$

李雅普诺夫函数第 2 项求导$\frac{d}{\mathrm{d}t}\lambda K^2=2\lambda K\dot{K}$。所以式(14.3.15) 最终可以写成

$$\dot{V}=\frac{dV(e)}{\mathrm{d}t}=\boldsymbol{X}^{\mathrm{T}}(\boldsymbol{A}^{\mathrm{T}}\boldsymbol{P}+\boldsymbol{PA})\boldsymbol{X}+2Kr(t)\boldsymbol{X}^{\mathrm{T}}\boldsymbol{P}b+2\lambda K\dot{K}$$

式中，第 1 项为 $\boldsymbol{X}$ 的二次型，为了使 $\dot{V}$ 负定，需要满足以下条件：

① $\boldsymbol{X}^{\mathrm{T}}(\boldsymbol{A}^{\mathrm{T}}\boldsymbol{P}+\boldsymbol{PA})\boldsymbol{X}$ 负定；

②$2Kr(t)\boldsymbol{X}^{\mathrm{T}}\boldsymbol{Pb}+2\lambda K\dot{K}=0$。

由 ② 可解得自适应律 $\dot{K}=-\dfrac{1}{\lambda}\boldsymbol{X}^{\mathrm{T}}\boldsymbol{Pb}r(t)$，由式(14.3.9) 知

$$\dot{K}=-K_P\cdot\dot{K}_C$$

代入上式得

$$\dot{K}_C=\frac{1}{\lambda K_P}\boldsymbol{X}^{\mathrm{T}}\boldsymbol{Pb}r(t) \tag{14.3.18}$$

问题的关键是，条件 1 中的$(\boldsymbol{A}^{\mathrm{T}}\boldsymbol{P}+\boldsymbol{PA})$ 决定了$\boldsymbol{X}^{\mathrm{T}}(\boldsymbol{A}^{\mathrm{T}}\boldsymbol{P}+\boldsymbol{PA})\boldsymbol{X}$ 的正负定性质，为使其负定，必须是$(\boldsymbol{A}^{\mathrm{T}}\boldsymbol{P}+\boldsymbol{PA})$ 负定，故令

$$(\boldsymbol{A}^{\mathrm{T}}\boldsymbol{P}+\boldsymbol{PA})=-\boldsymbol{Q} \tag{14.3.19}$$

式中，$\boldsymbol{Q}>0$ 为正定阵，且 $\boldsymbol{A}$ 由原设知，它的极点均位于复左半平面，$\boldsymbol{A}$ 是稳定的。所以，在式(14.3.19) 条件下综合出来的自适应律式(14.3.20) 能使含参考模型在内的系统渐近稳定。但由式(14.3.13) 知，x_1 与 e 有关，$x_2=\dot{x}_1-\beta_1 r=\dot{e}-\beta_1 r$，可见 x_2 与 e 的一阶导数有关。由此推断 x_n 与 e 的 $n-1$ 阶导数有关。因此由式(14.3.18) 综合出来的自适应律 K_C 与 e 的各阶导数有关，为获得 K_C，除要检测 e 外，还要检测 e 的各阶导数，需要增加许多硬件设备，为了不增加硬件设备，得使式(14.3.18) 中的

$$\boldsymbol{Pb}=\begin{pmatrix} \mu & 0 & & 0 \\ 0 & 0 & & \\ & & \ddots & \\ 0 & & & 0 \end{pmatrix}\begin{pmatrix} \beta_1 \\ \vdots \\ \vdots \\ \beta_n \end{pmatrix}=\begin{pmatrix} \mu\beta_1 \\ 0 \\ \vdots \\ 0 \end{pmatrix}=\mu$$

为简单，令 $\beta_1=1$，则 $\boldsymbol{Pb}=(\mu \quad 0 \quad \cdots \quad 0)^{\mathrm{T}}$，$C=(1 \quad 0 \quad \cdots \quad 0)$，由于

$$e = \boldsymbol{CX} = (1 \quad 0 \quad \cdots \quad 0)\begin{pmatrix} x_1 \\ x_2 \\ \vdots \\ x_n \end{pmatrix} = x_1$$

由式(14.3.13)知$x_1 = e$，可见这时$\boldsymbol{X}$是一维的，且为e，即$\boldsymbol{X} = e$，$\boldsymbol{X}^{\mathrm{T}} = e$。这时式(14.3.18)写成

$$\dot{K}_C = \frac{1}{\lambda K_P}\mu er(t) = B'er(t) \tag{14.3.20}$$

式中，$B' = \dfrac{e}{\lambda K_P}$。

式(14.3.20)就是$\boldsymbol{X}$为一维时的最终结果，据此可得李雅普诺夫自适应控制系统结构框图如图14.3.3所示。

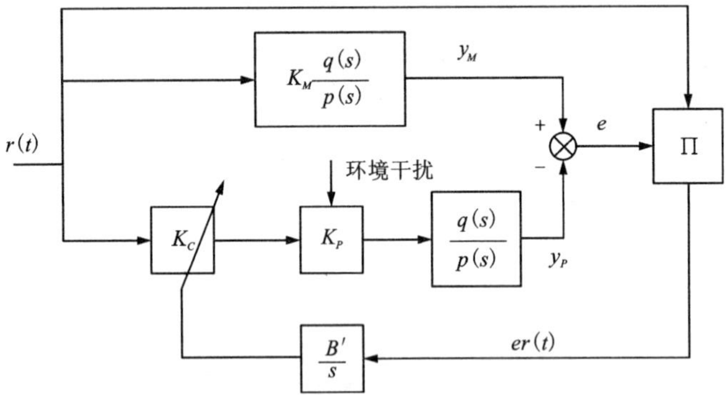

图14.3.3　李雅普诺夫自适应控制系统

由于系统是根据李雅普诺夫第二方法综合出来的自适应律，它必定是闭环稳定的。

14.4　时变多变量线性系统自适应

以前研究的是较为特殊、简单的一类，现在将李雅普诺夫第二方法拓展到更为一般的多变量线性系统，设参考模型为

$$\begin{cases} \dot{\boldsymbol{X}}_M = \boldsymbol{A}_M\boldsymbol{X}_M + \boldsymbol{B}_M r \\ \boldsymbol{X}_M(0) = \boldsymbol{X}_{M0} \end{cases} \tag{14.4.1}$$

被控对象

$$\begin{cases} \dot{\boldsymbol{X}}_P = \boldsymbol{A}_P\boldsymbol{X}_P + \boldsymbol{B}_P u \\ \boldsymbol{X}_P(0) = \boldsymbol{X}_{P0} \end{cases} \tag{14.4.2}$$

式中，$\boldsymbol{X}_M$为参考模型的输出；$\boldsymbol{X}_P$为被控对象输出。如图14.4.1所示。

则广义误差为

$$\boldsymbol{e} = \boldsymbol{X}_M - \boldsymbol{X}_P \tag{14.4.3}$$

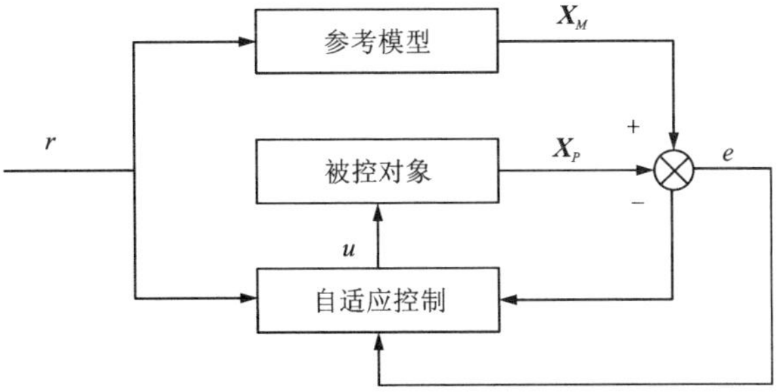

图 14.4.1　时变多变量系统示意图

对式(14.4.3)两边求微分

$$\dot{\boldsymbol{e}} = \dot{\boldsymbol{X}}_M - \dot{\boldsymbol{X}}_P$$

将式(14.4.1)、式(14.4.2)代入得

$$\dot{\boldsymbol{e}} = \boldsymbol{A}_M \boldsymbol{X}_M + \boldsymbol{B}_M r - (\boldsymbol{A}_P \boldsymbol{X}_P + \boldsymbol{B}_P u) \tag{14.4.4}$$

将式(14.4.3)改写成

$$\boldsymbol{X}_M = e + \boldsymbol{X}_P$$

将式(14.4.5)代入式(14.4.4)有

$$\begin{aligned}\dot{\boldsymbol{e}} &= \boldsymbol{A}_M(\boldsymbol{e} + \boldsymbol{X}_P) + \boldsymbol{B}_M r - \boldsymbol{A}_P \boldsymbol{X}_P - \boldsymbol{B}_P u \\ &= \boldsymbol{A}_M \boldsymbol{e} + \boldsymbol{A}_M \boldsymbol{X}_P - \boldsymbol{A}_P \boldsymbol{X}_P + \boldsymbol{B}_M r - \boldsymbol{B}_P u \\ &= \boldsymbol{A}_M \boldsymbol{e} + (\boldsymbol{A}_M - \boldsymbol{A}_P)\boldsymbol{X}_P + \boldsymbol{B}_M r - \boldsymbol{B}_P u = A_M \boldsymbol{e} + \boldsymbol{f}\end{aligned} \tag{14.4.6}$$

式中

$$\boldsymbol{f} = (\boldsymbol{A}_M - \boldsymbol{A}_P)\boldsymbol{X}_P + \boldsymbol{B}_M r - \boldsymbol{B}_P u \tag{14.4.7}$$

由式(14.4.6)综合自适应律的问题就归结为如何调整 $\boldsymbol{f}$，使之 $\lim\limits_{t\to\infty} e(t) \to 0$。

设李雅普诺夫函数为

$$V = \boldsymbol{e}^{\mathrm{T}} \boldsymbol{P} \boldsymbol{e} + h(\boldsymbol{\varphi}, \boldsymbol{\psi}) \tag{14.4.8}$$

式中

$$h(\boldsymbol{\varphi}, \boldsymbol{\psi}) = \sum_{i=1}^{n} \boldsymbol{\varphi}_i^{\mathrm{T}} \boldsymbol{\varphi}_i + \sum_{i=1}^{n} \boldsymbol{\psi}_i^{\mathrm{T}} \boldsymbol{\psi} \tag{14.4.9}$$

求

$$\dot{V} = \frac{dV}{\mathrm{d}t} = (\boldsymbol{e}^{\mathrm{T}} \boldsymbol{P} \boldsymbol{e} + h(\boldsymbol{\varphi}, \boldsymbol{\psi}))' = (\boldsymbol{e}^{\mathrm{T}} \boldsymbol{P} \boldsymbol{e})' + (h(\boldsymbol{\varphi}, \boldsymbol{\psi}))'$$

第 1 项

$$(\boldsymbol{e}^{\mathrm{T}} \boldsymbol{P} \boldsymbol{e})' = \dot{\boldsymbol{e}}^{\mathrm{T}} \boldsymbol{P} \boldsymbol{e} + \boldsymbol{e}^{\mathrm{T}} \boldsymbol{P} \dot{\boldsymbol{e}}$$

将式(14.4.6)代入上式得

$$\begin{aligned}(\boldsymbol{e}^{\mathrm{T}} \boldsymbol{P} \boldsymbol{e})' &= (\boldsymbol{A}_M \boldsymbol{e} + \boldsymbol{f})^{\mathrm{T}} \boldsymbol{P} \boldsymbol{e} + \boldsymbol{e}^{\mathrm{T}} \boldsymbol{P} (\boldsymbol{A}_M \boldsymbol{e} + \boldsymbol{f}) \\ &= (\boldsymbol{e}^{\mathrm{T}} \boldsymbol{A}_M^{\mathrm{T}} + \boldsymbol{f}^{\mathrm{T}}) \boldsymbol{P} \boldsymbol{e} + \boldsymbol{e}^{\mathrm{T}} \boldsymbol{P} \boldsymbol{A}_M \boldsymbol{e} + \boldsymbol{e}^{\mathrm{T}} \boldsymbol{P} \boldsymbol{f} \\ &= \boldsymbol{e}^{\mathrm{T}} \boldsymbol{A}_M^{\mathrm{T}} \boldsymbol{P} \boldsymbol{e} + \boldsymbol{e}^{\mathrm{T}} \boldsymbol{P} \boldsymbol{A}_M \boldsymbol{e} + \boldsymbol{f}^{\mathrm{T}} \boldsymbol{P} \boldsymbol{e} + \boldsymbol{e}^{\mathrm{T}} \boldsymbol{P} \boldsymbol{f} \\ &= \boldsymbol{e}^{\mathrm{T}} (\boldsymbol{P} \boldsymbol{A}_M + \boldsymbol{A}_M^{\mathrm{T}} \boldsymbol{P}) \boldsymbol{e} + \boldsymbol{f}^{\mathrm{T}} \boldsymbol{P} \boldsymbol{e} + \boldsymbol{e}^{\mathrm{T}} \boldsymbol{P} \boldsymbol{f}\end{aligned}$$

由式(14.4.6)知 $\boldsymbol{e}$，$\boldsymbol{f}$ 为 n 维列阵，$\boldsymbol{P}$ 为 $n \times n$ 阶阵，故 $\boldsymbol{f}^{\mathrm{T}} \boldsymbol{P} \boldsymbol{e}$ 与 $\boldsymbol{e}^{\mathrm{T}} \boldsymbol{P} \boldsymbol{f}$ 均为标量。

这样，式(14.4.10)

$$(\boldsymbol{e}^{\mathrm{T}}\boldsymbol{P}\boldsymbol{e})' = \boldsymbol{e}^{\mathrm{T}}(\boldsymbol{P}\boldsymbol{A}_M + \boldsymbol{A}_M^{\mathrm{T}}\boldsymbol{P})\boldsymbol{e} + 2\boldsymbol{e}^{\mathrm{T}}\boldsymbol{P}\boldsymbol{f}$$

所以

$$\dot{V} = \boldsymbol{e}^{\mathrm{T}}(\boldsymbol{P}\boldsymbol{A}_M + \boldsymbol{A}_M^{\mathrm{T}}\boldsymbol{P})\boldsymbol{e} + 2\boldsymbol{e}^{\mathrm{T}}\boldsymbol{P}\boldsymbol{f} + \dot{h}(\boldsymbol{\varphi}, \boldsymbol{\Psi}) \tag{14.4.10}$$

要使 $\dot{V}$ 负定，必须令$(\boldsymbol{P}\boldsymbol{A}_M + \boldsymbol{A}_M^{\mathrm{T}}\boldsymbol{P}) = -\boldsymbol{Q}$，则上式第一项负定，且 $2\boldsymbol{e}^{\mathrm{T}}\boldsymbol{P}\boldsymbol{f} + \dot{h} \leqslant 0$。式(14.4.8)中 h 是 $\boldsymbol{\varphi}$，$\boldsymbol{\psi}$ 的函数 $\boldsymbol{\varphi} = \boldsymbol{A}_M - \boldsymbol{A}_P$，$\boldsymbol{A}_M$ 是 $n \times n$ 阶方阵，$\boldsymbol{A}_P$ 也应是 $n \times n$ 阶方阵，$\boldsymbol{\psi} = \boldsymbol{B}_M - \boldsymbol{B}_P$，故 $\boldsymbol{\varphi}$，$\boldsymbol{\psi}$ 为 $n \times n$ 阶方阵。

设

$$\boldsymbol{\varphi} = \begin{pmatrix} \varphi_{11} & \varphi_{12} & \cdots & \varphi_{1n} \\ \varphi_{21} & \varphi_{21} & \cdots & \varphi_{2n} \\ \vdots & \vdots & \ddots & \vdots \\ \varphi_{n1} & \varphi_{n2} & \cdots & \varphi_{nn} \end{pmatrix} = (\boldsymbol{\varphi}_1 \quad \boldsymbol{\varphi}_2 \quad \cdots \quad \boldsymbol{\varphi}_n)$$

式中，$\boldsymbol{\varphi}_i = \begin{pmatrix} \varphi_{1i} \\ \varphi_{2i} \\ \vdots \\ \varphi_{ni} \end{pmatrix}$；$\boldsymbol{\varphi}_i^{\mathrm{T}} = (\varphi_{1i} \quad \varphi_{2i} \quad \cdots \quad \varphi_{ni})$；$\boldsymbol{\varphi}_i^{\mathrm{T}}\boldsymbol{\varphi}_i = (\varphi_{1i} \quad \varphi_{2i} \quad \cdots \quad \varphi_{ni})\begin{pmatrix} \varphi_{1i} \\ \varphi_{1i} \\ \vdots \\ \varphi_{1i} \end{pmatrix} = \varphi_{1i}^2 + \varphi_{2i}^2 + \cdots\varphi_{ni}^2$

这样

$$\begin{aligned}\sum_{i=1}^{n} \boldsymbol{\varphi}_i^{\mathrm{T}}\boldsymbol{\varphi}_i &= \sum_{i=1}^{n}(\varphi_{1i}^2 + \varphi_{2i}^2 + \cdots\varphi_{ni}^2) \\ &= (\varphi_{11}^2 + \varphi_{21}^2 + \cdots\varphi_{n1}^2) + (\varphi_{12}^2 + \varphi_{22}^2 + \cdots\varphi_{n2}^2) + \cdots + (\varphi_{1n}^2 + \varphi_{2n}^2 + \cdots\varphi_{nn}^2)\end{aligned} \tag{14.4.11}$$

同理

$$\begin{aligned}\sum_{i=1}^{n} \boldsymbol{\psi}_i^{\mathrm{T}}\boldsymbol{\psi} &= \sum_{i=1}^{n}(\psi_{1i}^2 + \psi_{2i}^2 + \cdots + \psi_{ni}^2) \\ &= (\psi_{11}^2 + \psi_{21}^2 + \cdots\psi_{n1}^2) + (\psi_{12}^2 + \psi_{22}^2 + \cdots\psi_{n2}^2) + \cdots + (\psi_{1n}^2 + \psi_{2n}^2 + \cdots\psi_{nn}^2)\end{aligned} \tag{14.4.12}$$

对式(14.4.9)求导有，$\dot{h}(\boldsymbol{\varphi}, \boldsymbol{\psi}) = \left(\sum_{i=1}^{n} \boldsymbol{\varphi}_i^{\mathrm{T}}\boldsymbol{\varphi}_I + \sum_{i=1}^{n} \boldsymbol{\psi}_i^{\mathrm{T}}\boldsymbol{\psi}\right)' = \left(\sum_{i=1}^{n} \boldsymbol{\varphi}_i^{\mathrm{T}}\boldsymbol{\varphi}_I\right)' + \left(\sum_{i=1}^{n} \boldsymbol{\psi}_i^{\mathrm{T}}\boldsymbol{\psi}\right)'$

式中，$\left(\sum_{i=1}^{n} \boldsymbol{\varphi}_i^{\mathrm{T}}\boldsymbol{\varphi}_I\right)'$ 为 $n \times n$ 项之和，和的导数等于导数之和，取其中 φ_{ii}^2，它的导数为

$$(\varphi_{ii}^2)' = 2\varphi_{ii}\frac{\mathrm{d}\varphi_{ii}}{\mathrm{d}t} = 2\varphi_{ii}\dot{\varphi}_{ii}$$

因此

$$\begin{aligned}\left(\sum_{i=1}^{n} \boldsymbol{\varphi}_i^{\mathrm{T}}\boldsymbol{\varphi}_i\right)' &= \left(\sum_{i=1}^{n}(\varphi_{1i}^2 + \varphi_{2i}^2 + \cdots\varphi_{ni}^2)\right)' \\ &= 2(\dot{\varphi}_{11}\varphi_{11} + \dot{\varphi}_{21}\varphi_{21} + \cdots + \dot{\varphi}_{n1}\varphi_{n1}) + 2(\dot{\varphi}_{12}\varphi_{12} + \dot{\varphi}_{22}\varphi_{22} + \cdots + \dot{\varphi}_{n2}\varphi_{n2}) \\ &\quad + 2(\dot{\varphi}_{1n}\varphi_{1n} + \dot{\varphi}_{2n}\varphi_{2n} + \cdots + \dot{\varphi}_{nn}\varphi_{nn}) = 2\sum_{i=1}^{n} \dot{\varphi}_i^{\mathrm{T}}\varphi_i\end{aligned}$$

同理

$$(\sum_{i=1}^{n}\psi_i^{\mathrm{T}}\psi_i)' = 2\sum_{i=1}^{n}\dot{\psi}_i^{\mathrm{T}}\psi_i$$

故

$$\dot{h}(\varphi,\psi) = 2\sum_{i=1}^{n}\dot{\varphi}_i^{\mathrm{T}}\varphi_I + 2\sum_{i=1}^{n}\dot{\psi}_i^{\mathrm{T}}\psi \tag{14.4.13}$$

将式(14.4.13)代入式(14.4.10)得

$$\dot{V} = \boldsymbol{e}^{\mathrm{T}}(\boldsymbol{P}\boldsymbol{A}_M + \boldsymbol{A}_M^{\mathrm{T}}\boldsymbol{P})\boldsymbol{e} + 2(\boldsymbol{ePf} + \sum_{i=1}^{n}\dot{\boldsymbol{\varphi}}_i^{\mathrm{T}}\boldsymbol{\varphi}_I + \sum_{i=1}^{n}\dot{\boldsymbol{\psi}}_i^{\mathrm{T}}\boldsymbol{\psi}) \tag{14.4.14}$$

为使 $\dot{V}$ 负定，必须

(1) 令

$$(\boldsymbol{P}\boldsymbol{A}_M + \boldsymbol{A}_M^{\mathrm{T}}\boldsymbol{P}) = -\boldsymbol{Q}$$

(2) 令

$$\boldsymbol{ePf} + \sum_{i=1}^{n}\dot{\boldsymbol{\varphi}}_i^{\mathrm{T}}\boldsymbol{\varphi}_I + \sum_{i=1}^{n}\dot{\boldsymbol{\psi}}_i^{\mathrm{T}}\boldsymbol{\psi} = 0 \tag{14.4.15}$$

由式(14.4.15)可综合出令系统稳定的自适应控制律，这是一个普遍适用的方法。但从式(14.3.13)中

$$x_2 = \dot{x}_1 - \beta_1 r = \dot{e} - \beta_1 r$$

$$x_3 = \dot{x}_2 - \beta_2 r = (\dot{e} - \beta_1 r)' - \beta_2 r = \ddot{e} - \beta_1\dot{r} - \beta_2 r$$

可见系统状态或输出不仅与 e，还与 e 的多阶导数有关，这就需要增加检测 e 多阶导数的仪器设备。能否不检测 e 的多阶导数，却又达到如同检测的结果，由此产生了增广误差模型参考自适应。

14.5　增广误差信号与模型参考自适应

不增加检测 e 多阶导数的仪器设备，等同于系统的状态不可观测，可以用系统辨识的方法，根据输入输出数据将其估计出来，这就是用状态观测器进行状态重构，在此基础上综合自适应控制律，这种方法称为间接法。实际上，状态重构这个步骤可以略去，直接利用输入输出数据综合出自适应律，这个方法称为直接法，以下将用直接法来综合一类非线性系统的自适应控制问题。

14.5.1　增广误差信号与辅助系统

非线性系统总可以分解为线性与非线性两部分，如单输入单输出被控对象系统（下标为 P）

$$Q_P(D)y_P(t) = Q_u(D)u(t) + cf(Y_P,t) \tag{14.5.1}$$

式中，$u(t)$ 为输入；$y(t)$ 为输出；$Q_P(D)$，$Q_u(D)$ 分别为 D 的 n 次与 m 次多项式，$m \leqslant n-1$

$$Q_P(D) = D^n + a_1D^{n-1} + \cdots + a_n \tag{14.5.2}$$

$$Q_u(D) = b_0D^m + b_1D^{m-1} + \cdots + b_m \tag{14.5.3}$$

$f(\boldsymbol{Y}_P)$ 为非线性函数，是 $\boldsymbol{Y}_P$ 向量和 t 的函数，可见 f 非线性且时变。同样系数 $a_i(i=1,\cdots,$

n), b_i($i=1, \cdots, m$), c 也为时变的。

参考模型

$$Q_M(D)y_M(t) = K_M r(t) + g(\overline{Y}_M, t) \tag{14.5.4}$$

其中，$Q_M(D) = D^n + a_{M1}D^{n-1} + \cdots + a_{Mn}$，系数 a_{Mi} 有两个下标，第一个下标 M 表示参考模型，第二个下标参数序号 i，$i=1, \cdots, n$，$r(t)$ 为参考模型的输入，$y_M(t)$ 为参考模型的输出，$\overline{\boldsymbol{Y}}_M$ 是 y_M 的 n 维向量，$g(\overline{\boldsymbol{Y}}_M, t)$ 为非线性函数，既是 $\overline{\boldsymbol{Y}}_M$ 的函数，又是 t 的函数。可见 g 是时变的，且满足式(14.5.2) 的解存在的唯一条件。$Q_u(D)$，$Q_M(D)=0$ 的根均在复左开半平面。

设广义误差

$$e(t) = y_M(t) - y_P(t)$$

$$\begin{aligned} Q_M(D)e(t) &= Q_M(D)(y_M(t) - y_P(t)) \\ &= Q_M(D)y_M(t) - Q_M(D)y_P(t) \end{aligned} \tag{14.5.5}$$

将式(14.5.4) 代入式(14.5.5) 有

$$Q_M(D)e = K_M r(t) + g(\overline{\boldsymbol{Y}}_M, t) - Q_M(D)y_P(t) \tag{14.5.6}$$

若令

$$Q_\Delta(D) = Q_P(D) - Q_M(D) \tag{14.5.7}$$

表示被控对象 D 多项式与参考模型 D 多项式之差，于是有

$$Q_M(D) = Q_P(D) - Q_\Delta(D) \tag{14.5.8}$$

这样

$$Q_M(D)y_P(t) = (Q_P(D) - Q_\Delta(D))y_P(t) = Q_P(D)y_P(t) - Q_\Delta(D)y_P(t) \tag{14.5.9}$$

将式(14.5.1) 代入式(14.5.9) 得

$$Q_M(D)y_P(t) = Q_u(D)u(t) + cf(Y_P, t) - Q_\Delta(D)y_P(t) \tag{14.5.10}$$

将式(14.5.10) 代入式(14.5.6) 得

$$Q_M(D)e = K_M r(t) + g(\overline{\boldsymbol{Y}}_M, t) - Q_u(D)u(t) - cf(\boldsymbol{Y}_P, t) + Q_\Delta(D)y_P(t) \tag{14.5.11}$$

式中，$Q_\Delta(D) = Q_P(D) - Q_M(D)$。

$$\begin{aligned} &= (D^n + a_1D^{n-1} + \cdots + a_n) - (D^n + a_{M1}D^{n-1} + \cdots + a_{Mn}) \\ &= (a_1 - a_{M1})D^{n-1} + \cdots + (a_n - a_{Mn}) = \Delta a_1 D^{n-1} + \cdots + \Delta a_n \end{aligned} \tag{14.5.12}$$

式中 $\Delta a_1 = (a_1 - a_{M1}), \cdots, \Delta a_n = (a_n - a_{Mn})$

由上述公式可构造一种新的增广误差模型参考自适应，结构绘于图 14.5.1，对比之前的自适应结构图，可见图 14.5.1 多了一个辅助系统。它的输出称为增广误差信号，记为 $e_1(t)$。与参考模型输出 $y_M(t)$ 与被控对象输出 $y_P(t)$ 之差 $e(t)$，再次综合成 η 信号作用于自适应控制器使其输出 ω 信号作辅助系统的输入，并输出 u 信号作用于被控对象。

设自适应控制器输出 ω 的 D 多项式

$$Q_\omega(D) = D^{n-1} + c_1D^{n-2} + \cdots + c_{n-1} \tag{14.5.12}$$

则辅助系统的输入输出有以下关系

$$Q_M(D)e_1(t) = Q_\omega(D)w(t) \tag{14.5.13}$$

由于辅助系统的 D 多项式与参考模型相同，可见辅助系统与参考模型的物理结构是一样的，$Q_M(D)$ 可写成

$$Q_M(D) = D^{n-1} + c_1D^{n-2} + \cdots + c_{n-1}$$

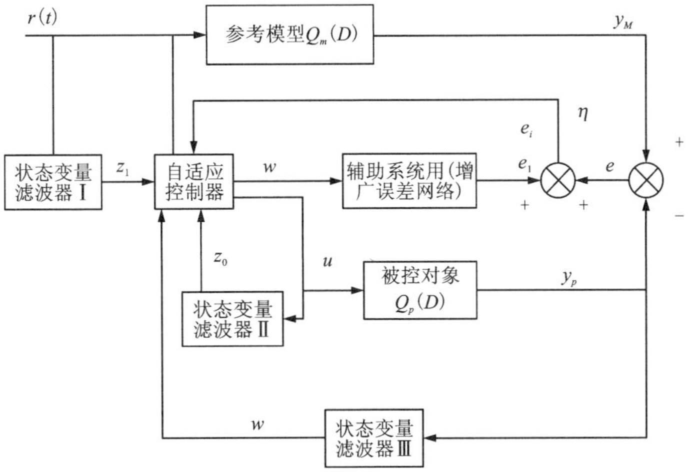

图 14.5.1　增广信号模型参考自适应结构框图

由图 14.5.1 可见

$$\eta(t) = e(t) + e_1(t)$$

$$Q_M(D)\eta(t) = Q_M(D)(e(t) + e_1(t)) \tag{14.5.14}$$

将式(14.5.11)、式(14.5.13)代入式(14.5.14)得

$$Q_M(D)\eta(t) = K_M r(t) + g(\bar{Y}_M, t) - Q_u(D)u(t) - cf(Y_P, t) + Q_\Delta(D)y_P(t) + Q_\omega(D)w(t) \tag{14.5.15}$$

式(14.5.15)称为增广误差方程，希望由它综合出来的自适应律将使 u 和 w 不再包含 y_P 的各阶导数，且使系统渐近稳定。

14.5.2　状态变量滤波器

为使 u, w 不再包含 y_P 的各阶导数，引入三个状态变量滤波器，状态滤波器Ⅲ，将 y_P 中各阶导数项转换成一阶状态变量 φ 乘以一个可调增益 δ，即 $\delta\varphi$ 型。状态滤波器Ⅱ，将 u 的各阶导数项也转成 $\delta\varphi$ 形式。状态滤波器Ⅰ，用来转换 r。结构图 14.5.1 变成了以 η 为系统输出，三个状态变量滤波器的输出统一转换成 $\delta\varphi$ 形式，并统一编号，为整个系统的输入，这样式(14.5.13)可用第 1 章的方法写成状态方程，与图 14.5.1 系统等价。

$$\begin{cases} \dot{\boldsymbol{X}} = \boldsymbol{AX} + \boldsymbol{B}\left(\sum_{i=0}^{N} \delta_i \varphi_i\right) \\ \eta = \boldsymbol{CX} \end{cases} \tag{14.5.16}$$

其中

$$\boldsymbol{A} = \begin{pmatrix} 0 & & & \boldsymbol{I}_{n-1} \\ \vdots & \ddots & & \\ \vdots & & \ddots & \\ -a_{Mn} & -a_{Mn-1} & \cdots & -a_{M1} \end{pmatrix}$$

$$\boldsymbol{C} = (1 \quad 0 \quad \cdots \quad 0)$$

如同第 1 章将含有输入导数项的微分方程

$$y^{(n)}+a_1y^{(n-1)}+\cdots+a_ny=b_0u^{(n)}+b_1u^{(n-1)}+\cdots+b_nu$$

或者

$$Q_P(D)y(t)=Q_M(D)u(t)$$

转化为下列状态方程

$$\begin{cases}\dot{\boldsymbol{X}}=\boldsymbol{AX}+\boldsymbol{BU}\\ y=\boldsymbol{CX}\end{cases}\tag{14.5.17}$$

一样，只不过式(14.5.1)系统不单纯只有对象的 y_P 系数 $(-a_n \quad -a_{n-1} \quad \cdots \quad -a_1)$，还包含了参数模型 y_M 的系数以及辅助系统 e_1 的系数，故改记为

$$(-a_{mn} \quad -a_{mn-1} \quad \cdots \quad -a_{m1})$$

式(14.5.16)与式(14.5.17)中的 $\boldsymbol{B}$ 同为 n 维列阵，最大的不同是式(14.5.17)只有一个输入 $\boldsymbol{U}$，而式(14.5.16)除了输入 u 外还包含了 y_P 和 u 的多阶导数转换成的多个输入，故图 14.5.16 的总输入比 n 多得多，记为 $N>n$。

由式(14.5.16)第2式知

$$\eta=\boldsymbol{CX}=(1 \quad 0 \quad \cdots \quad 0)\begin{pmatrix}x_1\\x_2\\\vdots\\x_n\end{pmatrix}=x_1$$

实际就是状态变量 $\boldsymbol{X}$ 的第1个分量。

对式(14.5.16)描述的系统应用李雅普诺夫第二方法综合自适应律，首先选用李雅普诺夫函数

$$V(\boldsymbol{X},\delta)=\boldsymbol{X}^{\mathrm{T}}\boldsymbol{PX}+\sum_{i=1}^{N}\lambda_i\delta_i^2\tag{14.5.18}$$

虽然这样选取的 $V(\boldsymbol{X},\delta)$ 正定。

$V(\boldsymbol{X},\delta)$ 表示李雅普诺夫函数只是状态变量 $\boldsymbol{X}$ 的函数和 δ 的函数，而 δ_i 是可调增益向量中的分量。式(14.5.18)中已经不再出现 y_P 与 u 的各阶导数，由此综合出来的自适应律显然与 y_P 与 u 的各阶导数无关。

$$\dot{V}(\boldsymbol{X},\delta)=(\boldsymbol{X}^{\mathrm{T}}\boldsymbol{PX}+\sum_{i=1}^{N}\lambda_i\delta_i^2)'=(\boldsymbol{X}^{\mathrm{T}}\boldsymbol{PX})'+(\sum_{i=1}^{N}\lambda_i\delta_i^2)'\tag{14.5.19}$$

第1项

$$(\boldsymbol{X}^{\mathrm{T}}\boldsymbol{PX})'=\dot{\boldsymbol{X}}^{\mathrm{T}}\boldsymbol{PX}+\boldsymbol{X}^{\mathrm{T}}\boldsymbol{P}\dot{\boldsymbol{X}}$$

将式(14.5.16)代入上式有

$$\begin{aligned}(\boldsymbol{X}^{\mathrm{T}}\boldsymbol{PX})'&=(\boldsymbol{AX}+\boldsymbol{B}\sum_{i=1}^{N}\delta_i\varphi_i)^{\mathrm{T}}\boldsymbol{PX}+\boldsymbol{X}^{\mathrm{T}}\boldsymbol{P}(\boldsymbol{AX}+\boldsymbol{B}\sum_{i=1}^{N}\delta_i\varphi_i)\\&=(\boldsymbol{X}^{\mathrm{T}}\boldsymbol{A}^{\mathrm{T}}+\sum_{i=1}^{N}\boldsymbol{\delta}_i\boldsymbol{\varphi}_i\cdot\boldsymbol{B}^{\mathrm{T}})\boldsymbol{PX}+\boldsymbol{X}^{\mathrm{T}}\boldsymbol{P}(\boldsymbol{AX}+\boldsymbol{B}\sum_{i=1}^{N}\boldsymbol{\delta}_i\boldsymbol{\varphi}_i)\\&=\boldsymbol{X}^{\mathrm{T}}\boldsymbol{A}^{\mathrm{T}}\boldsymbol{PX}+(\sum_{i=1}^{N}\boldsymbol{\delta}_i\boldsymbol{\varphi}_i)^{\mathrm{T}}\boldsymbol{B}^{\mathrm{T}}\boldsymbol{PX}+\boldsymbol{X}^{\mathrm{T}}\boldsymbol{PAX}+\boldsymbol{X}^{\mathrm{T}}\boldsymbol{B}\sum_{i=1}^{N}\boldsymbol{\delta}_i\boldsymbol{\varphi}_i\\&=\boldsymbol{X}^{\mathrm{T}}(\boldsymbol{A}^{\mathrm{T}}\boldsymbol{P}+\boldsymbol{PA})\boldsymbol{X}+(\sum_{i=1}^{N}\boldsymbol{\delta}_i\boldsymbol{\varphi}_i)^{\mathrm{T}}\boldsymbol{B}^{\mathrm{T}}\boldsymbol{PX}+\boldsymbol{X}^{\mathrm{T}}\boldsymbol{PB}\sum_{i=1}^{N}\boldsymbol{\delta}_i\boldsymbol{\varphi}_i\end{aligned}\tag{14.5.20}$$

由于 $\sum_{i=1}^{N}\boldsymbol{\delta}_i\boldsymbol{\varphi}_i$ 是一维的，上式 $=\boldsymbol{X}^{\mathrm{T}}(\boldsymbol{A}^{\mathrm{T}}\boldsymbol{P}+\boldsymbol{PA})\boldsymbol{X}+(\boldsymbol{B}^{\mathrm{T}}\boldsymbol{PX}\sum_{i=1}^{N}\boldsymbol{\delta}_i\boldsymbol{\varphi}_i+\boldsymbol{X}^{\mathrm{T}}\boldsymbol{PB}\sum_{i=1}^{N}\boldsymbol{\delta}_i\boldsymbol{\varphi}_i)$。

式(14.5.19) 等号右边第二项

$$\left(\sum_{i=1}^{N}\lambda_i\delta_i^2\right)'=2\sum_{i=1}^{N}\lambda_i\delta_i\dot{\delta}_i \tag{14.5.21}$$

将式(14.5.20)、式(14.5.21) 代入式(14.5.19) 得

$$\dot{V}(\boldsymbol{X},\delta)=\boldsymbol{X}^{\mathrm{T}}(\boldsymbol{A}^{\mathrm{T}}\boldsymbol{P}+\boldsymbol{PA})\boldsymbol{X}+(\boldsymbol{B}^{\mathrm{T}}\boldsymbol{PX}+\boldsymbol{X}^{\mathrm{T}}\boldsymbol{PB})\sum_{i=1}^{N}\delta_i\varphi_i+2\sum_{i=1}^{N}\lambda_i\delta_i\dot{\delta}_i \tag{14.5.22}$$

将式(14.5.16) 中的 $\sum_{i=0}^{n}\delta_i\varphi_i=\boldsymbol{U}$，以及 $\eta=\boldsymbol{Y}$，则式(14.5.16) 改写成

$$\begin{cases}\dot{\boldsymbol{X}}=\boldsymbol{AX}+\boldsymbol{BU}\\ \boldsymbol{Y}=\boldsymbol{CX}\end{cases} \tag{14.5.23}$$

对于式(14.1.15)

$$\begin{cases}\dot{\boldsymbol{X}}=\boldsymbol{AX}+\boldsymbol{BU}\\ \boldsymbol{Y}=\boldsymbol{CX}+\boldsymbol{JU}\end{cases}$$

这样的系统，它的传递函数为 $\boldsymbol{G}(s)=\boldsymbol{J}+\boldsymbol{C}(s\boldsymbol{I}-\boldsymbol{A})^{-1}\boldsymbol{B}$。若 $\boldsymbol{J}=0$，系统变成式(14.5.23) 描述的系统，因此它的传递函数为

$$\boldsymbol{G}(s)=\boldsymbol{C}(s\boldsymbol{I}-\boldsymbol{A})^{-1}\boldsymbol{B} \tag{14.5.24}$$

若式(14.5.24) 的 $\boldsymbol{G}(s)$ 为正实函数时，根据卡尔曼－雅库波维奇定理，必存在正定对称阵 $\boldsymbol{P}$ 和 n 维实向量 $\boldsymbol{L}$，使得

$$\boldsymbol{PA}+\boldsymbol{A}^{\mathrm{T}}\boldsymbol{P}=\boldsymbol{L}\boldsymbol{L}^{\mathrm{T}} \tag{14.5.25}$$

式中，$\boldsymbol{B}^{\mathrm{T}}\boldsymbol{P}+\boldsymbol{K}^{\mathrm{T}}\boldsymbol{L}^{\mathrm{T}}\boldsymbol{C}=\boldsymbol{C}$；$\boldsymbol{K}^{\mathrm{T}}\boldsymbol{K}=\boldsymbol{J}+\boldsymbol{J}^{\mathrm{T}}$。

由于 $\boldsymbol{J}=0$，则 $\boldsymbol{K}=0$。故 $\boldsymbol{B}^{\mathrm{T}}\boldsymbol{P}=\boldsymbol{C}$，$\boldsymbol{C}^{\mathrm{T}}=\boldsymbol{P}^{\mathrm{T}}\boldsymbol{B}=\boldsymbol{PB}$，因 $\boldsymbol{P}$ 是对称阵，则式(14.5.22) 的第二项因子 $\boldsymbol{X}^{\mathrm{T}}\boldsymbol{PB}=\boldsymbol{X}^{\mathrm{T}}\boldsymbol{C}^{\mathrm{T}}$，$\boldsymbol{X}$ 为 n 阶列阵，$\boldsymbol{X}^{\mathrm{T}}$ 为 n 阶行阵，$\boldsymbol{C}$ 为 n 阶行阵，$\boldsymbol{C}^{\mathrm{T}}$ 为 n 阶列阵，$\boldsymbol{X}^{\mathrm{T}}\boldsymbol{C}^{\mathrm{T}}$ 为标量，且 $\boldsymbol{X}^{\mathrm{T}}\boldsymbol{C}^{\mathrm{T}}=(\boldsymbol{CX})^{\mathrm{T}}=\eta^{\mathrm{T}}=x_1=x$，故 $\boldsymbol{X}^{\mathrm{T}}\boldsymbol{PB}=\boldsymbol{X}^{\mathrm{T}}\boldsymbol{C}^{\mathrm{T}}=x$，同样 $\boldsymbol{B}^{\mathrm{T}}\boldsymbol{PX}=\boldsymbol{CX}=x$ 这样一来式(14.5.22) 成为

$$\dot{V}(\boldsymbol{X},\delta)=\boldsymbol{X}^{\mathrm{T}}(\boldsymbol{A}^{\mathrm{T}}\boldsymbol{P}+\boldsymbol{PA})\boldsymbol{X}+2x\sum_{i=1}^{N}\delta_i\varphi_i+2\sum_{i=1}^{N}\lambda_i\delta_i\dot{\delta}_i \tag{14.5.26}$$

当式(14.5.26) 的后两项

$$2x\sum_{i=1}^{N}\delta_i\varphi_i+2\sum_{i=1}^{N}\lambda_i\delta_i\dot{\delta}_i=0,$$

由于 $x=\eta$，得 $\sum_{i=1}^{N}\eta\delta_i\varphi_i+\sum_{i=1}^{N}\lambda_i\delta_i\dot{\delta}_i=\sum_{i=1}^{N}(\eta\delta_i\varphi_i+\lambda_i\delta_i\dot{\delta}_i)=0$。

综合出自适应律为

$$\dot{\delta}_i(t)=-\frac{\eta}{\lambda_i}\varphi_i\quad i=0,\cdots,N \tag{14.5.27}$$

式(14.5.18) 使 $\dot{V}(X,\delta)$ 正定，由式(14.5.26)、式(14.5.27) 决定了 $\dot{V}$ 一定负定，根据李雅普诺夫第二方法，系统一定渐近稳定，$\lim_{t\to\infty}\eta(t)=0$。式(14.5.27) 中，$\eta$ 为等价系统的输出 $\eta=e+e_1$，λ_i 为李雅普诺夫函数中控制器可调增益 δ_i 的系数。$y_P(t)$ 与 u 的各阶导数不再出现，隐含在 δ_i 之中，它们的变化以 $\delta_i(t)$ 的形式体现，而对象的未知参数与控制器的可调增

益 δ_i 是可以用系统辨识的方法递推求得。这样就巧妙地避开了 $y_P(t)$ 与 u 的各阶导数问题，不用检测它们，使系统硬件大为简化。

14.5.3 状态变量滤波器和自适应控制率的综合

上面讨论的等价系统的状态方程，以及由李雅普诺夫第二方法综合出来的自适应控制率，只获得了 $\delta_i(t)$ 与 φ_i 之间的关系，如何最终求得它们并未解决，以下着重讨论如何构建产生它们的方法和系统。

先从一个简单的，只有一个可调增益的系统入手。重写式(14.5.1)

$$Q_P(D)y_P(t) = Q_u(D)u(t) + cf(\boldsymbol{Y}_P, t)$$

设

$$Q_u(D) = b_0,\ c = 0$$

则

$$Q_P(D)y_P(t) = b_0u(t) \tag{14.5.28}$$

重写式(14.5.4)
$$Q_M(D)y_M(t) = K_Mr(t) + g(\overline{Y}_M, t)$$
设 $g = 0$，则有

$$Q_M(D)y_M(t) = K_Mr(t) \tag{14.4.29}$$

又设

$$Q_P(D) = Q_M(D) \tag{14.5.30}$$

可见 $Q_\Delta(D) = Q_P(D) - Q_M(D) = 0$，则式(14.5.28)又可写成

$$Q_M(D)y_P(t) = b_0u(t) \tag{14.5.31}$$

这就意味着参考模型的微分结构与控制对象相同，前者只有一个可调增益 K_M，后着也是一个可调增益 b_0

由图14.5.1知辅助系统的输出为 $e_1(t)$，输入为 $w(t)$，它们之间的关系由式(14.5.13)给出，即

$$Q_M(D)e_1(t) = Q_\omega(D)w(t) \tag{14.5.32}$$

且参考式(14.5.13)

$$Q_\omega(D) = D^{n-1} + c_1D^{n-2} + \cdots + c_{n-1} \tag{14.5.33}$$

这样，式(14.5.15)为

$$\begin{aligned} Q_M(D)\eta(t) = {} & K_Mr(t) + g(\overline{Y}_M, t) - Q_u(D)u(t) \\ & - cf(Y_P, t) + Q_\Delta(D)y_P(t) + Q_\omega(D)w(t) \end{aligned}$$

故有

$$Q_M(D)\eta(t) = K_Mr(t) - b_0u(t) + Q_\omega(D)w(t) \tag{14.5.34}$$

可见等价系统输出由三部分组成，一部分由参考模型产生 $K_Mr(t)$，一部分由对象产生 $b_0u(t)$，一部分由辅助模型产生 $Q_\omega(D)w(t)$，由于 $e = y_M - y_P$，所以 $b_0u(t)$ 为负。

引进状态变量滤波器，设 u 输入到状态变量滤波器Ⅱ，产生 z_0 状态，r 输入到状态变量滤波器Ⅰ，产生了 z_1 状态，滤波器的结构均为 $Q_\omega(D)$，则

$$\begin{cases} Q_\omega(D)z_0 = u \\ Q_\omega(D)z_1 = r \end{cases} \tag{14.5.35}$$

则式(14.5.34)变成

$$Q_M(D)\eta(t) = K_M Q_\omega(D) z_1 - b_0 Q_\omega(D) z_0 + Q_\omega(D) w(t)$$

这样有

$$Q_M(D)\eta(t) = Q_\omega(D)(-b_0 z_0 + K_M z_1 + w(t)) \tag{14.5.36}$$

将式(14.3.36)写成状态方程。由式(14.5.16)可知，由多个输入的系统写成状态方程如下形式

$$\dot{\boldsymbol{X}} = \boldsymbol{AX} + \boldsymbol{B}\left(\sum_{i=0}^{N} \delta_i \varphi_i\right)$$

当输入为$(-b_0 z_0 + K_M z_1 + w(t))$时，则它的状态方程为

$$\dot{\boldsymbol{X}} = \boldsymbol{AX} + \boldsymbol{B}(-b_0 z_0 + K_M z_1 + w(t)) \tag{14.5.37}$$

现在的问题是如何将$(-b_0 z_0 + K_M z_1 + w(t))$改写成$\sum_{i=0}^{N} \delta_i \varphi_i$的形式，例如针对本例写成$\delta_0(t) z_1 + \delta_1(t) w_1$。为此引入两个可调整增益$K_0(t)$，$K_1(t)$，使得

$$\begin{cases} w = (1 + K_1(t)) w_1 \\ z_0 + w_1 = K_0(t) z_1 \end{cases}$$

这样

$$\begin{aligned} \dot{\boldsymbol{X}} &= \boldsymbol{AX} + \boldsymbol{B}[-b_0 z_0 + K_M z_1 + w(t)] \\ &= \boldsymbol{AX} + \boldsymbol{B}(\delta_0(t) z_1 + \delta_1(t) w_1) \end{aligned} \tag{14.5.38}$$

其中

$$\delta_0(t) = -b_0 K_0(t) + K_M \tag{14.5.39}$$

$$\delta_1(t) = K_1(t) + b_0 + 1 \tag{14.5.40}$$

这是因为

$$\begin{aligned} &\delta_0(t) z_1 + \delta_1(t) w_1 \\ &= (-b_0 K_0(t) + K_M) z_1 + (K_1(t) + b_0 + 1) w_1 \\ &= -b_0 K_0(t) z_1 + K_M z_1 + K_1(t) w_1 + b_0 w_1 + w_1 \end{aligned} \tag{14.5.41}$$

而

$$\begin{aligned} (-b_0 z_0 + K_M z_1 + w(t)) &= (-b_0(K_0(t) z_1 - w_1) + K_M z_1 + (1 + K_1(t)) w_1) \\ &= -b_0 K_0(t) z_1 + b_0 w_1 + K_M z_1 + w_1 + K_1(t) w_1 \end{aligned} \tag{14.5.42}$$

对比式(14.5.41)与式(14.5.42)，可见

$$(-b_0 z_0 + K_M z_1 + w(t)) = \delta_0(t) z_1 + \delta_1(t) w_1 \tag{14.5.43}$$

这样，就将式(14.5.37)改成式(14.5.38)的形式。

上述已经讨论这种形式的状态方程，利用李雅普诺夫第二方法综合出自适应控制律为式(14.5.27)

$$\dot{\delta}_i(t) = -\frac{\eta}{\lambda_i}\varphi_i \qquad i = 0, \cdots, N$$

对于本例，便有$\dot{\delta}_0(t) = -\frac{1}{\lambda_0}\eta\varphi_1$，与式(14.5.43)对比，知$\varphi_1 = z_1$，故有

$$\dot{\delta}_0(t) = -\frac{\eta}{\lambda_0} z_1 \tag{14.5.44}$$

又由于式(14.5.39)知

$$\delta_0(t) = -b_0 K_0(t) + K_M \tag{14.5.45}$$

对式(14.5.45)求导有

$$\dot{\delta}_0(t) = (-b_0K_0(t) + K_M)' = -b_0\dot{K}_0(t) \tag{14.5.46}$$

将式(14.5.46)代入式(14.5.44)得

$$-b_0\dot{K}_0(t) = -\frac{1}{\lambda_0}\eta z_1$$

解得自适应律为

$$\dot{K}_0(t) = \frac{1}{\lambda_0 b_0}\eta z_1 \tag{14.5.47}$$

同理可得

$$\dot{K}_1(t) = -\frac{1}{\lambda_1}\eta w_1 \tag{14.5.48}$$

概括起来，图14.5.1中，由参考模型、辅助模型、被控对象组成的等价系统，输出是由 $r(t)$，$w(t)$，$u(t)$ 共同产生的。若将式(14.5.35)

$$\begin{cases} Q_\omega(D)z_0 = u \\ Q_\omega(D)z_1 = r \end{cases}$$

加上式(14.5.32)辅助系统输入输出方程

$$Q_M(D)e_1(t) = Q_\omega(D)w(t)$$

以及

$$\begin{cases} w = (1 + K_1(t))w_1 \\ z_0 + w_1 = K_0(t)z_1 \end{cases} \tag{14.5.49}$$

知 $u(t)$，$r(t)$，$w(t)$ 都只是 z_0，z_1 的函数，而与 y_P 的各阶导数无关。

根据式(14.5.49)有

$$z_0 + w_1 = K_0(t)z_1$$

上式两边同乘以 $Q_\omega(D)$，

左边

$$Q_\omega(D)(z_0 + w_1) = Q_\omega(D)z_0 + Q_\omega(D)w_1 = u + Q_\omega(D)w_1 \tag{14.5.50}$$

右边

$$Q_\omega(D)K_0(t)z_1 = K_0(t)r + \sum_{i=0}^{n-2} Q_{\omega i}(D)(\dot{K}_0(t)D^{n-2-i}z_1) \tag{14.5.51}$$

式中，D 为微分算子，$\dot{K}_0(t) = DK_0(t)$，是 $K_0(t)$ 对时间的一阶导数。且有

$$\begin{cases} Q_{\omega 0}(D) = 1 \\ Q_{\omega 1}(D) = D + \bar{c}_1 \\ \vdots \\ Q_{\omega i}(D) = D^i + \bar{c}_1 D^{i-1} + \cdots + \bar{c}_i \\ \vdots \\ Q_{\omega(n-2)}(D) = D^{n-2} + \bar{c}_1 D^{n-3} + \cdots + \bar{c}_{n-2} \end{cases}$$

上式的正确性毋庸置疑，由式(14.5.33)有

$$Q_\omega(D) = D^{n-1} + c_1 D^{n-2} + \cdots + c_{n-1}$$

知式(14.5.51)等号左边 $Q_\omega(D)K_0(t)z_1$ 为 D 的 $n-1$ 次多项式。展开式(14.5.51)的 $\sum_{i=0}^{n-2}$，并将组式中的 $Q_{\omega0}(D)$，…，$Q_{\omega i}(D)$，…，$Q_{\omega(n-2)}(D)$ 代入，同样获得的是 D 的 $n-1$ 次多项式。两个多项式相等，对应项的系数相等，可得 $n-1$ 个代数方程。据此可解出两边多项式对应项之间的关系。可见将 $Q_\omega(D)K_0(t)z_1$ 写成右边 $\sum_{i=0}^{n-2}$ 的形式是可以的。之所以这样做，是为了实施自适应律的方便。由于式(14.5.50)的第二个等号等于式(14.5.51)，选择

$$\begin{cases} u = K_0(t)r \\ Q_\omega(D)w_1 = \sum_{i=0}^{n-2} Q_{\omega i}(D)(K_0(t)D^{n-2-i}z_1) \end{cases}$$

或

$$\begin{cases} u = K_0(t)r \\ w_1 = Q_\omega^{-1}(D)\sum_{i=0}^{n-2} Q_{\omega i}(D)(K_0(t)D^{n-2-i}z_1) \end{cases} \tag{14.5.52}$$

式中，$Q_\omega(D)Q_\omega^{-1}(D) = 1$。

这样，u，w_1 乃至 $w = (1+K_1(t))w_1$ 也与 $y_P(t)$ 的各阶导数无关，w_1 中之所以提取 $\dot{K}_0(t) = DK_0(t)$，是由于式(14.5.47)的需要。$r(t)$ 经状态变量为 z_1 的滤波器 Ⅰ 输出给自适应控制器，$u(t)$ 经状态变量为 z_0 的滤波器 Ⅱ 输出给自适应控制器，$y_P(t)$ 中的各阶导数经状态变量滤波器 Ⅲ 滤除后输出给自适应控制器。这样就无须增加检测 $y_P(t)$ 各阶导数的设备，同样可以达到具有这些设备的效果。

由于上述的自适应控制律是在应用李雅普诺夫稳定性理论第二方法的基础综合出来的，自然能使系统渐近稳定。

14.6　被控对象输入有 u 的各阶导数项

这种情况下，包括被控对象、参考模型、辅助系统在内的系统输出方程如(14.5.15)所述。重写式(14.5.15)

$$\begin{aligned} Q_M(D)\eta(t) &= K_Mr(t) + g(\bar{Y}_M, t) - Q_u(D)u(t) \\ &\quad - cf(Y_P, t) + Q_\Delta(D)y_P(t) + Q_\omega(D)w(t) \end{aligned}$$

由式(14.5.35)知

$$\begin{cases} Q_\omega(D)z_0 = u \\ Q_\omega(D)z_1 = r \end{cases} \tag{14.6.1}$$

且令

$$\begin{aligned} z_2 &= Q_\omega^{-1}(D)y_P(t) & y_P(t) &= Q_\omega(D)z_2 \\ z_3 &= Q_\omega^{-1}(D)f(Y_P, t) & f(Y_P, t) &= Q_\omega(D)z_3 \\ z_4 &= Q_\omega^{-1}(D)g(\bar{Y}_M, t) & g(\bar{Y}_M, t) &= Q_\omega(D)z_4 \end{aligned} \tag{14.6.2}$$

则式(14.5.15)变成

$$Q_M(D)\eta(t) = -Q_\omega(D)Q_u(D)z_0 + K_MQ_\omega(D)z_1 + Q_\Delta(D)Q_\omega(D)z_2$$

$$-cQ_{\omega}(D)z_3+Q_{\omega}(D)z_4+Q_{\omega}(D)w(t)$$

故有

$$Q_M(D)\eta(t)=Q_{\omega}(D)(-Q_u(D)z_0+K_Mz_1+Q_{\Delta}(D)z_2-cz_3+z_4+w(t)) \tag{14.6.3}$$

设多项式

$$Q_f(D)=D^{n-m-1}+F_1D^{n-m-2}+\cdots+F_{n-m-1} \tag{14.6.4}$$

同前所述，n 为对象 D 多项式的最高次，即对象微分方程的最高微分次数，m 为参考模型 D 多项式的最高次，并设 $y_P(t)=x_f$，则有

$$Q_f(D)x_f=(D^{n-m-1}+F_1D^{n-m-2}+\cdots+F_{n-m-1})x_f=x$$

例如，若对象微分方程最高次 $n=5$，参考模型 $m=1$，则

$$Q_f(D)x_f=(D^3+F_1D^2+\cdots+F_3)x_f=x$$

$$\frac{\mathrm{d}^{(3)}x_f}{\mathrm{d}t^3}+F_1\frac{\mathrm{d}^{(2)}x_f}{\mathrm{d}t^2}+F_2\frac{\mathrm{d}x_f}{\mathrm{d}t}+F_3x_f=x$$

由此可见，当对象的阶为5，参考模型的阶为1，则辅助模型应增加4项(3个微分项，1个常数项)，这样才能使参考模型的阶加上辅助模型的阶与对象的阶相等，显然 $Q_f(D)$ 多项式的作用就是将参考模型的阶补齐至对象的阶数。当参考模型的阶 $m=n-1$ 时，辅助模型就是多余的了，因为这时 $Q_f(D)$ 的最高次 $D^{n-m-1}=D^{n-(n-1)-1}=D^0=1$

同样

$$Q_f(D)u_f=u \tag{14.6.5}$$

则将有如下两个等式:【公式 1】与【公式 2】。

14.6.1 有 u 的各阶导数项公式

【公式 1】

$$Q_u(D)z_0=Q_u(D)Q_{\omega}^{-1}(D)u=b_0Q_f^{-1}(D)u$$
$$+(A_0D^{n-2}+\cdots+A_{n-2})Q_f^{-1}(D)z_0 \tag{14.6.6}$$

【证明】 由式(14.5.3)知

$$Q_u(D)Q_{\omega}^{-1}(D)u$$
$$=(b_0D^m+b_1D^{m-1}+\cdots+b_m)Q_{\omega}^{-1}(D)u$$
$$=b_0D^mQ_{\omega}^{-1}(D)u+b_1D^{m-1}Q_{\omega}^{-1}(D)u+b_2D^{m-2}Q_{\omega}^{-1}(D)u+\cdots+b_mQ_{\omega}^{-1}(D)u \tag{14.6.7}$$

由式(14.6.4)知

$$Q_f(D)D^m=(D^{n-m-1}+F_1D^{n-m-2}+\cdots+F_{n-m-1})D^m$$
$$=(D^{n-1}+F_1D^{n-2}+\cdots+F_{n-1})=Q_{\omega}(D)$$

与自适应控制器输出 D 多项式类似，只是系数不同。

上式左边乘以 $Q_{\omega}^{-1}(D)Q_{\omega}(D)$ 等式依然成立，故有

$$Q_f(D)D^mQ_{\omega}^{-1}(D)Q_{\omega}(D)=Q_{\omega}(D) \tag{14.6.8}$$

式(14.6.8)两边消去公因子 $Q_{\omega}(D)$ 得

$$Q_f(D)D^mQ_{\omega}^{-1}(D)=1$$

进而写成

$$Q_f(D)D^mQ_{\omega}^{-1}(D)=Q_f(D)Q_f^{-1}(D)$$

消去 $Q_f(D)$

$$D^m Q_\omega^{-1}(D) = Q_f^{-1}(D)$$

式(14.6.7)的第 1 项

$$b_0 D^m Q_\omega^{-1}(D)u = b_0 Q_f^{-1}(D)u$$

因为式(14.6.1)

$$Q_\omega(D)z_0 = u$$

$$z_0 = Q_\omega^{-1}(D)u$$

式(14.6.7)的第 2 项为

$$b_1 D^{m-1} Q_\omega^{-1}(D)u = b_1 D^{m-1} z_0 \tag{14.6.9}$$

而

$$\begin{aligned} b_1 D^{m-1} Q_f(D) &= b_1 D^{m-1}(D^{n-m-1} + F_1 D^{n-m-2} + \cdots + F_{n-m-1}) \\ &= b_1(D^{n-2} + F_1 D^{n-3} + \cdots + F_{n-m-1}) \end{aligned} \tag{14.6.10}$$

最后一项是 D^0，由于 $D^0 = 1$，可写可不写。

式(14.6.9)右边在 z_0 前插入 $Q_f(D)Q_f^{-1}(D)$

$$b_1 D^{m-1} Q_\omega^{-1}(D)u = b_1 D^{m-1} Q_f(D) Q_f^{-1}(D) z_0 \tag{14.6.11}$$

将式(14.6.10)代入(14.6.11)中

$$\begin{aligned} b_1 D^{m-1} Q_f(D) Q_f^{-1}(D) z_0 &= (b_1 D^{n-2} + b_1 F_1 D^{n-3} + \cdots + b_1 F_{n-m-1}) Q_f^{-1}(D) z_0 \\ &= b_1 D^{n-2} Q_f^{-1}(D) z_0 + b_1 F_1 D^{n-3} Q_f^{-1}(D) z_0 + \cdots + b_1 F_{n-m-1} Q_f^{-1}(D) z_0 \end{aligned} \tag{14.6.12}$$

令 $b_1 = A_0$，式(14.6.12)的首项

$$b_1 D^{n-2} Q_f^{-1}(D) z_0 = A_0 D^{n-2} Q_f^{-1}(D) z_0 \tag{14.6.13}$$

式(14.6.7)的第 3 项

$$b_2 D^{m-2} Q_\omega^{-1}(D)u = b_2 D^{m-2} z_0$$

而

$$\begin{aligned} b_2 D^{m-2} Q_f(D) &= b_2 D^{m-2}(D^{n-m-1} + F_1 D^{n-m-2} + \cdots + F_{n-m-1}) \\ &= b_2 D^{n-3} + b_2 F_2 D^{n-4} + \cdots + b_2 F_{n-m-2} \end{aligned} \tag{14.6.14}$$

式(14.6.14)与式(14.6.10)比少了一项，因 D^{-1} 为无意义，上式只能止于 $D^0 = 1$，以下类推与式(14.6.12)相似

$$\begin{aligned} b_2 D^{m-2} Q_f(D) Q_f^{-1}(D) z_0 &= (b_2 D^{n-3} + b_2 F_1 D^{n-4} + \cdots + b_2 F_{n-m-2}) Q_f^{-1}(D) z_0 \\ &= b_2 D^{n-3} Q_f^{-1}(D) z_0 + b_2 F_1 D^{n-4} Q_f^{-1}(D) z_0 + \cdots + b_2 F_{n-m-2} Q_f^{-1}(D) z_0 \end{aligned} \tag{14.6.15}$$

可见式(14.6.15)首项为 $b_2 D^{n-3} Q_f^{-1}(D) z_0$。

将式(14.6.12)的第 2 项与式(14.6.15)首项相加得

$$\begin{aligned} b_1 F_1 D^{n-3} Q_f^{-1}(D) z_0 + b_2 D^{n-3} Q_f^{-1}(D) z_0 &= (b_1 F_1 + b_2) D^{n-3} Q_f^{-1}(D) z_0 \\ &= A_1 D^{n-3} Q_f^{-1}(D) z_0 \end{aligned}$$

式中，$A_1 = b_1 F_1 + b_2$，…，如此类推最终得到

$$\begin{aligned} Q_u(D) z_0 = Q_u(D) Q_\omega^{-1}(D) u &= b_0 Q_f^{-1}(D) u \\ &+ (A_0 D^{n-2} + \cdots + A_{n-2}) Q_f^{-1}(D) z_0 \end{aligned}$$

【证毕】

公式 1 中的系数 A_0，…，A_{n-2} 可以用如下方法求得。公式 1 两边同乘 $Q_f(D)$，考虑到 $u =$

$Q_{\omega}(D)z_0$，则有

$$\begin{aligned} Q_f(D)Q_u(D)z_0 &= b_0 Q_f^{-1}(D)Q_f(D)u \\ &\quad + (A_0D^{n-2} + \cdots + A_{n-2})Q_f^{-1}(D)Q_f(D)z_0 \\ &= b_0 u + (A_0D^{n-2} + \cdots + A_{n-2})z_0 \\ &= b_0Q_{\omega}(D)z_0 + (A_0D^{n-2} + \cdots + A_{n-2})z_0 \end{aligned}$$

消去 z_0 后得

$$Q_f(D)Q_u(D) = b_0Q_{\omega}(D) + (A_0D^{n-2} + \cdots + A_{n-2}) \tag{14.6.16}$$

根据式(14.6.4)和式(14.5.3)有

$$\begin{aligned} Q_f(D)Q_u(D) &= (D^{n-m-1} + F_1D^{n-m-2} + \cdots + F_{n-m-1})(b_0D^m + b_1D^{m-1} + \cdots + b_m) \\ &= D^{n-m-1}(b_0D^m + b_1D^{m-1} + \cdots + b_m) + F_1D^{n-m-2}(b_0D^m + b_1D^{m-1} + \cdots + b_m) \\ &\quad + \cdots + F_{n-m-1}(b_0D^m + b_1D^{m-1} + \cdots + b_m) \\ &= b_0D^{n-1} + b_1D^{n-2} + \cdots + b_mD^{n-m-1} + b_0F_1D^{n-2} + b_1F_1D^{n-3} + \cdots + b_mF_1D^{n-m-2} \\ &\quad + \cdots + b_0F_{n-m-1}D^m + b_1F_{n-m-1}D^{m-1} + \cdots + b_mF_{n-m-1} \\ &= b_0D^{n-1} + (b_0F_1 + b_1)D^{n-2} + (b_0F_2 + b_1F_1 + b_2)D^{n-3} + \cdots \end{aligned} \tag{14.6.17}$$

式(14.5.33)代入式(14.6.16)的右边有

$$\begin{aligned} Q_f(D)Q_u(D) &= b_0(D^{n-1} + c_1D^{n-2} + c_2D^{n-3} + \cdots + c_{n-1}) + (A_0D^{n-2} + A_1D^{n-3} + \cdots + A_{n-2}) \\ &= b_0D^{n-1} + b_0c_1D^{n-2} + b_0c_2D^{n-3} + \cdots + b_0c_{n-1} + A_0D^{n-2} + A_1D^{n-3} + \cdots + A_{n-2} \\ &= b_0D^{n-1} + (A_0 + b_0c_1)D^{n-2} + (A_1 + b_0c_2)D^{n-3} + \cdots + (A_{n-2} + b_0c_{n-1}) \end{aligned} \tag{14.6.18}$$

式(14.6.17)等于式(14.6.18)，多项式全等，则对应项的系数应相等，得方程组如下

$$\begin{aligned} A_0 + b_0c_1 &= b_0F_1 + b_1 \\ A_1 + b_0c_2 &= b_0F_2 + b_1F_1 + b_2 \\ &\cdots \end{aligned}$$

从中可解出

$$\begin{aligned} A_0 &= b_0F_1 + b_1 - b_0c_1 \\ A_1 &= b_0F_2 + b_1F_1 + b_2 - b_0c_2 \\ &\cdots \end{aligned}$$

依次类推，可将公式1的系数 A_0，A_1，…，A_{n-2} 全部解出。

【公式2】

$$\begin{aligned} Q_{\Delta}(D)z_2 &= \sum_{i=0}^{n-1} B_iD^{n-1-i}Q_f^{-1}(D)z_0 + \sum_{i=0}^{n-1} C_iD^{n-1-i}Q_f^{-1}(D)z_2 \\ &\quad + \sum_{i=0}^{n-m-1} D_iD^{n-m-1-i}Q_f^{-1}(D)cz_3 \end{aligned} \tag{14.6.19}$$

有右下标但无幂的 D 为系数，无下标有幂的 D 为微分算子，$B_i = b_i$，$C_i = c_i$，$D_i = F_i$。

【证明】 由式(14.5.7)知，$Q_{\Delta}(D) = Q_P(D) - Q_M(D)$。

则有

$$Q_{\Delta}(D)z_2 = (Q_P(D) - Q_M(D))z_2 = Q_P(D)z_2 - Q_M(D)z_2 \tag{14.6.20}$$

由式(14.6.2)第1式

$$z_2 = Q_{\omega}^{-1}(D)x_f$$

式(14.6.20)变成

$$Q_{\Delta}(D)z_2 = Q_P(D)Q_{\omega}^{-1}(D)x_f - Q_M(D)Q_{\omega}^{-1}(D)x_f \tag{14.6.21}$$

由式(14.5.1)知，且记 $u(t) = u_f$，有

$$Q_P(D)y_P(t) = Q_P(D)x_f = Q_u(D)u(t) + cf(Y_P, t) = Q_u(D)u_f + cf$$

式(14.6.21)变成

$$\begin{aligned} Q_{\Delta}(D)z_2 &= Q_{\omega}^{-1}(D)Q_P(D)x_f - Q_M(D)Q_{\omega}^{-1}(D)x_f \\ &= Q_{\omega}^{-1}(D)(Q_u(D)u_f + cf) - Q_M(D)Q_{\omega}^{-1}(D)x_f \\ &= Q_{\omega}^{-1}(D)Q_u(D)u_f + Q_{\omega}^{-1}(D)cf - Q_M(D)Q_{\omega}^{-1}(D)x_f \end{aligned} \tag{14.6.22}$$

式(14.6.22)的两边乘 $Q_f(D)$，左边 $Q_f(D)Q_{\Delta}(D)z_2$。
右边

$$Q_f(D)Q_{\omega}^{-1}(D)Q_u(D)u_f + Q_f(D)Q_{\omega}^{-1}(D)cf - Q_f(D)Q_M(D)Q_{\omega}^{-1}(D)x_f \tag{14.6.23}$$

根据 $Q_f(D)$ 的定义式(14.6.4)和式(14.6.5)。$Q_f(D)x_f = x$，$Q_f(D)u_f = u$。
式(14.6.23)变成

$$\begin{aligned} & Q_u(D)Q_{\omega}^{-1}(D)Q_f(D)u_f + Q_f(D)Q_{\omega}^{-1}(D)cf - Q_M(D)Q_{\omega}^{-1}(D)Q_f(D)x_f \\ &= Q_u(D)Q_{\omega}^{-1}(D)u + Q_f(D)Q_{\omega}^{-1}(D)cf - Q_M(D)Q_{\omega}^{-1}(D)x \end{aligned} \tag{14.6.24}$$

根据式(14.6.1)有 $Q_{\omega}(D)z_0 = u$，$Q_{\omega}^{-1}(D)u = z_0$。又由组式(14.6.2)中

$$z_2 = Q_{\omega}^{-1}(D)y_P(t) = Q_{\omega}^{-1}(D)x$$

式(14.6.24)变成

$$= Q_u(D)z_0 + Q_f(D)Q_{\omega}^{-1}(D)cf - Q_M(D)z_2 \tag{14.6.25}$$

由于式(14.6.2)中 $z_3 = Q_{\omega}^{-1}(D)f(Y_P, t)$，则有 $cz_3 = Q_{\omega}^{-1}(D)cf(Y_P, t)$。
式(14.6.25)变成

$$= Q_u(D)z_0 - Q_M(D)z_2 + Q_f(D)cz_3 \tag{14.6.26}$$

根据 $Q_u(D)$，$Q_M(D)$，$Q_f(D)$ 的定义，即式(14.5.3)、式(14.6.4)，以及自适应控制器输出的 D 多项式。将式(14.6.26)写成

$$\begin{aligned} &= (b_0D^m + b_1D^{m-1} + \cdots + b_m)z_0 + (D^{n-1} + c_1D^{n-2} + \cdots + c_{n-1})z_2 \\ &\quad + (D^{n-m-1} + F_1D^{n-m-2} + \cdots + F_{n-m-1})cz_3 \\ &= \sum_{i=0}^{m} b_iD^{m-i}z_0 + \sum_{i=0}^{n-1} c_iD^{n-1-i}z_2 + \sum_{i=0}^{n-m-1} F_iD^{n-m-1-i}cz_3 \end{aligned} \tag{14.6.27}$$

式中，$(m \leqslant n-1)$，$c_0 = 1$，$F_0 = 1$，负号包含在系数中。式(14.6.22)变成

$$Q_f(D)Q_{\Delta}(D)z_2 = \sum_{i=0}^{m} b_iD^{m-i}z_0 + \sum_{i=0}^{n-1} c_iD^{n-1-i}z_2 + \sum_{i=0}^{n-m-1} F_iD^{n-m-1-i}cz_3 \tag{14.6.28}$$

式(14.6.28)两边同乘 $Q_f^{-1}(D)$ 得

$$Q_{\Delta}(D)z_2 = \sum_{i=0}^{m} b_iD^{m-i}Q_f^{-1}(D)z_0 + \sum_{i=0}^{n-1} c_iD^{n-1-i}Q_f^{-1}(D)z_2 + \sum_{i=0}^{n-m-1} F_iD^{n-m-1-i}Q_f^{-1}(D)cz_3$$

若 $m = n-1$，上式写成

$$Q_{\Delta}(D)z_2 = \sum_{i=0}^{n-1} b_iD^{n-1-i}Q_f^{-1}(D)z_0 + \sum_{i=0}^{n-1} c_iD^{n-1-i}Q_f^{-1}(D)z_2 + \sum_{i=0}^{n-m-1} F_iD^{n-m-1-i}Q_f^{-1}(D)cz_3$$

$$Q_{\Delta}(D)z_2 = \sum_{i=0}^{n-1} B_iD^{n-1-i}Q_f^{-1}(D)z_0 + \sum_{i=0}^{n-1} C_iD^{n-1-i}Q_f^{-1}(D)z_2$$

$$+\sum_{i=0}^{n-m-1} D_i D^{n-m-1-i} Q_f^{-1}(D) c z_3$$

【证毕】

上面公式中，$B_i = b_i$；$C_i = c_i$；$D_i = F_i$。它们之间还有如下关系：

$Q_f(D)Q_\omega(D)$ 乘式(14.6.20) 两边，左边因 $z_2 = Q_\omega^{-1}(D)x$

$$Q_\Delta(D)z_2Q_f(D)Q_\omega(D) = Q_\Delta(D)Q_\omega^{-1}(D)xQ_f(D)Q_\omega(D) = Q_\Delta(D)Q_f(D)x$$

右边

$$\begin{aligned}Q_f(D)Q_\omega(D)Q_\Delta(D)z_2 &= Q_f(D)Q_\omega(D)\sum_{i=0}^{n-1} B_i D^{n-1-i} Q_f^{-1}(D) z_0 \\ &+ Q_f(D)Q_\omega(D)\sum_{i=0}^{n-1} C_i D^{n-1-i} Q_f^{-1}(D) z_2 \\ &+ Q_f(D)Q_\omega(D)\sum_{i=0}^{n-m-1} D_i D^{n-m-1-i} Q_f^{-1}(D) c z_3\end{aligned}$$

第 1 项

$$\begin{aligned}Q_f(D)Q_\omega(D)\sum_{i=0}^{n-1} B_i D^{n-1-i} Q_f^{-1}(D) z_0 &= \sum_{i=0}^{n-1} B_i D^{n-1-i} Q_\omega(D) z_0 = \sum_{i=0}^{n-1} B_i D^{n-1-i} x \\ &= (B_0D^{n-1} + B_1D^{n-2} + \cdots + B_{n-1})x\end{aligned}$$

第 2 项

$$Q_\omega(D)x = u$$

$$\begin{aligned}Q_f(D)Q_\omega(D)\sum_{i=0}^{n-1} C_i D^{n-1-i} Q_f^{-1}(D) z_2 &= \sum_{i=0}^{n-1} C_i D^{n-1-i} Q_f^{-1}(D)Q_f(D)Q_\omega(D) z_2 \\ &= \sum_{i=0}^{n-1} C_i D^{n-1-i} Q_\omega(D) z_2 = \sum_{i=0}^{n-1} C_i D^{n-1-i} u \\ &= (C_0D^{n-1} + C_1D^{n-2} + \cdots + C_{n-1})u \end{aligned} \tag{14.6.29}$$

由于式(14.5.1)

$$Q_P(D)y_P(t) = Q_u(D)u(t) + cf(Y_P, t)$$

解得

$$u(t) = Q_u^{-1}(D)(Q_P(D)y_P(t) - cf(Y_P, t)) = Q_u^{-1}(D)(Q_P(D)x - cf)$$

代入式(14.6.29) 第 2 项有

$$\begin{aligned}&Q_f(D)Q_\omega(D)\sum_{i=0}^{n-1} C_i D^{n-1-i} Q_f^{-1}(D) z_2 \\ &= (C_0D^{n-1} + C_1D^{n-2} + \cdots + C_{n-1})Q_\omega^{-1}(D)(Q_P(D)x - cf)\end{aligned}$$

第 3 项

$$z_3 = Q_\omega^{-1}(D)f$$

$$f = Q_\omega^{-1}(D)z_3$$

$$\begin{aligned}Q_f(D)Q_\omega(D)\sum_{i=0}^{n-m-1} D_i D^{n-m-1-i} Q_f^{-1}(D) c z_3 &= \sum_{i=0}^{n-m-1} D_i D^{n-m-1-i} Q_f^{-1}(D)Q_f(D)Q_\omega(D) c z_3 \\ &= \sum_{i=0}^{n-m-1} D_i D^{n-m-1-i} Q_\omega(D) c z_3 = \sum_{i=0}^{n-m-1} D_i D^{n-m-1-i} cf \\ &= (D_0D^{n-m-1} + D_1D^{n-m-2} + \cdots + D_{n-m-1})cf\end{aligned}$$

左边等于右边，便有

$$
\begin{aligned}
Q_\Delta(D)Q_f(D)x &= (B_0D^{n-1}+B_1D^{n-2}+\cdots+B_{n-1})x \\
&+ (C_0D^{n-1}+C_1D^{n-2}+\cdots+C_{n-1})Q_\omega^{-1}(D)(Q_P(D)x-cf) \\
&+ (D_0D^{n-m-1}+D_1D^{n-m-2}+\cdots+D_{n-m-1})cf \\
&= (B_0D^{n-1}+B_1D^{n-2}+\cdots+B_{n-1})x \\
&+ (C_0D^{n-1}+C_1D^{n-2}+\cdots+C_{n-1})Q_\omega^{-1}(D)Q_P(D)x \\
&- (C_0D^{n-1}+C_1D^{n-2}+\cdots+C_{n-1})Q_\omega^{-1}(D)cf \\
&+ (D_0D^{n-m-1}+D_1D^{n-m-2}+\cdots+D_{n-m-1})cf
\end{aligned}
$$

左边为 x 多项式，右边是两个多项式之和，一个是 x 的多项式，另一个是 cf 多项式，两边要相等，则

$$
\begin{aligned}
&(C_0D^{n-1}+C_1D^{n-2}+\cdots+C_{n-1})Q_\omega^{-1}(D)cf \\
&= (D_0D^{n-m-1}+D_1D^{n-m-2}+\cdots+D_{n-m-1})cf
\end{aligned}
$$

两边消去 cf，并同乘 $Q_\omega(D)$ 得

$$
\begin{aligned}
&(C_0D^{n-1}+C_1D^{n-2}+\cdots+C_{n-1}) \\
&= (D_0D^{n-m-1}+D_1D^{n-m-2}+\cdots+D_{n-m-1})Q_\omega(D)
\end{aligned} \tag{14.6.30}
$$

这样

$$
\begin{aligned}
Q_\Delta(D)Q_f(D)x &= (B_0D^{n-1}+B_1D^{n-2}+\cdots+B_{n-1})x \\
&+ (C_0D^{n-1}+C_1D^{n-2}+\cdots+C_{n-1})Q_\omega^{-1}(D)Q_P(D)x
\end{aligned}
$$

消去 x 有

$$
\begin{aligned}
Q_\Delta(D)Q_f(D) &= (B_0D^{n-1}+B_1D^{n-2}+\cdots+B_{n-1}) \\
&+ (C_0D^{n-1}+C_1D^{n-2}+\cdots+C_{n-1})Q_\omega^{-1}(D)Q_P(D)
\end{aligned} \tag{14.6.31}
$$

式(14.6.30)、式(14.6.31)表征了 B_i，C_i，D_i 之间的关系，利用这个关系可以相互求得。

14.6.2　含 u 导数项自适应控制律的综合

从式(14.6.19)中可见 $B_0\sim B_{n-1}$ 共有 n 个参数，$D_0\sim D_{n-1}$ 共有 n 个参数，一共有 $n+(n-m)=3n-m$ 个参数。将式(14.6.6)(公式1)和式(14.6.19)(公式2)代入式(14.6.3)，并将 $\sum$ 展开得

$$
\begin{aligned}
Q_M(D)\eta(t) &= Q_\omega(D)(-(b_0Q_f^{-1}(D)u+(A_0D^{n-2}+\cdots+A_{n-2})Q_f^{-1}(D)z_0) \\
&+ K_Mz_1 \\
&+ (B_0D^{n-1}+B_1D^{n-2}+\cdots+B_{n-1})Q_f^{-1}(D)z_2 \\
&+ (C_0D^{n-1}+C_1D^{n-2}+\cdots+C_{n-1})Q_f^{-1}(D)z_0 \\
&+ (D_0D^{n-m-1}+D_1D^{n-m-2}+\cdots+D_{n-m-1})Q_f^{-1}(D)cz_3 \\
&- cz_3+z_4+w)
\end{aligned} \tag{14.6.32}
$$

由于 $A_0\sim A_{n-2}$ 与 $C_1\sim C_{n-1}$ 是同类项，合并后项数不会增加，将每项看作是一个系数和状态变量的乘积并统一编号，即 $\beta_i\varphi_i$，这样式(14.6.32)可写成

$$
Q_M(D)\eta = Q_\omega(D)(-b_0u_f+w+\sum_{i=0}^{N-1}\beta_i\varphi_i) \tag{14.6.33}
$$

式中，$N=3n-m$，例如，$\beta_0=K_M$，$\varphi_0=z_1$，则 $K_mz_1=\beta_0\varphi_0$；又如 $\beta_1=-c_1$，$\varphi_1=z_3$，则 $-Cz_3$

$=\beta_1\varphi_1$；同理$\beta_2=1$，$\varphi_2=z_4\quad z_4=\beta_2\varphi_2$。

将 $-b_0u_f+w+\sum_{i=0}^{N-1}\beta_i\varphi_i$ 进一步整合成 $\sum_{i=0}^{N}\delta_i\varphi_i$，令

$$\delta_i=-b_0K_i+\beta_i,\ i=0,\cdots,n-1$$

$$\delta_N=K_N+b_0+1;$$

则有

$$\begin{aligned}\sum_{i=0}^{N}\delta_i\varphi_i&=\sum_{i=0}^{N-1}\delta_i\varphi_i+\delta_N\varphi_N\\&=\sum_{i=0}^{N-1}(-b_0K_i+\beta_i)\varphi_i+(K_N+b_0+1)\varphi_N\\&=-b_0\sum_{i=0}^{N-1}K_i\varphi_i+\sum_{i=0}^{N-1}\beta_i\varphi_i+(b_0\varphi_N+(1+K_N)\varphi_N)\end{aligned}\tag{14.6.34}$$

又令

$$\sum_{i=0}^{N-1}K_i\varphi_i=u_f+\varphi_N\tag{14.6.35}$$

$$w=(1+K_N)\varphi_N$$

所以

$$\begin{aligned}\sum_{i=0}^{N}\delta_i\varphi_i&=-b_0(u_f+\varphi_N)+\sum_{i=0}^{N-1}\beta_i\varphi_i+b_0\varphi_N+(1+K_N)\varphi_N)\\&=-b_0u_f-b_0\varphi_N+b_0\varphi_N+(1+K_N)\varphi_N+\sum_{i=0}^{N-1}\beta_i\varphi_i\\&=-b_0u_f+w+\sum_{i=0}^{N-1}\beta_i\varphi_i\end{aligned}\tag{14.6.36}$$

经上述步骤把式(14.6.34)最终写成

$$Q_M(D)\eta=Q_\omega(D)(-b_0u_f+w+\sum_{i=0}^{N-1}\beta_i\varphi_i)=Q_\omega(D)\sum_{i=0}^{N-1}\delta_i\varphi_i$$

这就是以 η 为输出的等效系统的输出方程，相对应的状态方程为

$$\dot{\eta}=A\eta+du=A\eta+\mathrm{d}(\sum_{i=0}^{N}\delta_i\varphi_i)$$

式中，η 为等效系统的状态，又是等效系统的输出，显然等效系统的输入为

$$u=\sum_{i=0}^{N}\delta_i\varphi_i\tag{14.6.37}$$

为了去除 u 中的导数项，用 $Q_f(D)$ 乘以式(14.6.35)

左边有

$$\begin{aligned}Q_f(D)\sum_{i=0}^{N-1}K_i\varphi_i&=Q_f(D)(u_f+\varphi_N)\\&=Q_f(D)u_f+Q_f(D)\varphi_N=u+Q_f(D)w_1\end{aligned}\tag{14.6.38}$$

式中，$u=Q_f(D)u_f$；$w_1=\varphi_N$。

而

$$\begin{aligned}Q_f(D)\sum_{i=0}^{N-1}K_i\varphi_i&=Q_f(D)(K_0\varphi_0+K_1\varphi_1+\cdots+K_{N-1}\varphi_{N-1})\\&=Q_f(D)K_0\varphi_0+Q_f(D)K_1\varphi_1+\cdots+Q_f(D)K_{N-1}\varphi_{N-1}\end{aligned}\tag{14.6.39}$$

根据式(14.5.51)有

$$Q_{\omega}(D)K_0(t)z_1 = K_0(t)r + \sum_{i=0}^{n-2} Q_{\omega i}(D)(\dot{K}_0(t)D^{n-2-i}z_1)$$

$$= K_0(t)r + \sum_{i=0}^{n-2} Q_{\omega i}(D)((D\dot{K}_0)D^{n-2-i}z_1)$$

式(14.6.39)右边各项均可写成式(14.5.51)的形式，于是有

$$\begin{aligned} Q_f(D)\sum_{i=1}^{N-1} K_i\varphi_i &= K_0Q_f(D)\varphi_0 + \sum_{i=0}^{n-m-2} Q_{f0}(D)((DK_i)D^{n-m-2-i}\varphi_i) \\ &\quad + K_1Q_f(D)\varphi_1 + \sum_{i=0}^{n-m-2} Q_{f1}(D)((DK_i)D^{n-m-2-i}\varphi_i) \\ &\quad + K_2Q_f(D)\varphi_2 + \sum_{i=0}^{n-m-2} Q_{f2}(D)((DK_i)D^{n-m-2-i}\varphi_i) \\ &\quad \cdots \\ &\quad + K_{N-1}Q_f(D)\varphi_{N-1} + \sum_{i=0}^{n-m-2} Q_{f2}(D)((DK_i)D^{n-m-2-i}\varphi_i) \\ &\quad + \sum_{i=0}^{N-1} K_iQ_f(D)\varphi_i + \sum_{i=0}^{N-1}\sum_{j=0}^{n-m-2} Q_{fj}(D)((DK_i)D^{n-m-2-i}\varphi_i) \end{aligned} \tag{14.6.40}$$

式(14.6.38)等于式(14.6.40)

$$u + Q_f(D)w_1 = \sum_{i=0}^{N-1} K_iQ_f(D)\varphi_i + \sum_{i=0}^{N-1}\sum_{j=0}^{n-m-2} Q_{fj}(D)((DK_i)D^{n-m-2-i}\varphi_i)$$

最终得

$$u = \sum_{i=0}^{N-1} K_iQ_f(D)\varphi_i \tag{14.6.41}$$

$$Q_f(D)w_1 = \sum_{i=0}^{N-1}\sum_{j=0}^{n-m-2} Q_{fj}(D)((DK_i)D^{n-m-2-i}\varphi_i) \tag{14.6.42}$$

或

$$w_1 = Q_f^{-1}(D)\sum_{i=0}^{N-1}\sum_{j=0}^{n-m-2} Q_{fj}(D)((DK_i)D^{n-m-2-i}\varphi_i) \tag{14.6.43}$$

式(14.6.43)中出现 DK_i，表示 $K_i(t)$ 对时间的变化率，由上述知，这个自适应率是运用李雅普诺夫第二方法综合出来的，故系统必定渐近稳定。DK_i 的出现免除了 u 各阶导数的困扰，取而代之的是 $K_i(t)$ 的一阶导数。究其实质，这是一种等价的概念转移，如 $K_i\varphi_i$，K_i 是状态变量的系数，φ_i 是状态变量。时不变系统，系数不时变，状态随时间而变，这样$(K_i\varphi_i)' = K_i\dot{\varphi}_i$。换一种思维，认为系数时变，状态不变，则$(K_i\varphi_i)' = \dot{K}_i\varphi_i$。显然两者之间是等价的，由于这是自适应系统，参数的变化可用递推算法实时求得，它的变化率 $\dot{K}_i$ 就求出来了。u 和 w_1 可实时综合，就无须检测 u 各阶导数的设备，问题得以完满解决。

若令 $N = 1$，有

$$u = \sum_{i=0}^{N-1} K_iQ_f(D)\varphi_i = \sum_{i=0}^{1-1} K_iQ_f(D)\varphi_i = K_0\varphi_0 = K_0r \tag{14.6.44}$$

由于 $N = 1$，则 $m = 0$，有

$$Q_f(D) = D^{n-1} + F_1D^{n-2} + \cdots + F_{n-1} = Q_{\omega}(D)$$

式(14.6.41)变成

$$
\begin{aligned}
w_1 &= Q_f^{-1}(D)\sum_{i=0}^{N-1}\sum_{j=0}^{n-m-2}Q_{fj}(D)((DK_i)D^{n-m-2-i}\varphi_i)\\
&= Q_\omega^{-1}(D)\sum_{i=0}^{1-1}\sum_{j=0}^{n-2}Q_{fj}(D)((DK_i)D^{n-2-i}\varphi_i)\\
&= Q_\omega^{-1}(D)\sum_{i=0}^{n-2}Q_{fi}(D)((DK_i)D^{n-2-i}\varphi_1)
\end{aligned}
\tag{14.6.45}
$$

结合式(14.6.44)和式(14.6.45),与式(14.5.51)完全相同,可见式(14.5.51)是式(14.6.41)和式(14.6.43)的特例,从而验证了式(14.6.41)和式(14.6.43)的正确性。

u,w_1算法实施框图,分别绘于图14.6.1和14.6.2。图14.6.1是对式(14.6.41)的形象表达,图中π为乘法器,下同。重写式(14.6.41)并展开

$$
\begin{aligned}
u &= \sum_{i=0}^{N-1}K_iQ_f(D)\varphi_i = K_0Q_f(D)\varphi_0 + K_1Q_f(D)\varphi_1 + K_2Q_f(D)\varphi_2\\
&+ \sum_{i=0}^{n-1}K_{3+i}Q_f(D)\varphi_{3+i} + \sum_{i=0}^{n-1}K_{n+2+i}Q_f(D)\varphi_{n+2+i} + \sum_{i=0}^{n-m-1}K_{2n+1+i}Q_f(D)\varphi_{2n+1+i}
\end{aligned}
\tag{14.6.46}
$$

由于$Q_\omega(D)z_1 = r$且$z_1 = \varphi_0$故

$$Q_\omega(D)z_1 = Q_\omega(D)\varphi_0 = r,\ \varphi_0 = Q_\omega^{-1}(D)r$$

则

$$K_0Q_f(D)\varphi_0 = rQ_\omega^{-1}(D)Q_f(D)K_0$$

这正是图14.6.1中第1行表达的算式。同样,式(14.6.41)第2项与图14.6.1第2行对应,式(14.6.41)的第3项与图14.6.1第3行相对应。

图14.6.1中以u为输入的含D多次幂分支行和公式1(式(14.6.6))的第2项,与公式2即式(14.6.19)的第1个$\sum$相加后的算式相对应,也就是式(14.6.46)中的第1个$\sum$。以x为输入的含D的多次幂分支行和式(14.6.19)的第1个$\sum$算式,也就是式(14.6.46)第2个$\sum$相对应。以f为输入的含D多次幂分支行和式(14.6.19)的第3个$\sum$算式,也就是式(14.6.46)中的第3个$\sum$相对应。

图14.6.2中的w_1是根据式(14.6.43)的算式绘制的。共$n-m-1$行,每行仅是最后一个因子不同,第0行的$Q_{f0}(D)=1$,第1行为$Q_{f1}(D)$,…,最后一行为$Q_f(n-m-1)(D)$,全部加起来便是式(14.6.45)。按图14.6.1与图14.6.2实施,系统不再出现u,y_P的各阶导数,且一定是渐近稳定的。

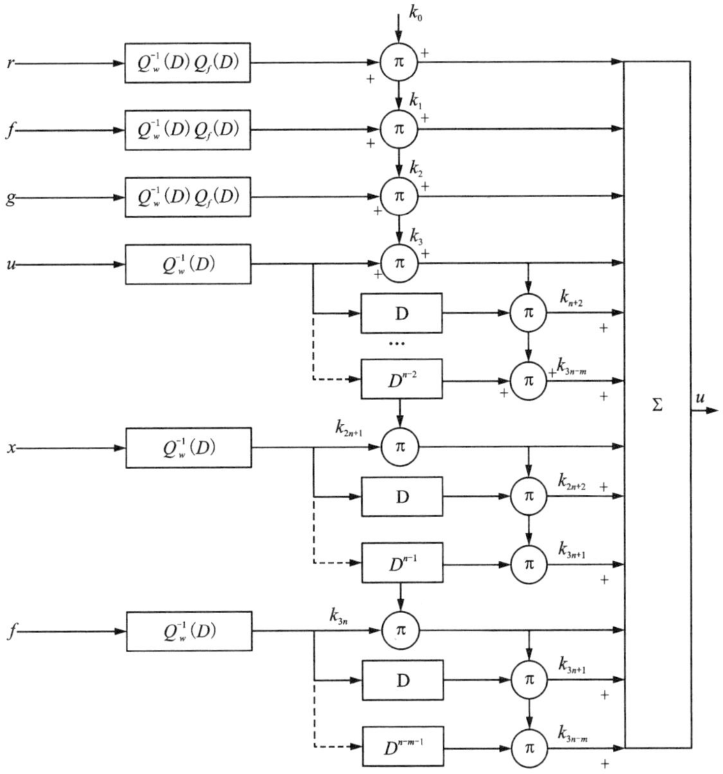

图 14.6.1　无各阶导数 u 的实施方案

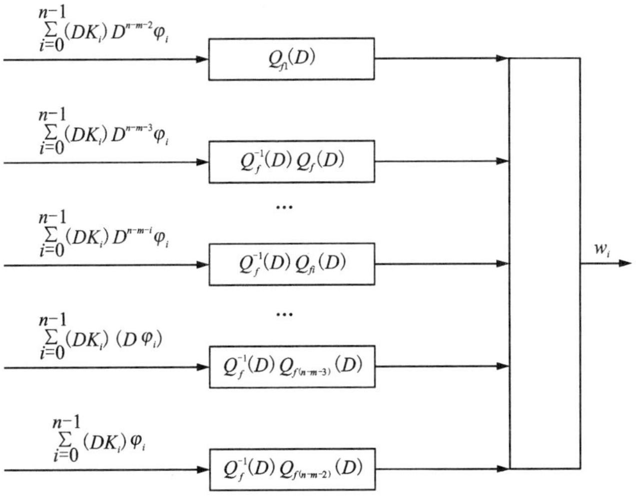

图 14.6.2　无各阶导数 W_1 的实施方案

参考文献

[1] 郑大钟. 现代控制理论[M]. 北京：清华大学，1978.
[2] 诺顿. 现代控制理论[M]. 北京：科学出版社，1979.
[3] 列尔涅尔. 控制论基础[M]. 刘定一译. 北京：科学出版社，1980.
[4] 董景新，吴秋平. 现代控制理论与方法概论[M]. 北京：清华大学出版社，2016.
[5] 谢帮杰. 线性代数[M]. 北京：人民教育出版社，1978.
[6] 须田信英，等. 自动控制中的矩阵理论[M]. 北京：科学出版社，1979.
[7] 程云鹏，等. 矩阵论[M]. 西安：西北工业大学出版社，1989.
[8] 王秀峰，卢桂章. 系统建模与辨识[M]. 北京：电子工业出版社，2004.
[9] 盛骤，谢式千，潘承毅. 概率论与数理统计[M]. 北京：高等教育出版社，2008.
[10] 南京大学数学系计算数学专业. 概率统计基础和概率统计方法[M]. 北京：科学出版社，1978.
[11] 洪振华，等. 计算机控制技术[M]. 北京：国防工业出版社，1979.
[12] 罗汉，杨湘豫. 大学数学 4[M]. 北京：高等教育出版社，2009.
[13] 庞特里亚金. 最佳过程的数学理论[M]. 陈祖浩，等译. 上海：上海科学技术出版社，1983.
[14] 杨承志. 系统辨识与自适应控制[M]. 重庆：重庆大学出版社，2003.
[15] 吴广玉. 系统辨识与自适应控制(下册)[M]. 哈尔滨：哈尔滨工业大学出版社，1987.
[16] 陈复杨. 自适应控制[M]. 北京：科学出版社，2016.
[17] 浙江大学数学系高等数学教研组. 概率论与数理统计[M]. 北京：人民教育出版社，1979.
[18] 王照林. 现代控制理论基础[M]. 北京：国防工业出版社，1983.
[19] 伯科维茨. 最优控制理论[M]. 贺勋等译. 上海：上海科学技术出版社，1985.
[20] 常香馨. 现代控制理论概论[M]. 北京：机械工业出版社，1982.
[21] 华东师范大学数学系控制理论教研室. 现代控制理论引论[M]. 上海：上海科学技术出版社，1984.
[22] 欣内尔斯. 现代控制系统理论及应用[M]. 李育才译. 北京：机械工业出版社，1980.
[23] 陈佳实，等. 微机控制与微机自适应控制[M]. 北京：电子工业出版社，1987.
[24] 冯纯伯，史维. 自适应控制[M]. 北京：电子工业出版社，1986.
[25] 秦寿康，张正方. 自适应控制[M]. 北京：电子工业出版社，1986.
[26] 范鸣玉，张莹. 最优化技术基础[M]. 北京：清华大学出版社，1982.
[27] 陈希孺，等. 线性模型参数的估计理论[M]. 北京：科学出版社，1985.
[28] 贾沛璋，朱征桃. 最优化估计及其应用[M]. 北京：科学出版社，1984.
[29] 关肇直. 随机递推估计[M]. 北京：科学出版社，1984.
[30] 谭鹤良. 动态 strom 定理[J]. 湖南大学学报(自然科学版)，1996(1)：107－113.

图书在版编目（CIP）数据

现代控制理论导论／谭鹤良，谭乃文编著. —长沙：中南大学出版社，2020.11

ISBN 978-7-5487-1588-7

Ⅰ.①现… Ⅱ.①谭… ②谭… Ⅲ.①现代控制理论—高等学校—教材 Ⅳ.①O231

中国版本图书馆 CIP 数据核字（2020）第 107316 号

现代控制理论导论

XIANDAI KONGZHI LILUN DAOLUN

谭鹤良　谭乃文　编著

□**责任编辑**　韩　雪
□**责任印制**　周　颖
□**出版发行**　中南大学出版社
社址：长沙市麓山南路　　邮编：410083
发行科电话：0731-88876770　　传真：0731-88710482
□**印　　装**　长沙市宏发印刷有限公司

□**开　　本**　787 mm×1092 mm　1/16　□**印张** 19　□**字数** 480 千字
□**版　　次**　2020 年 11 月第 1 版　□2020 年 11 月第 1 次印刷
□**书　　号**　ISBN 978-7-5487-1588-7
□**定　　价**　56.00 元